주기율표

원소 기호 — C　6 — 원자 번호
영어명 — Carbon
한글명 — 탄소
원자량 — 12.011

금속 (Metal)
준금속 (Semimetal)
비금속 (Nonmetal)

주기 \ 족	1	2	3	4	5	6	7	8	9
1	H 1 Hydrogen 수소 1.008								
2	Li 3 Lithium 리튬 6.94	Be 4 Beryllium 베릴륨 9.0122							
3	Na 11 Sodium 소듐(나트륨) 22.990	Mg 12 Magnesium 마그네슘 24.305							
4	K 19 Potassium 포타슘(칼륨) 39.098	Ca 20 Calcium 칼슘 40.078	Sc 21 Scandium 스칸듐 44.956	Ti 22 Titanium 타이타늄 47.867	V 23 Vanadium 바나듐 50.942	Cr 24 Chromium 크로뮴 51.996	Mn 25 Manganese 망가니즈 54.938	Fe 26 Iron 철 55.845	Co 27 Cobalt 코발트 58.933
5	Rb 37 Rubidium 루비듐 85.468	Sr 38 Strontium 스트론튬 87.62	Y 39 Yttrium 이트륨 88.906	Zr 40 Zirconium 지르코늄 91.224	Nb 41 Niobium 나이오븀 92.906	Mo 42 Molybdenum 몰리브데넘 95.96	Tc 43 Technetium 테크네튬 [97.91]	Ru 44 Ruthenium 루테늄 101.07	Rh 45 Rhodium 로듐 102.91
6	Cs 55 Cesium 세슘 132.91	Ba 56 Barium 바륨 137.33		Hf 72 Hafnium 하프늄 178.49	Ta 73 Tantalum 탄탈럼 180.95	W 74 Tungsten 텅스텐 183.84	Re 75 Rhenium 레늄 186.21	Os 76 Osmium 오스뮴 190.23	Ir 77 Iridium 이리듐 192.22
7	Fr 87 Francium 프랑슘 [223.02]	Ra 88 Radium 라듐 [226.03]		Rf 104 Rutherfordium 러더포듐 [265.12]	Db 105 Dubnium 더브늄 [268.13]	Sg 106 Seaborgium 시보귬 [271.13]	Bh 107 Bohrium 보륨 [272]	Hs 108 Hassium 하슘 [277.15]	Mt 109 Meitnerium 마이트너륨 [276.15]

	주기						
란타넘족 (Lanthanoids)	6	La 57 Lanthanum 란타넘 138.91	Ce 58 Cerium 세륨 140.12	Pr 59 Praseodymium 프라세오디뮴 140.91	Nd 60 Neodymium 네오디뮴 144.24	Pm 61 Promethium 프로메튬 144.91	Sm 62 Samarium 사마륨 150.36
악티늄족 (Actinoides)	7	Ac 89 Actinium 악티늄 [227.03]	Th 90 Thorium 토륨 232.04	Pa 91 Protactinium 프로트악티늄 231.04	U 92 Uranium 우라늄 238.03	Np 93 Neptunium 넵투늄 [237.05]	Pu 94 Plutonium 플루토늄 [244.06]

20 ℃, 1기압에서의 상태

■ 검은색 원소는 고체(Solid)
■ 붉은색 원소는 기체(Gas)
■ 푸른색 원소는 액체(Liquid)

10	11	12	13	14	15	16	17	18
								He 2 Helium 헬륨 4.0026
			B 5 Boron 붕소 10.81	C 6 Carbon 탄소 12.011	N 7 Nitrogen 질소 14.007	O 8 Oxygen 산소 15.999	F 9 Fluorine 플루오린 18.998	Ne 10 Neon 네온 20.180
			Al 13 Aluminium 알루미늄 26.982	Si 14 Silicon 규소 28.085	P 15 Phosphorus 인 30.974	S 16 Sulfur 황 32.06	Cl 17 Chlorine 염소 35.45	Ar 18 Argon 아르곤 39.948
Ni 28 Nickel 니켈 58.693	Cu 29 Copper 구리 63.546	Zn 30 Zinc 아연 65.38	Ga 31 Gallium 갈륨 69.723	Ge 32 Germanium 저마늄 72.64	As 33 Arsenic 비소 74.922	Se 34 Selenium 셀레늄 78.96	Br 35 Bromine 브로민 79.904	Kr 36 Krypton 크립톤 83.798
Pd 46 Palladium 팔라듐 106.42	Ag 47 Silver 은 107.87	Cd 48 Cadmium 카드뮴 112.41	In 49 Indium 인듐 114.82	Sn 50 Tin 주석 118.71	Sb 51 Antimony 안티모니 121.76	Te 52 Tellurium 텔루륨 127.60	I 53 Iodine 아이오딘 126.90	Xe 54 Xenon 제논 131.29
Pt 78 Platinum 백금 195.08	Au 79 Gold 금 196.97	Hg 80 Mercury 수은 200.59	Tl 81 Thallium 탈륨 204.38	Pb 82 Lead 납 207.2	Bi 83 Bismuth 비스무트 208.98	Po 84 Polonium 폴로늄 [208.98]	At 85 Astatine 아스타틴 [209.99]	Rn 86 Radon 라돈 [222.02]
Ds 110 Darmstadtium 다름슈타튬 [281.16]	Rg 111 Roentgenium 뢴트게늄 [280.16]	Cn 112 Copernicium 코페르니슘 [285.17]	Nh 113 Nihonium 니호늄 [284.18]	Fl 114 Flerovium 플레로븀 [289.19]	Mc 115 Moscovium 모스코븀 [288.19]	Lv 116 Livermorium 리버모륨 [293]	★Ts 117 Tennessine 테네신 [294]	Og 118 Oganesson 오가네손 [294]

★ 금속성, 준금속성, 비금속성이 아직 명확히 밝혀지지 않음.

Eu 63 Europium 유로퓸 151.96	Gd 64 Gadolinium 가돌리늄 157.25	Tb 65 Terbium 터븀 158.93	Dy 66 Dysprosium 디스프로슘 162.50	Ho 67 Holmium 홀뮴 164.93	Er 68 Erbium 어븀 167.26	Tm 69 Thulium 툴륨 168.93	Yb 70 Ytterbium 이터븀 173.05	Lu 71 Lutetium 루테튬 174.97
Am 95 Americium 아메리슘 [243.06]	Cm 96 Curium 퀴륨 [247.07]	Bk 97 Berkelium 버클륨 [247.07]	Cf 98 Californium 캘리포늄 [251.08]	Es 99 Einsteinium 아인슈타이늄 [252.08]	Fm 100 Fermium 페르뮴 [257.10]	Md 101 Mendelevium 멘델레븀 [258.10]	No 102 Nobelium 노벨륨 [259.10]	Lr 103 Lawrencium 로렌슘 [262.11]

쉽게 풀어쓴 유기화학

고광윤 지음

자유아카데미

머리말

이 교재는 대학에서 유기화학을 한 학기로 배우는 학생들을 염두에 두고 쓴 책이다. 한 학기 과정으로 이루어진 유기화학은 생명과학, 화학공학, 재료공학, 식품영양학, 의학 등과 같이 전공 특성상 유기화학에 대한 지식을 필요로 하는 학생들이 주로 수강하는 과목이다. 현재 한 학기 과정의 유기화학 교재로서 영어권이나 국내에서 발간된 교재가 시중에 나와 있으나, 몇몇 교재들은 내용이 너무 생명과학에 치우치거나 또는 한 학기에 다룰 수 없을 정도로 많은 내용이 담겨 있다. 저자는 이러한 점을 고려하여 한 학기에 충분히 다룰 수 있으면서 내용도 쉽게 이해할 수 있는 교재를 집필하게 되었다.

유기화학은 탄소의 화합물인 유기 화합물의 성질과 반응 및 그 합성을 다루는 학문이다. 현재 유기 화합물의 수는 1억 개 이상인 것으로 추측된다. 이렇게 수많은 유기 화합물의 화학적 성질을 세세하게 모두 이해하는 것은 불가능하지만, 다행스럽게도 유기화학은 몇 가지 원리를 터득하면 상당히 쉽게 이해할 수 있는 장점이 있다. 이 교재에서는 이러한 원리를 반복적으로 소개하여 학생들이 유기화학을 쉽게 공부할 수 있도록 다음과 같은 점을 고려하였다.

(1) 유기화학을 제대로 공부하기 위해서는 유기 반응과 그 메커니즘 및 유기 합성이라는 세 가지 주제에 대한 이해가 필요하다. 하지만 화학을 전공하지 않는 학생들에게 유기 합성의 중요도는 그렇게 높지 않다고 판단되어 이 교재에서는 주로 유기 반응과 메커니즘을 다루었다.

(2) 유기화학을 처음으로 공부하는 학생들이 어려워하는 것은 유기 화합물에 이름을 붙이는 명명법이다. 유기 화학물의 명명법은 체계가 있기 때문에 알케인 같은 부류의 명명은 그렇게 어렵지 않다. 하지만 명명법은 유기 화합물의 반응이나 반응 메커니즘 등에 비해 크게 중요하지는 않다고 생각되어 이 교재에서는 명명법을 소개는 하였으나 명명법과 관련된 문제는 포함하지 않았다.

(3) 유기 반응을 이해하는 원리 중의 하나로 유기 반응은 대부분 친핵체와 친전자체 사이의 전자쌍 이동이라는 점을 들 수 있다. 유기 화학자는 이러한 전자쌍의 이동을 굽은 화살표로 나타내는데, 이 교재에서는 전자쌍의 이동과 이에 따른 새로운 결합의 생성

을 빨간색 또는 파란색의 굽은 화살표로 표시하여 시각적으로 눈에 쉽게 들어오도록 하였다(단, 반응이 복잡한 경우에는 메커니즘의 소개 없이 생성물의 구조만 그린 경우도 있다).

(4) 가능하면 본문에 예제와 그 풀이를 수록하여 예제를 이해한 후 이어서 나오는 문제를 풀어 볼 수 있도록 하였다. 또한 교재의 뒷부분에 문제에 대한 모든 답안을 실어 학생들이 자신이 푼 문제의 답을 확인할 수 있도록 하였다.

(5) 부록에는 본 교재에 소개된 여러 유기 반응을 작용기별로 정리하여 유기 반응의 흐름을 한눈에 알아보기 쉽게 하였으며, 아울러 유기 화합물 부류에 따른 합성 방법과 C−C 결합 형성 반응을 요약한 내용도 추가하였다.

이 교재는 모두 14개의 장으로 이루어져 있으며, 1~4장에서는 유기화학의 기본 원리, 입체 화학 및 알케인을 다루었으며 5~11장에서는 작용기들의 반응, 그리고 12~14장에서는 생분자를 다루었다. 전체 쪽수 분량으로도 한 학기 교재로서 적당한 분량이라고 생각된다.

이 교재에서 다루는 내용은 화학 이외의 다른 전공의 여러 교수들의 검토를 거친 것이나, 다양한 전공의 요구 사항을 모두 맞추기는 어려울 수 있다. 혹시 특정 전공에서 필요한 내용이지만 이 교재에서 다루지 않았다면 담당 교수가 채워 주시리라 생각한다. 이 교재의 부족한 점이나 수정 사항이 있을 경우에는 자유아카데미 편집부에 알려 주시길 부탁드리며, 수정 사항이 정리가 되면 추후 자유아카데미 홈페이지(www.freeaca.com) 자료실에 제공할 예정이니 참고하기를 바란다.

마지막으로 저자는 학생들이 이 책으로 공부하여 유기화학을 좀 더 쉽게 잘 이해하기를 바라며, 이 교재의 출간을 제안하고 지원하여 준 자유아카데미에게 심심한 감사를 표한다.

2021년 1월
고광윤

차례

13 아미노산, 펩타이드 및 단백질

14 지질

부록

Chapter 01

유기 화합물의 구조와 결합

출처: sutterstock

1.1 원자 구조

1.2 화학 결합: 팔전자계 법칙

1.3 루이스 구조 그리기

1.4 형식 전하

1.5 유기 화합물의 공유 결합 이론

1.6 구조식 그리기와 구조 이성질체

1.7 공명 구조

추가 문제

탄산 염이나 탄산수소 염은 탄소 원자가 들어 있지만 무기 화합물로 간주한다.

2020년 초반, 미국의 화학초록서비스(Chemical Abstract Service)에 등록된 1억 6천만 개의 물질 중에서 80~90% 정도는 유기 화합물일 것으로 추정된다.

산소와 질소 사슬은 탄소 사슬보다는 불안정하다. 예를 들면 순수한 과산화 수소(HOOH)는 폭발할 수 있으므로 30% 수용액으로 판매한다. 소듐 아자이드(NaN_3)는 폭발하기 쉬우므로 자동차 에어백을 부풀리는 데 쓰이곤 했으며, 유기 아자이드 화합물도 폭발성이 매우 크다.

유기 화학(organic chemistry)은 탄소(carbon) 화합물인 유기 화합물의 구조, 반응 및 합성을 다루는 화학의 한 분야이다. 백여 개의 원소 중에서 왜 탄소 원자의 화합물만 다루는 유기 화학이라는 분야가 독립적으로 존재할까? 그 이유는 유기 화합물이 우리의 일상생활 그리고 생명 현상의 이해에 매우 중요하기 때문이다. 의약품, 고분자 섬유, 플라스틱, 염료, OLED 같은 발광 재료가 대부분 유기 화합물이며, 우리 몸을 구성하는 탄수화물, 단백질, 지방도 유기 화합물이다. 또한 RNA나 DNA 같은 생고분자, 생화학 반응을 촉진하는 여러 가지 효소 및 터펜, 호르몬이나 스테로이드 같은 천연물도 모두 유기 화합물이다. 결국 우리 몸을 구성하는 물질도 물을 제외하면 대부분 유기 화합물임을 알 수 있다.

무기 화합물과 다르게 유기 화합물은 그 수가 엄청 많다. 예를 들면 알칼리 금속인 Li와 할로젠 원소인 F로 이루어진 화합물에는 LiF라는 화합물 하나만 있지만, 탄소 원자와 수소 원자만으로 이루어진 화합물인 탄화수소라도 그 종류는 수없이 많다. 왜 유기 화합물의 수는 많을까? 그 이유는 탄소 원자의 결합 방식에 있다. 산소, 질소, 규소 같은 원자는 그 원자들이 길게 연결된 사슬 구조나 고리 구조를 이룰 수 없지만, 여러 원자들 중에서 유일하게 탄소 원자만이 서로 결합하여 **사슬**(chain)과 **고리**(ring)를 이룰 수 있기 때문이다. 앞으로 다루겠지만 탄소의 이러한 결합 특징은 탄소와 탄소 사이의 공유 결합에서 유래한다. 또한 탄소는 **헤테로 원자**(C와 H 이외의 원자. 흔히 할로젠 원소, N, O, S 등) 및 금속과도 결합을 이룰 수 있기 때문에 유기 화합물의 구조가 훨씬 더 다양하다.

이제 유기 화학을 본격적으로 공부하기 전에 일반 화학에서 다루었던 원자론 같은 주제를 다시 한번 복습하기로 한다.

1.1 원자 구조

원자 번호와 원자량

현대 원자론에 의하면 모든 물질은 매우 작은 입자인 **원자**(atom)로 이루어져 있다. 원자 중심에는 양전하를 띠고 있는 **양성자**(proton)와 전기적으로 중성인 **중성자**(neutron)로 이루어진 원자핵이 있으며 핵(nucleus)은 원자의 극도로 작은 공간 만을 차지하고 있다(수소 원자의 경우 1억분의 1). 핵의 바깥에는 음전하를 띠고 있는 **전자**(electron)의 구름이 핵을 둘러싸고 있으며 원자 부피의 대부분을 차지한다. 원자는 전기적으로 중성이므로 양전하를 띠고 있는 양성자와 음전하를 띠고 있는 전자는 그 수가 같다.

현재 119개의 **원소**(element)가 알려져 있으며, 각 원소는 원소를 구성하는 원자에 존재하는 양성자의 수인 **원자 번호**(atomic number, *Z*)로 구별할 수 있다. **질량수**(mass number, *A*)는 원자 질량을 대부분 차지하는 중성자와 양성자의 수를 합한 값이다. 원자 번호와 질량수는 각각 원소 기호의 왼쪽 아래 첨자와 위 첨자로 다음과 같이 탄소의 경우처럼 표현한다(혹은 C-12라고 쓰기도 한다).

$$^{12}_{6}\mathrm{C}$$

원자 하나의 질량은 측정할 수 없기 때문에 탄소-12 원자 하나의 질량을 12 u(혹은 Da)라고 정의하고, 다른 원자의 질량을 이 질량에 대하여 상대적으로 구한 **상대 원자 질량**(그냥 **원자량**이라고 함)을 사용한다. 주기율표에 나와 있는 원자량은 자연에 존재하는 여러 동위 원소(원자 번호는 같으나 중성자의 수가 다른 원자)의 존재 비를 고려한 평균 원자량이다. 탄소는 C-13 동위 원소가 1.11%만큼 존재하므로 **평균 원자량**은 10.011로 정한다.

주기율표

주기율표(periodic table)는 원소를 원자 번호의 순서로 배열하면서 화학적 성질이 비슷한 원소를 세로로 묶은 표이다. 주기율표의 가로줄을 **주기**(period), 세로줄을 **족**(group)이라고 부른다. 표 1.1에 유기 화학에서 자주 다루는 원소와 원자의 전기 음성도를 수록하였다. 유기 화학에서 가장 중요한 원소인 탄소는 IVA족(14족), 2주기 원소이다. 또한 2주기에서 중간 위치를 차지하고 있으며 이는 탄소 원자가 쉽게 공유 결합을 이룬다는 것과 관련이 있다.

표 1.1 주기율표와 폴링 척도에 따른 몇 가지 원자의 전기 음성도

	IA족(1족)	IIA족(2족)	IIIA족(13족)	IVA족(14족)	VA족(15족)	VIA족(16족)	VIIA족(17족)	VIIIA족(18족)
1주기	H 2.2							He
2주기	Li 1.0	Be 1.6	B 2.0	C 2.5	N 3.0	O 3.4	F 4.0	Ne
3주기	Na 0.9	Mg 1.3	Al 1.6	Si 1.9	P 2.2	S 2.6	Cl 3.2	Ar
4주기	K 0.8	Ca 1.0					Br 3.0	
5주기							I 2.7	

원자 오비탈

오스트리아의 물리학자인 슈뢰딩거(Schrödinger)가 1926년에 전자의 파동성과 에너지를 수학적으로 기술한 **파동 방정식**을 풀면 **파동 함수** 혹은 **원자 오비탈**(atomic orbital, AO)이라고 부르는 수학적 해(solution)가 얻어지는데, 이러한 해를 그리스 문자인 ψ(psi, 프사이 혹은 사이)로 표시한다. 오비탈은 원자핵 주위에서 전자를 찾을 수 있는 공간으로 볼 수 있으며, 더 단순하게는 전자를 수용할 수 있는 '방'이라고 생각할 수도 있다.

유기 화학에서 중요한 원자 오비탈은 1s, 2s 오비탈과 $2p_x$, $2p_y$, $2p_z$ 오비탈이며, 이러한 오비탈의 모양은 전자를 발견할 확률이 90% 정도 되는 공간으로 나타낸다. s 오비탈은 모두 구형이므로 1s 오비탈은 그냥 구형으로 나타내며, 2s 오비탈은 1s 오비탈과 다르게 파동 함수의 부호(위상(phase))가 바뀌는 마디 면이 하나 있는 특징이 있다(양파 껍질과 비슷). 세 2p 오비탈의 두 **로브**(lobe)는 구형에 가까우나 좀 더 긴 아령 모양으로 흔히 나타낸다. 두 로브 사이에는 마디 면이 하나 존재하므로 이 책에서는 로브를 다음과 같이 두 가지 색으로 표현하려고 한다.

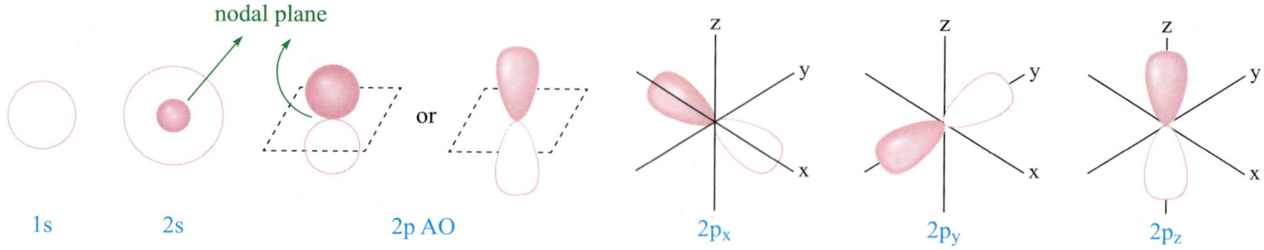

수소 원자는 오비탈의 에너지가 1s < 2s = 세 2p의 순서로 증가하나(2s와 2p 오비탈의 에너지는 모두 같음), 수소 원자 이외의 원자에서는 1s < 2s < 2p 등의 순서로 에너지가 증가한다.

전자 배치

한 원자의 전자는 여러 방식으로 원자 오비탈에 분포될 수 있다. 그 중에서 가장 안정한(에너지가 가장 낮은) 전자 배치를 **바닥 상태 전자 배치**라고 부른다. 예로서 탄소의 바닥 상태 전자 배치는 $1s^2 2s^2 2p^2$ 혹은 $1s^2 2s^2 2p_x^1 2p_y^1$로 나타낼 수 있으며(위 첨자의 숫자는 각 오비탈을 차지하고 있는 전자 수이다), 이를 에너지 그림으로 다음과 같이 그릴 수도 있다. 이 그림에서 화살표는 각 오비탈을 차지하고 있는 전자 하나를 의미한다(한 오비탈은 전자의 스핀이 반대인 두 전자만을 수용할 수 있기 때문에 이를 위와 아래로 향한 화살표로 나타내었다. 또한 2p 오비탈에 전자를 채울 때 스핀이 같은 전자가 비어 있는 오비탈을 하나씩 채운다).

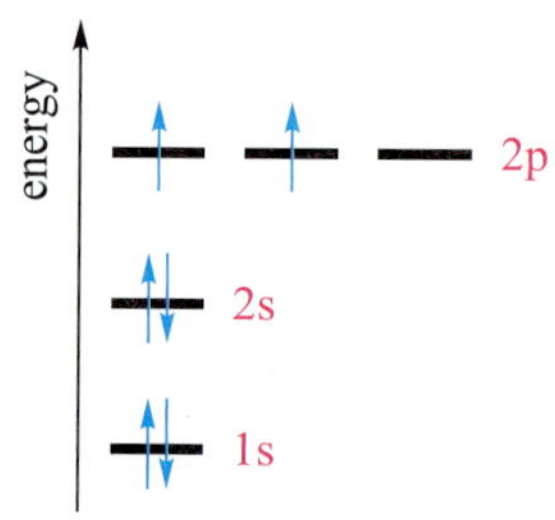

원자의 전자 중에서 원소의 화학적 성질을 결정하고 화학 결합에 참여할 수 있는 전자는 최외각 껍질(원자가 껍질. 탄소 원자의 경우 2s와 2p)에 있는 전자이며, 이러한 전자를 **원자가 전자**(valence electron)라고 부른다. 한 원자의 원자가 전자 수는 주기율표에서의 **족 번호**와 같다(족 번호를 1~18로 나타낸 경우에는 족 번호에서 10을 뺀 값이다. 탄소는 IVA족(14족)이므로 탄소의 원자가 전자는 4개이다).

문제 1.1 다음 원자의 바닥 상태 전자 배치를 쓰시오. 각 원자의 원자가 전자는 몇 개인가?

a. F　　b. O　　c. N　　d. Li

1.2 화학 결합: 팔전자계 법칙

원자가 서로 만나서 화학 결합을 이루는 이유는 화학 결합으로 이루어진 화합물이 원자보다 더 (열역학적으로) 안정하기 때문이다.

이온의 생성

미국 화학자인 루이스(Lewis)는 1916년에 18족 기체가 화학적으로 안정한 이유는 원자가 전자의 수가 8개이기 때문이라고 주장하였다. 비슷한 논리로 18족 기체의 전자 배치가 아닌 어떤 원자(주족 원소)가 전자를 잃거나 얻어서 18족 기체의 전자 배치를 이룬다면 안정한 양이온과 음이온이 생길 것이다. 이때 양이온과 음이온은 18족 기체의 전자 배치를 하므로 **팔전자계 규칙**(octet rule)을 만족한다고 말한다(Li 양이온은 예외). 주기율표의 왼쪽의 원자(알칼리 금속 같은)에서 하나 이상의 전자를 떼어내면 전자 배치가 바로 앞의 18족 기체와 같은 양이온이 얻어진다. 반면에 주기율표의 오른쪽 원자(할로젠 같은)는 전자를 얻어서 전자 배치가 바로 뒤의 18족 기체와 같은 음이온으로 변할 수 있다(아래 그림에서 [He]과 [Ne]은 각각 헬륨과 네온의 전자 배치인 $1s^2$와 $1s^2 2s^2 2p^6$를 의미한다).

$$\mathrm{Li\cdot} \longrightarrow \underset{[\mathrm{He}]}{\mathrm{Li}^+} + e^-$$

$$\mathrm{:\!\ddot{F}\cdot} + e^- \longrightarrow \underset{[\mathrm{Ne}]}{\mathrm{:\!\ddot{F}\!:}^-}$$

전기 음성도

전기 음성도(electronegativity)는 화학 결합에서 한 원자가 전자를 끌어당기는 능력을 말하며, 몇 가지 척도가 제안되었으나 미국 화학자인 **폴링**(Pauling)이 제안한 폴링 척도(Pauling scale, χ(카이))가 널리 쓰인다. 원자의 전기 음성도는 폴링 척도로서 0.7~4의 범위에 놓인다(표 1.1). 전기 음성도가 가장 큰 원소는 VIIA족의 가장 위에 있는 원소인 플루오린(F)이고 가장 작은 원소는 IA족의 아래 원소(Cs, Fr)이다.

이온 결합

이온 결합(ionic bond)은 양이온과 음이온 사이의 강한 정전기적 힘(쿨롱 힘)으로 생기는 결합을 말한다. Li(g)와 F(g)에서 LiF(g)가 생기는 과정은 흡열이나 기체상 Li^+ 이온과 F^- 이온이 강한 정전기적 힘으로 결합하여 고체상 화합물 LiF(s)가 생기면 큰 열이 방출되므로 기체상 원소에서 고체 LiF가 생기는 과정은 발열이다.

$$\mathrm{Li}(g) + \mathrm{F}(g) \longrightarrow \mathrm{Li}^+(g) + \mathrm{F}^-(g) \qquad \Delta H = 110\ \mathrm{kcal\ mol^{-1}}$$

$$\mathrm{Li}^+(g) + \mathrm{F}^-(g) \longrightarrow \mathrm{LiF}(s) \qquad \Delta H = -243\ \mathrm{kcal\ mol^{-1}}$$

$$\mathrm{Li}(g) + \mathrm{F}(g) \longrightarrow \mathrm{LiF}(s) \qquad \Delta H = -133\ \mathrm{kcal\ mol^{-1}}$$

두 원자의 전기 음성도 차이가 2 이상이거나 1.6~2인 경우에도 금속이 관여하는 결합이면 이온 결합으로 간주한다(NaBr의 경우 전기 음성도 차이가 1.9이고 Na는 금속이므로 NaBr은 이온 결합 화합물이다). 이온 결합 화합물은 정전기적 힘이 매우 강하기 때문에 대개 결정성 고체이며 녹는점이 높다. 이온 결합 화합물은 물 용매에서 이온들이 잘 수화되므로 물에 잘 녹으며 그 수용액은 전기를 잘 전도한다.

문제 1.2 두 원자 사이의 결합이 이온성인 것을 각각 고르시오.

a. H, O b. Cl, Na c. Li, F d. C, O

공유 결합

주기율표의 한 주기에서 중간에 있는 원자(예: C, N, O)는 크게 전기 양성도 아니고 전기 음성도 아니므로 팔전자계를 만족하는 이온 결합을 하지 못한다. 대신에 두 원자가 서로 원자가 전자를 하나, 둘 혹은 세 개를 공유하게 되면 팔전자계를 이룰 수 있다. 이런 종류의 결합을 **공유 결합**(covalent bond)이라고 부른다.

예로서 수소 원자 두 개가 서로 원자가 전자를 공유하면 각 수소는 18족 기체인 He의 전자 배치를 하게 된다.

이 그림에서 원은 팔전자계(수소는 이전자계)를 나타낸다. 빨간색 전자쌍은 결합쌍이다.

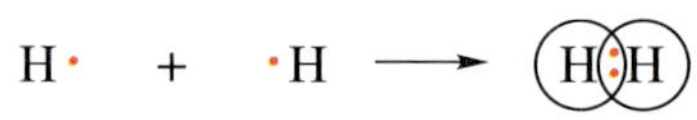

수소 원자와 플루오린 원자가 전자를 공유하면 플루오린이 네온의 전자 배치를 이루면서 더 안정한 HF 분자가 생성된다. 비슷하게 탄소 원자 하나와 수소 원자 네 개가 전자를 공유하면 탄소 원자가 팔전자계를 만족하는 메테인이 생성된다.

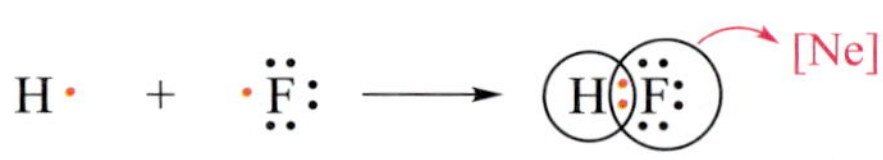

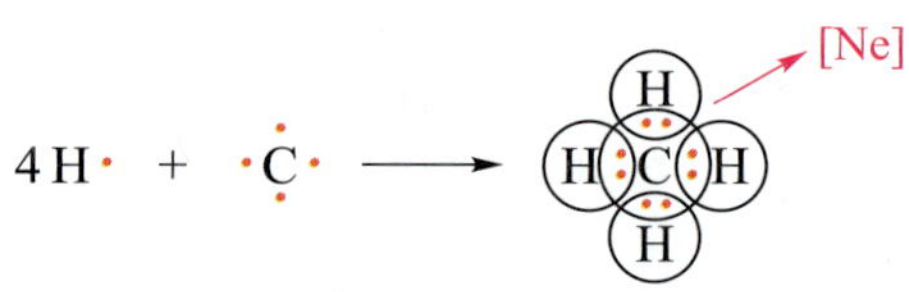

methane

HF 분자의 전자쌍 중에서 두 원자가 서로 공유하는 전자쌍을 **공유(전자)쌍**(shared (electron) pair) 혹은 **결합(전자)쌍**(bonding (electron) pair)이라고 부르고, 각 원자에만 놓인 전자쌍을 **고립쌍**(lone pair, 비결합 전자쌍, 비공유 전자쌍)이라고 부른다. 앞으로 논의하겠지만 고립쌍은 산–염기 반응 및 많은 유기 반응에 참여할 수 있으므로 고립쌍의 존재는 유기 화합물의 반응성을 따질 때 매우 중요하다.

극성 공유 결합

전기 음성도의 차이가 0.5~1.9인 원자 사이에서 공유 결합이 생길 때 공유 전자쌍을 두 원자가 똑같이 공유하지는 않을 것이다. 아무래도 전기 음성도가 더 큰 원자가 전자를 자기 쪽으로 더 많이 당기기 때문에 그 원자는 약간의 음전하(부분 전하라고 부르고 δ^-라고 표시)를 띠게 되고 다른 원자는 약간의 양전하(δ^+로 표시)를 띨 것이다. 이러한 결합을 **극성 공유 결합**(polar covalent bond)이라고 부른다(반면에 전기 음성도의 차이가 0.5보다 작은 경우에는 비극성 공유 결합이다). 간단한 예로 플루오린화 수소(HF)를 보자. 플루오린 원자의 전기 음성도가 수소의 그것보다 크므로 H—F에서 F는 음의 부분 전하, H는 양의 부분 전하를 띠게 된다. 이 결합에서 두 원자는 반대 전하를 띠므로 **쌍극자**(dipole)로 간주할 수 있고 쌍극자의 방향은 **쌍극자 화살표**로 표시한다.

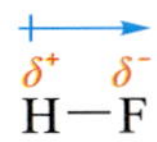

문제 1.3 다음 극성 공유 결합의 부분 전하를 각각 표시하고, 이를 쌍극자 화살표로 나타내시오.

a. C—Cl　　b. C—O　　c. C—Mg　　d. O—H

1.3 루이스 구조 그리기

루이스 구조(Lewis structure)는 분자나 이온의 공유쌍과 고립쌍 전자를 각각 실선과 점으로 나타낸 구조이다(홀전자는 점 하나로 표현한다). 루이스 구조를 그리는 순서는 다음과 같다.

(1) 분자(이온)의 연결순서를 그린다.
(2) 모든 원자의 원자가 전자 수를 합한다.
(3) 음이온인 경우에는 전하값을 (1)에서 구한 합에 더하고 양이온인 경우에는 뺀다.
(4) (2)와 (3)에서 구한 값을 2로 나누어 분자(이온)에 할당할 수 있는 전자쌍의 수를 구한다.
(5) 우선, 두 원자 사이에는 반드시 전자쌍 하나를 배정하고 이 전자쌍은 결합선 하나로 표시한다.
(6) 그래도 남는 전자쌍은 수소를 제외한 모든 원자가 **팔전자계 규칙**을 만족하도록 고립쌍으로 배정한다.
(7) 수소 이외의 모든 원자가 팔전자계 규칙을 만족하기에 전자쌍이 부족하다면 이는 다중 결합이 있어야 함을 의미한다. 이러한 경우에는 고립쌍으로 배정한 전자쌍을 결합 전자쌍(공유 전자쌍)으로 배치한다.

식초 성분인 아세트산의 음이온인 아세트산 이온(acetate ion)의 루이스 구조식을 위에서 언급한 순서대로 그려 보시오.

(1) 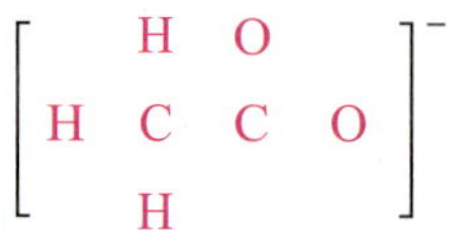

(2) 원자가 전자 수의 합 = 3(수소 원자 수) × 1 + 2(탄소 원자 수) × 4 + 2(산소 원자 수) × 6 = 23

(3) 1가 음이온이므로 23에 1을 더함.

(4) 전자쌍의 수 = 24/2 = 12쌍

(5) 모든 결합에 전자쌍 하나를 부여. 전자쌍은 선으로 표시. 남은 전자쌍 = 12 − 6 = 6

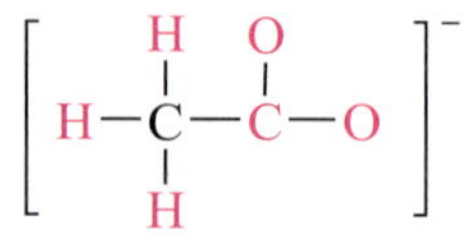

(6) 남은 전자쌍을 산소 원자가 팔전자계 규칙을 만족하도록 배정하면 다음 구조가 얻어짐.

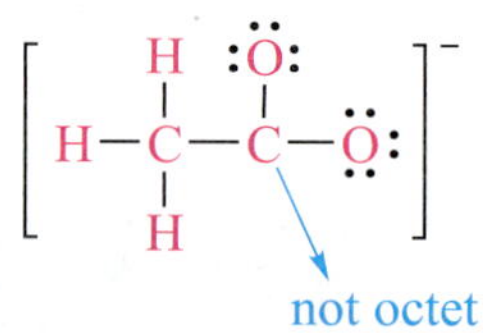

하지만 탄소 하나가 아직 팔전자계 규칙을 만족하지 않음.

(7) 아무 산소나 그 고립쌍을 C−O 결합쌍으로 옮기면 아래 오른쪽 구조가 얻어지고, H를 제외한 모든 원자가 팔전자계 규칙을 만족함을 확인할 수 있음.

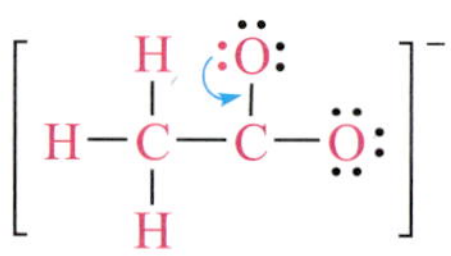

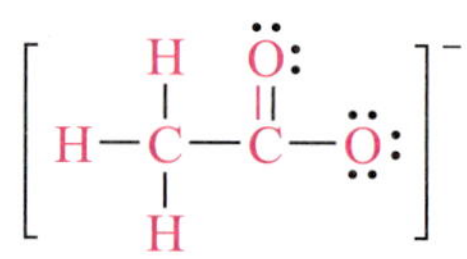

이렇게 두 원자 사이에 전자쌍 두 개를 공유하는 결합을 **이중 결합**(double bond)이라고 부른다. 비슷하게 질소 분자에서처럼 전자쌍 세 개를 공유하는 결합은 **삼중 결합**(triple bond)이다.

문제 1.4 다음 화학종의 루이스 구조를 각각 그리시오(고립 전자쌍은 점으로, 결합 전자쌍은 선으로 표시). 수소를 제외한 모든 원자는 팔전자계 규칙을 만족한다.

a. 아마이드 이온(NH_2^-) b. 폼알데하이드(HCHO) c. 메틸아민(CH_3NH_2) d. 피루브산(CH_3COCO_2H)

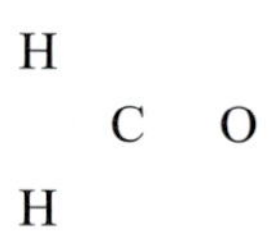

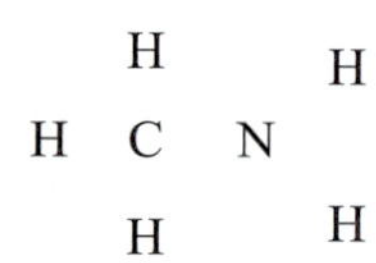

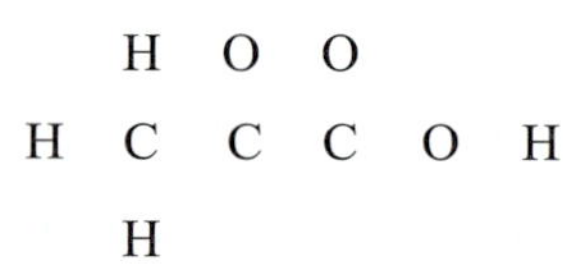

팔전자계 규칙의 예외

Be, B, Al 같은 IIA, IIIA족 원자는 팔전자계 규칙을 만족하지 않는 화합물을 이룰 수 있다. BF_3, $AlCl_3$가 대표적인 예이다. P, S, Cl 같은 3주기 원소는 팔전자계 규칙보다 더 많은 10, 12 혹은 14개의 전자를 소유할 수 있다. H_3PO_4(인산), PCl_5, SF_6, H_2SO_4(황산), $HClO_4$(과염소산) 등이 그러한 예이다. 또한 일산화 질소(NO)처럼 홀전자가 있는 라디칼도 예외에 속한다.

1.4 형식 전하

형식 전하(formal charge)는 한 원자가 결합을 이룰 때 제공하였던 원자가 전자 수와 루이스 구조에서 실제로 소유하고 있는 전자 수(고립쌍의 전자 수에 결합쌍 전자 수의 반절(혹은 공유 결합쌍의 수)을 더한 값)가 서로 다를 때 발생한다. 형식 전하의 '형식'이라는 말이 의미하듯이 형식 전하는 실제로 각 원자의 실제 전하를 나타내지는 않는다. 예로서 어떤 원자가 결합을 만들 때 여섯 개의 원자가 전자를 제공하였는데(이 원자는 무슨 원자일까?) 루이스 구조에서 실제로 일곱 개의 전자를 소유하고 있다면 이 원자는 원래 중성 원자보다 전자 하나를 더 소유하고 있는 셈이다. 이럴 때 이 원자는 형식 전하가 −1이라고 말한다. 이 예에 맞는 구조가 탄산 이온이다(형식 전하는 원소 기호 위에 적어 나타낸다).

BF_4^- 이온에서 B의 형식 전하는 −1이나 실제로는 양전하를 띠고 있다.

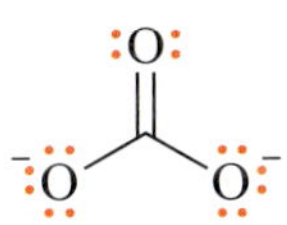

형식 전하는 아래와 같이 구할 수 있다.

$$\text{형식 전하} = \text{원자가 전자의 수} - (\text{고립 전자의 수} + 0.5 \times \text{공유 결합 전자의 수})$$

위 구조에서 아래쪽 두 산소 원자의 형식 전하는 $6 - (6 + 0.5 \times 2) = -1$임을 알 수 있다. 분자나 이온에서 각 원자의 형식 전하의 합은 전체 전하와 같아야 한다. 따라서 중성 분자는 그 합이 0이어야 하고 이온은 그 전하 값이어야 한다. 위 탄산 이온에서 이중 결합을 이룬 탄소와 산소의 형식 전하는 0이므로 형식 전하의 합이 실제 이온의 전하인 −2임을 확인할 수 있다.

탄소, 질소와 산소 원자의 흔한 형식 전하는 다음과 같이 정리할 수 있다.

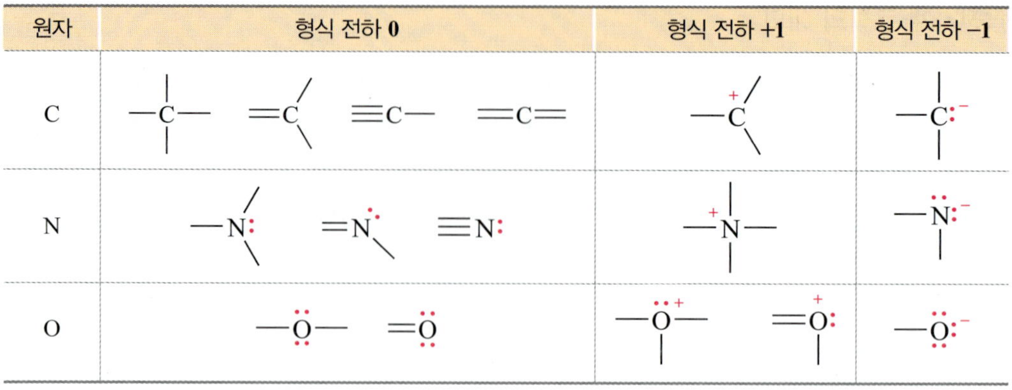

문제 1.5 다음 화합물의 루이스 구조를 각각 그리고, 0이 아닌 형식 전하를 구하시오(두 가지의 루이스 구조가 가능).

a. O_3 (O−O−O) b. HN_3 (H−N−N−N)

형식 전하의 용도

어떤 분자나 이온의 경우 두 가지 이상의 루이스 구조를 그릴 수 있는 경우도 있다. 그럴 경우 형식 전하가 0인 구조가 더 안정한 것으로 간주한다. 형식 전하가 불가피한 경우에는 형식 전하가 작은(0, +1, −1) 루이스 구조가 형식 전하가 큰(+2, −2, +3, −3 등) 구조보다 더 좋다(안정하다). 또한 전기 음성도가 큰 원자에 음의 형식 전하가 있는 구조가 더 낫다(하지만 예외도 있다. 문제 1.16을 풀어 볼 것). 이러한 점은 다음에 다룰 공명 구조(1.7절)에서 다시 한 번 언급할 것이다.

문제 1.6 분자식이 NO인 일산화 질소는 생체 내에서 혈관을 확장하는 효과가 있는 생리 분자이다. NO는 홀전자가 하나 있는데, 그 위치는 질소 혹은 산소 원자일 수 있다. 어느 구조가 더 안정할지를 형식 전하에 근거하여 판단하시오.

1.5 유기 화합물의 공유 결합 이론

루이스의 공유 결합 모형을 이용하면 공유 결합 화합물의 생성이라든지 일반 화학에서 다룬 VSEPR 모형을 이용하여 분자 모양을 예측할 수는 있다. 하지만 이중 결합의 두 결합 쌍 사이의 반응성 차이라든지 에틸렌 분자의 모든 원자가 같은 면에 놓인다는 사실은 설명할 수 없다. 또한 VSEPR 모형은 경험적 모형에 불과하므로 메테인의 사면체 구조를 이론적으로 설명하지는 않는다. 루이스 구조의 이러한 부족한 면을 채워 주는 이론 중의 하나가 원자가 결합 이론이다.

원자가 결합 이론

원자가 결합 이론(valence bond theory)은 유기 화합물의 공유 결합을 설명하기 위하여 자주 사용되는 이론이다. 이 이론은 결합에 참여하는 두 원자의 원자 오비탈의 **겹침**(overlap)으로 공유 결합이 생긴다고 가정한다. 이때 각 오비탈이 전자 하나씩을 제공하여 결합이 생성되며 두 전자는 이 결합에만 편재화된다(localized). 서로 상이 같은 두 오비탈이 최대로 겹쳐야 결합이 강해지므로 두 오비탈의 접근 방향도 결합의 생성에 매우 중요하다. 수소 분자나 플루오린화 수소 분자 같은 분자의 생성은 이러한 원자가 결합 이론으로 설명할 수 있다.

수소 분자와 플루오린화 수소 분자의 σ 결합 생성

두 수소 원자의 1s 오비탈이 적당한 거리에서 겹치면 수소 원자보다 더 안정한(에너지가 작은) 수소 분자가 생긴다. 두 수소 원자가 최적 거리(수소 분자의 경우 핵 사이의 거리가 74 pm로서 이 거리가 결합 길이이다)보다 더 멀거나(겹치는 정도가 작음) 더 가까우면(전자들 사이의 반발이 더 커짐) 에너지가 증가하게 된다.

수소 분자 결합의 중요한 특징은 전자 분포가 실린더형 대칭이라는 점이다. 즉, 수소 분자를 두 핵간 축에 수직인 단면으로 잘라 보면 전자 분포가 원형으로 대칭인 것을 의미한다. 이러한 결합을 **σ(시그마) 결합**이라고 부른다.

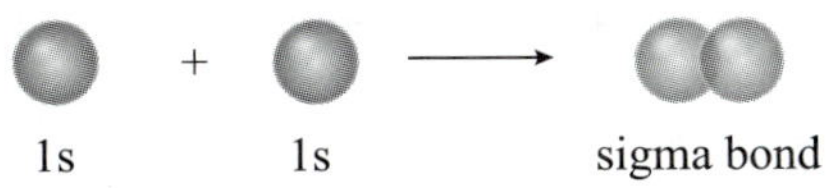

비슷하게 수소 원자의 1s 오비탈과 플루오린 원자의 2p 오비탈이 다음과 같은 방식으로 겹치면 HF의 σ 결합이 얻어진다.

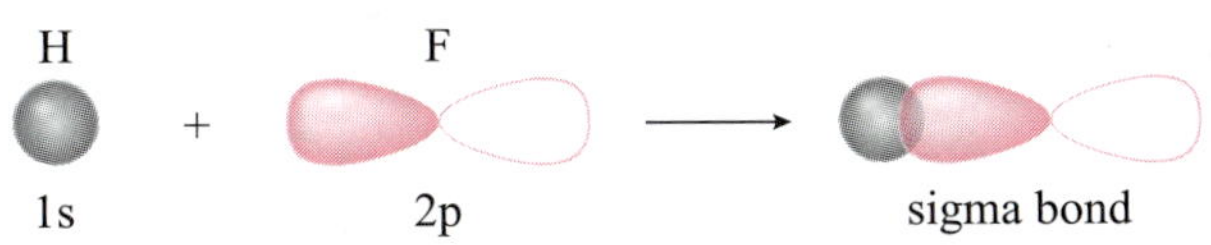

만약에 수소 원자의 1s 오비탈과 플루오린 원자의 2p 오비탈이 다음과 같은 방식으로 겹치게 되면 결합이 생기지 않을 것이다.

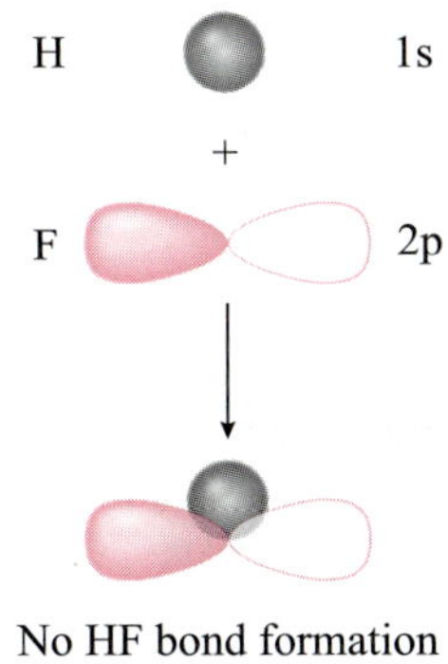

혼성 오비탈

메테인, 에테인의 sp^3 혼성

탄소는 원자 번호가 6인 원자로서 바닥 상태의 전자 배치는 $1s^22s^22p^2$이다. 이 전자 배치를 다음과 같이 그릴 수도 있다.

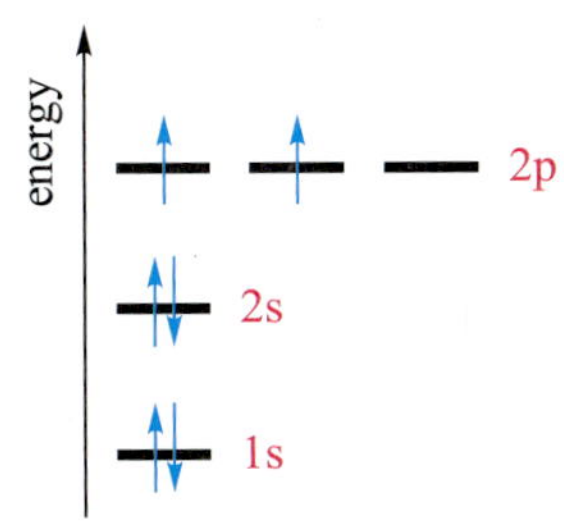

탄소 원자의 전자 배치를 보면 짝을 이루지 않는 전자가 두 개뿐이므로 탄소 원자는 두 수소 원자와만 결합을 이룰 수 있을 것으로 추측되고, 그러면 CH_2라는 구조가 얻어질 것이다. 또한 2p AO만 사용한다면 결합 각도가 직각일 것이다. 이러한 예측은 사면체 구조의 CH_4이 존재한다는 사실과 크게 다르다.

이러한 딜레마를 해결하기 위하여 미국 화학자 폴링(Pauling)은 1931년에 두 가지 방안을 제시하였다. 첫 번째는 2s AO의 전자 하나를 비어 있는 2p AO로 올리는 것이다(이 과정은 2s와 2p AO의 에너지 차이에 해당하는 에너지(96 kcal mol^{-1})가 필요하다). 이러면 짝을 이루지 않는 전자가 네 개이므로 CH_4의 생성이 가능하다(두 C−H 결합이 더 생기므로 200 kcal mol^{-1}의 에너지가 더 방출되며, 이는 '승급(promotion)'에 필요한 에너지를 상쇄하고도 남는 값이다).

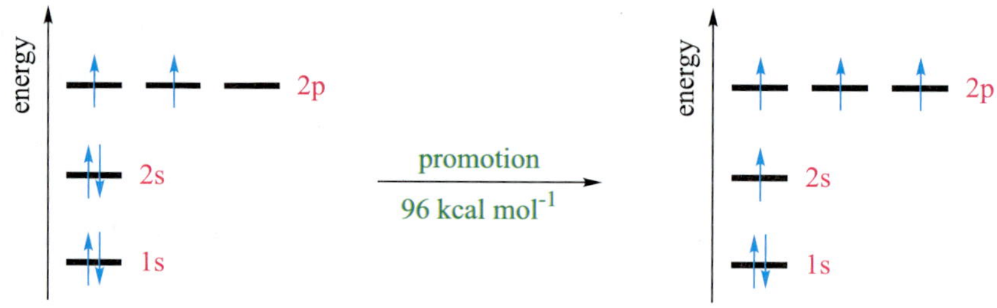

하지만 아직까지는 CH_4의 사면체 구조는 설명할 수 없다. 폴링은 이 문제를 혼성 오비탈(hybrid orbital)의 개념을 사용하여 해결하였다. 원자 오비탈 2s 한 개와 2p 세 개를 수학적으로 네 번 섞으면(혼성) sp^3 혼성 오비탈이라고 부르는 네 개의 오비탈이 생긴다(혼성 오비탈의 개수는 혼성에 사용된 AO의 개수와 같음). 이렇게 하여 얻어진 네 개의 sp^3 혼성 오비탈은 탄소 원자 중심에서 사면체 구조를 이룬다.

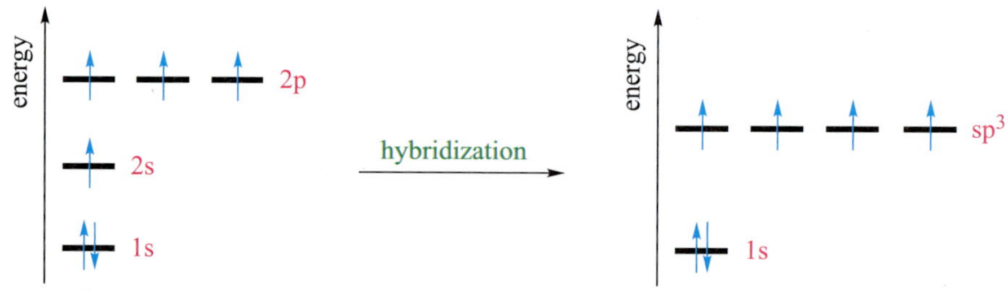

아래 그림은 sp^3 혼성 오비탈과 탄소의 네 sp^3 혼성 오비탈을 보여 주고 있다. 2p AO처럼 두 로브는 상이 반대이나 두 로브의 크기는 다르다.

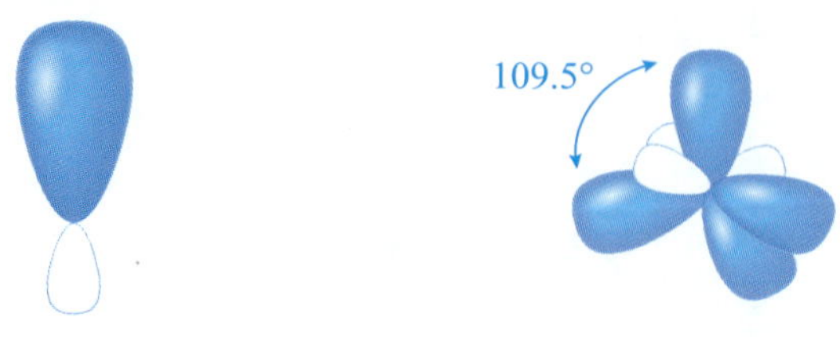

one sp^3 hybrid orbital

전자가 하나씩 들어 있는 탄소 원자의 네 sp^3 혼성 오비탈이 수소 원자의 1s AO와 겹치면 CH_4 분자가 생성된다. 탄소와 수소 사이의 결합은 σ 결합이다.

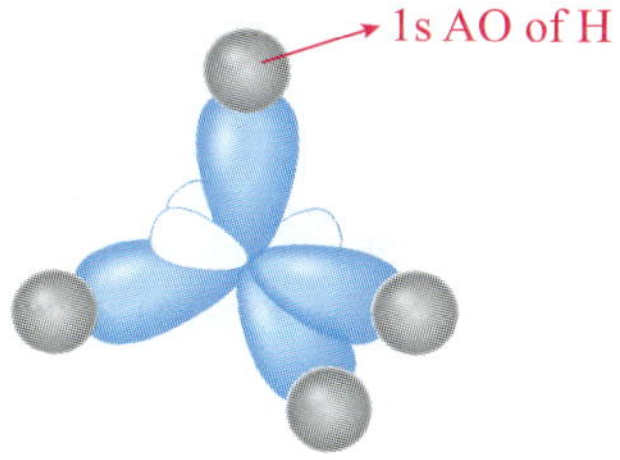

에테인에서의 탄소–탄소 결합은 두 탄소 원자의 sp^3 혼성 오비탈의 겹침으로 설명할 수 있다.

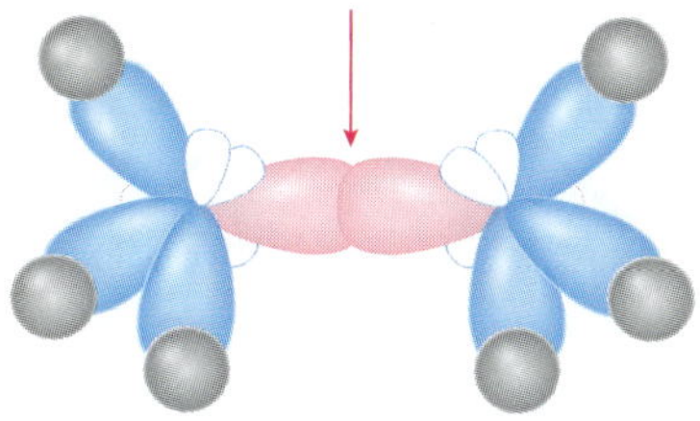

이 결합은 σ 결합이며 전자 밀도가 결합축의 회전에 대하여 대칭이다. 따라서 탄소–탄소 σ 결합의 회전은 에너지가 많이 필요하지 않으며 실온에서는 그 회전이 자유롭다. 이러한 내용은 4장에서 더 자세하게 다룰 것이다.

에틸렌의 sp^2 혼성

에틸렌(에텐)의 결합은 sp^2 혼성 오비탈로 설명할 수 있다. 다음과 같이 탄소 원자의 2s AO 한 개와 2p AO 두 개가 혼성을 하면 세 개의 sp^2 혼성 오비탈이 생기고 이 오비탈은 서로 120° 각도를 이룬다. 이때 혼성에 참여하지 않은 2p 오비탈(빨간색)은 세 sp^2 혼성 오비탈과 직각을 이룬다.

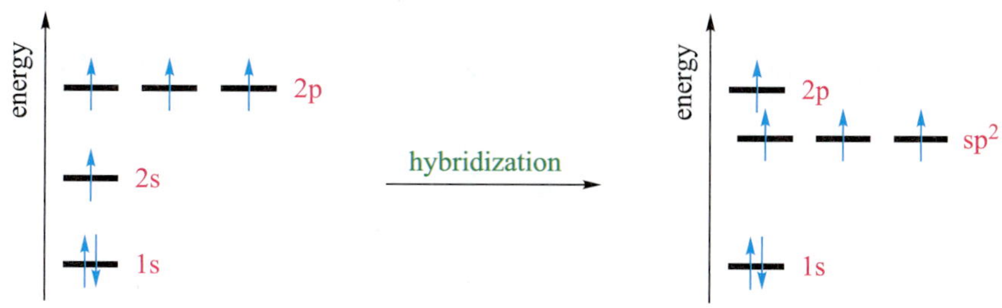

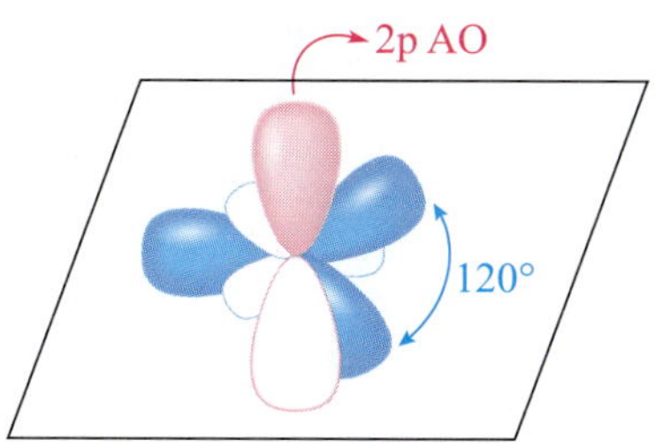

한 탄소 원자의 세 sp^2 혼성 오비탈 중에서 둘이 수소 원자의 1s AO와 겹치고 나머지 하나가 다른 탄소 원자의 sp^2 혼성 오비탈과 겹치면 C−H σ 결합 두 개와 C−C σ 결합 하나가 얻어진다. 또한 한 탄소 원자의 혼성에 참여하지 않은 2p AO가 다른 탄소 원자의 2p AO와 옆에서 겹치게 되면(측면 겹침) **π(파이) 결합**이라고 부르는 결합이 생긴다. 두 2p AO가 최대로 겹치려면 서로 나란히 겹쳐야 한다. 그러면 에틸렌의 모든 원자는 같은 평면에 놓이게 되며 π 전자는 이 평면의 위와 아래 쪽에 분포하게 된다.

π 결합은 σ 결합과 다르게 상온에서는 자유 회전이 불가능하다. 회전하려면 π 결합이 깨져야 하는데, 이 과정은 π 결합에 해당하는 84 kcal mol^{-1} 만큼의 에너지가 필요하다. 이 에너지는 상온에서의 열 에너지가 줄 수 없기 때문에 자유 회전은 상온에서는 일어나지 않는다. π 결합은 σ 결합에 비하여 오비탈이 덜 겹치므로 σ 결합보다는 약하다.

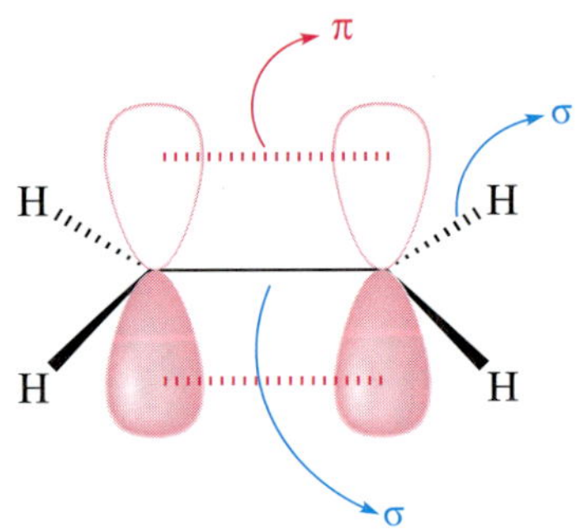

아세틸렌의 sp 혼성

아세틸렌의 결합은 sp 혼성 오비탈로 설명할 수 있다. 다음과 같이 탄소 원자의 2s AO 한 개와 2p AO 한 개가 혼성을 하면 두 개의 sp 혼성 오비탈이 생기고 이 오비탈은 서로 180° 각도를 이룬다. 이때 혼성에 참여하지 않은 두 2p AO가 존재한다.

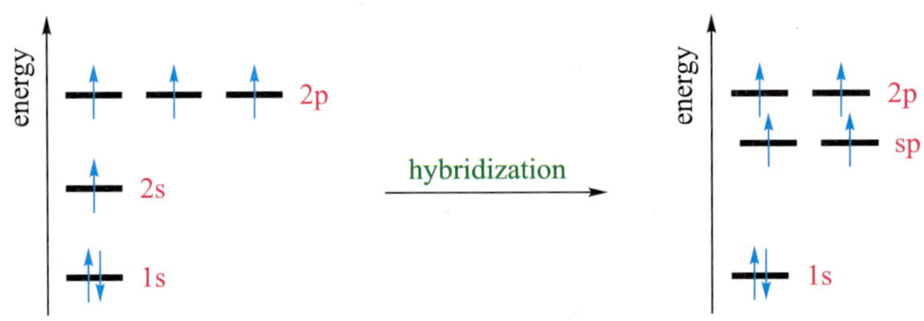

에틸렌에서와 비슷하게 탄소 원자의 혼성에 참여하지 않은 두 2p 오비탈이 겹치면 두 π 결합이 생긴다.

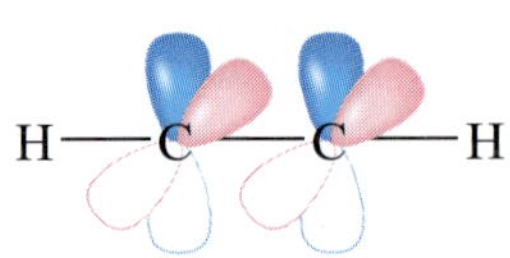

two π bonds in acetylene

1.6 구조식 그리기와 구조 이성질체

유기 분자의 루이스 구조식을 완전하게 그리는 일은 시간이 많이 걸리고 공간도 많이 차지하기 때문에 불편하다. 유기 화학자는 그래서 구조식을 좀 더 쉽게 그릴 수 있는 몇 가지 방법을 고안하였다. **축약 구조식**(condensed structure)에서는 선을 생략하되 원자는 CH_3처럼 쓴다. 더 많이 쓰는 구조식이 **선 구조식**(line structure)이다. 선 구조식으로 그리려면 사슬을 지그재그 모양으로 그리고 지그재그 선의 꺾인 부분과 두 말단에 탄소 원자가 있다고 간주한다. 단, O, N 같은 헤테로 원자는 표시한다. 탄소 원자에 결합된 수소는 표시하지 않으나(탄소의 원자가를 만족시키는 수만큼의 수소 원자가 있다고 가정) 헤테로 원자에 결합된 수소는 표시한다.

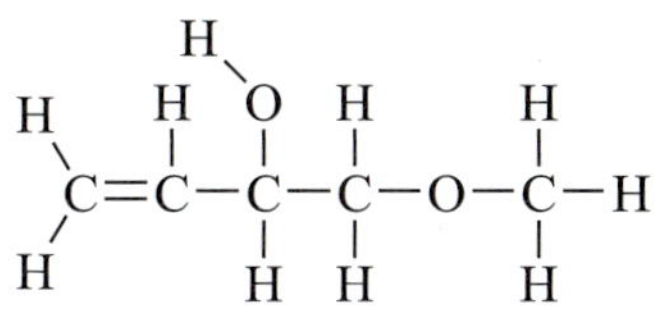

Lewis structure

$CH_2CHCH(OH)CH_2OCH_3$

condensed structure

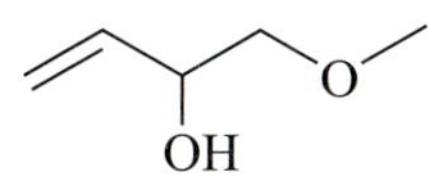

line structure

축약 구조식을 그릴 때 메틸기인 CH_3기를 Me, 에틸기인 C_2H_5기를 Et, 페닐기인 C_6H_5기를 Ph로 약칭하기도 한다.

CH_3CH_2OH	$C_6H_5OCH_3$
EtOH	PhOMe

고리 화합물도 비슷한 방법으로 선 구조식으로 그릴 수 있다.

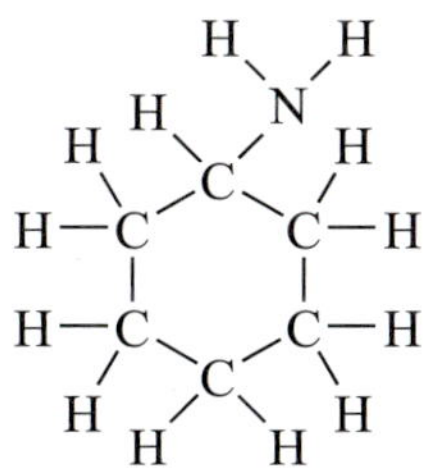

Lewis structure

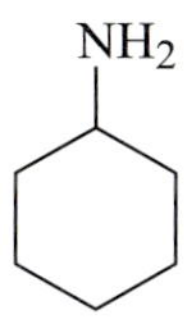

line structure

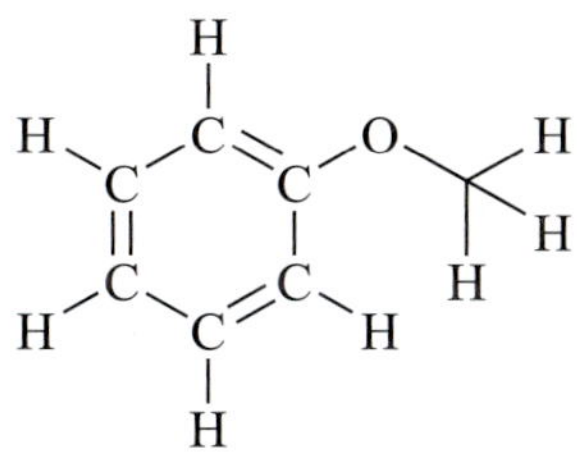

Lewis structure

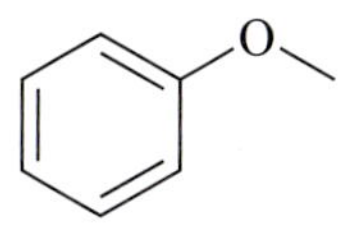

line structure

문제 1.7 다음 분자의 선 구조식을 각각 그리시오.

a. $(CH_3)_3CCH_2CH_2CH(CH_3)_2$

b. $CH_3CH_2SCH_2CH_2COOH$

c. $CH_3CH(CH_2CH_3)CH_2CH_2CH(NH_2)CH_3$ (CH₂CH₃ on C2, NH₂ on C5: $CH_3\overset{CH_2CH_3}{\overset{|}{C}H}CH_2CH_2\overset{NH_2}{\overset{|}{C}H}CH_3$)

d. $(CH_3)_2C{=}CHC({=}O)CH_3$

e. 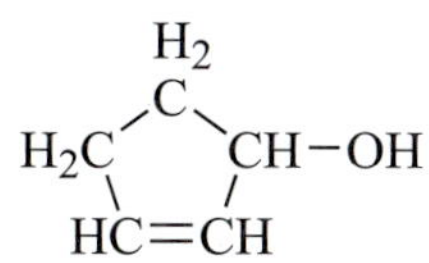

이성질체(isomer)는 분자식은 같으나 서로 다른 화합물을 말한다. CH_3CH_2OH와 CH_3OCH_3의 경우 분자식인 C_2H_6O는 같으나 원자의 연결순서(connectivity)는 서로 다른데, 이러한 이성질체를 **구조 이성질체**(constitutional isomer)라고 한다(이성질체의 다른 예

'iso'는 그리스 단어로서 '비슷하다"를 의미한다.

인 입체 이성질체는 3장에서 다룬다).

문제 1.8 분자식이 C_5H_{12}인 화합물의 가능한 구조 이성질체를 모두 그리시오(힌트: 세 개).

1.7 공명 구조

어떠한 경우에는 루이스 구조 하나만으로는 실제 구조를 표현할 수 없는 경우도 있다. 예로서 나이트로메테인(CH_3NO_2)의 루이스 구조 **A**를 보자. 이 구조에 의하면 두 N−O 결합 길이는 다를 것으로 예측되나 실제로는 모두 같다(N−O 결합 길이는 122 pm로서 N−O 단일 결합 길이 130 pm와 N=O 이중 결합 길이 116 pm의 중간이다). 따라서 루이스 구조 **A**는 실제 구조를 제대로 나타내지 못한다는 것을 알 수 있다. 이러한 문제를 해결하기 위하여 **공명**(resonance)이라고 부르는 이론이 도입되었다. 공명 이론에 의하면 실제 구조는 두 개 이상의 루이스 구조(**공명 구조**(resonance structure)라고 부름)가 혼합된 구조인 **공명 혼성체**(resonance hybrid)로 표현할 수 있다. 나이트로메테인의 경우, 전자의 위치가 다른 구조 **B**를 그릴 수 있으며 실제 구조는 구조 **A**와 **B**의 공명 혼성체라고 간주한다. 공명 구조 사이의 관계는 **양쪽 화살표**(double−headed arrow) ⟷ 로 나타낸다.

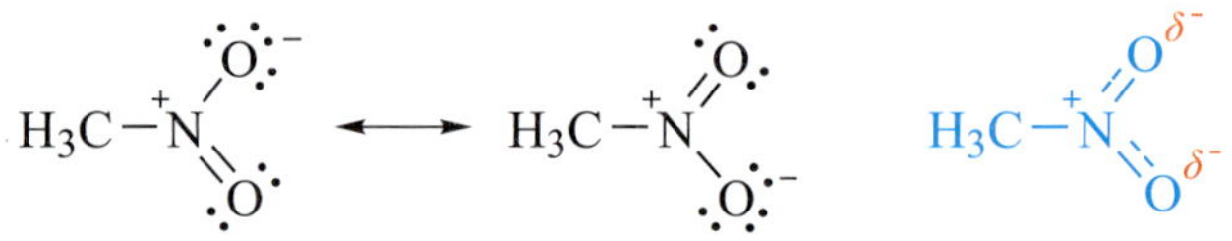

A **B** resonance hybrid

공명 구조 그리기

각 공명 구조는 실제가 아닌 가상적(존재하지 않는) 구조이다. 공명에 참여하는 **공명 기여체**(resonance contributor)의 수(특히 같은 공명 구조의 수)가 많을수록 실제 구조는 더 안정하며 공명 혼성체는 각 공명 구조보다 더 안정하다고 본다. 그래서 공명 구조가 두 개 이상 가능한 구조는 "**공명 안정화되어**(resonance stabilized) 있다"고 말한다.

공명 구조에서는 원자의 위치는 동일하고 π 혹은 고립쌍 전자의 위치만 다르다(따라서 σ 결합이 깨지게 그리면 안 된다). π 혹은 고립쌍 전자의 이동은 **굽은 화살표**(curved arrow)를 사용하여 나타낸다(2장에서 다루겠지만, 굽은 화살표는 유기 반응의 메커니즘을 그릴 때에도 사용된다).

굽은 화살표 에서 왼쪽 끝(꼬리)은 전자 두 개(전자쌍 하나)가 이동할 때 그 출발지를 나타내고 오른쪽 끝(머리)은 전자쌍의 도착지를 나타낸다. 따라서 공명 구조를 그릴 때에는 굽은 화살표의 양끝이 전자쌍의 출발지와 도착지에 놓이도록 그려야 한다(굽은 화살표의 꼬리는 고립쌍 혹은 다중 결합의 가운데에 놓일 수 있다. 옮겨지는 전자쌍이 한 원자의 고립쌍이 되는 경우 화살표의 머리 부분은 그 원자로 향한다. 반면에 옮겨지는 전자쌍이 다중 결합을 이룬다면 머리 부분이 그 결합 가운데를 향하게 그린다. 다음 예를 참조 바람).

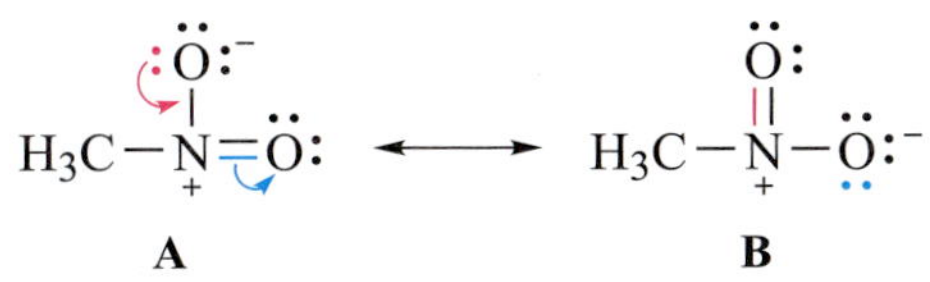

공명 구조를 그릴 때 지켜야 할 규칙은 다음과 같다.

(1) π 혹은 고립쌍 전자만 이동한다. σ 결합 전자는 이동하지 않는다.
(2) 공명 구조는 알짜 전하, 전자쌍 그리고 홀전자의 수가 모두 같아야 한다.
(3) 모든 공명 구조는 올바른 루이스 구조이어야 한다. 2주기 원소는 팔전자계 규칙을 따른다.

유기 화학에서 흔히 접하는 공명 구조는 크게 네 가지 부류에 속한다. 첫 번째 부류는 **알릴성 계**(allylic system)인 X=Y−Z*이며 Z*는 양전하, 음전하를 띤 원자이다(Z 원자에 짝을 이루지 않은 홀전자가 있을 수도 있지만 이 예는 다루지 않음).

두 번째 부류는 **콘쥬게이트 이중 결합**(conjugated double bond)이 있는 계(이중 결합과 단일 결합이 번갈아 있는 계)이다.

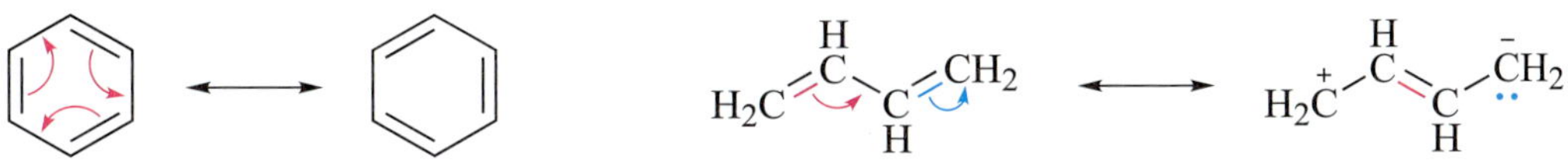

세 번째 부류는 고립쌍과 양전하가 이웃 원자에 놓인 계이다.

마지막으로 네 번째 부류는 X=Y계이며 X, Y 중에서 한 원자는 전기 음성도가 더 크다. 그러면 더 전기 음성 원자에 음의 형식 전하를 띤 공명 구조를 그릴 수 있다.

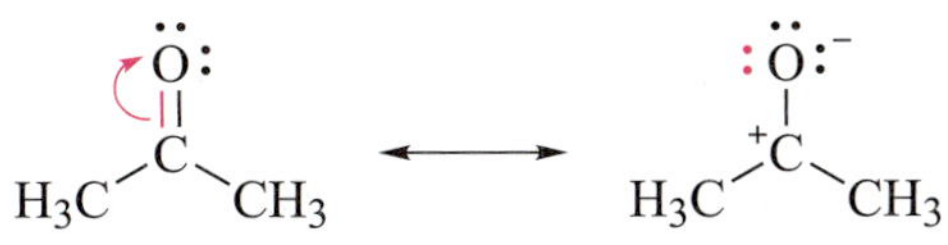

문제 1.9 다음 굽은 화살표를 이용하여 전자쌍을 이동하였을 때 얻어지는 공명 구조를 고립쌍과 형식 전하를 포함하여 각각 그리시오.

a. 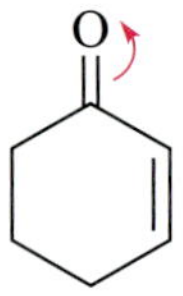

b. 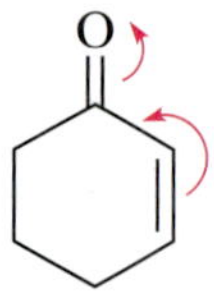

c. 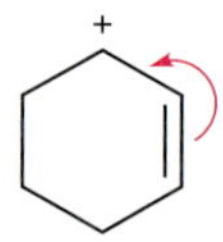

d. 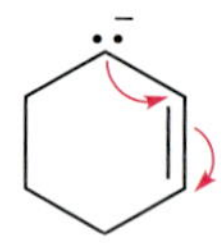

문제 1.10 다음 각 공명 구조에 고립쌍을 표시한 후, 첫 번째 공명 구조를 두 번째 공명 구조로 바꾸는 데 필요한 굽은 화살표를 그리시오.

a. 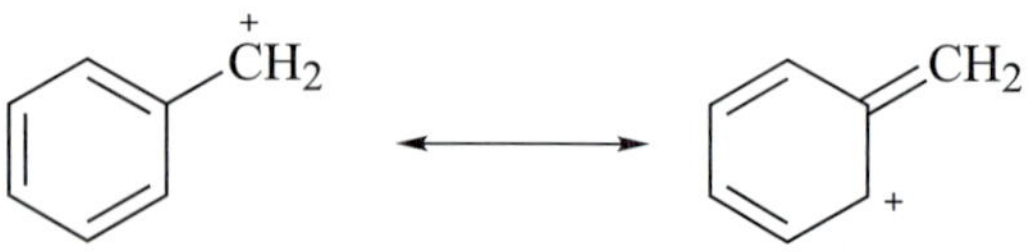

b. 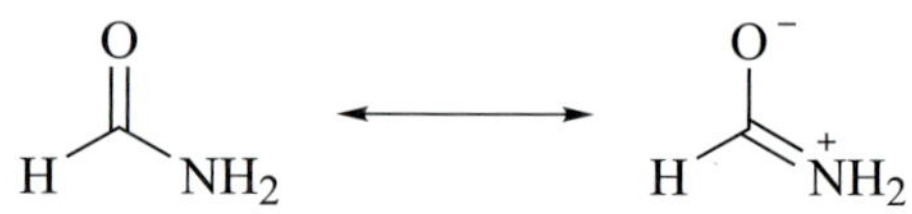

c. 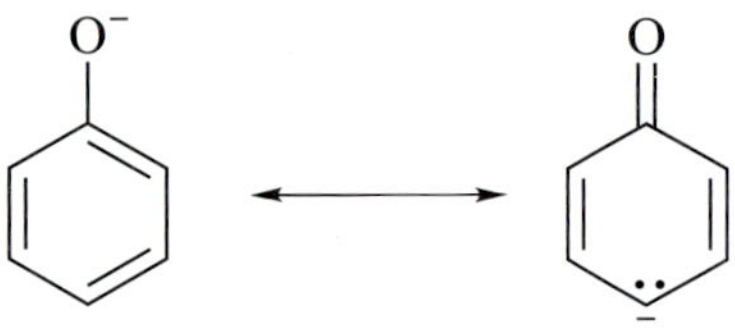

d. 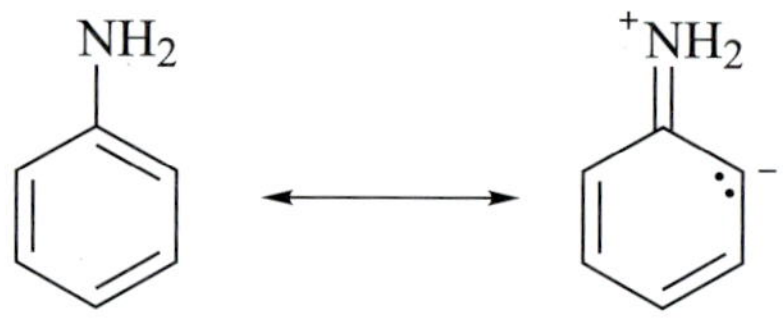

공명 구조의 안정성

공명 구조가 실제 구조에 기여하는 정도는 그 안정도에 달려 있다. 즉, 더 안정할수록 실제 구조에 더 크게 기여한다(크게 기여하는 구조를 **주 공명 기여체**(major resonance contributor), 덜 기여하는 구조를 **부 공명 기여체**(minor resonance contributor), 별로 기여하지 않는 구조는 중요하지 않은(unimportant) 기여체라고 부를 수 있을 것이다).

공명 구조는 실제 구조가 아닌데 안정성을 어떻게 알 수 있을까? 이 점에 관한 몇 가지 원칙이 있으며 그 중요도에 따라서 다음과 같이 쓸 수 있다(가장 중요한 원칙이 먼저).

(1) 2주기 원소는 팔전자계 규칙을 만족하여야 한다.

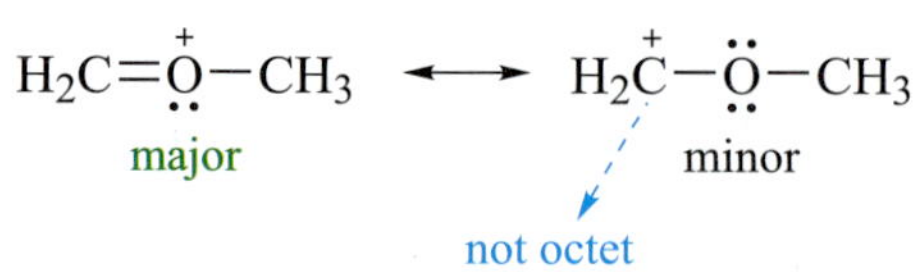

(2) 결합의 수는 최대한 많아야 한다.

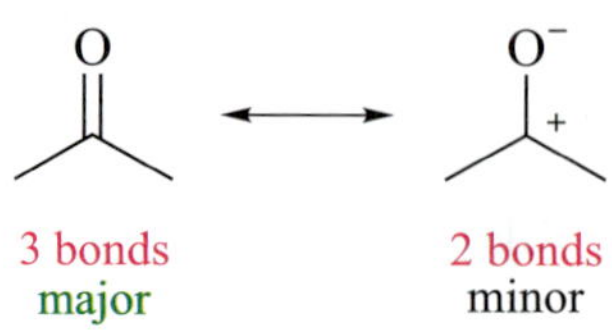

(3) 음전하는 더 전기 음성인 원자에 놓여야 한다.

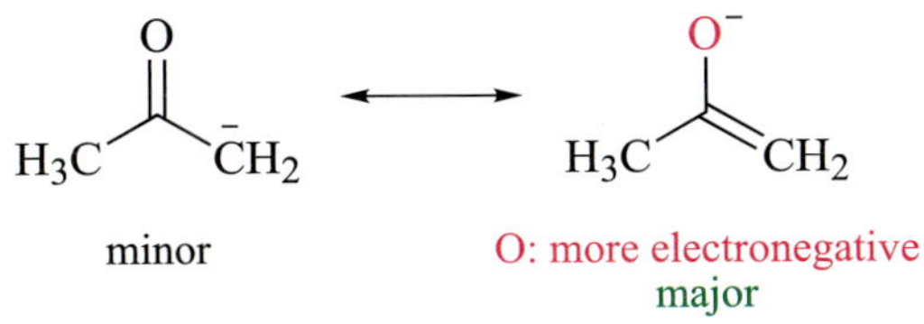

(4) 형식 전하의 분리가 최소화되어야 한다.

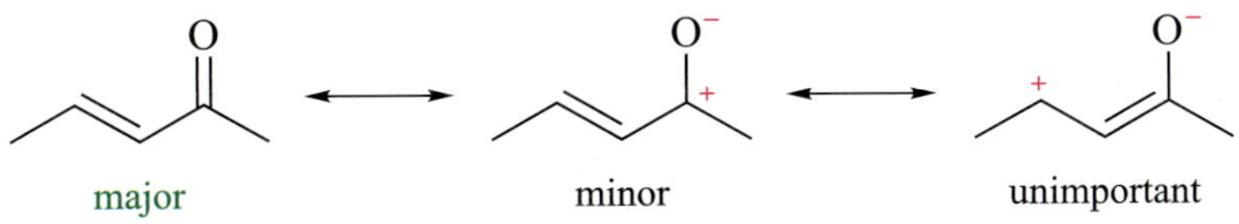

문제 1.11 다음 두 공명 구조 중에서 더 안정한 구조를 각각 고르시오.

a. 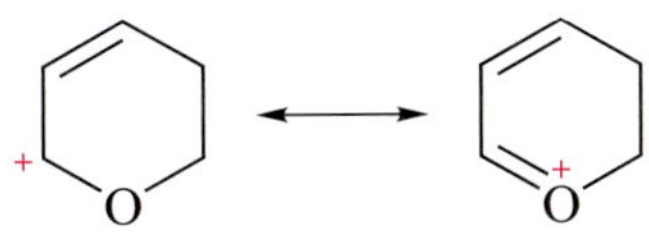

b. 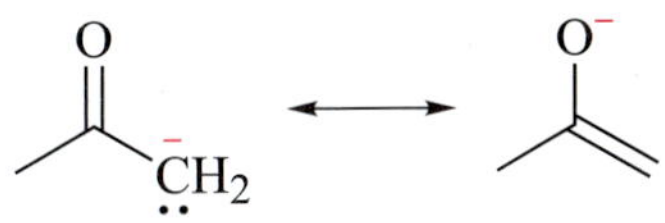

추가 문제

1.12 다음 화학종의 루이스 구조를 각각 그리고, 원자의 형식 전하가 0이 아닌 경우에는 그 값을 쓰시오.

a. NH_3 b. CH_3COCH_3 c. CH_3NO_2 d. N_3^- (두 구조 가능)

1.13 다음 각 구조에서 빨간색으로 표시한 원자에 형식 전하를 부여하시오.

a. 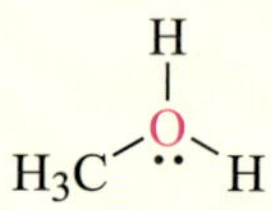 b. 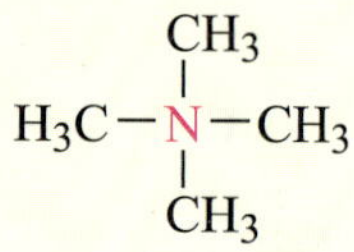 c. 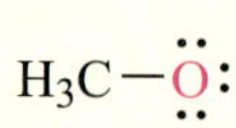 d. 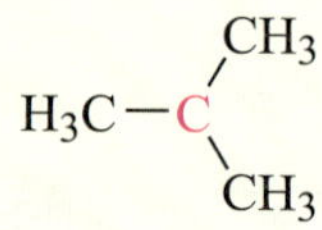 e. 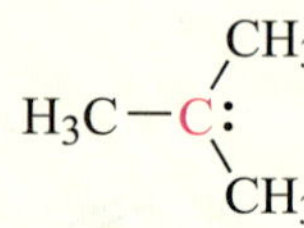

1.14 다음 구조의 분자식을 각각 쓰시오(유기 화합물의 실험식과 분자식은 **힐(Hill) 체계**에 따라서 탄소, 수소를 먼저 쓰고 나머지 원소는 알파벳 순서로 쓴다).

a. 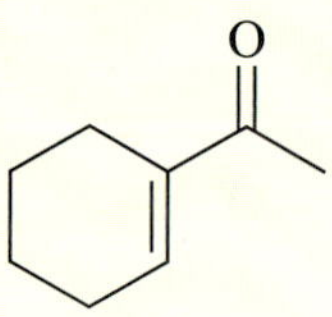 b. 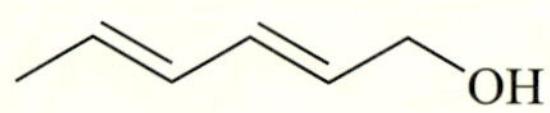 c. 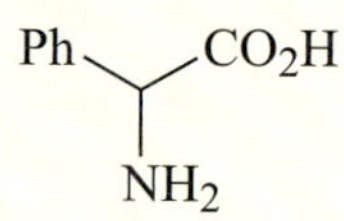 d. 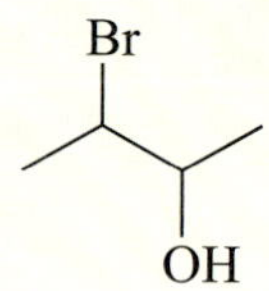

1.15 다음 각 화학종의 가능한 모든 공명 구조를 굽은 화살표를 이용하여 그리고, 주 공명 기여체와 부 공명 기여체를 확인하시오(고립쌍을 모두 표시하여야 함. 공명 구조의 안정성이 같거나 비슷하면 '안정성 비슷'이라고 쓸 것).

a. 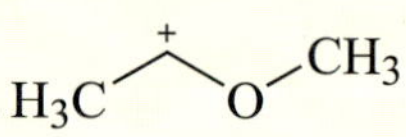 b. 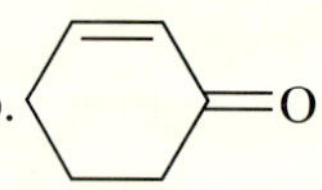 c. $H_2C=\overset{+}{N}=N^-$

d. 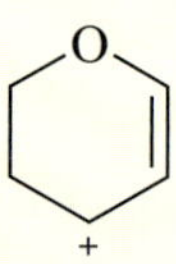 e. $H_3C-C\equiv\overset{+}{N}-\overset{-}{O}$

1.16 이산화 질소(NO_2)는 상온에서 적갈색 기체로서 NOX라고 부르는 질소 산화물 중에서 대표적인 대기 오염 물질이다. NO_2는 홀전자가 있으며 홀전자는 질소 혹은 산소 원자에 놓일 수 있다. 1.4절에서 형식 전하가 작은 루이스 구조가 형식 전하가 큰 구조보다 더 선호된다고 언급하였다. 이 원칙에 따라서 형식 전하가 더 작은 이산화 질소의 루이스 구조를 그리시오(실제로는 이산화 질소의 홀전자는 질소 원자에 놓여 있다. 문제 1.6의 NO와 비교할 것).

1.17 이산화 염소(ClO_2)는 식수의 염소 소독에 쓰이는 녹황색의 기체이다. 이산화 염소의 루이스 구조와 공명 구조를 그리시오(힌트: 이산화 염소는 홀전자가 하나 있는 라디칼이다).

Chapter 02

유기 화합물의 작용기, 명명법 및 산과 염기

출처: sutterstock

2.1 작용기

지금까지 알려진 유기 화합물의 수는 일억 개 정도로 추산된다. 이렇게 많은 수의 유기 화합물의 화학적 및 물리적 성질을 하나하나 공부한다는 것은 현실적으로 불가능할 것이다. 하지만 다행스럽게 특정한 원자의 모임인 **작용기**(functional group)를 알면 유기 화학을 쉽게 이해할 수 있다. 그 이름에서 알 수 있듯이 작용기는 특정한 반응이 일어나는 분자 내의 한 부분이다. 작용기가 같으면 분자의 나머지 부분이 달라도 비슷한 반응이 일어날 것이라고 예측할 수 있다. 그러면 작용기는 몇 개나 있을까? 약 스무 개 정도의 작용기만 알면 유기 화학 공부에 그럭저럭 충분하며, 이들 작용기를 표 2.1에 수록하였다(Ar은 아릴기, R은 알킬기를 나타낸다).

또한 유기 화합물의 명명도 작용기에 따라서 정해지므로 유기 구조에서 작용기의 종류를 파악하는 것은 유기 반응의 이해 및 유기 명명에서 매우 중요하다.

표 2.1 작용기에 따른 유기 화합물의 분류

분류	일반 구조식	작용기	예
알켄		$C{=}C$	$CH_2{=}CH_2$
알카인		$C{\equiv}C$	$HC{\equiv}CH$
아렌(방향족 화합물)	ArH		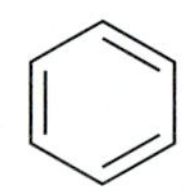
할라이드	RX	$-X$(할로) ($X{=}F$, Cl, Br, I)	CH_3I, $CH_2{=}CHCl$
알코올	ROH	$-OH$	CH_3CH_2OH
에터	ROR	$-OR$	$CH_3CH_2OCH_3$
아민	RNH_2, R_2NH, R_3N	$-NR_2$($R{=}H$ 혹은 알킬)	$CH_3CH_2NH_2$
알데하이드	RCHO	$-CHO$	CH_3CHO
케톤	R_2CO	$C{=}O$(카보닐기)	CH_3COCH_3
이민	$R_2C{=}NR$	$C{=}NR$	$(CH_3)_2C{=}NCH_3$
카복실산	RCO_2H	$-CO_2H$	CH_3CO_2H
에스터	RCO_2R	$-CO_2R$	$CH_3CO_2C_2H_5$
아실 할라이드	RCOX	$-COX$	CH_3COCl
산 무수물	$(RCO)_2O$	$-CO_2CO-$	$(CH_3CO)_2O$
아마이드	$RCONR_2$	$-CONR_2$ ($R{=}H$ 혹은 알킬)	CH_3CONH_2
나이트릴	RCN	$-CN$	CH_3CN
싸이오에스터	RCOSR	$-COSR$	CH_3COSCH_3
나이트로 화합물	RNO_2	$-NO_2$	CH_3NO_2
싸이올	RSH	$-SH$	CH_3SH
설파이드(황화물)	RSR	$-SR$	CH_3SCH_3
다이설파이드(이황화물)	RSSR	$-SS-$	CH_3SSCH_3
설폰산	RSO_3H	$-SO_3H$	$C_6H_5SO_3H$

탄화수소

탄화수소(hydrocarbon)는 탄소와 수소로만 이루어진 화합물로서 크게 모든 결합이 단일 결합인 **포화 탄화수소**(saturated hydrocarbon)와 탄소–탄소 사이에 다중 결합이 적어도 하나 있는 **불포화 탄화수소**(unsaturated hydrocarbon)로 분류할 수 있다.

알케인과 사이클로알케인

유기 화합물의 골격을 이루는 기본 구조는 탄소와 탄소, 그리고 탄소와 수소 사이의 결합이 모두 단일 결합인 **알케인**(alkane)이다(알케인은 반응성이 부족하므로 흔히 작용기로 분류하지는 않는다). 알케인은 탄화수소의 한 부류로서 탄소가 최대 수의 수소 원자와 결합하고 있기 때문에 포화 탄화수소라고도 부르며, 분자식은 C_nH_{2n+2}이다(이 절에서는 화학 구조식 아래에 작용기 이름은 빨간색으로 표시하였다). 알케인에서 수소 하나를 제거한 기를 **알킬**(alkyl)기라고 하며 R로 나타낸다. 그러면 알케인을 RH로 표시할 수 있다.

nonane
alkane

탄소 원자는 이 탄소 원자에 연결되어 있는 탄소 원자의 수에 따라 일차(1°), 이차(2°), 삼차(3°), 사차(4°) 탄소로 분류한다. 수소의 차수는 수소가 결합된 탄소의 차수가 결정한다. 즉, 삼차 탄소에 연결된 수소를 삼차 수소라고 한다. 당연히 사차 수소는 없다.

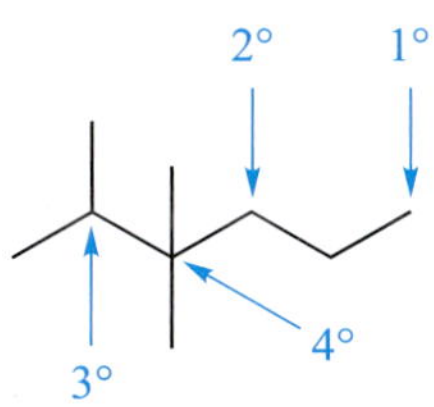

문제 2.1 빨간색 점으로 표시한 탄소를 일차, 이차 및 삼차 탄소로 각각 분류하시오.

a. 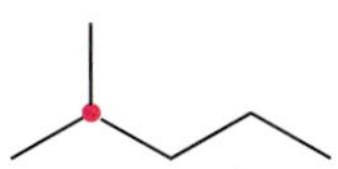 b. 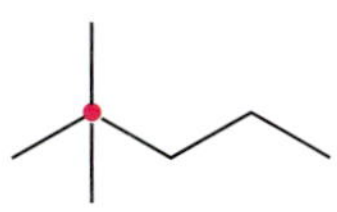 c. 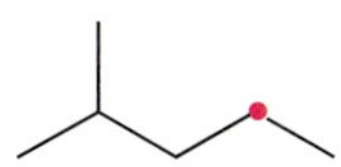 d. 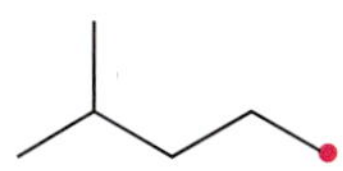

고리형 탄화수소를 **사이클로알케인**(cycloalkane)이라고 부르며, 몇 가지 예는 다음과 같다.

cylopropane

cyclopentane

cyclohexane

알켄과 알카인

알켄과 **알카인**은 각각 탄소−탄소 이중 결합과 삼중 결합이 있는 불포화 탄화수소이다. 포화 및 불포화 탄화수소를 한꺼번에 **지방족 탄화수소**(aliphatic hydrocarbon)라고 부른다. 이는 이러한 화합물의 물리적 성질이 지방과 비슷하기 때문이다.

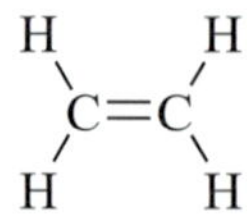

ethene
alkene

$H-C\equiv C-H$

ethyne
alkyne

방향족 화합물과 방향족 헤테로 고리 화합물

방향족 화합물(aromatic compound)은 벤젠이나 나프탈렌 같이 평면이면서 고리 구조의 불포화 탄화수소이다. 이는 불포화 화합물이지만 알켄이나 알카인과는 화학적 성질이 크게 다르기 때문에 다른 부류로 분류된다. 방향족 화합물을 **아렌(arene)**이라고도 하며, **아릴(aryl)**기는 아렌에서 수소 하나가 제거된 기로 Ar로 나타낸다.

고리에 탄소 대신에 헤테로 원자가 있는 **방향족 헤테로 고리 화합물**(aromatic heterocyclic compound)도 있으며 그 수가 엄청나게 많다. 피리딘, DNA의 염기인 아데닌, 타이민이 여기에 속한다.

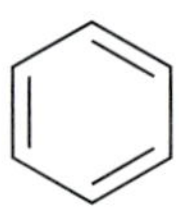

benzene
aromatic compound

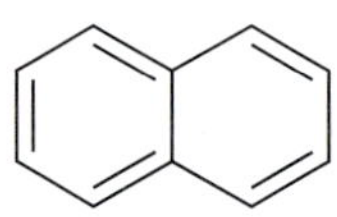

naphthalene
aromatic compound

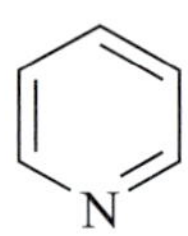

pyridine
aromatic heterocyclic compound

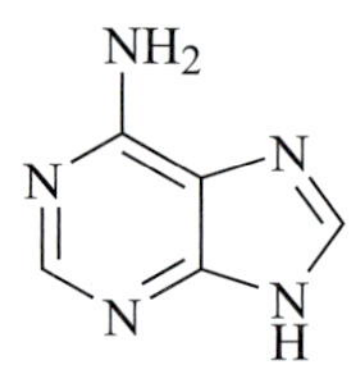

adenine

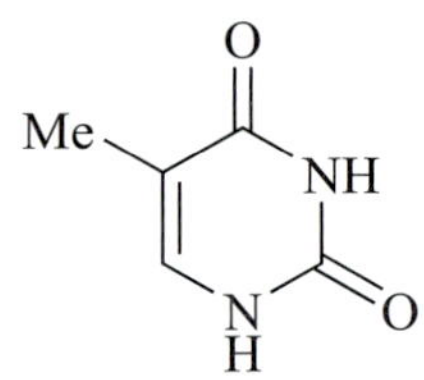

thymine

C−Z σ 결합 화합물

C−Z σ 결합 화합물은 전기 음성 원자인 할로젠, 산소, 황, 질소 같은 헤테로 원자와 탄소가 단일 결합으로 연결된 화합물이며, 그 예는 알킬 할라이드, 알코올, 싸이올, 에터, 에폭사이드, 아민 등이다.

CH_3CH_2Br	$CH_3CH(OH)CH_3$	CH_3SH	CH_3OCH_3		CH_3NH_2
alkyl halide	alcohol	thiol	ether	epoxide	amine

C=O 결합 화합물

탄소−산소 이중 결합의 **카보닐**(carbonyl)기는 많은 부류의 작용기에 들어 있기 때문에 아마도 유기 화학에서 가장 중요한 작용기일 것이다. 케톤은 카보닐 탄소에 탄소 둘, 그리고 알데하이드는 탄소 하나만 연결된 구조이다. 폼알데하이드는 카보닐 탄소에 수소만 결합되어 있다.

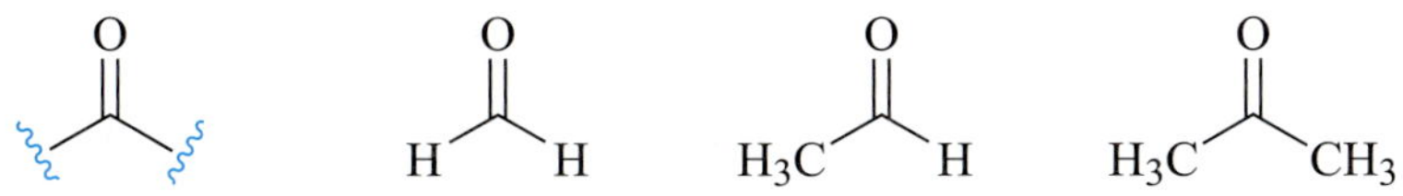

carbonyl group　aldehyde　aldehyde　ketone

카보닐 탄소에 헤테로 원자(O, N, S, 할로젠)가 붙어 있는 부류를 **카복실산 유도체** 또는 **아실기**(RCO−)를 포함하므로 **아실 유도체**라고 부른다. 이 부류에 속한 화합물은 가수분해를 통하여 **카복실산**으로 변환될 수 있기 때문이다. 카복실산 유도체의 예는 다음과 같다.

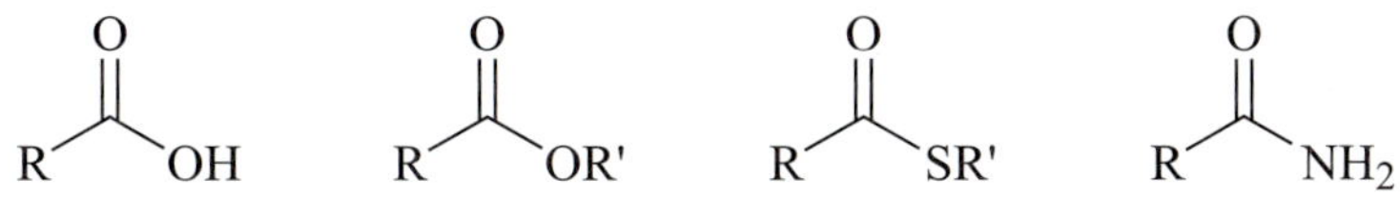

carboxylic acid　ester　thioester　amide

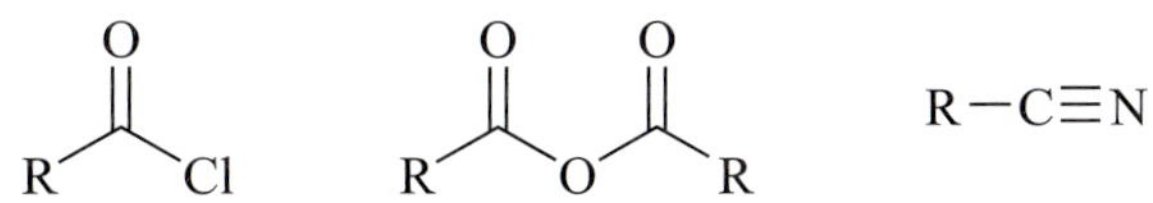

acid chloride
acyl chloride　acid anhydride　nitrile

2.2 분자간 힘과 물리적 성질

녹는점이나 끓는점 같은 물리적 성질은 수없이 많은 분자들이 나타내는 성질이다. 이러한 성질에 크게 영향을 미치는 한 가지 요인이 분자간 힘이다. **분자간 힘**은 분자 사이의 상호 작용의 결과로 생기며 당기는 힘이거나 미는 힘일 수도 있다.

분자간 힘은 분자 내의 결합보다 훨씬 약하나 이 힘 때문에 비극성 헬륨 원자나 수소 분자가 저온에서 액화될 수 있다. 분자간 힘은 녹는점, 끓는점, 용해도 같은 물리적 성질에 영향을 주며, 특히 단백질, 탄수화물이나 DNA 같은 생고분자의 삼차원 구조를 결정한다.

분자간 힘은 전적으로 정전기적 힘이다. 따라서 두 반대 전하 사이의 쿨롱 힘이 가장 강하다. 전기적으로 중성인 분자 사이의 힘을 **반데르 발스 힘**(van der Waals force)이라고 부르며, 쌍극자–쌍극자 힘, 쌍극자–유도 쌍극자 힘, 분산력 등이 그 예이다.

쌍극자–쌍극자 힘은 아세톤이나 클로로폼($CHCl_3$) 같은 두 극성 분자에서 반대 부분 전하 사이의 쿨롱 힘이다. **쌍극자–유도 쌍극자 힘**은 극성 분자와 비극성 분자 사이의 힘이다. 비극성 분자에 극성 분자의 쌍극자가 접근해 오면 비극성 분자의 전자 구름이 순간적으로 뒤틀리게 된다. 이렇게 전자 구름의 불균형으로 생기는 쌍극자를 유도 쌍극자라고 부르며, 이

현상이 비극성 분자인 이산화 탄소나 산소 기체가 물에 녹을 수 있는 이유이다.

비극성 분자 사이에서도 분자간 힘이 생길 수 있다. 비극성 분자의 전자 밀도는 긴 시간에 걸쳐서는 균일하지만(그래서 비극성), 순간적으로는 전자 밀도의 분포가 균일하지 않을 수 있다. 그러면 비극성 분자도 순간적으로 극성일 수 있으며, 이러한 순간적 극성은 이웃한 다른 분자에도 순간적 극성을 유발할 수 있다. 이러한 방식으로 생기는 순간적 쌍극자 사이의 힘을 **분산력**(dispersion force)이라고 부른다. 분산력은 원자나 분자의 **편극성**(polarizability)이 클수록, 그리고 두 분자의 접촉 면적이 클수록 더 커진다.

분산력은 쌍극자 같은 다른 힘보다 약할 것 같지만, 극성 분자에서조차 분자간 힘의 대부분을 차지할 수 있다. 예를 들어 HCl 기체의 경우 분산력이 분자간 힘의 약 80%를 차지한다(HI는 99.5%).

N, O, F 원자는 전기 음성도가 크기 때문에 음의 부분 전하를 띠게 된다. 이들 원자(수소 결합 받개)에 N—H, O—H 혹은 F—H 결합에서 양의 부분 전하를 띤 수소 원자(수소 결합 주개)가 접근하면(수소 원자는 크기가 작기 때문에 다른 원자보다 더 가까이 접근할 수 있음) N, O, F 원자와 H 원자 사이에 쌍극자–쌍극자 힘이 생기며, 이러한 힘을 **수소 결합**이라고 부른다. 이 힘은 최대 ~10 kcal mol^{-1} 정도로 작으나 이 힘의 결과로 탄수화물이나 단백질, DNA 등의 삼차원 구조가 정해진다.

분자가 너무 가까이 접근하면 두 분자의 전자 구름이 서로 반발하게 된다. 이러한 힘을 **입체 반발** 혹은 **반데르 발스 반발**이라고 부른다.

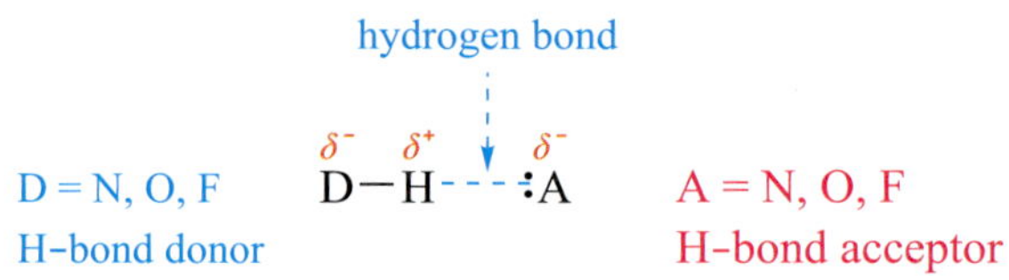

다음 그림은 세 개의 알코올(ROH) 분자 사이의 수소 결합을 묘사한 것이다.

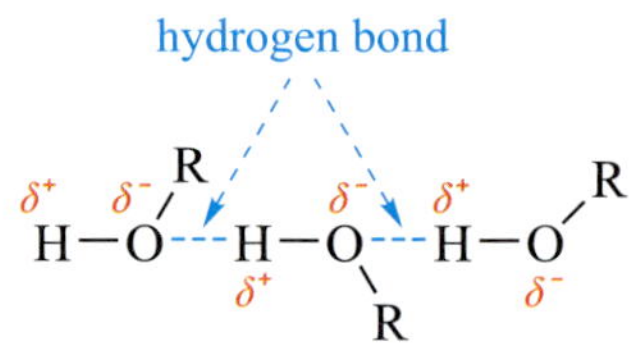

수소 결합은 분자 내에서도 일어날 수 있다.

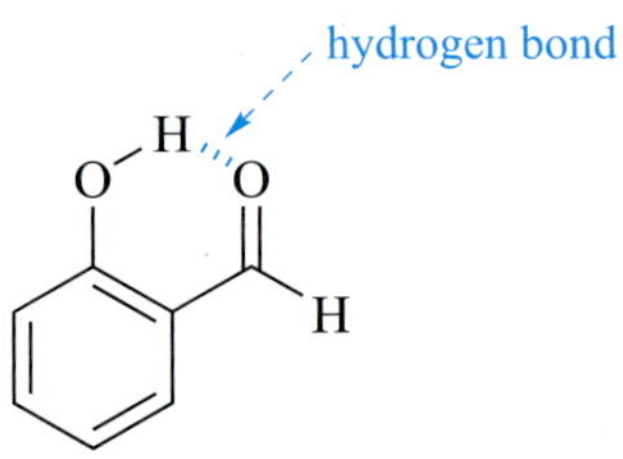

분자간 힘은 끓는점, 녹는점, 용해도, 표면 장력이나 점성도 같은 여러 가지 물리적 성질에 영향을 미친다. 이 절에서는 끓는점, 녹는점과 용해도만 언급하고자 한다.

끓는점

액체의 **끓는점**(boiling point, bp)은 액체의 증기압이 액체의 표면에 가해진 외부 압력과 같아지는 온도이다. 정상 끓는점은 외부 압력이 1기압일 때의 온도로 정의한다. 끓는점은 분자간 힘을 반영한다. 분자간 힘이 클수록 분자들은 서로 강하게 결합할 것이다. 액체가 기체로 상전이(phase transition)하려면 분자간 힘을 극복할 수 있을 정도로 외부에서 에너지를 공급하여야 하는데, 분자간 힘이 클수록 분자간 힘을 깨는 데 에너지가 더 많이 필요하므로 끓는점은 높아진다.

곧은 사슬 알케인의 끓는점은 탄소 수가 증가할수록 규칙적으로 증가한다(그림 2.1).

가지 달린 알케인은 탄소 수가 같은 곧은 사슬보다 끓는점이 더 낮다. 예를 들어, 헥세인(C_6H_{14})의 끓는점을 보자.

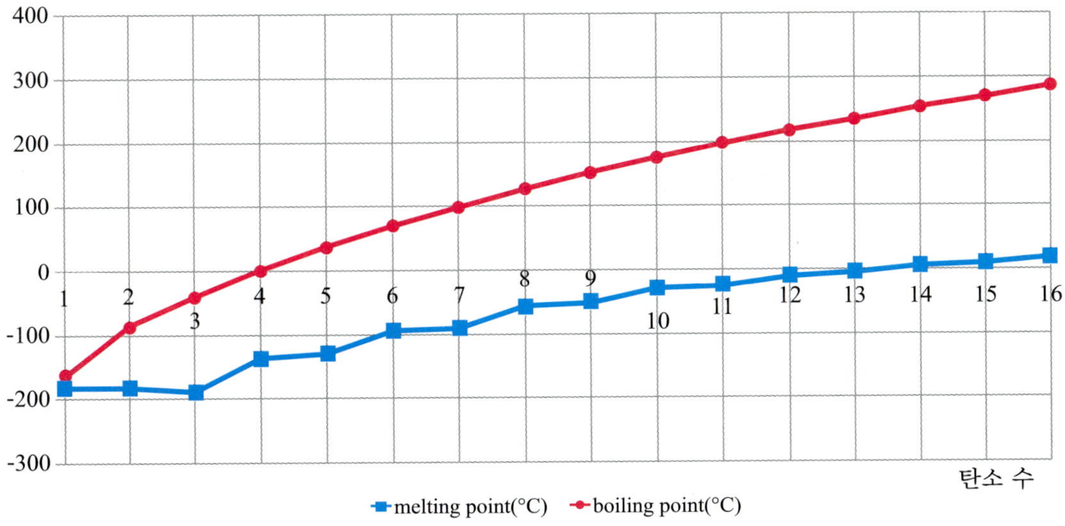

그림 2.1

곧은 사슬 알케인의 끓는점과 녹는점

hexane 69 °C

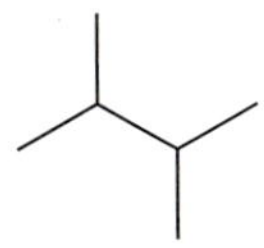

2,3-dimethylbutane 58 °C

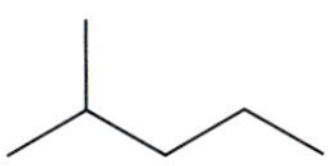

2-methylpentane 60 °C

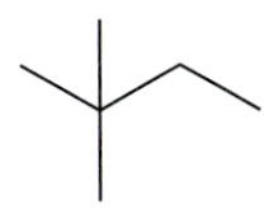

2,2-dimethylbutane 50 °C

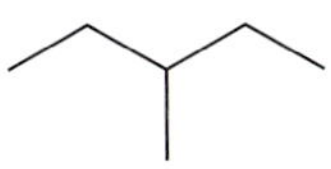

3-methylpentane 63 °C

알케인 같은 비극성 화합물의 경우에는 분산력이 주된 분자간 힘이다. 헥세인의 구조 이성질체는 분자의 모양이 다르다. 헥세인은 긴 원통 모양이나 2,2-다이메틸뷰테인은 그 모양이 공 모양에 더 가까울 것이다. 긴 원통 모양이면 표면적이 공 모양보다 더 크므로 한 분자가 이웃 분자와 접촉하면서 서로 당기는 분산력도 더 커지게 된다. 따라서 표면적이 더 큰 헥세인이 더 높은 온도에서 끓게 된다.

한 화합물에서 분자간 수소 결합의 정도는 **수소 결합 주개**와 **수소 결합 받개**의 전체 수에 의하여 결정되며, 이 수가 많은 분자일수록 분자간 힘이 더 강할 것이다. 예로서 프로판알(CH_3CH_2CHO), 프로판-1-올($CH_3CH_2CH_2OH$)과 아세트산(CH_3CO_2H)은 분자량이 거의 비슷하나 끓는점은 49 °C, 97 °C, 118 °C의 순서로 증가한다. 그 이유는 이 순서대로 수소 결합 주개와 받개의 전체 수가 증가하기 때문이다.

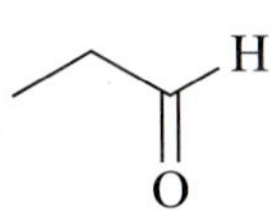

H-bond acceptor = 1
H-bond donor = 0

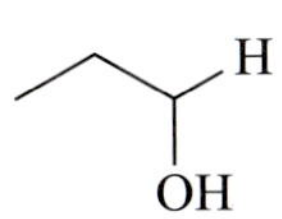

H-bond acceptor = 1
H-bond donor = 1

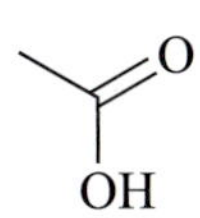

H-bond acceptor = 2
H-bond donor = 1

분자내 수소 결합을 하는 화합물은 다른 분자와의 수소 결합이 약해질 것이다. 따라서 분자내 수소 결합 화합물은 끓는점(그리고 녹는점)이 더 낮다.

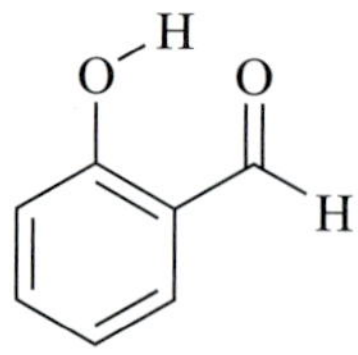

salicylaldehyde
bp 196~197 °C

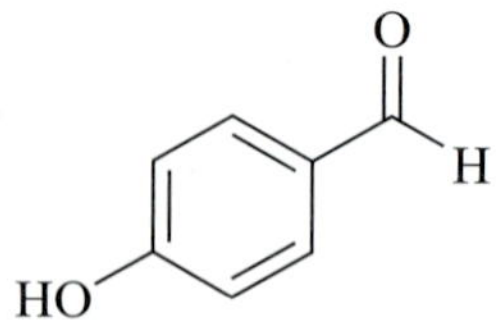

p-hydroxybenzaldehyde
bp 248 °C

문제 2.2 다음 두 분자 중에서 끓는점이 더 높은 것을 각각 고르시오.

a.  

b.  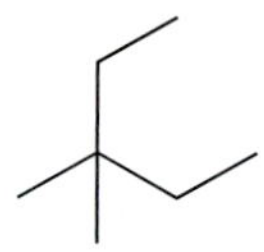

c. 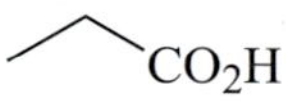 Me—CO_2Me

d.  

녹는점

녹는점(melting point, mp)은 끓는점처럼 분자간 힘을 반영하지만, 끓는점에는 개입하지 않는 요인이 하나 더 있다. 이 요인이 바로 결정에서 분자가 조밀하게 쌓이는 정도이다. X-선 회절 분석에 의하면 탄소 원자의 수가 짝수인 알케인이 더 조밀하게 쌓여 있다고 한다. 따라서 각 사슬 사이의 분자간 힘이 더 크고 녹는점이 높아진다. 이 점은 에테인과 프로페인의 녹는점을 비교해 보면 알 수 있다. 분자량이 더 작은 에테인의 녹는점이 프로페인보다 더 높다. 알케인의 녹는점도 에테인(−183 °C), 프로페인(−188 °C), 뷰테인(−138 °C), 펜테인(−130 °C)에서처럼 탄소 원자의 수가 증가할수록 전반적으로는 증가한다. 특이한 점은 증가하는 모습이 계단식이라는 점이다. 하지만 탄소 수가 짝수인 알케인과 홀수인 알케인의 녹는점만을 탄소 수에 대하여 따로 그리면 녹는점이 부드럽게 증가한다(그림 2.1).

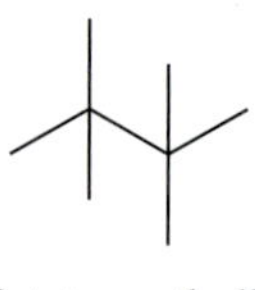

2,2,3,3-tetramethylbutane

가지가 분자를 매우 대칭적인 구조로 만드는 경우에는 녹는점이 비정상적으로 높아진다. 2,2,3,3-테트라메틸뷰테인의 녹는점은 101 °C로서 끓는점보다 불과 5 °C 더 낮다. 탄소 수가 같은 옥테인의 녹는점은 −57 °C이다.

문제 2.3 다음 두 화합물 중에서 녹는점이 더 높을 것이라고 예상되는 것을 각각 고르시오.

a. 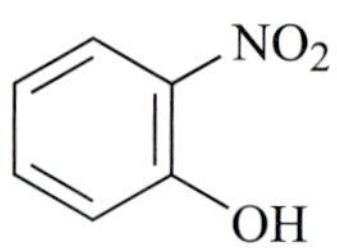 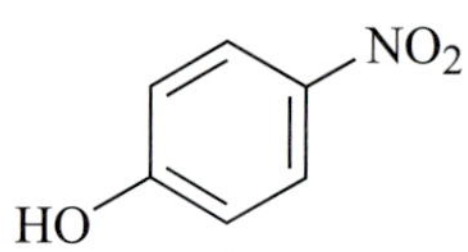

b. 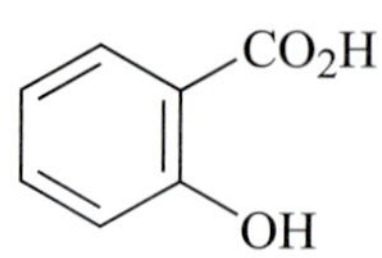 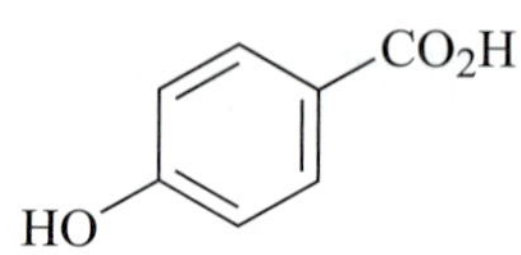

c. 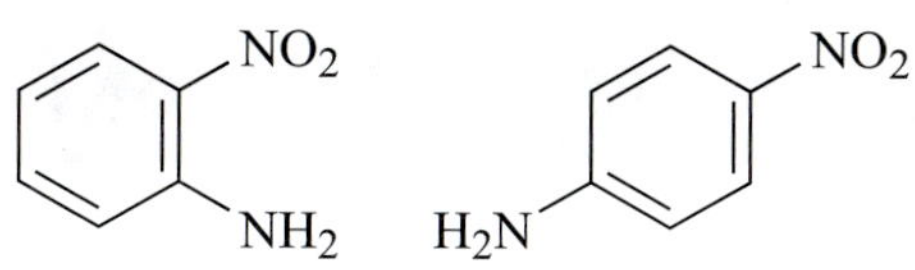

용해도

용해도(solubility)는 특정 온도에서 한 용질이 용매에 최대로 녹는 양을 의미하며, 정량적으로는 몰농도, 몰랄 농도, 몰분율 혹은 용매 100 g에 녹는 용질의 g 수로 표시한다. 용매 100 mL에 용질이 3 g 이상 녹을 때 그 용질이 용매에 녹는다고 간주한다.

극성 용매의 정의는 5장에서 다룬다.

아세톤이나 에탄올과 같이 물에 모든 비율로 녹는 경우에는 서로 섞인다(miscible)고 말한다. 용해도에 관련된 속담 중에 "**끼리끼리 녹인다**(like dissolves like)."라는 말이 있다. 이 말은 극성이 비슷한 것끼리 서로 녹인다는 의미이다(즉, 분자간 힘의 종류가 같은 물질끼리 서로 녹인다는 말임). 예로서 극성 분자인 아세톤은 극성 용매인 물에 녹으나 비극성 분자인 벤젠은 극성 용매인 물에 잘 녹지 않고 대신 비극성 용매인 사염화 탄소에 잘 녹는다.

유기 반응의 생성물이 반응 용매와 물 중에서 어디에 더 잘 녹을지를 미리 아는 것은 매우 중요하다. 비록 유기 용매에서 반응을 수행한다고 하여도 많은 경우 반응을 종결시키거나 물에 잘 녹는 염을 제거하기 위하여 반응 후에 물을 가하는 경우가 흔하다. 어떤 물질이 물에 잘 녹으려면 물과 수소 결합을 할 수 있는 기(OH기, NH_2기, CO_2H기, O 원자, N 원자)가 있어야 하며, 그러한 기 한 개마다 탄소 수가 5개까지인 화합물까지 녹을 수 있다.

예를 들어 일차 알코올의 경우,

CH_3OH(메탄올), CH_3CH_2OH(에탄올), $CH_3CH_2CH_2OH$(프로판-1-올): 물과 섞임
$CH_3CH_2CH_2CH_2OH$(뷰탄-1-올): 7.5%w; $CH_3CH_2CH(OH)CH_3$(뷰탄-2-올): 13%w;
$(CH_3)_3COH$(*tert*-뷰틸 알코올): 물과 섞임; $CH_3(CH_2)_3CH_2OH$(펜탄-1-올): 2%w;
$CH_3(CH_2)_3CH_2OH$(헥산-1-올): 0.7%w

카복실산 $CH_3(CH_2)_nCOOH$의 경우에는 n=7부터 물에 녹지 않는다.

예제 2.1 다음 화합물 중에서 수용성인 것을 고르시오.

a. 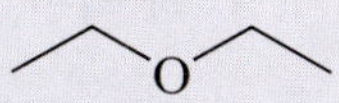 b. 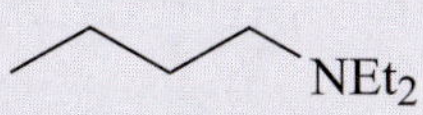 c. 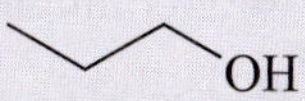 d. 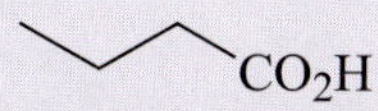

풀이 물에 녹으려면 탄소 원자 5개당 물과 수소 결합할 수 있는 작용기가 있어야 한다. 이 기준에 맞는 분자는 b를 제외한 나머지 분자이다.

문제 2.4 다음 화합물 중에서 수용성인 것을 고르시오.

a. 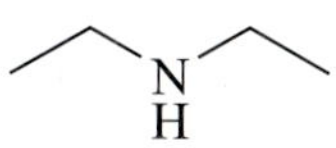 b. 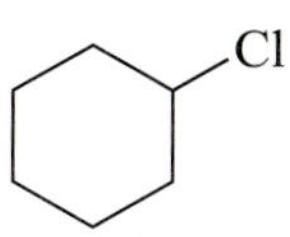 c. 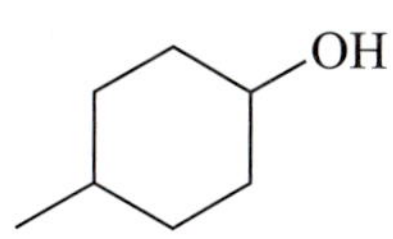 d. 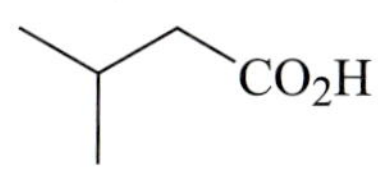

2.3 산과 염기: 유기 반응의 메커니즘

산과 염기는 일반 화학에서 다루었던 주제이기 때문에 유기 화학에서도 왜 다루는지 의아해할 것이다. 이 주제를 다시 공부하는 이유는 산과 염기가 그만큼 중요하기 때문이다. 그렇다면 왜 중요할까?

우선, 산과 염기는 유기 반응의 촉매나 시약으로 사용되므로 산과 염기의 세기와 구조를 알 필요가 있다. 또한, 산–염기 반응에서처럼 대부분의 유기 반응도 전자쌍의 흐름으로 설명할 수 있다.

일반 화학에서는 브뢴스테드 산–염기 반응이 일어나면 양성자가 브뢴스테드 산에서 브뢴스테드 염기(고립쌍)로 이동한다고 배웠을 것이다. 전자쌍의 관점에서는 이러한 산–염기 반응을 고립쌍 같은 전자쌍이 양성자로 이동하는 것으로 볼 수도 있을 것이다. 특히 루이스 산과 루이스 염기의 반응은 전자쌍의 이동으로 일어나며, 대부분의 유기 반응도 전자가 풍부한 결합이나 원자에서 전자가 부족한 결합이나 원자로 전자쌍이 이동하면서 새로운 결합이 생기는 방식으로 일어난다. 따라서 산과 염기의 반응을 이해하면 유기 반응을 더 쉽게 이해할 수 있을 것이다.

브뢴스테드 정의

덴마크 화학자 브뢴스테드(Brønsted)가 1923년에 소개한 **브뢴스테드 산–염기** 정의에 의하면 산(acid) HA는 양성자를 주는 물질(**양성자 주개**)이고 염기(base) B는 양성자를 받는 물질(**양성자 받개**)이다. 이 정의에 의하면 산과 염기 사이의 반응은 **양성자 이동 단계**(proton transfer step, pts)인 셈이다. 염기가 양성자를 받기 위해서는 염기에 고립쌍이 있어야 한다.

$$\mathrm{H{-}A} + \mathrm{:B} \rightarrow \mathrm{A{:}^-} + \mathrm{H{-}B^+}$$

HA는 그 양성자 H^+를 :B에 주고 :B는 양성자를 받았기 때문에 HA는 브뢴스테드 산이고 :B는 염기이다. 이 반응에서 A^-를 산 HA의 **짝염기**(conjugate base), $H{-}B^+$를 염기 :B의 **짝산**(conjugate acid)이라고 부른다(역반응에서는 HA가 A^-의 짝산, :B가 $H{-}B^+$의 짝염기가 된다).

전자쌍의 이동이라는 관점에서 보면 :B의 고립쌍이 양성자 H^+로 이동하면서 B와 H 사이에 단일 결합이 생기며, 동시에 H–A의 결합 전자쌍이 완전히 A로 이동한 셈이다. 유기화학자는 이러한 전자쌍의 이동을 공명 구조를 그릴 때 사용하였던 미늘이 두 개인 **굽은 화살표**(curved arrow)로 표시한다. 굽은 화살표의 양 끝이 무엇을 의미하는지는 공명 구조를 그릴 때와 같다. 즉, 화살표의 꼬리는 전자 이동의 출발지 그리고 머리는 도착지를 의미한다.

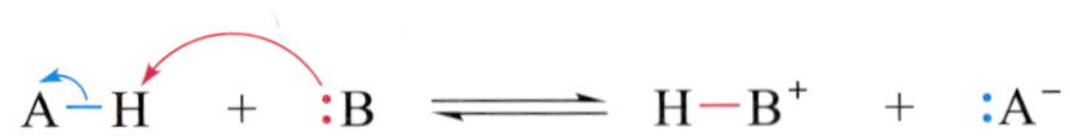

예제 2.2 다음 산-염기 반응의 생성물 구조를 각각 그리고, 전자쌍의 이동을 굽은 화살표로 나타내시오.

a. 염산(HCl)과 암모니아(NH_3)

b. 암모늄 이온(NH_4^+)과 수산화 이온(HO^-)

풀이 먼저 양성자와 염기성 원자를 찾는다. a. 브뢴스테드 산인 염산의 H가 양성자이고 염기는 암모니아의 질소이다. b. 양성자는 암모늄 이온의 수소이고 염기는 HO^-의 음전하를 띤 산소 원자이다. 전자쌍 이동은 염기의 고립쌍에서 시작하여 양성자로 향하므로 굽은 화살표도 염기의 고립쌍에서 시작하여 양성자 방향으로 그려야 한다. 이때 전자쌍을 받는 수소가 이전자계보다 전자가 많아지므로 H−Cl과 H−N 결합의 전자쌍을 옆 원자인 Cl과 N의 고립쌍으로 이동시켜야 한다.

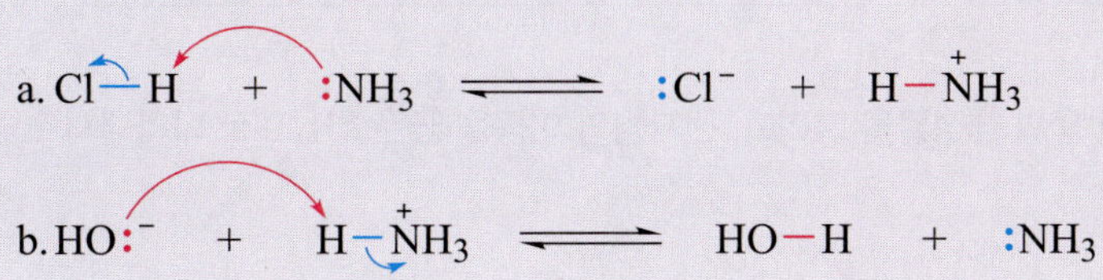

문제 2.5 다음 산-염기 반응의 생성물을 각각 그리시오.

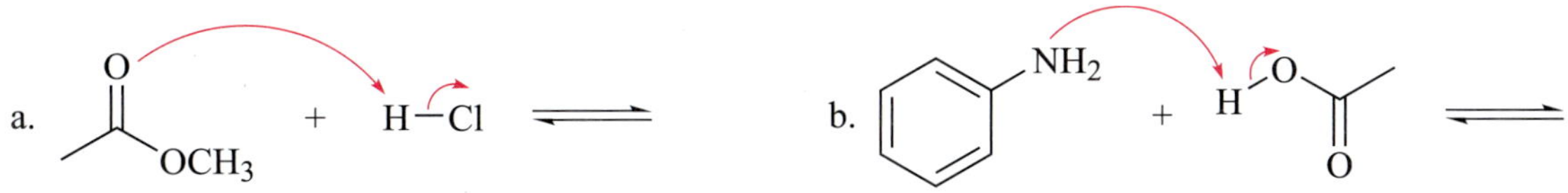

루이스 정의

산과 염기의 정의 중에서 가장 폭이 넓은 정의가 루이스 정의이다. 미국 화학자 **루이스**(Lewis)는 1923년에 **루이스 산**(Lewis acid)은 전자쌍을 받는 물질(전자쌍 받개), 그리고 **루이스 염기**(Lewis base)는 전자쌍을 주는 물질(전자쌍 주개)로 정의하였다. 이렇게 정의하면 브뢴스테드 정의로는 산이 아닌 물질도 루이스 산이 될 수 있다. 좋은 예가 IIIA족 원소인 B와 Al의 할로젠화물이다. 이러한 할로젠화물은 B와 Al이 팔전자계 규칙을 만족하지 않기 때문에 전자 부족 화합물이다.

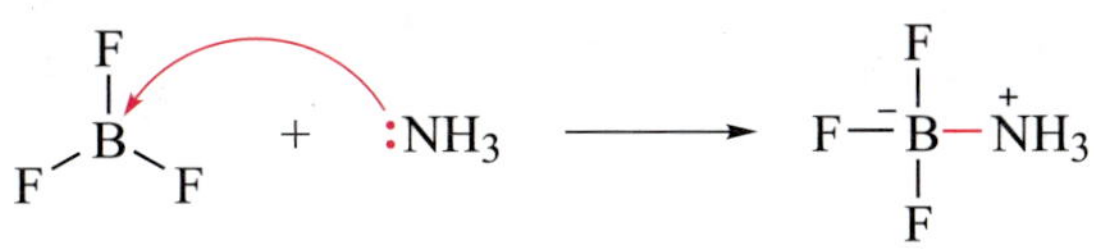

위 반응에서 질소 원자의 고립쌍 전자가 B 원자로 이동하면서 B−N 결합이 생성됨을 알 수 있다. 결국, 루이스 산과 루이스 염기 사이의 반응은 루이스 염기의 전자쌍이 전자 부족 화합물인 루이스 산으로 이동하는 전자쌍 이동 반응이라고 볼 수 있고, 이러한 전자쌍 이동을 미늘이 두 개인 굽은 화살표로 표시할 수 있다.

예제 2.3 다음 화학종을 루이스 산 혹은 염기로 각각 분류하시오.

a. $(CH_3)_2NH$ b. $AlCl_3$ c. BF_3 d. $CH_3CH_2OCH_2CH_3$ e. $(CH_3)_3C^+$

풀이 루이스 산은 전자가 부족한 화학종으로서 IIIA족 화합물과 탄소 양이온이 그 예이다. 따라서 $AlCl_3$, BF_3, 탄소 양이온은 루이스 산이다. 반면에 고립쌍 전자가 있는 아민과 에터는 루이스 염기이다.

문제 2.6 다음 화학종을 루이스 산 혹은 염기로 각각 분류하시오.

a. $FeCl_3$ b. $B(CH_3)_3$ c. CH_3CH_2Cl d. Br^+ e. $H_2C{=}CH_2$

예제 2.4 다음 루이스 산과 루이스 염기의 반응의 생성물을 그리고, 전자쌍의 이동을 굽은 화살표로 나타내시오.

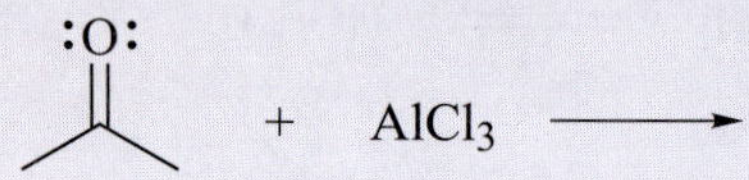

풀이 카보닐 산소는 루이스 염기, Al은 루이스 산이다. 따라서 산소의 고립쌍을 Al로 이동시켜야 하며 화살표의 꼬리는 산소에, 머리는 Al에 놓아야 한다.

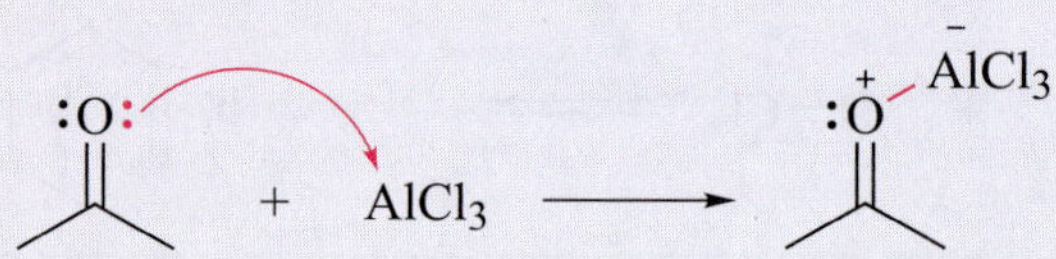

문제 2.7 다음 루이스 산과 루이스 염기의 반응의 생성물을 각각 그리고, 전자쌍의 이동을 굽은 화살표로 나타내시오.

a. $CH_3Cl + AlCl_3 \longrightarrow$

b. 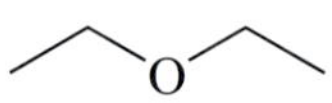 $+ BF_3 \longrightarrow$

2.4 브뢴스테드 산-염기 반응

산의 세기는 묽은 수용액에서 다음 반응의 평형 상수 K로 정할 수 있다:

$$HA + H_2O \overset{K_a}{\rightleftharpoons} A^- + H_3O^+$$

$$K_a = \frac{[A^-][H_3O^+]}{[HA]}$$

평형 상수 K를 **산 이온화 상수**(acid ionization constant) K_a라고 부르며, K가 1보다 매우 작은 약산의 경우에는 $pK_a(-\log K_a)$를 사용한다. 산 이온화 상수 K_a가 클수록 그 산은 더 센 산이며, 반면에 pK_a가 클수록 더 약한 산이 된다. **센산**(strong acid)은 K_a 값이 1보다 큰 산(pK_a 값은 0보다 작음)이고, **약산**(weak acid)은 K_a 값이 1보다 작은 산(pK_a 값은 0보다 큼)이다.

비슷하게 염기의 세기는 묽은 수용액에서 다음 반응의 평형 상수 K_b로 정할 수 있다:

$$B \quad + \quad H_2O \quad \underset{}{\overset{K_b}{\rightleftharpoons}} \quad BH^+ \quad + \quad HO^-$$

$$K_b = \frac{[BH^+][HO^-]}{[B]}$$

K_b를 **염기 이온화 상수**(base ionization constant)라고 부르며, K_b가 1보다 매우 작은 약염기의 경우에는 $pK_b(-\log K_b)$를 사용한다. 산의 경우처럼, 염기의 K_b가 클수록 그 염기는 더 센 염기이며, 반면에 pK_b가 클수록 더 약한 염기가 된다. 약염기의 세기를 pK_b가 아니라 그 염기의 짝산의 $pK_a(pK_{BH^+})$로 표시하기도 한다. 이 경우에는 pK_{BH^+}가 클수록 더 센 염기가 된다. 염기의 pK_b와 그 짝산의 pK_a의 합은 25 ℃에서 14.00이다.

유기 화학이나 생화학에서 자주 다루는 산의 대략적인 pK_a를 표 2.2에 정리하였다(산에서 빨간색 양성자를 하나 제거하면 짝염기가 얻어진다).

표 2.2 산의 대략적 pK_a (5의 단위로 표시)

산	구조	pK_a
하이드로늄 이온	H_3O^+	0
카복실산	RCOOH	5
암모늄 이온	NH_4^+, RNH_3^+, $R_2NH_2^+$, R_3NH^+	10
페놀	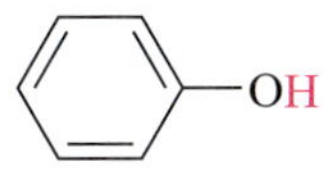	10
싸이올	RSH	10
알코올, 물	ROH, H_2O	15
메틸 케톤	$RCOCH_3$	20
1-알카인	RC≡CH	25
아민, 암모니아, 수소 분자	NH_3, RNH_2, R_2NH, H_2	35

산이 더 센 산일수록 그 짝염기는 더 약한 염기이다. 예를 들어 암모늄 이온(NH_4^+, pK_a ~10)은 물(pK_a~15)보다 더 센 산이므로 암모니아는 HO^- 이온보다 더 약한 염기이다.

문제 2.8 표 2.2를 참조하여 다음 두 염기 중에서 더 센 염기를 각각 고르시오.

a. NH_3, $CH_3CO_2^-$ b. HO^-, $CH_3CO_2^-$ c. CH_3O^-, CH_3S^- d. NH_2^-, HC≡C:$^-$

문제 2.9 다음 각각의 화합물에서 가장 산성도가 큰 수소를 고르시오.

a. 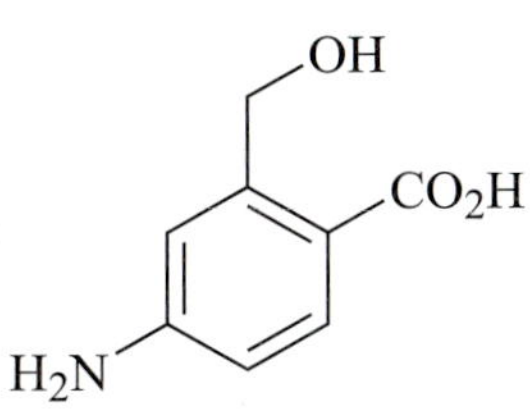

b. 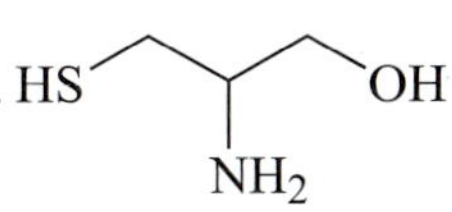

c. 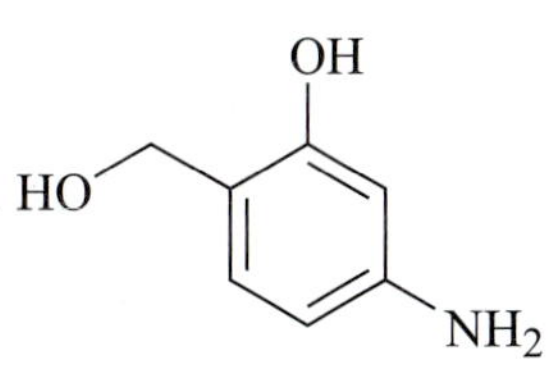

d. 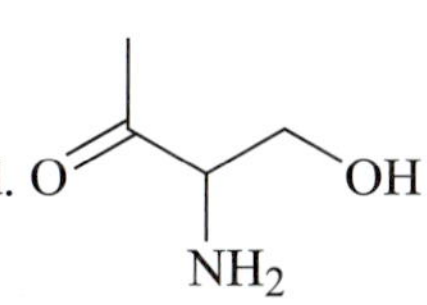

산–염기 반응에서는 더 약한 산과 더 약한 염기가 생기는 방향으로 평형이 치우친다.

$$\underset{\text{stronger acid}}{HA} + \underset{\text{stronger base}}{B} \underset{}{\overset{K>1}{\rightleftharpoons}} \underset{\text{weaker base}}{A^-} + \underset{\text{weaker acid}}{BH^+}$$

예를 들어, 아세트산과 HO^- 사이의 산–염기 반응은 정반응을 선호할 것이다.

$$\underset{\substack{\text{stronger acid}\\ pK_a \sim 5}}{CH_3CO_2H} + \underset{\text{stronger base}}{HO^-} \overset{K>1}{\rightleftharpoons} \underset{\text{weaker base}}{CH_3CO_2^-} + \underset{\substack{\text{weaker acid}\\ pK_a \sim 14}}{H_2O}$$

이러한 산–염기 반응의 평형 상수 K는 다음 식을 이용하여 구할 수 있다.

$$HA + B \rightleftharpoons A^- + BH^+$$
$$K = 10^{(pK_a(BH^+) - pK_a(HA))}$$

이 식에서 $pK_a(BH^+)$는 염기 B의 짝산 BH^+의 pK_a이며 $pK_a(HA)$는 산 HA의 pK_a이다. 이 식을 이용하면 아세트산과 HO^- 사이의 산–염기 반응의 평형 상수는 $10^{(14-5)} = 10^9$임을 알 수 있다.

문제 2.10 산–염기 반응의 평형 상수 K는 위에 주어진 식을 이용하여 구할 수 있음을 보이시오.

문제 2.11 다음 반응의 평형 상수 K를 각각 예측하시오.

a. $MeCOOH + MeNH_2 \rightleftharpoons$

b. 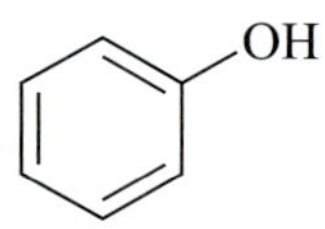 $+ HO^- \rightleftharpoons$

c. $Me_2NH_2^+ + HO^- \rightleftharpoons$

d. $CH_3CH_2SH + CH_3O^- \rightleftharpoons$

2.5 유기 산과 유기 염기

유기 화학에서 산과 염기는 시약이나 촉매로 사용된다. 유기 반응의 산 촉매로서 센산인 황산이 쓰일 때가 있다. 하지만 황산은 점도와 밀도가 큰 액체이므로 다루기가 위험하다. 대신에 자주 쓰이는 산이 TsOH로 약칭하는 *p*-톨루엔설폰산(toluenesulfonic acid, pK_a = −3)이다. TsOH의 수화물은 고체이므로 다루기가 쉽다.

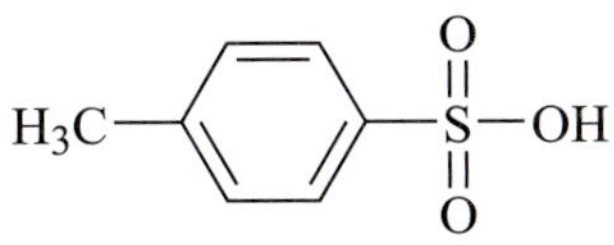

p-toluenesulfonic acid
(TsOH)

유기 화학에서 자주 사용되는 센염기는 알칼리 금속의 수산화물(NaOH), 소듐 아마이드($NaNH_2$), 수소화 소듐(NaH), 뷰틸리튬(C_4H_9Li) 등이다. 소듐 아마이드와 같이 HO^-보다 더 센 염기는 물이나 알코올 용매 대신에 다른 용매에서 사용하여야 한다. 약한 유기 염기로는 트라이에틸아민과 피리딘 같은 아민 화합물을 들 수 있다. 표 2.3에 몇 가지 염기의 종류와 짝산의 pK_a(pK_{BH^+})를 수록하였다. 센염기는 모두 짝산의 pK_a가 14보다 크다.

표 2.3 유기 화학에서 흔히 사용되는 염기

센염기	짝산의 pK_a	용매	약염기	짝산의 pK_a(pK_{BH^+})	용매
 (뷰틸리튬)	~50	THF[1], 다이에틸 에터	Na_2CO_3 (탄산 소듐)	10	H_2O
NaOH, $NaOCH_2CH_3$, $NaOCH_3$	~15 (물의 pK_a = 14)	물, 에탄올, 메탄올	$(CH_3CH_2)_3N$ (트라이에틸아민)	11	다양한 유기 용매
$KOC(CH_3)_3$ (포타슘 *tert*-뷰톡사이드)	18	$(CH_3)_3COH$, THF[1]	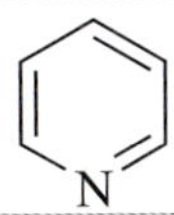 (피리딘)	5.2	다양한 유기 용매
$NaNH_2$ (소듐 아마이드)	35	액체 NH_3			

1. THF는 tetrahydrofuran(테트라하이드로퓨란)의 약자로 구조는 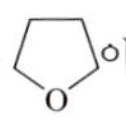이다.

아민(amine)은 가장 흔히 사용하는 유기 염기로서 pK_{BH^+}은 10정도이다.

2.6 굽은 화살표 사용하기

유기 화학에서 굽은 화살표는 공명 구조를 그리거나 반응에서 전자쌍 혹은 홀전자의 이동을 나타내기 위하여 사용한다. 공명 구조를 그릴 때에는 σ 전자쌍의 이동이 불가능하였지만, 유기 반응에서는 σ 결합이 깨지거나 생길 수 있기 때문에 반응 메커니즘을 그릴 때 화살표의 꼬리 쪽이 σ 결합에 놓일 수도 있다. 한 원자가 굽은 화살표에 의하여 전자쌍을 받았을 때 팔전자계보다 전자 수가 많다면 바로 이웃 원자나 결합에 전자쌍을 내보내야 한다. 이러한 방식으로 전자쌍을 차례로 밀어내는 과정을 **전자 밀어내기**(electron pushing)라고 부른다.

굽은 화살표의 더 자세한 사용법이 부록 1에 나와 있다.

"유기 반응의 메커니즘을 그린다."라는 말은 굽은 화살표로 전자쌍이나 홀전자의 이동을 나타낸다는 의미이다.

케톤이 산 촉매 존재 하에서 엔올(enol)이라는 구조로 변환되는 평형 반응에서 양전하를 띤 카보닐 산소 원자는 전자를 강하게 당기므로(**전자 끌기**(electron pulling) 매우 약한 염기인 물에 의해서도 α-수소가 떨어질 수 있다. 결국 전자쌍 이동은 전자 밀어내기와 전자 끌기의 합동 작전으로 일어난다고 볼 수 있다.

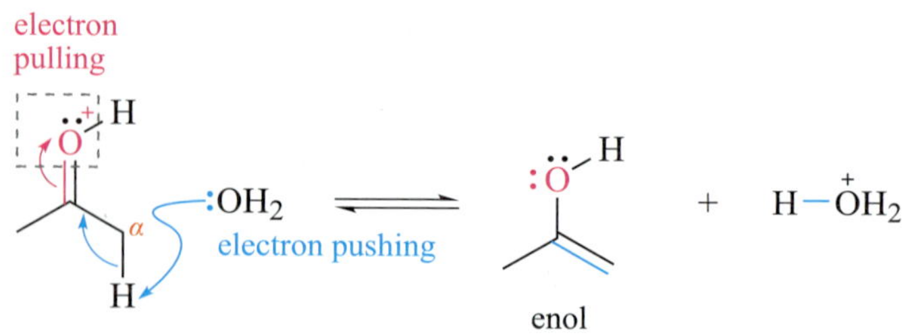

문제 2.12 다음 반응의 메커니즘을 굽은 화살표로 각각 그리시오.

a. $H_3C{-}O^- \quad + \quad H_3C{-}Br \longrightarrow H_3C{-}O{-}CH_3 \quad + \quad Br^-$

b. 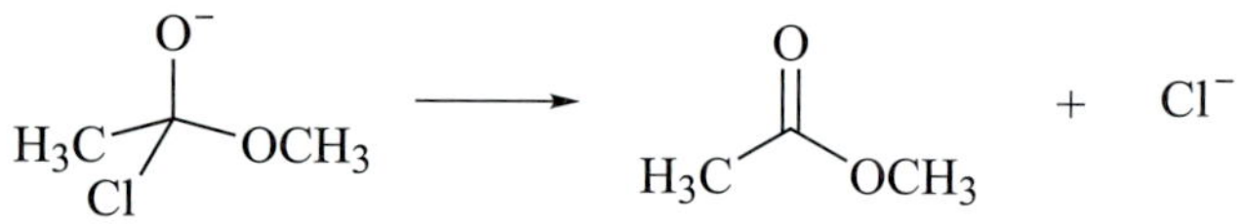

c. 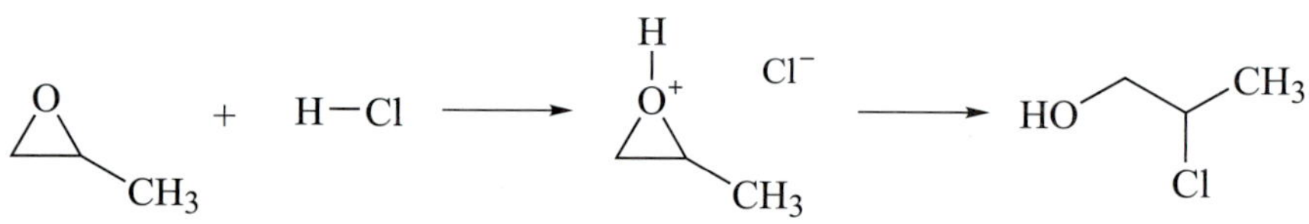

2.7 루이스 산–염기 반응: 친전자체와 친핵체

대부분의 유기 반응은 루이스 산과 루이스 염기 사이의 일련의 전자쌍 이동으로 서술할 수 있다. 유기 화학자는 루이스 산을 **친전자체**(electrophile, E^+로 표시), 그리고 루이스 염기를 **친핵체**(nucleophile, $Nu{:}^-$로 표시. 음전하로 표시하지만 중성일 수도 있음)라고 부른다. 친핵체는 전자쌍을 줄 수 있는 화학종이어야 하므로 고립쌍 혹은 π 전자쌍이 있어야 한다. 반면에, 친전자체는 전자가 부족한 탄소 원자인데 이러한 탄소 원자는 전기 음성도가 탄소보다 큰 원자(O, N, 할로젠)와 단일, 이중, 삼중 결합으로 연결되어 있다. 아래 구조에서 Cl에 연결된 탄소는 약간의 양전하를 띠므로 전자가 부족한 친전자체의 역할을 수행할 수 있다. 카보닐기에서도 탄소가 친전자체, 그리고 산소가 친핵체의 역할을 한다. 반면에 C=C 결합과 벤젠의 π 결합은 친핵체로서만 반응할 수 있다.

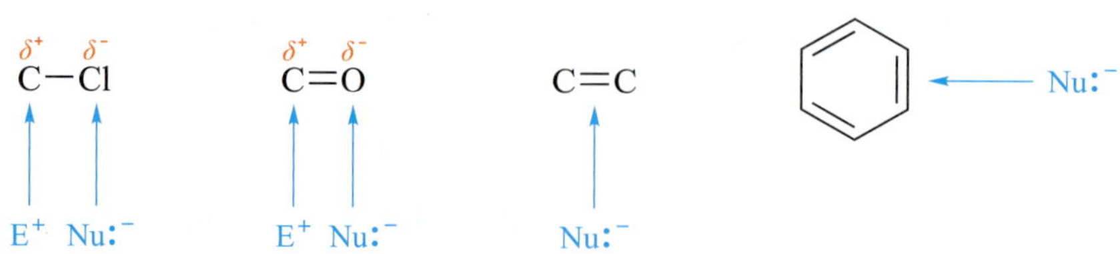

예제 2.5 다음 화학종을 친핵체 혹은 친전자체로 각각 분류하시오.

a. HO^- b. Br^- c. H_3O^+ d. NH_3 e. C_6H_6(벤젠) f. BH_3

풀이 친핵체는 고립쌍 혹은 π 전자쌍이 있는 화학종(루이스 염기)이며, 친전자체는 전자가 부족한 루이스 산이다.
친핵체: a, b, d, e. 친전자체: c, f

문제 2.13 다음 화학종을 친핵체 혹은 친전자체로 각각 분류하시오.

a. CH_3^+ b. $B(CH_3)_3$ c. $FeBr_3$ d. $H_2C{=}CH_2$ e. $(CH_3)_3N$ f. $(CH_3)_2O$

예제 2.6 다음 각 분자의 친핵성 위치(원자 혹은 결합)는 Nu:⁻, 그리고 친전자성 위치는 E^+로 표시하시오.

a. 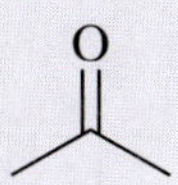 b. 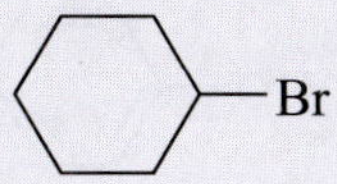 c. $H_3C-C\equiv C-CH_3$ d. 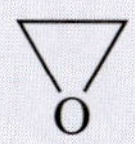

풀이

a. 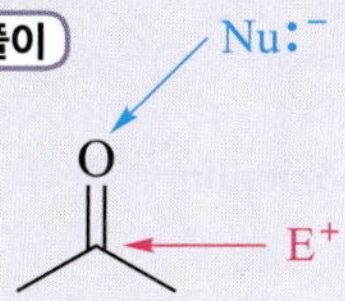

b. 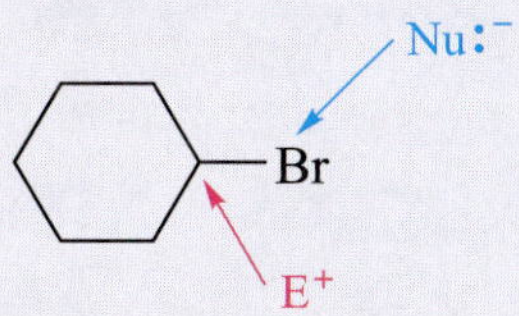

c. 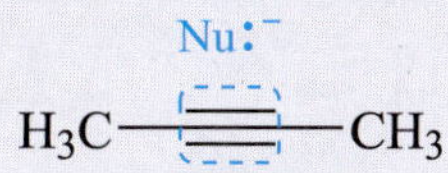

d. 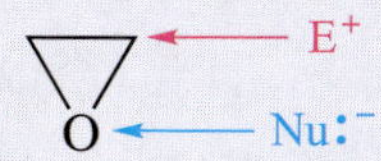

문제 2.14 다음 분자나 이온에서 친핵성 원자 혹은 결합에 동그라미를 그리시오(한 구조에 친핵성과 친전자성 모두 있을 수 있음).

a. NH_3 b. BF_3 c. CH_3S^- d. CH_3I e. CH_3COCH_3
f. CH_3OH g. $H_2C{=}CH_2$ h. CH_3CO_2H i. $CH_3C{\equiv}N$

유기 반응은 친전자체와 친핵체 사이에서 일어나므로 생성물이 무엇인지는 몰라도 어느 반응이 일어날지의 여부는 예제 2.7에서처럼 쉽게 알 수 있다.

예제 2.7 다음 두 화학종 사이에 반응이 일어날 수 있을지를 각각 예측하시오.

a. 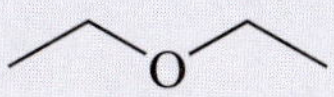 + NH_3 b. 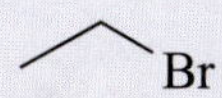 + NH_3

풀이
a. 산소 원자와 질소 원자는 모두 고립쌍이 있는 친핵체이다. 두 친핵체 사이에서는 반응이 일어나지 않으므로 에터와 암모니아는 반응하지 않을 것이다.
b. C−Br 결합에서 탄소는 부분 양전하를 띠고 있어서 친전자체이다. 따라서 친핵체인 암모니아와 반응할 것이다.

문제 2.15 다음 두 화학종 사이에 반응이 일어날 수 있을지를 예측하시오.

a. 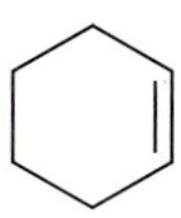 + OH^- b. 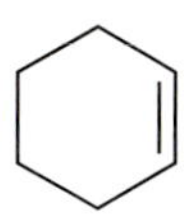 + Br^+

추가 문제

2.16 다음 분자에 들어 있는 작용기의 종류(알케인과 사이클로알케인은 제외)는 각각 무엇인가?

a. 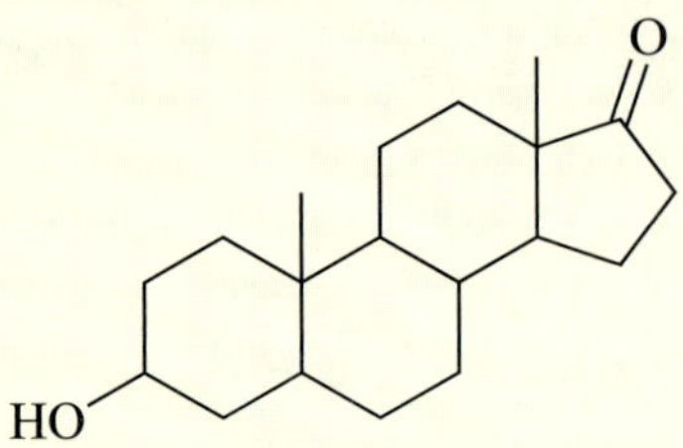

androsterone

b. 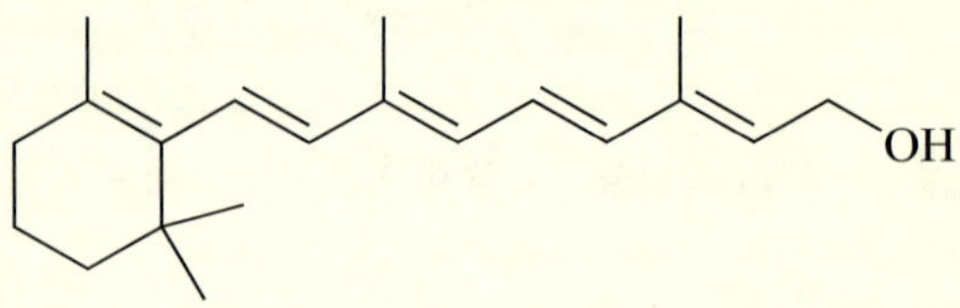

Vitamin A

c. 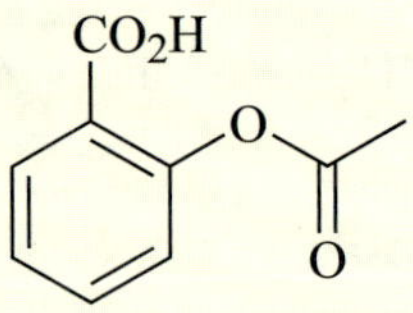

acetylsalicylic acid
(aspirin)

d. 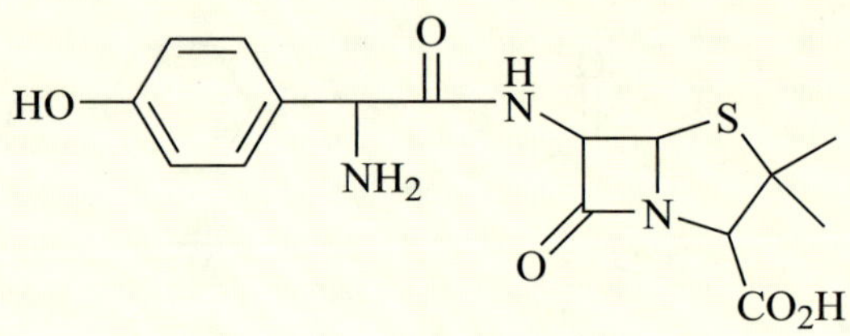

Amoxicillin

2.17 다음 조건을 만족하는 분자의 선 구조식을 각각 그리시오.

a. 분자식이 C_4H_8OS인 싸이오에스터
b. 분자식이 $C_5H_{10}O_2$이고 구조 이성질체 관계인 네 에스터
c. 분자식이 C_4H_8O인 케톤
d. 분자식이 $C_5H_{10}O$인 알데하이드
e. 분자식이 $C_5H_{11}NO$인 아마이드

2.18 다음 화학종을 루이스 산 혹은 염기로 각각 분류하시오.

a. $B(OCH_2CH_3)_3$ b. CH_3OCH_3 c. $AlEt_3$ d. CH_3Br e. PPh_3

2.19 나이트로메테인의 짝염기가 어떻게 공명 안정화되는지를 보이시오(나이트로메테인은 페놀만큼 산성임).

$$H_3C-NO_2$$

nitromethane
$pK_a = 10.2$

2.20 다음 두 구조 중에서 더 센 산인 것을 각각 고르시오.

a. 

b. 

c. 

d. 

2.21 페놀의 경우 CHO기 같은 전자 끄는 기가 치환되어 있으면 페놀의 산성도가 증가한다. 이때 CHO기의 위치가 매우 중요하다. 다음 두 페놀 중에서 어느 것이 더 센 산인지를 결정하시오(힌트: 짝염기의 공명 구조).

a. 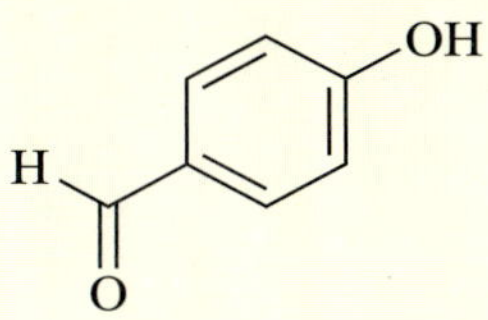

b. 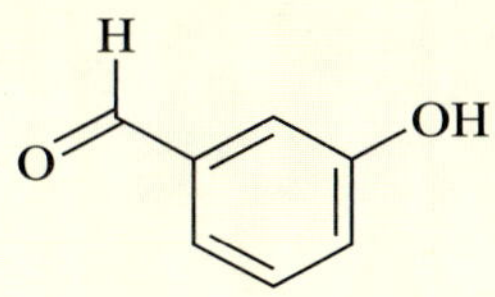

2.22 굽은 화살표가 의미하는 대로 전자쌍들이 이동할 때 얻어지는 생성물을 각각 그리시오. 필요하면 고립쌍을 그리시오.

a. 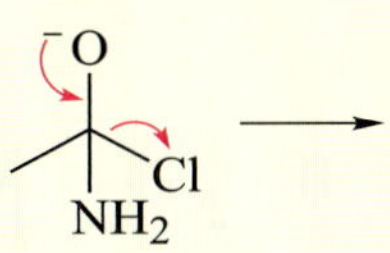

b. 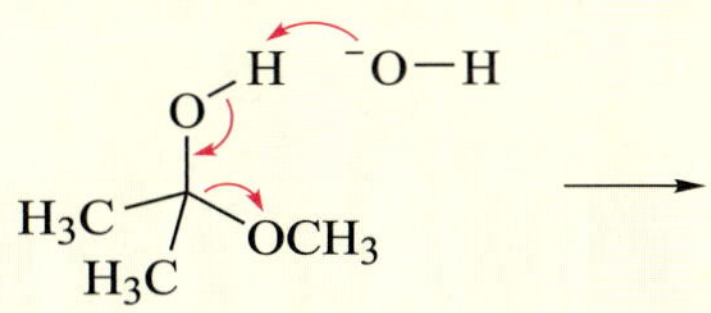

c. 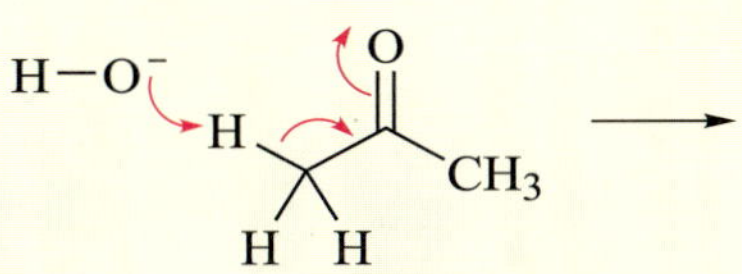

d. 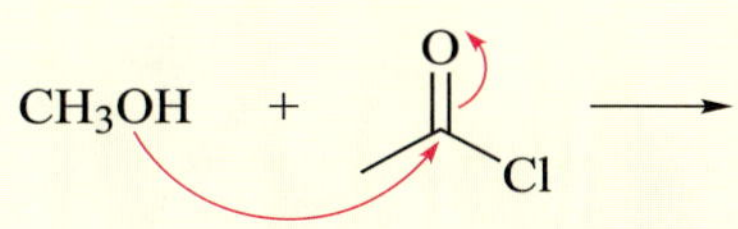

2.23 다음 반응에서 친핵체와 친전자체의 역할을 하는 결합 혹은 원자에 동그라미를 그리고, Nu:⁻, E^+로 각각 표시하시오. 또한 굽은 화살표를 이용하여 생성물을 그리시오.

a. 

b. 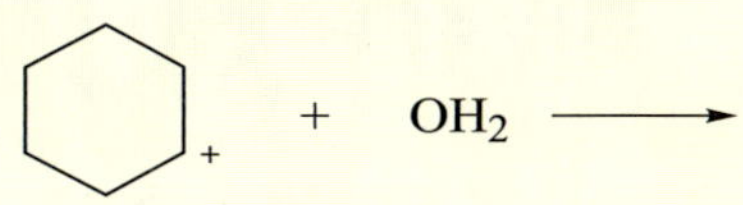

c. 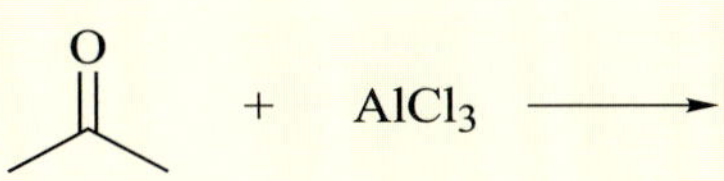

Chapter **03**

입체 화학

출처: sutterstock

우리가 삼차원 공간에서 살고 있듯이 분자도 삼차원 구조로 존재한다. 1장에서 기술하였듯이 메테인은 정사면체 구조이다. 화학에서 분자의 삼차원 구조를 다루는 분야를 **입체 화학**(stereochemistry)라고 한다. 입체 화학은 특히 유기 화합물의 반응성을 이해하는 데 매우 중요하다. 유기 화학에서 다루는 입체 화학의 주제는 크게 다음과 같은 세 가지이다:

- C−C 단일 결합의 회전과 관련된 형태 분석(4장에서 다룸)
- 시스−트랜스 이성질 현상(3, 4, 6장에서 다룸)
- 거울상 이성질 현상

이번 장에서는 이 중 거울상 이성질 현상을 주로 다룰 것이다.

3.1 카이랄성

'겹쳐지지 않음'의 의미는 한 모형의 이미지와 다른 모형의 이미지가 상상 속에서 겹쳐지지 않는다는 의미이다. 실제로 두 물체를 절대로 겹치게 할 수는 없다.

분자식이 CHXYZ인 화합물의 삼차원 모형을 만든 후 이 모형을 거울 앞에 놓으면 거울상이 생길 것이다. 이 거울상을 다시 모형으로 만든 후 원래의 모형과 겹쳐 보자. 겹쳐지지 않을(nonsuperposable) 것이다. 이러한 경우 이 분자가 **카이랄**(chiral; 손을 의미하는 그리스어 cheir에서 유래. 손대칭성)하다고 한다. 왼손과 오른손을 서로 마주보게 하면 두 손이 서로 거울상 관계이다. 하지만 두 손은 겹치지 않기 때문에 카이랄하다.

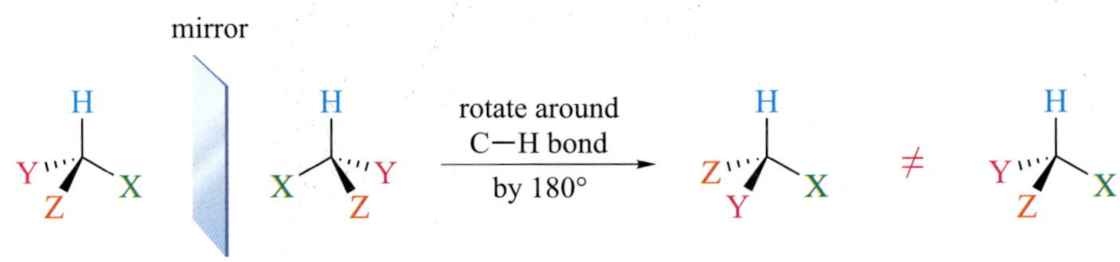

사면체 구조를 종이 평면에서 표현하는 방법 중의 하나는 **대쉬**(dash, ⋯⋯)와 **쐐기**(wedge, ▬)를 사용하는 것이다. 대쉬는 종이 면에서 보는 사람 뒤로 향한 결합, 쐐기는 앞으로 향한 결합을 나타낸다. 실선은 종이 면에 있는 결합이다.

카이랄성(chirality, 카이랄 성질)은 특정한 원자의 성질이 아니라 전체 분자의 입체적 성질이다. 아미노산, 탄수화물 등의 생분자도 대부분 카이랄하며, 두 거울상 구조 중에서 한 가지 거울상으로만 존재한다. 단백질의 α-나선 구조, DNA의 이중 나선 구조도 카이랄하다. 우리 주위에서도 카이랄한 물체를 볼 수 있는데, 우리의 몸, 나사 못, 소라 껍질, 나선형 계단, 덩굴손 등이 그 예이다. 카이랄성은 생물학적으로 매우 중요한데, 이 점은 3.9절에서 다룰 것이다.

반면에 비커, 플라스크 등은 거울상과 그 자신이 겹쳐지므로 **비카이랄**(achiral)하다고 한다. 이러한 비카이랄한 물체의 공통점은 **대칭면**(plane of symmetry, σ 면이라고 나타냄)이 있다는 점이다. 대칭면은 물체의 가운데를 지나면서 이 면으로 똑같이 나눠지는 물체의 두 절반이 서로 거울상이 되도록 하는 가상적인 면이다.

분자도 대칭면이 있으면 비카이랄하다. 따라서 대칭면의 존재 여부는 분자의 카이랄성을 따질 때 쓸 수 있는 한 가지 기준이 된다.

문제 3.1 다음 물체 중에서 카이랄한 것을 고르시오.

a. 숟가락 b. 선박의 프로펠러 c. 귀 d. 선글라스 e. 비커 f. 사다리

예제 3.1 다음 화합물이 카이랄한지 비카이랄한지를 각각 밝히시오. 어느 구조에 대칭면이 있는가?

a. 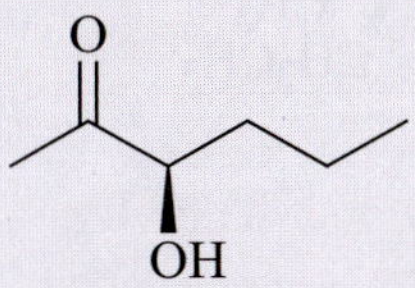

b. 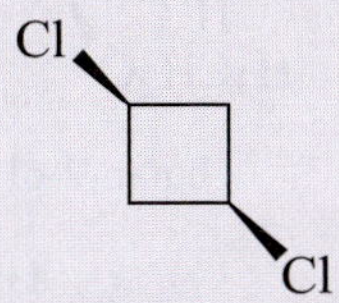

c. 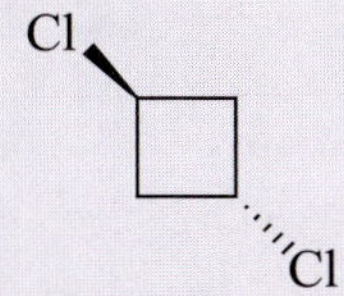

d. 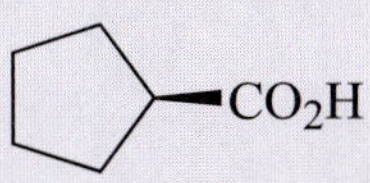

e. 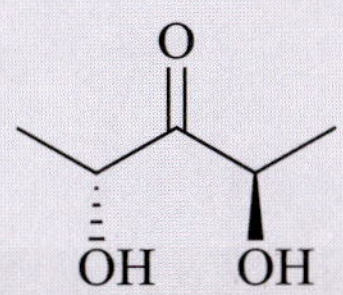

풀이 우선 대칭면이 있는지를 살핀다. 대칭면이 있으면 비카이랄하다. 대칭면이 있는 구조는 b, c, d이다.

a. 카이랄 b. 비카이랄 c. 비카이랄 d. 비카이랄 e. 카이랄

문제 3.2 다음 분자 중에서 카이랄 분자를 모두 고르시오. 어느 구조에 대칭면이 있는가?

a. 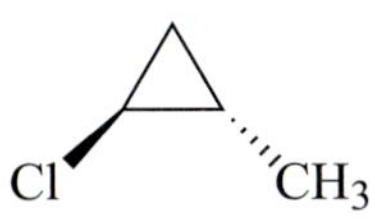

b. 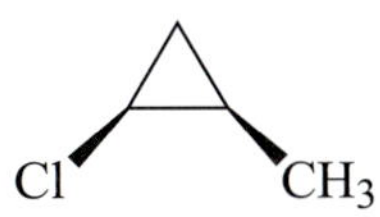

c. 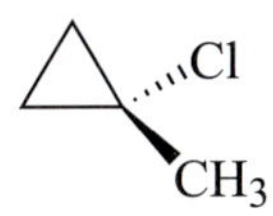

d. 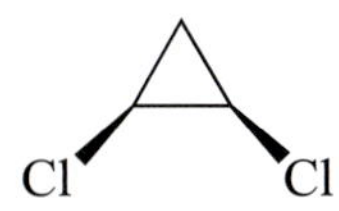

e. 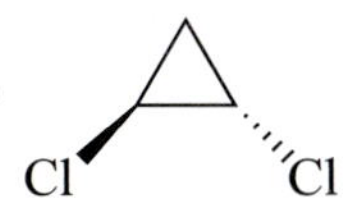

3.2 이성질체: 구조 및 입체 이성질체

이성질체와 구조 이성질체에 대해서는 1.6절에서 언급한 적이 있다. 이성질체의 다른 예인 **입체 이성질체**(stereoisomer)는 원자들의 연결순서가 같으나 공간에서 원자의 **위치 배열**(configuration)이 다른 이성질체이다. 예로서 다음 두 구조를 보자.

위치 배열은 원자들의 특정한 삼차원적 배치를 지칭한다.

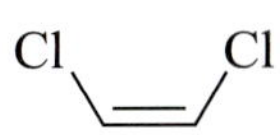

cis-1,2-dichloroethene

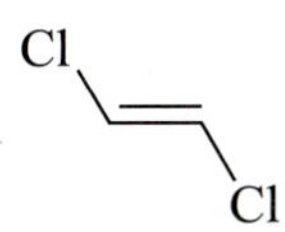

trans-1,2-dichloroethene

원자의 연결순서(Cl−C−C−Cl)는 같으나 염소(혹은 수소) 원자가 공간에서 서로 다르게 배치되었다는 점을 알 수 있다(즉, 염소나 수소 원자의 위치 배열이 다름). 이러한 이성질체가 입체 이성질체의 한 예인 시스–트랜스 이성질체이다.

알켄 XHC=CHX에서 같은 두 원자(X 혹은 H)가 같은 방향이면 '시스', 반대 방향이면 '트랜스'라고 이름 앞에 쓴다.

입체 이성질체의 다른 예는 뷰탄-2-올에서 볼 수 있다. 이 경우 분자와 그 거울상이 겹쳐지지 않으므로 뷰탄-2-올은 카이랄하다. 이러한 경우 한 분자, 그리고 이 분자와 겹쳐지지

않는 거울상 관계인 입체 이성질체를 **거울상 이성질체**(enantiomer, 거울상체)라고 부른다. 앞에서 다룬 시스- 그리고 트랜스-1,2-다이클로로에텐은 입체 이성질체이나 거울상 이성질체는 아니다. 이러한 입체 이성질체를 **부분 입체 이성질체**(diastereomer)라고 한다.

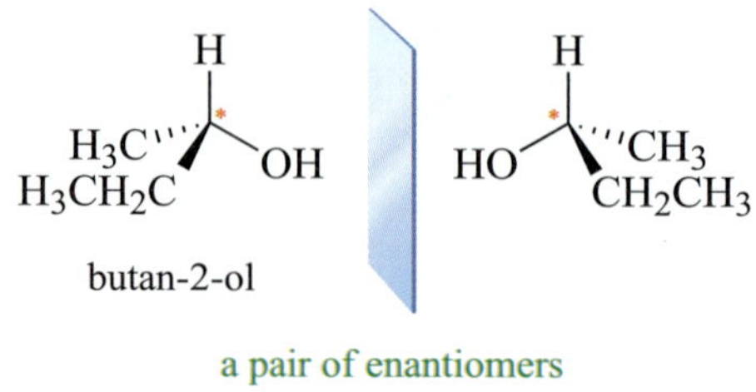

3.3 입체 발생 중심

입체 발생 중심을 카이랄 탄소라고 부르기도 하나, '카이랄' 성질은 원자 하나의 성질이 아니라 분자 전체의 성질이므로 이 말은 올바른 용어는 아니다.

앞에서 그린 뷰탄-2-올의 한 거울상 이성질체에서 한 원자(이 경우에는 *로 표시한 탄소)에 결합하는 두 원자(원자단)를 아무거나 서로 바꾸면 다른 입체 이성질체(이 경우에는 거울상 이성질체)가 생긴다. 이때 *로 표시한 원자를 **입체 발생 중심**(stereogenic center)이라고 한다.

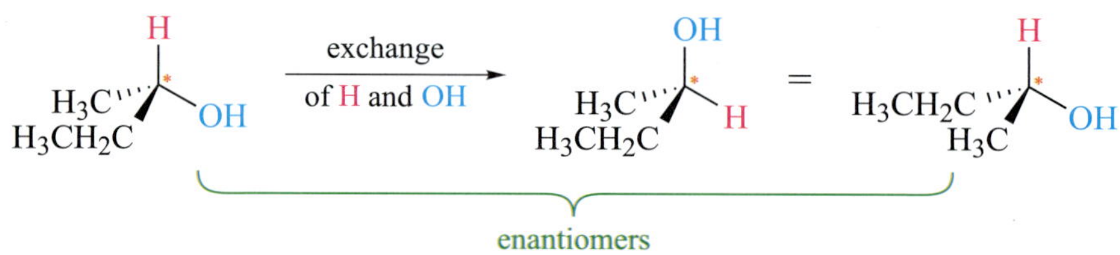

문제 3.3 다음 분자의 입체 발생 중심에 각각 '*' 표시를 하시오.

a. 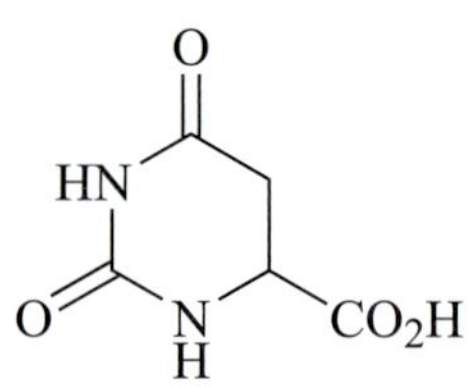

b. 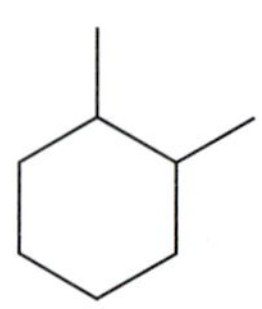

c. 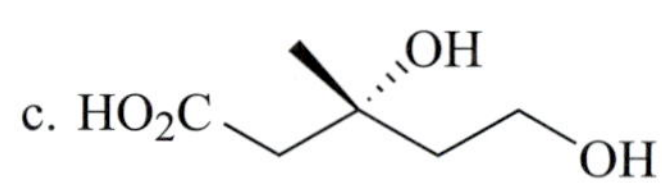

3.4 피셔 투영도

앞에서 뷰탄-2-올의 입체 이성질체를 삼차원으로 그렸으나 삼차원 구조는 시간이 많이 걸리는 단점이 있다. 이 문제를 해결하는 한 가지 방법은 독일의 유기 화학자인 피셔

(Fischer)가 1891년에 원래 탄수화물의 위치 배열을 이차원적으로 표시할 때 사용했던 방법이다. **피셔 투영도**(Fischer projection)라고 부르는 이 그림에서 수직 결합은 보는 사람으로부터 멀어지는 결합을 나타내고 수평 결합은 보는 사람 방향으로 향한 결합을 나타낸다.

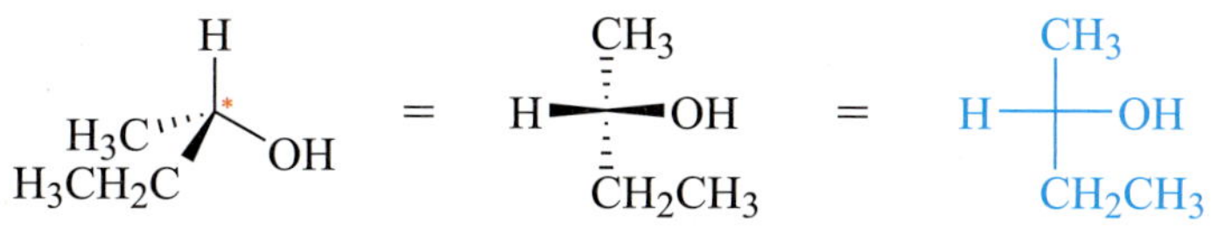

Fischer projection

피셔 투영도를 그릴 때 흔히 탄소 사슬을 수직으로 그린다.

피셔 투영도를 이용하면 한 분자의 거울상 이성질체를 다음과 같이 쉽게 그릴 수 있다. 즉, 수평 방향의 두 기 혹은 수직 방향의 두 기를 교환하면 거울상 이성질체가 얻어진다.

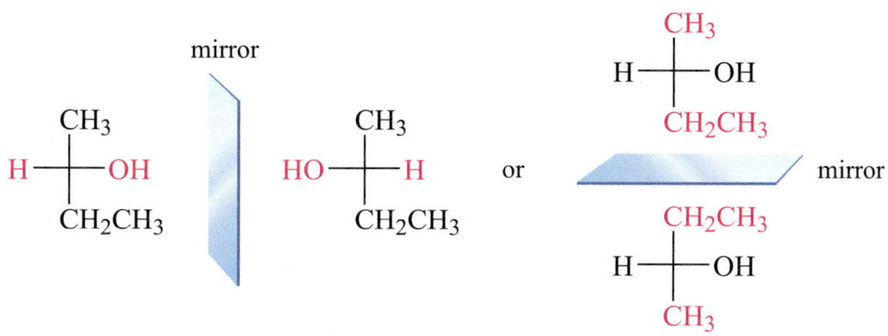

예제 3.2 피셔 투영도를 종이 면에서 90° 그리고 180° 돌렸을 때 얻어지는 구조는 원래의 구조와 각각 무슨 관계인가?

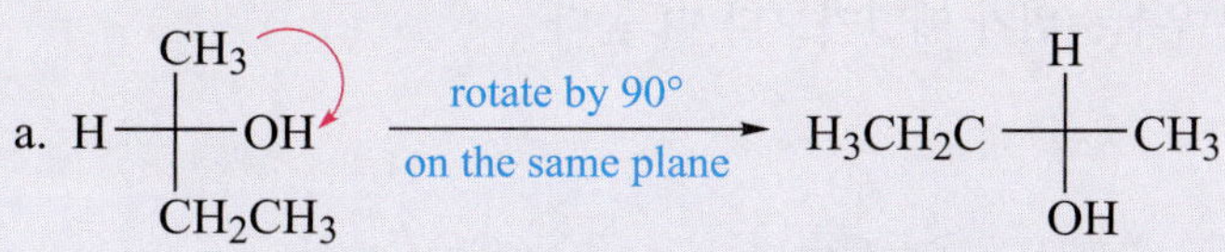

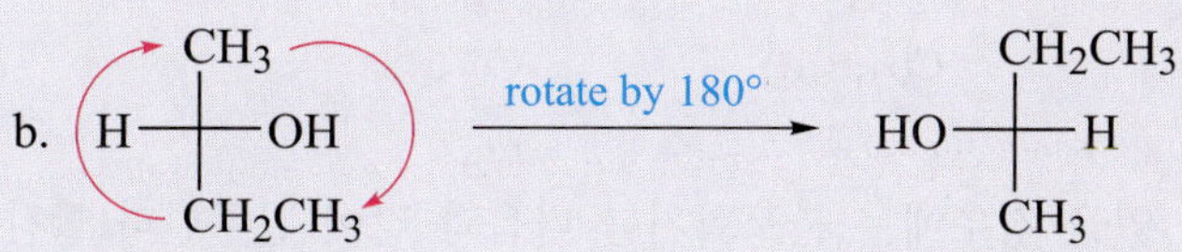

풀이 90° 돌리면 거울상 이성질체가 얻어진다. 반면에 180° 돌리면 동일한 구조가 얻어진다.

문제 3.4 피셔 투영도에 다음과 같은 조작을 하였을 때 거울상 이성질체가 얻어지는 경우를 고르시오.

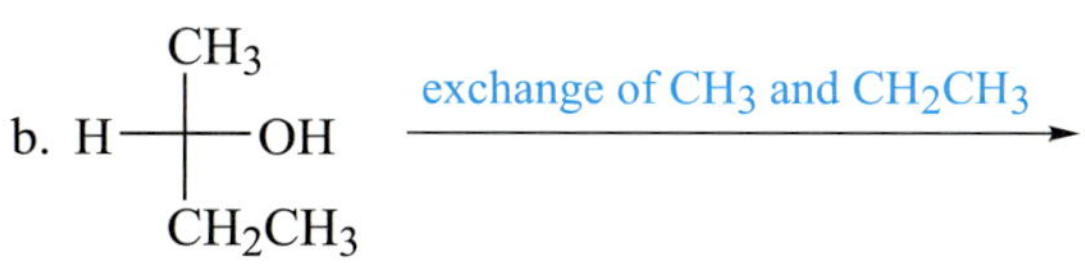

3.5 (R/S) 표기법

뷰탄-2-올은 입체 이성질체가 두 가지 있다. 이러한 경우 두 가지를 어떻게 다른 이름으로 명명할 수 있을까? 이러한 문제를 해결하기 위하여 칸(Cahn), 인골드(Ingold) 및 프렐로그(Prelog)의 세 화학자가 1966년에 (***R***/***S***) **표기법**을 제안하였다. 이 표기법(CIP 체계, CIP 우선순위 규칙이라고도 부름)은 다음과 같은 규칙에 따라 결정되며, 입체 발생 중심의 **절대 배열**(absolute configuration)을 정하는 데 쓰인다.

규칙 1. 입체 발생 중심에 직접 결합하고 있는 네 원자(원자단)에 **우선순위**(priority)를 배정한다. 우선순위는 먼저 네 원자의 원자 번호가 증가하는 순서로 정한다. 동위 원소의 경우에는 질량수가 더 큰 원자의 우선순위가 높다. 따라서 흔히 접하는 원자의 우선순위는 다음과 같다.

$$I > Br > Cl > S > P > O > N > C > {}^{2}H > {}^{1}H$$

뷰탄-2-올의 경우 산소의 원자 번호가 가장 크므로 우선순위 1번을 배정한다. 원자 번호가 가장 낮은 수소는 우선순위가 4번이다.

규칙 2. 뷰탄-2-올에서 두 탄소 원자는 원자 번호가 같으므로 당장 우선순위를 결정할 수 없다. 이러한 경우에는 입체 발생 중심에서 멀어지는 방향으로 그 다음에 있는 원자를 살핀다. CH_3기(메틸기)의 경우 그 다음 원자는 세 H 원자이고 CH_3CH_2기(에틸기)의 경우에는 C와 두 H 원자이다. 그러면 C의 원자 번호가 H보다 높으므로 에틸기의 우선순위가 메틸기보다 더 높다.

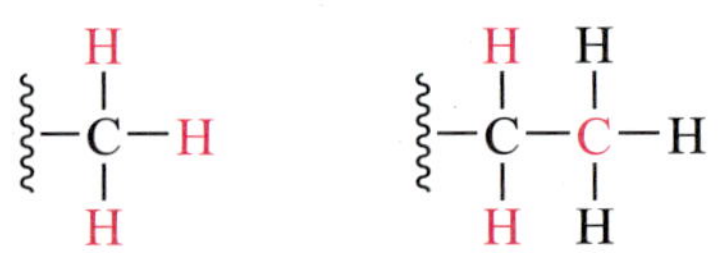

C(H,H,H)　　C(C,H,H)

규칙 3. 불포화기가 있을 경우에는 불포화기를 다음과 같이 간주한다(빨간색 원자에는 다른 원자는 없는 것으로 간주한다).

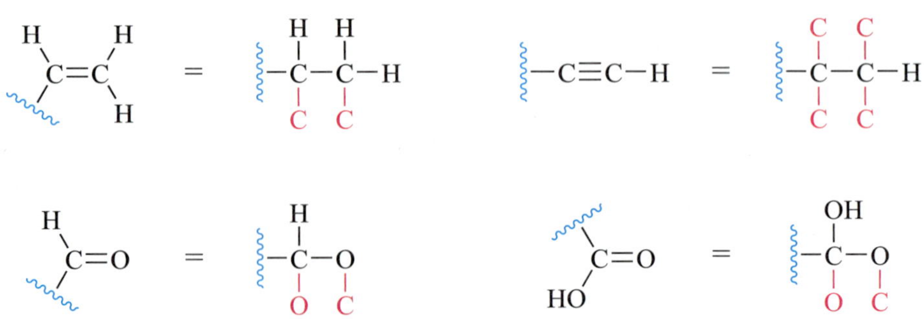

규칙 4. 우선순위 4번을 보는 사람으로부터 멀리 떨어진 방향으로 놓은 후 우선순위 1, 2,

3번의 도는 방향을 살핀다. 도는 방향이 시계 방향이면 (*R*), 그리고 시계 반대 방향이면 (*S*)라는 기호를 사용하여 배열을 나타낸다.

문자 *R*과 *S*는 라틴어의 rectus(많은 유기 화학 교재는 '오른쪽'을 의미한다고 쓰고 있으나 원래는 '곧은(straight)'을 의미)와 sinister(왼쪽을 의미. 현대 영어에서는 '불길한'을 의미)에서 유래하였다.

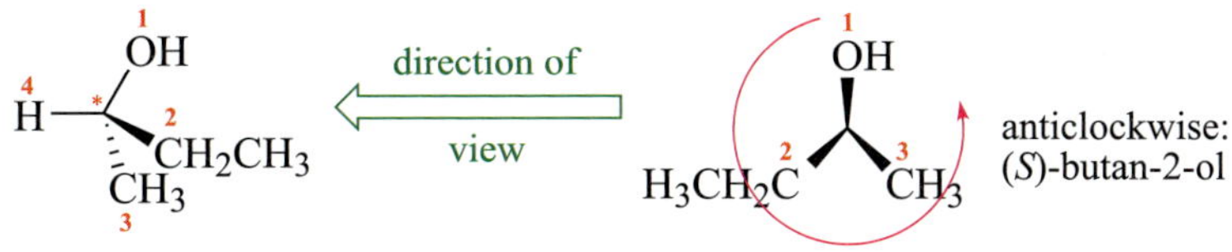

예제 3.3 다음 분자의 절대 배열을 각각 (*R*) 혹은 (*S*)로 정하시오.

a. 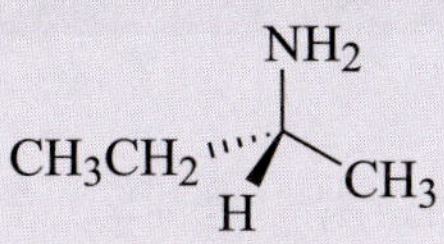 b. 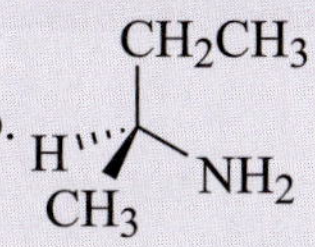 c. 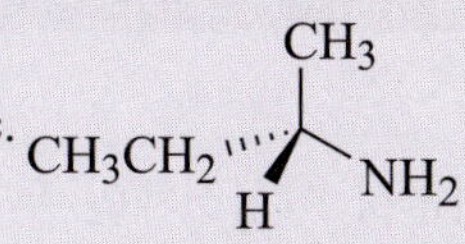 d. 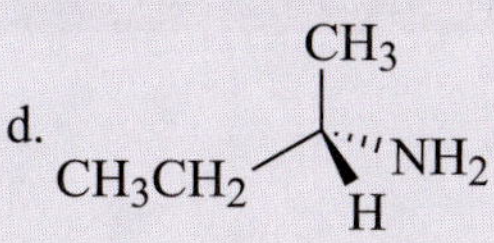

풀이 우선 네 기의 우선순위를 정하면 $NH_2 > CH_3CH_2 > CH_3 > H$이다.

a. *R* b. *S* c. *S* d. *S*

문제 3.5 다음 분자의 절대 배열을 각각 (*R*) 혹은 (*S*)로 정하시오.

a. 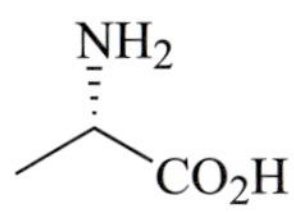 b. 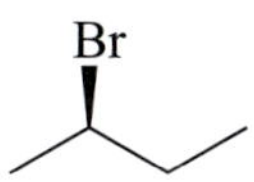 c. 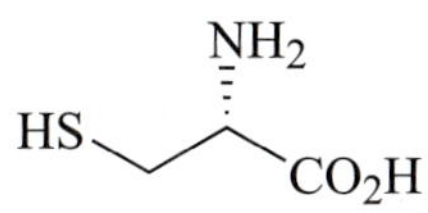 d. 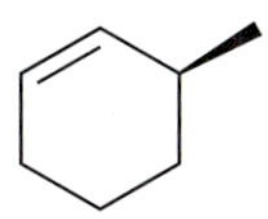

피셔 투영도에서 (*R*/*S*) 결정하기

천연 아미노산인 L-알라닌(alanine)의 피셔 투영도는 다음과 같다(아미노산의 경우 CO_2H기를 탄소 사슬의 가장 위에 놓는다).

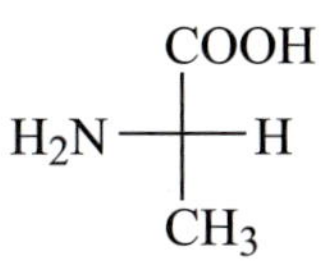 L-alanine

알라닌의 절대 배열을 정하기 위해서는 먼저 네 기의 우선순위를 정한다. CH_3기와 CO_2H기를 비교하는 경우에는 CH_3=C(H,H,H), CO_2H=C(O,O,O)로 간주하므로 CO_2H기의 우선순위가 더 높다.

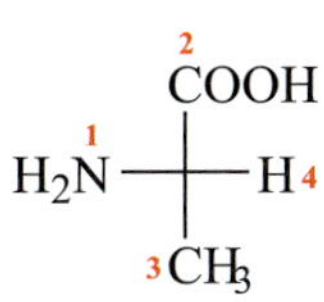

우선순위가 가장 낮은 수소 원자가 보는 사람 방향으로 있음을 기억하자. 우선순위 1번, 2번, 3번이 도는 방향은 시계 방향이므로 배열이 (*R*)-이나 수소 원자가 보는 사람 방향이므로 (*R*)-이 아니라 (*S*)-로 정한다.

문제 3.6 다음 그림은 뷰탄-2-올의 피셔 투영도이다. 입체 발생 중심의 절대 배열을 각각 (*R*) 혹은 (*S*)로 정하시오.

a. 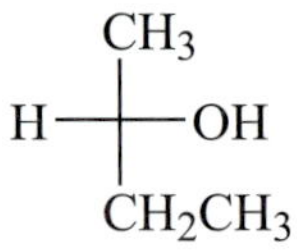
b. 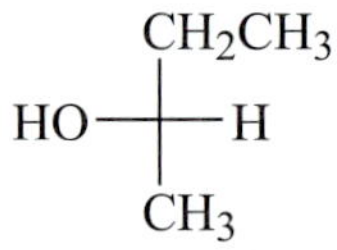
c. 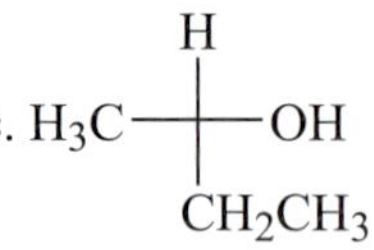
d. 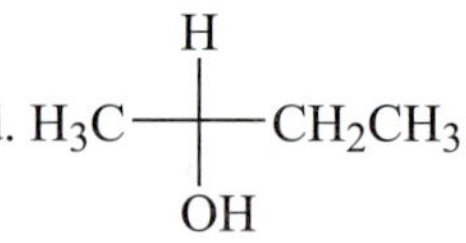

3.6 광학 활성

서로 거울상 이성질체인 두 화합물은 녹는점, 끓는점, 밀도, 용해도, 증기압과 같은 물리적 성질이 모두 같으나 한 가지 물리적 성질만이 다른데, 그 성질은 바로 광학 활성과 관계가 있다.

광학 활성(optical activity)은 한 가지 거울상 이성질체가 (더 많이) 녹아 있는 용액이 들어 있는 관에 **평면 편광**(plane-polarized light, 그냥 편광이라고도 함)을 통과시켰을 때 평면 편광의 진동면이 한 가지 방향으로 회전하는 현상을 말한다. 이때 관찰자가 빛이 오는 방향으로 보았을 때 진동면이 시계 방향으로 회전하면 그 물질을 **우회전성**(우선성, **dextrorotatory**), 시계 반대 방향으로 회전하면 **좌회전성**(좌선성, **levorotatory**)이라고 부르며, 각각 (+), (−) 기호로 나타낸다. 이러한 광학 활성을 측정하는 장비를 **편광계**(polarimeter)라고 한다.

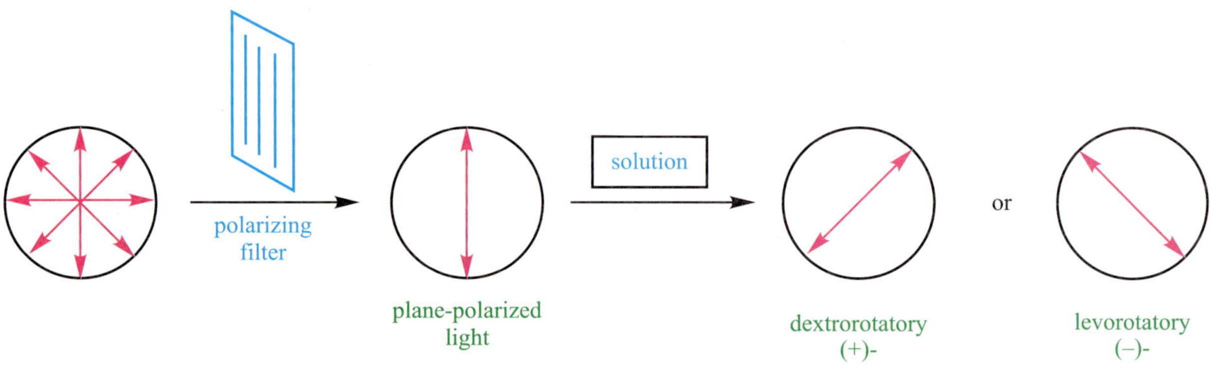

빛을 파동이라고 간주하면 보통의 빛은 자기장과 전기장이 서로 수직하면서 모든 방향으로 진동하면서 나아간다. 이러한 빛을 **편광 필터**(polarizing filter)에 통과시키면 한 가지 방향에서만 진동하는 평면 편광이 얻어진다. 위 그림은 전기장의 진동면을 이중 화살표로 나타낸 것이다.

그러면 두 거울상 이성질체의 용액에 평면 편광을 각각 통과시킬 때 어떠한 점이 다를까? 다른 점은 같은 분석 조건에서 측정하였을 때 평면 편광의 회전 각도는 같으나 그 방향만이 반대라는 것이다. 따라서 뷰탄-2-올의 한 가지 거울상 이성질체를 녹인 용액의 회전이 (+)이면 그 거울상은 (−)이며 그 크기는 같을 것이다.

관측된 평면 편광의 회전 각도를 α라고 표시하는데, α는 용액에 녹아 있는 분자의 수에 의존한다. 즉, α는 용액의 농도와 관의 길이에 따라 변하므로 이러한 변수에 무관한 **고유 광회전도**(specific optical rotation, $[\alpha]$)를 다음과 같이 정의한다. 아래 식에 의하면 $[\alpha]$의 단위는 10^{-1} degree cm^2 g^{-1}이나 그냥 단위를 빼고 쓴다.

$$[\alpha] = \alpha/(c\ l)$$

위 식에서 c는 1 mL의 용액에 녹아 있는 시료의 그램 수이고, l은 데시미터 단위로 나타낸 관의 길이이다(관의 길이는 10 cm이므로 l은 1이다). 흔히 쓰는 빛은 소듐의 특이한 노란색인 D선(589 nm)이다. 온도, 용매 및 농도도 광회전도에 영향을 주는 변수이므로 표시하여야 한다. 예를 들어 (*S*)-뷰탄-2-올의 고유 광회전도는 아래와 같이 표시한다.

$$[\alpha]_D^{25}\ +13.5\ (c\ 1.00,\ CHCl_3)$$

3.7 부분 입체 이성질체

지금까지 다룬 거울상 이성질체는 입체 발생 중심이 하나이었지만 입체 발생 중심이 두 개 이상 있는 분자도 많이 있다. 한 예로 아미노산의 일종인 트레오닌(threonine)을 보자. 트레오닌은 입체 발생 중심이 두 개이므로 $2^2 = 4$개의 입체 이성질체가 가능하다. 아래에 그린 피셔 투영도를 보면 (2*R*,3*R*)-과 (2*S*,3*S*)-트레오닌 그리고 (2*R*,3*S*)-과 (2*S*,3*R*)-트레오닌은 거울상 이성질체임을 알 수 있다. 앞에서 부분 입체 이성질체를 거울상 이성질체가 아닌 입체 이성질체라고 정의하였는데, 이 정의에 따르면 (2*S*,3*S*)-와 (2*R*,3*S*)-트레오닌은 부분 입체 이성질체이며 아래 그림에서 볼 수 있듯이 네 쌍이 그러한 관계에 있다.

입체 발생 중심의 수가 n이면 최대 2^n개의 입체 이성질체가 가능하다.

한 거울상 이성질체의 배열이 (*R*,*R*)이면 다른 것은 (*S*,*S*)이다. (*R*,*S*)-와 (*S*,*R*)-이성질체는 (*R*,*R*)-이성질체의 부분 입체 이성질체이다.

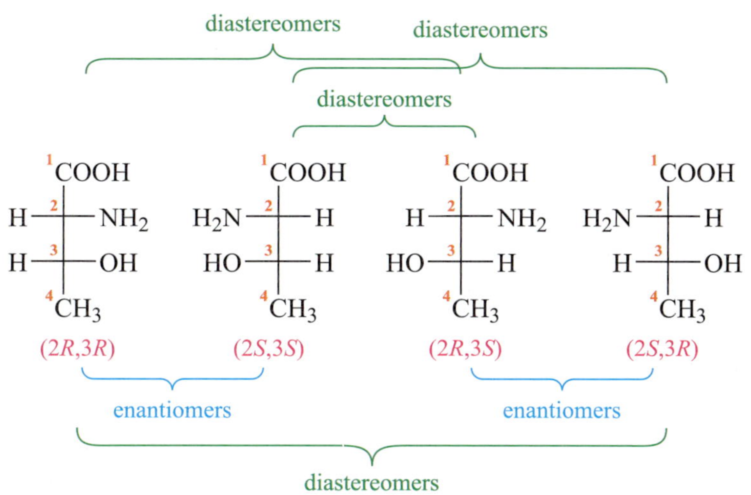

부분 입체 이성질체는 녹는점, 끓는점, 용해도, 밀도 등의 모든 물리적 성질이 다르며 고유 광회전도도 크기가 다 다르다.

표 3.1 트레오닌의 부분 입체 이성질체의 성질

트레오닌의 부분 입체 이성질체	[α]	mp
(2*S*,3*R*)-아미노산(L-threonine)	$[\alpha]_D^{23}$ − 28.5 (c 0.05, H_2O)	256 ℃ (분해)
(2*S*,3*S*)-아미노산(L-*allo*-threonine)	$[\alpha]_D^{25}$ + 9.0 (c 2, H_2O)	272 ℃ (분해)

문제 3.7 2,3,4-트라이하이드록시뷰탄알은 네 개의 부분 입체 이성질체가 있다. 이 중에서 (2*R*,3*R*)-과 (2*S*,3*S*)-이성질체를 에리트로스(erythrose)라고 부른다. 에리트로스의 두 거울상 이성질체의 피셔 투영도를 그리시오. 피셔 투영도를 그릴 때 탄소 사슬을 수직으로 그리고 CHO기는 맨 위에 놓는다.

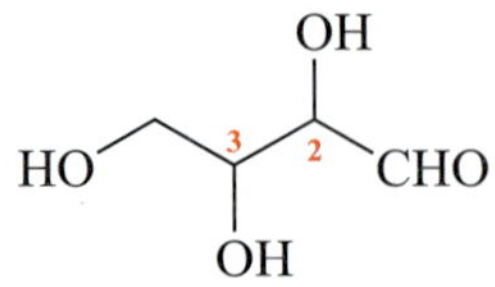

2,3,4-trihydroxybutanal

문제 3.8 2,3,4-트라이하이드록시뷰탄알의 두 거울상 이성질체인 (2*R*,3*S*)-와 (2*R*,3*S*)-이성질체(트레오스(threose))의 피셔 투영도를 그리시오.

문제 3.9 (2*R*,3*R*)-에리트로스의 구조를 지그재그 모양으로 그리시오(두 가지 구조가 가능함).

문제 3.10 (2*R*,3*S*)-트레오스의 구조를 지그재그 모양으로 그리시오(두 가지 구조가 가능함).

3.8 메조 화합물

입체 발생 중심이 두 개인 화합물의 경우에 네 개의 입체 이성질체가 항상 존재하지는 않는다. 그 이유는 어떤 한 분자에 대칭면이 존재하면 세 개만 가능하기 때문이다. 포도주에 들어 있는 타타르산(tartaric acid, 주석산(酒石酸))의 예를 들어보자. 아래에 타타르산의 세 피셔 투영도를 그렸다. 별표 *는 입체 발생 중심을 나타내며, 타타르산에는 입체 발생 중심이 두 개인 것을 확인할 수 있다. 가장 오른쪽 화합물인 메조-타타르산은 대칭면이 있고 따라서 비카이랄하다. 이 화합물의 거울상을 만들어 보면 원래 구조와 겹치는 것을 볼 수 있다. 이렇게 입체 발생 중심이 있지만, 비카이랄한 화합물을 **메조**(meso) 화합물이라고 부른다.

meso는 '가운데, 중앙'을 의미하는 그리스어 'mesos'에서 유래한다. 메조아메리카, 메조포타미아(Mesopotamia) 같은 단어에서도 그 예를 볼 수 있다.

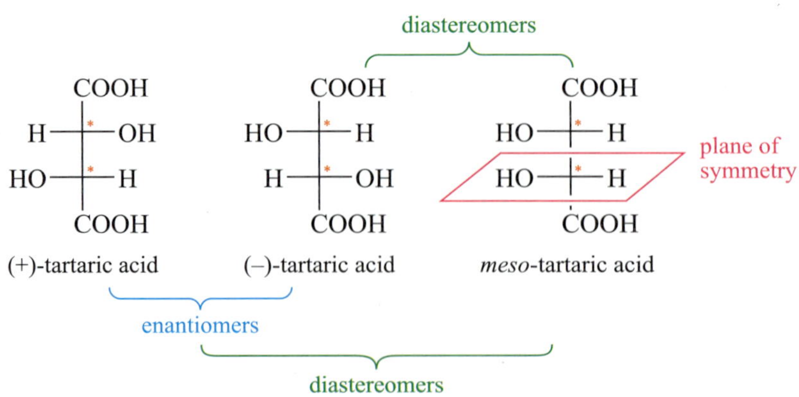

예제 3.4 다음 그림은 뷰탄-2,3-다이올의 피셔 투영도이다. 메조 화합물을 고르시오.

a. 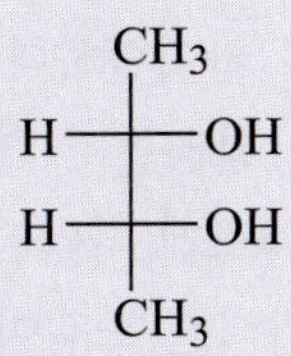 b. 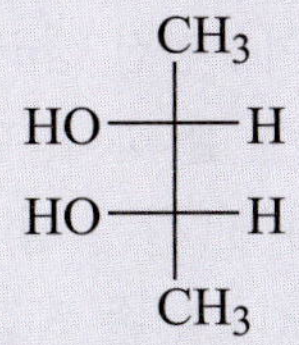 c. 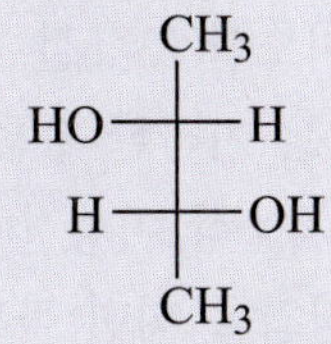 d. 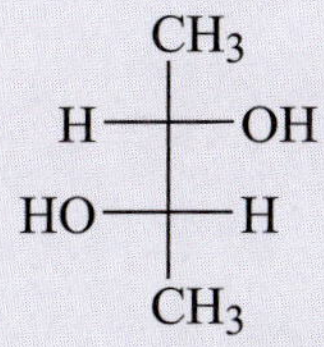

풀이 메조 화합물은 입체 발생 중심은 있으나 대칭면이 있어서 비카이랄한 화합물이다. 피셔 투영도를 보면 구조 a과 b는 대칭면이 있음을 알 수 있다. 따라서 메조 화합물은 a와 b이다.

예제 3.5 다음 화합물 중에서 메조 화합물을 고르시오.

a. 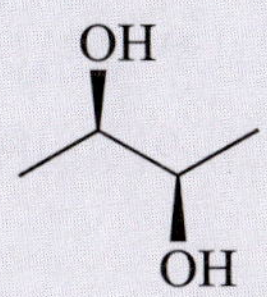 b. 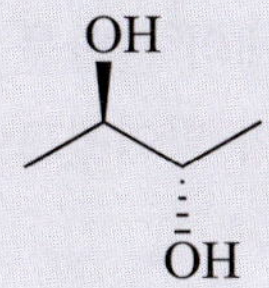

풀이 지그재그 사슬로 그린 구조에서 메조 화합물을 찾으려면 지그재그 구조를 피셔 투영도로 바꿔 그린 후 대칭면이 있는지를 찾는다. 구조 b의 화합물이 메조 화합물이다.

a. 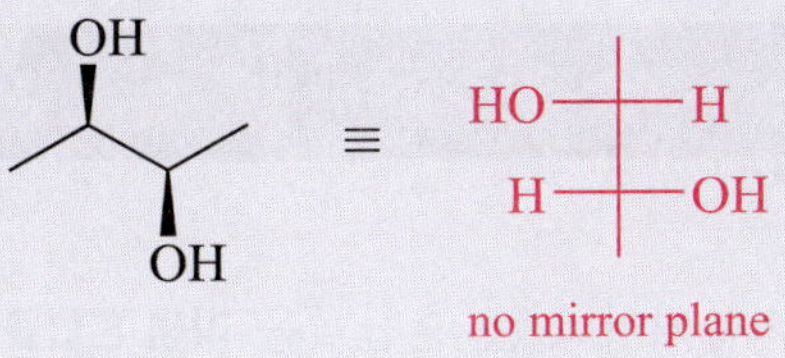

b. 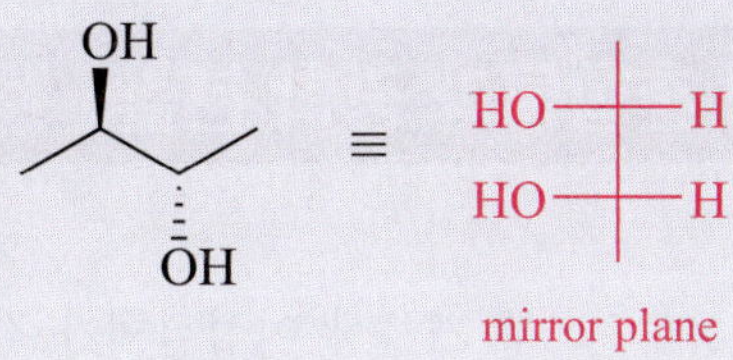

문제 3.11 다음 화합물 중에서 메조 화합물을 고르시오.

a. 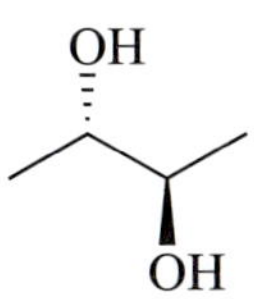 b. 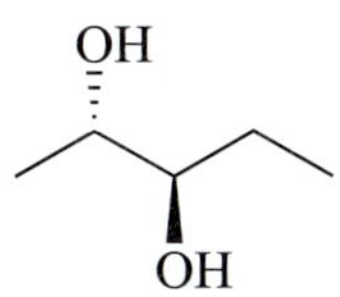 c. 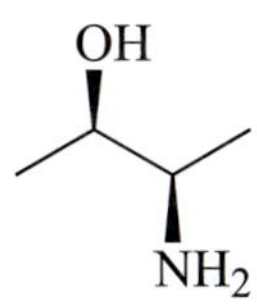 d. 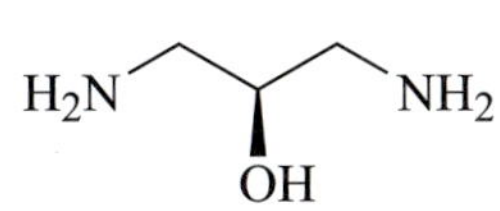

3.9 거울상 이성질체의 성질

앞에서 거울상 이성질체는 광학 회전의 방향만 반대일 뿐 물리적 성질은 같다고 기술하였다. 이제 화학적 성질을 논의하기로 하자.

두 거울상 이성질체는 비카이랄 환경(비카이랄 시약, 촉매, 용매 등)에서는 화학적 성질이 같다. 따라서 두 거울상 이성질체가 비카이랄 시약과 반응할 때 반응 속도 상수나 평형 상수는 같을 것이다. 하지만 카이랄 환경(효소, 카이랄 시약, 카이랄 촉매 등)에서는 화학적 성질이 다르며, 따라서 반응 속도 상수나 평형 상수가 다르다.

거울상 이성질체의 생리 효과(냄새, 맛, 의약품의 효능 등)도 다르다. 생리적 효과는 분자가 수용체의 활성화 자리(냄새라면 코의 냄새 수용체)와 결합함으로써 생기는데, 수용체는 L-아미노산(13.1절 참조)으로 이루어진 생고분자이므로 카이랄하다. 그래서 한 거울상 이성질체는 이러한 수용체와 결합을 잘 하나, 다른 거울상 분자는 결합을 잘 하지 못하게 되어 두 거울상 이성질체의 냄새나 맛 같은 생리 효과가 다르게 나타난다. 마치 오른손에 오른손 장갑을 끼면 불편하지 않으나 왼손 장갑을 끼면 어색한 느낌이 드는 것과 비슷하다. 오른손과 왼손은 거울상 이성질체의 관계이므로 장갑(카이랄 시약)과의 상호 작용(착용감)이 다른 것이다.

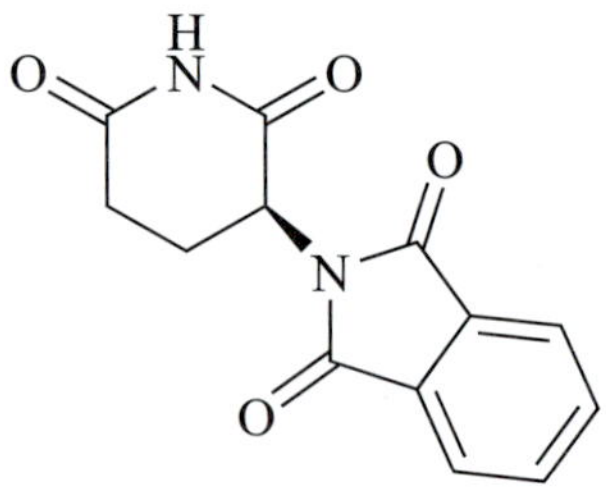
(*S*)-thalidomide

특히 의약품의 경우에는 한 가지 거울상 이성질체는 원하는 생리 효과가 있지만 그 반대 거울상은 원하지 않는 부작용을 줄 수도 있다. 대표적인 예가 1960년대 유럽에서 시판된 **탈리도마이드**(thalidomide)라는 이름의 입덧 방지제이다. 특정한 임신 시기에 이 약의 두 거울상 이성질체의 혼합물을 복용했던 임신 여성이 사지가 충분히 발달하지 않은 신생아를 출산한 사건이 벌어졌으며, 조사 결과 이러한 태아 독성은 (*S*)-이성질체에 기인하는 것으로 밝혀졌다.

3.10 라셈 혼합물과 광학 분할

'racemic'이라는 말은 포도송이를 의미하는 라틴어 racemus에서 유래한다.

두 거울상 이성질체가 같은 양으로 혼합되어 있는 혼합물을 **라셈 혼합물**(racemic mixture, racemate)이라고 부르며 (±)- 혹은 *rac*-로 표시한다. 라셈 혼합물의 용액은 광학 비활성이며, 고체상에서의 물리적 성질(예: 녹는점, 밀도, X-선 회절 패턴)은 순수한 거울상 이성질체와 다를 수도 있다. 예로 (+)-와 (−)-타타르산의 녹는점은 171 ℃이나 라셈 혼합물(라셈산이라고 부름)의 녹는점은 206 ℃이다.

라셈 혼합물을 각각의 두 거울상 이성질체로 분리하는 작업을 **광학 분할**(optical resolution, 분할)이라고 부른다. 최초의 분할은 1848년에 파스퇴르가 실시하였다. 파스퇴르는 광학 비활성인 타타르산(라셈산)의 소듐 암모늄 사수화물(Na·NH_4·tartrate·$4H_2O$, 파스퇴르 염)의 수용액에서 결정을 얻는 실험을 하던 중 우연히 눈으로 보기에 서로 거울상인 두 가지 결정(왼쪽 그림)이 생성되는 것을 발견하였다. 두 종류의 결정을 끈기 있게 집게와 현미경을 사용하여 분리한 후 각 결정을 물에 녹인 용액의 광회전도를 조사하였더니 부호가 서로 반대였다. 1860년에 파스퇴르는 결정이 서로 거울상이면 그 분자들도 서로 거울상의 관계일 것이라고 (올바르게) 추측하였으며, 라셈산은 두 거울상 이성질체의 1:1 혼합물임을 밝혔다.

서로 거울상인 두 결정

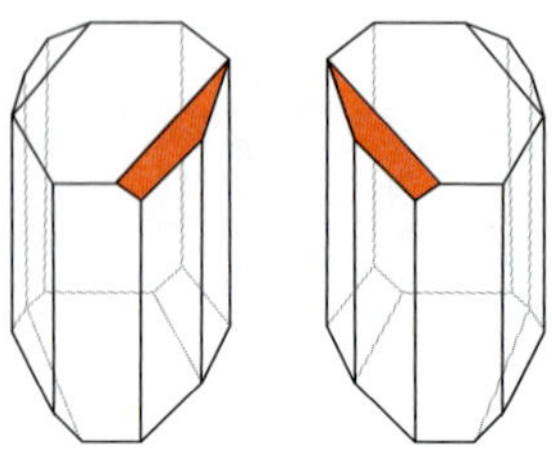

더 많이 쓰이는 광학 분할법은 산성이나 염기성 라셈 혼합물을 한 가지 거울상의 카이랄 염기나 산과 반응시켜 두 염의 혼합물을 얻는 방법이다. 두 염은 서로 부분 입체 이성질체의 관계이기 때문에 용해도가 다르므로 분별 결정화 방법으로 분리할 수 있다. 이 방법도 파스퇴르가 1853년에 최초로 실시하였다. 파스퇴르는 라셈 타타르산을 카이랄 염기인 (−)-신초니딘(cinchonidine)과 반응시켜 두 염의 혼합물을 얻었다. 두 염 중에서 (−)-타

타르산·(−)-신초니딘 염이 먼저 석출되었으며, 그 다음에 (+)-타타르산·(−)-신초니딘 염이 석출되었다. 분리한 염을 산으로 처리하면 타타르산의 두 거울상 이성질체를 구할 수 있다.

라셈 혼합물이 산이라면 광학적으로 순수한 알칼로이드(예: 브루신(brucine), 스트라이키닌(strychinine))를 염기로서 이용한다. 라셈 혼합물이 염기이면 (+)-타타르산, (−)-말산(malic acid), (+)-만델산 같은 광학 활성 카복실산을 이용한다.

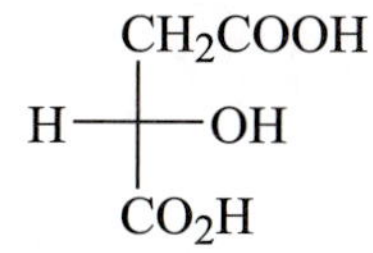

(*S*)-(−)-malic acid

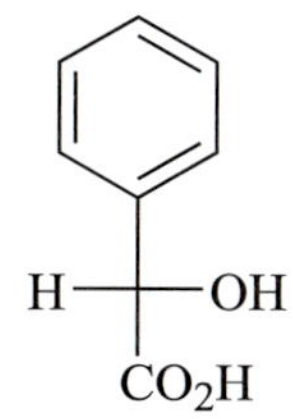

(*S*)-(+)-mandelic acid

다른 방법은 속도론적 분할(kinetic resolution)이다. 이 방법은 두 거울상 이성질체 (+)-A와 (−)-A가 카이랄 분자(효소, 카이랄 촉매, 카이랄 시약 등)와 서로 다른 속도로 반응한다는 점을 이용한다(효소인 경우 반응 속도 상수의 비가 1,000보다 크다).

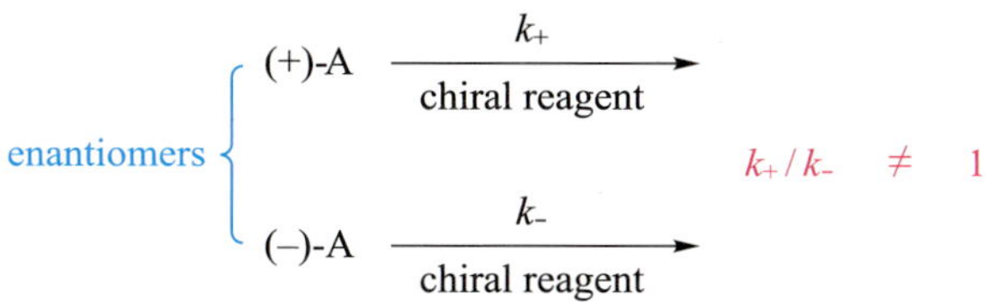

예로서 다음과 같은 라셈 알코올을 효소의 일종인 리파아제의 존재 하에서 무수 아세트산으로 처리하면 (*S*)-알코올과 (*R*)-알코올의 에스터가 얻어진다. 이 두 생성물은 서로 다른 분자이므로 크로마토그래피나 분별 증류 같은 물리적 방법으로 분리가 가능하다.

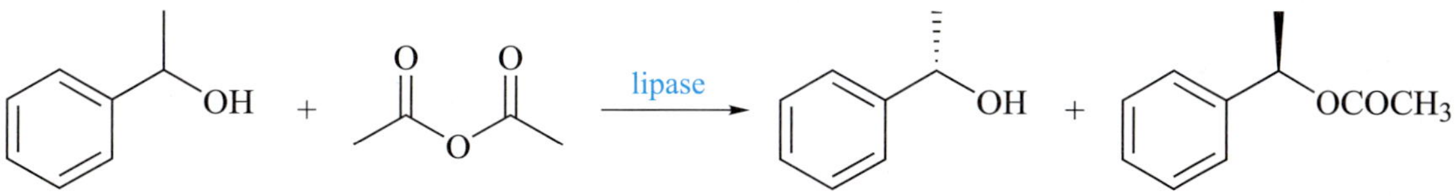

racemic alcohol　acetic anhydride　(*S*)-alcohol　ester of (*R*)-alcohol

추가 문제

3.12 다음 화합물을 카이랄한 것과 비카이랄한 것으로 분류하시오.

a. 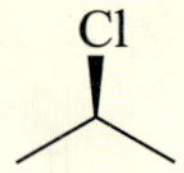

b. 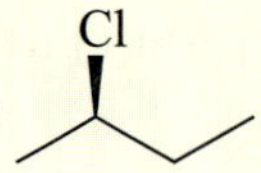

c. 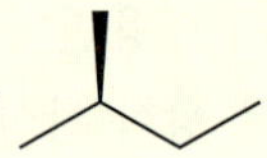

d. 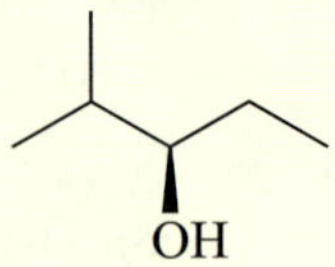

e. 

f. 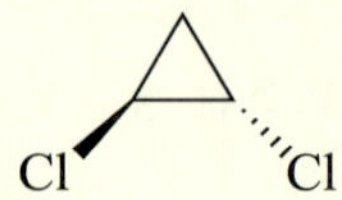

3.13 리보핵산의 한 성분인 리보스의 구조는 다음과 같다(실제 구조는 고리형임).

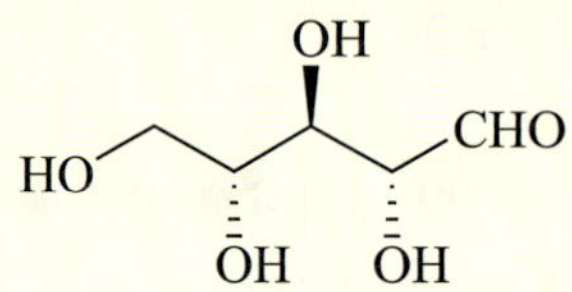

a. 리보스의 입체 발생 중심의 절대 배열을 (*R*) 혹은 (*S*)로 위의 구조에 모두 표시하시오.

b. 리보스의 피셔 투영도를 그리시오(탄소 사슬을 수직 방향으로 그리고 CHO기를 탄소 사슬의 위에 배치함).

c. 리보스의 거울상 이성질체의 구조를 피셔 투영도로 그리시오.

d. 리보스의 부분 입체 이성질체의 구조 하나를 피셔 투영도로 그리시오.

3.14 다음 화합물 중에서 메조 화합물을 모두 고르시오.

a. 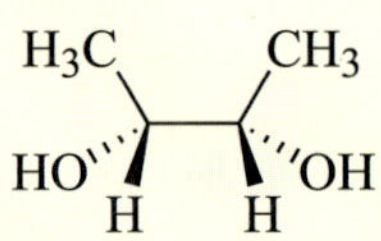

b. 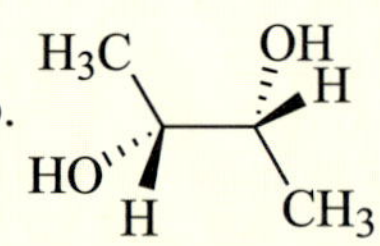

c. 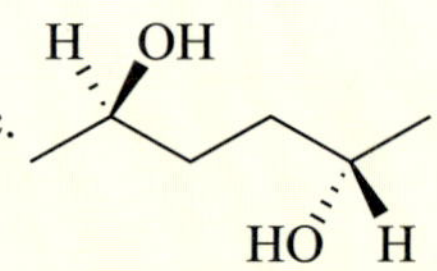

d. 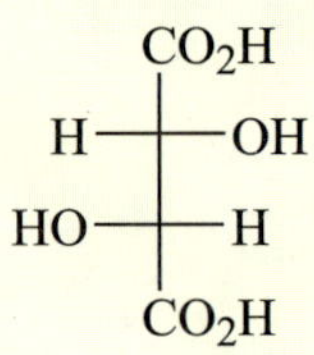

e. 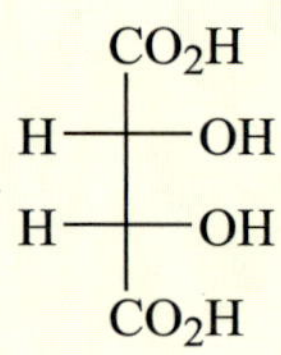

f. 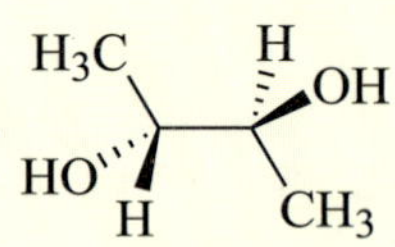

3.15 다음 두 구조가 서로 같으면 I, 거울상 이성질체의 관계이면 E, 부분 입체 이성질체이면 D, 그리고 구조 이성질체이면 C라고 쓰시오.

a. 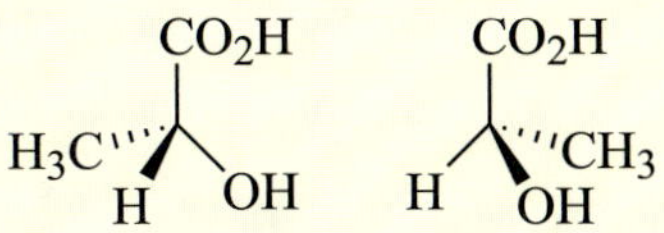

b. 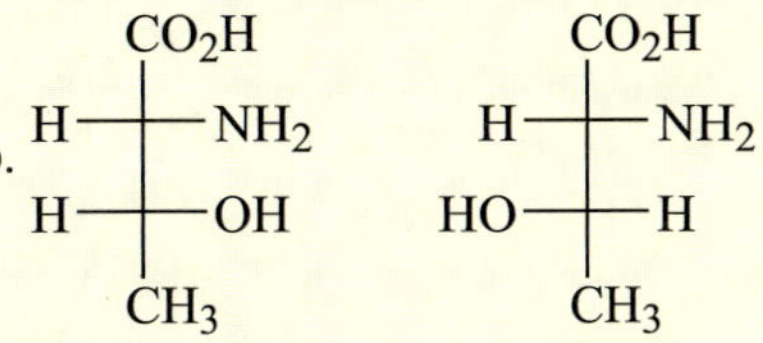

c. 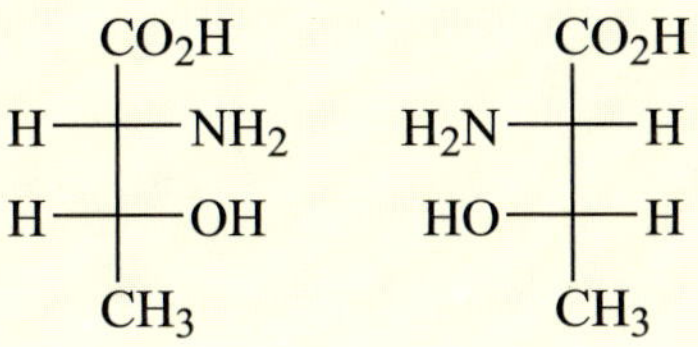

d. 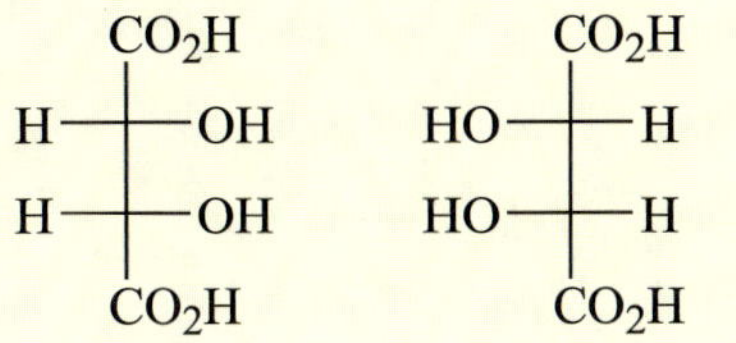

e. 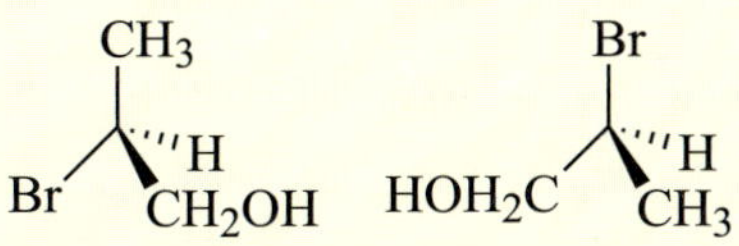

f. 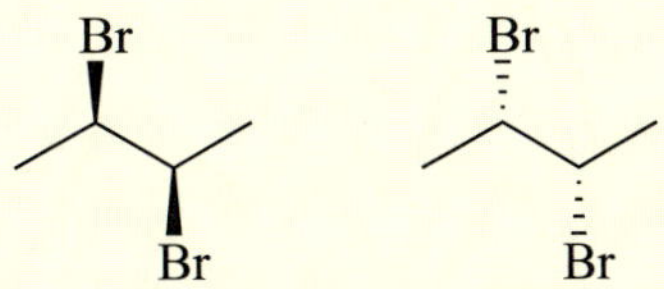

g. 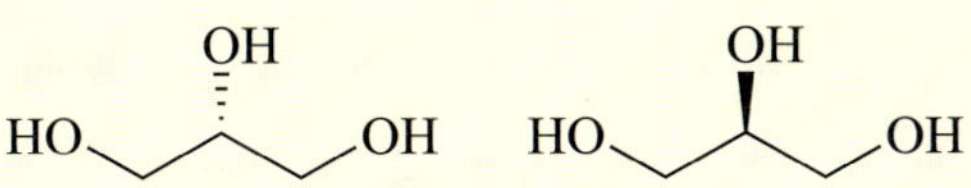

h. 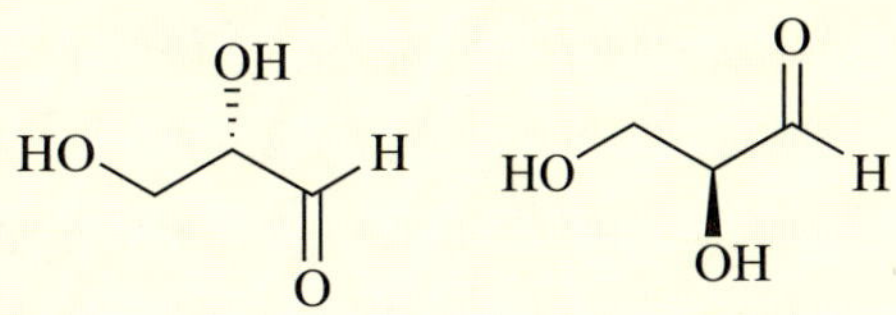

Chapter 04

알케인과 사이클로알케인

알케인과 사이클로알케인은 탄화수소의 한 부류이다. 알케인과 사이클로알케인은 탄소-탄소 σ 결합의 자유 회전이 상온에서 빠르게 일어나므로 수많은 삼차원적 구조가 가능하다. 이렇게 단일 결합을 중심으로 회전하였을 때 생기는 공간적 원자들의 배열을 **형태**(회전 배열, conformation)라고 한다. 이 장에서는 이러한 형태의 삼차원적 구조를 그리는 방법과 여러 가지 형태의 에너지 측면을 살펴보기로 한다. 또한 알케인과 사이클로알케인의 명명법도 다룬다.

4.1 알케인과 사이클로알케인: 탄화수소의 한 부류

알케인과 사이클로알케인의 한 계열에서 한 구성원이 다음 구성원과 일정한 분자 단위(이 경우에는 CH_2. 이 분자 단위를 **메틸렌**(methylene)이라고 부른다)만큼 차이가 나는데, 이러한 계열을 **동족 계열**(homologous series), 그리고 동족 계열의 각각의 구성원을 **동족체**(homolog)라고 부른다.

알케인(alkane)과 **사이클로알케인**(cycloalkane)은 탄소와 수소로만 이루어진 화합물인 **탄화수소**(hydrocarbon)의 한 부류이다. 알케인은 분자식이 C_nH_{2n+2}인 포화 탄화수소이고, 고리가 하나인 사이클로알케인은 분자식이 C_nH_{2n}인 고리 화합물이다.

이러한 탄화수소의 주 원천은 원유이며, 원유를 분별 증류하면 끓는점에 따라서 탄화수소를 분리할 수 있다. 끓는점이 비슷한 탄화수소는 많이 존재하므로 증류하여 얻은 분액은 수십에서 수백 개의 탄화수소가 혼합된 혼합물이며(휘발유도 수백 개의 탄화수소로 이루어져 있음), 연료, 용매 혹은 윤활유 등으로 상용된다.

4.2 알케인과 사이클로알케인의 명명법

IUPAC 명명법

화합물의 이름을 정하는 **명명법**(nomenclature)에는 크게 두 가지가 있다. **상용명**(common name, 관용명이라고도 부름)은 아세트산(식초의 성분)이나 폼산(개미산)처럼 오래 전부터 사람들이 사용해왔던 이름이다. 하지만 유기 화학이 발전함에 따라 많은 수의 새로운 화합물이 발견되거나 합성되었기 때문에 유기 화합물의 이름을 체계적으로 명명할 필요성이 생겨났다. 이러한 목적으로 만든 체계 혹은 규칙을 이용하여 정한 이름이 **체계명**(systematic name)이다. 그 외에도 의약품에서 사용하는 **일반명**(generic name)과 **상품명**이 있다.

다른 체계명은 미국화학회가 정한 **CAS**(Chemical Abstract Service)명이며, 유기 명명법의 우리나라 말 원칙은 대한화학회(http://new.kcsnet.or.kr/cheminfo_naming)에서 찾아볼 수 있다.

체계명으로는 IUPAC(International Union of Pure and Applied Chemistry, '아이유팩'이라고 읽음. 국제 순수 및 응용화학 연합)이 정한 **IUPAC 명**이 널리 쓰인다.

유기 화합물의 명명은 탄소의 가장 긴 사슬인 알케인(**어미 구조**(parent, 모체)라고 함)의 이름을 정하면서 시작한다(방향족 화합물의 경우는 다름). 탄소 수가 한 개에서 열 개까지의 알케인의 이름이 표 4.1에 나와 있다. 이 이름은 알케인뿐만 아니라 많은 유기 화합물 명명의 기본이 되기 때문에 반드시 기억하여야 한다(*n*-헥세인처럼 normal을 의미하는 접두사 '*n*-'을 탄화수소의 이름 앞에 붙여 곧은 사슬 알케인을 명명하기도 하지만 이 방법은 IUPAC에서 권장하지 않는다).

표 4.1 탄소 수가 1~10개인 탄화수소의 이름

탄소 수	분자식	이름	탄소 수	분자식	이름
1	CH_4	메테인(methane)	6	C_6H_{14}	헥세인(hexane)
2	C_2H_6	에테인(ethane)	7	C_7H_{16}	헵테인(heptane)
3	C_3H_8	프로페인(propane)	8	C_8H_{18}	옥테인(octane)
4	C_4H_{10}	뷰테인(butane)	9	C_9H_{20}	노네인(nonane)
5	C_5H_{12}	펜테인(pentane)	10	$C_{10}H_{22}$	데케인(decane)

알킬기의 이름

알케인에서 수소 하나를 제거한 기를 **알킬기**라고 부르며 R(radical에서 유래)로 나타낸다. 알킬기는 알케인의 이름 '-ane'을 '-yl'로 바꿔 명명한다. 예로서 CH_3기는 메틸(methyl), C_2H_5기는 에틸(ethyl), C_3H_7기는 프로필(propyl)이다. 이러한 알킬기는 Me, Et, Pr 같은 기호로 자주 나타내기 때문에 이 기호들은 꼭 기억하여야 한다. 다른 알킬기 기호는 표 4.2에 나와 있다(알킬기 기호는 원소 기호처럼 첫 단어는 대문자이고 두 문자이다).

가지 달린 알킬기의 이름

프로페인의 C2에서 수소를 제거하면,

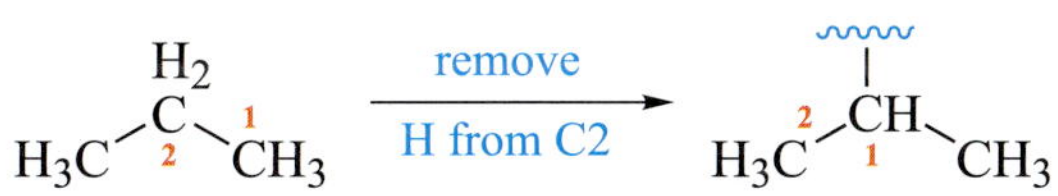

1-methyethyl
isopropyl
i-Pr

이 얻어진다. '1-메틸에틸'은 체계명, '아이소프로필'은 상용명이며, 둘 다 IUPAC 체계에서 허용된다. *i*-Pr은 기호이다.

뷰테인의 C2에서 수소를 제거하면,

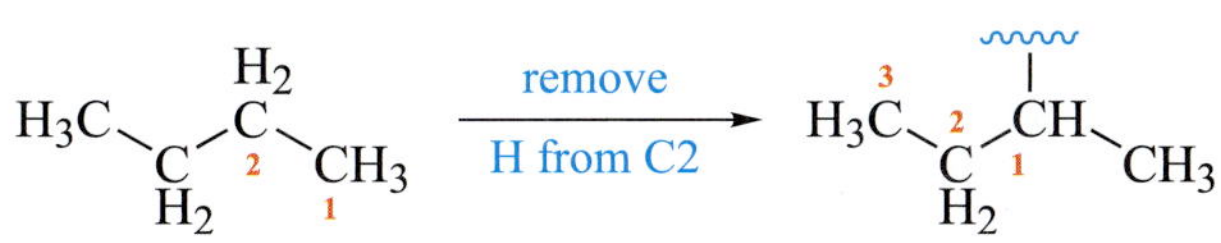

1-methypropyl
sec-butyl
s-Bu

이 얻어진다. '1-메틸프로필'은 체계명이고 '*sec*-뷰틸'은 상용명인데, 둘 다 IUPAC 체계에서 허용된다. *s*-Bu는 기호이다. *sec*-는 secondary(이차)의 준말로서 이차 탄소는 탄소 둘과 결합하고 있는 탄소를 말한다.

아이소뷰테인에서 수소를 제거하는 방법은 두 가지가 있다. 메틸기에서 수소를 제거하면 '2-메틸프로필' 혹은 '아이소뷰틸'기가 얻어지며 그 기호는 *i*-Bu이다. CH에서 수소를 제거하면 '1,1-다이메틸에틸' 혹은 '*tert*-뷰틸'기가 얻어지고 기호는 *t*-Bu이다. *tert*-는 tertiary(삼차)의 준말로서 삼차 탄소는 탄소 세 개와 결합하고 있는 탄소이다.

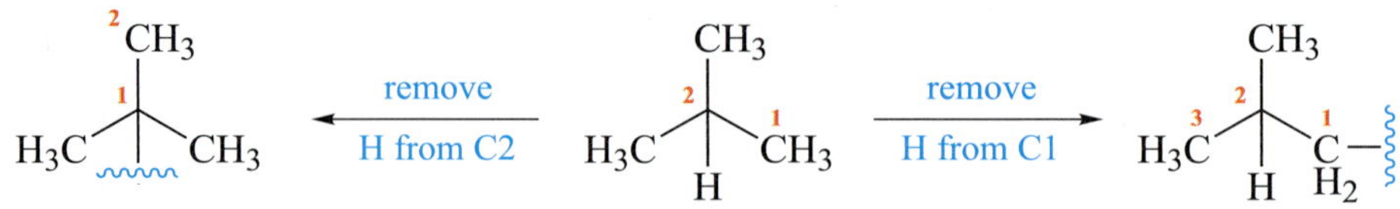

1,1-dimethylethyl
tert-butyl
t-Bu

isobutane

2-methylpropyl
isobutyl
i-Bu

표 4.2 알킬기의 구조, 이름 및 기호

알킬기의 구조	이름	기호	알킬기의 구조	이름	기호
CH_3	메틸(methyl)	Me	$(CH_3)_2CH$	아이소프로필(isopropyl)	*i*-Pr, *i*Pr
CH_3CH_2	에틸(ethyl)	Et	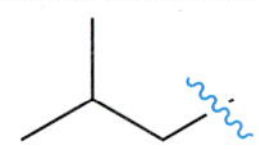	아이소뷰틸(isobutyl)	*i*-Bu, *i*Bu
$CH_3CH_2CH_2$	프로필(propyl)	Pr	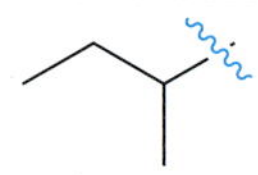	*sec*-뷰틸(*sec*-butyl)	*s*-Bu
$CH_3CH_2CH_2CH_2$	뷰틸(butyl)	Bu	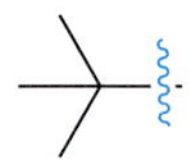	*tert*-뷰틸(*tert*-butyl), *t*-뷰틸	*t*-Bu, *t*Bu

가지 달린 알케인

가지 달린 알케인은 다음 규칙을 이용하여 명명한다.

(1) 먼저 가장 긴 탄소 사슬을 찾은 후 알킬 치환기의 위치번호(locant)가 더 작아지는 방향으로 어미 구조에 번호를 매긴다. 아래 예에서는 메틸 치환기에 더 낮은 번호를 주는 오른쪽 번호 매김만 허용된다. 알킬 치환기의 위치를 포함한 치환기의 이름을 '3-methyl' 처럼 쓰고 이 이름을 어미 구조의 이름 앞에 한 단어처럼 쓴다. 따라서 이 알케인의 이름은 3-메틸노네인(3-methylnonane)이다.

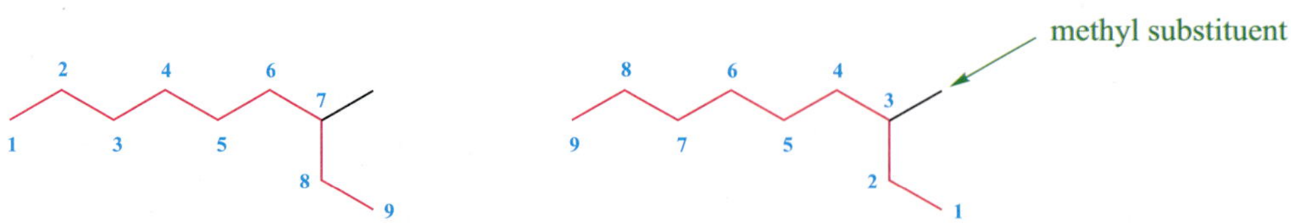

7-methylnonae　　7 > 3　　3-methylnonane (accepted)

(2) 치환기가 둘 이상인 경우에는 치환기가 하나인 경우처럼 가장 긴 사슬에서의 위치번호를 각 치환기에 배정하고 치환기를 영어 알파벳 순서로 나열한다. 어미 구조에 번호를 매길 때에는 치환기의 위치번호의 조합(번호가 증가하는 순으로)을 비교한 후

첫 번째 대응에서 번호가 더 낮은 위치번호를 택한다. 따라서 아래 구조의 이름은 6-에틸-3-메틸노네인(6-ethyl-3-methylnonane)이다.

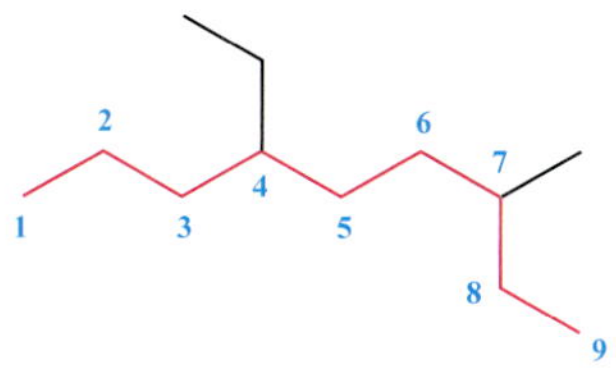

4-ethyl-7-methylnonane

4 > 3
[4,7]
↕
[3,6]

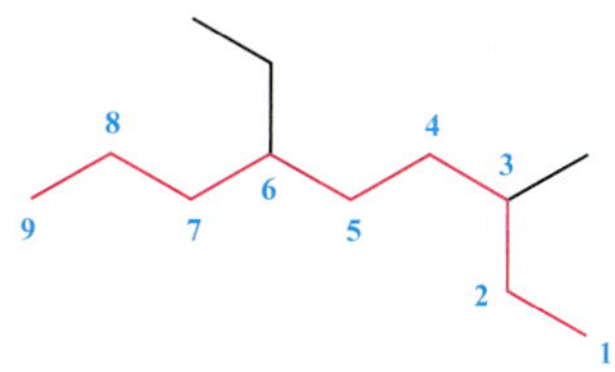

6-ethyl-3-methylnonane
(accepted)

(3) 같은 치환기가 두 개 이상 있을 경우에는 접두사 다이(di), 트라이(tri), 테트라(tetra) 등을 이용하여 치환기의 수를 나타낸다. 이런 수치 접두사는 치환기의 알파벳 순서를 정할 때에는 무시한다.

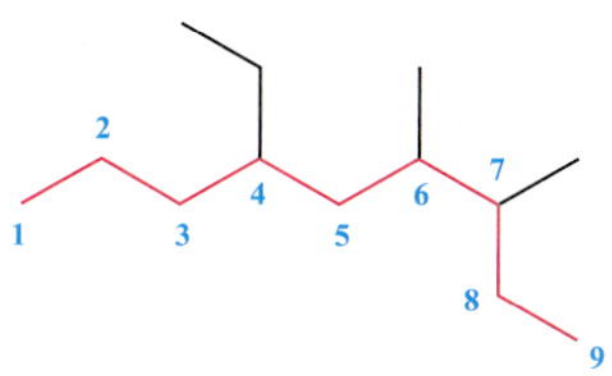

4-ethyl-6,7-dimethylnonane

4 > 3
[4,6,7]
↕
[3,4,6]

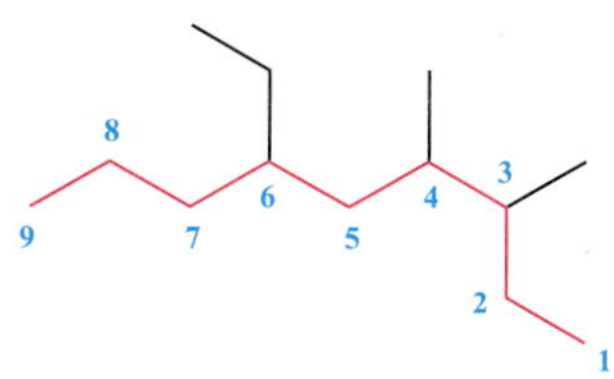

6-ethyl-3,4-dimethylnonane
(accepted)

(4) isopropyl, *tert*-butyl, *sec*-butyl 같은 이름은 IUPAC에서 허용된다(*tert*-, *sec*-를 *t*-, *s*-로 각각 쓸 수 있다). 단, 치환기의 알파벳 순서를 정할 때 *tert*-butyl처럼 하이픈(-)이 있는 경우, *tert*- 같은 이탤릭체 접두사는 무시한다. isopropyl이나 isobutyl은 i로 시작한다.

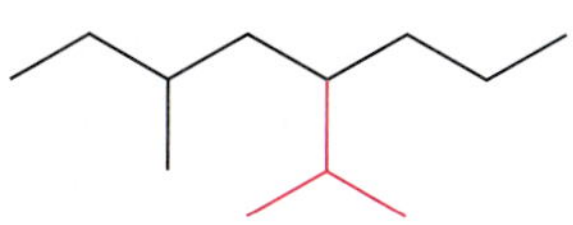

5-isopropyl-3-methyloctane

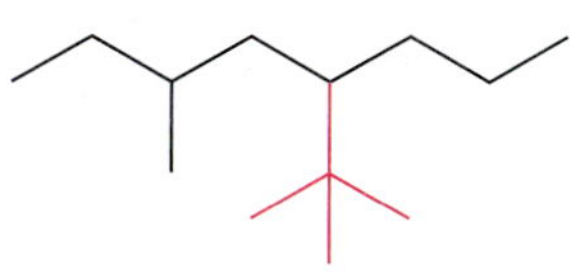

5-*tert*-butyl-3-methyloctane

사이클로알케인의 명명

고리가 하나인 사이클로알케인의 이름은 탄소 수가 같은 알케인 이름에 접두사 **사이클로**(cyclo-)-를 붙여 명명한다. 치환기가 있는 사이클로알케인은 치환기의 이름을 사이클로알케인의 이름 앞에 붙여 명명한다. 치환기가 하나만 있을 경우에는 위치번호를 쓰지 않는다.

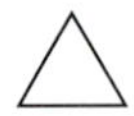

cyclopropane

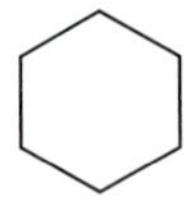

cyclohexane

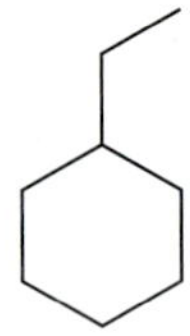

ethylcyclohexane

4.3 알케인의 구조와 구조 이성질체

알케인과 사이클로알케인의 탄소는 혼성이 sp^3이므로 탄소에 연결된 원자들은 사면체 구조를 이룬다. **곧은 사슬 알케인**(straight chain alkane)은 탄소–탄소 사슬이 가지를 치지 않고 계속 연결된 구조인 반면에, **가지 달린 알케인**(branched alkane)은 곧은 사슬 구조의 탄소 원자에서 새롭게 다른 사슬이 생성된 구조이다.

탄소가 네 개인 뷰테인부터 구조 이성질체가 가능해진다. 뷰테인은 구조 이성질체가 두 개이나 탄소 수가 증가할수록 구조 이성질체의 수는 급격하게 증가한다.

butane

2-methylpropane
(isobutane)

4.4 에테인의 형태

형태(conformation, 회전 배열)는 단일 결합을 중심으로 일어나는 회전으로 생기는 분자의 삼차원적 구조를 말하며, 각 구조를 **형태 이성질체**(conformational isomer, conformer)라고 한다. **형태 분석**(conformational analysis)은 분자가 단일 결합을 축으로 회전하는 과정에서 분자의 에너지 변화를 연구하는 분야이다. 형태 분석을 하면 어떤 형태가 가장 안정한지(에너지가 최소) 아니면 가장 불안정한지(에너지가 최고)를 알 수 있으며, 이러한 분석은 유기 화합물의 반응성이나 단백질의 구조 연구 등에서 매우 중요하다.

먼저 가장 간단한 에테인의 형태를 보자. 에테인에서 그 C–C 결합을 중심으로 회전하면 무수히 많은 형태가 얻어진다. 에테인의 특정한 입체적 형태를 종이 면에서 그릴 때 두 가지 방식을 이용한다.

뉴만 투영도

뉴만(Newman) **투영도**는 원을 그린 후 원의 중심에서 서로 120° 간격으로 나가는 선을 그리고 또한 원 바깥에서도 120° 간격으로 선을 그려서 형태를 표현하는 방식이다. 원의 중심에 연결된 원자(원자단)는 보는 사람 방향으로 놓여 있고, 반면에 원 바깥 선에 연결된 원자는 보는 사람으로 떨어진 방향에 놓여 있다고 간주한다. 보는 시선에 놓은 결합은 원의 중앙에 놓여 있으며 이 결합은 따로 그리지 않는다.

에테인의 한 형태의 뉴만 투영도를 그리면 다음과 같다. 이 형태에서는 C−H 결합이 60° 각도로 엇갈려 있기 때문에 이 형태를 **엇갈린 형태**(staggered conformation)라고 부른다. **이면각**(dihedral angle)은 세 원자로 이루어진 면, 그리고 이 면과 만나는 다른 면(두 원자는 공유) 사이의 각도이다. 엇갈린 형태에서는 H−C−C를 포함하는 이면각이 60°이며, 뉴만 투영도를 그리면 이면각을 바로 알 수 있는 장점이 있다.

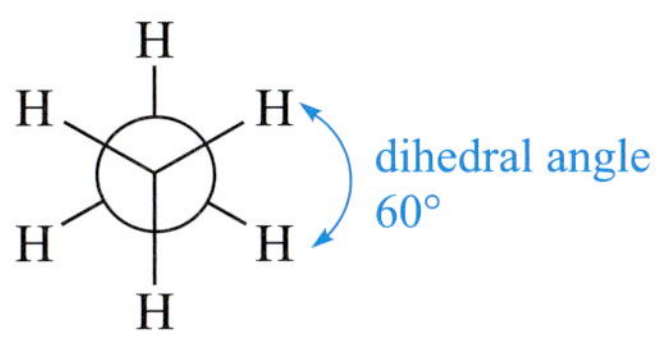

Newman projection of
staggered conformation

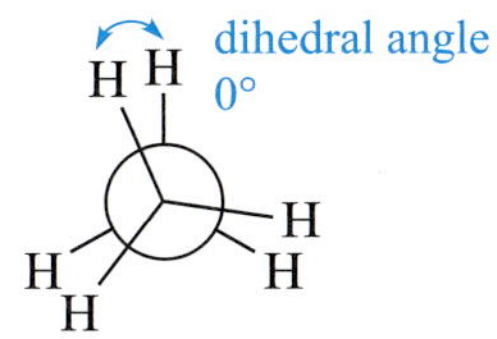

Newman projection of
eclipsed conformation

에테인의 엇갈린 형태에서 한 CH_3기를 C−C 결합을 중심으로 60°만큼 돌리면 **가려진 형태**(eclipsed conformation)라고 부르는 형태가 얻어진다. 이 형태의 뉴만 투영도를 보면 원 앞의 C−H 결합과 원 뒤의 C−H 결합이 서로 가려져 있음을 볼 수 있다. 즉, 이면각이 0°이다.

톱질대 구조

형태를 표현하는 다른 방법은 **톱질대**(sawhorse) 구조이다. 이 구조는 특정한 단일 결합을 비스듬하게 보았을 때 단일 결합 탄소에 연결된 세 원자가 사면체 구조를 이루는 것처럼 보이도록 그린 그림이다. 다음 그림은 에테인의 엇갈린 형태와 가려진 형태의 톱질대 구조를 그린 것이다.

에테인의 엇갈린 형태와 가려진 형태를 다음과 같이 쐐기와 대쉬를 사용하여 각각 그리기도 한다.

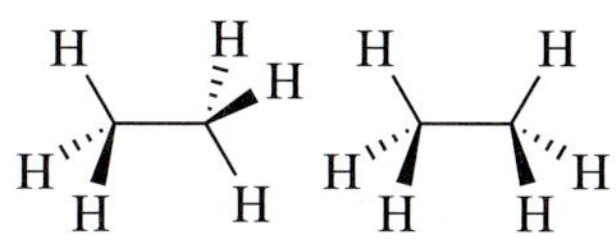

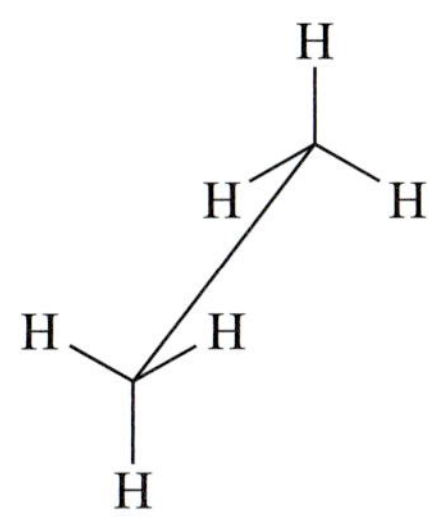

Sawhorse projection of
staggered conformation

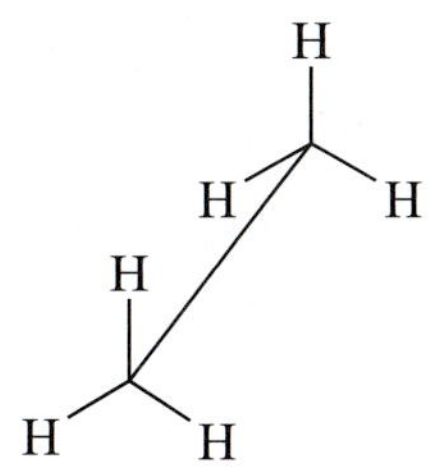

Sawhorse projection of
eclipsed conformation

에테인의 형태는 무수히 많으며 방금 소개한 에테인의 두 형태는 극단적인 경우이다. 즉, 하나는 가장 안정하나 다른 하나는 가장 불안정하다. 그러면 에테인의 두 형태 중에서 어느 형태가 더 안정할까? 실험에 의하면 엇갈린 형태가 약 3 kcal mol^{-1}만큼 안정하다고 한다. 그 이유에 대한 한 가지 설명에 의하면 가려진 형태에서는 마주보고 있는 두 C−H

결합의 전자쌍 사이의 반발로 이 형태가 더 불안정해진다는 것이다. 이러한 반발로 에너지가 올라가는 것을 **비틀림 무리**(torsional strain)라고 한다. 에테인의 가려진 형태에서는 이러한 비틀림 무리가 세 번 일어나기 때문에 비틀림 무리 하나가 1 kcal mol^{-1}만큼 에너지를 올린다고 볼 수 있다.

에테인에서 가려진 형태와 엇갈린 형태 사이의 에너지 차이인 3 kcal mol^{-1}은 한 엇갈린 형태가 가려진 형태를 거쳐서 다른 엇갈린 형태로 변할 때 넘어야 하는 장벽으로 작용하기 때문에, 이 에너지를 **회전 장벽**(rotation barrier)이라고 부른다. 에테인의 경우 이 값은 상온의 열 에너지가 충분히 제공하기 때문에 상온에서는 엄청나게 빠른 속도(상온에서 초당 수백만 번)로 C−C 결합을 중심으로 회전이 일어난다. 따라서 에테인의 형태를 분리하는 것은 절대 불가능하며, 대부분의 에테인 분자는 더 안정한 엇갈린 형태를 취하고 있다.

에테인뿐 아니라 프로페인, 뷰테인, 펜테인 등의 탄화수소도 가장 안정한 엇갈린 형태로 주로 존재한다.

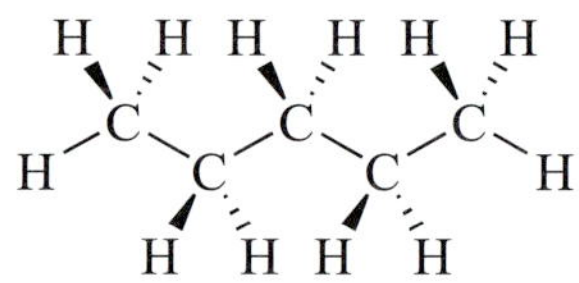

all staggered conformation of pentane

문제 4.1 프로페인의 형태 중에서 에너지가 가장 높은 형태와 가장 낮은 형태를 뉴만 투영도를 이용하여 그리시오.

4.5 사이클로헥세인의 형태

각무리는 실제 결합각이 정상적 결합각에서 벗어날 때 생기는 무리이다.

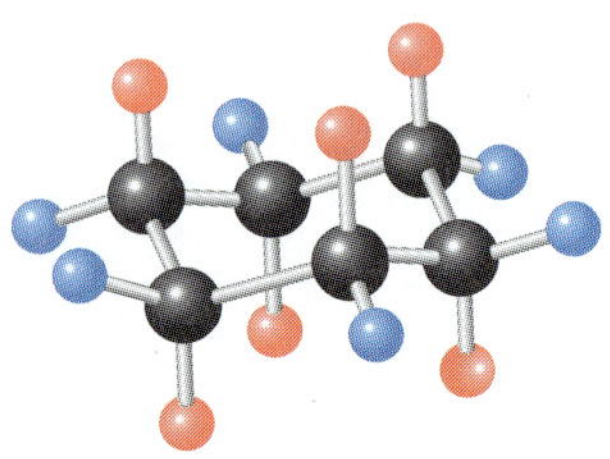

그림 4.1

사이클로헥세인의 의자 형태

사이클로헥세인이 정육각형의 평면 구조라면 내각(120°)이 사면체 각도(109°)와 큰 차이가 있기 때문에 상당한 **각무리**(angle strain)가 있을 것이다. 또한 C−H 결합이 가려져 있기 때문에 비틀림 무리도 있을 것이다. 에테인의 경우처럼 사이클로헥세인도 수없이 많은 형태가 가능하나 분자 모형을 만들어서 실험을 해보면 그 중에서 **의자 형태**(chair conformation)라고 부르는 비평면 형태가 가장 안정한 형태임을 알 수 있다(그림 4.1). 의자 형태에서는 C−C−C 결합 각도가 모두 109.5°이므로 각무리가 없으며, C−H 결합이 모두 엇갈려 있기 때문에 비틀림 무리도 없다. 뉴만 투영도를 그려보면 이 점을 확실히 알 수 있을 것이다.

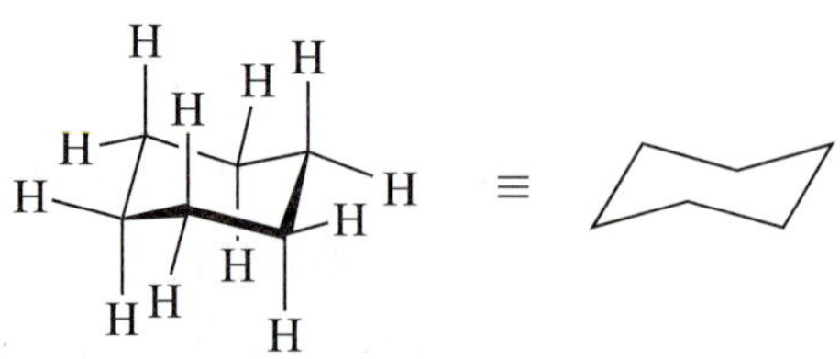

chair conformation

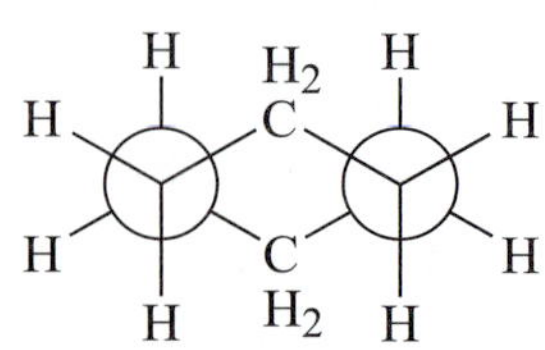

Newmann projection of chair conformation

사이클로헥세인의 의자 형태는 유기 화학에서 자주 등장하는 구조이기 때문에 그 구조를 올바르고 보기 좋게 그리는 것은 매우 중요하다. 몇 가지 방법이 있지만 그 중에서 한 방법을 소개한다.

(1) 가상적인 점선을 그린 후 여기에 대하여 60°(120°)의 적당한 크기의 선을 긋고, 이 선의 길이보다 약 1.4~1.5배 떨어져서 앞의 선과 평행하게 같은 크기로 다른 선을 그린다.

(2) 그 다음에는 90°보다 약간 큰 각도로 두 개의 선을 앞서 그린 선보다 약간 짧게 같은 크기로 그리고, 이 선들도 서로 평행하게 그린다.

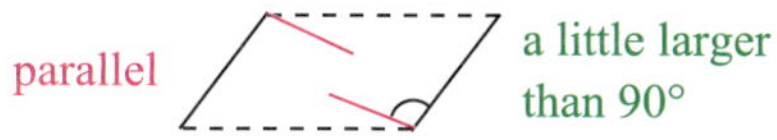

(3) 마지막으로 두 개의 선을 다음과 같이 더 그어 고리를 완성시킨다.

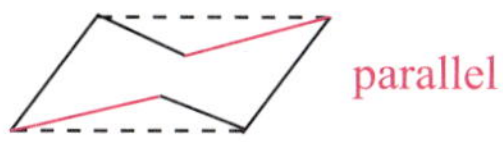

(4) 이렇게 골격을 완성한 후에 C−H 결합을 그려 넣는다. 우선, 골격에 대하여 수직 방향으로 똑바르게 다음과 같이 C−H 결합을 그린다. 이 결합은 모두 평행하게 그려야 한다. 이러한 수직 방향의 결합을 **축방향** 혹은 **수직 방향 결합**(axial bond)이라고 부른다. 축방향 수소는 고리에 걸쳐서 '위(up)' 방향과 '아래(down)' 방향이 번갈아 놓이게 된다.

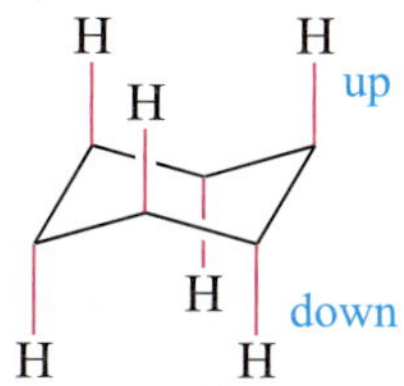

(5) 나머지 C−H 결합(빨간색)을 아래 그림에서처럼 한 결합 떨어진 C−C 결합과 평행하게 그린다(이렇게 그려야 각 탄소 원자의 사면체 배열을 올바르게 표시할 수 있다). 이러한 수평 방향의 결합을 **적도 방향** 혹은 **수평 방향 결합**(equatorial bond)이라고 부른다. 적도 방향 수소도 축방향 수소처럼 고리에 걸쳐서 '위(up)' 방향과 '아래(down)' 방향이 번갈아 나타난다.

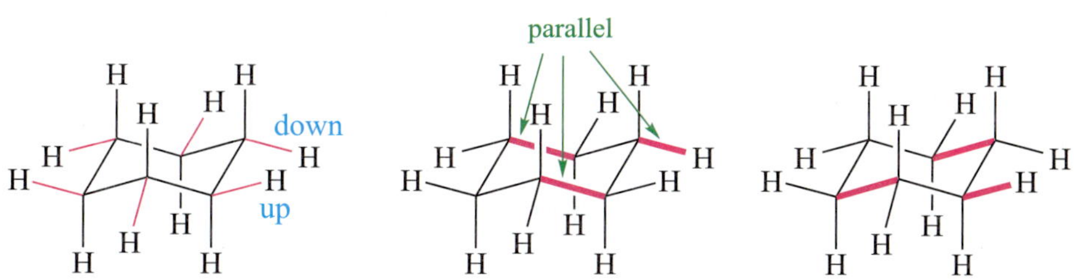

4.6 고리 뒤집기

사이클로헥세인은 상온에서 매우 빠르게 **고리 뒤집기**(ring flip)라고 부르는 과정을 통하여 다른 형태의 사이클로헥세인으로 변환된다(이 변환의 에너지 장벽은 10.7 kcal mol^{-1}이므로 상온에서 빠르게 일어나며 두 형태를 분리할 수는 없음).

고리 뒤집기가 일어나면 한 형태에서 적도 방향인 모든 결합이 축방향으로 변하고 축방향인 것은 모두 적도 방향으로 변한다(가능하면 분자 모형을 만들어 확인하여 보라). 물론 사이클로헥세인이 고리 뒤집기를 하여도 같은 구조가 나오기 때문에 고리 뒤집기가 일어나는지를 알 수는 없지만 치환된 사이클로헥세인에서는 이를 확인할 수 있다.

단일치환 사이클로헥세인의 고리 뒤집기

간단한 예로서 메틸사이클로헥세인을 들자. 아래 그림에서 왼쪽 형태가 뒤집어지면 오른쪽 형태로 변한다.

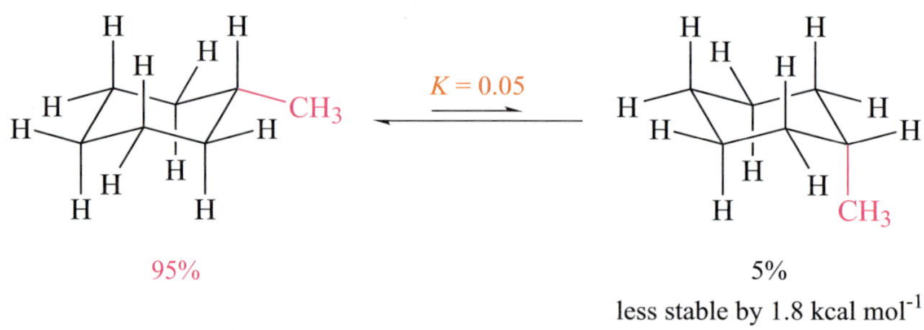

실험에 의하면 메틸기가 축방향인 형태가 1.8 kcal mol^{-1}만큼 불안정하다고 한다. 이러한 불안정성은 **1,3-이수직 방향 상호 작용**(diaxial interaction)으로 생긴다고 설명할 수 있다(3이라는 숫자는 메틸기와 수소 원자 사이의 탄소 원자의 수를 말한다). 1,3-이수직 방향 상호 작용은 축방향의 메틸기의 수소 원자와 메틸기와 같은 방향으로 놓인 C—H 결합의 수소 원자 사이의 반데르 발스 반발로 인하여 발생한다.

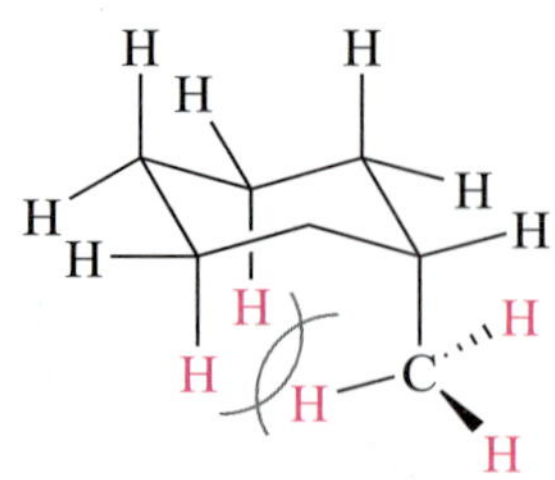

1,3-diaxial interaction

메틸기보다 덩치가 훨씬 더 큰 *tert*-뷰틸기는 거의 전적으로 적도 방향을 선호하며, 이러한 경우 *tert*-뷰틸기가 적도 방향에 고정되어(locked) 있다고 한다(*tert*-뷰틸기가 축방향으로 놓인 사이클로헥세인의 의자 형태는 너무 불안정하여 의자 형태 대신 다른 형태를 취한다고 함).

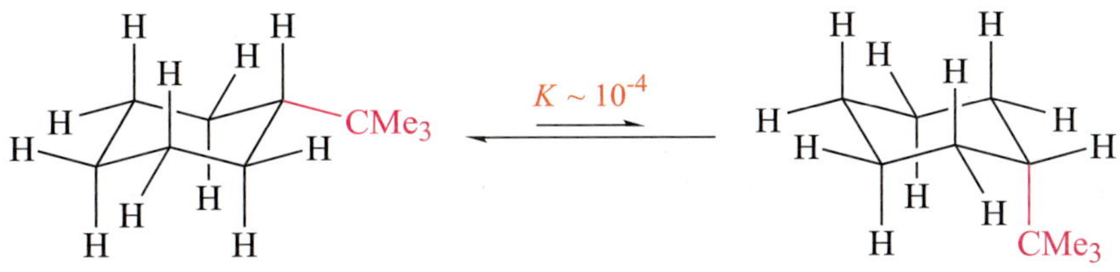

> 99.99%

< 0.01%
less stable by > 5.5 kcal mol^{-1}

4.7 이치환 사이클로펜테인과 이치환 사이클로헥세인의 입체 화학

사이클로펜테인의 1,2-와 1,3-다이메틸 유도체는 시스-와 트랜스-입체 이성질체로 각각 존재할 수 있다. 시스-화합물은 두 기가 고리 평면의 같은 쪽에 있으며 트랜스-화합물은 반대 쪽에 있다. 이 두 구조는 서로 부분 입체 이성질체의 관계이므로 물리적 성질이 다르다. 시스-이성질체는 입체 발생 중심은 있으나 대칭면이 있으므로 비카이랄한 메조 화합물이다. 반면에 트랜스-이성질체는 두 거울상 이성질체로 존재한다.

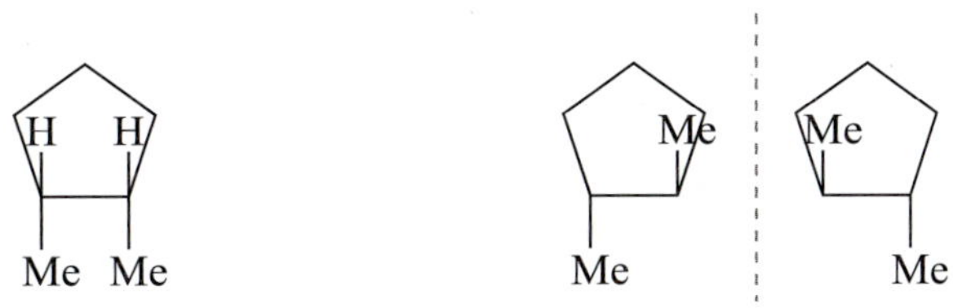

cis-1,2-dimethylcyclopentane
meso

enantiomers of
trans-1,2-dimethylcyclopentane

이치환 사이클로펜테인의 경우처럼 사이클로헥세인의 1,2-, 1,3- 및 1,4-다이메틸 유도체도 시스-와 트랜스-입체 이성질체로 각각 존재한다. 시스-와 트랜스-이성질체를 그릴 때 그냥 평면 구조를 이용할 수도 있지만, 각 이성질체의 가장 안정한 형태가 무엇인지를 이해하려면 물론 의자 형태로 그려야 한다. 평면 구조를 의자 구조로 바꾸는 방법을 시스-1,2-다이메틸사이클로헥세인을 예로 들어 설명하기로 한다. 아래 평면 구조에서는 C1과 C2의 메틸기가 모두 위쪽 방향이다. 이 구조를 의자 형태로 바꾸려면 고리의 아무 탄소에 1, 2번을 배정한 후, C1의 메틸기를 위쪽 방향(이 경우에는 축방향)으로 그린다. 비슷하게 C2의 메틸기도 위쪽 방향으로 그리는데, 이 경우에는 적도 방향이다.

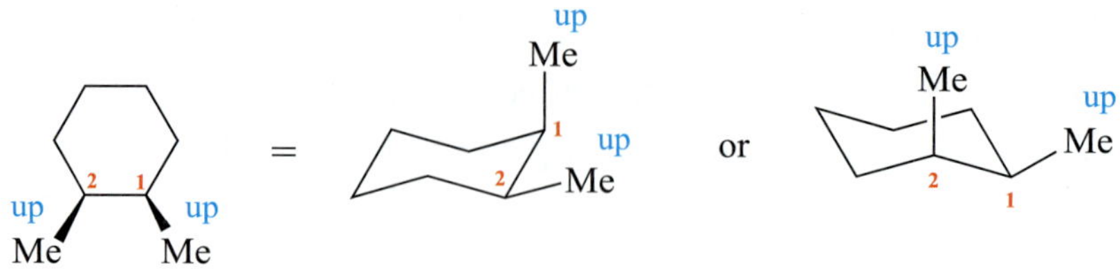

예제 4.1 트랜스-1,2-다이메틸사이클로헥세인의 평면 구조를 의자 형태로 고쳐 그리시오(참조: 이 화합물은 카이랄하며 두 거울상 이성질체로 존재한다).

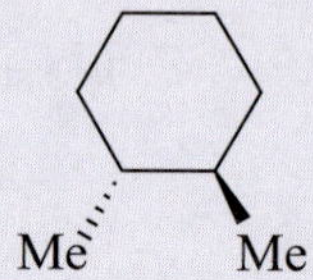

풀이

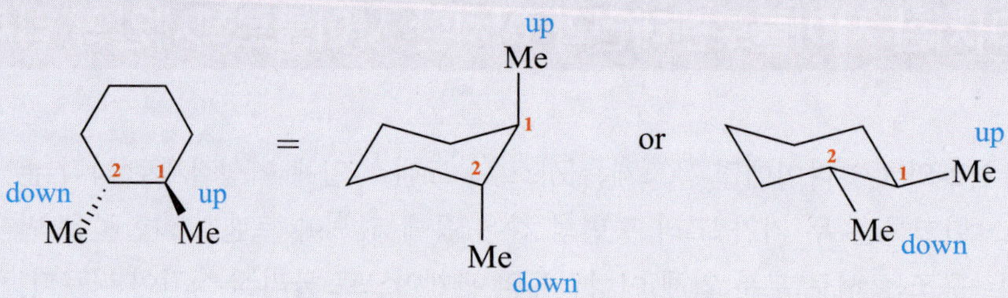

문제 4.2 다음 평면 구조를 각각 의자 형태로 그리시오.

a. 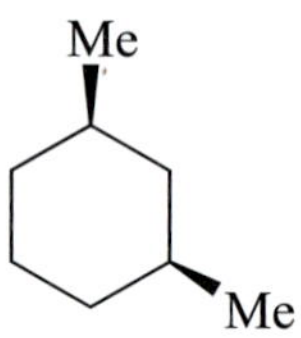

b. 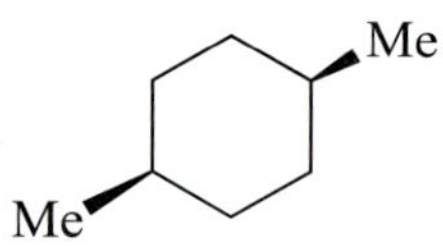

예제 4.2 다음 구조에서 두 메틸 치환기가 시스인지 트랜스인지를 각각 밝히시오. 또한 네 의자 형태는 몇 개의 서로 다른 화합물을 나타내는가?

a. 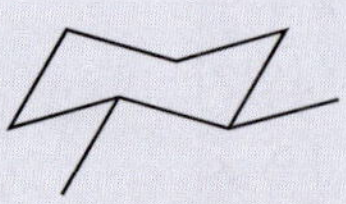 b. 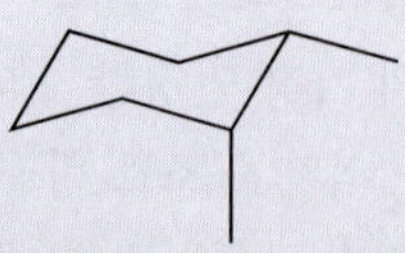 c. 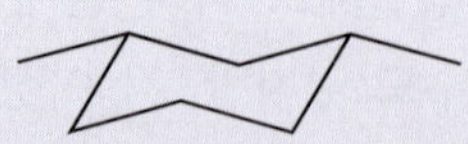 d. 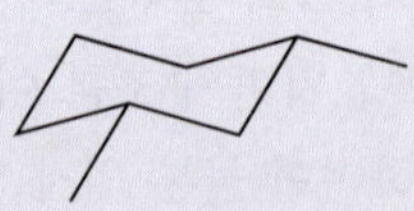

풀이 두 메틸 치환기가 같은 방향으로 향하고 있으면 시스-구조이다. 그러한 화합물은 b~d이다. 나머지 화합물 a는 트랜스-구조이다. 1,2-다이메틸 화합물 a와 b는 서로 다른 화합물이며, 1,3-다이메틸 화합물 c와 d는 같은 화합물이다. 따라서 세 개의 화합물을 나타낸다.

문제 4.3 다음 구조 중에서 카이랄한 것을 고르시오(힌트: 의자 형태에서 대칭면의 존재 여부를 살핀다).

a. 

b. 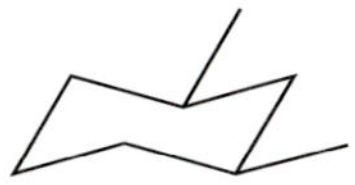

c. 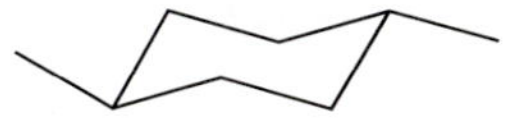

이치환 사이클로헥세인의 두 의자 형태의 안정성 비교

두 치환기가 다른 이치환 사이클로헥세인의 경우, 두 치환기가 모두 적도 방향이 아니라면 덩치가 더 큰 기가 적도 방향인 형태가 더 안정하다.

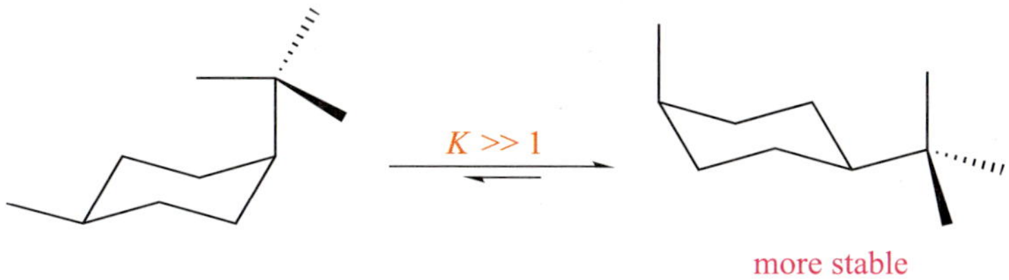

문제 4.4 트랜스-1-아이소뷰틸-3-메틸사이클로헥세인의 가장 에너지가 낮은 의자 형태를 그리시오.

추가 문제

4.5 다음 기호는 자주 쓰이는 알킬기의 기호이다. 완전한 알킬기의 구조를 각각 그리시오.

a. *i*-Pr　　b. *i*-Bu　　c. *s*-Bu　　d. *t*-Bu

4.6 다음 알케인에서 빨간색으로 표시된 결합을 중심으로 회전하면 무수한 형태가 얻어진다. 그 중에서 가장 안정한 형태와 가장 불안정한 형태를 뉴만 투영도로 각각 그리시오.

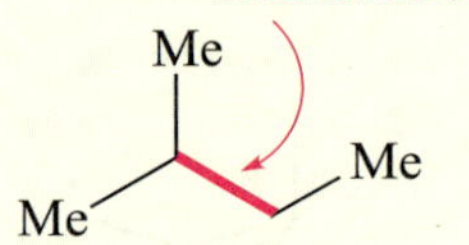

4.7 다음 질문에 답하시오.

a. 메틸기가 적도 방향 위치에 있는 메틸사이클로헥세인의 의자 형태를 C–H 결합을 포함하여 그리시오.

b. a에서 그린 의자 형태가 고리 뒤집기를 하였을 때 얻어지는 또 다른 의자 형태를 분명하게 그리시오.

4.8 시스-와 트랜스-1,2-다이메틸사이클로헥세인이 어떠한 조건에서 평형을 이룬다고 가정하면 어느 것이 평형에서 주로 존재할까?

4.9 탄수화물인 갈락토스(galactose)의 평면 구조는 다음과 같다. 원으로 표시한 OH기만 축 방향에 있는, 갈락토스의 가장 안정한 의자 형태를 다음 주어진 의자 형태를 이용하여 그리시오.

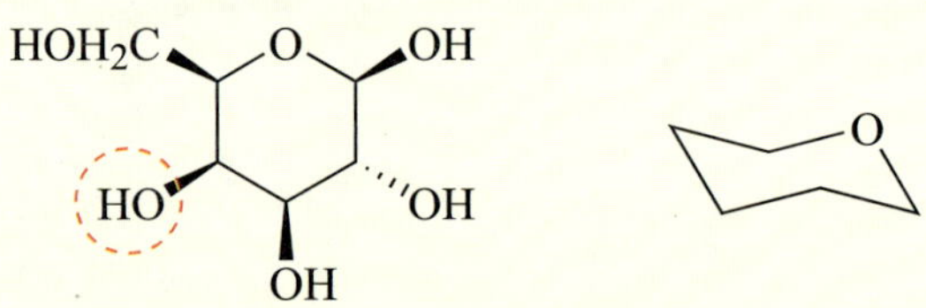

4.10 시스-와 트랜스-1,4-다이메틸사이클로헥세인에 대한 질문에 답하시오.

a. 가장 안정한 의자 형태를 각각 그리시오.

b. a에서 그린 형태가 고리 뒤집기를 한 후에 생기는 의자 형태를 그리시오.

4.11 다음 구조의 두 가지 의자 형태를 각각 그리시오. 둘 중에서 어느 형태가 더 안정한가?

a. 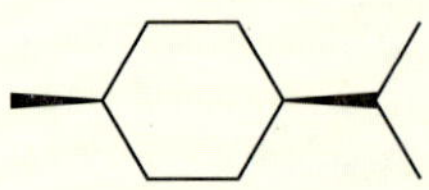

b. 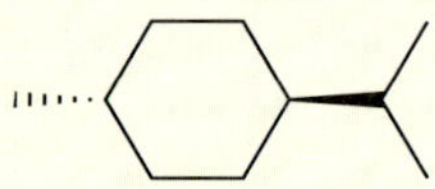

Chapter 05

알킬 할라이드: 친핵성 치환 반응과 제거 반응

알킬 할라이드(**할로젠화 알킬**(alkyl halide) 혹은 **할로알케인**(haloalkane))은 할로젠 원자(X)가 sp^3-혼성화 탄소와 결합하고 있는 유기 화합물이다. 할로젠 원자는 탄소보다 더 전기 음성이므로 C−X 결합의 탄소 원자는 부분 양전하를 띨 것이다. 그러면 친핵체가 친전자성 탄소를 공격하여 할로젠 원자가 친핵체로 치환되는 **친핵성 치환 반응**(nucleophilic substitution reaction)이라고 부르는 반응이 일어나게 된다. 이 반응은 다양한 친핵성 원자(C, O, halogen, S, N, P 등)를 탄소에 결합시킬 수 있기 때문에 유기 합성에서 매우 중요한 반응이다.

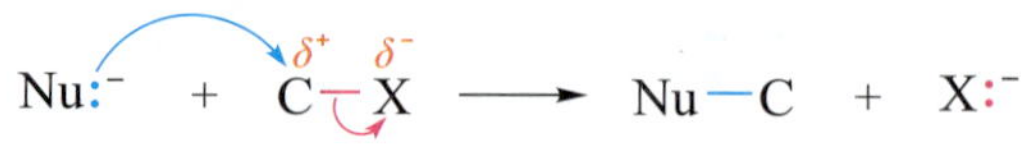

Nu:⁻ = C, O, halogen, S, N, P

5.1 알킬 할라이드의 명명법

알킬 할라이드의 IUPAC 체계명은 할로젠 원자를 알케인 사슬에 결합된 치환기로 간주한 이름인 할로알케인(haloalkane)으로 명명한다. 할로젠 치환기를 **할로**(halo)라고 부르는데, 할로 치환기는 원소명의 '-ine'을 '-o'로 바꿔 명명한다. 예를 들어 F 치환기는 플루오로(fluoro), Cl 치환기는 클로로(chloro) 등이다. 할로젠과 알킬 치환기들의 위치 번호는 앞에서 거론한 알케인의 명명법(4.3절)에 따라 정한다.

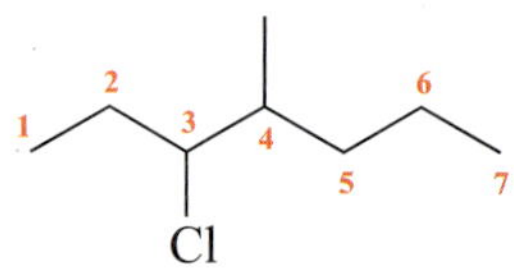

3-chloro-4-methylheptane

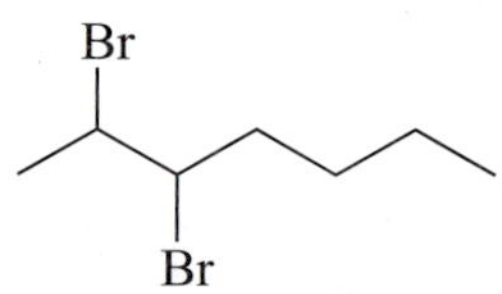

2,3-dibromoheptane

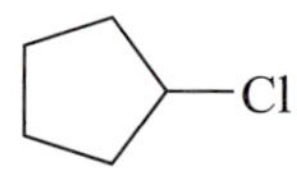

chlorocyclopentane

간단한 할로알케인의 상용명은 알킬 할라이드로 명명하며 IUPAC 체계에서 허용된다.

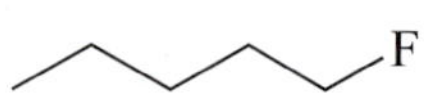

pentyl fluoride

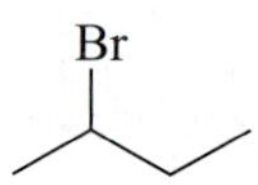

sec-butyl bromide

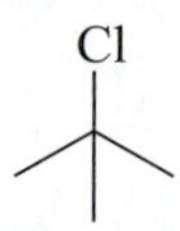

tert-butyl chloride

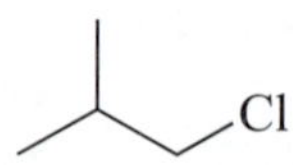

isobutyl chloride

알킬 할라이드는 할로젠 원자와 결합하고 있는 탄소 원자의 차수(2.1절)에 따라 일차(primary, 1°), 이차(secondary, 2°)와 삼차(tertiary, 3°) 할라이드로 분류한다. 예를 들어 일차 할라이드는 할로젠이 일차 탄소에 붙어 있으며 일반식이 RCH_2X이다.

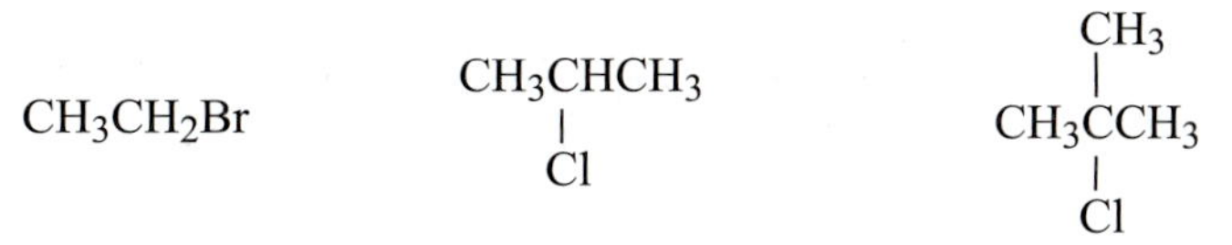

bromoethane	2-chloropropane	2-chloro-2-methylpropane
1° alkyl halide	2° alkyl halide	3° alkyl halide

문제 5.1 다음 알킬 할라이드를 차수에 따라 각각 분류하시오.

a. 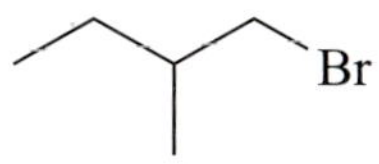

b. 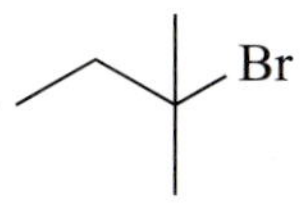

c. 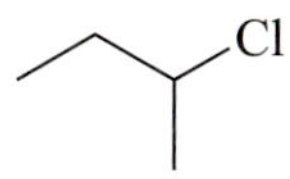

d. 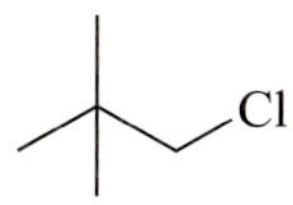

5.2 알킬 할라이드의 친핵성 치환 반응

알킬 할라이드의 C−X 결합은 X의 전기 음성도가 C보다 크므로 탄소는 양의 부분 전하, 할로겐은 음의 부분 전하를 띠고 있다.

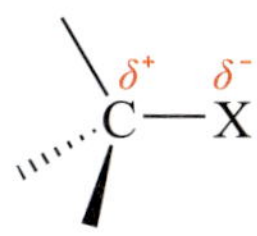

따라서 C−X 결합의 탄소 원자가 친전자체로서 다양한 친핵체와 반응하면 할로겐 원자가 할라이드로서 떨어지고 그 자리에 친핵체가 치환되는 반응이 일어나는데, 이러한 유형의 반응을 **친핵성 치환 반응**이라고 한다.

$$\underset{\text{alkyl halide}}{R-X} + \underset{\text{nucleophile}}{Nu:^-} \longrightarrow \underset{\text{substitution product}}{R-Nu} + \underset{\text{leaving group}}{X:^-}$$

2.7절에서 다루었듯이 친핵체(Nu:⁻)는 고립쌍이 있는 시약으로서 중성이거나 음전하를 띤다. 친핵성 치환 반응에서는 이 고립쌍이 C−Nu의 결합쌍으로 변하고 C−X의 결합쌍은 X의 고립쌍이 되면서 할로겐 원자 X가 탄소 원자에서 떨어진다. 이렇게 떨어지는 할로겐 원자를 **이탈기**(leaving group)라고 부른다.

표 5.1에 알킬 할라이드의 친핵성 치환 반응에서 자주 쓰이는 친핵체의 종류와 그 시약을 표시하였다.

할로젠 원자가 sp^2 탄소에 결합된 바이닐 할라이드($R_2C{=}CRX$)와 아릴 할라이드(ArX)는 친핵성 치환 반응을 하지 않는다.

표 5.1 알킬 할라이드의 친핵성 치환 반응에서 자주 쓰이는 친핵체의 종류와 그 시약

친핵성 원자	시약의 예
C	$^{-}C{\equiv}CR$, ^{-}CN, 엔올 음이온(11장에서 다룸)
N	NH_3, RNH_2
O, S	H_2O, ROH, $MeCO_2H$, HCO_2H 및 그 짝염기 NaSR, $(NH_2)_2C{=}S$
할로젠	NaBr, NaI

친핵성도 대 염기도

친핵성도(nucleophilicity)는 친핵체(2.7절)가 그 전자를 탄소 친전자체에 얼마나 잘 주는지를(그래서 친전자체와 얼마나 빨리 반응하는지를) 나타내는 속도론적 개념이다. 어떤 친핵체가 다른 친핵체보다 탄소 친핵체와 더 빨리 반응하는 경우, 그 친핵체를 더 센(stronger) 혹은 더 좋은(better) 친핵체라고 말한다. 반면에 염기도(basicity)는 산–염기 반응의 평형상수로 표현되는 열역학적 개념이다.

친핵성도는 다음 세 가지 요인, 즉 친핵체의 염기도, 편극성 및 반응 용매에 의하여 결정되나 용매 효과를 고려하지 않고 다른 두 가지 요인만 먼저 살펴보기로 한다.

(1) 친핵체의 염기도: 친핵성 원자가 같은 경우, 더 염기성인 친핵체의 친핵성도가 더 크다.

HO^-(짝산의 $pK_a = 14$) > PhO^-(10) > $MeCOO^-$(5) > H_2O(0)

EtO^- > EtOH; MeO^- > MeOH; EtS^- > EtSH

하지만 *tert*-뷰톡사이드(^{-}Ot-But) 같이 덩치가 큰 시약은 염기도가 HO^-나 EtO^-보다 더 크지만 음전하를 띤 산소 원자가 알킬 할라이드의 탄소 원자에 접근하기가 입체적 장애로 어려우므로, 친핵체의 역할을 할 수 없고 센염기의 역할만 할 수 있다. 그래서 이러한 시약을 **비친핵성 염기**(nonnucleophilic base)라고 한다.

전기 음성도가 더 큰 원자는 편극성이 더 작으므로 전기 음성도 개념으로 친핵성도를 논할 수도 있다.

(2) 편극성: 친핵성 원자가 더 클수록 전자 구름이 원자에 더 넓게 퍼지게 될 것이다(편극성이 더 큼). 그러면 더 큰 친핵성 원자는 핵에서 더 멀리 떨어져 있는 전자 구름을 친전자체에 더 잘 줄 수 있으므로 친핵성도가 증가한다. 주기율표에서 원자 크기의 증가 경향을 보면 같은 주기에서는 왼쪽, 그리고 같은 족에서는 아래로 갈수록 원자가 더 커지게 된다. 따라서 친핵성도도 같은 주기에서는 왼쪽, 그리고 같은 족에서는 아래로 갈수록 증가하게 된다.

친핵성도: 같은 주기에서 NH_3 > H_2O; CH_3^- > HO^- > F^-
(친핵성도와 염기도는 같은 순서임)
같은 족에서 EtS^- > EtO^-; EtSH > EtOH; I^- > Cl^-
(친핵성도와 염기도는 반대 순서임)

문제 5.2 아민($RCH_2NR'_2$)과 아마이드($RCONR_2$) 중에서 어느 화합물의 질소가 더 친핵성인가? 그 이유는 무엇인가?

반응 용매

반응이 일어나려면 반응물의 분자들이 서로 만나야 한다. 분자가 서로 만나는 마당을 제공하여 주는 것이 **용매**(solvent)의 역할이다. 생화학적 반응은 물 용매에서 일어나지만 대부분의 유기 화합물은 물에 녹지 않기 때문에 유기 용매가 필요하다.

극성 분자는 기체상에서 측정하는 쌍극자 모멘트가 0이 아닌 분자를 말한다. 용매는 반응물인 용질을 잘 녹이는 물질인데 그러기 위해서는 용질을 용매화하여야 한다. 따라서 용매는 반응물보다 분자 수가 훨씬 많다.

용매는 몇 가지 기준으로 분류한다. 먼저 극성에 따라서 **비극성 용매**(apolar solvent)와 **극성 용매**(polar solvent)로 나눌 수 있다. 극성 용매는 흔히 **유전 상수**(dielectric constant) ε가 15보다 큰 용매를 말한다. 물($\varepsilon = 78$), 메탄올($\varepsilon = 33$), 아세톤($\varepsilon = 21$) 등이 극성 용매이며, 반면에 다이에틸 에터($\varepsilon = 4$), 아세트산($\varepsilon = 6$)은 비극성 용매에 속한다.

용매는 다시 수소 결합에 참여하는(양성자를 내줄 수 있는) 수소 원자가 있는 **양성자성 용매**(protic solvent)와 그러한 수소 원자가 없는 **비양성자성 용매**(aprotic solvent)로 나뉜다. 양성자성 용매의 예는 물, 아세트산, 알코올 등이며, 비양성자성 용매의 예는 극성 용매(예: 아세톤, DMF, DMSO) 혹은 비극성 용매(예: THF, 헥세인, 이염화메테인)이다(대부분의 유기 화학 교재에서는 THF($\varepsilon = 7.6$)나 아세트산($\varepsilon = 6$)을 극성 용매로 분류하기도 한다).

용매에서 전하가 각각 q_1과 q_2인 두 이온이 r만큼 떨어져 있을 때 그 에너지는 다음 식으로 나타낼 수 있으며, 이 식에서 ε는 용매의 유전 상수이다.

$$E = \frac{k\, q_1\, q_2}{\varepsilon r} \quad (k\text{는 임의의 상수})$$

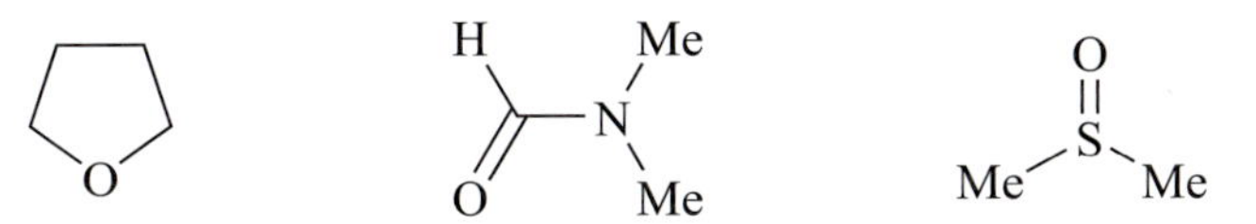

tetrahydrofuran THF | *N,N*-dimethylformamide DMF | dimethyl sulfoxide DMSO

양성자성 용매의 중요한 특징은 양이온과 음이온을 모두 용매화할 수 있다는 점이다. 아래 그림은 물 용매에서 이온들의 용매화를 나타낸 것이다.

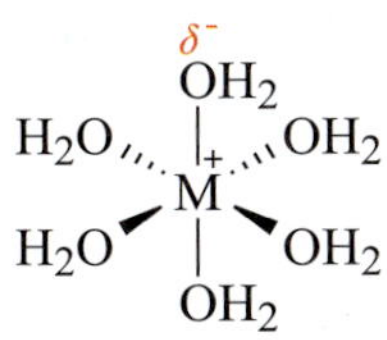

solvated cation

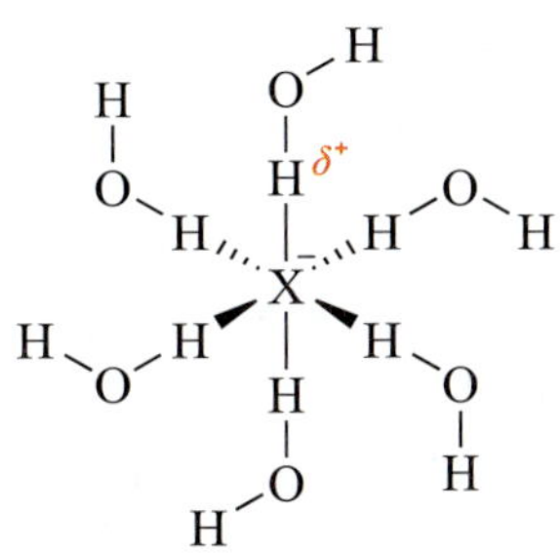

solvated anion

하지만 비양성자성 극성 용매에서는 양이온은 용매화되나 음이온은 용매화되지 않는다. 다음 그림은 양이온 M^+와 음이온 X^-가 용매 DMSO에 의하여 용매화되는 양상을 묘사한 것이다. 양이온은 잘 용매화되나 DMSO의 두 메틸기가 음이온의 접근을 가로막기 때문에 음이온은 용매화가 잘 이루어지지 않는다. 이러한 경우 음이온은 용매라는 껍질(옷)을 벗었기 때문에 친핵성도가 크게 증가한다.

이러한 음이온을 **노출된 음이온**(naked anion)이라고 부른다.

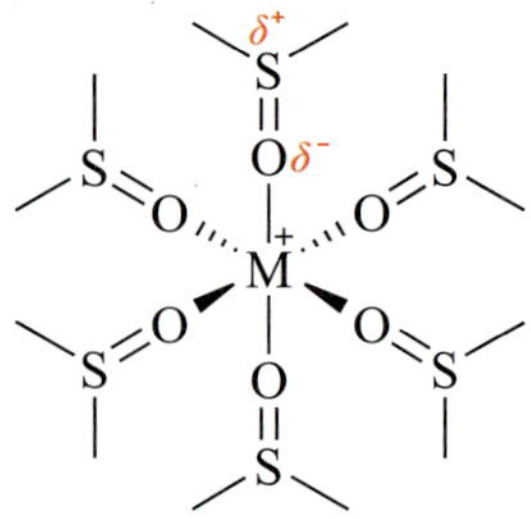

solvated cation

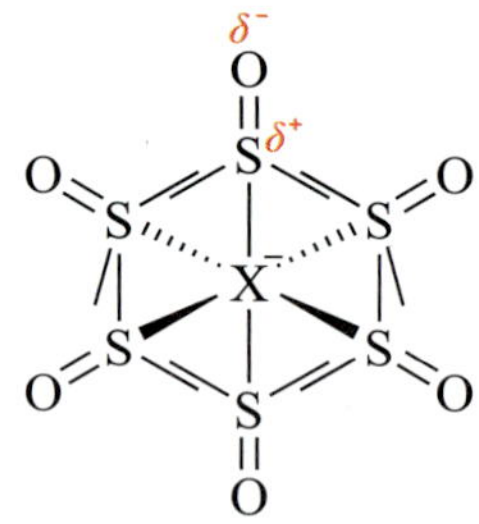

less solvated anion

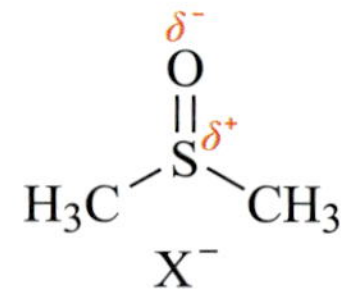

naked anion

앞에서 친핵성도는 반응 용매에도 좌우된다고 언급하였었다. 한 가지 예로서 할라이드 이온을 들자. F^- 이온은 I^- 이온보다 훨씬 더 강하게 물 같은 양성자성 용매와 수소 결합을 할 것이다. F^- 이온이 친핵체로서 반응하려면 이러한 수소 결합을 깨야 하므로 활성화 에너지가 더 필요할 것이다. 따라서 F^- 이온은 할라이드 이온 중에서 친핵성도가 가장 작다. 반면에 비양성자성 용매에서는 할라이드 이온의 친핵성도는 염기도 순서를 따른다.

양성자성 용매에서의 친핵성도: $I^- > Br^- > Cl^- > F^-$ (염기도 순서와 반대임)
비양성자성 용매에서의 친핵성도: $F^- > Cl^- > Br^- > I^-$ (염기도 순서와 같음)

즉, 같은 족에서는 아래로 내려갈수록 친핵체의 염기도는 감소하지만, 양성자성 용매에서는 친핵성도가 증가하며 비양성자성 용매에서는 친핵성도가 감소한다.

문제 5.3 아세톤은 양이온은 잘 용매화되나 음이온은 잘 용매화되지 않는다. 음이온이 잘 용매화되지 않는 이유를 음이온 X^-가 아세톤과 상호 작용을 하는 그림을 그려 설명하시오.

예제 5.1 다음 두 시약 중에서 친핵성도가 더 큰 것을 각각 고르시오.

a. HO^-, $MeCO_2^-$ (극성 양성자성 용매에서) b. HS^-, HO^- (극성 양성자성 용매에서)
c. I^-, Cl^- (극성 양성자성 용매에서) d. F^-, Br^- (극성 비양성자성 용매에서)

풀이 a. 친핵성 원자가 같은 경우 염기도가 더 큰 HO^- 이온이 친핵성도도 더 크다.
b. 황 원자가 편극성이 더 크기 때문에 HS^-가 친핵성이 더 크다.
c. 극성 양성자성 용매에서는 편극성이 더 큰 I^- 이온이 친핵성이 더 크다.
d. 극성 비양성자성 용매에서는 염기도가 더 큰 F^- 이온이 친핵성이 더 크다.

5.3 친핵성 치환 반응의 S_N2 메커니즘

친핵성 치환 반응은 주로 S_N2와 S_N1 메커니즘으로 일어난다. 먼저 S_N2 메커니즘에 대하여 배우기로 하자. S_N2 메커니즘으로 일어나는 반응의 예는 MeOH 용매에서 같은 당량의 1-브로모뷰테인과 친핵체인 메톡사이드 이온 사이의 반응으로 에터 생성물이 생기는 반응이다.

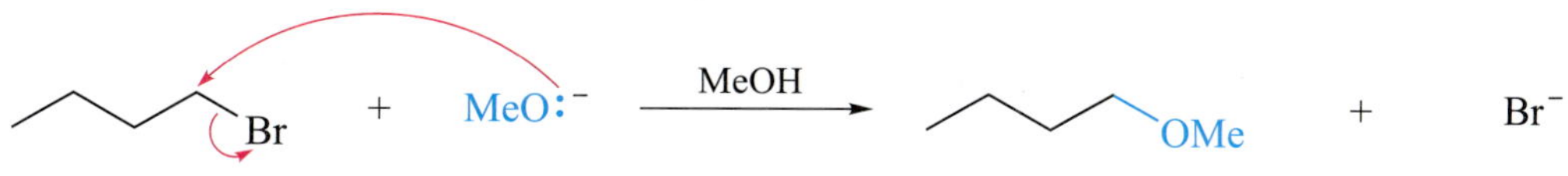

1-bromobutane　　methoxide ion (Nu:⁻)　　butyl ethyl ether　　(leaving group)

실험에서 구한 이 반응의 속도식은 다음과 같다.

$$속도 = k\,[BuBr]\,[MeO^-]$$

즉, 반응 속도가 두 반응물의 농도의 곱에 비례하는 이차 반응이므로 이러한 친핵성 치환 반응을 **S_N2 반응**이라고 부른다. S_N2 반응은 단일 단계로 일어나는 **이분자**(bimolecular) 반응이며, 또한 C−Br 결합이 끊어지는 동시에 C−O 결합이 생기는 **협동 반응**(concerted reaction)이다.

S_N2에서 2는 이차 반응, S는 substitution(치환), N은 nucleophilic(친핵성)을 의미한다.

문제 5.4 1-브로모프로페인에서 다음과 같은 생성물을 얻고자 한다. 적절한 친핵체를 각각 쓰시오.

a. 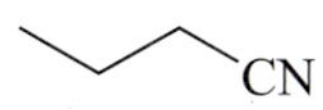　b. 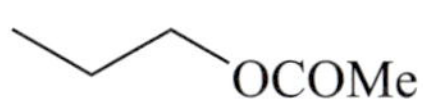　c. 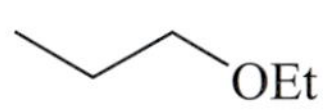　d. 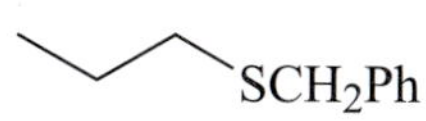

S_N2 반응의 입체 화학: 배열의 반전

S_N2 반응의 중요한 특징 중의 하나는 입체 화학에 관한 것으로, 친핵체는 C−X 결합의 반대 방향에서 탄소를 공격한다는 점이다. 이러한 일이 일어나면 탄소 원자 주위의 배열이 뒤바뀌는 **배열의 반전**(inversion of configuration)이 일어난다.

친핵체가 전자쌍을 친전자체에 주는 것을 '공격(attack)한다'라고 표현한다.

광학 활성인 (*S*)-(+)-2-브로모뷰테인이 HO^-와 반응하면 출발물과는 배열이 반대인 (*R*)-(−)-뷰탄-2-올이 얻어지는데, 이러한 실험에서 S_N2 반응은 배열의 반전을 수반한다는 점을 알 수 있다.

배열의 반전을 1896년에 처음으로 발견한 화학자인 발덴(Walden)의 이름이 따서 **발덴 반전**(Walden inversion)이라고 부르기도 한다.

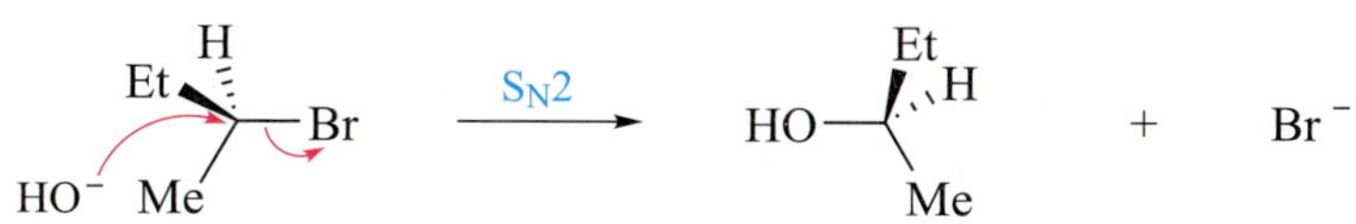

(*S*)-(+)-2-bromobutane　　(*R*)-(−)-butan-2-ol

단순히 광학 회전의 부호가 바뀌었다고 배열의 반전이 일어났다고 할 수는 없다. (−)-뷰탄-2-올의 절대 배열이 (*R*)-임을 다른 방법으로 미리 알고 있어야지만 배열이 반전된 것을 알 수 있다.

또한 시스-1-브로모-3-메틸사이클로펜테인 같이 입체 발생 중심이 두 개 있는 고리 화합물의 라셈 혼합물(광학 비활성)이 HO^-와 반응하면 트랜스-알코올 생성물이 얻어지는데, 이는 브로민 원자를 포함하는 입체 발생 중심에서 배열의 반전이 일어났음을 의미한다.

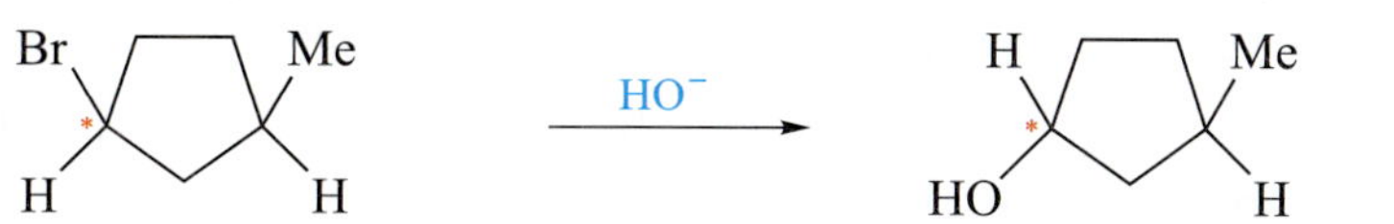

cis-1-bromo-3-methylcyclopentane　　*trans*-3-methylcyclopentanol

예제 5.2 다음 할라이드를 아세톤 용매에서 NaI로 처리하였더니 S_N2 반응이 일어났다. 생성물을 각각 그리시오.

a. 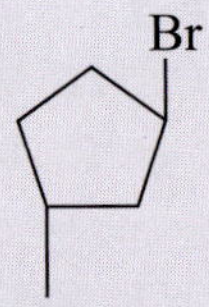

b. 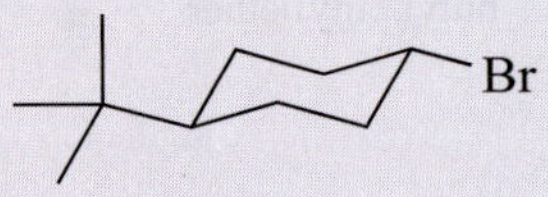

c. 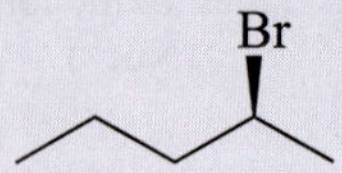

풀이 S_N2 반응에서는 배열의 반전이 일어나므로 고리형 반응물에서는 고리의 형태에 맞게 반전된 생성물을 그린다. 예를 들어 b의 경우 친핵체를 축방향으로 그려야 한다.

a. 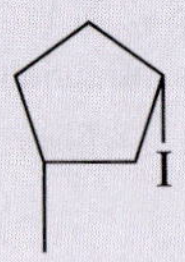

b. 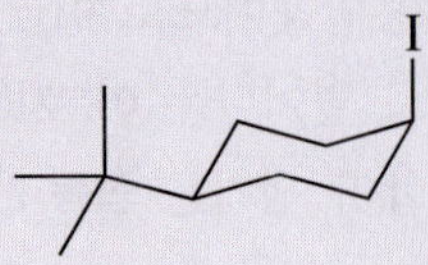

c. 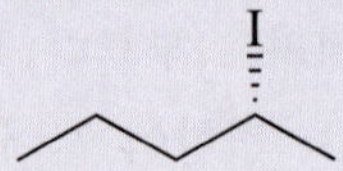

문제 5.5 다음 S_N2 반응의 생성물을 각각 그리시오.

a. 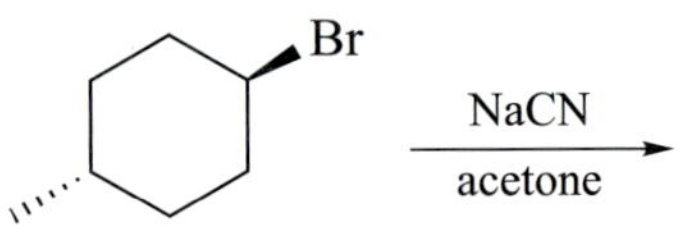

b. 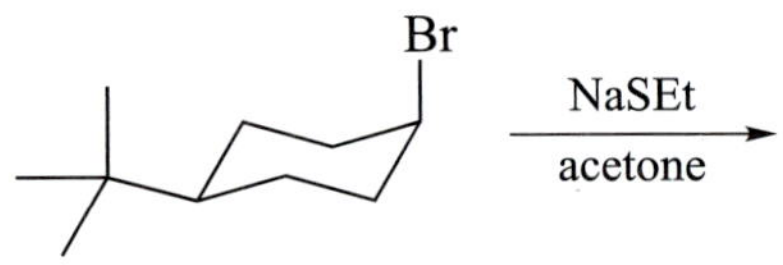

S_N2 반응의 에너지 도표

에너지 도표(energy diagram)는 반응이 일어나는 과정에서의 에너지 변화를 나타낸 그림이다. 에너지 도표에서 x축은 **반응 좌표**(reaction coordinate)라고 부르는데 반응의 진행도(C−Cl 결합이 깨지는 반응이라면 C와 Cl 사이의 거리)를 나타내며, y축은 반응계의 에너지(깁스 에너지나 엔탈피)를 나타낸다. 에너지 도표를 이용하면 반응열, 활성화 에너지, 반응 단계의 수나 중간체의 수 등을 나타낼 수 있다.

CH_3Cl과 NH_3 사이의 S_N2 반응을 고려하자. 이 반응은 친핵성 질소 원자가 친전자성 탄소 원자를 공격하여 한 단계로 C−N 결합이 생기는 반응이다.

$$H_3C-Cl \quad + \quad :NH_3 \longrightarrow H_3C-\overset{+}{N}H_3 \quad + \quad :Cl^-$$

이 반응의 에너지 도표는 다음과 같이 그릴 수 있다. 출발물인 염화물과 암모니아를 왼쪽에 놓고 오른쪽에는 생성물을 그린다. 생성물과 반응물의 에너지 차이가 반응열 $\Delta H°$이다. 반응이 진행됨에 따라 에너지는 증가하며 결국에는 **전이 상태**(transition state, **TS**)라고 부르는 최대점에 도달한다. 전이 상태는 수명이 매우 짧기 때문에(적외선이 한 번 진동할 때 걸리는 시간인 10^{-12}~10^{-14} s) 분리가 불가능하다.

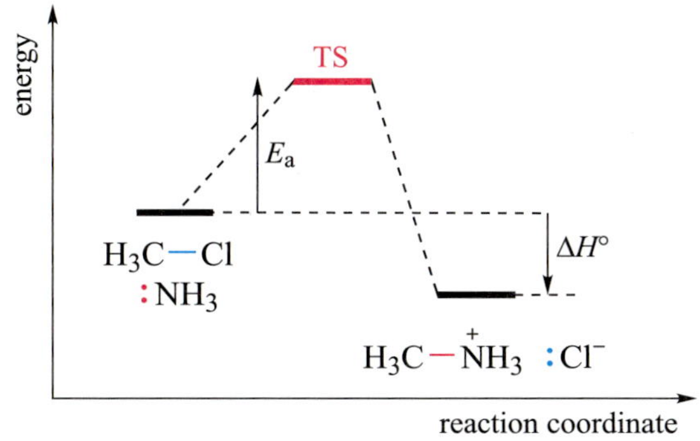

출발물과 전이 상태 사이의 에너지 차이를 **활성화 에너지**(activation energy)라고 부르며 E_a라고 표시한다. 활성화 에너지는 반응계가 반응이 일어나기 위하여 넘어야 할 에너지 장벽이라고 간주할 수 있다.

상온(25 ℃)도 **열 에너지**를 반응계에 줄 수 있는데, 대략 E_a 값이 20 kcal mol^{-1}보다 작은 반응은 상온에서 잘 일어난다고 볼 수 있다(대부분의 유기 반응은 E_a가 10~40 kcal mol^{-1}이다).

반응이 발열 반응인 경우에도 왜 활성화 에너지가 필요할까? 두 반응물이 서로 접근한다고 상상하여 보자. 가까이 접근하면 어느 순간부터는 상대방의 전자 구름을 느낄 것이고 그러면 서로 반발이 일어날 것이다. 이러한 반발을 극복하기에 필요한 에너지가 바로 활성화 에너지이다.

전이 상태의 구조는 아래 그림에서처럼 기호 $[\ \ ]^‡$의 대괄호 안에 그려 표시한다. 이 그림에서 검은색 점선은 반절 깨진 Cl−C 결합, 빨간색 점선은 반절 생긴 C−N 결합을 나타낸다.

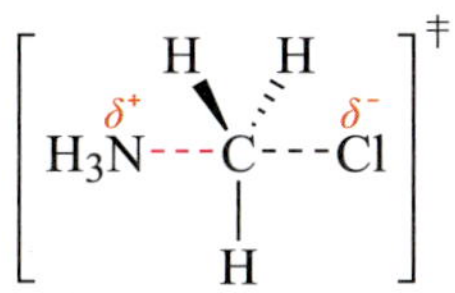

이 결합은 가만히 정지하고 있는 결합이 아니라 적외선의 진동수로 진동하고 있는 결합이다. 어느 결합이 먼저 깨지는지에 따라서 이 전이 상태는 출발물로 되돌아갈 수 있고 생성물로 변환될 수 있다.

S_N2 반응 속도에 영향을 주는 요인

할라이드의 차수

알킬 브로마이드 R−Br과 I^- 사이의 S_N2 반응의 상대적 속도를 실험으로 구하면 다음과 같다.

$$R-Br \quad + \quad I^- \xrightarrow{\text{acetone, 25 °C}} R-I \quad + \quad Br^-$$

반응 속도: MeBr(145) ≫ EtBr(1) > Me_2CHBr(0.008) ≫ Me_3CBr(~0)

S_N2 반응 속도가 메틸, 일차, 이차, 삼차 할라이드의 순으로 감소하는 이유는 알킬기의 **입체 장애**(steric hindrance) 때문이다. 수소 원자보다 더 큰 알킬기가 많을수록 C−Br 결합의 반대 방향에서 접근하는 친핵체가 더 깊숙한 곳에 위치한 탄소 원자에 접근하기가 점점 더 어려워질 것이다. 그러면 전이 상태의 에너지가 올라가서 활성화 에너지가 증가하므로 반응 속도가 감소하게 된다.

CH_3I 같은 알킬 할라이드는 단백질이나 DNA의 친핵성 원자(NH_2, OH, SH, CO_2^- 등)와 S_N2 메커니즘으로 반응하여 그 구조를 변형시키기 때문에 발암물질로 알려져 있다.

이 그림에서 기호 ⨯는 친핵체와 알킬기 사이의 반데르 발스 반발을 나타낸다.

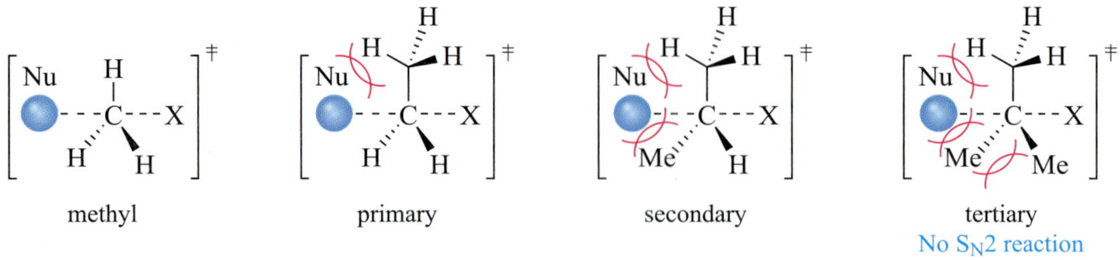

문제 5.6 다음 브로마이드를 아세톤 용매에서 MeSNa와 반응시켰을 때 반응성이 증가하는 순서로 배열하시오.

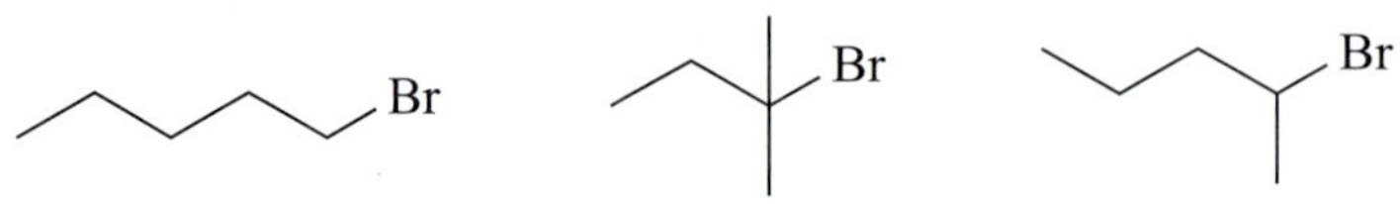

DMF나 DMSO 같은 용매는 에탄올보다 비싸며 끓는점이 더 높으므로 반응 후에 용매의 제거가 어려운 단점이 있다. 또한 무기 염은 양성자성 용매에 더 잘 녹는다. 이러한 이유 때문에 에탄올 같은 양성자성 용매를 S_N2 반응에서 자주 사용한다. 하지만 F^- 친핵체는 양성자성 용매에서 너무 느리게 반응하므로 반드시 DMF나 DMSO 같은 용매가 필요하다.

용매 효과

친핵체의 친핵성도는 양성자성 용매에서보다 극성 비양성자성 용매에서 크게 증가한다(5.2절). 따라서 S_N2 반응은 에탄올 같은 극성 양성자성 용매에서보다 DMF나 DMSO 같은 극성 비양성자성 용매에서 더 빨리 일어난다.

이탈기

좋은 이탈기는 친핵성 치환 반응에서 쉽게 떨어지는 기를 말한다. 그러면 어떠한 기가 좋은 이탈기일까? 할로젠 이탈기는 전자쌍을 품고서 할라이드 이온으로 떨어지므로 할라이드 이온이 더 안정할수록 이탈기가 잘 떨어질 것이다. 그러려면 이탈기가 약한 염기이어야 하며 염기도가 약한 기일수록 더 좋은 이탈기가 된다. F^- 이온을 제외한 할라이드 이온은 염기도가 매우 작기 때문에 좋은 이탈기인 반면에, 더 센 염기인 F^- 이온은 이탈기로서 잘 떨어지지 않는다.

이탈기는 편의상 좋은 이탈기와 나쁜 이탈기로 구별한다. 기준이 되는 것은 그 짝산의 pK_a인데, 좋은 이탈기는 pK_a가 0보다 작고 나쁜 이탈기는 0보다 크다.

좋은 이탈기(짝산의 pK_a):
I^- (−10), Br^- (−9), Cl^- (−6)
나쁜 이탈기(짝산의 pK_a): F^- (3.2)

이탈기로서의 능력: $I^- > Br^- > Cl^- \gg F^-$
염기도: $I^- < Br^- < Cl^- \ll F^-$

따라서 알킬 아이오다이드 RCH_2I는 S_N2 반응이 빨리 일어나지만 플루오라이드 RCH_2F는 거의 일어나지 않는다.

$$RCH_2I \xrightarrow[\text{fast}]{^-OEt} RCH_2OEt + I^-$$

$$RCH_2F \xrightarrow[\text{very slow}]{^-OEt} RCH_2OEt + F^-$$

문제 5.7 다음 두 기질을 아세톤 용매에서 ^-CN 이온과 반응시켰을 때 더 빨리 반응하는 것을 각각 고르시오.

a. $H_3C{-}I$ $H_3C{-}F$ b. $H_3C{-}Cl$ $H_3C{-}Br$

5.4 친핵성 치환 반응의 S_N1 메커니즘

친핵성 치환 반응은 S_N1 메커니즘이라고 부르는 메커니즘으로도 일어날 수 있다. 예로서 삼차 할라이드인 *tert*-뷰틸 클로라이드가 물과 아세톤 혼합 용매에서 반응하면 *tert*-뷰틸 알코올이 얻어진다.

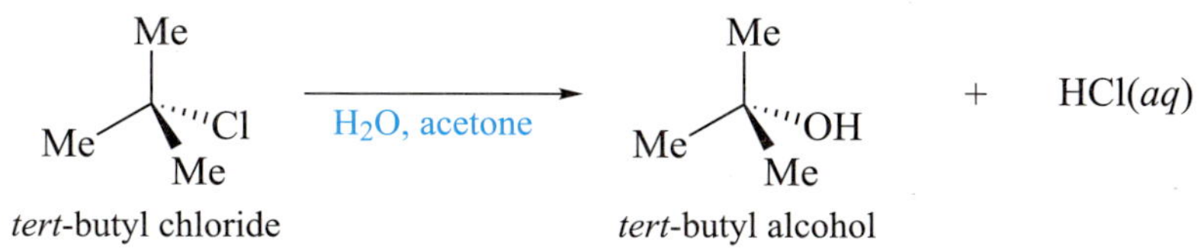

이 반응의 속도는 *tert*-뷰틸 클로라이드의 농도에만 의존함을 실험적으로 알 수 있다(흔히 S_N1은 물이나 알코올 같은 용매가 친핵체로 작용하는 **가용매 분해 반응**(solvolysis)이다).

$$\text{반응 속도} = k\,[Me_3CCl]$$

전체 반응 차수가 일차이기 때문에 이러한 반응을 S_N1 반응이라고 부르며, *tert*-뷰틸 클로라이드의 가수분해 반응은 세 단계 메커니즘으로 다음과 같이 일어난다.

단계 1:

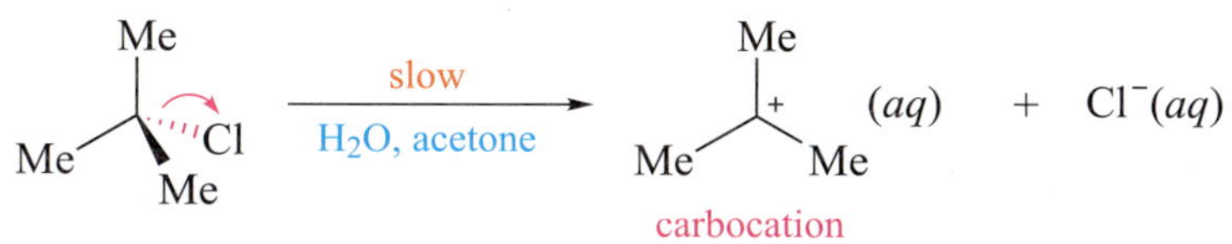

불균일 분해는 결합 전자쌍이 전기음성도가 큰 원자로 이동하면서 결합이 깨지는 분해이다.

C−Cl 결합이 **불균일 분해**(heterolysis)하면 물 용매로 수화된 **탄소 양이온**(carbocation)과 염화 이온이 생긴다. 반대 전하의 분리가 일어나는 이 단계가 가장 느리게 일어나므로 단계 1이 **속도 결정 단계**(rate determining step, **rds**)이다.

탄소 양이온은 매우 불안정한 중간체로서 중심 탄소의 혼성이 sp^2인 평면 삼각 구조이며 전자로 채워지지 않은 2p AO가 평면 구조에 수직으로 놓여 있다. 탄소 양이온은 전자가 부족하기 때문에 매우 좋은 친전자체이다.

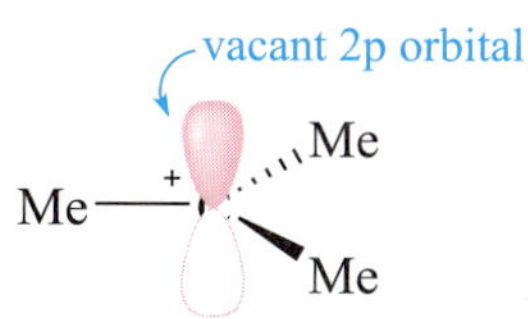

단계 2:

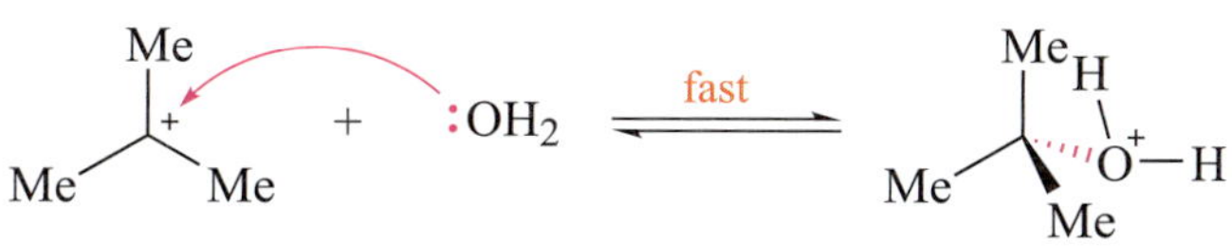

용매인 물 분자가 루이스 염기(친핵체)로 작용하여 친전자성 탄소 원자에 전자쌍을 주면 C−O 결합이 생긴다. 생성물은 양성자첨가된 *tert*-뷰틸 알코올(옥소늄 이온)이다. 이 단계는 빠르게 일어난다.

단계 3:

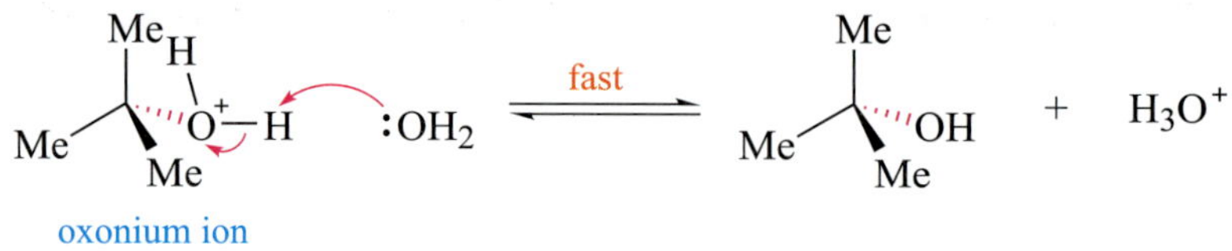

다시 용매인 물이 브뢴스테드 염기로 작용하여 옥소늄 이온에서 양성자를 제거하면 최종 생성물인 알코올이 생긴다.

S_N1 반응의 입체 화학: 라셈화

광학 활성인 삼차(*S*)-브로마이드의 가수분해 반응을 보자. 중간체인 탄소 양이온은 비카이랄 삼각 평면 구조(sp^2 혼성)이므로 친핵체인 물은 비어 있는 탄소 2p 오비탈의 위와 아래에서 같은 확률로 접근할 것이다. 그러면 1:1의 비로 (*R*)-과 (*S*)-알코올이 생겨 결국에는 광학 비활성인 라셈 혼합물이 생길 것이라고 예상할 수 있다.

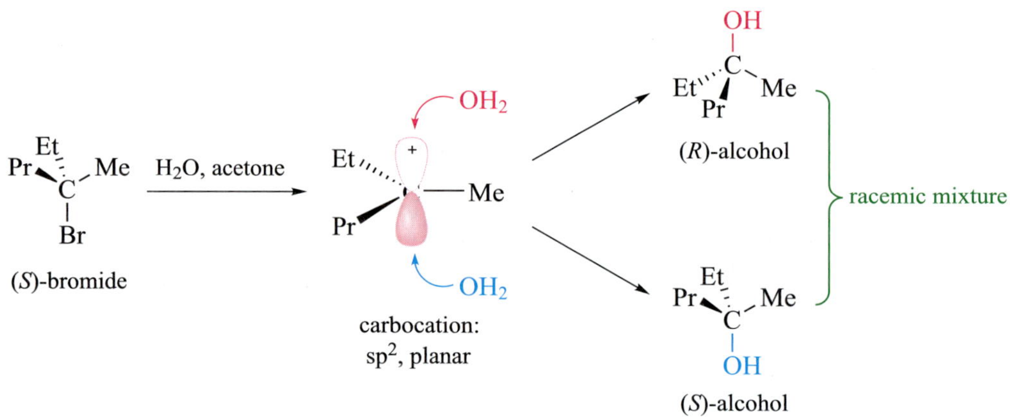

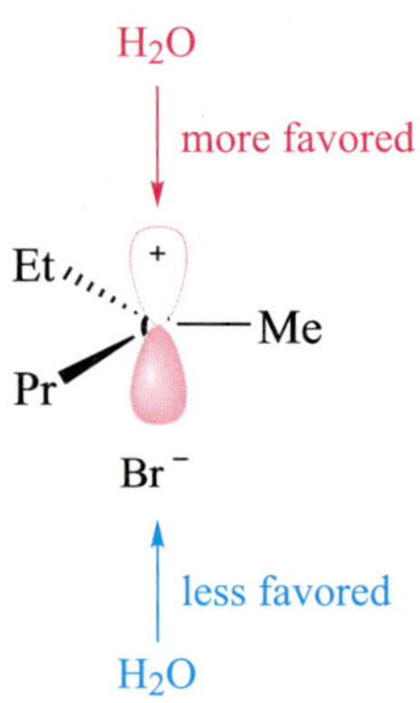

하지만 실제로는 부분 라셈화가 일어나서 (*R*)-알코올이 더 많이 생기는데, 그 이유는 이탈기인 Br^- 이온이 아직도 탄소 원자에 가까이 붙어 있어 물 분자가 이쪽 방향에서 공격하기가 더 어렵기 때문이다(왼쪽).

탄소 양이온의 안정성

S_N1 반응의 특징은 탄소 양이온이라고 부르는 중간체를 거친다는 점이다. 실험 및 계산에 의하면 탄소 양이온의 안정성 순서는 다음과 같다.

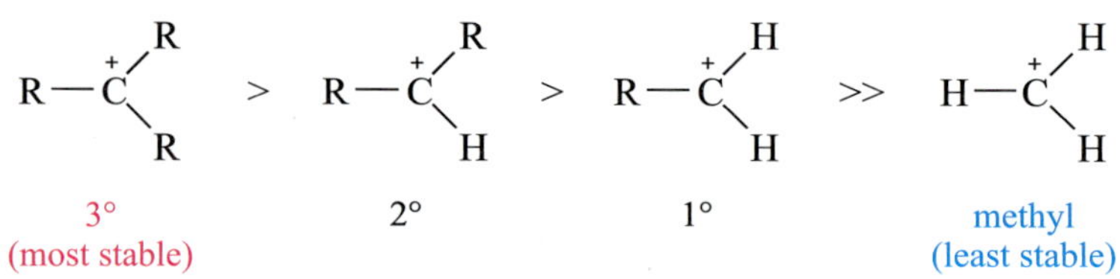

탄소 양이온은 양전하를 띤 탄소에 치환된 탄소 원자 수에 따라 삼차, 이차, 일차로 분류한다.

메틸 양이온과 일차 탄소 양이온은 너무 불안정하기 때문에 수용액에서는 존재하지 않는다. 양전하를 띤 탄소에 알킬기가 더 많이 치환될수록 탄소 양이온은 더 안정해진다.

일반적으로 전하를 띤 이온은 그 전하가 더 많은 원자에 퍼질수록(비편재화) 안정해진다. 어떻게 하여 삼차 양이온에서 양전하가 더 잘 퍼질까? 수소보다 더 큰 알킬기는 편극성이 더 커서 양전하에 자신의 전자 구름을 더 잘 줄 수 있기 때문이다. 따라서 알킬기가 더 많은 삼차 양이온이 가장 안정해진다.

문제 5.8 다음 탄소 양이온을 안정성이 증가하는 순서로 배열하시오.

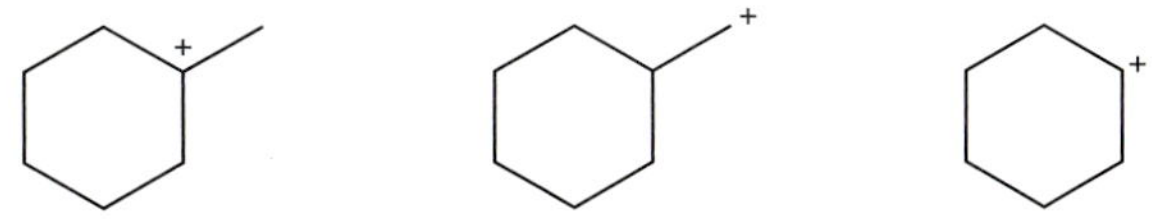

탄소 양이온의 자리 옮김

아래 이차 브로마이드의 가수분해 반응에서는 기대했던 알코올과 같이 오른쪽 알코올도 얻어진다(알코올 2가 주 생성물). 이 알코올은 출발물과 탄소 골격이 다르며 메틸기가 바로 옆 탄소로 이동하여 생성된 것으로 볼 수 있다.

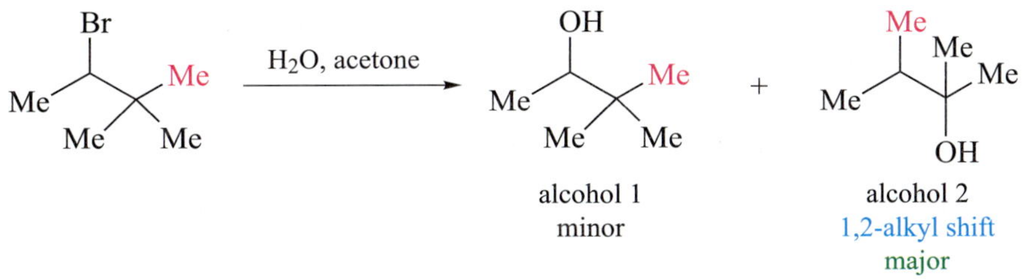

이 반응의 첫 단계는 C−Br 결합의 불균일 분해 반응으로 이차 탄소 양이온이 생기는 단계이다. 주 생성물의 생성을 설명하기 위해서는 이차 탄소 양이온이 더 안정한 삼차 양이온으로 변신하였다고 가정하여야 한다. 이러한 변신은 양전하를 띤 탄소의 바로 이웃한 메틸기가 C−Me 결합의 결합쌍과 함께 이웃 전자부족 탄소로 이동함으로써 이루어진다. 이렇게 알킬기가 자리를 옮기는 반응을 **1,2-알킬 옮김**(1,2-alkyl shift)이라고 한다(이 경우에는 **1,2-메틸 옮김**이다).

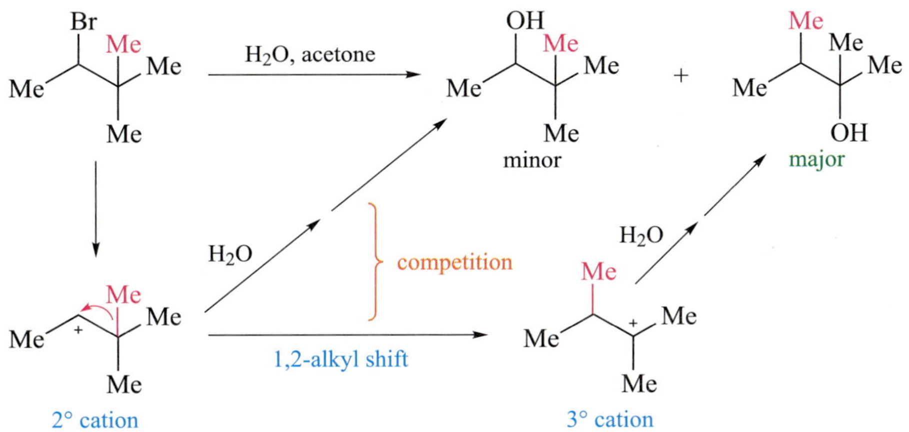

다음 할라이드의 경우에도 주 생성물의 생성을 설명하기 위해서는 이차 양이온의 수소 원자가 자신의 결합쌍을 품고서 양전하를 띤 이웃 탄소 원자로 이동함으로써 이차 양이온이 더 안정한 삼차 양이온으로 변하였다고 가정하여야 한다. 이러한 수소 원자의 자리 옮김을 **1,2-수소화물 옮김**(1,2-hydride shift)이라고 한다.

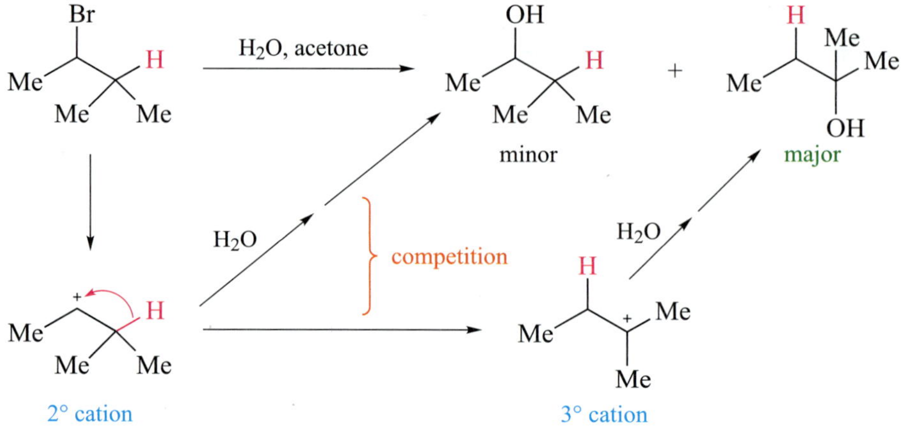

방금 살펴본 탄소 양이온의 자리 옮김 반응은 이차 양이온의 물과의 반응과 경쟁적으로 일어나며, 실험에 의하면 자리 옮김 반응으로 생성된 생성물이 주 생성물이다. 그 이유는 아마도 자리 옮김 반응이 이온 내에서 일어나므로 이차 양이온의 반응(분자간 반응)보다 더 빠르게 일어나기 때문일 것으로 추측된다.

예제 5.3 다음 할라이드를 물과 아세톤의 혼합 용매에 가하였더니 S_N1 반응이 일어났다. 생성물을 각각 그리시오.

a. 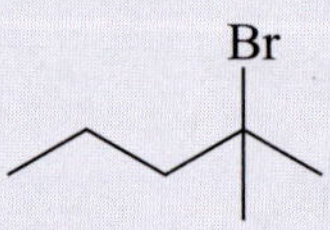

b. 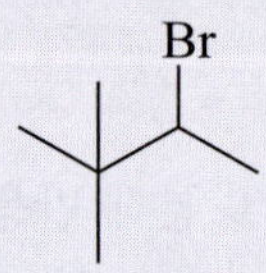

풀이 S_N1 반응의 중간체인 탄소 양이온은 더 안정한 양이온으로 자리를 옮기는 경향이 크므로 항상 자리 옮김 반응을 염두에 두어야 한다.

a. 브로마이드에서 생기는 탄소 양이온은 삼차 양이온이므로 자리 옮김이 일어나지 않는다.

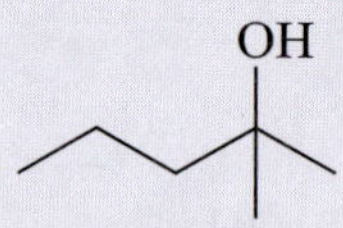

b.

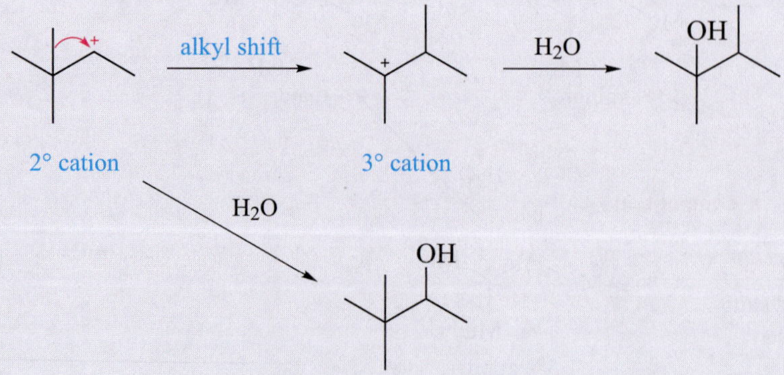

문제 5.9 다음 할라이드를 메탄올 용매에 가하였더니 S_N1 반응이 일어났다. 생성물을 각각 그리시오.

a. 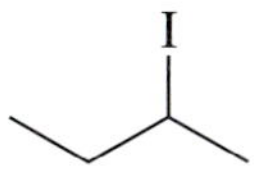

b. 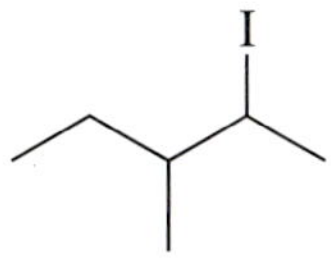

S_N1 반응의 반응 속도에 영향을 주는 요인

할라이드의 차수

S_N1 반응의 반응 속도는 삼차 할라이드 ⋙ 이차 할라이드 > 일차 할라이드 > 메틸 할라이드의 순서로 감소하며, 이 순서는 반응 중간체인 탄소 양이온의 안정성 순서와 일치한다.

문제 5.10 다음 한 쌍의 화합물을 수용성 메탄올 용매에서 가수분해 반응을 시켰다. 더 빨리 반응할 것이라고 예측되는 화합물을 각각 고르시오.

a. 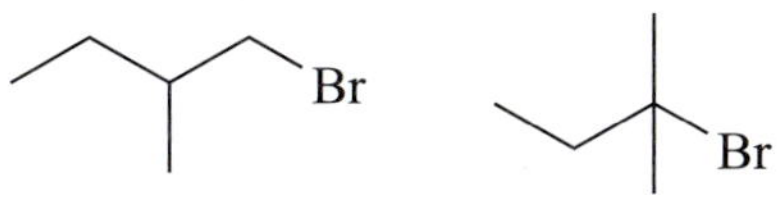

b. 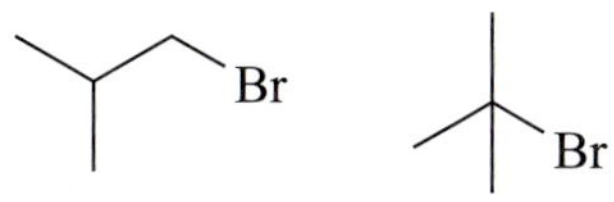

용매 효과

S_N1 반응의 속도 결정 단계는 알킬 할라이드에서 탄소 양이온과 할라이드 음이온이 생기는 단계이다. 양성자성 용매는 비양성자성 용매보다 이 두 가지 이온을 더 잘 용매화하므로 이온이 더 안정해진다. 따라서 S_N1 반응은 양성자성 용매, 특히 물에서 가장 빠르게 일어난다.

S_N1 반응이 물에서 가장 빠르게 일어나는 점과 염화 소듐이 아세톤이나 에탄올에서보다 물에 더 잘 녹는다는 점은 서로 일맥상통한다.

문제 5.11 *tert*-뷰틸 클로라이드의 S_N1 반응은 물 혹은 아세톤 용매 중에서 무슨 용매에서 더 빠르게 일어날까?

이탈기

S_N2 반응에서처럼 S_N1 반응도 이탈기가 안정할수록 더 빨리 일어난다.

문제 5.12 다음 한 쌍의 화합물을 수용성 메탄올 용매에서 가수분해 반응을 시켰다. 더 빨리 반응할 것이라고 예측되는 화합물을 각각 고르시오.

a. 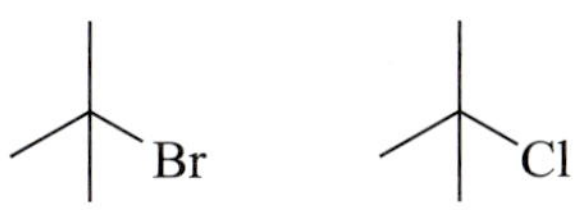

b. 

5.5 알킬 할라이드의 S_N2 반응과 S_N1 반응의 요약

알킬 할라이드의 S_N2 반응과 S_N1 반응을 다음 표 5.2에 정리하였다.

표 5.2 알킬 할라이드의 S_N2 반응과 S_N1 반응의 요약

	S_N2	S_N1
메커니즘	일단계. 중간체 없음	이단계 이상. 탄소 양이온 중간체
속도식	속도 = k [할라이드] [친핵체] 입체 장애가 속도 결정	속도 = k [할라이드] 탄소 양이온의 안정성이 속도 결정
할라이드	$3° < 2° < 1° \ll Me$	$3° \gg 2° \gg 1° > Me$
용액의 pH	염기성이거나 중성	산성이거나 중성
친핵체의 친핵성도	강함. 친핵성이 클수록 반응이 빨라짐	약함. 친핵성도는 반응 속도에 영향을 주지 않음
친핵체의 양	화학량론적	과량으로 존재(용매)
이탈기	$I^- > Br^- > Cl^-$	$I^- > Br^- > Cl^-$
용매	극성 비양성자성 용매	양성자성 용매(친핵체의 역할도 수행)
입체 화학	배열의 반전	라셈화(혹은 부분 라셈화)

또한 표 5.3에 S_N2 반응과 S_N1 반응에서 알킬 할라이드의 반응성을 비교하였다. 메틸, 일차 할라이드는 탄소 양이온이 불안정하기 때문에 S_N2 반응만이 일어나며, 삼차 할라이드는 입체 장애로 S_N2 반응이 일어나지 않고 대신 S_N1 반응만 일어난다.

표 5.3 알킬 할라이드의 S_N2 반응과 S_N1 반응의 반응성 비교

메틸, 일차 할라이드	삼차 할라이드
S_N1 반응만	S_N2 반응만

5.6 친핵성 치환 반응을 이용하는 유기 합성

지금까지 알킬 할라이드의 S_N2 반응과 S_N1 반응을 살펴보았다. 그러면 S_N2 반응과 S_N1 반응 중에서 어느 것이 유기 합성 관점에서 더 유용할까? 답은 S_N2 반응이다. S_N2 반응에서는 하나의 입체 이성질체에서 생성물이 하나만 얻어지기 때문이다.

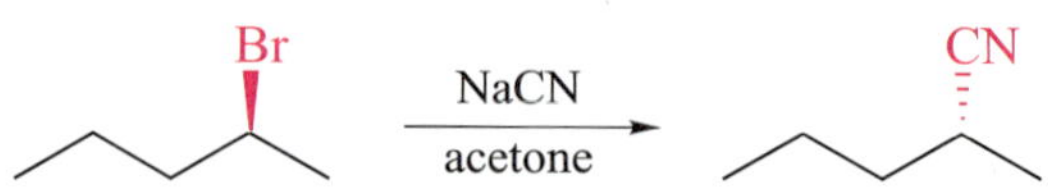

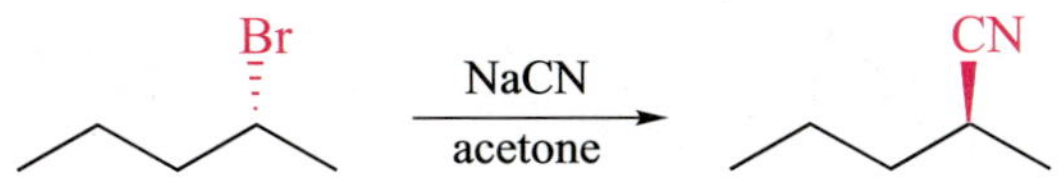

반면에 입체 발생 중심에서 일어나는 S_N1 반응에서는 라셈화가 주로 일어난다. 또한 S_N1 반응은 탄소 양이온 중간체를 거치는데, 이 양이온은 더 안정한 양이온으로 자리를 옮기는 경향이 크므로 생성물의 혼합물이 얻어진다. 따라서 유기 합성 관점에서는 쓸모가 거의 없다고 말할 수 있다. 마지막으로 S_N1 반응의 친핵체는 주로 산소가 친핵체인 양성자성 용매(에탄올, 아세트산)이므로 친핵성 원자의 종류가 제한적이다. 반면에 S_N2 반응의 친핵체는 원자가 더 다양하다(C, O, N, S, 할로젠, P 등).

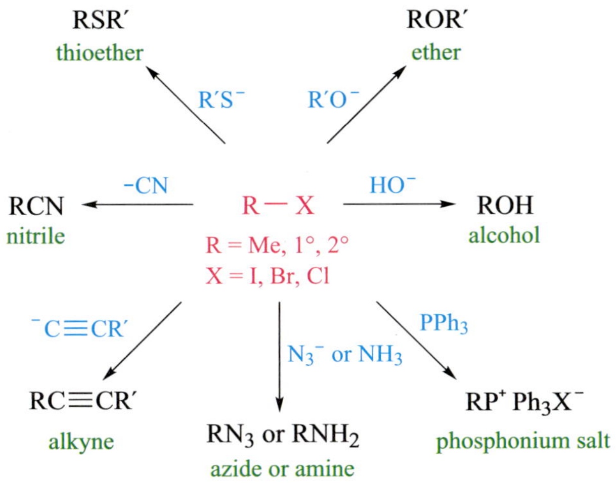

5.7 알킬 할라이드의 제거 반응: 알켄의 생성

알킬 할라이드의 S_N1 반응 및 S_N2 반응 조건에서 **제거 반응**(elimination)이라고 부르는 반응이 동시에 일어날 수 있다. 제거 반응의 흔한 예는 이웃 탄소 원자에 연결된 H 원자와 할로젠 원자가 제거되면서 이중(혹은 삼중) 결합이 생기는 반응이다.

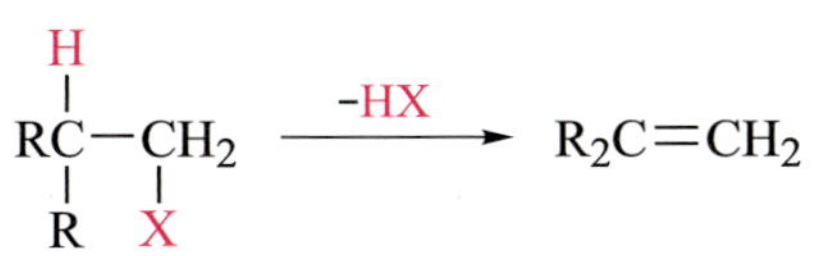

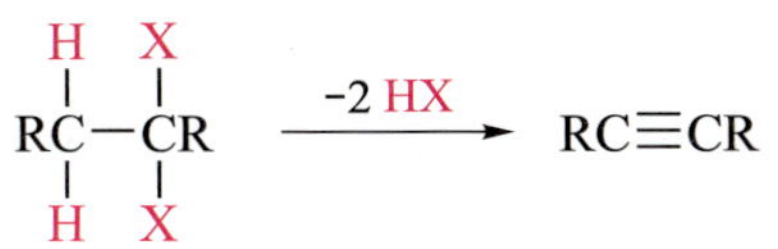

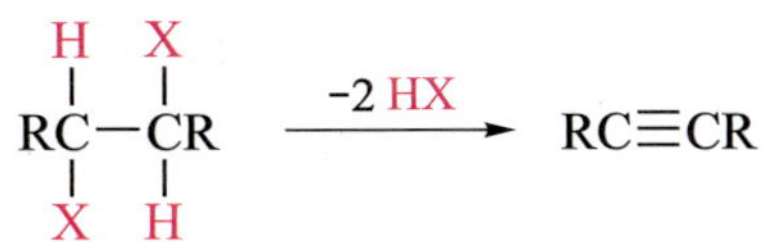

친핵성 치환 반응이 S_N1 및 S_N2 메커니즘으로 주로 일어나는 것처럼 제거 반응도 주로 E1과 E2 메커니즘으로 일어나며, E1 반응과 E2 반응은 각각 S_N1 반응 및 S_N2 반응과 경쟁적으로 일어난다.

5.8 알켄의 열역학적 안정성

위치 선택성은 두 개 이상의 구조 이성질성 생성물이 생기는 반응에서 하나의 생성물이 주로 얻어지는 정도를 말한다.

알킬 할라이드의 제거 반응을 논의하기 전에 알켄의 열역학적 안정성을 다루고자 한다. 그 이유는 제거 반응의 **위치 선택성**(regioselectivity)을 이해하려면 알켄의 열역학적 안정성을 알아야 하기 때문이다.

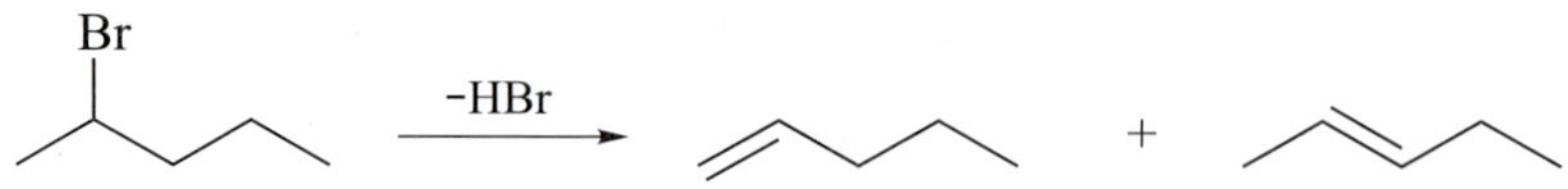

regioselectivity: which alkene is major?

알켄은 sp^2 탄소에 알킬기가 더 많이 치환되어 있을수록 더 안정해진다. 이치환 알켄의 경우에는 두 알킬기가 반대 방향에 있는 트랜스-알켄이 시스-알켄보다 더 안정하다. 시스-알켄에서는 두 알킬기 사이에 입체적 반발(서로 가깝게 놓인 두 기의 전자 구름 사이의 반발)이 일어나기 때문이다.

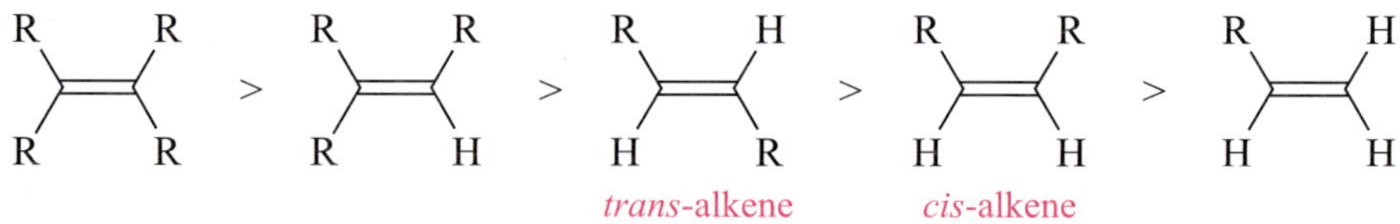

s-성질 백분율은 혼성 오비탈을 만들 때 사용했던 2s AO의 기여도를 나타낸다. sp^3 혼성 오비탈은 25% s-성질이고, sp^2 혼성 오비탈은 33% s-성질이다.

더 많이 치환된 알켄이 더 안정한 이유에 대한 한 가지 설명은 **s-성질 백분율**(percent s-character)이 더 큰 sp^2 탄소가 sp^3 탄소에 비하여 더 전기 음성적이라는 점이다. 알킬기는 수소 원자보다 편극성이 더 크므로 sp^2 탄소가 전자를 더 원하는 요구에 더 잘 부응할 수 있을 것이다. 이 점은 5.4절에서 다룬 탄소 양이온(sp^2 탄소 함유)의 차수에 따른 안정성 순서와도 연관되어 있다.

문제 5.13 다음 알켄을 열역학적 안정성이 증가하는 순서로 배열하시오.

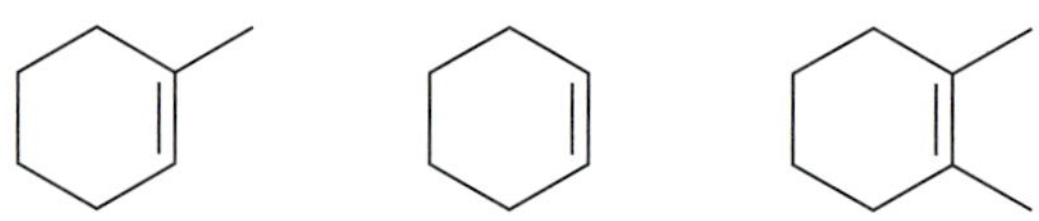

5.9 E2 반응

E2 메커니즘

E2 반응은 β-수소가 있는 알킬 할라이드가 S_N2 반응 조건에서 알켄으로 변환되는 반응이다. E2 반응은 S_N2 반응과 경쟁적으로 단일 단계로 일어난다. 그러면 먼저 E2 반응의 한

가지 예를 보자. *tert*-뷰틸 브로마이드를 EtO^-로 처리하면 알켄이 전적으로 얻어진다.

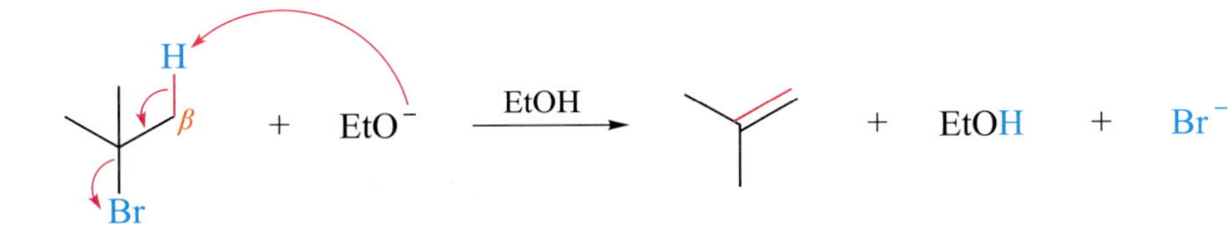

tert-butyl bromide

이 반응의 속도식을 구해 보면

$$속도 = k\,[할라이드]\,[EtO^-]$$

이고 두 반응물의 농도에 비례하므로 이 반응은 이차 반응이다. 이 반응에서는 EtO^-가 친핵체로서가 아니라 염기로서 반응하여 β-수소를 제거한다. 따라서 이러한 반응을 ***β*-제거 반응**이라고도 부른다. E2 반응은 S_N2 반응처럼 단일 단계 반응이며, 전이 상태(오른쪽)에서 C−H 결합과 C−Br 결합이 동시에 깨지면서 C=C 결합이 생긴다.

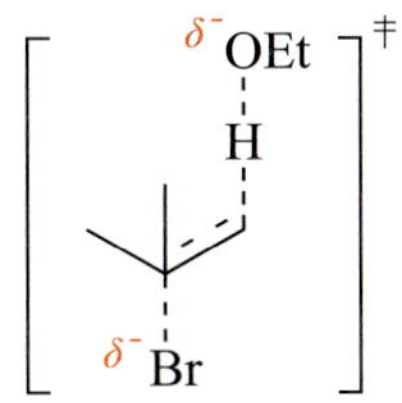

E2 대 S_N2: 기질 효과

E2 반응은 S_N2와 경쟁적으로 일어난다. 그러면 어떤 조건에서 E2 반응이 더 잘 일어날까? 여기에는 두 가지 변수가 있는데 할라이드의 구조와 염기의 구조이다.

먼저 할라이드의 구조가 미치는 영향을 보자. 다음 자료는 세 가지 알킬 할라이드(일차, 이차, 삼차)의 반응에서 알켄 생성물의 비를 괄호에 보여 주고 있다.

$$\text{R}-\text{Br} \xrightarrow[\text{EtOH, 55 °C}]{\text{NaOEt}} \text{R}-\text{OEt} \quad + \quad \text{Alkene}$$

R = Et (1%), *i*-Pr (79%), *t*-Bu (100%)

일차 할라이드는 치환 생성물을 거의 전적으로 주나 이차 할라이드는 주로 제거 반응을 선호하며 특히 삼차 할라이드는 제거 반응만 일어남을 알 수 있다. 왜 그럴까? S_N2 반응이 일어나려면 친핵체가 탄소 원자를 공격해야 한다. 하지만 할라이드의 차수가 증가할수록 S_N2 반응이 더 어려워질 것이다(5.3절). 그러면 친핵체가 대신 염기로서 반응하여 크기가 작은 β-수소를 더 쉽게 제거하기 때문에 E2 반응이 선호된다.

E2 대 S_N2: 염기 효과

tert-뷰톡사이드 같은 비친핵성 염기는 치환보다 제거 반응을 선호한다. 이런 염기가 친핵체로서 α-탄소를 공격할 경우에는 알킬기(아래 예에서는 아이소프로필기)와 반데르 발스 반발을 겪게 된다. 하지만 β-수소를 제거할 경우에는 반발이 줄어든다.

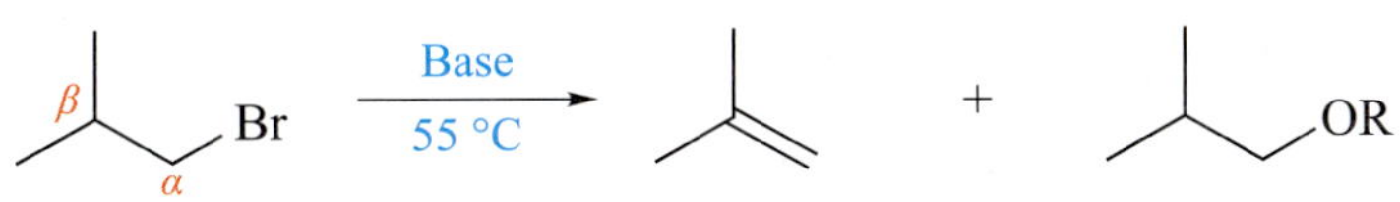

Base: NaOEt in EtOH	60%	40%
Base: KO*t*-Bu in *t*-BuOH	92%	8%

포타슘 *tert*-뷰톡사이드 같은 염기를 이용하면 일차 할라이드에서 1-알켄을 구할 수 있다.

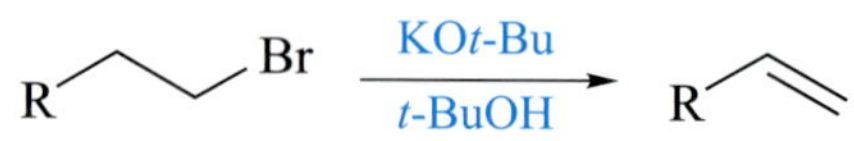

1-alkene

E2 반응의 위치 선택성

E2 반응에서는 알켄의 여러 입체 이성질체가 생길 수 있다. MeO^-나 EtO^- 같이 간단한 알콕사이드를 사용하는 경우에 더 많이 치환된(그래서 더 안정한) 알켄이 주 생성물로 얻어지는데, 이러한 규칙을 러시아 화학자의 이름을 따서 **사이체프 규칙**(Zaitsev rule)이라고 하며 주 생성물은 **사이체프 생성물**(Zaitsev product)이라고 부른다.

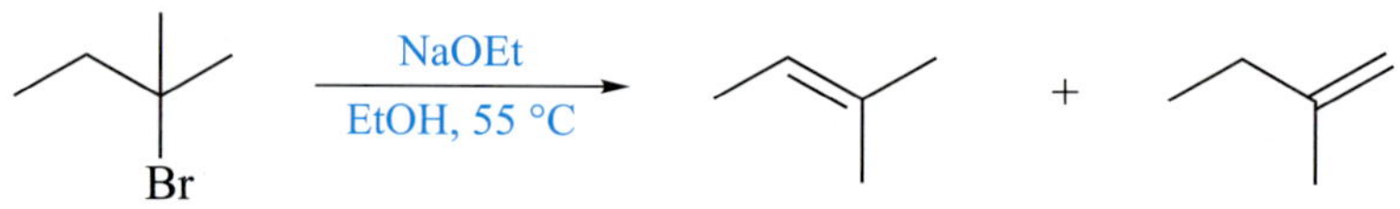

tert-amyl bromide　　alkene 1 70% Zaitsev product　　alkene 2 30%

사이체프 규칙이 성립하는 이유는 전이 상태에서 부분적으로 생기는 이중 결합이 더 많이 치환될수록 그 전이 상태가 더 안정해지고, 따라서 활성화 에너지가 더 낮아지기 때문이다.

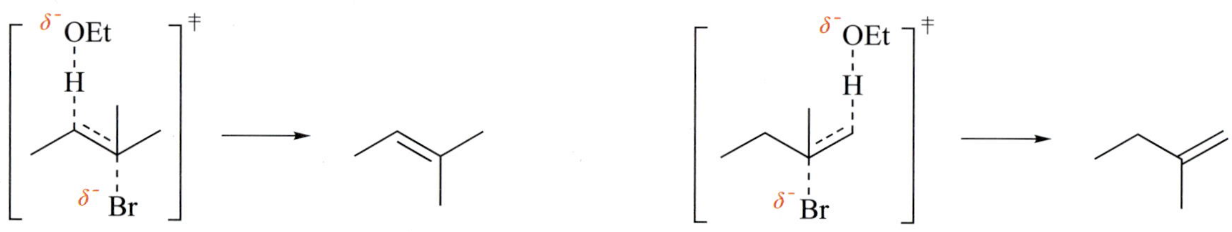

more stable TS　　alkene 1 major　　less stable TS　　alkene 2 minor

문제 5.14 다음 E2 반응의 주 생성물을 각각 그리시오.

a. 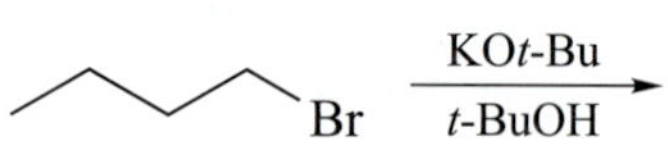

b. 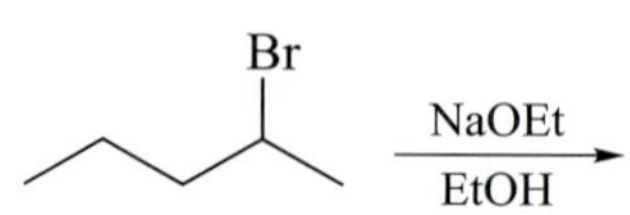

E2 반응의 이탈기 효과

S_N2 반응에서처럼 알킬 할라이드의 E2 반응 속도는 RF < RCl < RBr < RI의 순서로 증가한다.

E2 반응의 입체 화학

E2 반응은 C−X기와 β 위치의 C−H 결합이 반대 방향으로 놓인 형태에서 일어날 수도 있고 두 결합이 같은 방향에 놓인 형태에서 일어날 수도 있다. 이러한 제거를 각각 ***anti*-제거**와 ***syn*-제거**라고 한다. 두 가지 제거 방식에서 C−X 결합과 C−H 결합은 **동일평면**(coplanar)에 있게 된다.

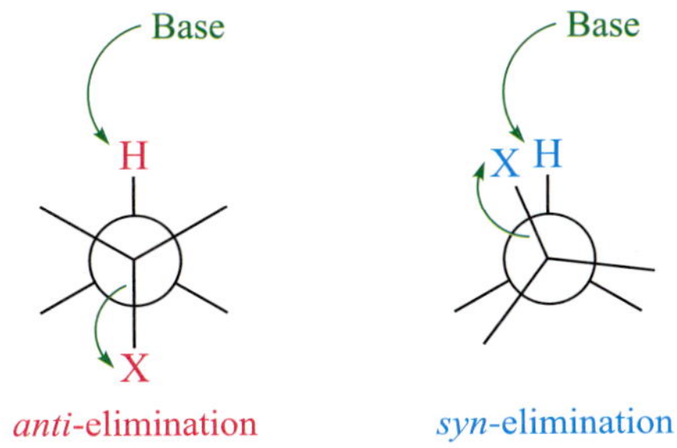

그러면 E2 반응은 어떤 입체 화학을 선호할까? 실험에 의하면 대부분의 E2 반응은 가능하면 *anti*-제거로 일어난다. 할로사이클로헥세인의 경우 E2 반응이 *anti*-제거로 일어나기 위해서는 C−X 결합과 C−H 결합이 모두 축방향에 있어야 한다.

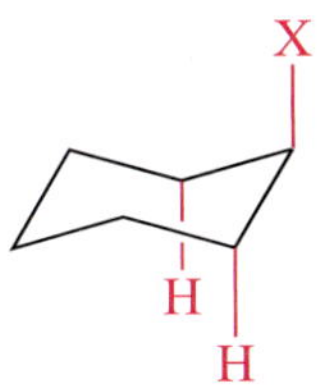

예제 5.4 다음 할라이드를 에탄올 용매에서 NaOEt로 처리하였다. 주 생성물을 각각 예측하시오.

a. 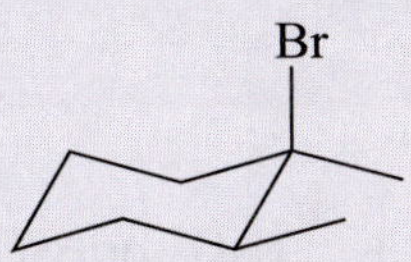

b. 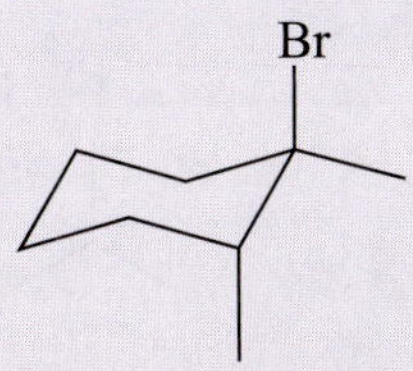

풀이 둘 다 삼차 할라이드이므로 S_N2 대신에 E2 반응이 일어날 것이다. 할로사이클로헥세인의 E2 반응은 C−X 결합과 C−H 결합이 반드시 모두 축방향에 있어야 일어난다. 주 생성물은 사이체프 생성물이다.

a. 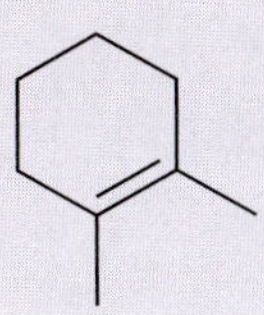

b. 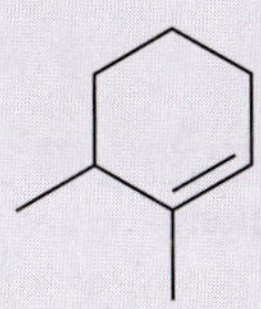

문제 5.15 다음 할라이드를 에탄올 용매에서 NaOEt로 처리하였다. 주 생성물을 각각 예측하시오.

a. 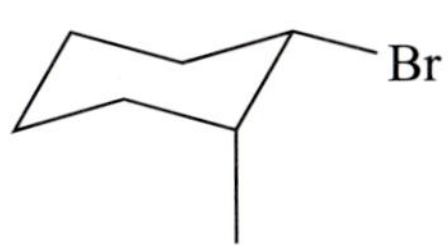

b. 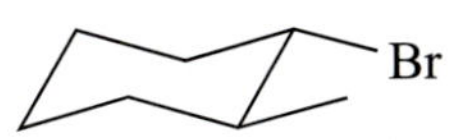

5.10 E1 반응

E1 메커니즘

S_N1 반응 조건에서도 제거 반응이 일어날 수 있다. 예로서 *tert*-뷰틸 클로라이드를 80% 수용성 에탄올에서 처리하면 치환 생성물과 제거 생성물이 83%와 17%의 수율로 각각 얻어진다. 따라서 이 경우에는 치환 생성물이 더 우세함을 알 수 있다.

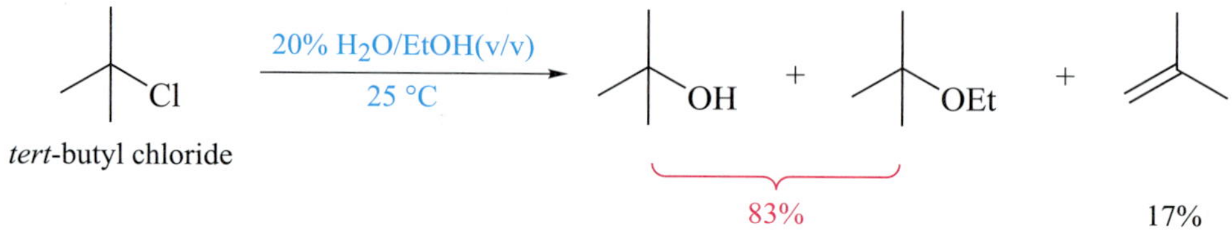

이 제거 반응의 속도는 알킬 할라이드의 농도에만 비례하므로 이 반응은 일차 반응(단분자 반응)이다. 따라서 이러한 제거 반응의 메커니즘을 E1 반응이라고 한다.

이 반응의 첫 단계는 S_N1 반응에서처럼 *tert*-뷰틸 양이온의 생성이다.

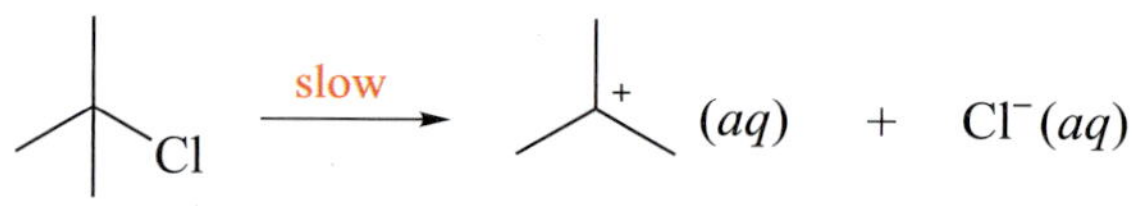

이 탄소 양이온에 용매인 에탄올과 물이 친핵체로서 친전자성 탄소 원자와 반응하면 치환 생성물이 얻어진다. 하지만 용매가 염기로 반응하여 *β*-수소를 제거하면 제거 생성물이 생긴다.

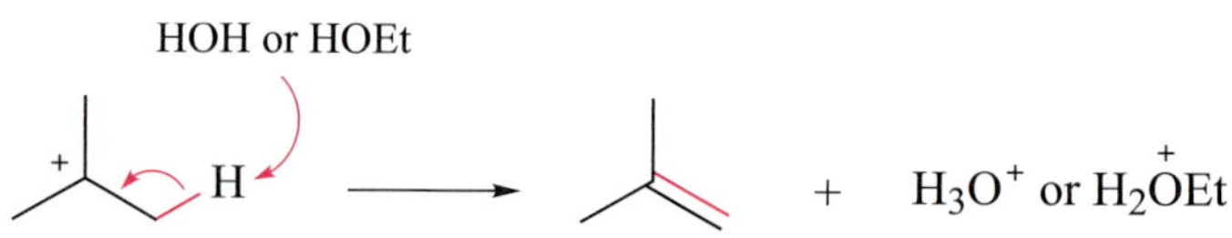

문제 5.16 다음 반응의 생성물이 생기는 메커니즘을 그리시오. (단, Δ 기호는 가열(heating)을 의미한다.)

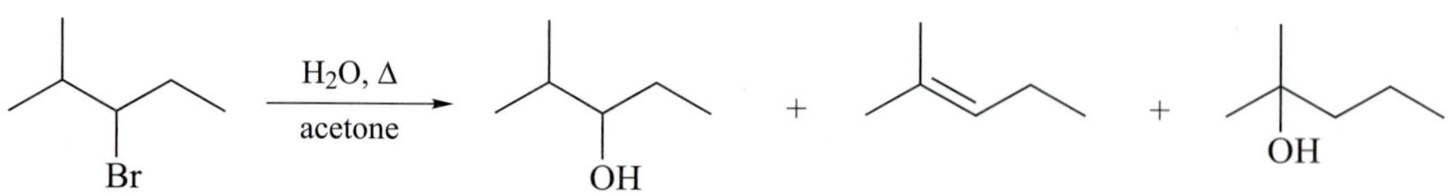

E1 반응의 위치 선택성

tert-아밀 브로마이드의 E1 반응에서는 E2 반응에서처럼 더 많이 치환된 알켄이 주 생성물로 얻어진다(사이체프 규칙).

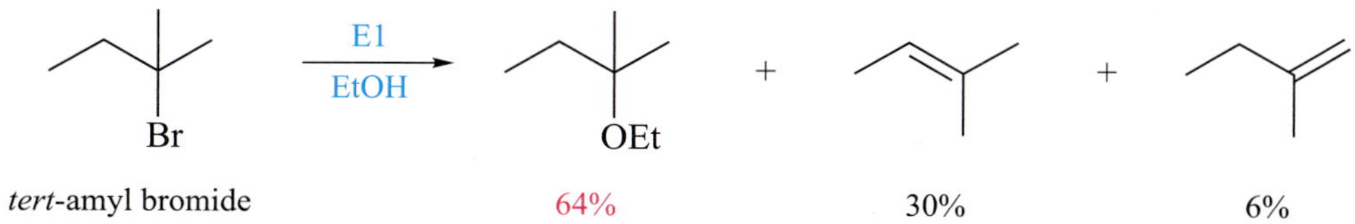

5.11 치환 및 제거 반응의 정리

S_N1, S_N2 치환 반응과 E1, E2 제거 반응 중에서 어느 메커니즘이 선호될지는 알킬 할라이드의 차수와 친핵체의 성질에 크게 달려 있다. 이를 표 5.4에 정리하였다.

표 5.4 치환 및 제거 반응의 정리(X = Cl, Br, I)

친핵성도	염기도	친핵체의 예	가능한 반응
큼	큼	HO^-, MeO^-, EtO^-	1° (RCH_2CH_2X) S_N2(선호), E2 2° E2(선호), S_N2 3° E2
큼	작음	I^-, HS^-, RS^-, NC^-	1°, 2° S_N2 3° S_N1, E1
작음	큼	Me_3CO^-	1°, 2°, 3° E2
작음	작음	H_2O, ROH, AcOH	1° No reaction 2° S_N1, E1(slow) 3° S_N1, E1(fast)

EtO^-처럼 염기도와 친핵성도가 모두 큰 시약을 사용하면 일차 할라이드를 제외하고 E2 반응이 선호됨을 알 수 있다. 친핵성도는 크지만 염기도는 작은 친핵체(I^- 등)는 치환 반응을 선호한다. 친핵성과 염기도가 모두 작은 친핵체(알코올 등)를 이용하는 가용매 분해 반응은 삼차 할라이드만 빠르게 반응하며 일차 할라이드는 반응하지 않는다(그래서 알코올을 일차 할라이드의 S_N2 반응 용매로 쓸 수 있다). 삼차 할라이드의 가용매 분해 반응은 두 가지 메커니즘(S_N1과 E1)으로 일어나기 때문에 생성물의 혼합물이 얻어진다.

예제 5.5 다음 반응이 치환과 제거 중에서 어느 것을 선호할지를 각각 예측하고, 주 생성물을 그리시오.

a. 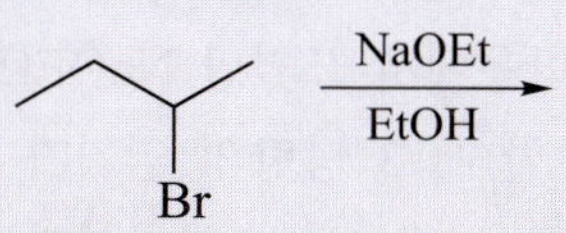

b. 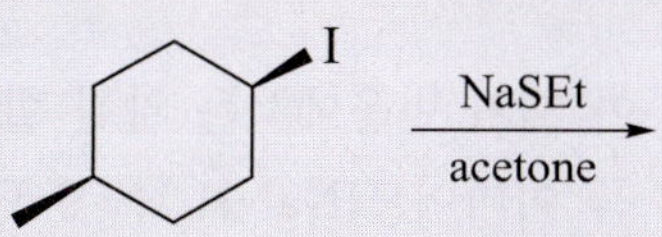

풀이 a. 이차 할라이드는 NaOEt 같은 센 염기와는 치환보다 제거 반응을 선호하므로 특히 더 안정한 알켄이 주로 얻어진다.

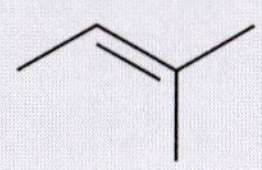

b. NaSEt처럼 염기도는 작으나 친핵성도가 큰 시약은 아세톤 용매에서 S_N2 반응을 선호하므로 치환 생성물이 주로 얻어진다.

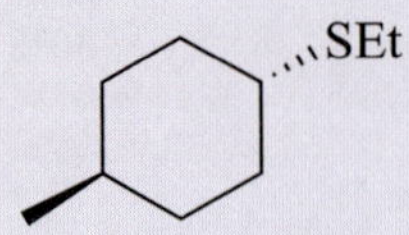

문제 5.17 다음 반응이 치환과 제거 중에서 어느 것을 선호할지를 각각 예측하고, 주 생성물을 그리시오.

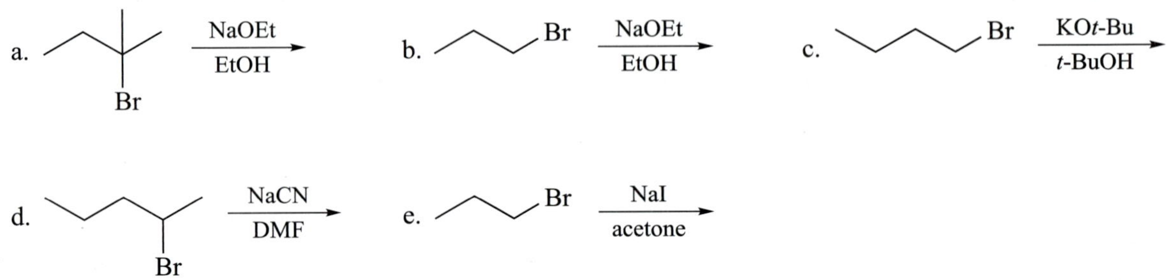

5.12 알카인의 제법

같은 자리 다이할라이드(geminal dihalide)나 이웃 자리 다이할라이드(vicinal dihalide)가 E2 반응 조건에서 두 번 제거 반응을 거치면 1-알카인이 얻어진다.

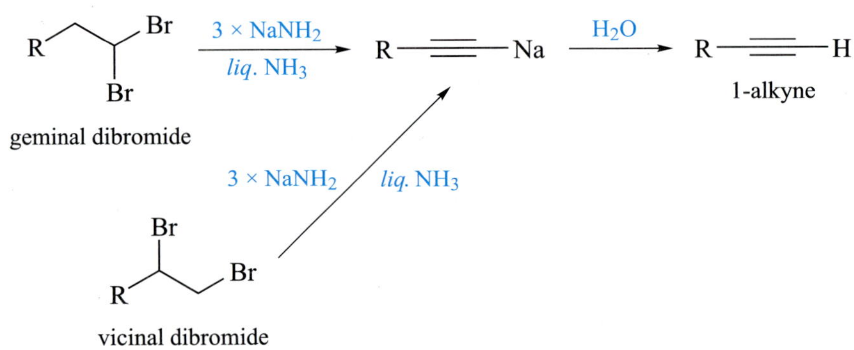

이 제거 반응에서는 알킬 할라이드의 제거 반응에서 쓰였던 NaOEt보다 더 센 염기인 소듐 아마이드($NaNH_2$)를 3 당량 사용하여야 한다. 3 당량의 염기가 필요한 이유는 그 중에서 1 당량의 $NaNH_2$가 두 번의 E2 반응에서 생기는 1-알카인과 반응하여 소듐 염(R−C≡C−Na)을 만들기 때문이다(6.9절 참조).

추가 문제

5.18 Me_3CCl은 Me_2CHCl보다 더 빠르게 가수분해한다. 이 사실에 부합하는 에너지 도표를 그리시오. (단, 두 할라이드는 에너지가 비슷하다고 간주한다. 에너지 도표는 속도 결정 단계만 그린다.)

5.19 다음 변환에 필요한 시약과 적절한 용매를 각각 제안하시오.

a. 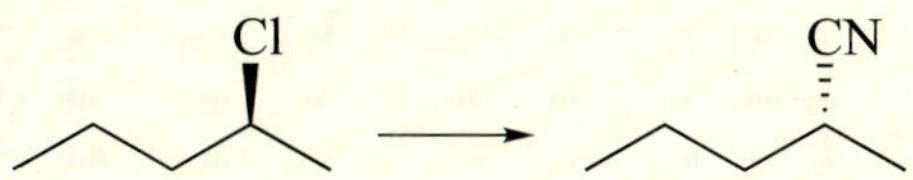

b. 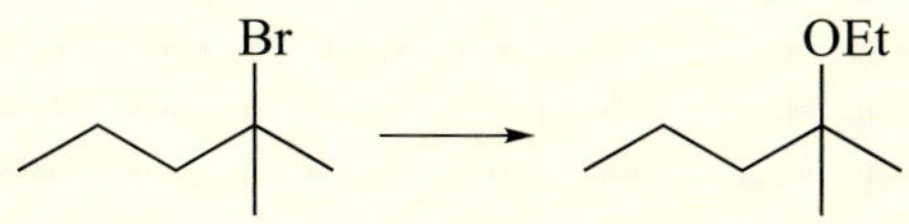

5.20 다음 반응의 주 생성물을 각각 그리시오.

a. 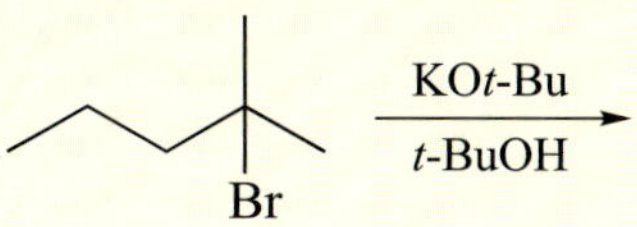

b. 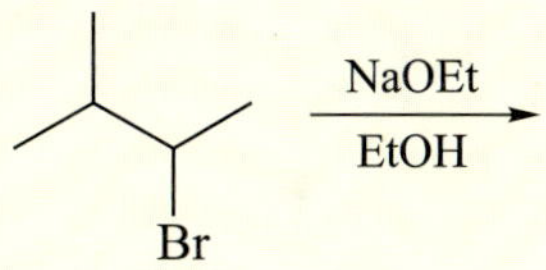

c. 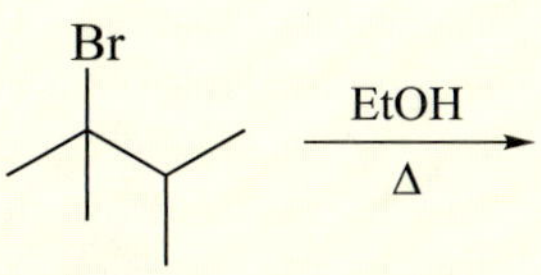 alkene

5.21 다음 알켄을 E2 반응을 이용하여 얻고자 한다. 적절한 출발물과 시약을 제안하시오.

a. 

b. 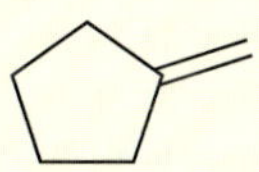

c. 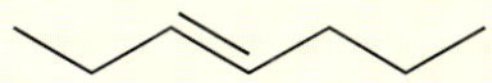

5.22 다음 반응에서 예상되는 모든 생성물의 구조를 각각 그리고, 각각의 생성물이 생성되는 메커니즘(S_N1, S_N2, E1, E2)을 나타내시오. 두 가지 이상의 생성물이 가능한 경우에는 주 생성물을 밝히시오. 반응이 일어나지 않을 것이라고 예측되면 NR이라고 표시하시오.

a. 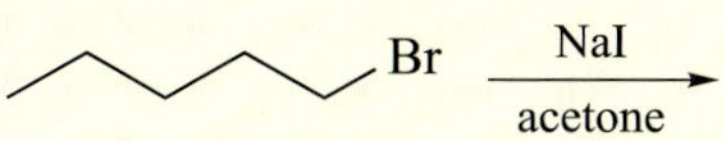

b. 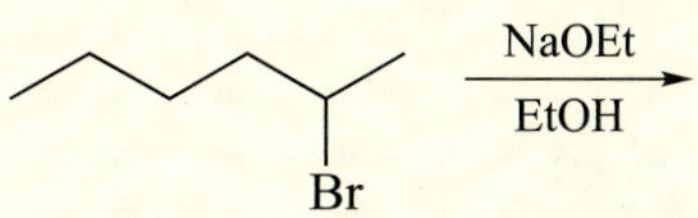

c. 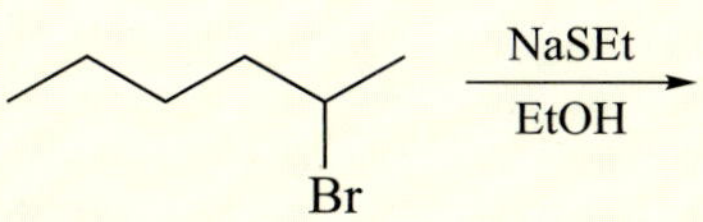

d. 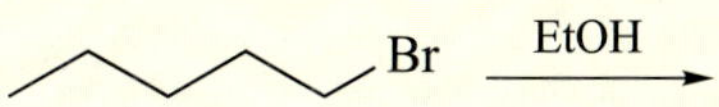

5.23 할라이드 A가 에탄올 용매에서 반응하였을 때 생길 수 있는 모든 유기 생성물의 구조를 그 반응 메커니즘을 포함하여 그리시오(Br^- 이온이 친핵체로 작용하여 생기는 생성물은 무시함).

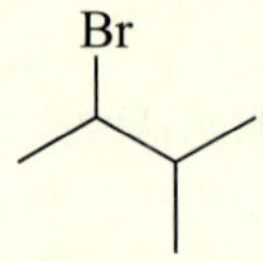

A

Chapter 06

알켄과 알카인의 반응: 친전자성 첨가 반응

출처: sutterstock

알켄과 알카인은 각각 탄소–탄소 이중 결합, 그리고 탄소–탄소 삼중 결합이 있는 유기 화합물이다. 알켄의 가장 간단한 구조인 에텐(상용명: 에틸렌)은 과일의 숙성에 관여하는 천연 식물 호르몬이다. 또한 에텐은 가장 많이 생산되는 유기 화합물로서 폴리에틸렌의 제조에 쓰인다. 에타인(상용명: 아세틸렌)은 가장 간단한 알카인으로서 온도가 높은 아세틸렌 불꽃을 만들 때 사용된다.

$H_2C{=}CH_2$	$HC{\equiv}CH$
ethene (ethylene)	ethyne (acetylene)

알켄과 알카인이 수행하는 가장 흔한 반응은 다중 결합의 친핵성 π 전자쌍이 할로젠화수소, 할로젠 등의 친전자체 E^+와 반응하여 결국 친전자체가 다중 결합에 첨가되는 **친전자성 첨가 반응**(electrophilic addition)이다. 이 반응에서는 π 결합 하나와 σ 결합이 깨지면서 σ 결합 두 개가 생기며, 더 약한 π 결합이 깨지고 더 센 σ 결합이 생기므로 첨가 반응은 대부분 발열 반응이다.

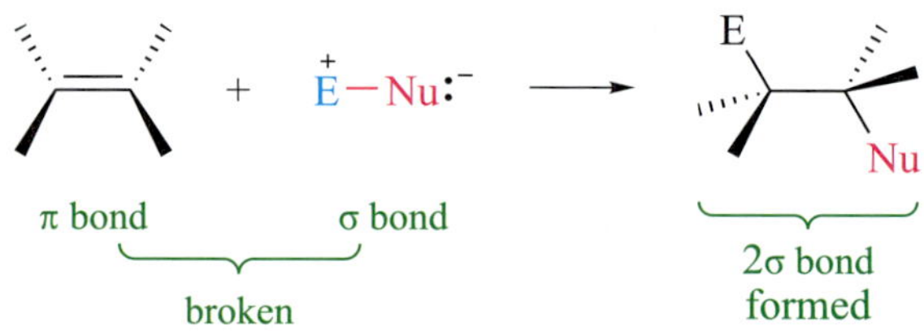

6.1 알켄과 알카인의 명명법

알켄과 알카인의 IUPAC 이름은 다음과 같이 정한다.

(1) 이중 결합 혹은 삼중 결합을 포함하여 가장 긴 사슬을 어미 구조로 정한다. 어미 구조는 탄소 수가 같은 알케인의 말미 '-ane'을 '-ene' 혹은 '-yne'으로 바꿔 명명한다.
(2) 사슬의 위치번호는 이중, 삼중 결합에 가까운 사슬의 끝에서부터 시작하고, 불포화기의 위치는 불포화기의 첫 번째 원자의 번호로 정한다.

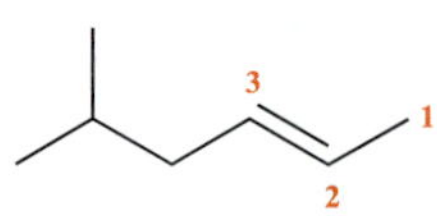

5-methyl-hex-2-ene

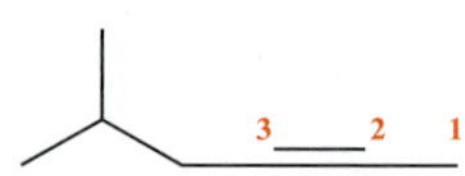

5-methyl-hex-2-yne

뷰트-2-엔은 시스-와 트랜스-입체 이성질체의 두 가지로 존재한다. 시스-이성질체에서는 이중 결합의 한 쪽에 같은 기(메틸 혹은 수소)가 있으며 트랜스-이성질체에서는 반대면에 있다. 상온에서 두 사이의 변환이 일어나려면 π 결합이 깨져야 하는데, 이 일에는 84 kcal mol^{-1}만큼의 에너지가 필요하다. 상온은 이만큼의 열 에너지를 계에 줄 수 없기 때문에 시스-와 트랜스-뷰트-2-엔 사이의 변환은 상온에서 일어나지 않는다.

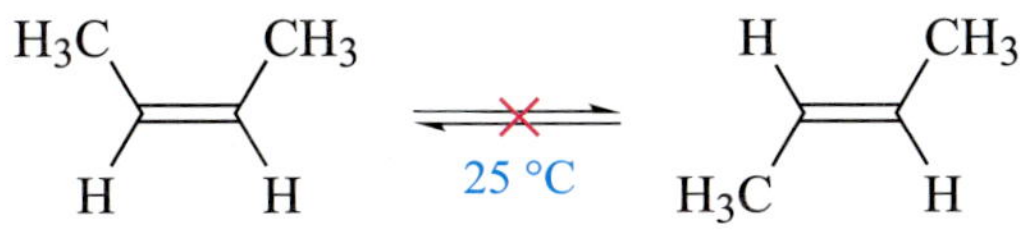

cis-but-2-ene　　*trans*-but-2-ene

시스-와 트랜스-접두사는 이치환 알켄의 경우에만 쓸 수 있다. 이치환 알켄을 포함하여 다중치환 알켄의 입체 화학은 (*E*/*Z*)-체계로 명명한다.

(*E*/*Z*)-체계에서는 각 sp^2 탄소에 결합된 두 치환기의 우선순위를 따진 후(3.5절) 두 탄소 원자에서 우선순위가 높은 치환기가 같은 면에 있으면 (*Z*)-(독일어의 zusammen, together), 그리고 반대 면에 있으면 (*E*)-(독일어의 entgegen, against)라고 명명한다.

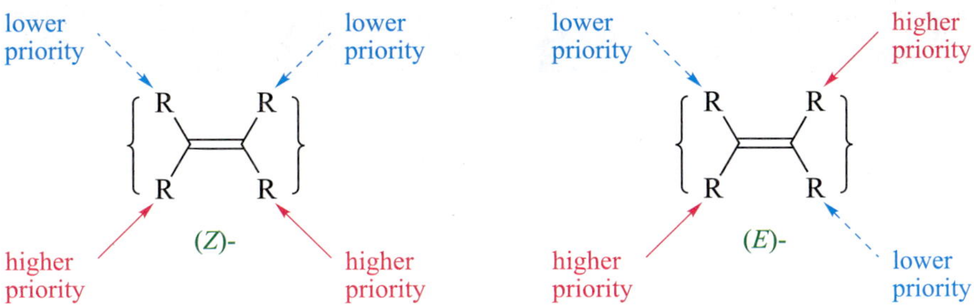

(*E*)-와 (*Z*)-명명법의 예는 다음과 같다(빨간색 원자의 우선순위가 더 높다).

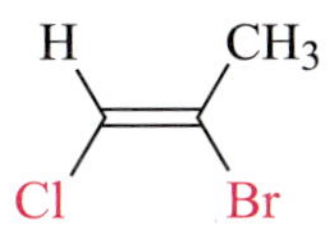
(*Z*)-2-bromo-1-chloroprop-1-ene

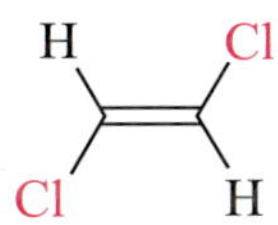
(*E*)-1,2-dichloroethene

문제 6.1　다음 알켄이 (*E*)- 혹은 (*Z*)-인지를 각각 판단하시오.

a. 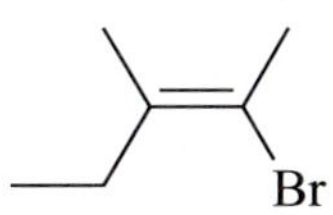

b. 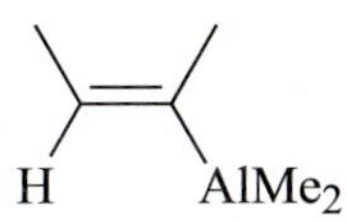

간단한 알켄에는 IUPAC에서 사용을 허용한 상용명도 있으며 몇 가지 예는 다음과 같다(상용명은 괄호 안에).

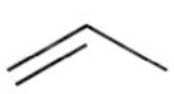
propene
(propylene)

2-methylpropene
(isobutylene)

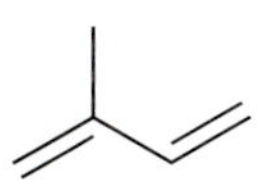
2-methylbuta-1,3-diene
(isoprene)

치환된 사이클로알켄의 이름은 이중 결합이 있는 아무 탄소에 1, 2번을 매긴 후 치환기들의 위치번호가 가장 먼저 작아지는 방향으로 고리에 번호를 매긴다. 이중 결합의 위치번호는 표시할 필요가 없다.

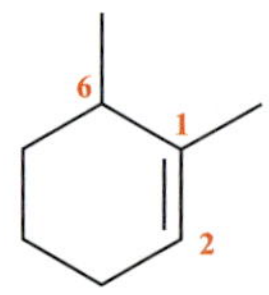

1,6-dimethylcyclohexene
(accepted)

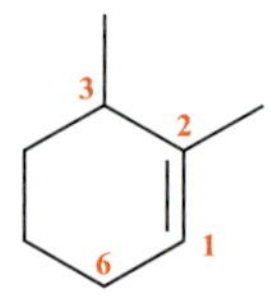

2,3-dimethylcyclohexene
(not accepted)

6.2 알켄과 알카인의 구조

알켄에서 불포화 탄소의 혼성은 sp^2 혼성이므로 입체 구조는 삼각 평면이다. 따라서 이중 결합과 그 치환된 원자는 모두 같은 평면에 놓이게 된다. 에텐에서 이중 결합의 길이는 단일 결합보다 짧은 133 pm이다.

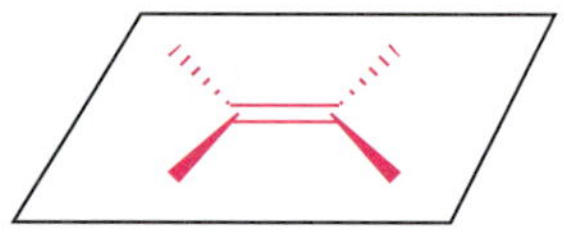

에텐의 이중 결합의 결합 엔탈피는 174.1 kcal mol^{-1}이다. 에텐에서도 σ 결합 엔탈피가 에테인에서와 같은 90.1 kcal mol^{-1}이라고 가정하면(에텐은 결합 길이가 더 짧기 때문에 σ 결합 엔탈피가 더 클 것이지만) 에텐의 π 결합 엔탈피는 최대 84 kcal mol^{-1}이라고 예상된다.

알카인에서 탄소는 sp 혼성이므로 선형이다. 두 sp 혼성 탄소끼리 겹치면 σ 결합이 하나 생기고, 혼성에 참여하지 않은 두 2p AO가 서로 겹지면 서로 수직인 두 π MO가 생긴다. 서로 수직인 두 π 결합은 그 전자 밀도가 탄소–탄소 결합 축에 대하여 대칭인 원통형 모양으로 볼 수 있다.

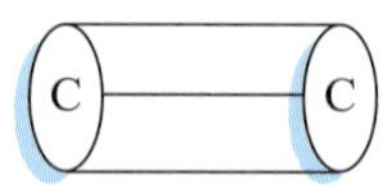

cylindrical
π electrons density

에타인의 삼중 결합 길이는 120 pm로서 이중 결합보다 더 짧다. 에타인의 한 π 결합 엔탈피를 삼중 결합과 이중 결합의 차이로서 어림 짐작하면 57 kcal mol^{-1} 정도이므로 에텐의 π 결합 엔탈피보다는 더 작다. 탄소–탄소 결합만이 아니라 C−H 결합도 에테인, 에텐, 에타인의 순서대로 결합 엔탈피는 커지고(더 강해짐) 길이는 더 짧아진다.

6.3 친전자체

그러면 어떤 친전자체가 π 결합과 반응할까? 반응할 수 있는 친전자체는 몇 가지 부류로 정리할 수 있다.

양전하를 띤 친전자체: H^+
중성 시약: Br_2, Cl_2, RCO_3H, O_3 등
금속 이온: Hg^{2+}

6.4 할로젠화 수소 첨가 반응

친전자체가 H^+인 첫 번째 반응은 알켄에 대한 할로젠화 수소 HX의 첨가이다. 이 반응이 일어나면 H 원자와 X 원자가 이중 결합에 첨가되어 알킬 할라이드가 얻어지며, 이러한 반응을 **할로젠화 수소 첨가 반응**(hydrohalogenation)이라고 한다. HX의 H 원자는 부분 양전하를 띠고 있으므로 친전자체로 작용한다.

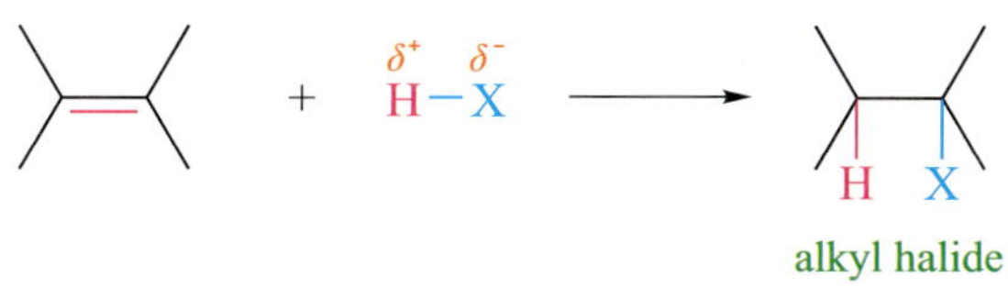

첨가 반응은 두 단계로 기술할 수 있다. 첫 번째 단계는 친핵성 π 결합의 전자쌍이 친전자성 수소 원자(혹은 양성자)에 전자쌍을 전달하여 탄소 양이온 중간체가 생기는 단계이며, 이 단계가 가장 느리게 일어난다.

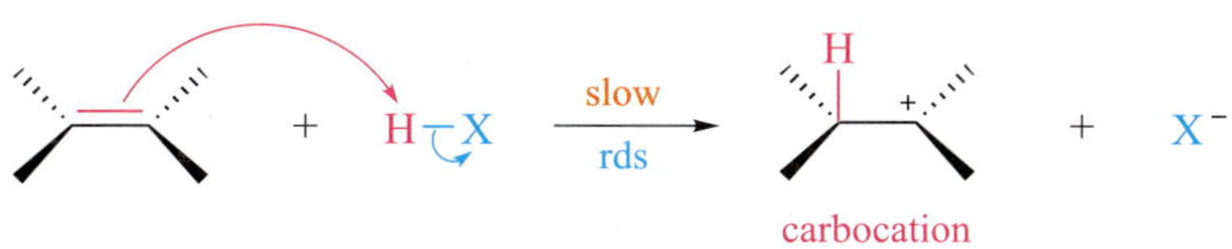

두 번째 단계에서 친핵성 할로젠화 이온이 양전하를 띤 탄소 원자에 주면 최종 생성물인 알킬 할라이드가 빠르게 생긴다(탄소 양이온은 평면 구조이므로 X^- 이온이 두 방향에서 양전하를 띤 탄소를 공격할 수 있다. 이러한 입체 화학은 이 교재에서는 다루지 않는다).

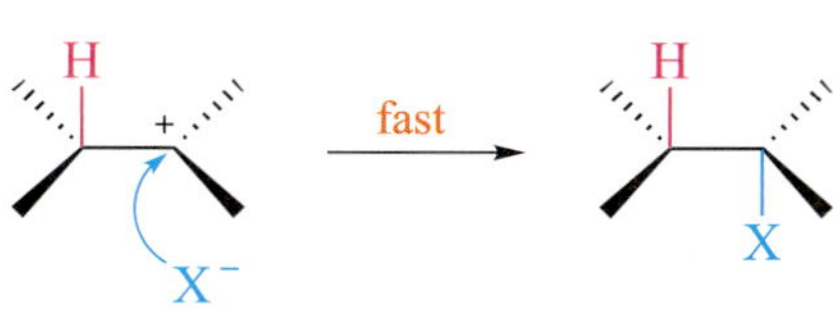

단계 1에서 사용한 굽은 화살표만 보면 H 원자가 어느 탄소에 붙는지를 알 수가 없다. 이런 경우에 오른쪽 탄소에 수소 원자가 붙는다는 것을 나타내고 싶으면 굽은 화살표가 오른쪽 탄소에 통과하는 식으로 그리면 된다.

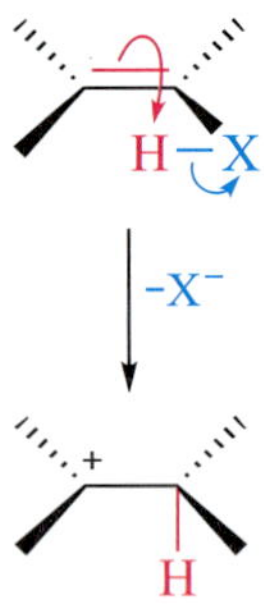

위치 선택성: 마르코우니코프 규칙

비대칭 알켄에 HX를 첨가시키면 두 구조 이성질체가 혼합물로 얻어질 수 있으나 한 가지 생성물이 주로 생긴다.

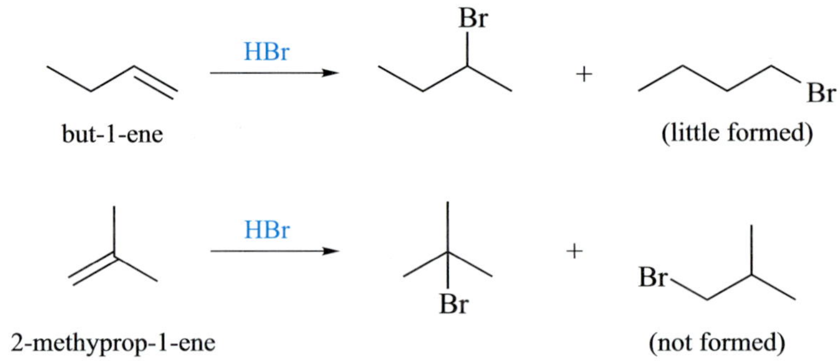

러시아 화학자인 마르코우니코프(Markovnikov)는 1869년에 알켄의 HX 첨가 반응에서의 위치 선택성에 관하여 다음과 같이 제안하였다: HX의 수소 원자는 수소 원자와 더 많이 결합하고 있는 이중 결합의 탄소 원자에 첨가된다. 이러한 규칙을 **마르코우니코프 규칙**이라고 부르고, 이러한 첨가를 **마르코우니코프 첨가**라고 부른다. 또한 주 생성물을 마르코우니코프 생성물, 그리고 부 생성물을 *anti*-마르코우니코프 생성물이라고 한다.

마르코우니코프가 살아 있을 당시에는 탄소 양이온의 존재가 알려지지 않았다(탄소 양이온의 존재를 실험적으로 확인한 것은 1950~1960년대의 일이다). 현재 이러한 첨가 반응이 탄소 양이온 중간체를 거쳐 일어난다는 것을 알고 있기 때문에 이 규칙을 다음과 같이 재해석할 수 있다.

친전자성 첨가 반응에서 친전자체의 양전하를 띠는 원자(HX에서는 H)는 더 안정한 탄소 양이온 중간체가 생기는 방향으로 비대칭 알켄에 첨가된다.

뷰트-1-엔은 두 가지 방식으로 HBr과 반응하여 이차 및 일차 탄소 양이온을 줄 수 있다.

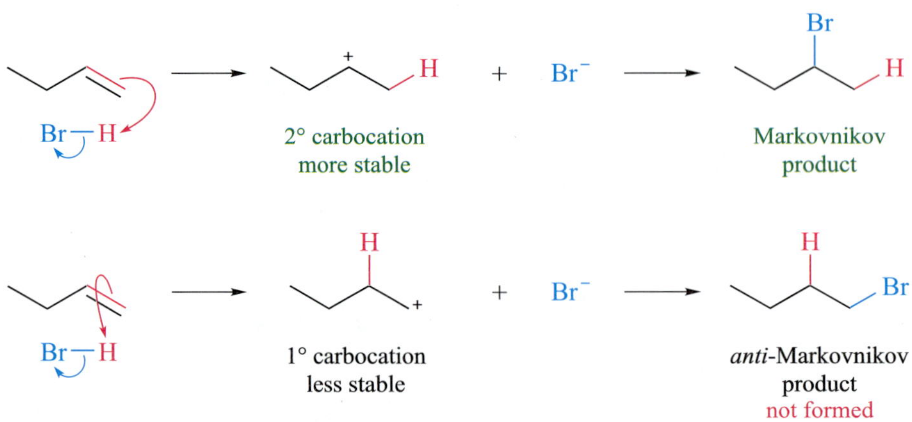

이차 양이온이 일차 양이온보다 훨씬 더 안정하므로 이차 양이온을 주는 전이 상태도 에너지가 더 낮을 것이다. 그러면 이차 양이온을 주는 반응의 활성화 에너지가 더 작아지기 때문에 마르코우니코프 생성물이 주 생성물로 얻어지는 것이다.

문제 6.2 뷰트-1-엔과 HBr의 반응에서 일차 브로마이드 대신 이차 브로마이드가 생긴다는 사실에 부합하는 에너지 도표를 첫 단계만 그리시오.

문제 6.3 다음 반응의 주 생성물을 각각 그리시오.

a. 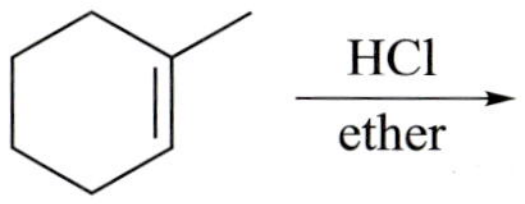

b. 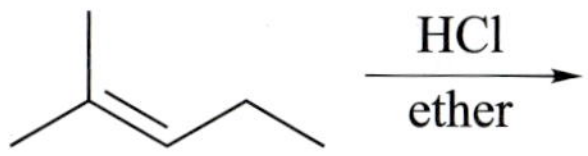

탄소 양이온의 자리 옮김

5.4절에서 언급하였듯이 탄소 양이온은 더 안정한 탄소 양이온으로 쉽게 자리를 옮기는 경향이 크다. 예로서 다음과 같은 알켄에 HBr을 첨가하면 이차 할라이드가 생길 것이라고 예상할 수 있다. 하지만 주 생성물은 삼차 할라이드이다.

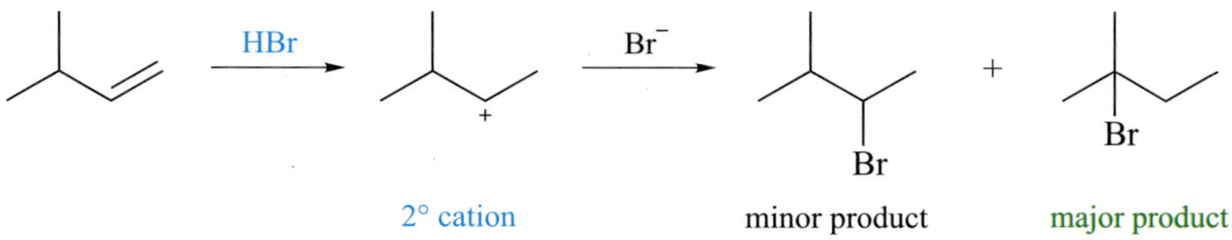

삼차 할라이드가 얻어지는 이유는 이차 양이온이 더 안정한 삼차 양이온으로 빠르게 변하기 때문이다. 이차 양이온이 생성된 후 1,2-수소화물 옮김이 일어나면 이차 탄소 양이온이 더 안정한 삼차 양이온으로 변하고, 이렇게 생긴 삼차 양이온이 Br^-와 반응하면 삼차 할라이드가 주로 얻어지는 것이다.

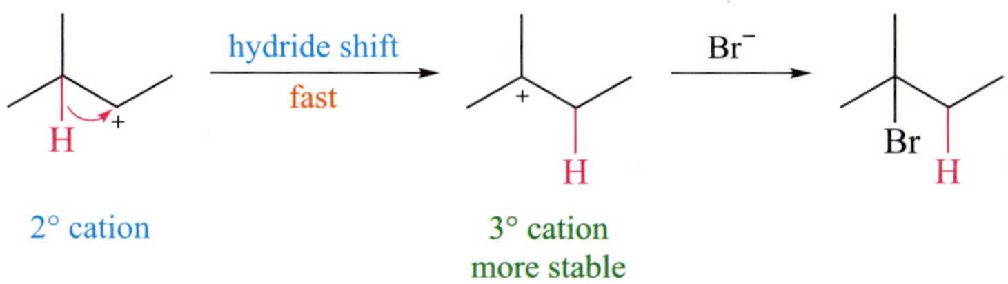

예제 6.1 다음 반응의 메커니즘을 그리시오.

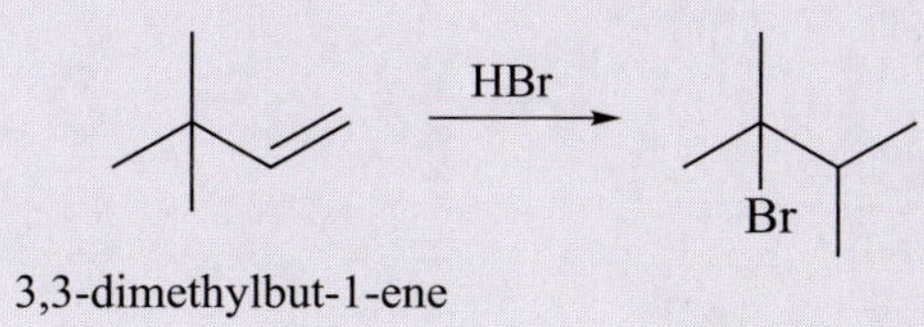

풀이 이 반응에서는 이차 탄소 양이온이 더 안정한 삼차 양이온으로 변하기 위하여 알킬기가 이웃 양전하를 띤 탄소 원자로 옮겨가는 1,2-알킬 옮김이 일어난다.

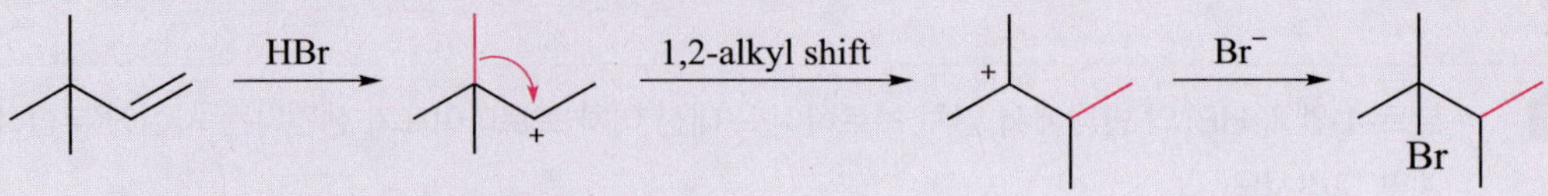

알카인의 첨가 반응

알켄과 비슷하게 알카인도 할로젠화 수소와의 첨가 반응이 일어난다(알카인의 반응성은 알켄보다는 작음). 뷰트-1-아인과 같은 말단 알카인(terminal alkyne)에 HBr을 1 당량 가하면 마르코우니코프 규칙에 따른 바이닐 브로마이드가 얻어진다. 내부 알카인의 경우에는 H 원자와 Br 원자가 이중 결합의 서로 반대 위치에 놓인 첨가물이 얻어진다(즉, HBr 첨가의 입체 화학은 *anti*-첨가이다). 바이닐 브로마이드에 다시 1 당량의 HBr을 가하면 두 브로민 원자가 같은 탄소 원자에 결합된 같은 자리 다이브로마이드가 얻어진다.

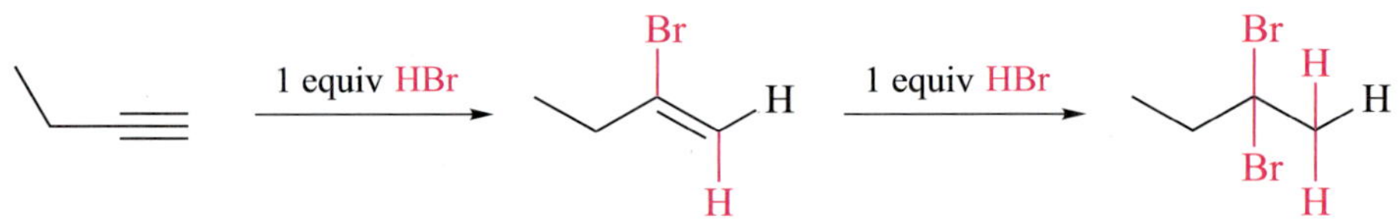

but-1-yne　　2-bromobut-1-ene　　2,2-dibromobutane

말단 알카인은 삼중 결합의 탄소에 수소가 결합하고 있는 알카인(RC≡CH)이며, 내부 알카인은 그렇지 않은 알카인(RC≡CR′)이다.

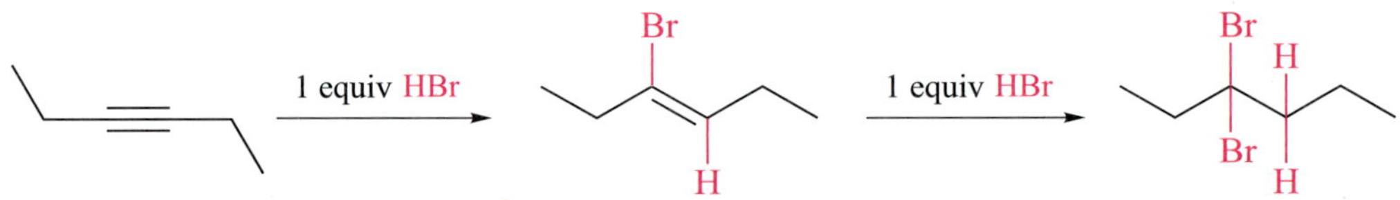

hex-3-yne　　(*Z*)-3-bromohext-3-ene　　3,3-dibromohexane

문제 6.4 다음 반응의 생성물을 각각 그리시오.

a. $H_3C-C\equiv C-CH_3 \xrightarrow{HBr}$

b. $H_3C-C\equiv C-H \xrightarrow{2\ equiv\ HBr}$

6.5 산 촉매화 물과 알코올 첨가 반응

알켄의 첨가 반응

산 촉매 존재 하에서 알켄이 물과 반응하면 알코올이 얻어지며, 이러한 반응을 **수화 반응**(hydration)이라고 부른다. 물 대신에 알코올 ROH가 반응하면 에테르가 얻어진다.

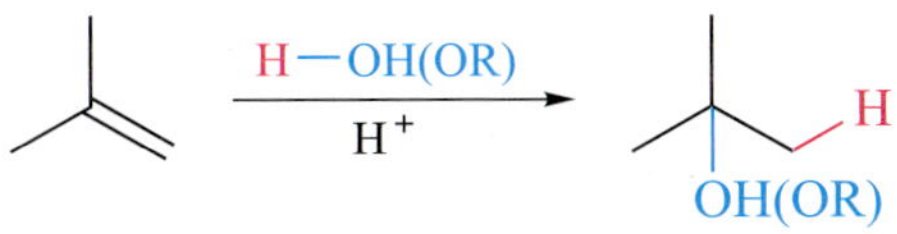

alcohol, ether

물은 매우 약한 산이기 때문에 수화 반응이 일어나려면 반드시 산 촉매가 필요하다. 흔히 산 촉매로서 짝염기의 친핵성도가 작은 황산 혹은 인산을 사용한다.

수화 반응의 메커니즘은 세 단계로 쓸 수 있다. 가장 느린 단계인 단계 1은 HX의 첨가 반응에서처럼 양성자가 알켄에 첨가하여 더 안정한 탄소 양이온이 중간체로 얻어지는 단계이며, 이 단계에서 반응의 위치 선택성이 결정된다. 단계 2에서는 물 용매가 친핵체로 반응하여 양성자첨가된 알코올이 얻어지고, 단계 3은 양성자 이동 단계(pts)로서 단계 1에서 쓰였던 산이 재생된다. 따라서 이 반응은 산 촉매 반응임을 알 수 있다.

단계 1:

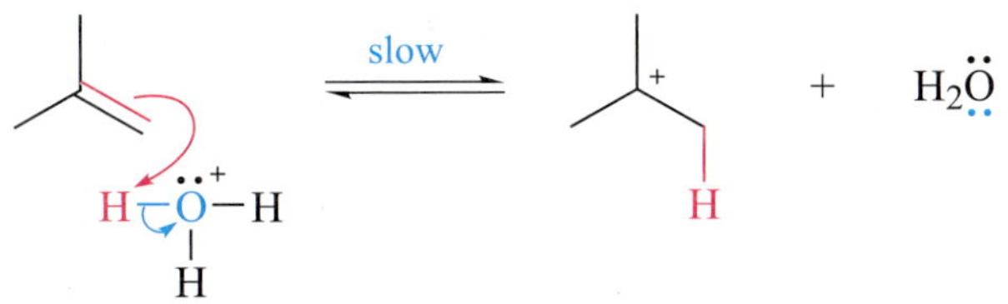

단계 2:

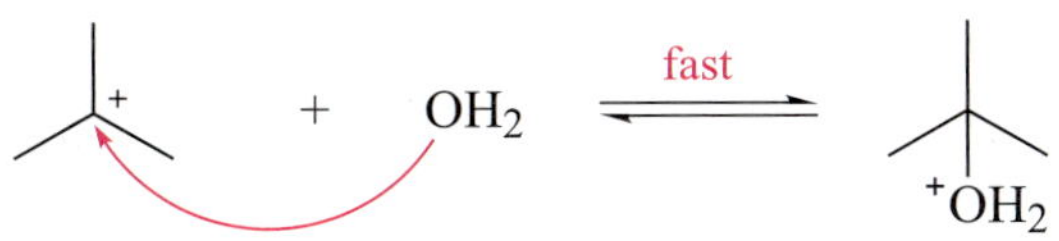

단계 3:

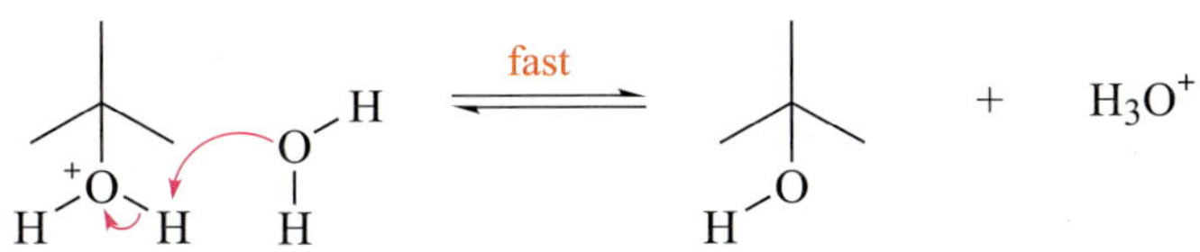

이 세 단계는 모두 가역적이므로 알코올도 산 촉매 하에서 탈수 반응(8.3절)을 할 수 있다. 물의 첨가 반응은 저온(탈수 반응에 비하여)과 묽은 산의 조건에서 일어나며, 탈수 반응은 진한 산과 고온 조건에서 일어난다.

예제 6.2 다음 알켄을 촉매량의 황산과 함께 물과 반응시켰다. 주 생성물을 각각 그리시오.

a. 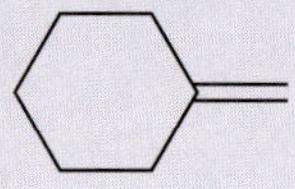

b. 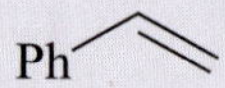

풀이 모두 더 안정한 탄소 양이온을 거쳐 일어난다. 특히 벤질성 양이온($PhCH^+Me$)은 매우 안정하다.

a. 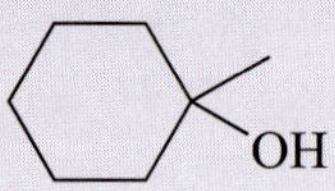

b. 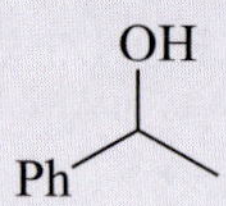

문제 6.5 다음 수화 반응에서는 탄소 양이온의 자리 옮김 반응이 일어난다. 반응 메커니즘을 각각 그리시오.

a. 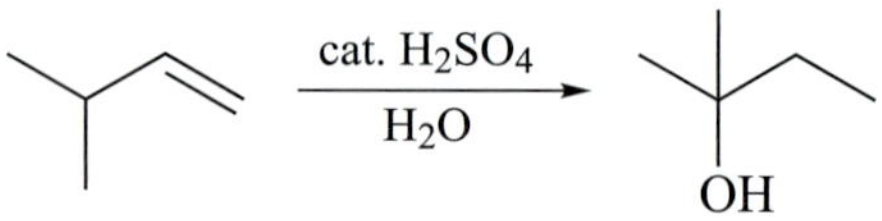

b. 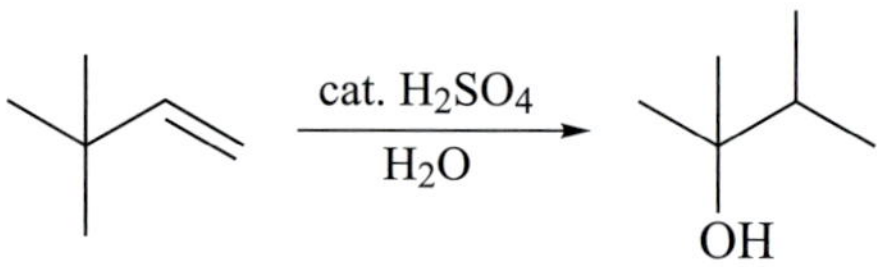

알코올도 물과 비슷하게 산 촉매 조건에서 알켄에 첨가되면 에터가 얻어진다.

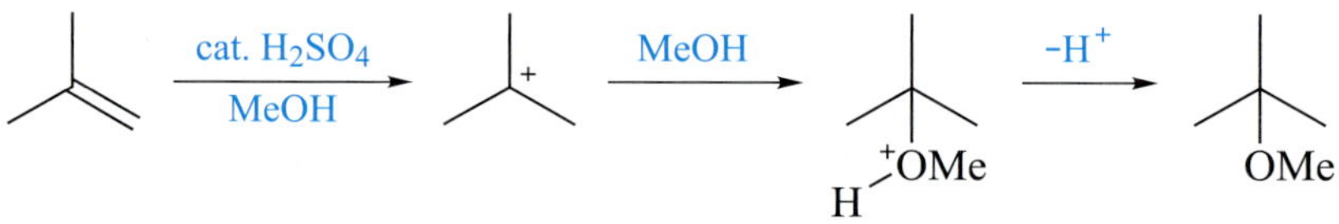

문제 6.6 다음 알켄의 에탄올 용매에 촉매량의 황산을 가하였더니 에터가 얻어졌다. 생성물을 각각 그리시오.

a. 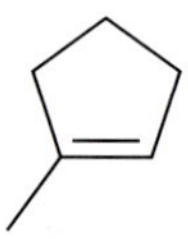

b. 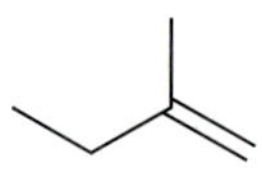

알카인의 수화 반응

'enol'이라는 단어는 alkene의 'ene'과 alcohol의 'ol'에서 나온 말이다.

알켄과 비슷하게 알카인도 황산 촉매 존재 하에서 물과 반응할 수 있다. 알카인, 특히 말단 알카인은 알켄보다 반응성이 크게 떨어지기 때문에 수은(II) 이온(Hg^{2+})이 촉매로 꼭 필요하다. 물이 마르코우니코프 규칙에 따라 첨가하면 엔올(enol)이라고 부르는 중간체가 생기는데, 이 엔올은 반응 조건에서 더 안정한 케톤으로 주로 존재하게 된다. 따라서 말단 알카인의 수화 반응에서는 항상 메틸 케톤이 생성물로 얻어진다.

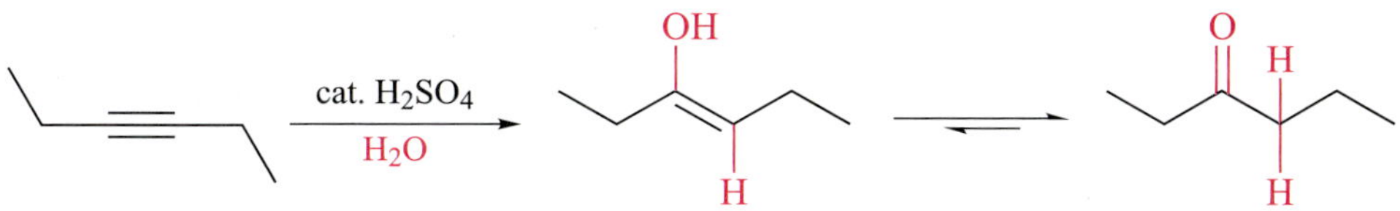

hex-3-yne　　enol: unstable　　hexan-3-one

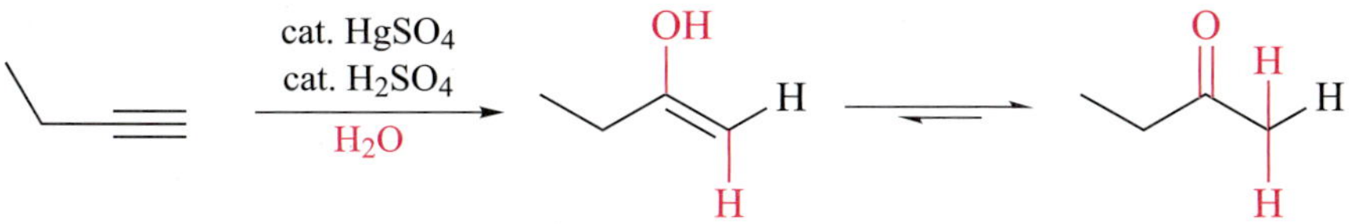

but-1-yne　　enol: unstable　　butan-2-one: a methyl ketone

문제 6.7 다음 반응의 주 생성물을 각각 그리시오.

a. $CH_3CH_2-C\equiv C-CH_2CH_3 \xrightarrow[H_2O]{\text{cat. } H_2SO_4}$

b. $CH_3CH_2-C\equiv C-H \xrightarrow[H_2O]{\text{cat. } HgSO_4,\ \text{cat. } H_2SO_4}$

6.6 할로젠 첨가 반응

알켄이 CCl_4 같은 비친핵성 용매에서 Cl_2 혹은 Br_2와 반응하면 상온에서 이웃 자리 다이할라이드가 빠르게 생성된다.

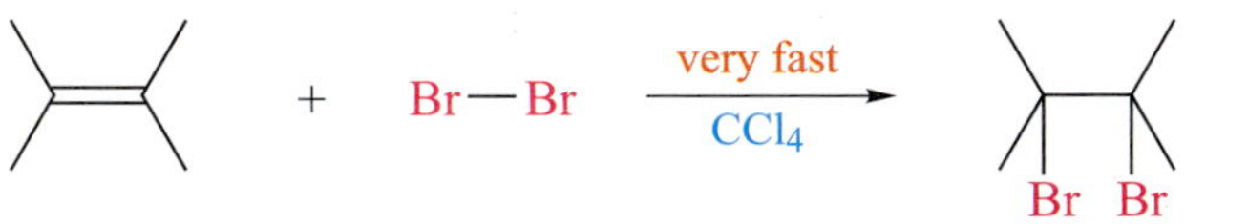

alkene (colorless)　　bromine (dark brown)　　vicinal dibromide (colorless)

적갈색을 띠고 있는 브로민이 알켄에 첨가되면 무색인 생성물로 변하게 되므로 이 반응을 이용하면 알켄과 알케인을 구별할 수 있다.

이 반응의 첫 단계(속도 결정 단계)는 **다리걸친 브로모늄**(bridged bromonium) 이온의 생성이다. Br_2는 비극성 분자이나 알켄의 π 결합의 전자 구름이 접근하면 브로민 결합이 편극화되면서 알켄에 가까운 브로민 원자가 부분 양전하를 띠게 된다. 이 브로민 원자가 친전자체로서 알켄과 반응하면 다리걸친 브로모늄 이온이 중간체로 생성된다.

굽은 화살표로 그린 다리걸친 브로모늄 이온의 생성 과정은 다음과 해석할 수 있다: 먼저 π 결합이 전자쌍을 친전자성 브로민 원자에 주면(빨간색 굽은 화살) Br−Br 결합이 깨지면서 Br 원자 하나가 음이온으로 떨어져 나간다. 이와 동시에 친전자체였던 Br 원자가 자기 전자쌍을 이제 양전하를 띤 탄소 원자(빨간색 C)에 주면 C−Br 결합이 마저 생긴다. 브로모늄 이온은 각무리가 있는 삼원자 고리이기 때문에 반응성이 큰 중간체이다.

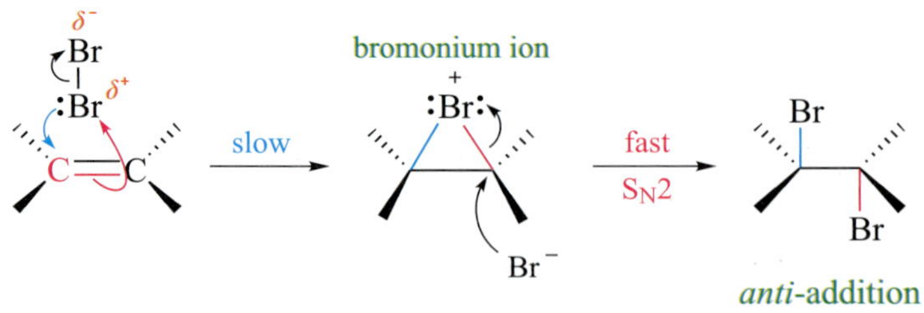

두 번째 단계에서 친핵체인 Br^- 이온이 탄소−브로민 결합의 반대 방향에서 탄소 원자를 S_N2 공격하면 이웃 자리 다이브로마이드가 생긴다.

생성물에서 두 브로민 원자는 알켄의 반대 면에 서로 놓이게 되는데, 이러한 첨가를 ***anti*-첨가**라고 부른다. 사이클로펜텐의 첨가 반응에서 트랜스-생성물이 생기는 사실로부터 *anti*-첨가의 입체 화학을 확인할 수 있다.

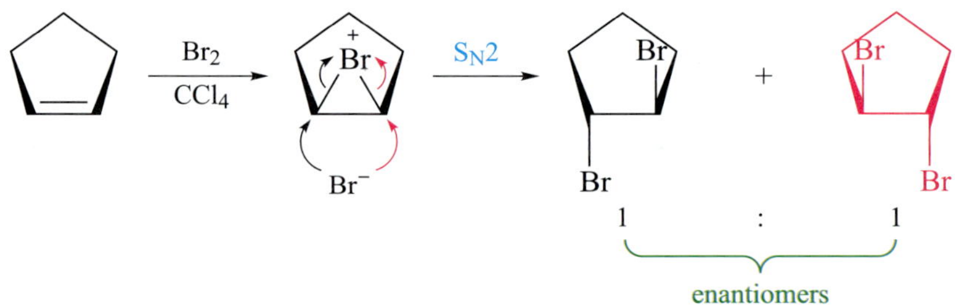

알켄을 수용성 브로민이나 염소로 처리하면 X와 OH가 *anti*-방식으로 첨가된 트랜스-**할로하이드린**이 생성된다.

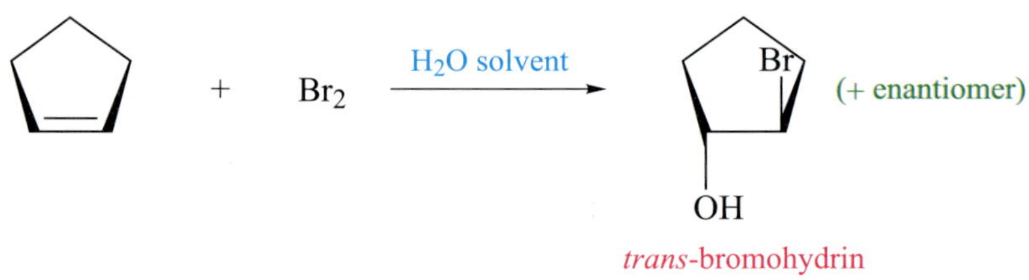

이 반응도 첫 단계는 할로젠의 첨가 반응에서처럼 할로늄 이온이 중간체로 생기는 단계이다. 그 다음 단계에서 할라이드 이온보다 훨씬 더 많은 친핵성 물 분자(용매)가 탄소를 S_N2 공격하면 트랜스-할로하이드린이 생긴다.

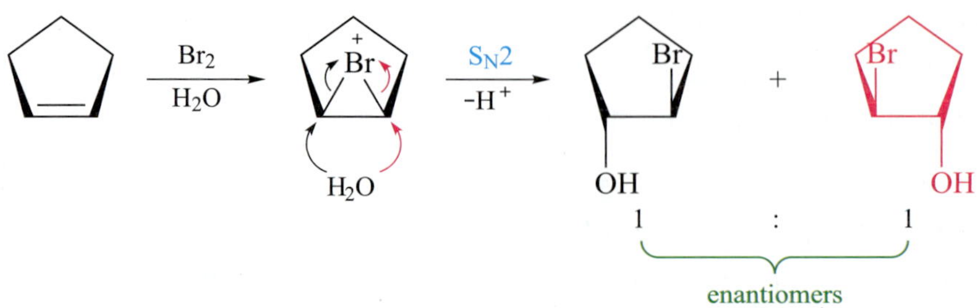

비대칭 알켄의 할로하이드린 생성 반응은 마르코우니코프 규칙을 따른다. 즉, 친전자체인 X 원자가 이중 결합의 치환이 덜 된 탄소에 첨가하고 친핵체인 물 분자는 치환이 더 많이 된 탄소에 첨가한다.

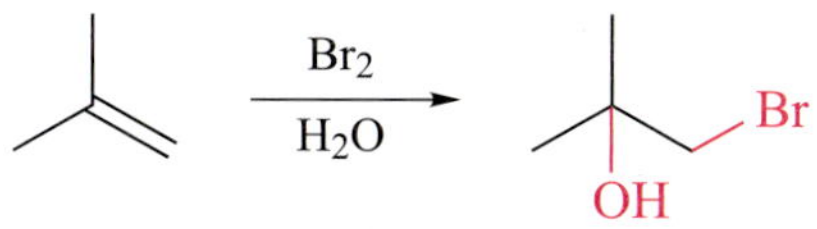

문제 6.8 다음 반응의 주 생성물을 각각 그리시오.

a. 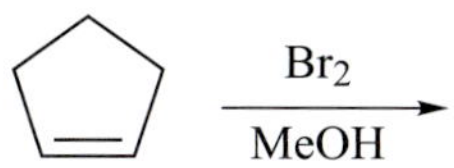

b. 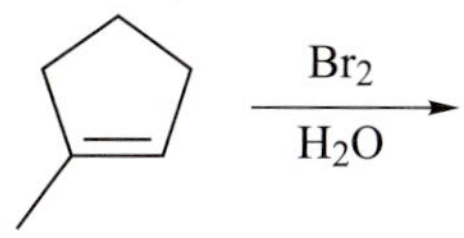

알카인이 1 당량의 브로민과 반응하면 두 브로민 원자가 알켄의 서로 반대 면에 놓인 다이브로마이드(dibromide, 이할로젠화물)가 얻어진다(즉, 첨가 반응의 입체 화학은 *anti*-첨가임. 알카인의 브로민 첨가 반응은 알켄보다는 훨씬 느리게 일어남). 이 다이브로마이드에 다시 1 당량의 브로민을 가하면 테트라브로마이드(tetrabromide, 사할로젠화물)가 생성된다.

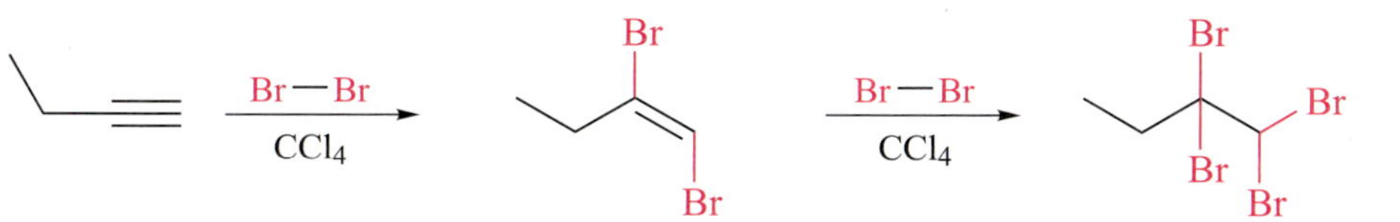

but-1-yne (*E*)-1,2-dibromobut-1-ene 1,1,2,2-tetrabromobutane

6.7 수소 첨가 반응

알켄의 수소 첨가 반응

수소 기체는 친전자체는 아니지만 Pd, Pt, Ni 등의 금속 촉매 존재 하에서 알켄에 첨가되며, 이러한 반응을 **수소 첨가 반응**(hydrogenation)이라고 한다. 흔히 사용하는 금속 촉매는 활성탄 가루에 5~10% Pd 입자를 고르게 입힌 시약(탄소 상 Pd)을 쓰며, 이 촉매를 Pd/C라고 표시한다. 용매는 물, 에탄올, 메탄올 등을 이용한다.

수소 첨가 반응은 약한 C=C π 결합이 깨지고 대신 센 σ C−C 결합이 생기기 때문에 발열 반응이다.

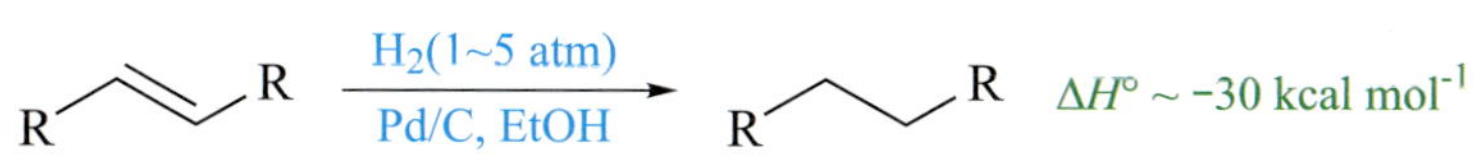

분자식이 H_2와 비슷한 Br_2는 빠르게 첨가되는데, 수소 첨가 반응은 금속 촉매가 없으면 일어나지 않는다. 왜 그럴까? 이 질문에 대한 답은 이 교재에서 다루지 않은 분자 오비탈 이론을 이용하여야 한다.

이 반응의 첫 단계는 수소 기체가 금속(예: Pd) 표면의 홀전자와 짝을 이루면서 Pd–H 결합을 만드는 단계이다(알켄이 금속과 착물을 이루는 과정을 먼저 그려도 좋다).

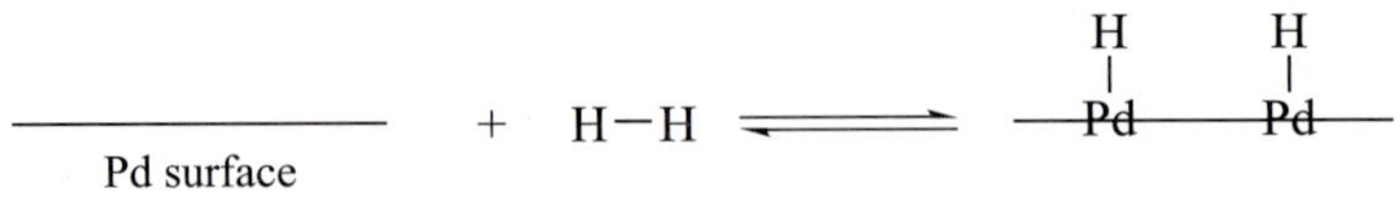

알켄이 금속 표면에 흡착된 후 수소 원자가 Pd에서 탄소로 두 번 이동하면 알케인이 얻어진다(이 알케인은 더 이상 흡착되지 않기 때문에 촉매 표면에서 떨어져 나온다).

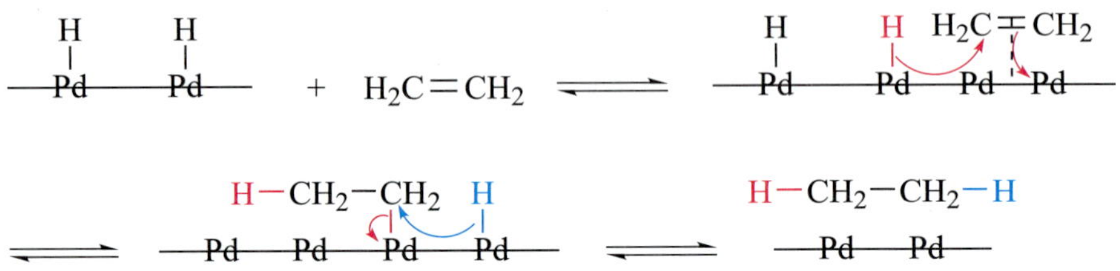

수소 첨가 반응은 금속 표면에서 이루어지기 때문에 두 수소는 알켄의 한 면에만 첨가되어 *syn*-첨가물을 주로 준다. 즉, 수소 첨가 반응의 입체 화학은 *syn*-첨가이다.

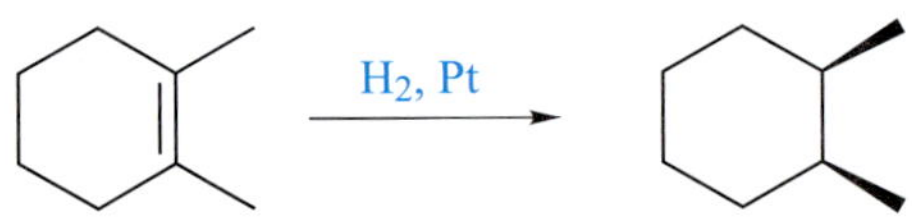

cis-1,2-dimethyl-cyclohexane

문제 6.9 다음 알켄의 에탄올 용액에 Pd/C 촉매를 가하고 수소 기체 분위기에서 반응시켰다. 반응의 주 생성물을 각각 그리시오.

a. 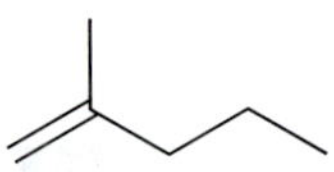

b. 

알카인의 수소 첨가 반응

앞에서 알카인의 HX와 Br_2 첨가 반응은 알켄에 비하여 느리게 일어난다고 언급하였다. 반면에 Pd 같은 금속 촉매 존재 하에서 일어나는 알카인의 수소 첨가 반응은 알켄보다 더 빠르게 일어나며 중간체인 알켄도 반응 조건에서 알케인으로 변환되므로 결국 알카인이 2 당량의 수소 분자와 반응하게 되면 알케인이 얻어진다.

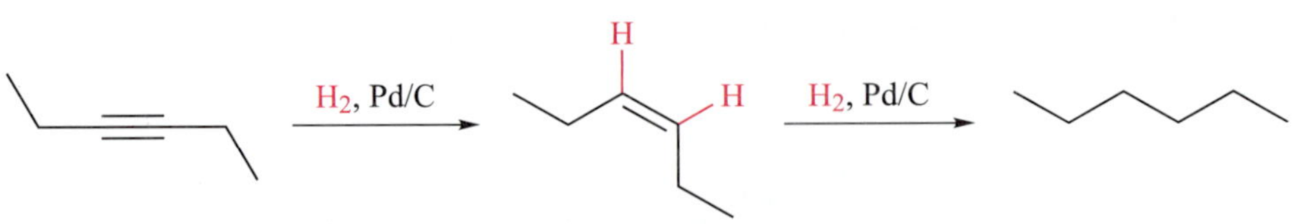

hex-3-yne　　not isolable　　hexane

알켄까지만 환원이 일어나려면 Pd 촉매의 활성화를 줄인 촉매(**린들러 촉매**(Lindlar catalyst)라고 부름)를 사용하여야 한다. 그러면 과량의 수소 기체가 있어도 1 당량의 수소 분자만 첨가되어 (*Z*)-알켄이 얻어진다(알켄의 경우처럼 수소 첨가 반응의 입체 화학은 *syn*-첨가이다).

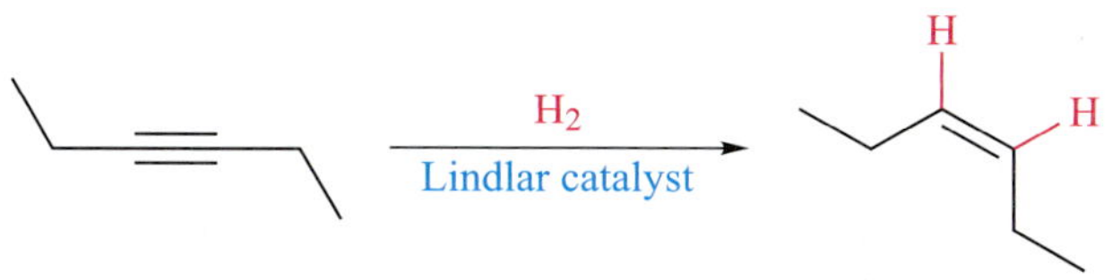

hex-3-yne (*Z*)-hex-3-ene

알카인의 알칼리 금속-암모니아 환원 반응

알카인을 액체 암모니아 용매에서 2 당량의 Li나 Na 같은 알칼리 금속으로 처리하면 트랜스-알켄을 얻을 수 있다(알카인에 첨가되는 두 수소 원자는 암모니아의 양성자에서 유래한다).

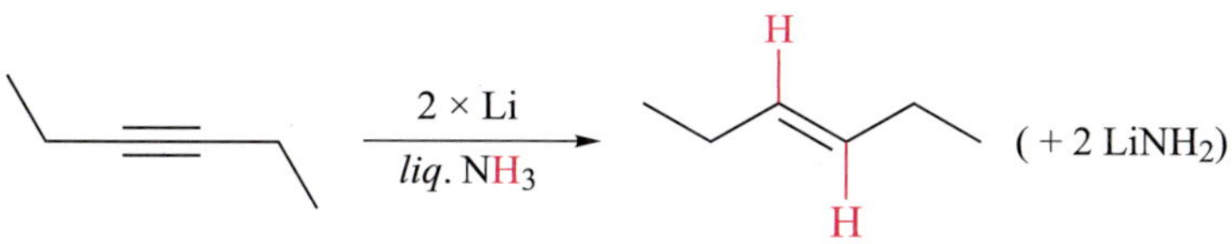

hex-3-yne (*E*)-hex-3-ene

문제 6.10 다음 반응의 주 생성물을 그리시오.

a. $H_3C{-}C{\equiv}C{-}CH_3 \xrightarrow[\text{Pd/C}]{\text{excess } H_2}$

b. $H_3C{-}C{\equiv}C{-}CH_3 \xrightarrow[\text{Lindlar catalyst}]{H_2}$

c. $H_3C{-}C{\equiv}C{-}CH_3 \xrightarrow[\textit{liq. } NH_3]{2 \times \text{Li}}$

6.8 알켄의 에폭시화 반응

알켄의 친핵성 π 결합이 친전자성 산화제인 **과산화산**(peroxy acid, RCO_3H)과 반응하면 **에폭사이드**(epoxide)라고 부르는 삼원자 고리 화합물이 얻어지며, 이러한 반응을 **에폭시화 반응**(epoxidation)이라고 한다.

에폭시화 반응은 알켄의 브로민화 반응의 첫 단계와 비슷하게 과산화산의 산소 원자가 고리형 전이 상태에서 한 단계로 알켄에 전달되는 *syn*-첨가 반응이다.

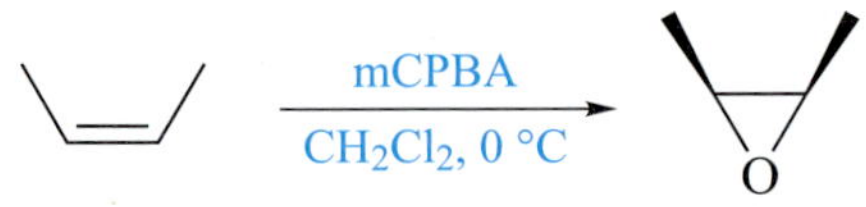

(*Z*)-but-2-ene　　　*cis*-epoxide

굽은 화살표로 그린 에폭사이드의 생성 과정은 브로민화 반응의 경우에서처럼 다음과 같이 해석할 수 있다. 먼저 친핵성 π 결합이 전자쌍을 친전자성 산소 원자(빨간색)에 주면(빨간색 굽은 화살) 비교적 약한 O−O 결합이 깨지면서 카복실산(RCO_2H) 분자가 떨어져 나간다. 이와 동시에 친전자체였던 산소 원자가 자기 전자쌍을 탄소 원자에 주면(파란색 굽은 화살) 에폭사이드 고리가 생긴다.

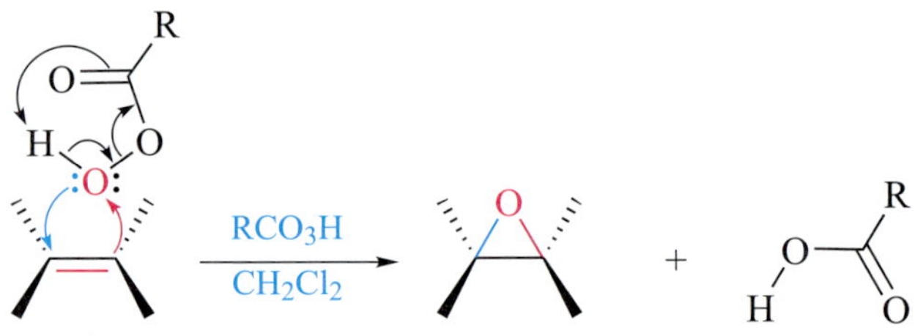

alkene　　　epoxide

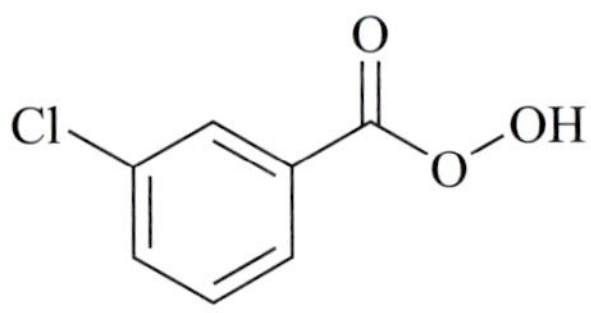

mCPBA

흔히 쓰는 과산화산은 *m*-클로로퍼옥시벤조산(*m*-chloroperoxybenzoic acid, mCPBA)이다.

문제 6.11　(*E*)-뷰트-2-엔의 에폭시화 반응에서 얻어지는 두 에폭사이드의 구조를 그리고, 두 생성물의 관계에 대하여 언급하시오.

6.9 아세틸라이드 음이온의 반응

에테인, 에텐 그리고 에타인의 C−H 결합의 산성도의 순서는 다음과 같다.

산성도의 세기: $H_3CCH_2{-}H < H_2C{=}CH{-}H < HC{\equiv}C{-}H$

$(pK_a = \sim 50) \quad (pK_a = \sim 44) \quad (pK_a = 25)$

에타인(아세틸렌)의 수소는 다른 탄화수소의 수소보다 산성도가 훨씬 큼을 알 수 있다. 이렇게 에타인이 산성인 이유는 탄소 원자의 s-성질이 가장 크기 때문이다(5.8절). s-성질이 크다는 것은 전자가 더 핵에 가까이 있다는 것을 의미하고 그러면 핵과의 인력이 더 강하므로 그 전자는 더 안정해질 것이다. 따라서 s-성질이 가장 큰 에타인의 음이온이 가장 안정해지므로 에타인의 산성도가 가장 크다.

말단 알카인의 수소도 에타인처럼 그 pK_a가 대략 25이므로 소듐 아마이드(짝산의 pK_a = 35)와 같은 센염기로 양성자를 제거하면 아세틸라이드 음이온(acetylide anion)을 정량적으로 얻을 수 있다. 이 탄소 음이온은 매우 좋은 탄소 친핵체로서 일차 할라이드와 S_N2

치환 반응을 하면 새로운 C−C 결합이 생성된다.

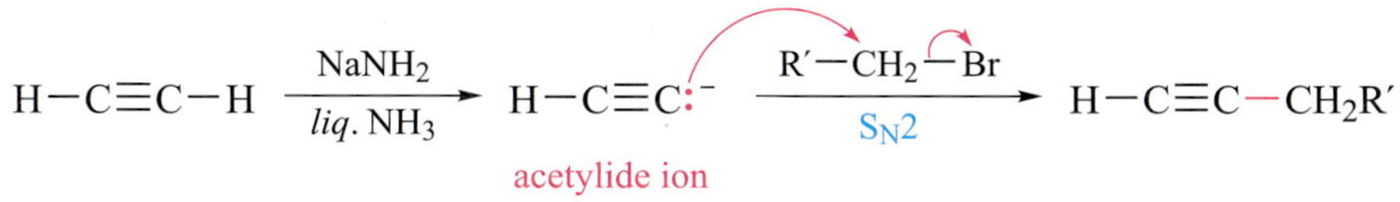

문제 6.12 다음 화합물을 뷰트-1-아인으로부터 얻고자 한다. 합성법을 제안하시오.

a. 헥스-3-아인 b. 펜트-2-아인

6.10 알켄의 라디칼 중합 반응

고분자(polymer)는 **단량체**(monomer)라고 부르는 단위체가 반복적으로 결합하여 이루어진 거대 분자이다. 고분자의 한 예인 **폴리에틸렌**(polyethylene, PE)의 합성법 중의 하나가 라디칼 중합이며, 에틸렌 기체를 촉매량의 유기 과산화물(ROOR) 개시제와 함께 고압에서 가열하여 만든다.

라디칼 중합 반응에 쓰이는 단량체($H_2C{=}CH{-}R$)의 R기는 다음과 같다(괄호 안은 이름이다).
−Ph(스타이렌),
−Cl(염화 바이닐),
−OCOMe(바이닐 아세테이트),
−CN(아크릴로나이트릴),
$-CO_2Me$(메틸 아크릴레이트)
$-CH{=}CH_2$(뷰타-1,3-다이엔)

$$\underset{\text{ethylene}}{H_2C{=}CH_2} \xrightarrow[\text{high pressure, radical initiator}]{100 \sim 350\ ^\circ C} \text{polyethylene}$$

에틸렌 단량체를 소량의 과산화물(라디칼 개시제라고 부름)과 같이 가열하면 **라디칼 연쇄 메커니즘**(radical chain mechanism)이라고 하는 메커니즘으로 라디칼 중합 반응이 진행된다. 라디칼 연쇄 메커니즘은 개시, 전파 그리고 종결 단계의 세 단계로 이루어져 있다.

개시 단계

개시 단계에서는 벤조일 과산화물 같은 과산화물을 가열하면 약한 O−O 결합이 열에 의하여 **균일 분해**(homolysis)되어 산소 라디칼을 거쳐서 페닐(Ph) 라디칼이 생긴다(이러한 방식으로 라디칼을 만드는 물질을 **라디칼 개시제**(radical initiator)라고 함). 이 페닐 라디칼이 에틸렌에 첨가하면 탄소 라디칼이 생성된다.

균일 분해(homolysis)는 결합 전자쌍의 전자가 하나씩 결합에 참여하였던 원자로 이동하면서 결합이 깨지는 과정으로서 **라디칼**(radical)이라고 부르는, 홀전자가 있는 중간체가 얻어진다. 이 과정은 미늘이 한 개인 굽은 화살표를 이용하여 나타낸다.

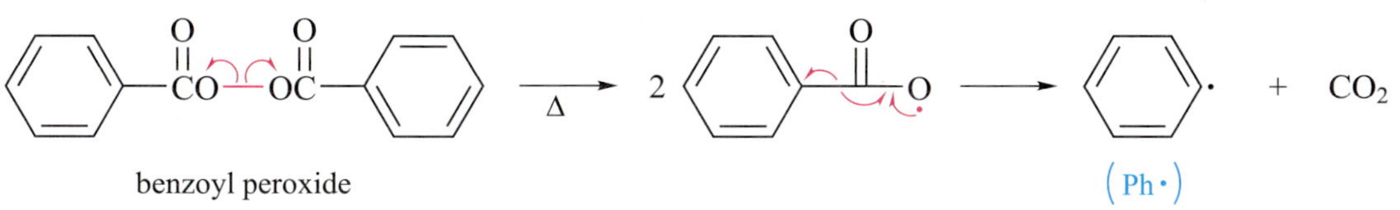

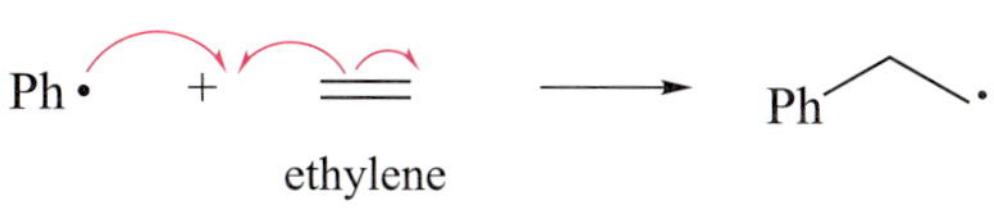

전파 단계

전파 단계에서는 개시 단계에서 생긴 탄소 라디칼이 에틸렌에 첨가하면서 탄소 수가 2개 증가한 탄소 라디칼이 다시 나오며, 이 과정이 반복된다.

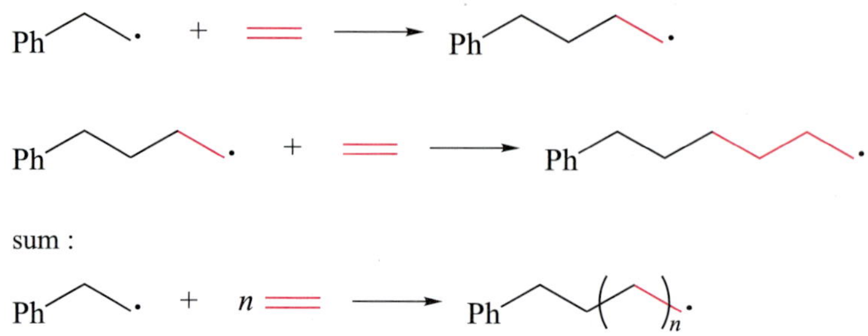

종결 단계

종결 단계는 라디칼 사이의 반응이 일어나서 라디칼이 사라지는 단계이다. 종결 단계의 한 가지 예는 라디칼의 결합 반응(combination)이며, 이러한 반응이 얼마나 자주 일어나는지에 따라 고분자의 분자량이 결정된다.

combination

알킬 라디칼의 구조와 안정성

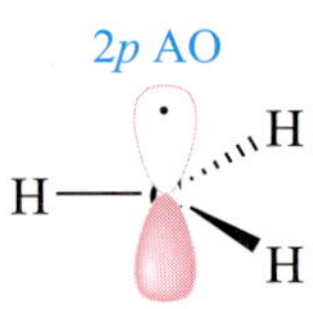

methyl radical

메틸 라디칼은 실험과 이론적 연구에 의하면 평면 구조로서 탄소의 혼성은 sp^2이고 홀전자는 2p 오비탈에 분포한다.

알킬 라디칼은 더 많이 알킬기로 치환되어 있을수록 더 안정해지며, 이러한 경향은 탄소 양이온에서도 볼 수 있다(5.4절).

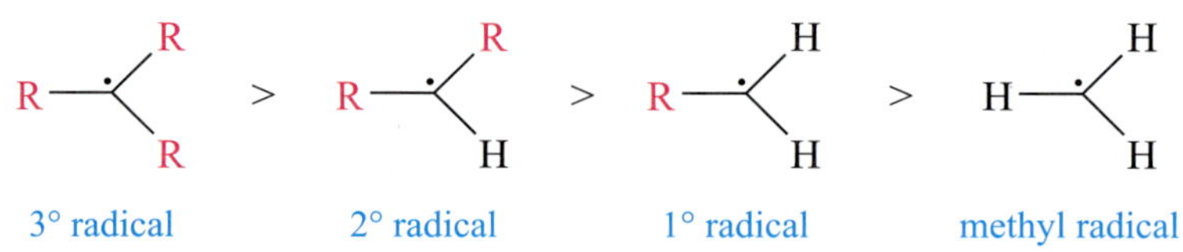

문제 6.13 다음 라디칼을 안정성이 증가하는 순서로 나열하시오.

$$CH_3CH_2\dot{C}(CH_3)CH_3 \qquad CH_3\dot{C}H_2 \qquad \cdot CH_3 \qquad CH_3\dot{C}HCH_3$$

문제 6.14 a. 벤조일 과산화물 $(PhCOO)_2$를 개시제로 사용하는 프로필렌 $CH_2{=}CHMe$의 라디칼 중합 반응의 메커니즘을 개시, 전파, 종결의 3단계로 나눠 그리시오.

b. 중합 반응의 생성물은 다음과 같은 구조이다. 왜 메틸기가 규칙적으로 배치된 구조로 얻어지는지를 설명하시오.

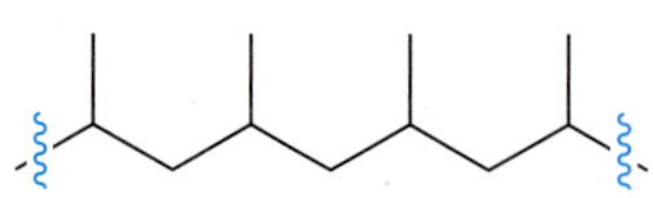

6.15 3,3-다이메틸뷰트-1-엔($H_2C{=}CHCMe_3$)에서 시작해서 다음 화합물을 합성하고자 한다. 각각 어떤 시약이 필요한가?

a. 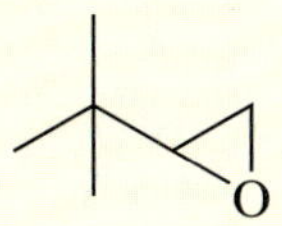

b. 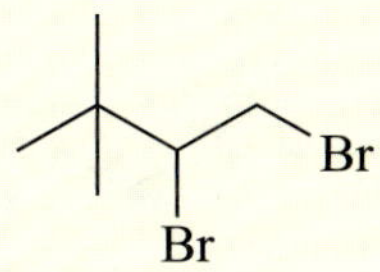

c. 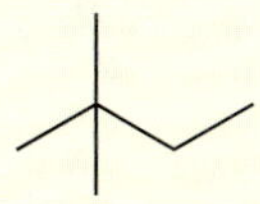

6.16 $Me_2C{=}CH_2$는 $EtCH{=}CH_2$보다 열역학적으로는 더 안정하나(5.8절) 친전자체와 더 빨리 반응한다. 그 이유를 에너지 도표를 이용하여 설명하시오.

6.17 1-메틸사이클로펜텐을 다음 시약과 반응시켰을 때 얻어지는 주 생성물을 각각 그리시오.

a. HBr
b. cat. H_2SO_4, MeOH
c. Br_2, CCl_4
d. D_2, Pd/C [D = 중수소]

6.18 다음 반응에서 주어진 생성물을 주는 알켄의 구조를 각각 그리시오.

a. 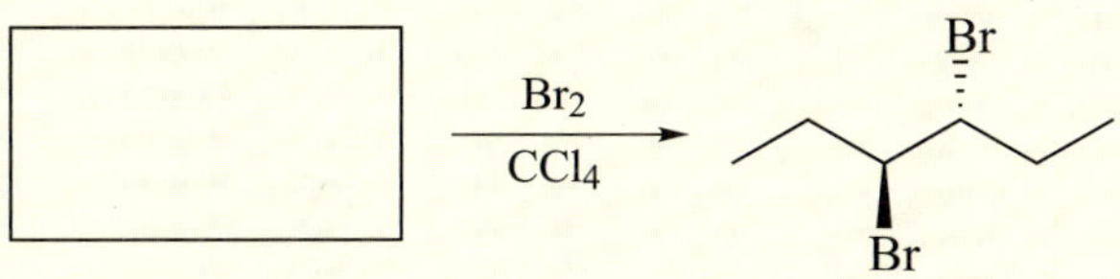

b. 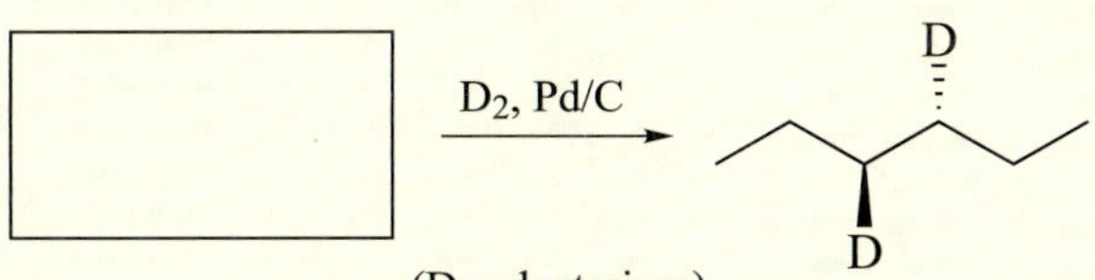

(D = deuterium)

6.19 HBr 첨가 반응으로 다음과 같은 브로마이드를 줄 수 있는 알켄의 구조를 각각 제안하시오.

a. 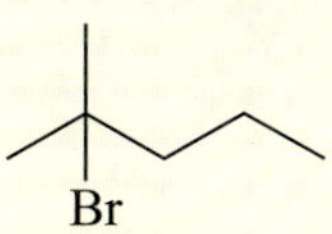

b. 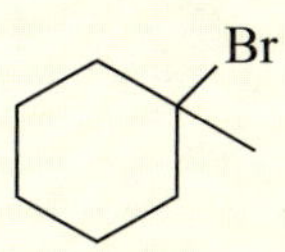

6.20 헥스-3-아인과 다음 시약과의 반응에서 생기는 생성물을 각각 그리시오.

a. H_2(과량), Pd/C
b. H_2(과량), 린들러 촉매
c. 1 당량의 HBr
d. 2 당량의 HBr
e. H_2SO_4, H_2O, cat. $HgSO_4$

6.21 반응 용액에 유기 과산화물(ROOR)이 존재하면 HBr은 알켄에 *anti*-마르코우니코프 방식으로 첨가된다. 그 이유를 제안하시오.

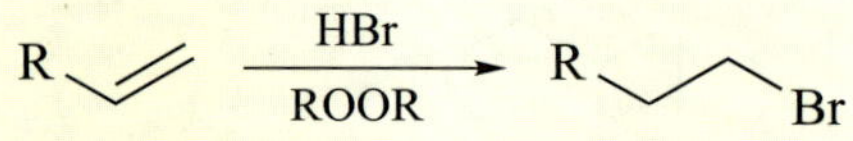

(힌트: 이 반응의 개시 단계는 다음과 같다: ROOR → 2 RO· 그리고 RO· + H−Br → ROH + Br·)

6.22 뷰트-1-아인이 두 당량의 HBr과 반응하면 이웃 자리 다이브로마이드(vicinal dibromide) 대신에 같은 자리 다이브로마이드(geminal dibromide)가 얻어진다. 그 이유를 반응 중간체인 탄소 양이온의 안정성에 근거하여 설명하시오.

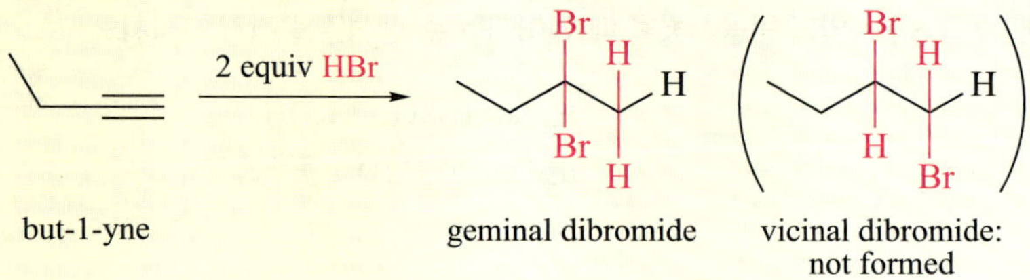

Chapter 07

콘쥬게이션 화합물과 방향족 화합물

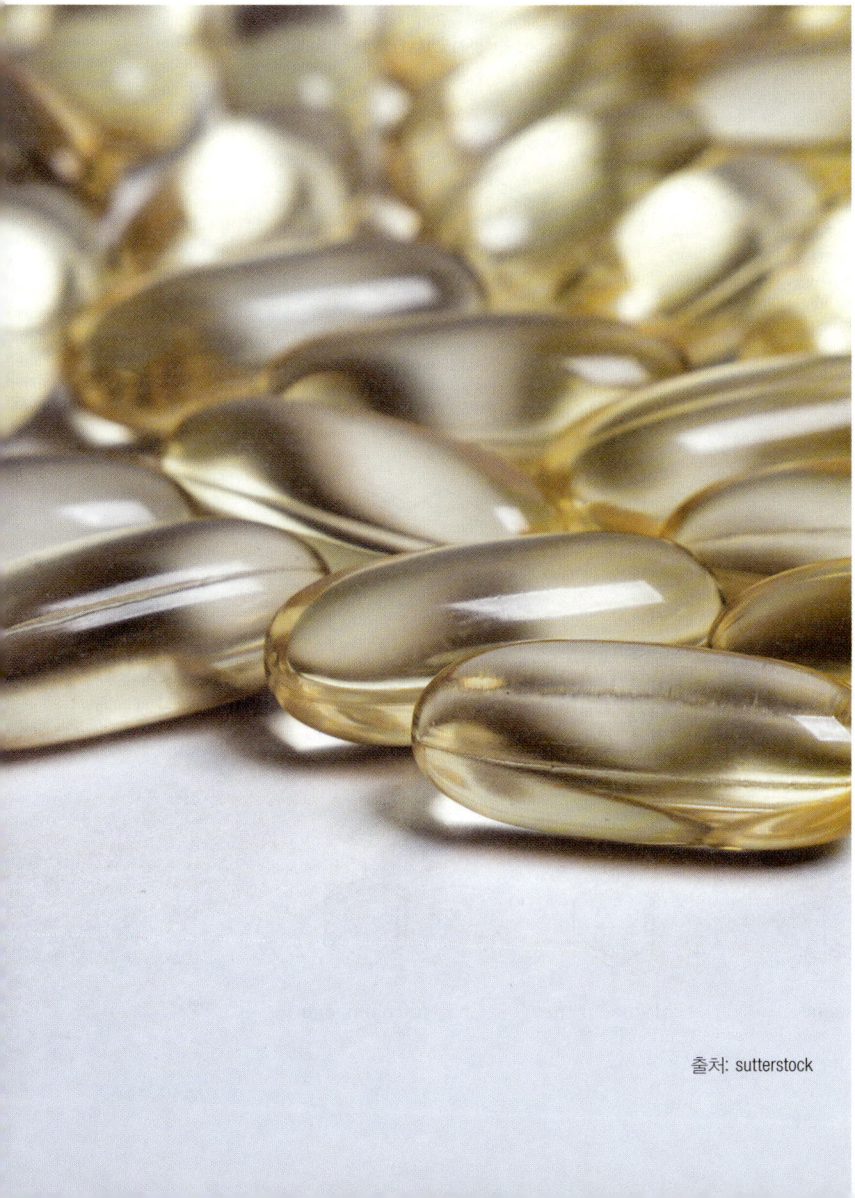

출처: sutterstock

뷰타-1,3-다이엔이나 벤젠처럼 두 개의 이중 결합이 단일 결합으로 연결되어 있는 화학종을 **콘쥬게이션 화합물**(conjugated compound)이라고 부른다. 이런 부류의 화합물은 콘쥬게이션이 일어나지 않는 **고립된 다이엔**(isolated diene)에 비하여 열역학적으로 안정하며 특이한 반응성을 보인다.

buta-1,3-diene

benzene

conjugated compounds

penta-1,4-diene

an isolated diene

7.1 명명법

이중 결합이 두 개 이상인 화합물

이중 결합이 두 개이면 -다이엔(-diene), 세 개이면 -트라이엔(-triene)처럼 명명하고 이중 결합의 위치번호가 작아지는 방향으로 번호를 매긴다.

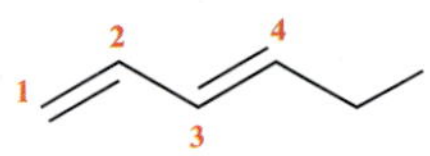
hexa-1,3-diene
(not hexa-3,5-diene)

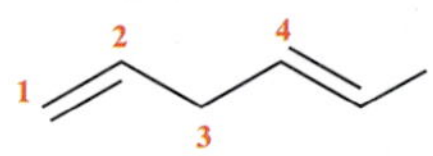
hexa-1,4-diene
(not hexa-2,5-diene)

이중 결합과 삼중 결합이 한 개씩 있는 화합물은 -엔아인(-enyne)처럼 명명한다. 두 번째 예에서처럼 두 방향이 같은 위치번호를 주는 경우에는 이중 결합에 더 낮은 번호를 부여한다.

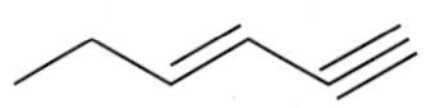
3-hexen-1-yne

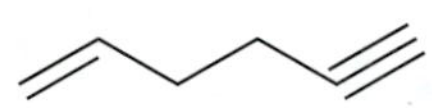
1-hexen-5-yne
(not 5-hexen-1-yne)

방향족 화합물

단일치환 벤젠은 치환기의 이름 뒤에 벤젠을 붙여 명명한다.

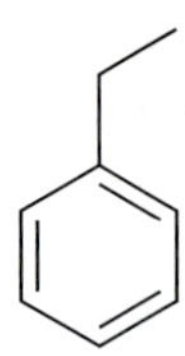
ethylbenzene

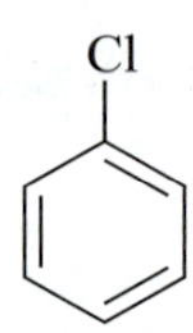

chlorobenzene

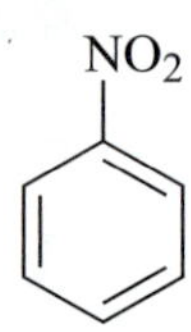

nitrobenzene

몇 가지 단일치환 벤젠은 상용명을 쓴다.

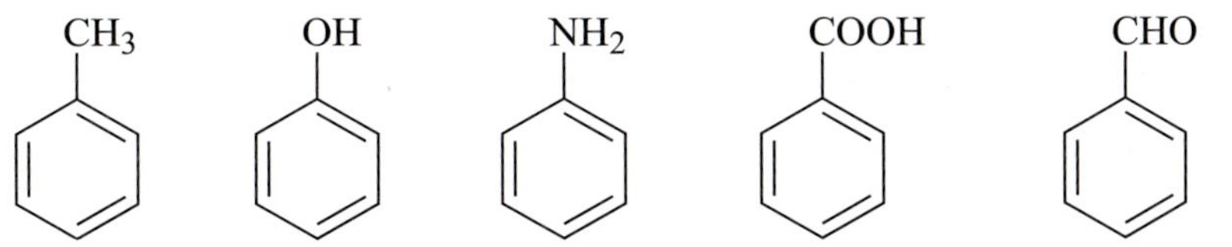

toluene　phenol　aniline　benzoic acid　benzaldehyde

이중치환 벤젠에서 두 기의 상대적 위치는 *ortho*-, *meta*-, *para*-(*o*-, *m*-, *p*-로 약칭)를 쓰거나 숫자 1,2-, 1,3-, 1,4-를 써서 나타낸다.

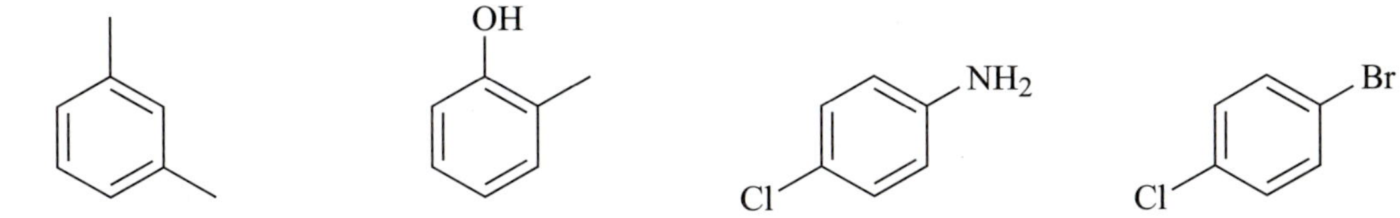

m-dimethylbenzene
1,3-dimethylbenzene
(*m*-xylene)

o-methylphenol
(*o*-cresol)

p-chloroaniline

1-bromo-4-
chlorobenzene

7.2 콘쥬게이션 다이엔과 벤젠의 안정성

콘쥬게이션 다이엔의 안정성

콘쥬게이션 다이엔인 (*E*)-헥사-1,3-다이엔은 고립된 다이엔인 (*E*)-헥사-1,4-다이엔보다 4.7 kcal mol^{-1}만큼 열역학적으로 안정하다.

(*E*)-hexa-1,3-diene
more stable by
4.7 kcal mol^{-1}

(*E*)-hexa-1,4-diene

그러면 왜 콘쥬게이션 다이엔이 더 안정할까? 뷰타-1,3-다이엔을 예로 들면 C1과 C2, C3과 C4 사이에서만이 아니라 C2와 C3 사이에서도 서로 나란히 놓인 2*p* AO가 겹쳐지기 때문이다. 분자 전체에 걸쳐서 2*p* AO가 더 넓게 겹쳐지면 π 전자가 더 많은 탄소에 퍼지게 되어 분자가 더 안정해진다.

뷰타-1,3-다이엔에서 C2와 C3의 2*p* AO가 겹쳐지면 C2–C3 결합이 약간 이중 결합의 성격을 띠기 때문에 결합 길이가 단일 결합보다 더 짧을 것이다. 실제로도 C2–C3 결합 길이(148 pm)는 에테인의 C−C 결합 길이(154 pm)보다 더 짧다.

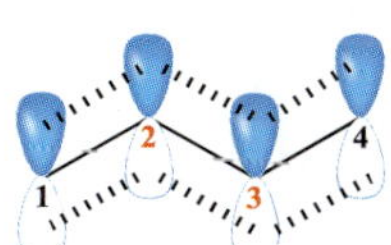

conjugated diene

벤젠의 안정성

벤젠의 분자식 C_6H_6를 보면 벤젠은 불포화도가 매우 큰 화합물임을 알 수 있다. 1865년에 독일의 케쿨레(Kekulé)는 벤젠의 구조로서 이중 결합과 단일 결합이 번갈아 있는 두 고리 화합물이 빠르게 평형을 이루고 있는 혼합물이라고 제안하였다.

하지만 케쿨레의 주장과는 다르게 벤젠의 모든 탄소–탄소 결합 길이는 같으며, 그 길이는 에테인(153 pm)과 에텐(134 pm)의 C−C 결합의 중간(139 pm)이다. 벤젠의 모든 탄소–탄소 결합이 같다는 점을 나타내기 위하여 두 루이스 구조(**케쿨레 구조**라고 부름)의 공명 혼성 구조로서 실제 벤젠의 구조를 표현한다. 혼성 구조에서 점선을 포함하는 실선은 이중 결합과 단일 결합의 중간을 나타낸다.

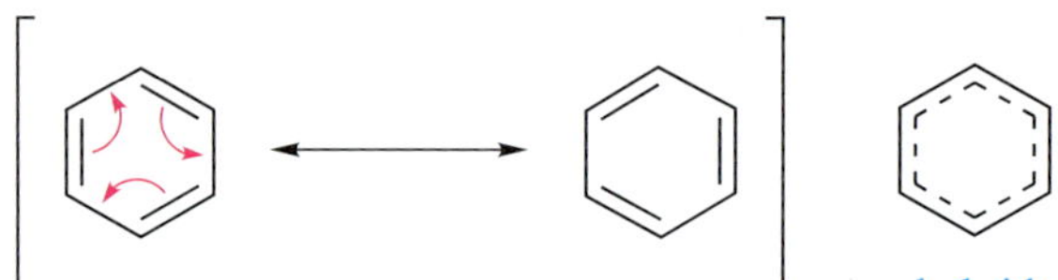

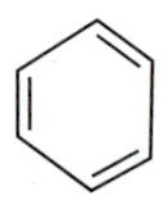
'cyclohexa-1,3,5-triene'

만약에 벤젠이 이중 결합과 단일 결합이 번갈아 있는 가상적인 '사이클로헥사-1,3,5-트라이엔' 구조라고 가정하면 실제 벤젠은 이 구조보다 36 kcal mol^{-1}만큼 더 안정한 것으로 밝혀졌으며, 이러한 안정성을 벤젠의 공명 에너지 혹은 비편재화 에너지라고 한다.

7.3 1,3-다이엔의 첨가 반응

저온(−78 °C)에서 1 당량의 HCl을 뷰타-1,3-다이엔에 가하면 3-클로로뷰트-1-엔(**A**)(75.5%)과 트랜스-1-클로로뷰트-2-엔(**B**)(24%)이 얻어진다(시스-1-클로로뷰트-2-엔도 소량(0.5%) 나옴). 생성물 **A**는 HCl이 C1과 C2에 첨가하여 얻어졌기 때문에 **1,2-첨가물**(1,2-addition product, 1,2-adduct)이라고 부르며, 비슷하게 생성물 **B**는 **1,4-첨가물**이라고 부른다.

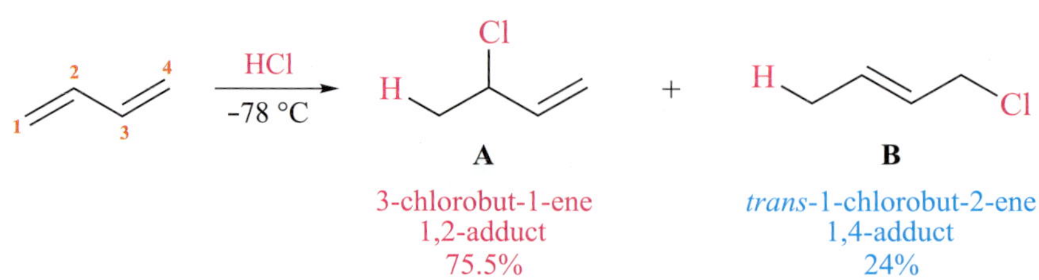

HCl의 뷰타-1,3-다이엔에 대한 첨가 반응은 두 단계로 일어난다. 단계 1은 수소가 C1(C4)에 첨가하여 공명 안정화 알릴(allyl) 양이온이 생기는 속도 결정 단계이다(수소가 만약에 C2(C3)에 첨가하면 매우 불안정한 일차 양이온이 생기므로 이러한 첨가는 일어나지 않음).

단계 1:

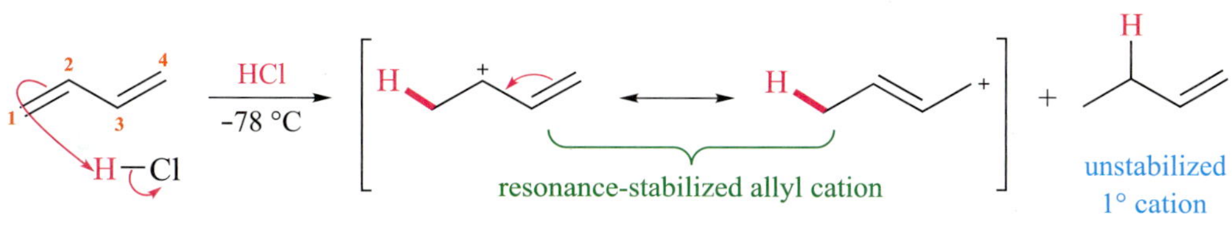

단계 2에서 중간체인 알릴 양이온이 염화 이온과 반응하면 두 생성물이 얻어진다. 이 중간체는 양전하가 C2(혹은 C3)와 C4(혹은 C1)에 놓여 있는 두 공명 구조로 나타낼 수 있으므로 염소 이온이 이 두 탄소를 공격하면 두 염화물이 얻어지게 된다.

단계 2:

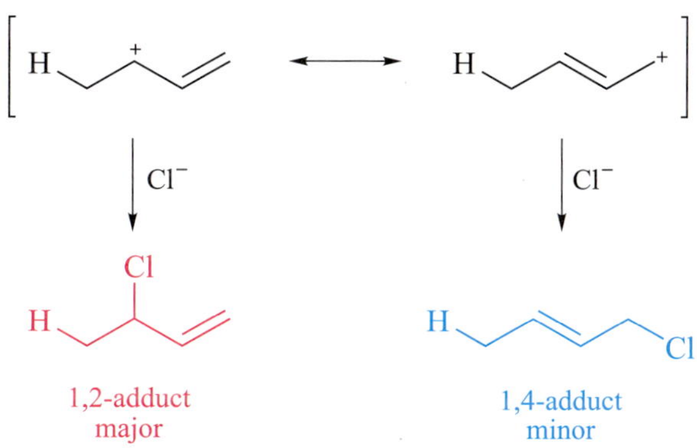

1,2-첨가물은 이중 결합이 덜 치환되어 있기 때문에 1,4-첨가물보다 불안정하다. 그럼에도 불구하고 저온에서 주 생성물인 이유는 알릴 양이온이 생길 때 양전하를 띤 탄소 근처에(**인접 효과**) 염화 이온이 있기 때문이다.

문제 7.1 다음 다이엔이 1 당량의 HBr과 반응하였을 때 주로 생기는 1,2- 및 1,4-첨가물을 각각 그리시오.

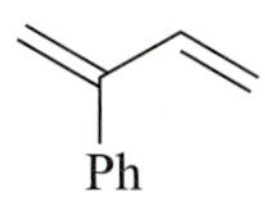

7.4 방향성과 휘켈 규칙

벤젠은 불포화 탄화수소이므로 알켄이 수행하는 친전자성 첨가 반응이 쉽게 일어나리라고 예측할 수 있을 것이다. 하지만 이러한 반응은 실제로는 일어나기가 어렵고 친전자체와의 반응이 일어나더라도 벤젠의 구조가 보존되는 치환 반응이 일어난다.

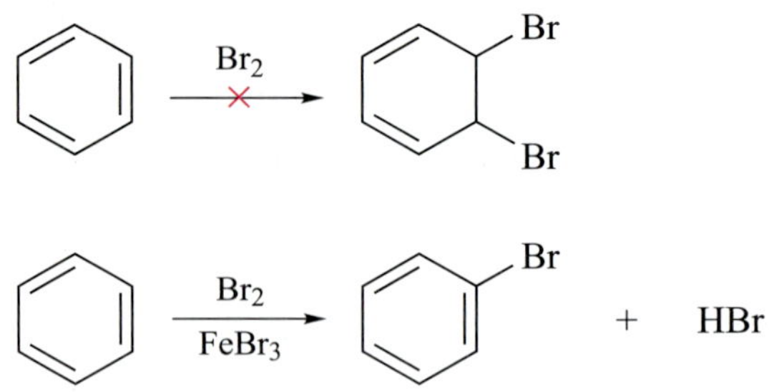

이러한 점은 벤젠의 구조에 **방향성**(aromaticity)이라고 부르는 특별한 안정성이 존재함을 의미한다. 1931년에 독일의 이론화학자인 휘켈(Hückel)은 방향성에 대한 기준(**휘켈 규칙**, $4n+2$ 규칙)을 다음과 같이 제시하였다.

'방향성'이라는 용어는 벤즈알데하이드 같은 벤젠 유도체가 좋은 향이 나기 때문에 만들어졌다. 하지만 벤젠, 톨루엔이나 나프탈렌 같은 물질은 모두 발암물질이다.

(1) 분자 혹은 이온은 평면 고리 구조이면서 고리에 있는 모든 원자는 p 오비탈이 있어야 하고 p 오비탈은 연속적으로 겹쳐야 한다.
(2) 방향성 화합물은 π 전자의 수가 $4n+2$($n=0$, 1, 2, 3 등)이어야 한다. π 전자의 수가 $4n$($n=1$, 2, 3 등)인 구조는 **반방향성**(antiaromaticity)이다.

벤젠은 휘켈 규칙의 (1) 조건을 만족한다. 또한 각 탄소 원자의 2p 오비탈에 π 전자가 한 개 있기 때문에 전부 6개의 π 전자(방향성 육전자계)를 소유하므로 (2) 조건도 만족한다. 따라서 벤젠은 두 가지 조건을 모두 만족하므로 방향성이라고 할 수 있다.

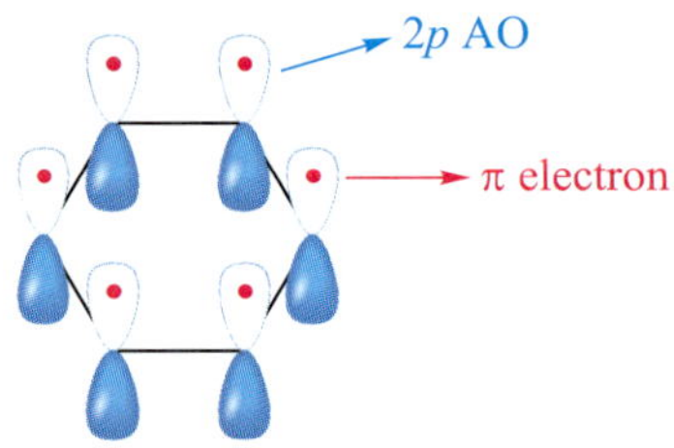

benzene: 6π electrons
aromatic

사이클로뷰타-1,3-다이엔을 벤젠과 비슷하게 두 공명 구조로 나타낼 수 있을 것이라고 생각할 수도 있을 것이다. 하지만 벤젠과 다르게 C=C 결합과 C−C 결합은 길이가 다르므로 다음과 같이 두 공명 구조로 표현할 수 없다.

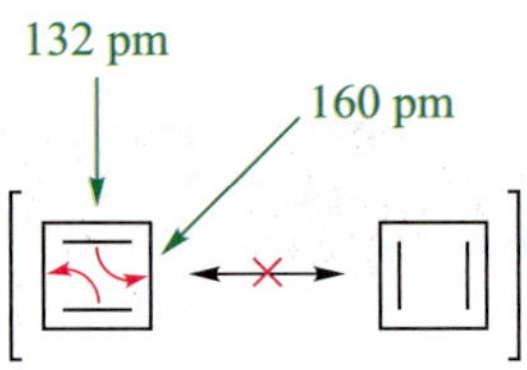

incorrect representation of cyclobutadiene

반면에, 사이클로뷰타-1,3-다이엔은 π 전자의 수가 4개이므로 반방향성이다. 사실, 이 화합물은 너무 불안정하므로 상온에서는 분리된 적이 없으며 대신 극저온에서 그 존재를 관찰할 수 있을 뿐이다.

사이클로옥타-1,3,5,7-테트라엔이 평면 구조라면 반방향성이나 분자의 형태가 약간 구부러지면서 반방향성을 피할 수 있으며, 이러한 경우 이 화합물이 **비방향성**(nonaromatic)이라고 한다.

cycloocta-1,3,5,7-tetraene
8π electrons
but, not planar, nonaromatic

방향성 이온

이온도 휘켈 규칙을 만족하면 방향성이며, 그 예는 방향성 육전자계인 사이클로펜타다이엔일 음이온과 트로필륨 양이온이다(양전하와 음전하를 띠고 있는 탄소 원자는 각각 0개와 두 개의 π 전자를 제공한다).

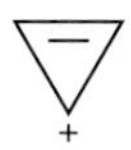

cyclopropenyl cation
2π electrons
aromatic

cyclopentadienyl anion
6π electrons
aromatic

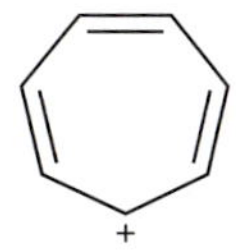

tropylium ion
6π electrons
aromatic

사이클로펜타-1,3-다이엔의 CH_2 수소는 탄소에 붙어 있음에도 불구하고 에탄올의 OH보다 더 센산이다! 반면에 사이클로헵타-1,3,5-트라이엔의 수소는 훨씬 덜 산성이다.

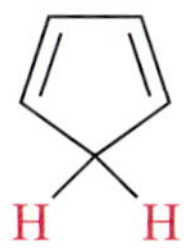

cyclopenta-1,3-diene
(1,3-cyclopentadiene)
$pK_a = 15$

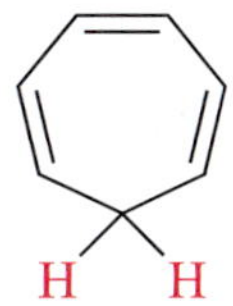

cyclohepta-1,3-diene
(1,3-cycloheptadiene)
$pK_a = 39$

문제 7.2 다음 이온이 방향성, 반방향성 혹은 비방향성인지를 휘켈 규칙을 이용하여 각각 결정하시오. 단, 모든 구조는 평면이라고 가정한다.

a. 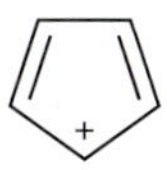

b. 

c. 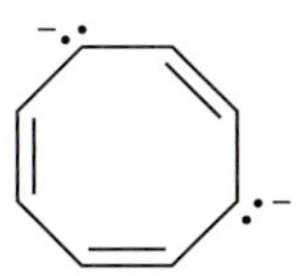

d. 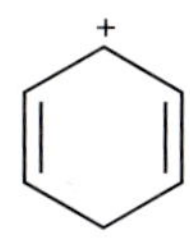

여러 고리 방향족 탄화수소

여러 고리 방향족 탄화수소(polycyclic aromatic hydrocarbon, PAH)는 벤젠 고리가 두 개 이상 접합된(fused) 화합물로서 모두 방향성이다. 간단한 예는 나프탈렌, 안트라센, 페난트라센이다.

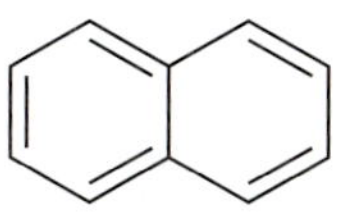

naphthalene

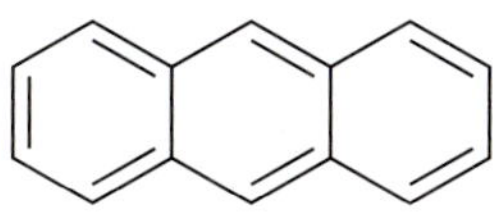

anthracene

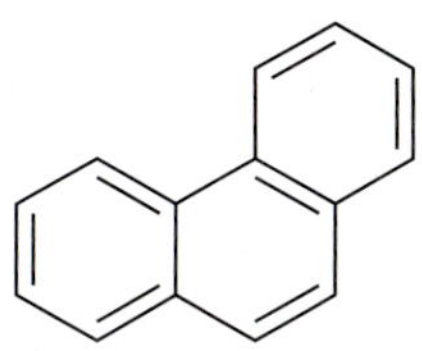

phenanthrene

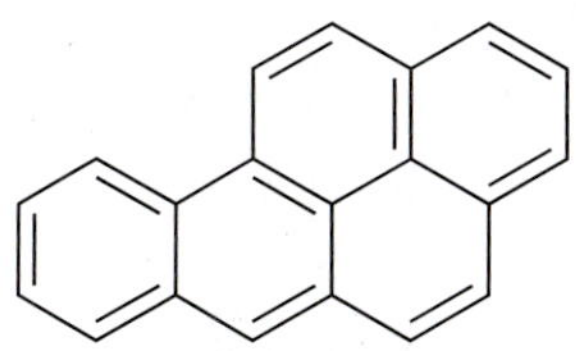

benzo[*a*]pyrene

원래 휘켈 규칙은 단일 고리 화합물에만 적용된다. 따라서 휘켈 규칙을 PAH에 적용할 때는 특별한 주의가 필요하다. 아래 예를 보자. 파이렌(pyrene)의 왼쪽 구조를 보면 π 전자의 수가 4의 배수이므로 반방향성이라고 판단할 수 있다. 하지만 오른쪽 공명 구조에서는 가장 자리에 이중 결합의 수가 더 많도록 그렸다. 이 가장 자리에 있는 π 전자의 수를 세어 보면 14개이고 따라서 파이렌은 방향성이다. 빨간색으로 표시한 이중 결합의 π 전자는 방향성에 기여하지 않는다. 이 위치에 이중 결합이 없는 다이하이드로파이렌도 방향성이다.

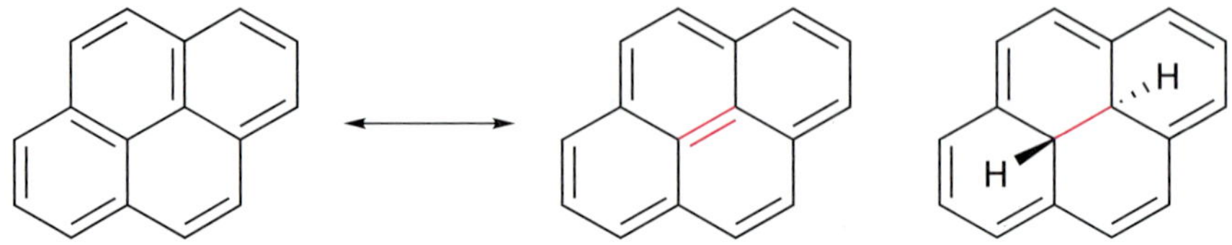

pyrene
16π electrons
antiaromatic?

14π electrons
aromatic!

dihydropyrene
14π electrons
aromatic

문제 7.3 벤조[α]파이렌과 아래 구조 A가 방향성인지를 판단하시오. 판단에 사용한 π 전자의 수는 각각 얼마인가?

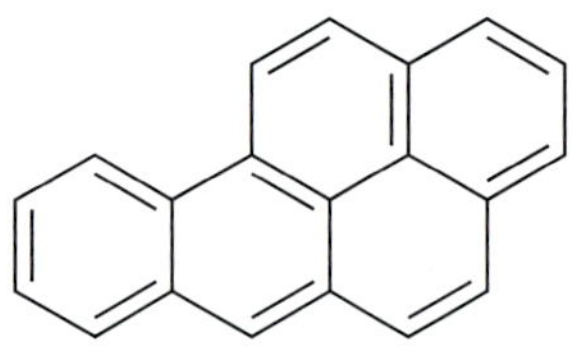

benzo[*a*]pyrene

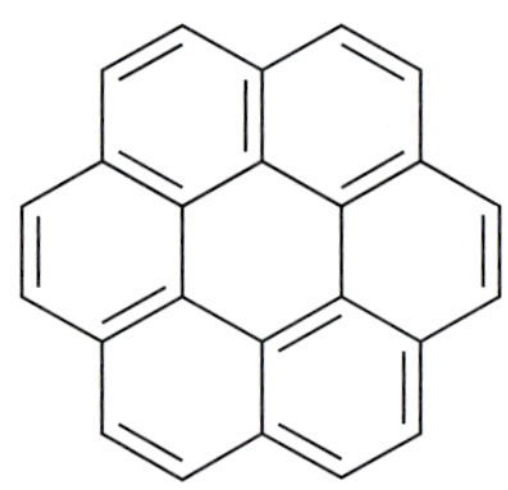

A

예제 7.1 다음 구조가 방향성, 반방향성 혹은 비방향성인지를 휘켈 규칙을 이용하여 각각 결정하시오. 단, 모든 구조는 평면이라고 가정한다.

a. 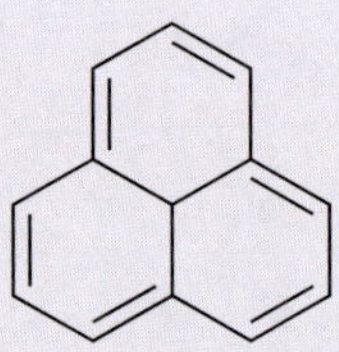

b. 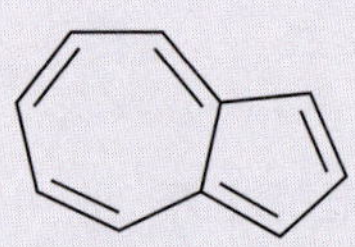

azulene
(azul: deep blue)

c. 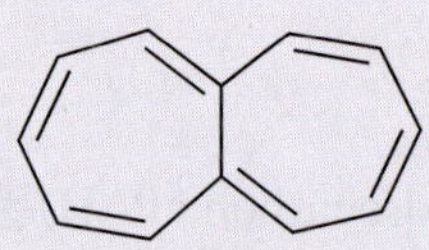

heptalene

d. 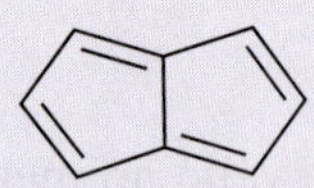

pentalene

e. 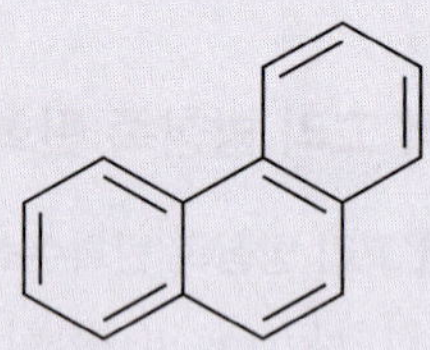

풀이 a. π 전자의 수가 12개이므로 반방향성이다.

b. 짙은 푸른색을 띠며 π 전자가 10개인 아줄렌(azul은 푸른색을 의미하는 스페인어 azul에서 유래)은 방향성이다.

c. 반방향성(실제로는 평면 구조가 아니므로 비방향성으로 분류할 수 있음)이다.

d. 반방향성이다

e. PAH는 항상 방향성이다.

방향족 헤테로 고리 화합물

헤테로 고리는 탄소 원자 대신에 헤테로 원자(O, N, S 등)가 들어 있는 고리이다. 예를 들어 벤젠의 한 탄소를 질소로 바꾸면 피리딘이라는 방향족 헤테로 고리 화합물이 얻어진다. 피리딘은 6개의 원자가 하나씩 기여하는 6개의 2p AO 전자가 고리에 퍼져 있으므로 방향성이며 sp^2 혼성 AO(빨간색)에 있는 질소 고립쌍은 방향성 육전자계에 관여하지 않는다. 반면에, 피롤의 경우에는 질소의 고립쌍(빨간색)이 2p AO에 있어야 방향성 육전자계를 이룰 수 있다. 이 고립쌍이 염기로서 반응하면 더 이상 방향성 육전자계를 이룰 수 없기 때문에 피리딘에 비하여 질소의 염기도는 훨씬 떨어진다(양성자는 질소 대신에 C2 위치에 첨가된다).

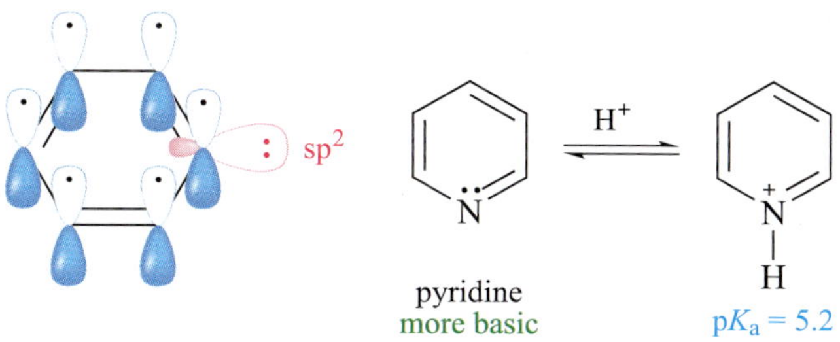

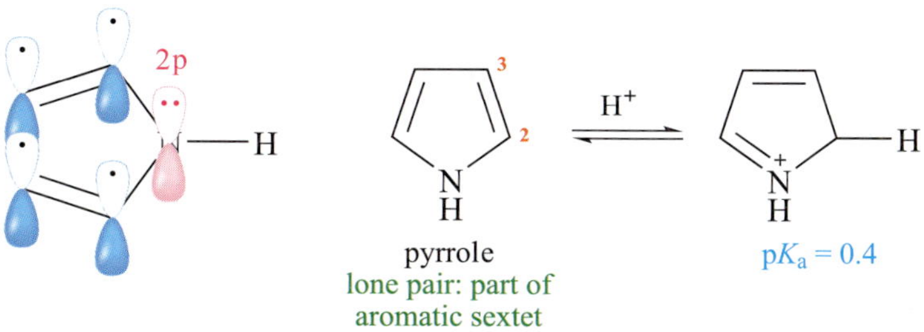

문제 7.4 다음 헤테로 고리 구조가 방향성, 반방향성 혹은 비방향성인지를 휘켈 규칙을 이용하여 각각 결정하시오.

a. 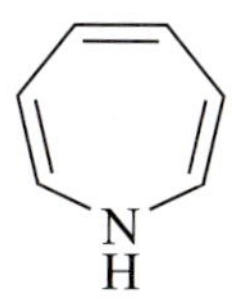

b. 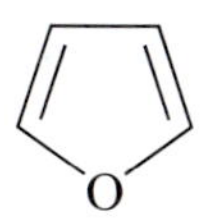

c. 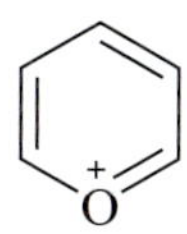

d. 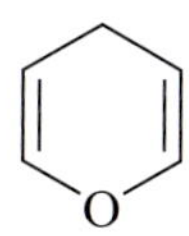

7.5 친전자성 방향족 치환 반응

벤젠은 알켄에서 잘 일어나는 첨가 반응이 쉽게 일어나지 않으며, 대신 친전자체 E^+가 벤젠의 H 원자를 치환하는 반응이 일어난다.

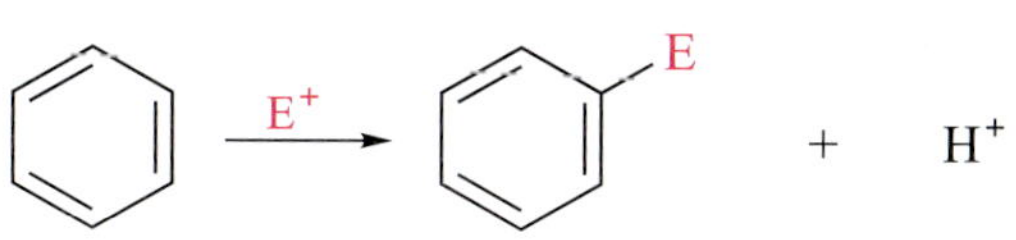

DBr(D는 중수소)이 벤젠과 반응한다고 하자. 벤젠의 친핵성 π 전자쌍이 친전자체인 D^+와 반응하면 D 원자가 벤젠의 C=C 결합에 첨가되면서 **아레늄 이온**(arenium ion, **사이클로헥사다이엔일 양이온**)이 중간체로 생긴다. 다음 단계에서 브로민화 이온이 염기로 작용하여 양성자를 제거하면 첨가 대신에 수소가 중수소로 치환된 생성물만 생성되며 결과적으로 벤젠의 방향성이 보전된다. 이러한 종류의 반응을 **친전자성 방향족 치환 반응**(electrophilic aromatic substitution)이라고 부른다.

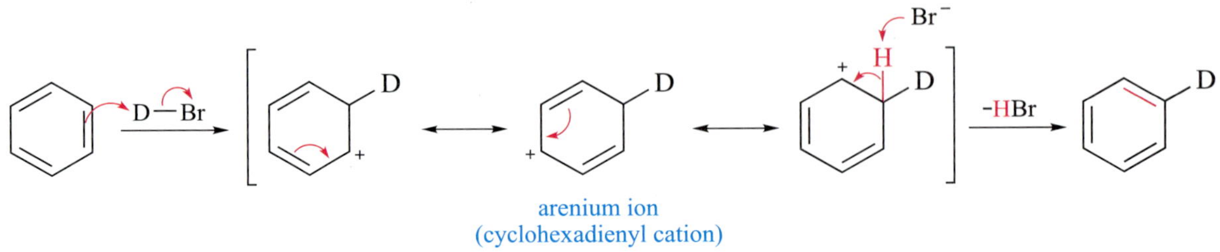

과량의 중수와 D_2SO_4 산 촉매 조건에서 위와 같은 치환 반응이 순차적으로 일어나면 모든 벤젠의 수소가 중수소로 치환된 생성물을 얻을 수 있다.

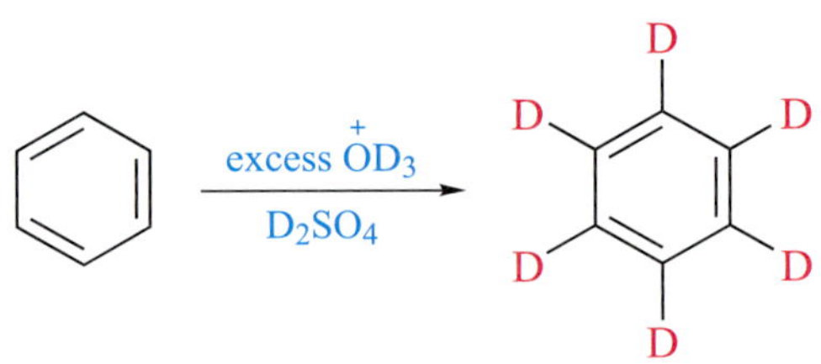

벤젠은 양성자(중양성자) 이외에도 다양한 친전자체와 반응할 수 있으며, 이러한 반응을 통하여 몇 가지 원자를 벤젠 고리에 직접 도입할 수 있다. 표 7.1에 친전자체와 실제 반응에서 친전자체의 역할을 수행하는 시약을 수록하였다. 이 표를 살펴보면 NH_2, OH, COOH와 같은 기는 대응하는 친전자체가 없는데, 이런 벤젠 유도체는 벤젠에서 직접 친전자성 방향족 치환 반응을 통하여 얻을 수는 없다.

표 7.1 친전자성 방향족 치환 반응에 사용되는 친전자체와 그 실제 시약

도입하는 원자	벤젠에 도입하는 기	친전자체	실제 시약	반응 이름
할로젠	Br, Cl(할로기)	Br^+, Cl^+	X_2, FeX_3(혹은 Fe)(촉매)	할로젠화 반응
N	NO_2(나이트로기)	NO_2^+	$HONO_2$, H_2SO_4	나이트로화 반응
S	SO_2OH(설폰산기)	SO_3 혹은 $^+SO_2OH$	H_2SO_4, SO_3	설폰화 반응
C	R(알킬기)	R^+(알킬 양이온)	RX, $AlCl_3$(촉매)	프리델-크래프츠 알킬화 반응
C	RCO(아실기)	RCO^+(R = 알킬, 아릴)	RCOCl, $AlCl_3$(1 당량)	프리델-크래프츠 아실화 반응

할로젠화 반응

Br_2 및 Cl_2는 벤젠과 반응하기에는 친전자성이 충분히 크지 않기 때문에 반응이 일어나지 않는다. 반응이 일어나려면 $FeBr_3$나 $FeCl_3$ 같은 **루이스 산 촉매**가 있어야 한다. 루이스 산 FeX_3가 루이스 염기인 X_2와 반응하여 착물 X−X−FeX_3가 형성되면 할로젠 원자 X가 부분 양전하를 띠게 된다. 그러면 양전하를 띤 X는 이웃 X 원자에서 전자 밀도를 당기므로 이 X 원자의 친전자성이 알켄보다 친핵성도가 작은 벤젠이 반응할 수 있을 정도로 증가하게 된다.

이 착물이 벤젠과 반응하면 좋은 이탈기인 FeX_4^- 이온이 떨어지면서 아레늄 이온이 생긴다. 마지막으로 FeX_4^- 이온이 염기로 작용하여 양성자를 제거하면 할로벤젠 생성물이 얻어지고 사용했던 FeX_3가 다시 나온다.

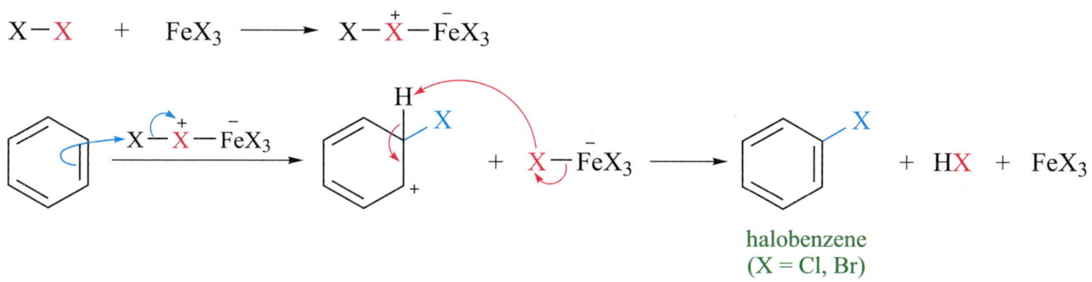

나이트로화 반응

나이트로화 반응(nitration)은 진한 질산과 진한 황산의 1:2 혼합물에 벤젠을 가하여 나이트로기(NO_2)를 도입하는 반응이다. 이 반응의 친전자체인 **나이트로늄 이온**(nitronium ion)은 더 센 산인 황산으로부터 양성자를 받은 질산에서 물이 떨어지면 생긴다. 나이트로벤젠은 아몬드 향이 나는 매우 유독한 액체로서 아닐린의 합성에 사용된다.

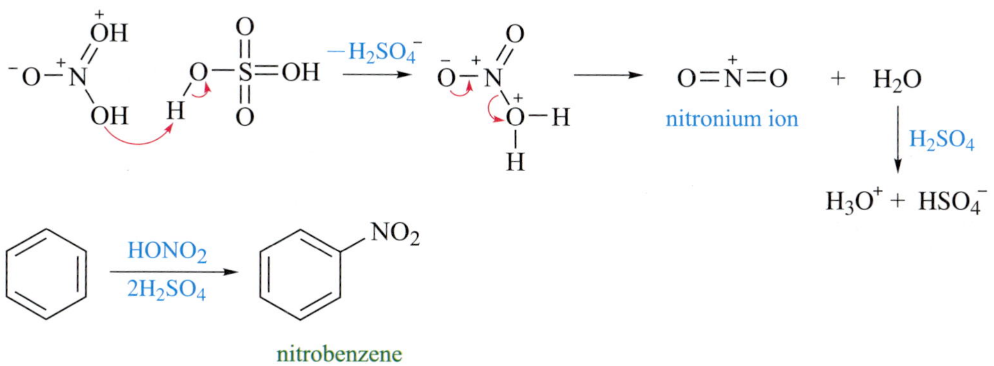

설폰화 반응

벤젠은 진한 황산과 상온에서는 반응하지 않지만 가열하거나 진한 황산에 삼산화황(SO_3)을 포화시킨 **발연 황산**(fuming sulfuric acid, oleum)으로 상온에서 처리하면 벤젠설폰산이 얻어지며, 이 반응을 **설폰화 반응**(sulfonation)이라고 부른다. 이 반응의 친전자체는 반응 조건에 따라 SO_3 혹은 SO_3H^+ 이온이다.

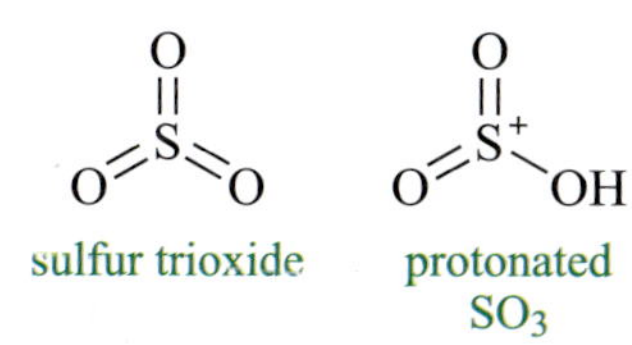

SO_3H^+가 관여하는 메커니즘은 다음과 같이 쓸 수 있다.

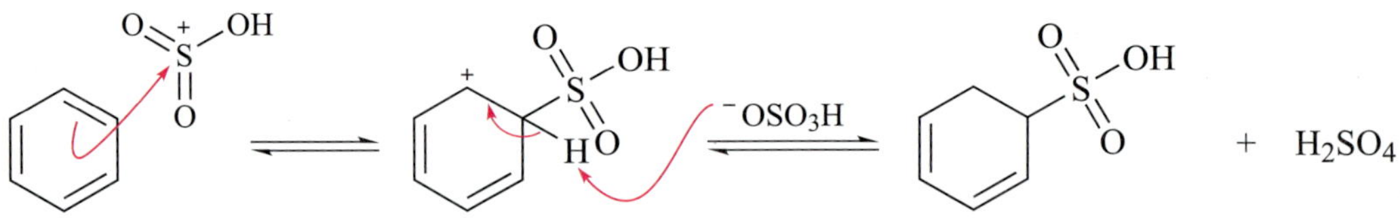

benzenesulfonic acid

설폰화 반응의 한 가지 특징은 가역적이라는 점이다. 진한 황산에서는 벤젠설폰산의 생성이 유리하지만 묽은 황산 용액에서 가열하면 역반응이 일어나서 벤젠이 다시 얻어진다.

프리델-크래프츠 알킬화 반응과 아실화 반응

프리델-크래프츠 알킬화 반응(Friedel–Crafts alkylation)과 **프리델-크래프츠 아실화 반응**(Friedel–Crafts acylation)은 벤젠 고리에 알킬기와 아실기를 각각 도입할 수 있는 유용한 반응이다.

프리델-크래프츠 알킬화 반응은 벤젠을 알킬 할라이드(RX, X = Cl, Br)와 촉매량의 $AlCl_3$로 반응시켜 알킬기를 벤젠 구조에 도입하는 반응이다.

$AlCl_3$보다 더 약한 루이스 산인 $FeCl_3$를 사용하기도 한다.

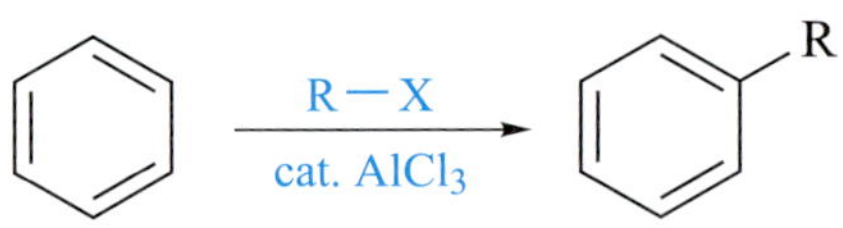

프리델-크래프츠 알킬화 반응에 참여하는 할라이드는 일차, 이차 및 삼차 염화물과 브로민화물이다. $AlCl_3$ 촉매가 없으면 이 반응은 일어나지 않는다. 그렇다면 $AlCl_3$의 역할은 무엇일까? 할로젠화 반응에서 루이스 산인 $FeBr_3$가 Br_2와 착물을 만드는 것처럼, 루이스 산인 $AlCl_3$는 할라이드의 할로젠 원자와 착물을 형성한다.

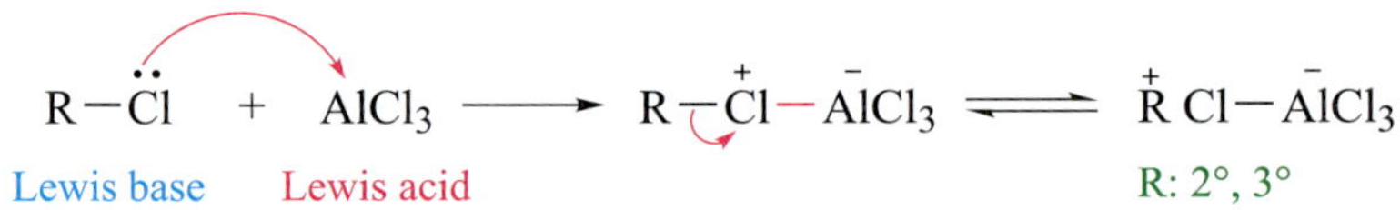

이 착물은 알킬기가 이차나 특히 삼차이면 상대적으로 안정한 탄소 양이온의 성격을 띨 것이다. 친핵성 벤젠이 탄소 양이온과 반응하면 아레늄 이온을 거쳐서 알킬벤젠이 생기고 $AlCl_3$가 재생된다.

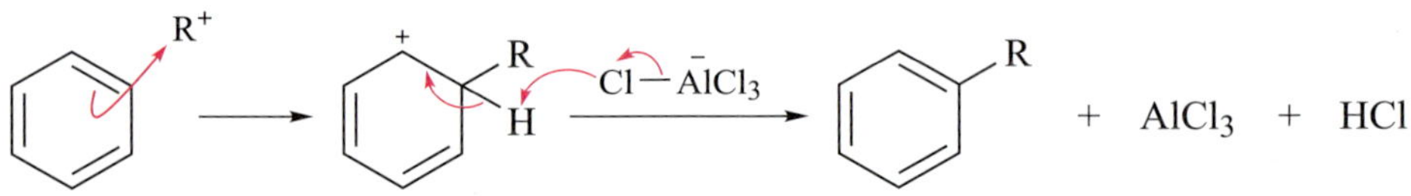

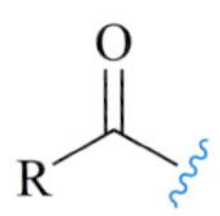

acyl group

프리델-크래프츠 아실화 반응(Friedel–Crafts acylation)은 벤젠을 염화 아실과 $AlCl_3$ (1 당량 필요)로 처리하여 아실벤젠을 얻는 반응이다.

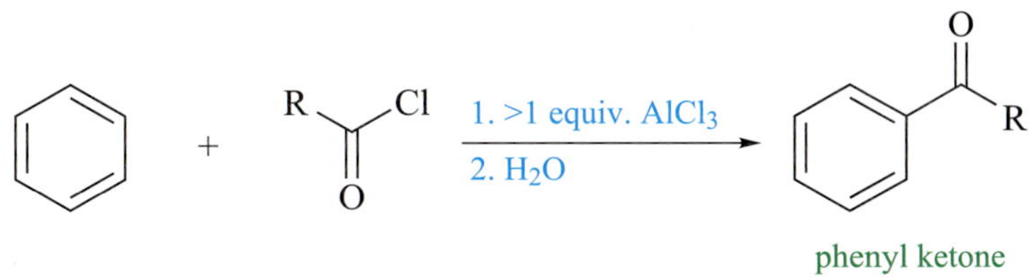

염화 아실 RCOCl(R = 알킬, 아릴)의 산소 원자는 루이스 산 $AlCl_3$와 반응하여 공명 안정화 아실륨 이온을 형성한다(염화 아실의 염소 원자가 루이스 염기로서 반응할 수도 있다).

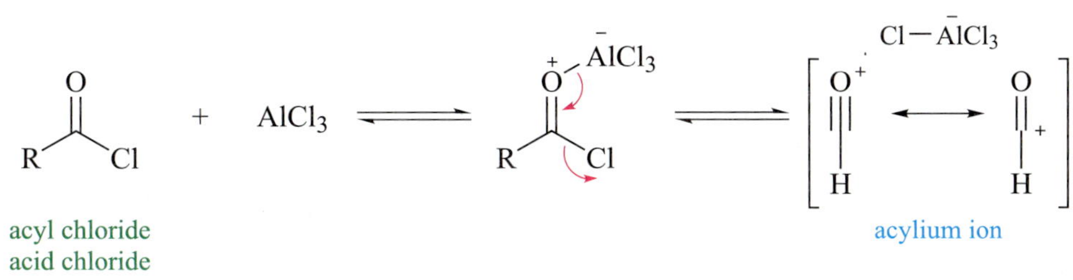

친전자성 아실륨 이온이 벤젠과 반응하면 아레늄 이온 중간체가 생기며 중간체에서 염기인 $AlCl_4^-$ 이온이 수소를 제거하면 케톤 생성물이 생긴다. 이 생성물에는 아직도 루이스 염기성 산소가 있기 때문에 루이스 산인 $AlCl_3$와 1 : 1 착물을 형성한다. 따라서 아실화 반응에서는 염화 아실에 비하여 1 당량 이상의 $AlCl_3$를 사용하여야 하고, 반응 후에는 물을 가하여 착물을 분해한 후 케톤을 분리하여야 한다.

벤젠 고리에 $-NO_2$, $-COR$ 같이 전자를 세게 끄는 기(7.7절 참조)가 있으면 프리델–크래프츠 알킬화 및 아실화 반응이 일어나지 않는다.

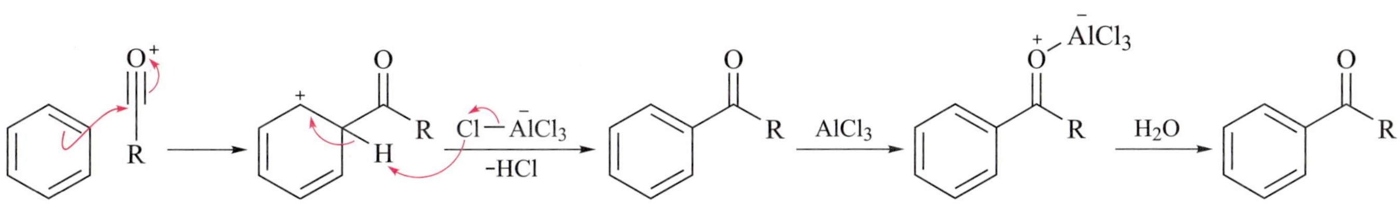

문제 7.5 $AlCl_3$의 존재(촉매량 또는 1 당량) 하에서 벤젠을 다음 시약으로 처리하였을 때 얻어지는 생성물을 각각 그리시오.

a. Me_3CCl b. $PhCH_2Cl$ c. PhCOCl d. EtCOCl

7.6 치환기의 변환

벤젠에서 아닐린이나 벤조산을 한 단계로 얻으려면 NH_2^+, $COOH^+$와 같은 친전자체가 필요하나 이러한 친전자체의 역할을 하는 시약은 아직 알려져 있지 않다. 따라서 벤젠에서 이러한 화합물을 얻으려면 친전자성 방향족 치환 반응으로 얻은 화합물을 적당히 변환시켜야 한다.

나이트로기의 환원: 아닐린의 합성

1865년에 창립된 독일의 BASF (Badische Anilin und Soda Fabrik)는 2019년도 판매액 기준으로 세계에서 가장 큰 화학회사이다. 이 회사의 이름에서 A는 아닐린에서 온 말이다.

나이트로벤젠을 수소 기체(Pd나 Pt 같은 금속 촉매 필요)나 산성 조건에서 주석이나 아연과 같은 금속으로 환원하면 아닐린을 얻을 수 있다. 아닐린은 의약품이나 합성 염료의 중요한 출발물이다.

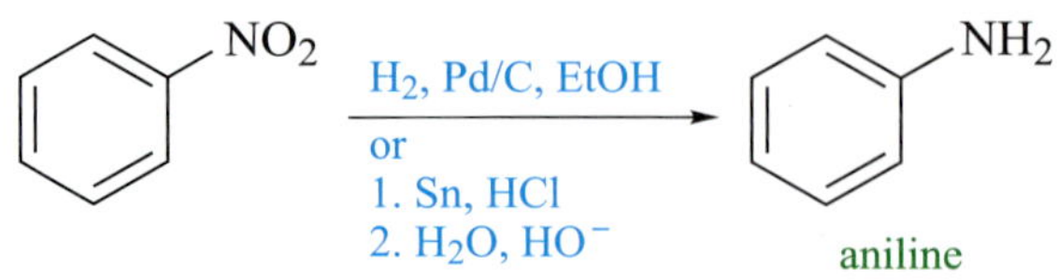

알킬기의 산화: 벤조산의 합성

벤젠의 알킬기를 과망가니즈 포타슘($KMnO_4$)의 뜨거운 염기성 용액이나 뜨거운 다이크로뮴산 소듐의 황산 용액으로 산화시키면 벤조산을 구할 수 있다. 이 반응은 벤질성 탄소(benzylic carbon)에 수소 원자가 적어도 하나가 있어야 일어난다. 따라서 삼차 알킬기에서는 반응이 일어나지 않는다.

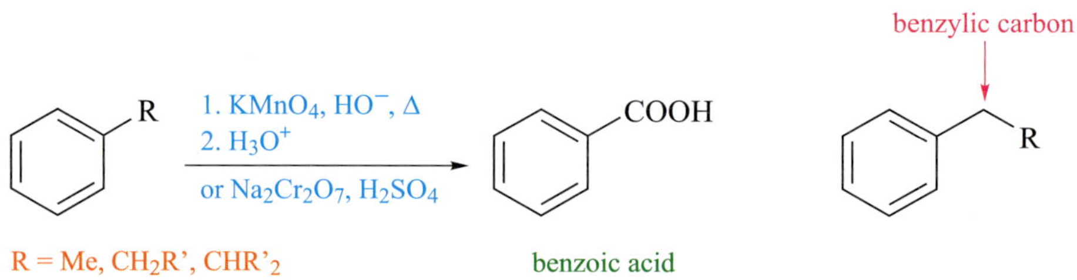

카보닐기의 환원

아실 벤젠을 염산 용액에서 아연 아말감(Zn(Hg))과 같이 가열하면(**클레멘젠 환원**(Clemmensen reduction)) 케톤의 카보닐기가 메틸렌기(CH_2)로 환원되어 곧은 사슬 알킬기로 치환된 벤젠을 얻을 수 있다.

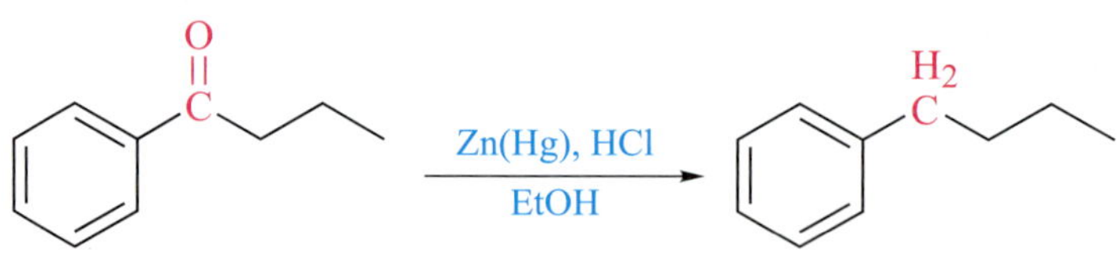

문제 7.6 다음 반응의 생성물을 각각 그리시오.

a. 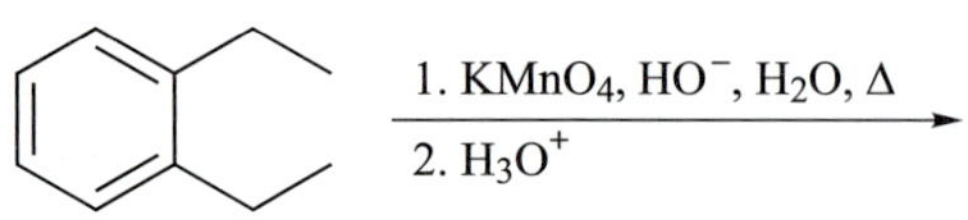

b. 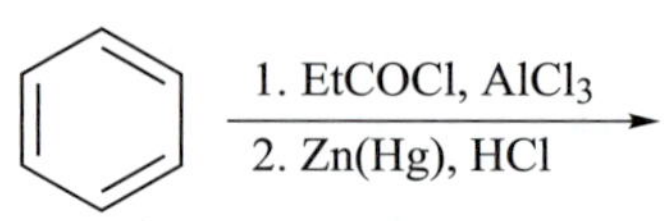

7.7 치환기 효과

벤젠 고리에 이미 치환된 기는 다음 친전자체가 반응할 때 두 가지로 영향을 미친다. 하나는 반응성에 관한 것으로서 벤젠에 비하여 치환의 반응 속도를 빠르게 하거나 느리게 한다. 예로서 나이트로화 반응에서 벤젠 유도체의 상대 반응 속도를 보면 그 차이가 엄청나게 큼을 알 수 있다.

$$PhNHPh\ (10^6) > PhOH\ (1000) > PhMe\ (25) > PhH\ (1) > PhCl\ (0.033) > PhNO_2\ (10^{-7})$$

NHPh, OH기로 치환된 벤젠 유도체는 벤젠보다 반응이 빠르게 일어남을 알 수 있으며, 이러한 치환기를 **활성화기**(activating group)라고 한다. 활성화기의 다른 예는 NH_2, OMe기 등이다. 반면에 염소나 NO_2기로 치환된 벤젠 유도체는 벤젠보다 반응이 느리며, 이러한 치환기를 **비활성화기**(deactivating group)라고 한다.

다른 하나는 다음 치환기가 도입되는 **지향**(orientation)(위치 선택성)에 관한 것으로서 기존의 치환기에 대하여 *ortho*, *para*-위치에 놓이게 하거나(*ortho*, *para*-지향기) *meta*-위치에 놓이게 한다(*meta*-지향기).

아니솔의 나이트로화 반응에서는 주로 *ortho*-와 *para*-생성물이 얻어지므로 MeO기(메톡시기)는 *ortho*, *para*-지향기이다.

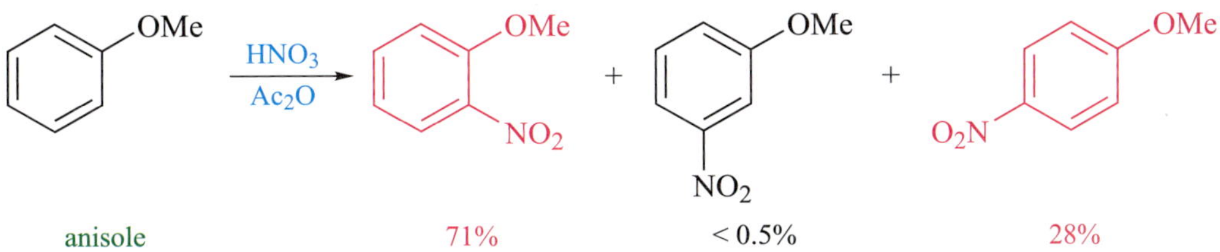

Ac는 아세틸기(MeCO)의 기호이다.

반면에 나이트로벤젠은 주로 *meta*-생성물을 주므로 NO_2기(나이트로기)는 *meta*-지향기이다.

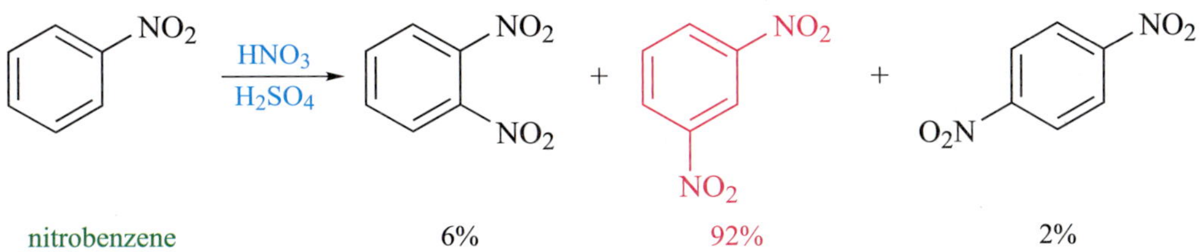

위 두 반응에서 보았듯이 MeO기 같은 활성화기는 또한 *ortho*, *para*-지향기이며 NO_2기 같은 비활성화기는 모두 *meta*-지향기이다. 사실, 이 두 치환기 효과는 서로 연관되어 있음을 곧 알게 될 것이다.

치환기는 반응성과 지향의 선호에 따라 세 부류로 구별할 수 있다.

(1) 활성화기이면서 *ortho*, *para*-지향기: NH_2, NHR, NR_2, NHAc, OH, OAc, OR, Ph, 알킬

활성화기는 공명 효과와 (혹은) 유발 효과로 벤젠에 전자를 주는 기이다. 그러면 벤젠의 친핵성도가 증가하므로 친전자체와 더 빠르게 반응하게 된다. Ph기와 알킬기를 제외하면 활성화기의 공통점으로 질소와 산소 원자가 벤젠에 직접 연결된 점을 들 수 있다.

탄소보다 전기 음성인 O, N, F 등의 원자들은 탄소 사슬을 통하여 전자를 끄는 효과가 있는데, 이러한 효과를 전자 끌기 유발 효과라고 한다. 반면에 알킬기 등은 전자를 밀어내 주기 때문에 전자 주기 유발 효과를 보인다.

질소 원자와 산소 원자는 수소 원자보다 전기 음성이므로 전자 끌기 유발 효과로 벤젠으로부터 전자를 당길 수 있다. 하지만 유발 효과보다 고립쌍(2p AO)이 벤젠의 탄소(2p AO)와 콘쥬게이션을 이루면서 벤젠 고리에 전자를 주는 공명 효과가 훨씬 더 크다.

아니솔의 공명 구조를 그려 보면 산소의 고립쌍 전자가 벤젠 고리로 퍼지면서 음의 형식 전하가 *ortho*-와 *para*-위치에 생겨났음을 알 수 있다. 따라서 MeO기는 공명 효과로 전자 밀도를 벤젠 고리에 줄 수 있기 때문에 활성화기이다.

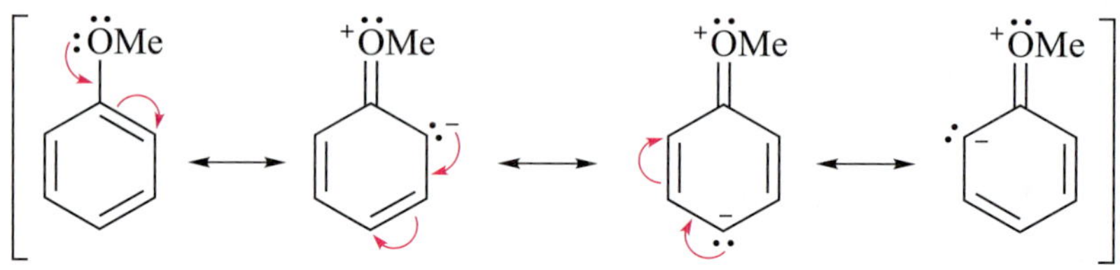

아니솔이 친전자체 E^+와 반응하면 세 가지 이성질성 아레늄 중간체가 얻어질 것이다.

ortho-치환

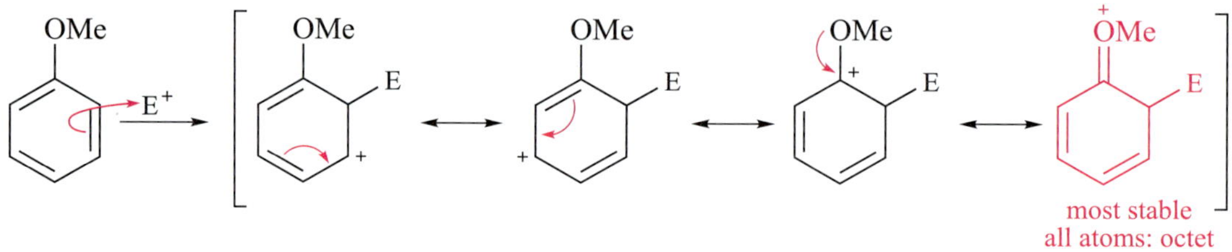

meta-치환

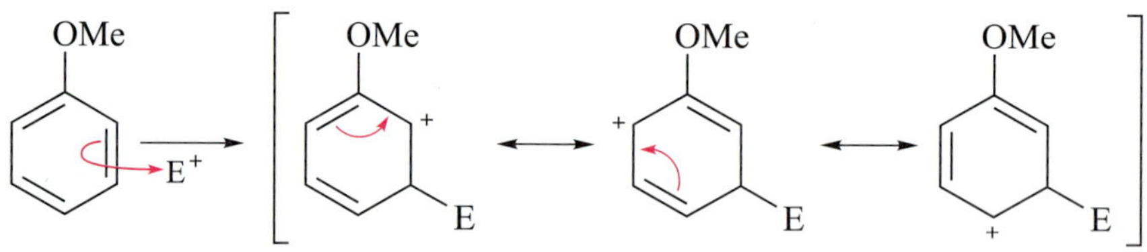

para-치환

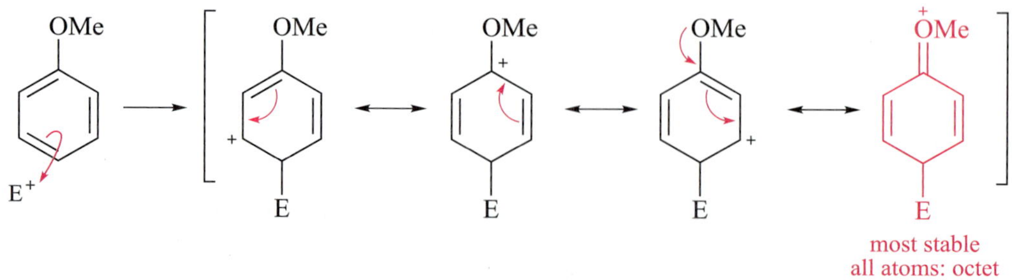

세 아레늄 이온은 모두 양전하가 고리에 비편재화된 세 개의 공명 구조로 표현할 수 있다. 하지만 *ortho*-와 *para*-치환일 경우에만 양전하가 산소 원자에 놓이면서 팔전자계 규칙을 만족하는 더 안정한 공명 구조(빨간색)를 그릴 수 있다. 따라서 이 공명 구조가 주 기여체인 아레늄 중간체가 *meta*-치환의 경우에 생기는 이온보다 더 안정하므로 *ortho*-와 *para*-치환 반응이 더 빨리 진행된다. 결국, MeO기는 활성화기이면서 *ortho*, *para*-지향기인 셈이다.

페닐기의 π 전자는 벤젠과 콘쥬게이션 계를 이룰 수 있으므로 벤젠이 더 친핵성이 된다.

문제 7.7 페닐기가 활성화기임을 보여 주는 공명 구조를 그리시오.

알킬기는 유발 효과만으로 전자를 벤젠 고리에 주므로 활성화 효과가 약하다. 그래도 *ortho*, *para*-치환일 경우에만 양전하를 알킬기가 효과적으로 분산시킬 수 있으므로 *ortho*, *para*-치환이 주로 이루어진다.

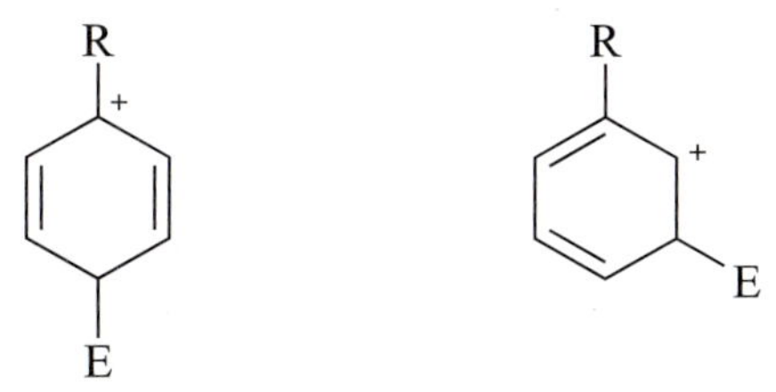

para-substitution: + charge delocalized by R group

meta-substitution: + charge not delocalized by R group

(2) 비활성화기이면서 *ortho*, *para*-지향기: F, Cl, Br, I

할로젠 원자는 유일하게 비활성화기이면서 *ortho*, *para*-지향기이다. *ortho*, *para*-지향기인 이유는 *ortho*-와 *para*-치환인 경우에만 고립쌍이 MeO기처럼 고리와 콘쥬게이션을 이룰 수 있기 때문이다(빨간색 구조). 하지만 할로젠 원자의 전자 끌기 유발 효과가 공명 효과보다는 더 크므로 할로젠 원자는 비활성화기가 된다.

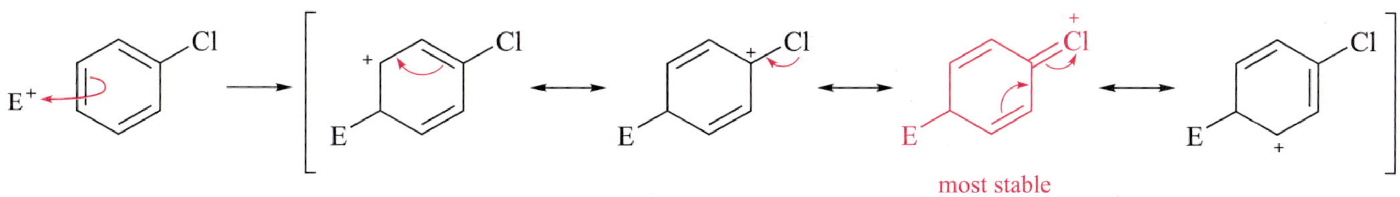

(3) 비활성화기이면서 *meta*-지향기: NO_2, C=O, CN, SO_3H, CF_3, NR_3^+

이러한 기의 한 가지 유형은 벤젠에 연결된 원자가 양의 부분 전하를 띠면서 전기 음성 원소(O, N)와 다중 결합을 이룬 경우이다. 그러면 공명 효과와 유발 효과로 벤젠 고리로부터 전자 밀도를 끌어당길 수 있다. 이러한 기는 전자를 끄는 정도가 할로젠보다는 크므로 할로기보다 훨씬 강한 비활성화기이다.

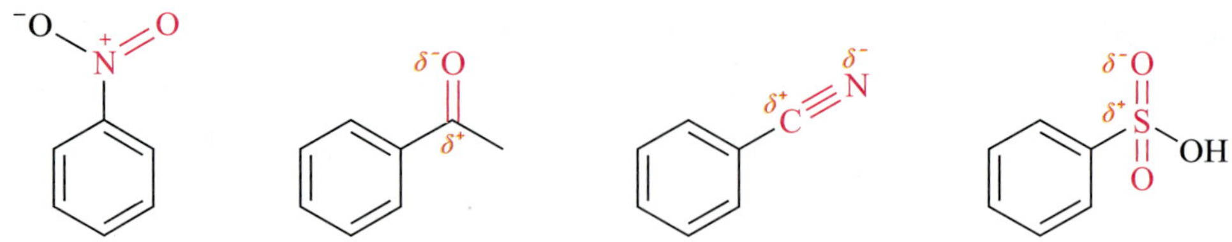

para-치환이나 *ortho*-치환의 경우에는 아레늄 중간체의 공명 구조 중에서 양전하가 두 인접 원자에 놓여 있는 구조(아래 그림의 파란색 구조)가 가장 불안정해진다. 따라서 아레늄 중간체에 이러한 양전하 사이의 반발이 없는 *meta*-치환이 선호된다.

para-치환

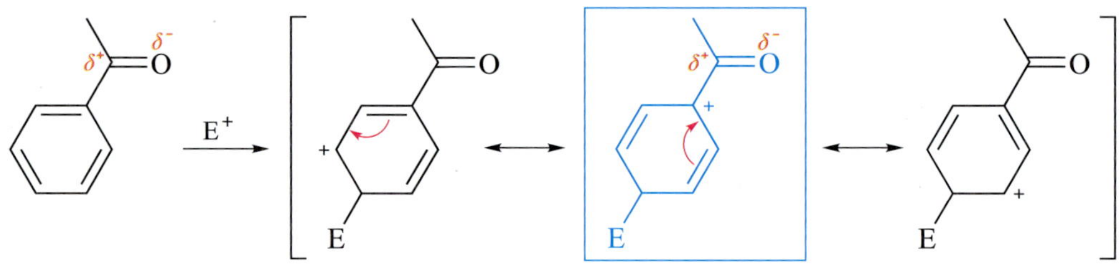

meta-치환

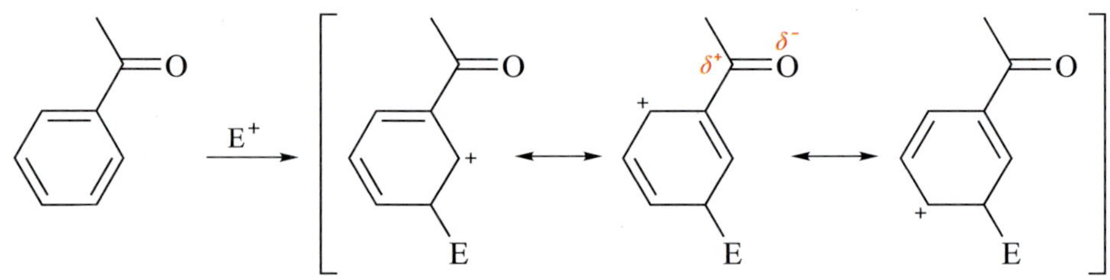

다른 유형은 CX_3기 그리고 NR_3^+ 치환기로서 유발 효과로 벤젠으로부터 전자를 세게 당기기 때문에 매우 강력한 비활성화기이다.

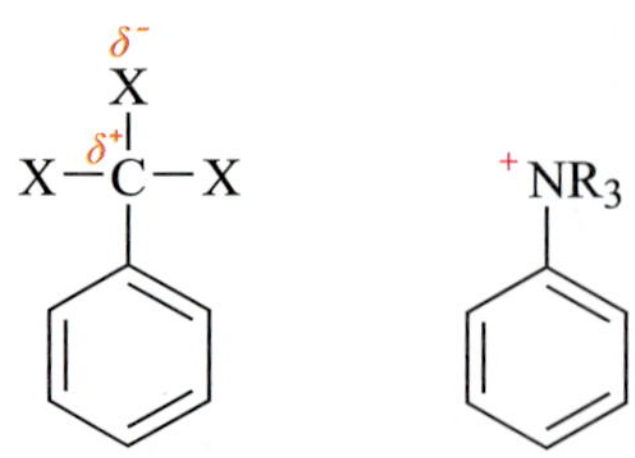

(X = halogen)

문제 7.8 나이트로기가 *meta*-지향기임을 보이시오.

아래 표 7.2에 치환기를 세 가지 유형으로 다시 정리하였다.

표 7.2 치환기의 분류 (Ac = COMe)

	활성화기			비활성화기		
	강함	중간	약함	강함	중간	약함
ortho, *para*-지향기	NH_2, NHR, NR_2, OH, O^-	NHAc, OR, OAc	알킬, Ph	없음	없음	할로젠
meta-지향기	없음			NO_2, NH_3^+, NR_3^+, CF_3, CCl_3	CN, COOH, COR, CHO, CO_2R, SO_3H	없음

예제 7.2 다음 화합물의 모노나이트로화 반응에서 얻어지는 주 생성물을 각각 그리시오. *ortho*-와 *para*-생성물이 둘 다 생기는 경우에는 *para*-생성물만 그리시오.

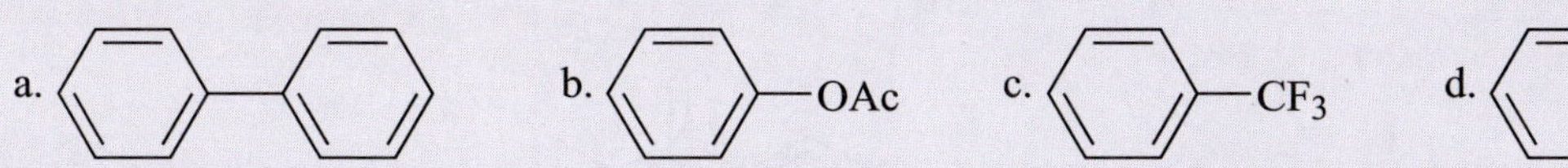

풀이 Ph기와 OAc기는 *ortho*-, *para*-지향기이고 CF_3기와 CO_2Me기는 *meta*-지향기이다.

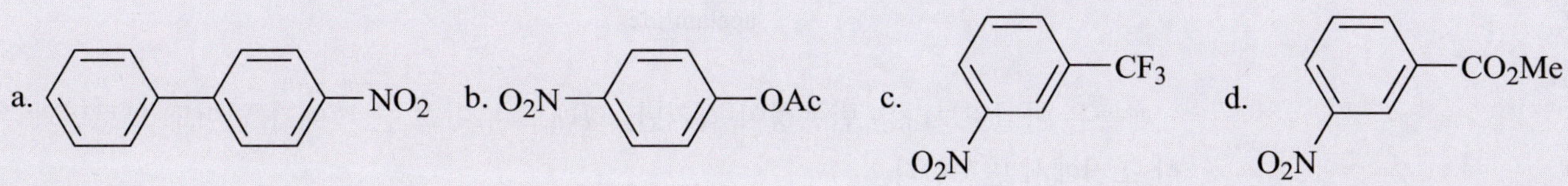

문제 7.9 다음 화합물의 모노브로민화 반응에서 얻어지는 주 생성물을 각각 그리시오. *ortho*-와 *para*-생성물이 둘 다 생기는 경우에는 *para*-생성물만 그리시오.

a. $PhNO_2$ b. PhEt c. $PhCO_2H$ d. PhOMe

7.8 아닐린과 페놀의 반응

아미노기는 매우 강력한 활성화기이기 때문에 아닐린은 루이스 산 촉매가 없어도 3 당량의 Br_2와 빠르게 반응하여 브로민 원자가 *ortho*-와 *para*-위치에 모두 도입된 생성물이 정량적으로 얻어진다.

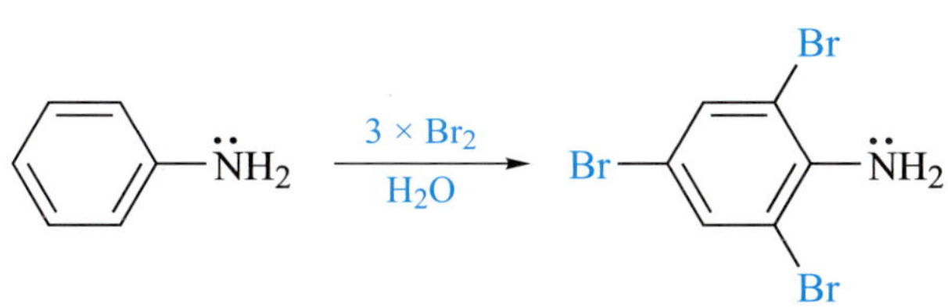

aniline 2,4,6-tribromoaniline 100%

아닐린은 염기성 NH_2기가 있기 때문에 프리델–크래프츠 반응이 일어나지 않는다. 한 가지 해결 방법은 아미노기를 아세트산 무수물로 처리하여 아세틸기(MeCO−)로 보호된 **아세트아닐라이드**(PhNHAc)를 얻는 것이다. 아마이드는 질소의 고립쌍 전자가 카보닐 산소로 비편재화되기 때문에 질소가 더 이상 염기성을 띠지 않는다. 따라서 $AlCl_3$와 산–염기 반응을 하지 않기 때문에 프리델–크래프츠 반응이 가능해진다. 반응이 끝난 후 아세틸 보호기는 염기(혹은 산)와 함께 가수분해하면 제거할 수 있다.

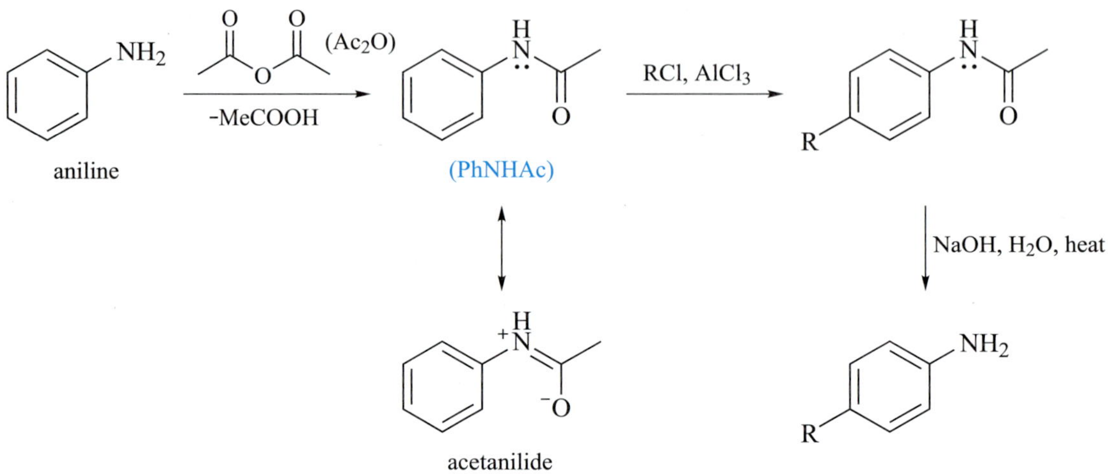

페놀은 아닐린보다는 반응성이 작지만, 그래도 루이스 산 촉매가 없어도 브로민과 온화한 조건에서 반응한다.

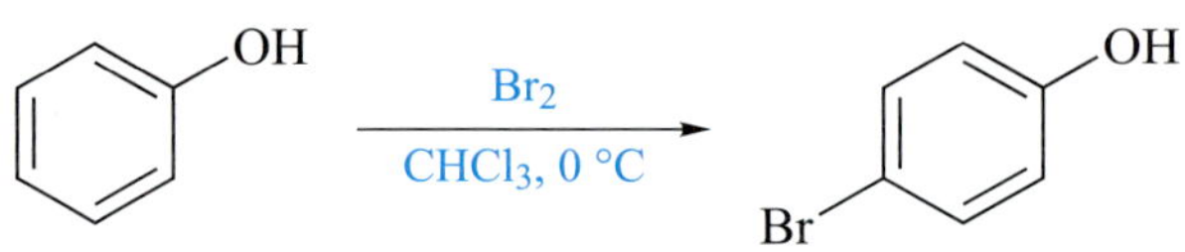

페놀의 짝염기인 페녹사이드 이온은 페놀보다 더 활성화되어 있기 때문에 이산화 탄소 같은 친전자성이 약한 친전자체와도 반응할 수 있으며, 이 반응을 이용하면 아스피린의 원료인 살리실산(salicylic acid)을 얻을 수 있다(토토머화 반응(tautomerization)은 11.2절에서 다룬다).

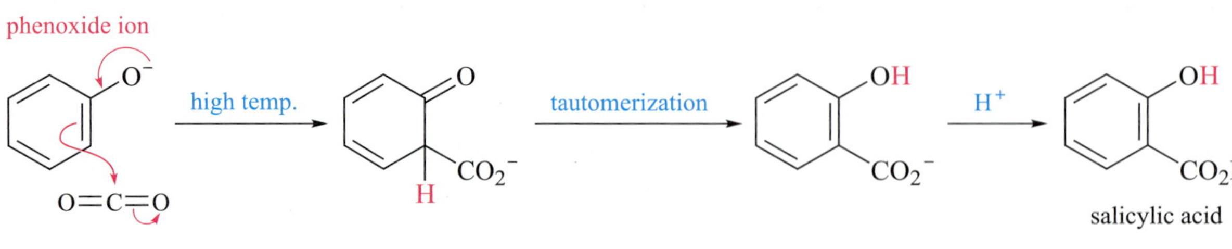

7.10 다음 1,3-다이엔 화합물이 에터 용액에서 염화 수소와 반응하였더니 가능한 네 구조 이성질체 중에서 두 구조가 얻어졌다. 이 두 구조를 그리시오.

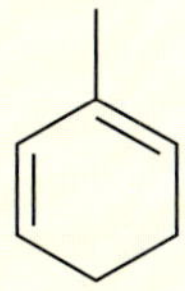

7.11 친전자성 방향족 치환 반응에서 다음 각각의 세 화합물을 반응성이 증가하는 순서로 배열하시오.

a. 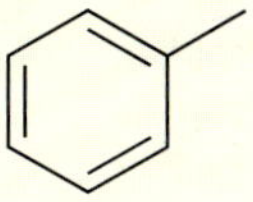 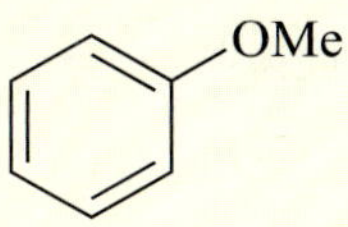

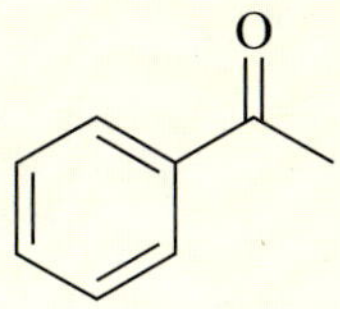

b. 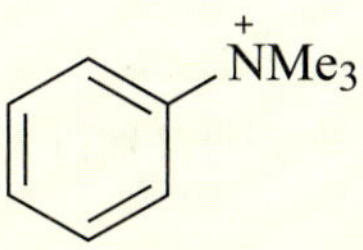

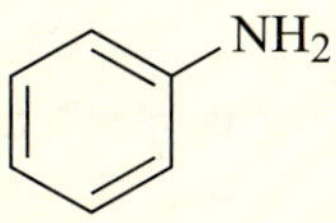

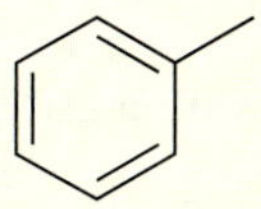

c. 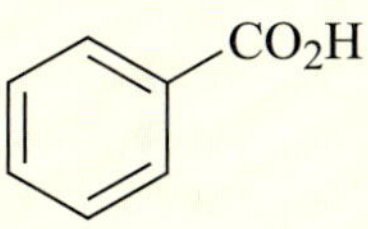

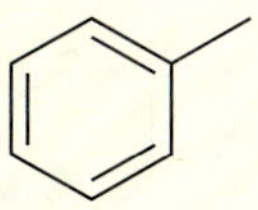 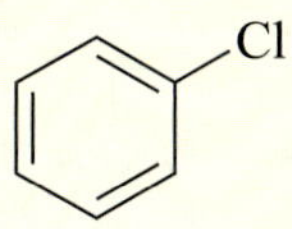

7.12 다음 반응의 주 생성물을 그리시오. *ortho*-와 *para*-생성물이 둘 다 생기는 경우에는 *para*-생성물만 그리시오. 반응이 일어나지 않을 것이라고 예상되면 NR이라고 쓰시오.

a. 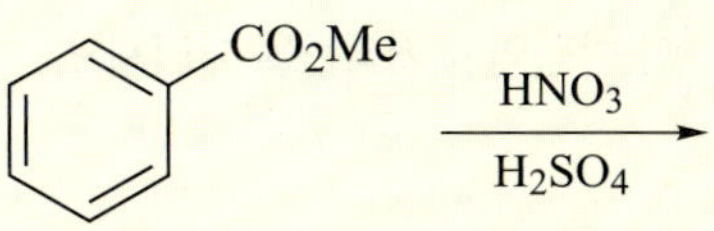

b. 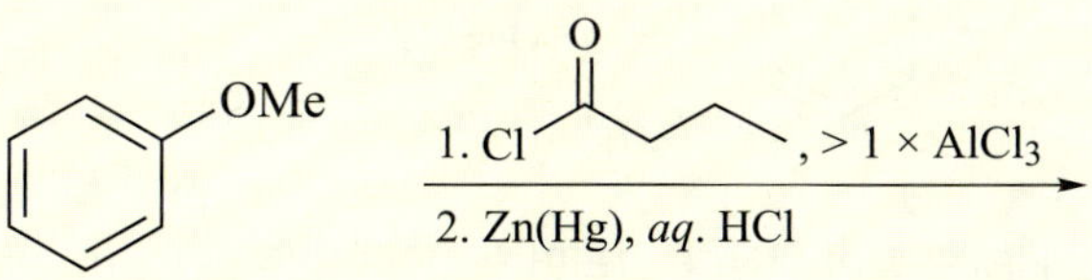

c. 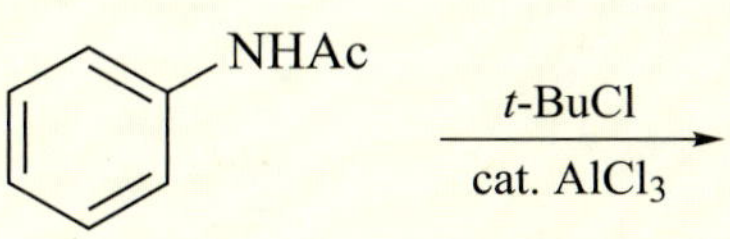

d. 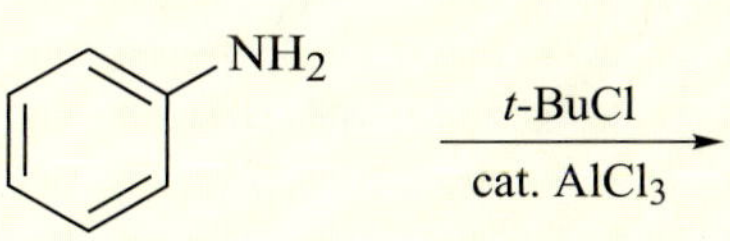

e. 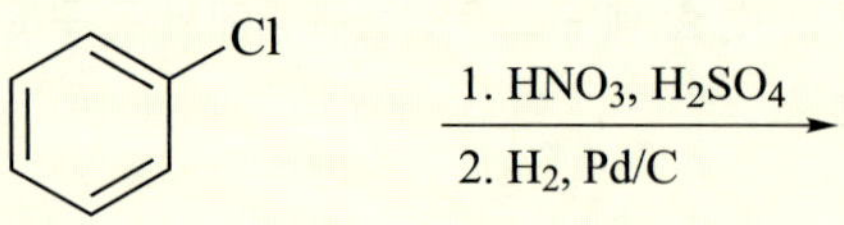

f. 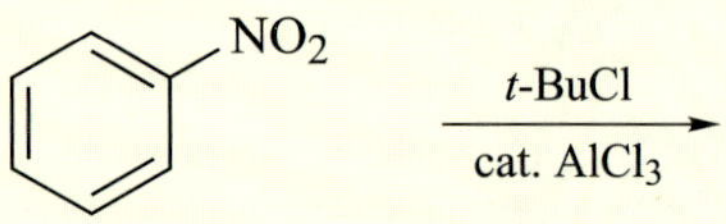

g. 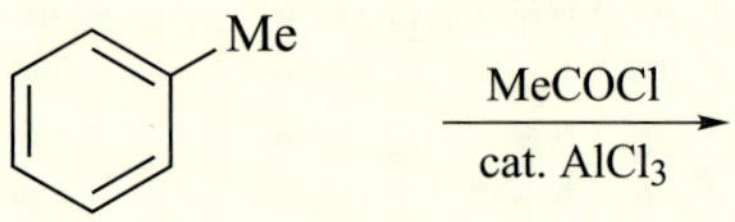

h. 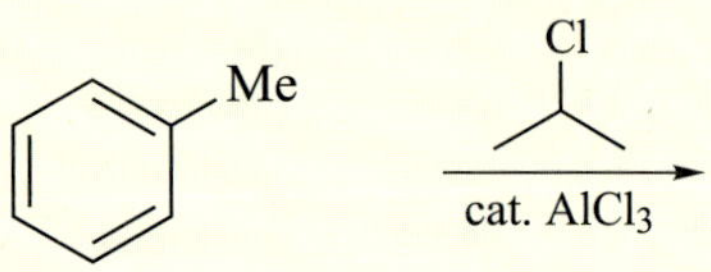

7.13 다음 반응에서처럼 벤젠과 이차 할라이드의 프리델–크래프츠 반응에서는 주로 삼차 알킬기로 치환된 벤젠 유도체가 얻어진다. 이 반응의 메커니즘을 제안하시오.

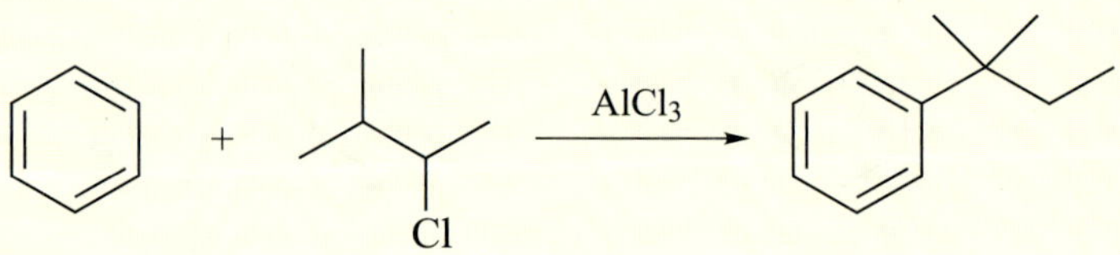

7.14 바이닐 할라이드(RCH=CHX)나 아릴 할라이드(ArX)는 프리델–크래프츠 반응에 참여하지 않는다. 그 이유는 무엇일까?

7.15 벤젠설폰산을 묽은 황산 용액에서 가열하면 다시 벤젠과 황산이 얻어진다. 이 반응의 메커니즘을 그리시오.

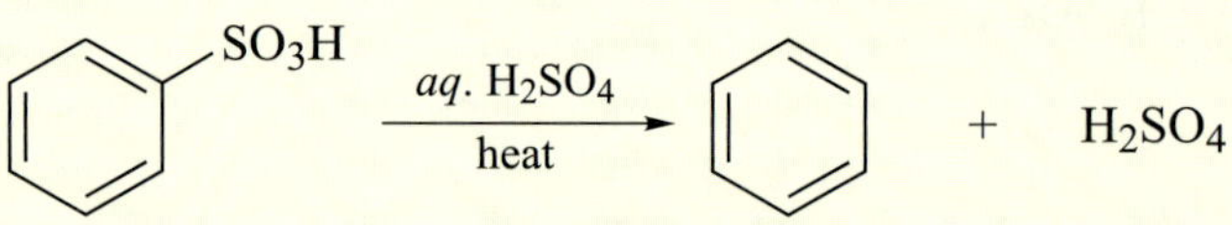

7.16 물 용매에서 일어나는 아닐린의 브로민화 반응에서는 HBr도 같이 나온다. 그러면 염기인 아닐린과 HBr이 반응하여 아닐리늄 이온을 만들 것이다. NH_3^+기는 *meta*-지향기이므로 *meta*-생성물이 얻어질 수도 있지만 생성물은 모두 2,4,6-트라이브로모아닐린이다. 왜 *meta*-생성물은 생기지 않는지를 설명하시오.

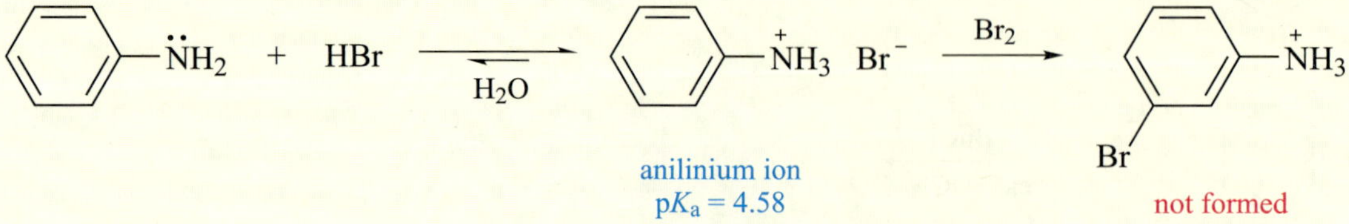

7.17 일차 할라이드를 이용하는 프리델-크래프츠 알킬화 반응에서는 곧은 사슬 알킬기로 치환된 벤젠만이 아니라 알킬기가 가지를 친 벤젠도 같이 얻어진다. 가지를 친 벤젠이 생성되는 과정의 메커니즘을 제안하시오(힌트: 이차 탄소 양이온은 매우 불안정하므로 반응 중간체로 존재할 수 없다. 따라서 가지를 친 벤젠은 탄소 양이온을 거치지 않는 1,2-수소화물 옮김으로 일어난다).

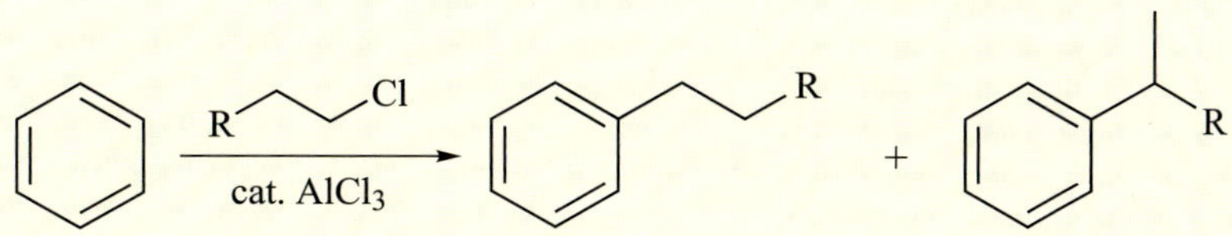

Chapter **08**

알코올, 에터, 아민 및 관련 화합물

이 장에서 다룰 화합물은 모두 산소, 황, 질소 원자 같은 헤테로 원자가 탄소 원자와 단일 결합을 이루고 있는 구조이다. 알코올, 에터와 에폭사이드는 극성 C−O 결합이 있는 화합물이고, 싸이올과 설파이드는 각각 알코올과 에터의 황 유사체이다. 아민은 C−N 결합으로 이루어져 있는 화합물이다.

R−OH	R−O−R		R−SH	R−O−R'	NH_2R, NHR_2, NR_3
alcohol	ether	epoxide (oxirane)	thiol (mercaptan)	thioether (sulfide)	amine

5장에서 다룬 알킬 할라이드처럼 이들 화합물도 헤테로 원자가 전기 음성이므로 헤테로 원자가 연결된 탄소가 친전자체로서 반응할 수 있다. 알킬 할라이드는 친핵성 치환 반응이 쉽게 일어나지만, 알코올과 에터의 경우 이탈기인 하이드록시기(hydroxy group, OH기)와 알콕시기(alkoxy group, OR기)가 센 염기이므로 염기성 조건에서는 친핵성 치환 반응이 일어나지 않는다.

반면에 각무리가 있는 에폭사이드는 산성이나 염기성 조건에서 친핵체와 잘 반응한다. 이러한 점을 제외하면 알코올이나 에터에게 일어나는 치환 반응이나 제거 반응은 알킬 할라이드의 경우와 크게 다르지 않다.

8.1 명명법

알코올

알코올(alcohol)은 sp^3 혼성화 탄소에 OH기가 결합된 화합물이다. 알킬 할라이드와 비슷하게 OH기가 연결된 탄소의 차수에 따라 일차(1°), 이차(2°) 및 삼차(3°) 알코올로 분류한다.

CH_3OH	CH_3CH_2OH	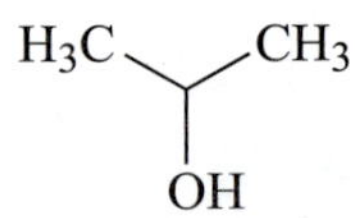	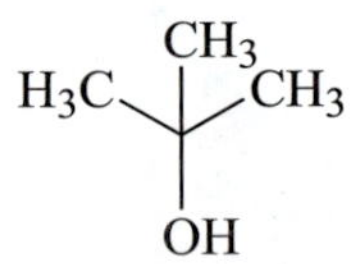
methanol alcohol	ethanol 1° alcohol	2° alcohol	3° alcohol

문제 8.1 다음 알코올을 일차, 이차, 삼차로 각각 분류하시오.

a. 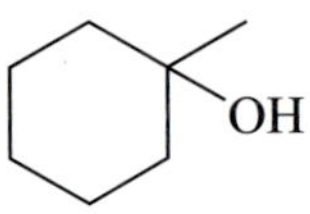 b. 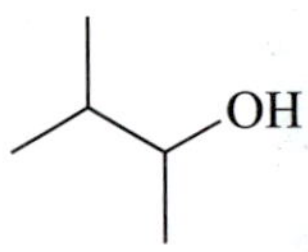 c. 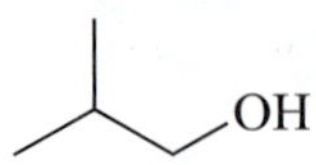 d. 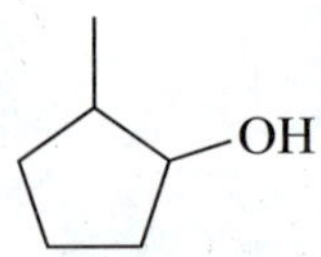

알코올의 IUPAC 체계명은 탄소 수가 같은 알케인의 이름 '-ane'을 '-ol'로 바꿔 명명한다. 상용명은 에틸 알코올처럼 알킬 알코올로서 명명한다(상용명은 괄호 안에).

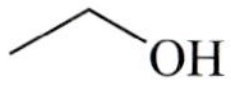

ethanol
(ethyl alcohol)

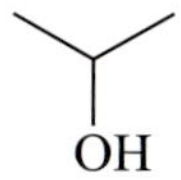

propan-2-ol
(isopropyl alcohol)

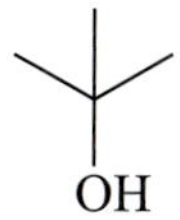

2-methylpropan-2-ol
(*tert*-butyl alcohol)

페놀

페놀(phenol)은 OH기가 직접 벤젠의 sp^2 혼성 탄소 원자에 붙어 있는 화합물이다.

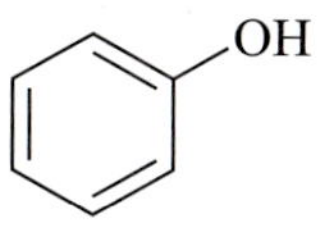

phenol

벤젠 고리에 OH기와 다른 치환기가 있는 구조는 페놀 유도체로서 명명하며 OH기의 탄소를 1번으로 간주한다(괄호 안의 이름은 상용명이다).

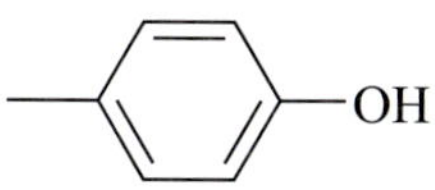

4-methylphenol
(*p*-cresol)

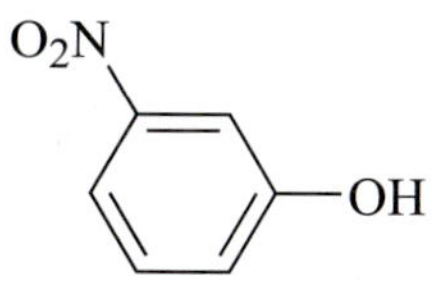

3-nitrophenol

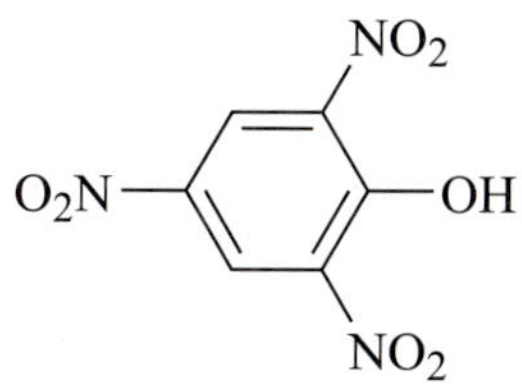

2,4,6-trinitrophenol
(picric acid)

에터와 에폭사이드

IUPAC 체계에서 에터는 OR기를 알콕시 치환기로서 간주하여 알콕시알케인(알켄, 아렌)처럼 명명한다. 알콕시기는 알킬기의 이름의 '-yl'을 '-oxy'로 바꿔 명명한다(예: EtO기는 ethoxy이다).

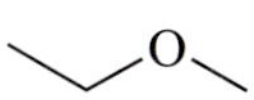

methoxyethane

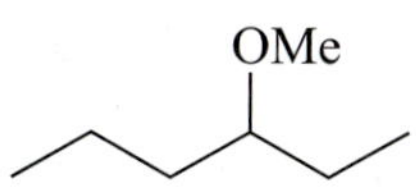

3-methoxyhexane

에터의 상용명은 두 알킬기의 이름을 알파벳 순으로 나열한 후 에터를 붙여 만든다.

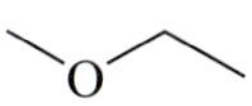

ethyl methyl ether

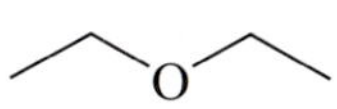

diethyl ether

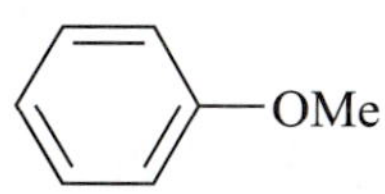

methyl phenyl ether
(anisole)

에폭사이드의 IUPAC 이름은 옥시레인의 유도체로서 명명하고 산소의 위치번호를 1번으로 한다. 또한 허용되는 IUPAC 이름은 '에폭시–' 접두사를 사용하는 것이다. 에폭사이드는 알켄에서 만들 수 있기 때문에 알켄의 이름 뒤에 옥사이드를 붙인 상용명을 사용하기도 한다.

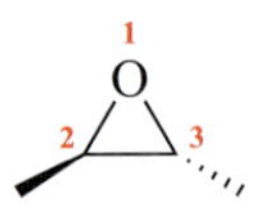

trans-2,3-dimethyloxirane
(*trans*-but-2-ene oxide)

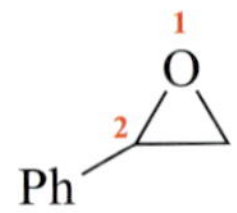

2-phenyloxirane
(styrene oxide)

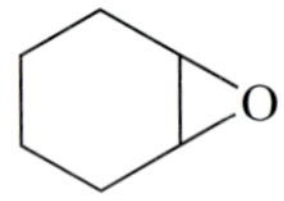

1,2-epoxycyclohexane

싸이올과 설파이드

알코올의 산소 원자가 황 원자로 바뀐 화합물을 **싸이올**(옛 이름은 **머캅탄**(mercaptan, '수은(mercury)을 붙잡는다(capture)'라는 의미의 라틴어 *mercurium captāns*에서 유래)이라고 부른다. 에터의 황 유사체는 **싸이오에터** 혹은 **설파이드**(황화물)이다.

싸이올의 체계명은 탄화수소 어미 구조의 이름에 '-thiol'을 붙여 명명한다.

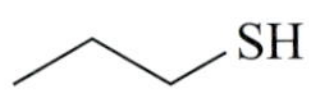

propane-1-thiol

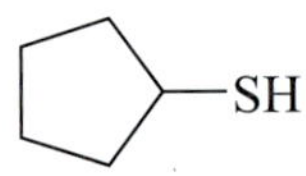

cyclopentanethiol

간단한 싸이오에터의 상용명은 에터와 비슷하게 명명한다. 즉, 황 원자에 연결된 두 기를 명명한 후 'sulfide'를 붙인다(체계명은 다루지 않음).

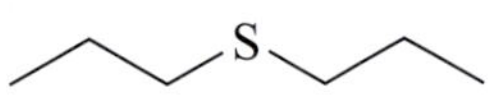

dipropyl sulfide

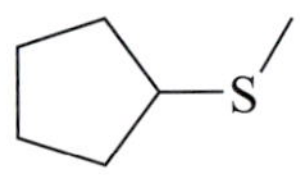

cyclopentyl methyl sulfide

아민

아민은 암모니아의 수소 대신에 탄소가 결합하고 있는 작용기이다. 아민의 체계명은 알코올과 비슷한 방법으로 정한다. 즉, 알코올의 말미 '-ol' 대신에 '-amine'을 붙인다.

$CH_3CH_2NH_2$ ethanamine 에탄아민 (CH_3CH_2OH ethanol 에탄올)

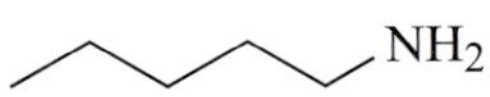

pentan-1-amine

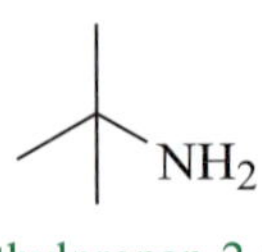

2-methylpropan-2-amine

이차, 삼차 아민의 경우에는 가장 긴 탄소 사슬을 포함하는 아민을 어미 구조로 명명하고 더 짧은 알킬기 치환기를 *N*- 다음에 표시한다.

$CH_3NHCH_2CH_3$ *N*-methylethanamine
$(CH_3CH_2)_2NH$ *N*-ethylethanamine
$(CH_3CH_2)_3N$ *N*,*N*-diethylethanamine

아민의 상용명은 가장 긴 알킬기의 이름에 '-amine'을 붙여 명명하고 한 단어처럼 쓴다.

$(CH_3)_2N-CH_2CH_2CH_3$ *N*,*N*-dimethylpropylamine
$(CH_3CH_2)_3N$ triethylamine
$(CH_3)_3NH_2$ *tert*-butylamine

아민은 질소 원자와 결합하고 있는 탄소 원자(알킬 혹은 아릴)의 수에 따라 일차(1°), 이차(2°), 삼차(3°) 및 사차(4°) 아민(사차인 경우 암모늄 이온)으로 분류한다(알킬 할라이드나 알코올의 분류와 다름).

CH_3NH_2	$(CH_3CH_2)_2NH$	$(CH_3CH_2)_3N$	$(CH_3)_4N^+$
1° amine	2° amine	3° amine	4° ammonium ion

문제 8.2 다음 아민을 일차, 이차, 삼차 및 사차로 각각 분류하시오.

a. 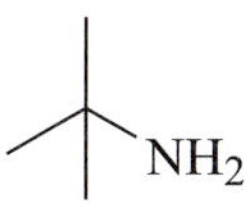
b. 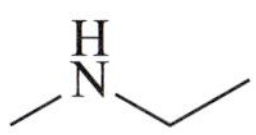
c. 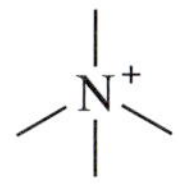
d. 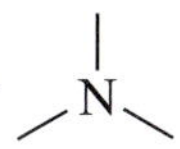

다음과 같은 방향족 화합물의 경우 상용명이 널리 쓰인다.

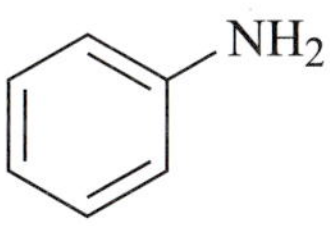
aniline

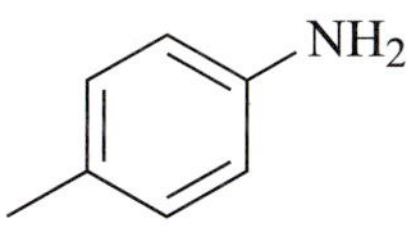
p-toluidine

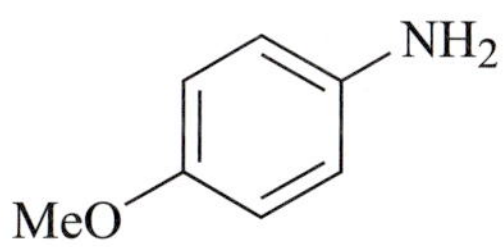
p-anisidine

8.2 알코올, 페놀 및 싸이올의 산성도

알코올은 산성도가 물과 비슷하며 pK_a는 대략 15이다. 또한 산소에는 고립쌍 전자가 있으므로 산소 원자는 브뢴스테드 염기이기도 하다. 페놀(pK_a~10)은 알코올보다 산성도가 더 크며, 그 이유는 페놀의 짝염기(PhO^-)의 음전하가 벤젠 고리로 비편재화되어 알코올의 음이온보다 더 안정해지기 때문이다.

문제 8.3 PhO^- 이온의 음전하가 벤젠 고리로 비편재화되어 있는 공명 구조를 그리시오.

싸이올(pK_a~10)은 알코올보다 더 센 산으로서 알콕사이드와 반응하면 머캅타이드(mercaptide, 싸이올산 음이온(thiolate))가 정량적으로 얻어진다.

$$\underset{\substack{pK_a \sim 10 \\ \text{thiol}}}{\text{Me—SH}} + \text{NaOEt} \rightleftharpoons \underset{\substack{\text{mercaptide} \\ \text{thiolate}}}{\text{MeSNa}} + \underset{pK_a \sim 15}{\text{EtOH}}$$

8.3 알코올의 반응

알코올의 탈수 반응

알코올을 산 촉매 조건에서 가열하면 물 분자가 떨어지면서 알켄이 생성된다.

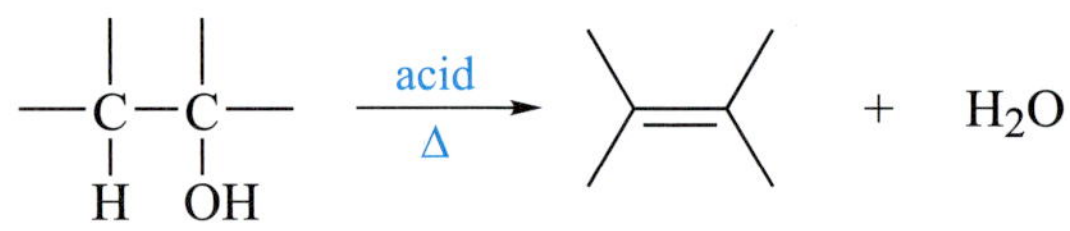

흔히 쓰는 산은 그 짝염기의 친핵성도가 떨어지는 황산, 인산 같은 브뢴스테드 산이다. 탈수 반응에 필요한 반응 온도와 산의 농도는 알코올의 차수에 따라 다르다. 즉, 반응 조건은 삼차 < 이차 < 일차의 순으로 더 격렬해진다. 따라서 탈수 반응에서의 알코올의 반응성은 삼차 > 이차 > 일차의 순으로 감소함을 알 수 있다.

산 촉매 조건에서 알코올의 탈수 반응의 속도: 삼차 > 이차 > 일차

1° alcohol

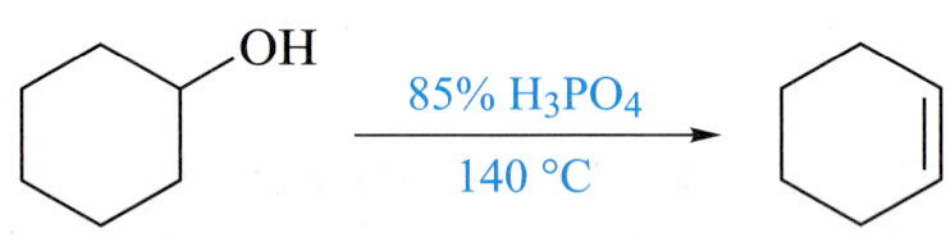

2° alcohol

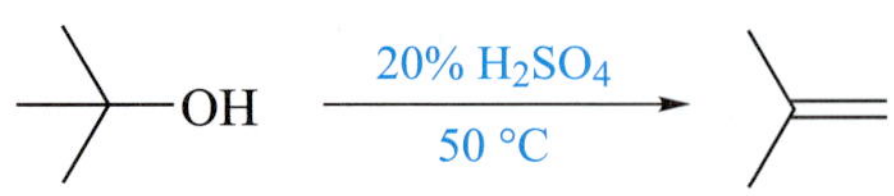

3° alcohol

탈수 반응의 메커니즘

이차와 삼차 알코올의 탈수는 E1 메커니즘을 따라 세 단계로 일어난다. 첫 단계에서 산소 원자에 산의 양성자가 첨가된 후 나쁜 이탈기인 −OH기 대신에 좋은 이탈기인 물이 떨어

지면 탄소 양이온이 생기며 이 단계가 속도 결정 단계이다. 마지막으로 양전하를 띤 탄소의 이웃 원자에서 물 같은 염기가 양성자를 제거하면 알켄이 얻어진다.

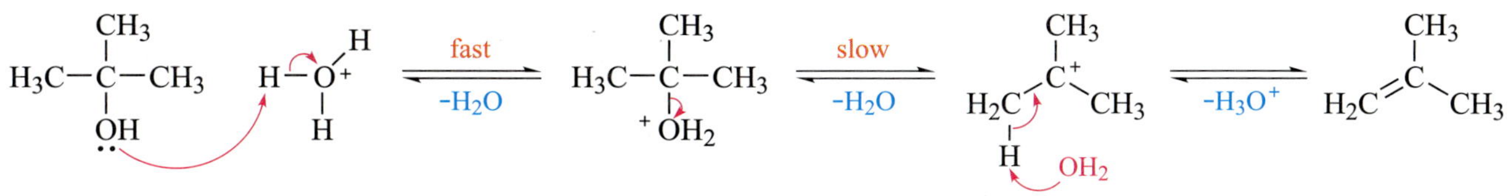

반면에 일차 알코올은 E1 메커니즘이 아니라 E2 메커니즘으로 탈수된다. 그 이유는 일차 탄소 양이온은 매우 불안정하므로 중간체로 존재할 수 없기 때문이다.

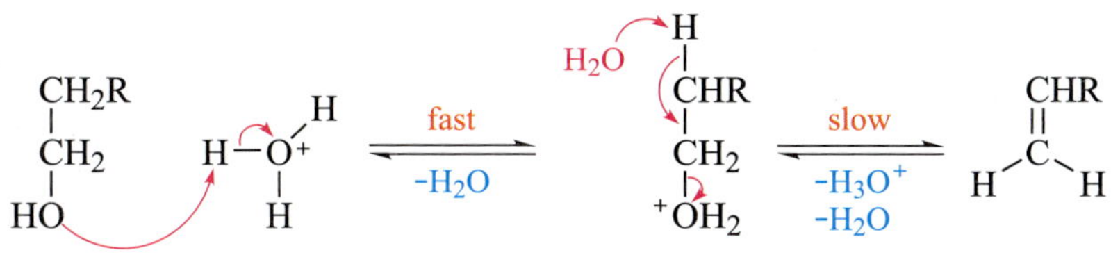

문제 8.4 알코올의 탈수 반응은 왜 염기 촉매가 아니라 산 촉매가 필요할까?

예제 8.1 다음 알코올을 산 촉매화 탈수 반응에서의 반응성이 감소하는 순서로 배열하시오.

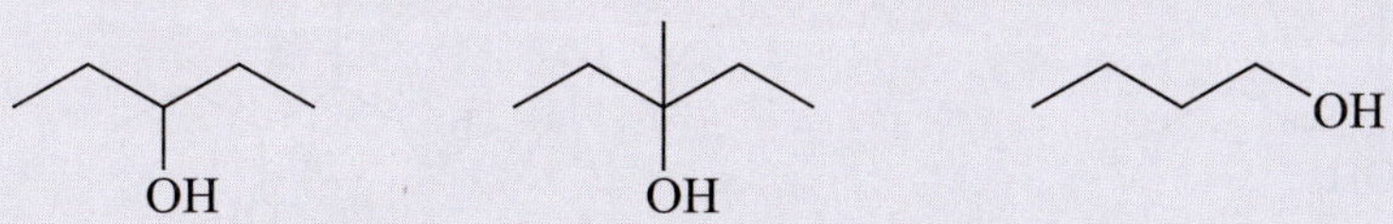

풀이 반응성은 삼차, 이차, 일차 알코올의 순서로 감소한다.

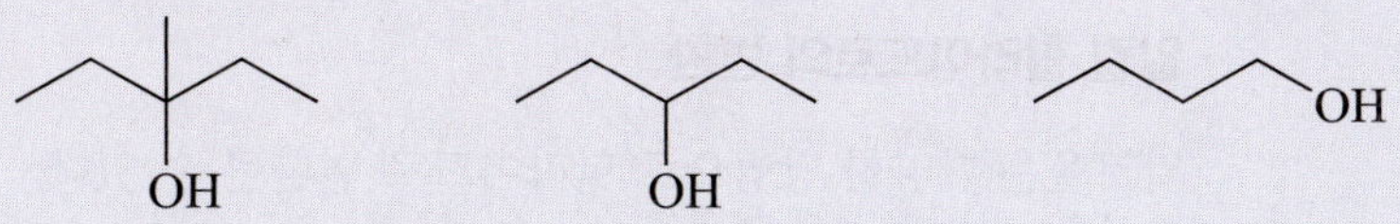

문제 8.5 다음 두 알코올 중에서 산 촉매화 탈수 반응에서의 반응성이 더 큰 것을 각각 고르시오.

a. 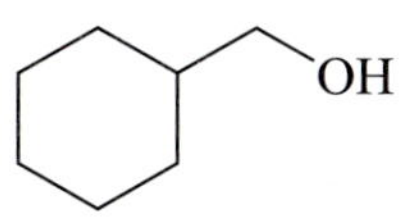

b. 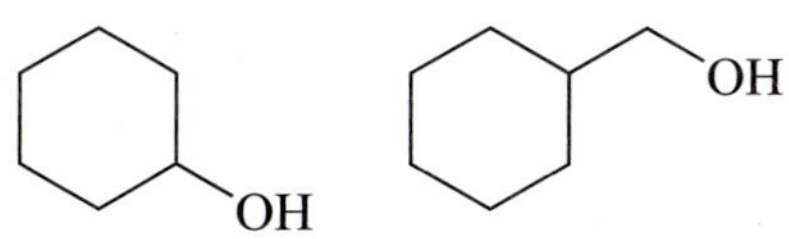

이차 알코올의 자리 옮김

5.4절에서 다루었듯이 삼차 탄소 양이온은 안정하기 때문에 굳이 자리 옮김을 할 필요가 없지만, 일차 및 이차 탄소 양이온은 더 안정한 양이온으로 자리를 옮기기도 한다. 다음과 같은 이차 알코올의 탈수 반응에서 탄소 골격이 출발물과는 다른 알켄 생성물이 생기는 것을 볼 수 있는데, 이는 이차 알코올에서 생기는 탄소 양이온이 더 안정한 삼차 양이온으로 자리를 옮기기 때문이다.

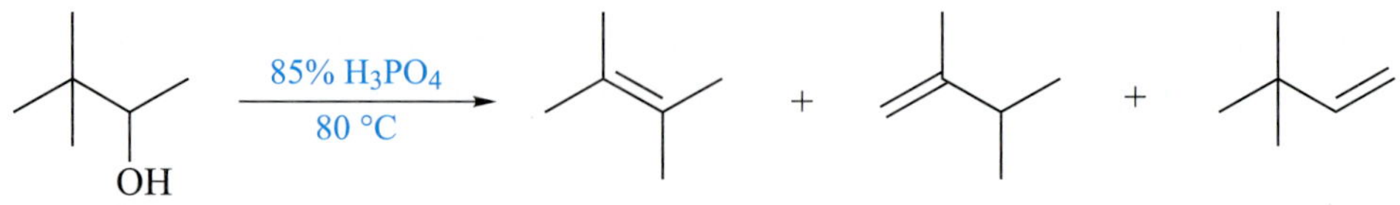

3,3-dimethyl-butan-2-ol → 2,3-dimethyl-but-2-ene 64% + 2,3-dimethyl-but-1-ene 33% + 3,3-dimethyl-but-1-ene 3%

문제 8.6 3,3-다이메틸뷰탄-2-올의 산 촉매화 탈수 반응에서 2,3-다이메틸뷰트-2-엔이 생기는 반응의 메커니즘을 그리시오.

알코올의 탈수 반응의 주 생성물

이차 알코올인 뷰탄-2-올의 탈수 반응에서는 세 가지 알켄이 다음과 같이 얻어진다. 이 중에서 가장 안정한 (*E*)-알켄이 주로 얻어짐을 알 수 있다(사이체프 규칙을 따름).

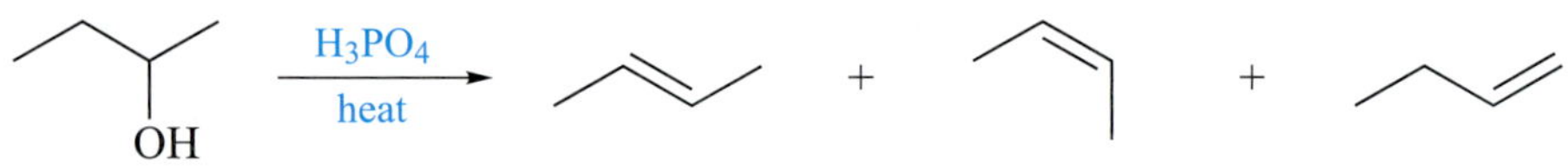

butan-2-ol → (*E*)-but-2-ene 56% + (*Z*)-but-2-ene 32% + but-1-ene 12%

문제 8.7 다음 알코올의 산 촉매화 탈수 반응에서 주 생성물을 각각 예측하시오.

a. 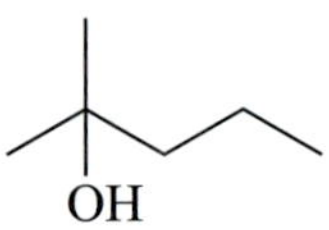

b. 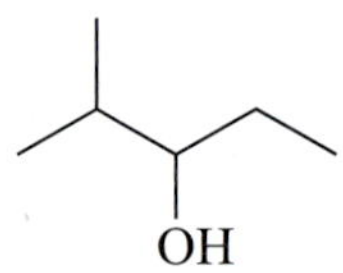

알킬 할라이드로의 변환

알코올은 다양한 방법으로 할라이드로 변환될 수 있다.

HX를 이용하는 방법

삼차나 이차 알코올을 진한 HCl 혹은 진한 HBr로 처리하면 S_N1 메커니즘으로 할라이드가 얻어진다. HX의 반응성은 HI > HBr > HCl이다.

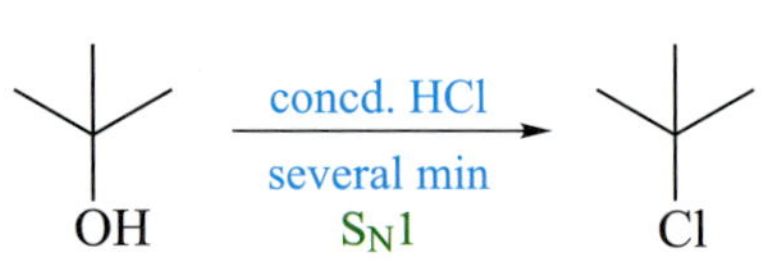

3° alcohol

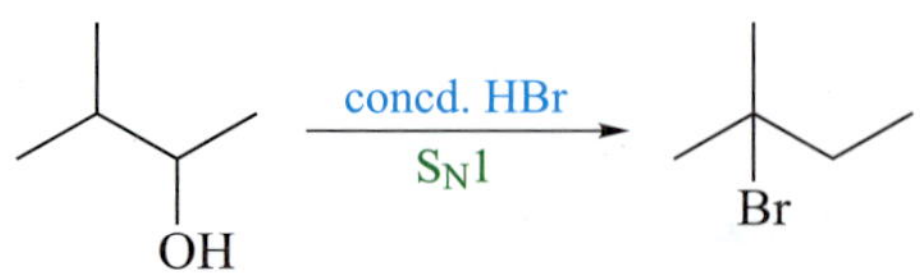

2° alcohol

tert-뷰틸 알코올의 반응은 삼차 탄소 양이온을 거쳐 일어나며 탄소 양이온이 생기는 단계가 속도 결정 단계이다.

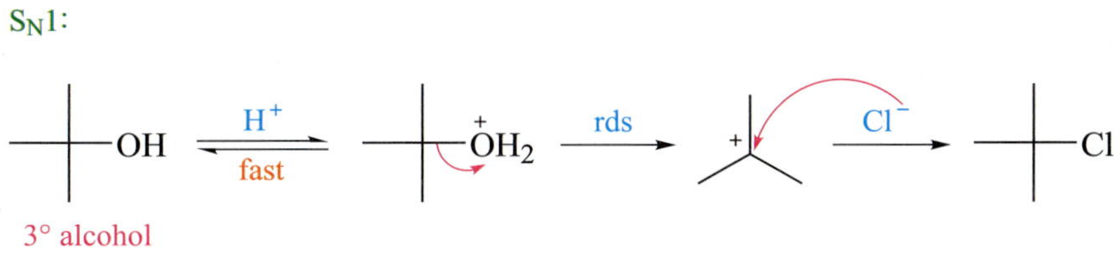

반면에 일차 알코올을 진한 HBr 용액과 함께 가열하면 S_N2 메커니즘으로 일차 브로마이드가 얻어진다(일차 알코올은 진한 염산과는 매우 느리게 반응한다).

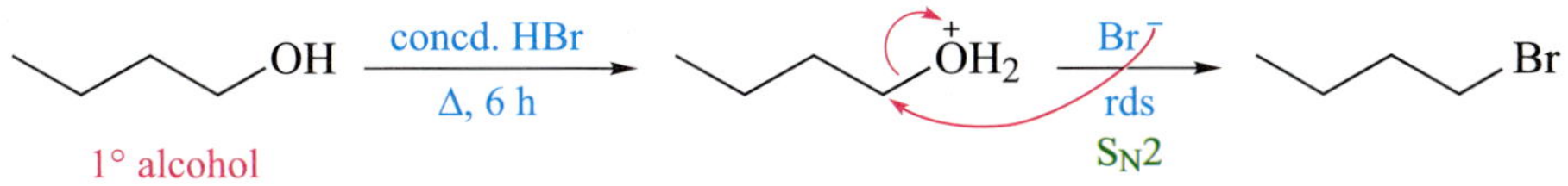

알코올의 HX에 대한 반응성

tert-뷰틸 알코올과 같은 삼차 알코올은 상온에서 진한 염산과 3~4분 내에 반응하나, 이차 알코올은 이 시간 동안에는 반응하지 않으며, 일차 알코올인 뷰탄-1-올은 거의 반응이 일어나지 않는다. 따라서 알코올의 HX에 대한 반응성은 삼차 > 이차 > 일차 알코올의 순서로 감소함을 알 수 있다.

염화 싸이오닐을 이용하는 방법

일차 혹은 이차 알코올을 유기 염기인 피리딘의 존재 하에서 **염화 싸이오닐**(thionyl chloride, $SOCl_2$)로 처리하면 S_N2 메커니즘에 따라 배열이 반전된 염화물을 쉽게 구할 수 있다.

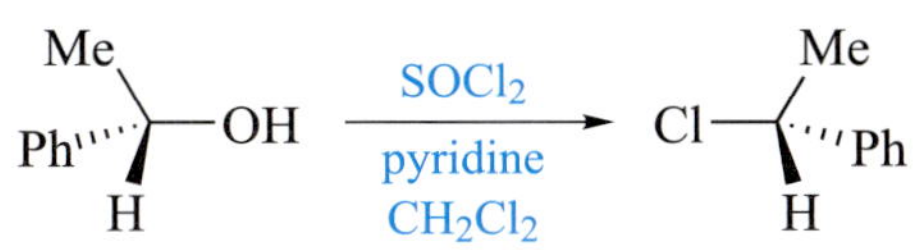

알코올이 $SOCl_2$와 반응하면 중간체인 클로로설파이트(chlorosulfite)가 생기고 이 중간체는 다시 피리딘과 반응하여 피리디늄 설파이트 **A**로 변한다. 이 구조 **A**에서 염화 이온의 후면 공격이 일어나면 배열이 반전된 염화물이 얻어진다. 이 반응은 탄소 양이온이 생기지 않기 때문에 자리 옮김이 일어나지 않는다.

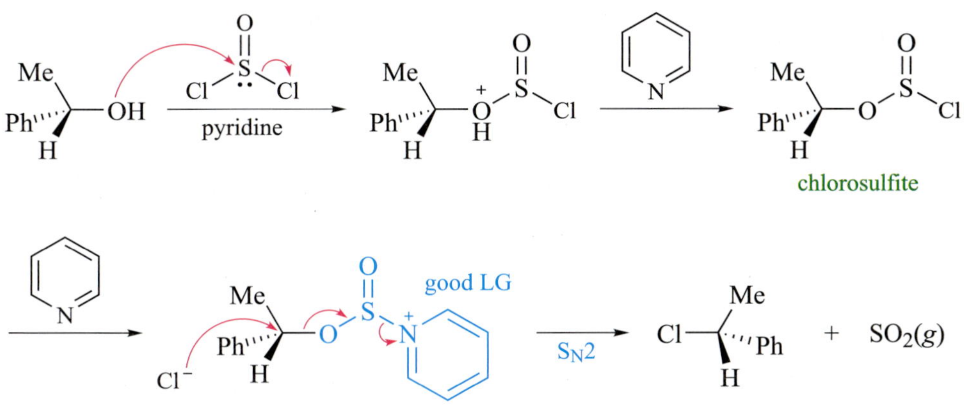

A

예제 8.2 다음 반응의 생성물을 각각 그리시오.

a. 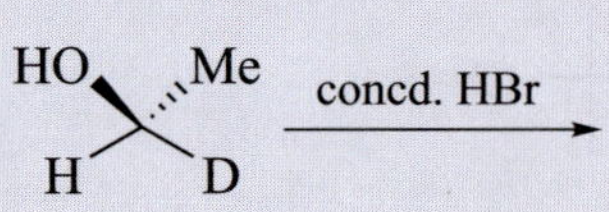

b. 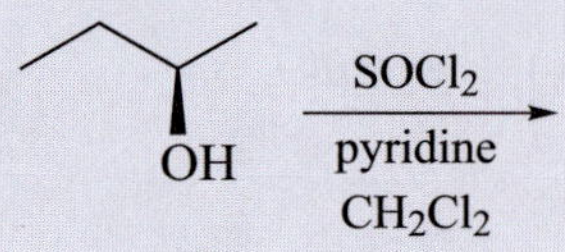

c. 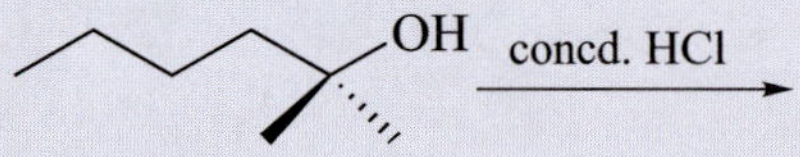

풀이 a와 b는 S_N2 반응, 그리고 c는 S_N1 반응으로 일어난다.

a. 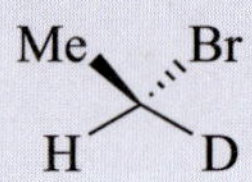

b. 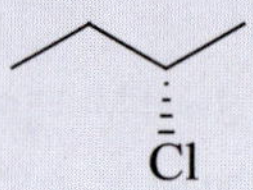

c. 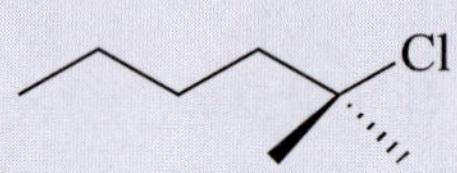

문제 8.8 다음 알코올을 피리딘 존재 하에서 $SOCl_2$로 처리하였다. 생성물을 각각 그리시오.

a. 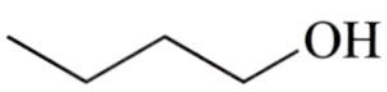

b. 

알코올의 설포네이트

설포네이트는 다음과 같은 구조이다.

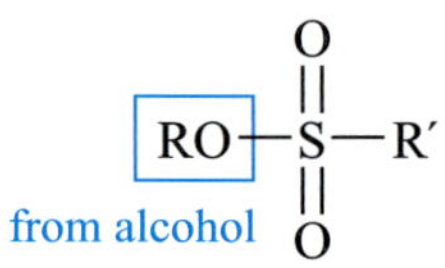

HO^- 이온은 센염기이므로 알코올은 S_N2 반응이 일어나지 않지만, 알코올의 유도체인 설포네이트(sulfonate)는 S_N2 반응이 빠르게 일어난다. **토실레이트**(tosylate)는 자주 쓰이는 설포네이트의 한 종류로서 토실레이트 이온(^-OTs)은 매우 센산인 *p*-톨루엔설폰산(pK_a = −3)의 짝염기이므로 좋은 이탈기이다.

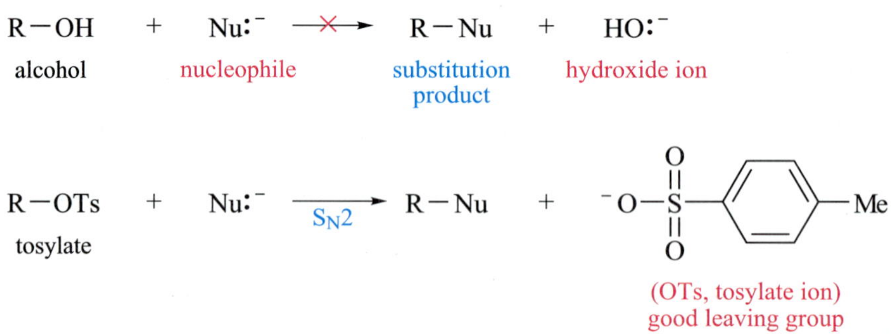

Ts는 tosyl(toluenesulfonyl)의 약자이다.

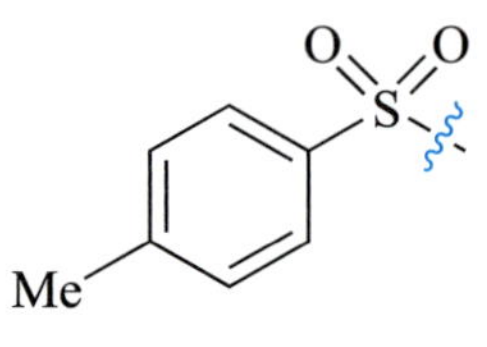

tosyl group
Ts

알코올의 토실레이트는 알코올을 피리딘 같은 염기 존재 하에서 염화 *p*-톨루엔설폰일(*p*-toluenesulfonyl chloride, TsCl)과 반응시켜 얻을 수 있다. 이 반응에서는 O−H 결합만 깨지기 때문에 알코올의 배열은 변하지 않는다.

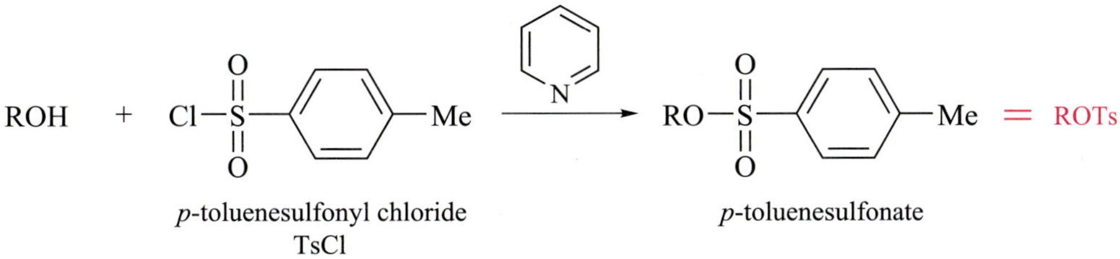

이차 알코올의 토실레이트가 S_N2 반응을 수행하면 배열이 반전된 생성물이 얻어진다.

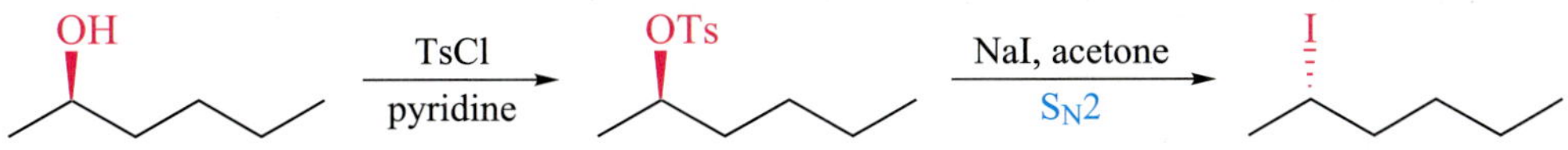

예제 8.3 다음 화합물의 합성에 필요한 시약을 각각 순차적으로 적으시오.

a. 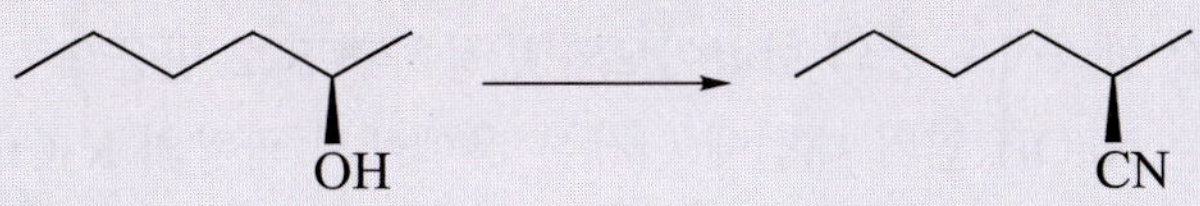

b. 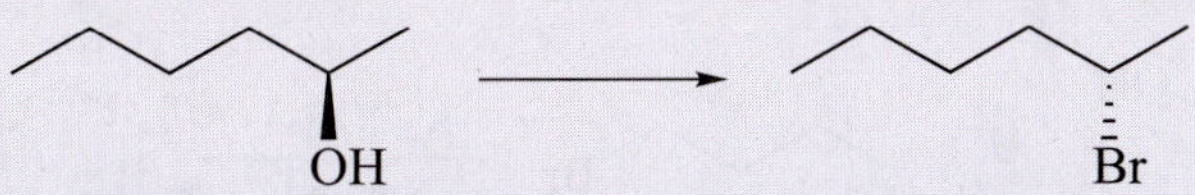

풀이 모두 S_N2 반응을 이용하는 합성이다. a에서처럼 배열이 보존되는 반응은 S_N2 반응을 두 번 사용한다. b에서처럼 배열이 반전되는 반응은 토실레이트를 이용한다.

a. 1. $SOCl_2$, 피리딘, CH_2Cl_2 2. NaCN, DMF

b. 1. TsCl, 피리딘 2. NaBr, DMF

문제 8.9 다음 화합물의 합성에 필요한 시약과 적절한 용매를 각각 순차적으로 적으시오.

a. 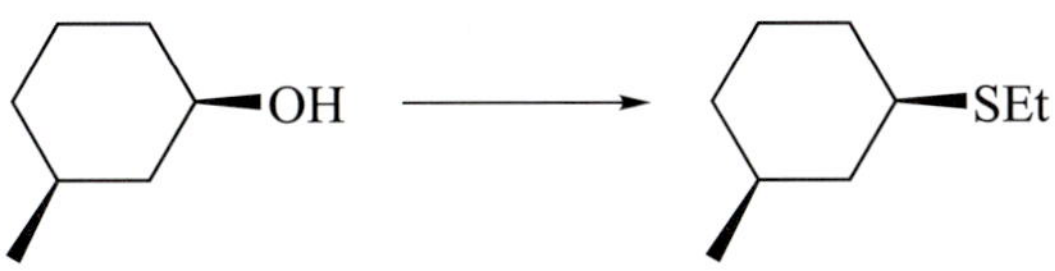

b. 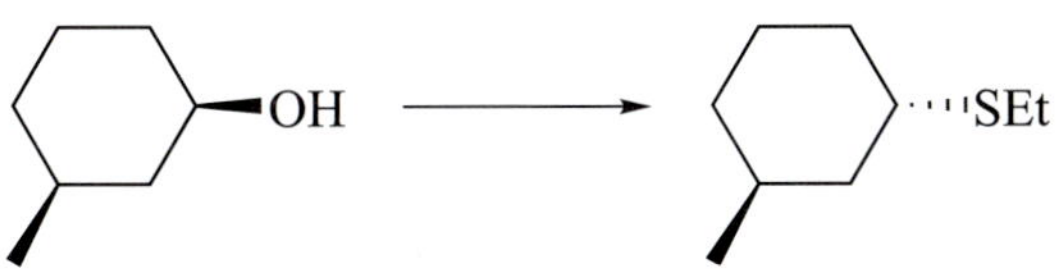

문제 8.10 뷰탄-1-올에서 다음 화합물을 얻고자 한다. 합성법을 각각 제안하시오.

a. 

b. 

지금까지 알코올의 HO기를 더 좋은 이탈기로 변환하는 예를 두 개 소개하였다. 하나는 산성 조건에서 HO기를 H_2O^+기로 변환하는 것이고 다른 하나는 설포네이트를 이용하는 것이다. 하지만 생화학적 반응은 이러한 이탈기 대신에 매우 좋은 이탈기인 다이포스페이트를 이용한다.

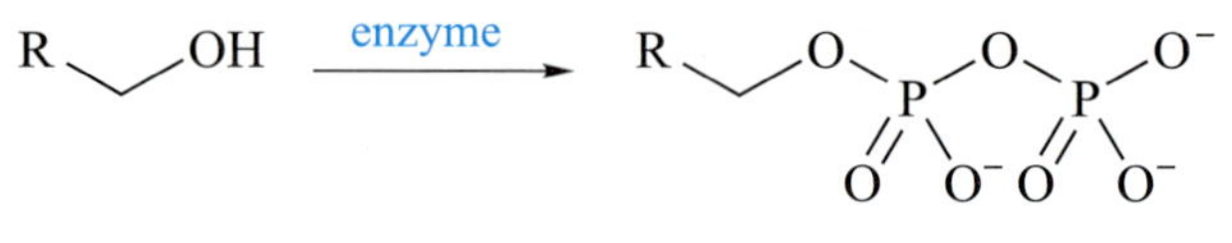

8.4 페놀의 반응

알킬 할라이드와의 반응

페놀의 pK_a는 약 10 정도이므로 NaOH 같은 염기가 페놀의 OH 수소를 제거하면 페녹사이드 이온(phenoxide ion)이라고 하는 페놀의 음이온이 정량적으로 얻어진다. 이 음이온이 MeI나 일차 알킬 할라이드 등의 할라이드와 반응하면 S_N2 반응으로 페닐 에터가 생긴다. 실제 합성에서는 NaOH 염기 대신에 아세톤 용매에서 과량의 K_2CO_3 고체의 존재 하에서 페놀의 알킬화 반응을 수행한다.

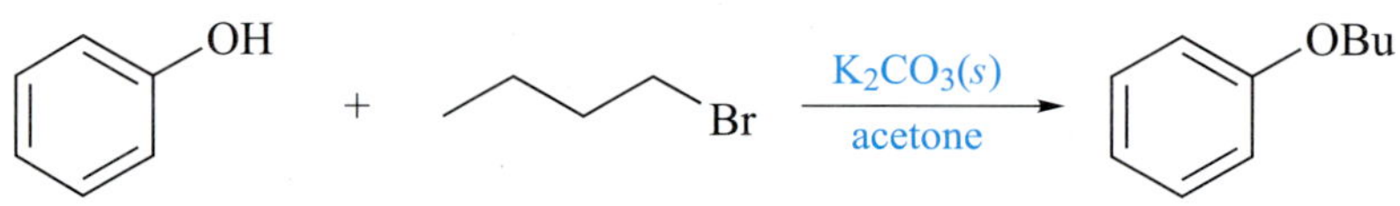

산화-환원 반응

페놀의 유도체인 **하이드로퀴논**(hydroquinone)이 수행하는 중요한 반응은 산화 반응이다. 하이드로퀴논이 산소 원자의 고립쌍 전자를 산화제(Ag_2O, CrO_3, O_2)에 하나 내주면 공명 안정화된 산소 라디칼이 생긴다. 이 라디칼의 다른 산소 원자가 홀전자를 또 내주면 결국에는 하이드로퀴논에서 두 수소 원자가 제거된 *p*-**벤조퀴논**(benzoquinone)이라고 하는 산화 생성물이 생긴다. 반면에 $SnCl_2$ 같은 환원제는 *p*-벤조퀴논을 다시 하이드로퀴논으로 환원시킨다.

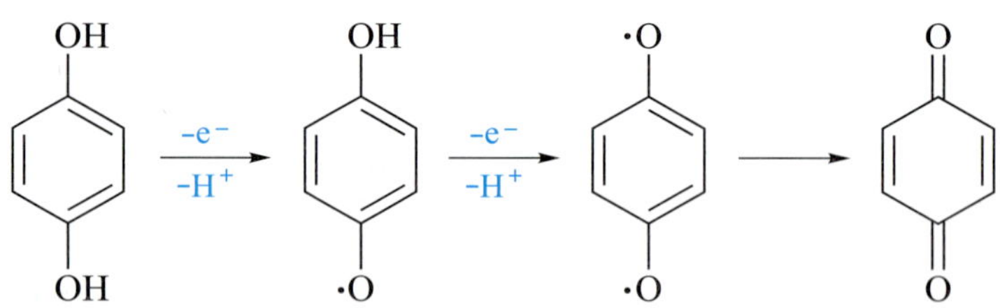

유비퀴논이라는 이름은 유비쿼터스 퀴논(ubiquitous quinone)에서 나온 말로서 모든 세포에 존재한다는 의미이다.

생화학 반응에서 이러한 **홀전자 이동**(single-electron transfer)에 관여하는 벤조퀴논 구조의 화합물이 유비퀴논(ubiquinone, 보조 효소 Q)이다. 동물 세포의 미토콘드리아에 존재하는 유비퀴논은 전자가 풍부한 음식이 산화되면서 그 전자가 산소 분자로 전달되어 에너지가 생성되는 전자 전달 연쇄(electron transport chain) 과정을 매개하는 물질로 작용한다(환원된 유비퀴논과 산화된 유비퀴논은 쉽게 상호 변환된다).

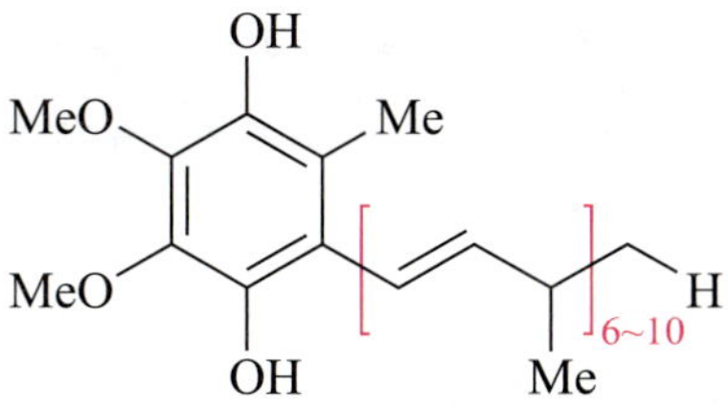

reduced ubiquinone
(QH_2)

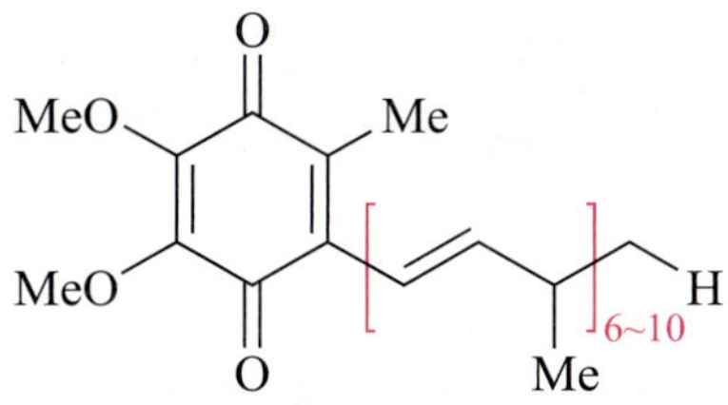

oxidized ubiquinone
(coenzyme Q)

산화 방지제

산화 방지제(antioxidant, 항산화제)는 반응성이 큰 산소 라디칼(RO·) 등과 반응하여 이러한 라디칼을 제거하는 물질이다. 산화 방지제 중에서 페놀 계열의 예로 비타민 E와 BHT(butylated hydroxytoluene, 식품 첨가제)를 들 수 있다.

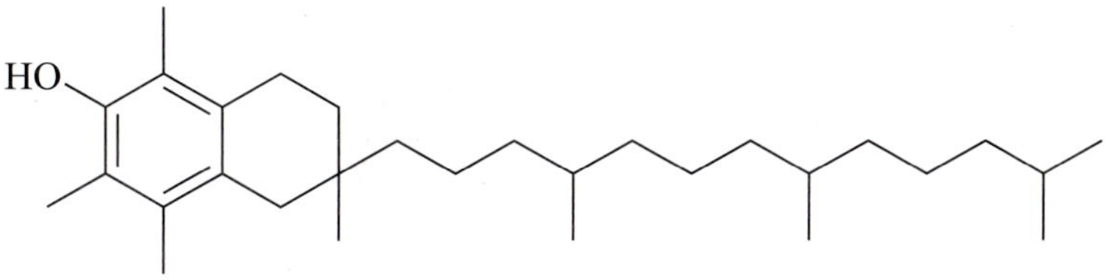

vitamin E

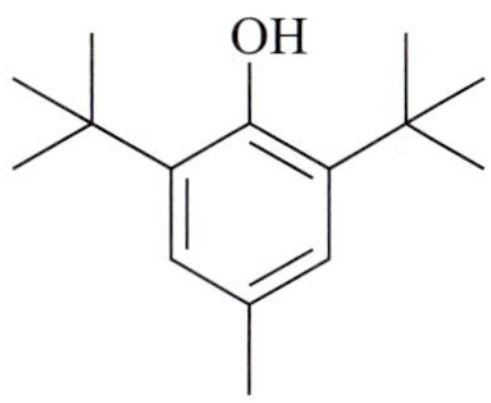

BHT

라디칼 RO·가 산화 방지제인 BHT(ArOH로 표시)와 반응하면 ROH와 ArO·가 생기는데, 이 산소 라디칼은 공명 안정화되어 있으며 또한 덩치가 큰 두 *tert*-뷰틸기 사이에 있기 때문에 반응성이 극히 작다.

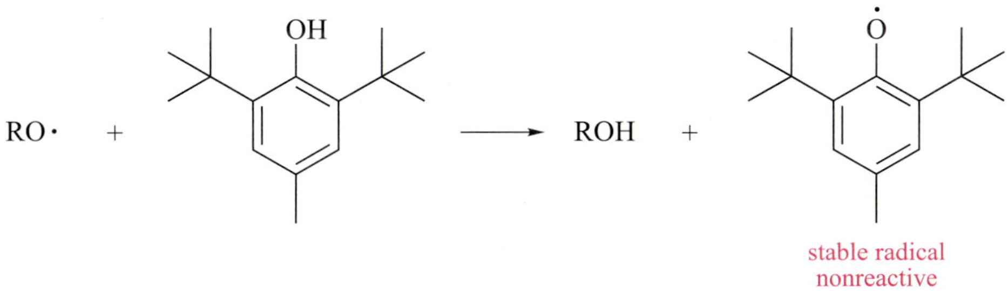

하이드로퀴논도 라디칼 억제제(혹은 산화 방지제)로 작용한다. 하이드로퀴논이 라디칼 R·과 반응하면 세미퀴논이 생긴다. 이 산소 라디칼은 공명 안정화되어 있으므로 라디칼 R·보다는 반응성이 작을 것이다. 세미퀴논이 다시 한 번 라디칼과 반응하면 퀴논으로 변한다. 결국, 하이드로퀴논은 두 당량의 라디칼을 제거하는 셈이다.

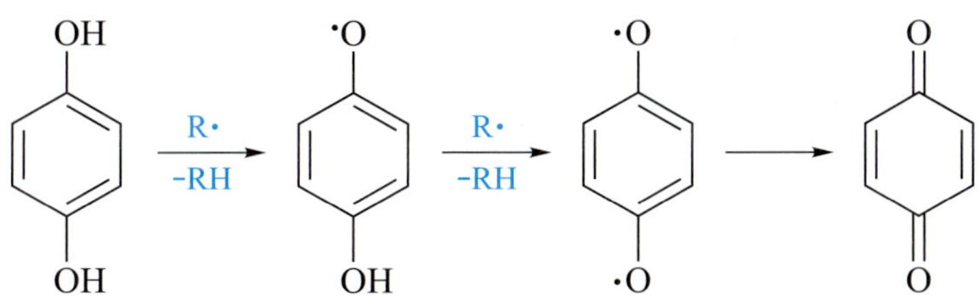

8.5 에테르의 합성

에테르의 대표적 합성법은 알콕사이드 이온(RO^-)과 알킬 할라이드 혹은 설포네이트의 반응을 이용하는 **윌리엄슨 에테르 합성**(Williamson ether synthesis)이다. 이 합성법은 좋은 친핵체이면서 센 염기인 알콕사이드 이온을 친핵체로 이용하는 S_N2 반응이므로 알킬 할라이드나 설포네이트는 메틸이나 일차인 것이 가장 좋다. 삼차 할라이드를 이용하면 주로 E2 반응이 일어날 것이다.

알콕사이드 이온은 THF 용매에서 알코올을 NaH 같은 센염기로 처리하여 얻는다.

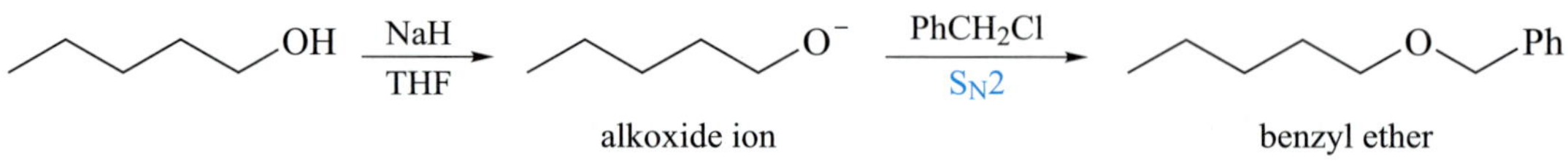

예제 8.4 다음 에테르는 두 가지 방식의 윌리엄슨 합성으로 얻을 수 있다. 두 가지 합성법을 제안하시오. 둘 중에서 어느 방법이 더 좋은가?

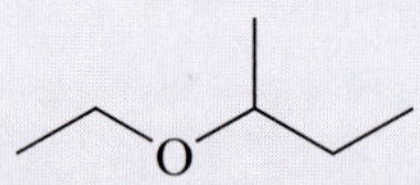

풀이 이 에테르는 다음과 같이 두 가지 방식 I과 II로 얻을 수 있으나 일차 할라이드를 이용하는 방식 I이 선호된다(이차 할라이드는 주로 제거 생성물인 알켄을 줄 것이다).

방식 I: EtBt, NaO*s*-Bu; 방식 II: *s*-BuBr, NaOEt

문제 8.11 다음 에테르의 윌리엄슨 합성법을 각각 제안하시오.

a. 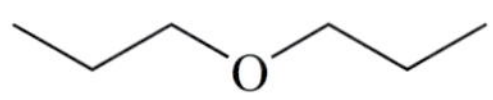

b. 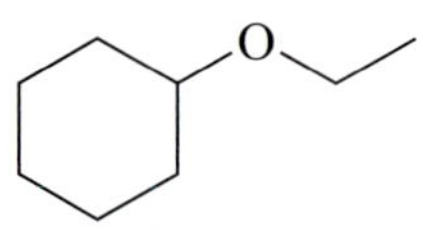

8.6 알코올의 산화 반응

알코올의 산화제는 종류가 매우 다양하나, 이 절에서는 크로뮴의 산화수가 +6인 Cr(VI)(육가 크로뮴)을 이용하는 산화제만 다루기로 한다. 알코올을 산화시키려면 파란색으로 표시한 두 수소를 제거하여야 한다. 알코올이 산화제와 반응하면 O−Cr 결합이 생긴 후 E2 반응에 의하여 탄소의 수소가 제거되어 카보닐 화합물이 얻어지며 동시에 Cr(VI)은 Cr(IV)으로 환원된다.

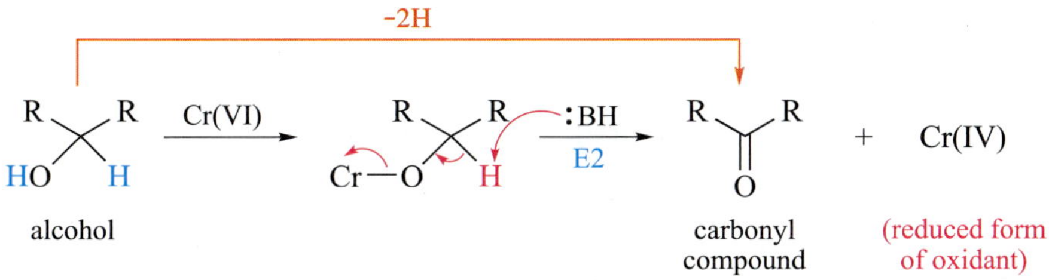

육가 크로뮴의 한 예인 크로뮴산(H_2CrO_4, chromic acid)은 소듐 다이크로메이트($Na_2Cr_2O_7$)나 산화 크로뮴(VI)(CrO_3)을 묽은 황산에 녹여 만든다(산화 반응은 산이 필요함). 산화 반응의 첫 단계는 알코올(아래 반응식에서는 일차 알코올)이 크로뮴산과 반응하여 크로뮴산 에스터가 생기는 산 촉매화 반응이다. 이렇게 생성된 크로뮴산 에스터가 물 같은 염기와 E2 반응을 하면 O−Cr 결합이 깨지면서 알데하이드와 Cr(IV)이 얻어진다(Cr(IV) 염은 최종적으로 녹색의 Cr(III) 염으로 변함). 알코올이 이차 알코올이면 케톤이 얻어질 것이다.

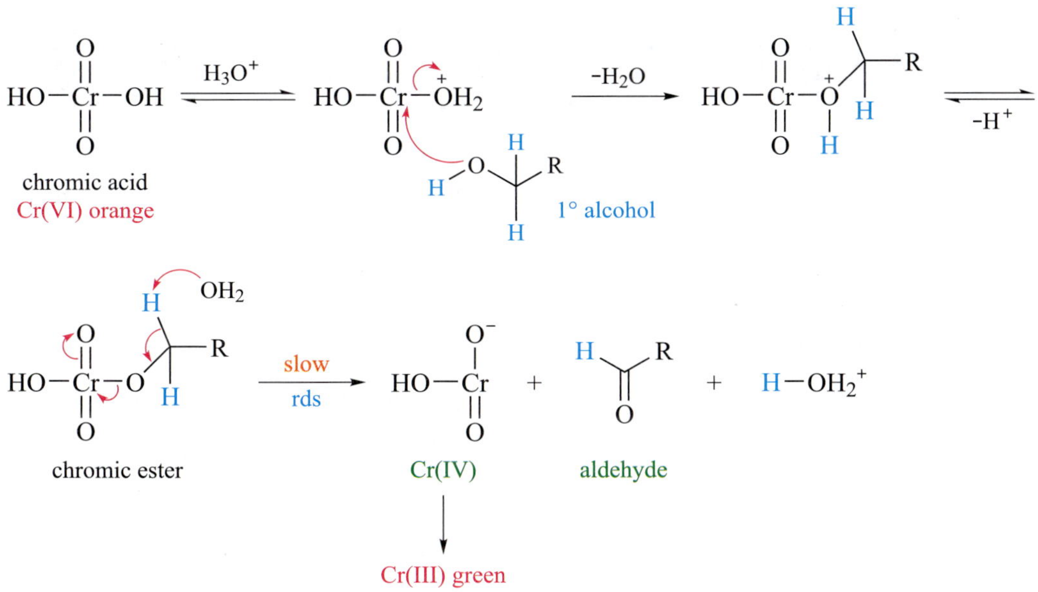

이 반응은 물에서 일어나기 때문에 알데하이드는 물이 첨가하여 생기는 수화물(hydrate)과 빠르게 평형을 이룬다(9.8절). 이 수화물이 다시 크로뮴산과 반응하면 최종적으로 카복실산이 생긴다.

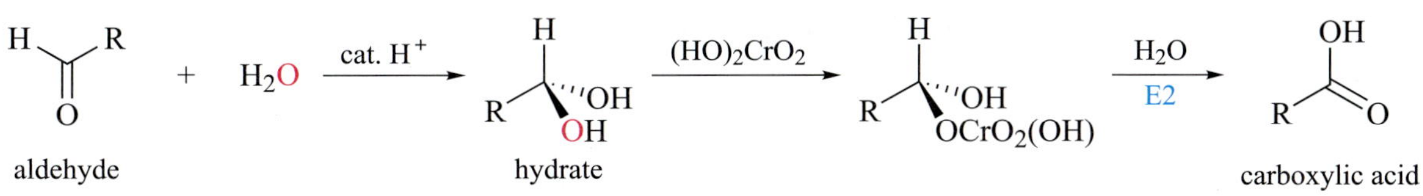

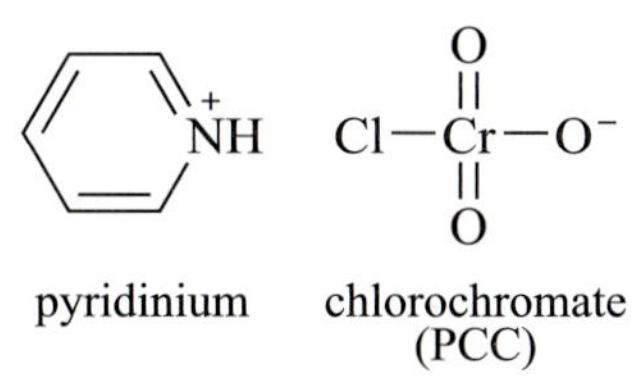

따라서 산화 반응이 알데하이드 단계에서 멈추려면 무수 조건(CH_2Cl_2 같은 유기 용매)을 이용하여야 한다. 무기 크로뮴산 시약은 CH_2Cl_2 용매에 녹지 않기 때문에 이 용매에 약간 녹는 **피리디늄 클로로크로메이트**(pyridinium chlorochromate, **PCC**) 같은 Cr(VI)의 피리

딘 착물을 대신 사용한다.

$$RCH_2OH \xrightarrow[CH_2Cl_2]{PCC} RCHO$$

문제 8.12 다음 산화 반응의 생성물을 각각 그리시오. 반응이 일어나지 않는 경우에는 NR이라고 쓰시오.

a. 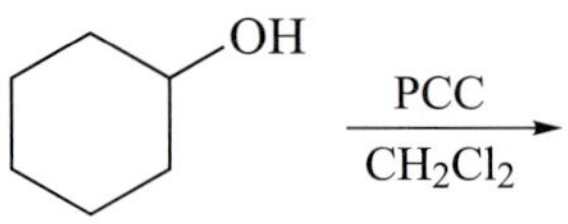

b. 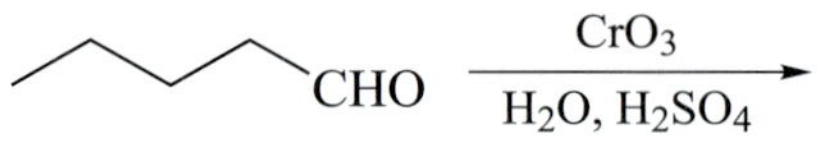

c. 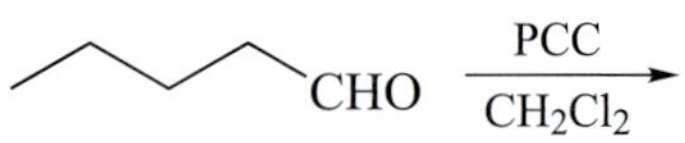

d. 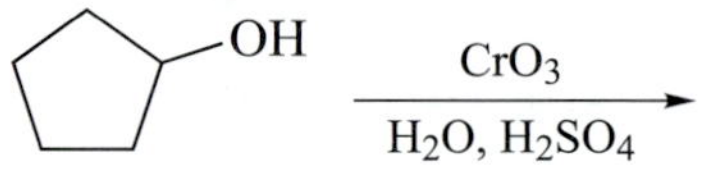

8.7 에폭사이드의 반응

에폭사이드는 에터의 일종이지만, 삼원자 고리의 각무리로 반응성이 훨씬 커서 염기성 혹은 산성 조건에서 고리가 깨지는 친핵성 치환 반응이 쉽게 일어난다.

염기성 조건에서의 반응

에폭사이드의 에탄올 용액에 촉매량의 NaOEt(소듐 에톡사이드)를 가하면 에폭사이드의 고리가 친핵체에 의하여 열리는 반응이 일어난다. 이 반응은 S_N2 메커니즘이므로 에톡사이드 이온은 덜 치환된 탄소 원자를 공격한다.

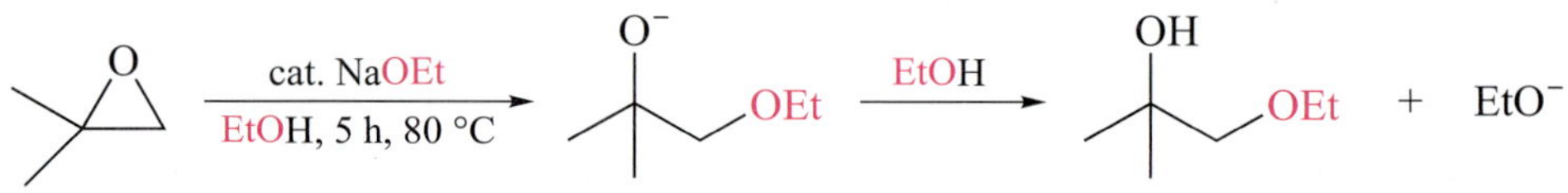

그리냐르 시약의 제조는 9.7절에서 다룬다.

에톡사이드 이온 이외에도 그리냐르 시약(RMgX)이나 아세틸라이드($RC{\equiv}C^-$) 같은 탄소 친핵체 및 RS^- 이온, CN^- 이온이나 아민은 모두 센 친핵체로서 에폭사이드의 덜 치환된 탄소 원자를 S_N2 공격하여 고리가 열리는 반응이 일어난다.

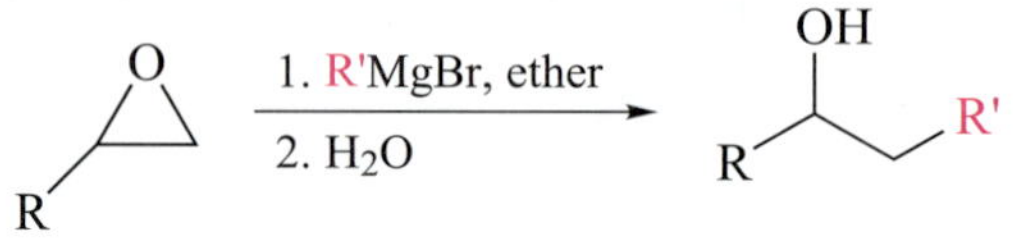

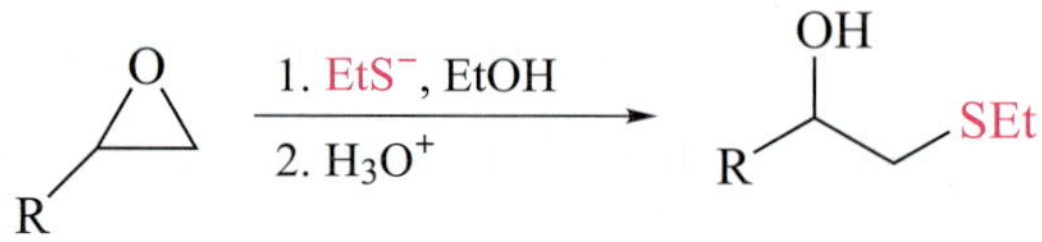

산성 조건에서의 반응

알코올이나 물 같은 약한 친핵체는 에폭사이드와 중성 조건에서는 반응하지 않으나, 산 촉매 존재 하에서는 고리가 열리는 반응이 일어난다. 예를 들어 산화 에틸렌을 묽은 황산 용액에서 가열하면 에틸렌 글라이콜이 얻어진다.

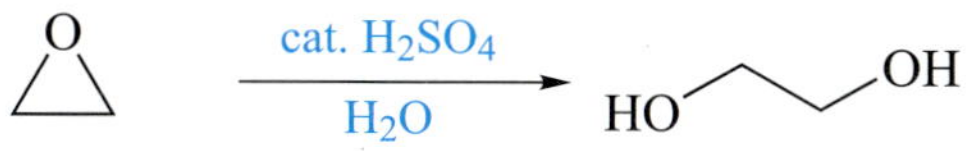

ethylene oxide　　1,2-ethanediol (ethylene glycol)

문제 8.13　위 반응의 메커니즘을 제안하시오.

예제 8.5　다음 반응의 생성물을 각각 그리시오.

풀이 a. HO^- 친핵체는 입체 장애가 덜한 탄소 원자를 공격하는 S_N2 반응이 일어난다.

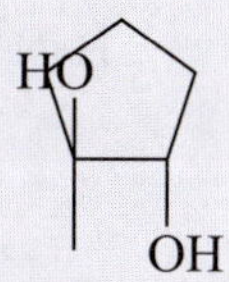

b. 에폭사이드의 산소 원자에 양성자가 첨가된 후 물의 친핵성 산소 원자가 탄소 원자를 S_N2 공격하여 고리가 열리면 트랜스-다이올이 얻어진다.

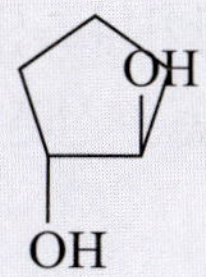

문제 8.14　다음 반응의 생성물을 각각 그리시오.

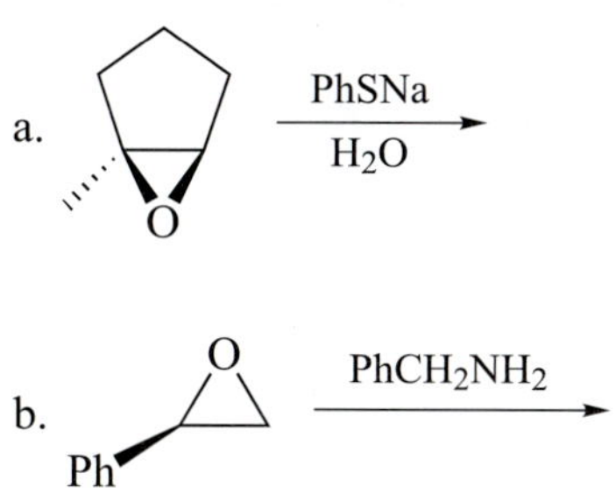

8.8 싸이올의 제법과 반응

싸이올의 제법

일차 혹은 이차 싸이올은 알킬 할라이드를 적당한 황 함유 친핵체와 반응시켜 얻을 수 있다. 간단한 황 친핵체인 NaSH를 사용하면 반응의 생성물이 다시 할라이드와 반응하여 설파이드로 변하기 때문에 싸이올을 좋은 수율로 얻을 수는 없다.

$$RCH_2X \quad + \quad NaSH \xrightarrow[EtOH]{S_N2} \underset{\text{thiol}}{RCH_2SH}$$

$$\underset{\text{thiol}}{RCH_2SH} \quad + \quad NaSH \rightleftharpoons H_2S \quad + \quad RCH_2SNa \xrightarrow{RCH_2Cl} \underset{\text{sulfide}}{(RCH_2)_2S}$$

이러한 문제를 해결하려면 한 번만 반응하는 황 친핵체를 사용하여야 하며 그러한 친핵체의 한 예가 싸이오유레아이다. 싸이오유레아가 알킬 할라이드와 반응하여 생긴 염을 가수분해하면 싸이올을 얻을 수 있다.

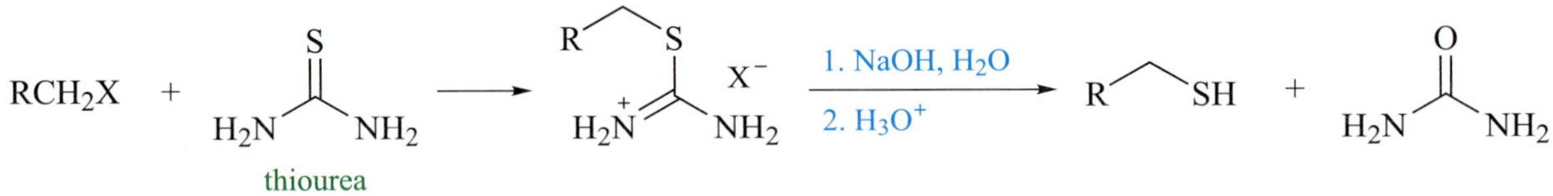

싸이올의 반응

싸이올의 중요한 반응은 산화 반응이다. 싸이올의 산화는 알코올과 비슷한 방식으로 일어나지 않고 황 원자에서 일어난다. 황은 3주기 원소이므로 팔전자계보다 더 많은 전자를 수용할 수 있다. 과망가니즈산 포타슘 같이 강력한 산화제를 사용하면 싸이올이 황 원자의 산화 상태가 가장 높은 설폰산까지 산화된다.

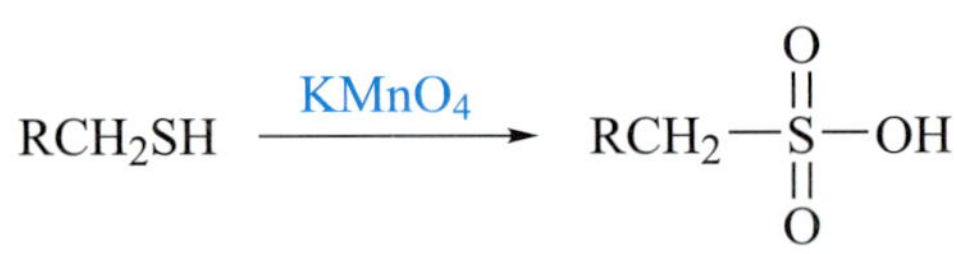

sulfonic acid

S–S 결합을 이황화물 결합(disulfide bond)이라고 부른다.

반면에 약한 산화제인 산소 기체나 아이오딘은 싸이올을 다이설파이드(disulfide, 이황화물)로 산화시킨다.

$$RCH_2SH \xrightarrow[\text{or} \; I_2,\, NaOH]{O_2} \underset{\text{disulfide}}{RH_2C{-}S{-}S{-}CH_2R}$$

문제 8.15 싸이올이 I_2와 HO^-에 의하여 다이설파이드로 산화되는 반응의 메커니즘을 제안하시오.

8.9 아민

아민(amine)은 암모니아의 수소 원자가 하나 이상의 알킬기나 아릴기로 치환된 유기 화합물이다.

아민의 한 예인 **질소 헤테로 고리 화합물**은 피리딘처럼 고리에 질소가 포함된 화합물이며 구조가 매우 다양하다. **알칼로이드**(alkaloid)는 식물에서 유래하는 아민으로서 니코틴(담배), 카페인(커피), 모르핀(양귀비) 등이 그 예이다. 합성 마약성 진통제인 펜타닐은 현재 미국에서 무분별한 남용으로 큰 사회 문제가 되고 있는 약물이다.

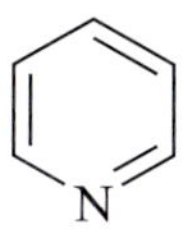

pyridine

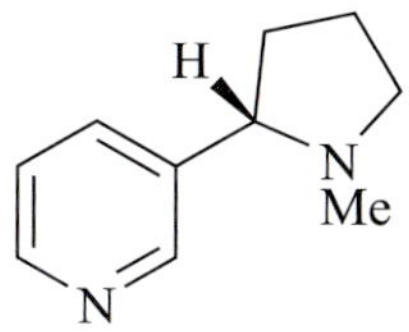

nicotine

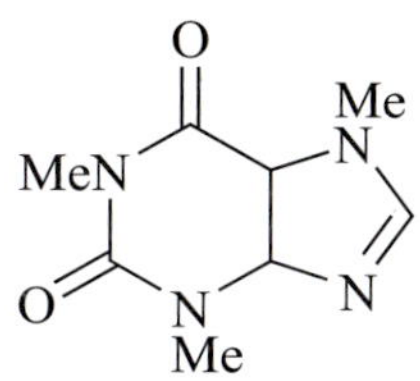

caffeine

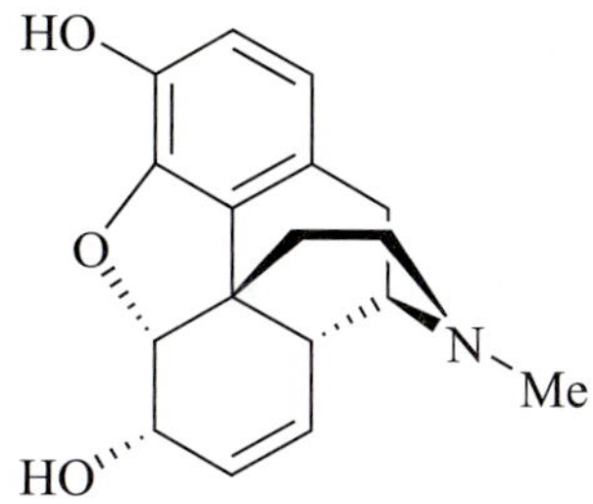

morphine

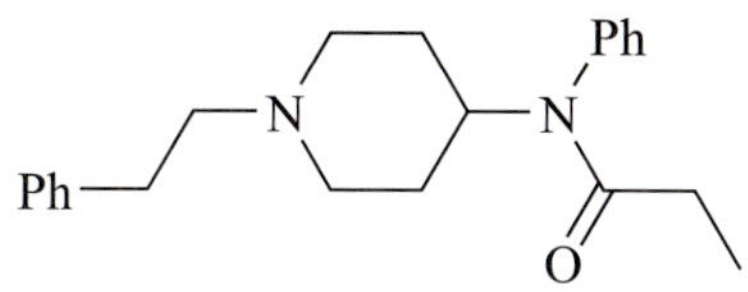

fentanyl
(synthetic opioid)

2-아릴에틸아민 유도체

모르핀과 펜타닐은 생리적으로 중요한 구조인 **2-아릴에틸아민**(2-arylethylamine) 계열의 화합물이다. 이 계열에 속한 다른 화합물은 도파민, 아드레날린, 노르아드레날린, 메스암페타민(필로폰) 등이다. 이 중에서 도파민, 아드레날린, 노르아드레날린은 신경 전달 물질이고 메스암페타민은 중독성 마약이다.

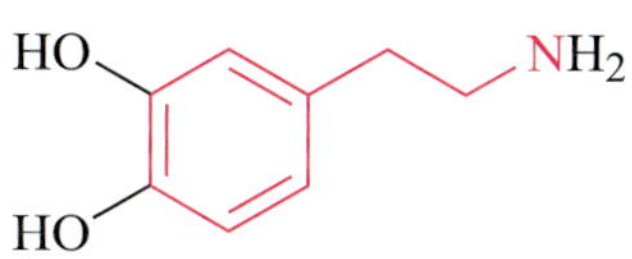

dopamine

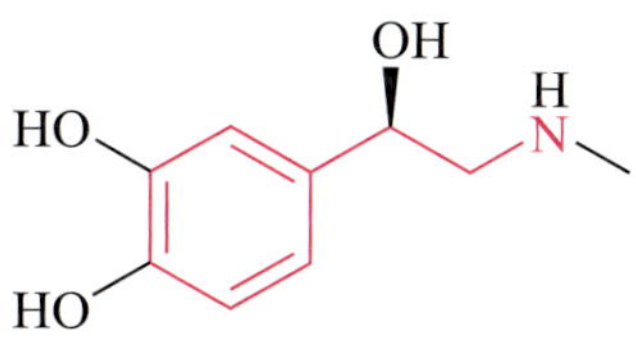

adrenaline
(epinephrine)

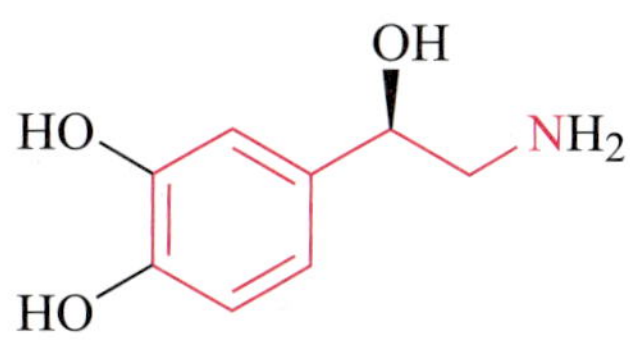

noradrenaline
(norepinephrine)

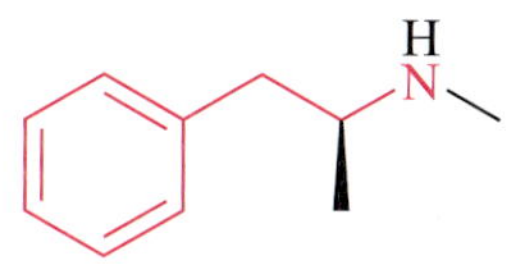

methamphetamine

메스칼린은 페요테 선인장에 들어 있는 환각 성분으로 멕시코의 원주민들이 종교 의식을 치를 때 사용하였다고 한다. 기관지 확장제인 에페드린과 슈도에페드린은 기침약의 성분이다. 중국에서는 마황(Ephedra sinica)에서 얻은 에페드린을 천식의 치료제로 사용하여 왔다.

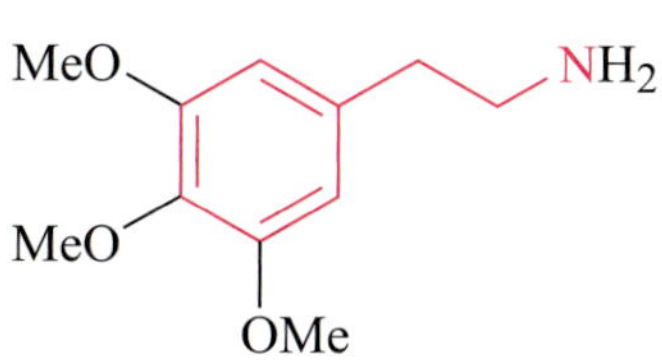

mescaline

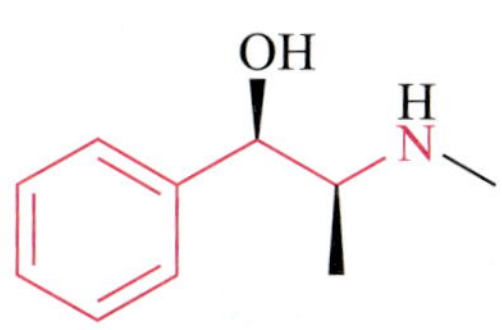

ephedrine

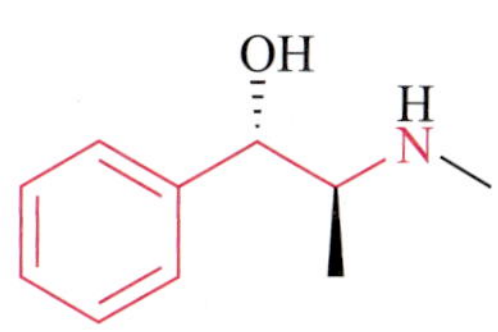

pseudoephedrine

아민의 구조

삼각 피라미드 구조인 지방족 아민에서 질소 원자는 sp^3 혼성이다. 따라서 질소의 세 치환기가 다르면 아민이 카이랄하므로 두 거울상 이성질체로 분리할 수 있을 것이다. 하지만 실제로는 특별한 경우가 아니면 분리할 수 없다. 그 이유는 질소 원자를 중심으로 하는 반전의 에너지 장벽이 ~6 kcal mol^{-1} 정도이므로 두 구조의 변환(아민 반전)이 상온에서 매우 빠르게 일어나기 때문이다.

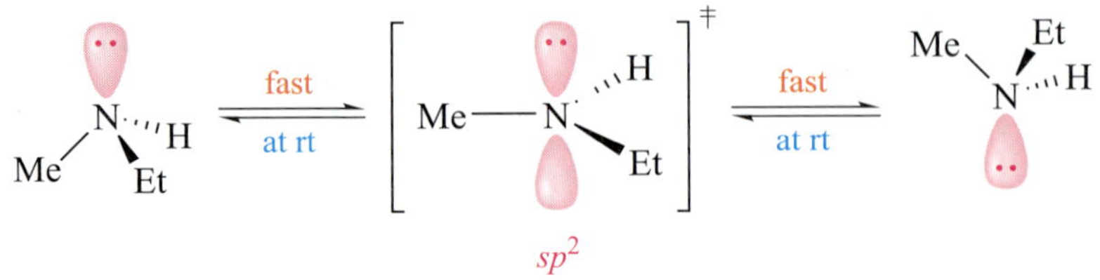

아민의 염기도

암모니아처럼 알킬아민도 약한 염기($pK_b = 3 \sim 4$)이나 알코올보다는 더 센 염기이다. 따라서 아민은 알코올보다 더 좋은 친핵체이다. 반면에 아닐린($pK_b = 9.4$)은 알킬아민보다 훨씬 약한 염기이다. 아닐린이 더 약한 염기인 이유는 질소의 고립쌍이 벤젠 고리로 비편재화되어 질소 원자가 산과 반응할 수 있는 능력(전자 밀도)이 감소하기 때문이다.

아민의 제법

암모니아의 알킬화 반응

일차 알킬 할라이드에 암모니아를 반응시키면 S_N2 반응에 의하여 암모늄 염을 거쳐서 일차 아민이 생성된다. 하지만 친핵성 일차 아민이 다시 할라이드와 반응하면 이차, 삼차 아민 및 사차 암모늄까지 반응이 진행될 수 있다. 따라서 이 방법은 일차 아민을 얻는 좋은 방법은 아니다(과량의 암모니아를 사용하면 일차 아민의 수율을 증가시킬 수 있다).

$$\mathrm{RCH_2Br} \xrightarrow{\mathrm{NH_3}} \mathrm{RCH_2\overset{+}{N}H_3\ \overset{-}{Br}} \overset{\mathrm{NH_3}}{\rightleftharpoons} \underset{\text{1° amine}}{\mathrm{RCH_2NH_2}} \xrightarrow{\mathrm{RCH_2Br}}$$

$$\underset{\text{2° amine}}{\mathrm{(RCH_2)_2NH}} \longrightarrow \underset{\text{3° amine}}{\mathrm{(RCH_2)_3N}} \longrightarrow \underset{\text{4° ammonium salt}}{\mathrm{(RCH_2)_4NBr}}$$

일차 아민의 가브리엘 합성

암모니아 대신에 이미드 음이온 $(RCO)_2N:^-$을 이용하면 생성물이 다시 할라이드와 반응하지 않기 때문에 암모니아 사용 시 문제가 되었던 다중 알킬화 반응이 일어나지 않는다. 흔히 사용하는 이미드는 프탈이미드이다. 프탈이미드를 KOH로 처리하여 얻은 프탈이미드 음이온은 매우 좋은 질소 친핵체로서 쉽게 일차 할라이드와 S_N2 반응을 한다. 생성물을 산성 조건에서 가수분해한 후 중화하거나 염기성 조건에서 가수분해하면 일차 아민을 얻을 수 있는데, 이러한 반응을 **가브리엘 아민 합성**(Gabriel amine synthesis)이라고 부른다.

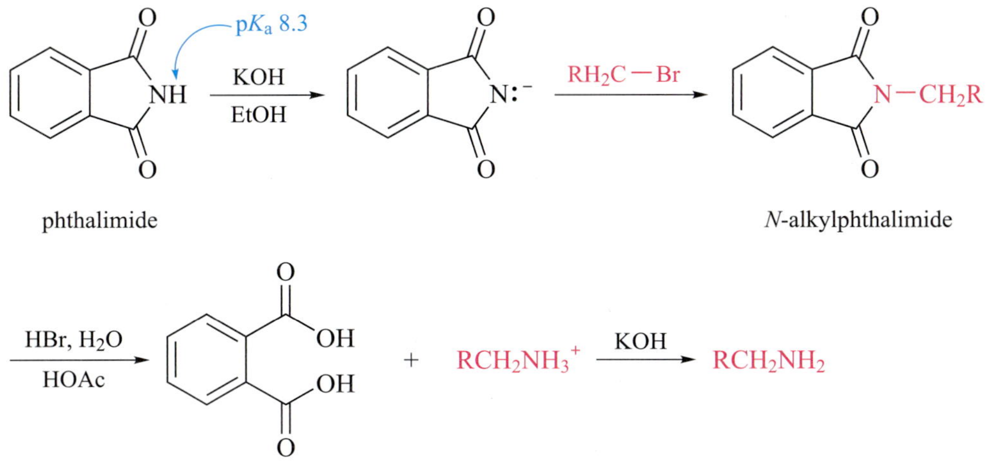

문제 8.16 *N*-알킬프탈이미드의 질소가 알킬 할라이드와 더 이상 반응하지 않는 이유를 쓰시오.

문제 8.17 가브리엘 합성을 이용하여 다음 아민을 얻으려고 한다. 필요한 할라이드의 구조는 각각 무엇인가?

a. 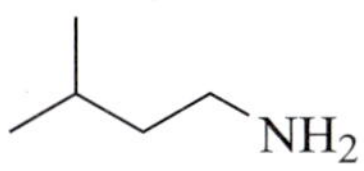

b. 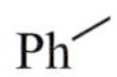

아민의 반응

다이아조화 반응

저온(0~5 ℃ 혹은 그 이하)에서 염산 용액에 소듐 아질산을 가하면 약산이면서 불안정한 아질산이 생긴다. 아질산이 계속하여 염산과 반응하면 **나이트로소늄 이온**으로 분해된다. 이 이온은 나이트로늄 NO_2^+에 비해서 약한 친전자체이다.

$$\mathrm{HCl} + \overset{+}{\mathrm{Na}}\ \overset{-}{\mathrm{O}}-\mathrm{N=O} \longrightarrow \underset{\text{nitrous acid (unstable)}}{\mathrm{HO-N=O}} + \mathrm{NaCl}$$

$$\underset{\text{nitrous acid}}{\mathrm{HONO}} + \mathrm{H_3O^+} \rightleftharpoons \mathrm{H_2\overset{+}{O}-N=O} \rightleftharpoons \underset{\text{nitrosonium ion}}{:\overset{+}{\mathrm{N}}=\mathrm{O}} + \mathrm{H_2O}$$

이차 아민이 나이트로소늄 이온과 반응하면 *N*-나이트로사민(nitrosamine. nitroso+amine)이 얻어진다.

햄이나 소시지 같은 가공 육류 제품에 첨가되는 물질인 아질산 소듐($NaNO_2$)이 식품에 들어 있는 이차 아민과 반응하면 발암 물질인 *N*-나이트로사민이 생성된다고 한다.

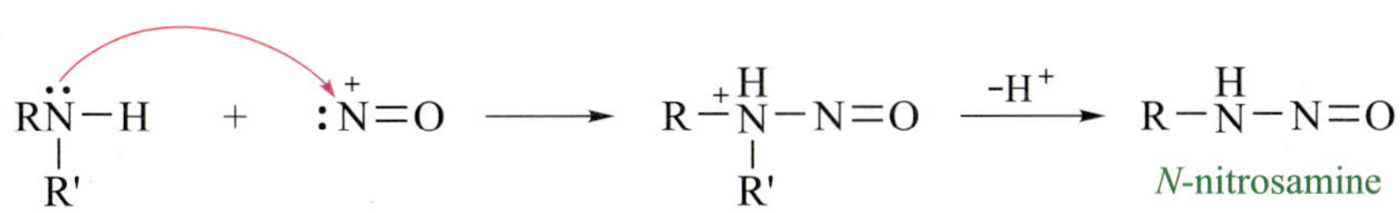

일차 알킬 아민이 나이트로소늄 이온과 반응하면 *N*-나이트로사민을 거쳐서 알킬 다이아조늄 염이 얻어지며, 이러한 반응을 **다이아조화 반응**(diazotization)이라고 한다.

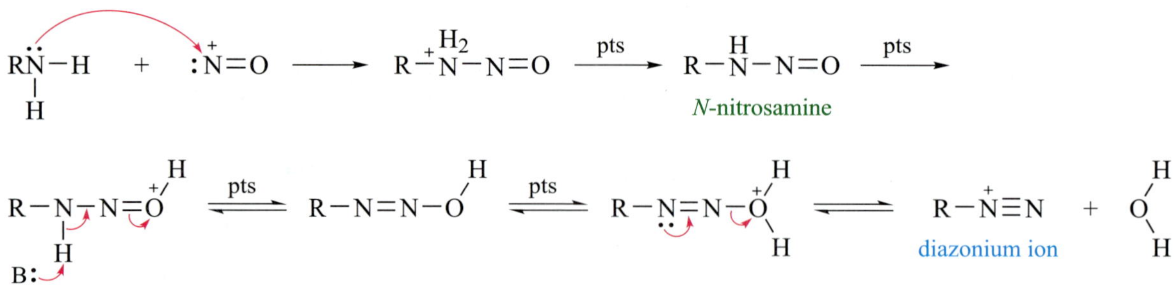

알킬 다이아조늄의 $-N_2^+$기는 매우 좋은 이탈기이므로 0 ℃의 저온에서도 쉽게 분해된다. 따라서 유기 합성 면에서 별로 유용하지 않다.

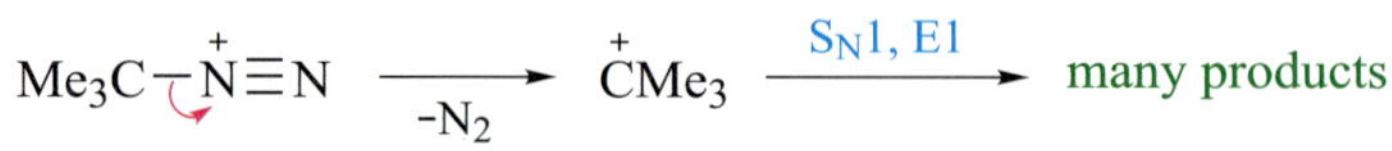

반면에 아릴 다이아조늄 염은 저온에서는 안정하며 경우에 따라서는 분리도 할 수 있다.

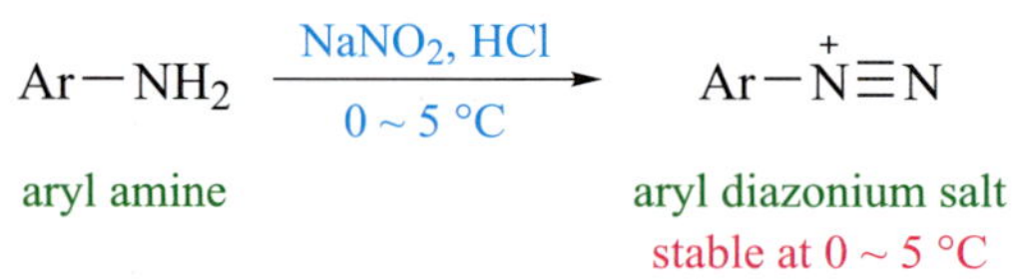

아릴 다이아조늄 염이 여러 가지 시약과 반응하면 다양한 벤젠 유도체가 얻어진다. 이 염을 CuX(X = Cl, Br, CN)와 반응시키면 질소 기체가 방출되면서 다이아조기 대신에 X 기로 치환된 아릴 할라이드 혹은 나이트릴이 생성된다. 또한 KI 또는 플루오로붕산(HBF_4)으로 처리하면 각각 아릴 아이오다이드와 아릴 플루오라이드가 얻어진다. 마지막으로 다이아조늄 염의 수용액을 가열하면 페놀 유도체가 얻어진다.

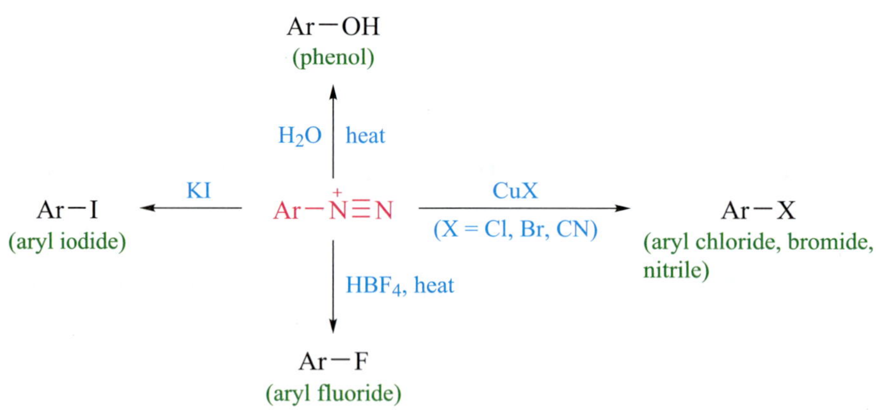

문제 8.18 다음 반응의 생성물의 구조를 각각 그리시오.

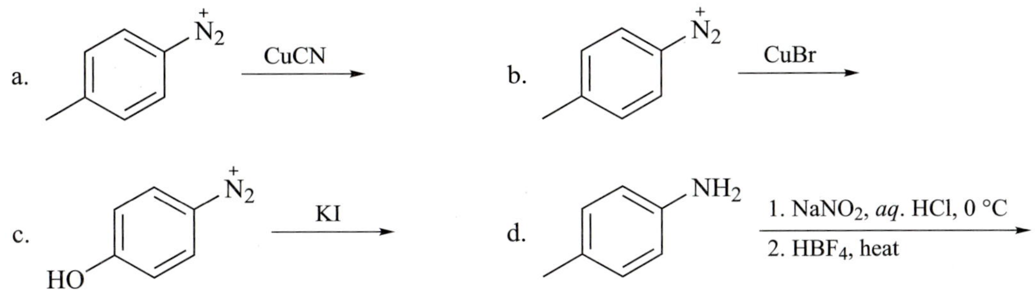

다이아조 짝지음 반응

다이아조늄 이온이 페놀이나 아닐린 같이 상당히 친핵성이 큰(고리의 전자 밀도가 높은) 벤젠 유도체와 반응하면 NH_2나 OH기의 *para*-위치에 아조(−N=N−)기가 있는 화합물이 얻어지며, 이러한 반응을 **다이아조 짝지음 반응**(diazo coupling)이라고 부른다. 길게 콘쥬게이션을 이룬 분자인 아조 화합물은 가시광선을 흡수하여 색을 띠게 되므로 염료(아조 염료(azo dye))로 사용된다.

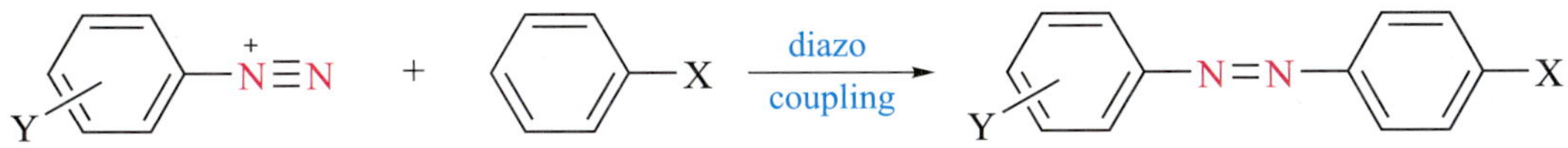

diazonium salt (X = OH, NR_2)

아닐린 옐로(aniline yellow)는 1861년에 합성된 최초의 아조 염료이다.

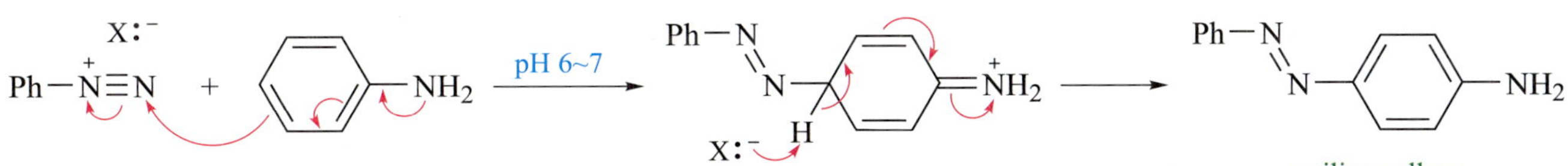

aniline yellow

문제 8.19 다음 반응의 생성물을 그리시오.

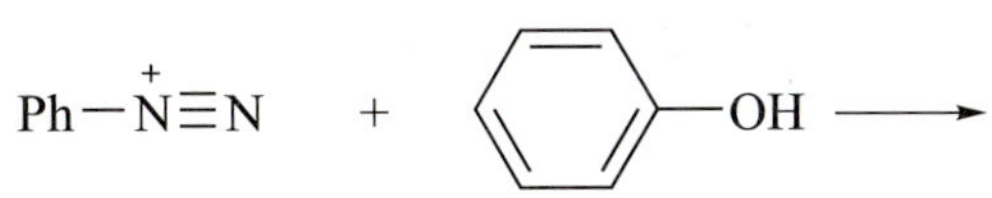

문제 8.20 다음 다이아조 짝지음 반응의 생성물을 각각 그리시오.

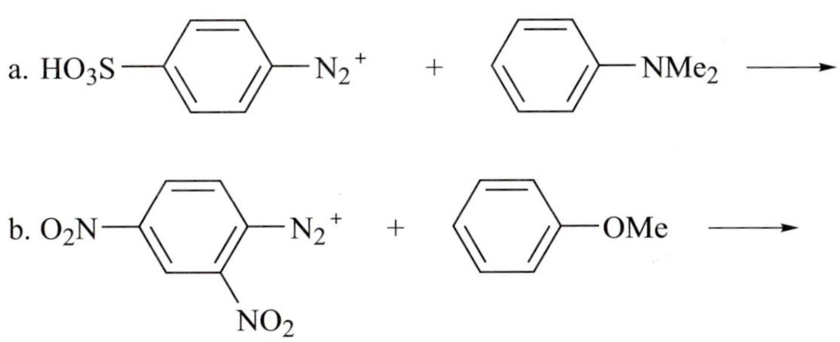

추가 문제

8.21 사이클로헥산올에서 다음 화합물을 얻고자 한다. 합성법을 각각 제안하시오.

a. 사이클로헥산온　　b. 사이클로헥센　　c. 사이클로헥실 클로라이드

8.22 프로판-1-올에서 다음 화합물을 얻고자 한다. 합성법을 각각 제안하시오.

a. EtCHO　　b. $EtCO_2H$　　c. PrBr　　d. PrOEt

8.23 다음 반응의 생성물을 각각 그리시오.

a. 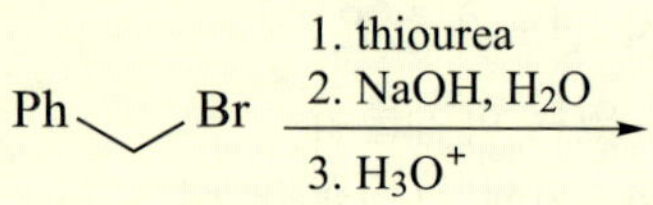

b. 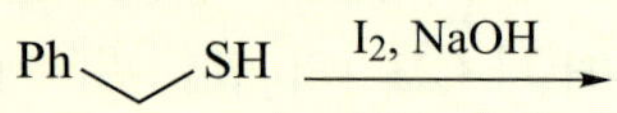

c. 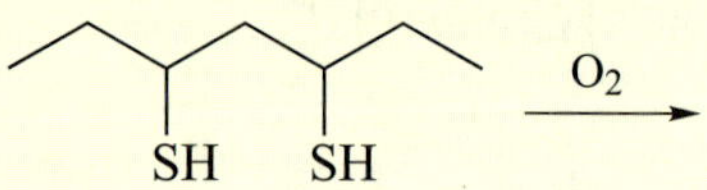

d. 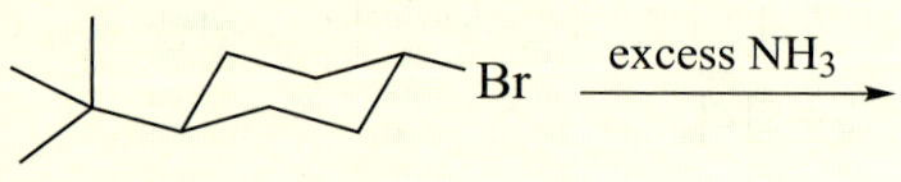

e. 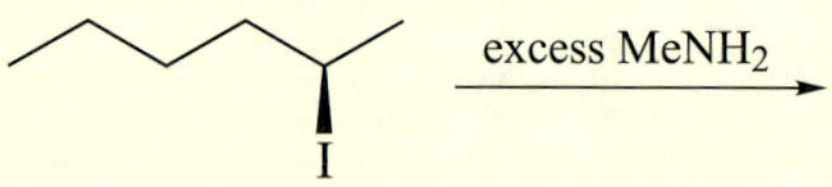

e. 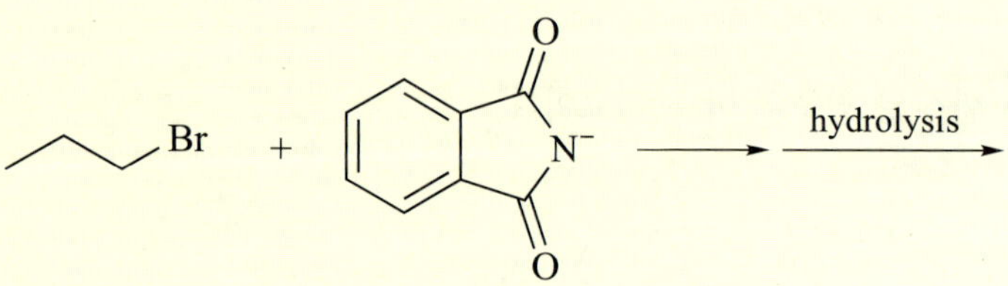

8.24 다음 두 아민 중에서 더 센 염기를 고르시오.

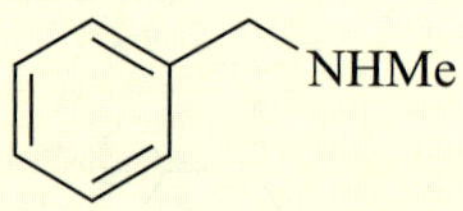

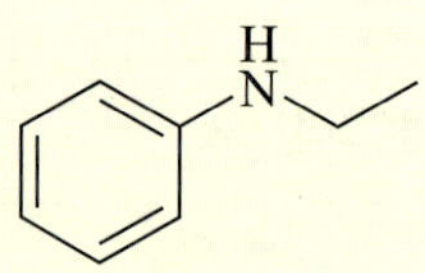

Chapter **09**

알데하이드와 케톤: 친핵성 카보닐 첨가 반응

출처: sutterstock

탄소–산소 이중 결합인 **카보닐기**(carbonyl group)는 알데하이드, 케톤 및 카복실산과 그 유도체(에스터, 아마이드 등) 같이 다양한 부류의 화합물에 존재하기 때문에 유기 화학에서 가장 중요한 작용기라고 할 수 있다.

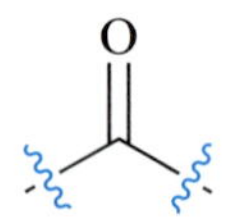
carbonyl group

카보닐기의 탄소 원자(카보닐 탄소)에 연결된 원자에 따라 카보닐기 함유 화합물을 크게 두 부류, 즉 알데하이드와 케톤 부류와 카복실산 및 그 유도체의 부류로 나눌 수 있다.

알데하이드와 케톤 부류는 카보닐 탄소에 탄소와 수소만 결합하고 있는 화합물이다. 알데하이드는 카보닐 탄소에 적어도 수소 원자가 한 개 결합되어 있으며, 케톤은 탄소 원자가 두 개 결합되어 있다.

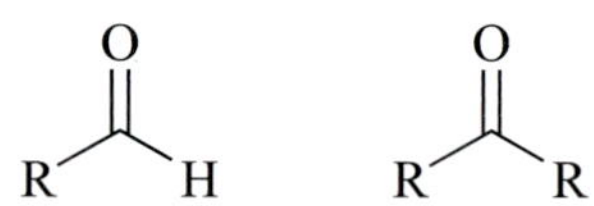

반면에, 카복실산 및 그 유도체의 부류는 카보닐 탄소에 헤테로 원자 Z(할로젠, 산소, 질소 등)가 결합하고 있으며, 카복실산, 에스터, 아마이드, 산 염화물 등이 그 예이다.

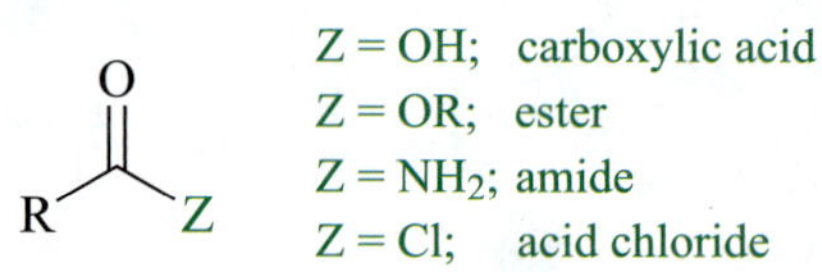

알데하이드 혹은 케톤이 친핵체와 반응하면 양성자첨가 반응 후 첨가물인 알코올이 얻어진다. 이러한 유형의 반응을 **친핵성 첨가 반응**(nucleophilic addition)이라고 부르며, 이 장에서 다룰 주제이다.

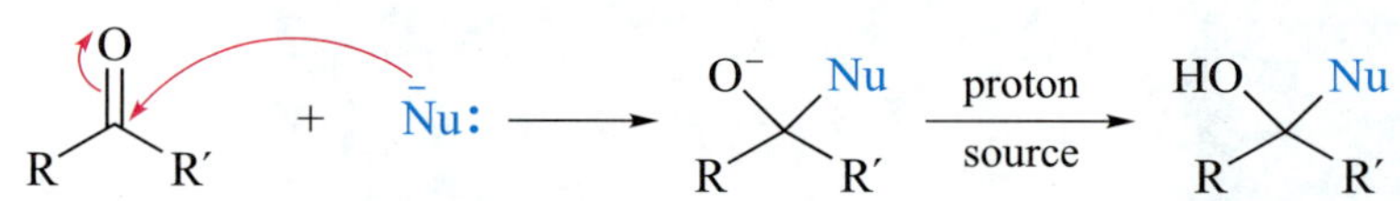

반면에, 카복실산 유도체(RCOZ)가 친핵체와 반응하면 좋은 이탈기인 Z가 친핵체로 치환되는 반응이 일어난다. 이러한 반응을 **친핵성 아실 치환 반응**(nucleophilic acyl substitution)이라고 부르며, 10장에서 다룰 것이다.

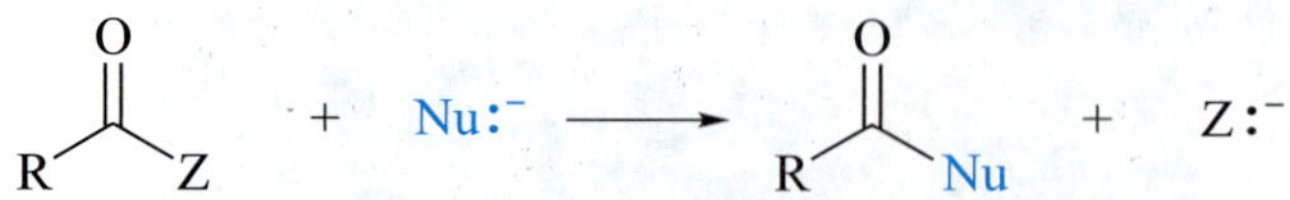

9.1 명명법

IUPAC 체계명

사슬 구조의 알데하이드는 카보닐기를 포함하는 가장 긴 사슬에 해당하는 탄화수소 이름의 '-e' 대신 '-al'을 붙여 명명한다. 알코올이나 알켄 같은 다른 작용기가 같이 있는 경우에도 카보닐기의 탄소가 항상 1번을 취한다.

HCHO

methanal

MeCHO

ethanal

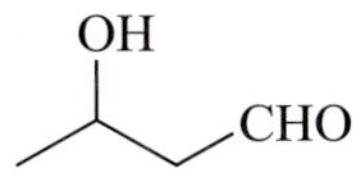

3-hydroxybutanal

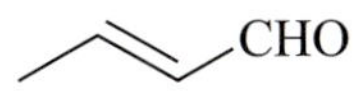

but-2-enal

고리계 탄소 원자에 CHO기가 결합된 경우에는 고리의 탄화수소 이름에 '-carbaldehyde (카브알데하이드)'를 붙여 명명한다. CHO기 외에 다른 치환기가 있는 경우에는 CHO에 연결된 탄소의 위치번호를 1로 정한다(하지만 숫자 1은 표시하지 않음).

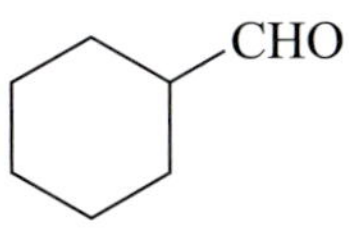

cyclohexanecarbaldehyde

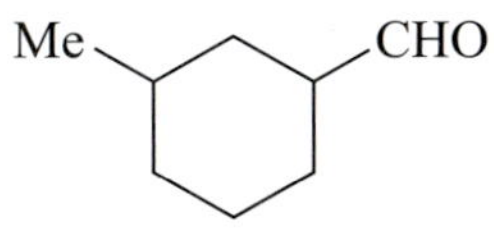

3-methylcyclohexane-carbaldehyde

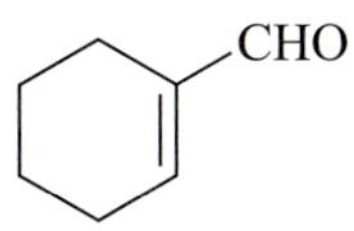

cyclohex-1-enecarbaldehyde

케톤은 알케인 이름의 '-e' 대신 '-one'을 붙여서 명명하며, 카보닐기의 위치번호는 더 작은 번호를 취한다.

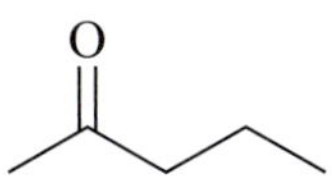

pentan-2-one

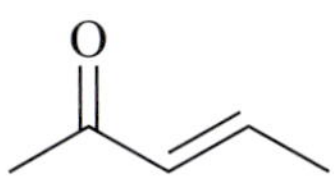

pent-3-en-2-one

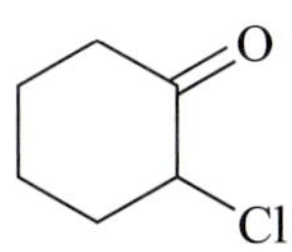

2-chlorocyclohexanone

상용명

알데하이드의 상용명은 카복실산의 상용명(10.2절)에서 쓰이는 어미 이름(빨간색)에 '-aldehyde'를 붙여 만든다.

HCHO

formaldehyde

MeCHO

acetaldehyde

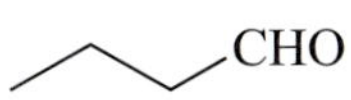

butyraldehyde

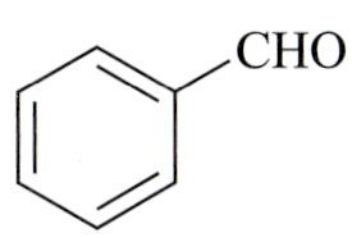

benzaldehyde

상용명에서는 치환기의 위치를 숫자 대신에 카보닐기 바로 옆의 탄소부터 시작하여 α, β, γ, δ 등의 그리스 문자로 나타내기도 한다.

β-methylvaleraldehyde   α-hydroxybutyraldehyde

케톤의 상용명은 카보닐 탄소에 결합된 두 알킬기를 알파벳 순서로 명명한 후 'ketone'을 붙여 만든다. 하지만 아세톤, 아세토페논 및 벤조페논은 이 방법으로 명명하지 않는 상용명이다.

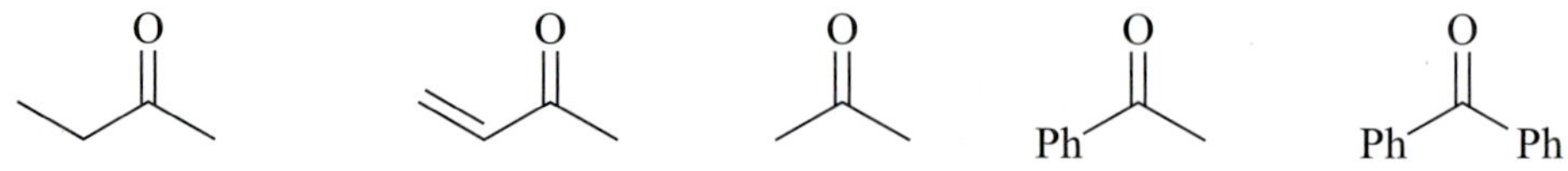

ethyl methyl ketone   methyl vinyl ketone   acetone   acetophenone   benzophenone

9.2 카보닐기의 구조와 반응성

카보닐 탄소는 sp^2 혼성이므로 탄소에 붙어 있는 세 기는 같은 평면에 놓이며 그 사이의 결합각은 약 120°이다. 탄소보다 전기 음성도가 큰 산소는 전자 끄는 유발 효과로 부분 음전하를 띠며 탄소는 부분 양전하를 띠게 된다. 또한 카보닐기는 탄소와 산소 원자에 각각 양과 음의 형식 전하가 놓이게 되는 공명 구조로 나타낼 수 있다.

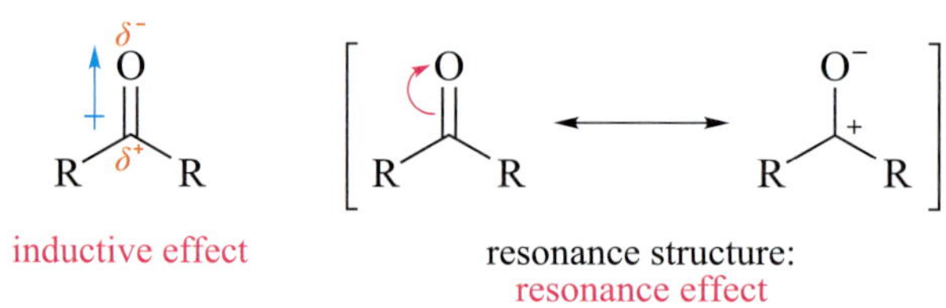

따라서 산소와 탄소는 각각 친핵체와 친전자체의 역할을 할 수 있다. 카보닐기는 극성 불포화 결합이므로 친핵체가 카보닐 탄소에 첨가되는 반응이 쉽게 일어나며, 이러한 반응은 단순한 알켄 같은 구조에서는 일어나지 않는다.

9.3 친핵성 첨가의 메커니즘

카보닐기가 수행하는 가장 중요한 반응은 친핵성 첨가 반응이다. 카보닐 탄소는 친전자체이므로 다양한 종류의 친핵체의 공격을 받기 쉽다(더군다나, 카보닐 탄소는 sp^2 혼성이므로 친핵체의 접근이 쉽게 일어난다). 친핵체가 탄소를 공격하면 친핵체와 탄소 사이에 σ 결합이 생기면서 카보닐기의 π 결합의 전자쌍이 전기 음성도가 큰 산소 원자에 놓이게 된다. 이 과정에서 탄소의 혼성은 sp^2에서 sp^3로 변하면서 **사면체 중간체**(tetrahedral intermediate, **TI**)라고 하는 중간체가 얻어진다. 마지막으로 TI에 양성자가 첨가되면 최종 생성물인 알코올이 얻어진다. 양성자 원천은 반응의 종류에 따라 다르다. 즉, 양성자는 양성자성 용매(물, 에탄올 등)에서 올 수도 있고 반응이 끝난 후 가하는 산이나 물 혹은 알코올에서 올 수도 있다. 이러한 과정을 거치면 친핵체는 카보닐기의 탄소에, 양성자는 산소에 첨가하게 되며 이러한 첨가를 **친핵성 1,2-첨가**(nucleophilic 1,2-addition), 그리고 생성물을 1,2-첨가물이라고 한다.

nucleophilic 1,2-addition:

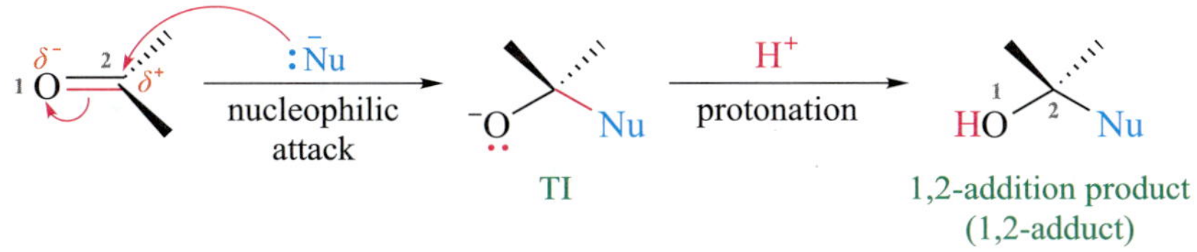

9.4 알데하이드와 케톤의 친핵체에 대한 반응성 비교

알데하이드는 케톤보다 친핵체와 더 빠르게 반응한다. 또한 폼알데하이드(HCHO)는 알데하이드보다 반응성이 훨씬 더 크다.

친핵체와의 반응성: HCHO ≫ RCHO > RCOR

카보닐 화합물의 반응성이 이러한 순서인 이유로서 전자 효과와 입체 효과를 들 수 있다. 먼저, 전자 효과를 고려하자. 카보닐 화합물의 친전자성은 카보닐 탄소의 양전하 밀도와 관련이 있다. 즉, 양전하 밀도가 클수록 친핵체와 더 빨리 반응할 것이다. 이러한 관점에서 케톤과 알데하이드를 비교하여 보자. 케톤은 카보닐 탄소의 양전하가 두 알킬기의 전자 주는 유발 효과에 의하여 더 비편재화되어 있다. 따라서 알킬기가 하나인 알데하이드의 친전자성이 더 클 것이다.

electronic effect:

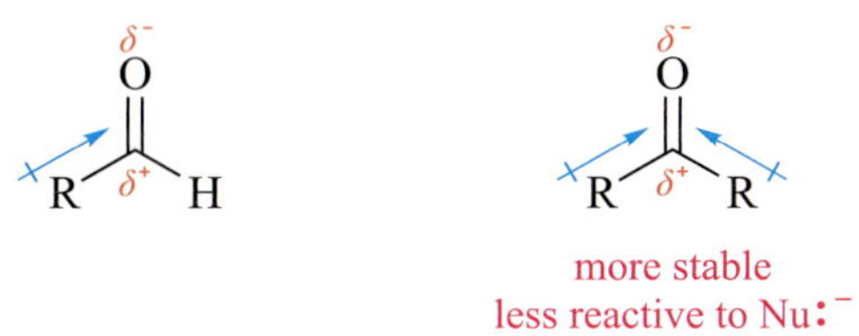

다른 이유는 입체 효과이다. 친핵체가 케톤의 카보닐 탄소에 접근할 때 두 알킬기의 방해를 받으므로 알데하이드의 경우보다 전이 상태의 에너지가 올라갈 것이다(TS의 구조는 TI에 흡사할 것이다. 즉, 탄소의 혼성이 sp^3에 더 가까우므로 출발물에 비하여 두 알킬기와 친핵체 사이의 입체적 장애가 더 클 것이다). 따라서 케톤이 알데하이드보다 더 느리게 반응하며 비슷한 이유로 HCHO가 가장 빠르게 반응한다.

오른쪽 그림에서처럼 친핵체는 카보닐기를 90°보다 약간 큰 각도인 107°에서 공격한다.

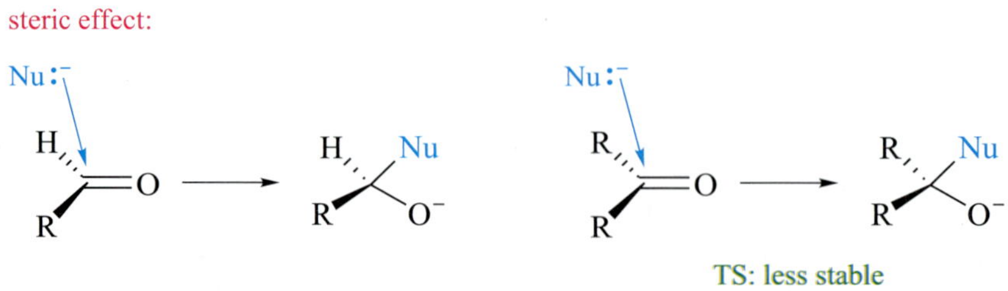

예제 9.1 벤즈알데하이드 같은 아릴 알데하이드는 알킬 알데하이드보다 친핵체와의 반응성이 더 작다. 그 이유를 설명하시오.

풀이 카보닐 탄소의 양전하가 벤젠 고리로 비편재화되면 카보닐 탄소의 친전자성이 감소할 것이다.

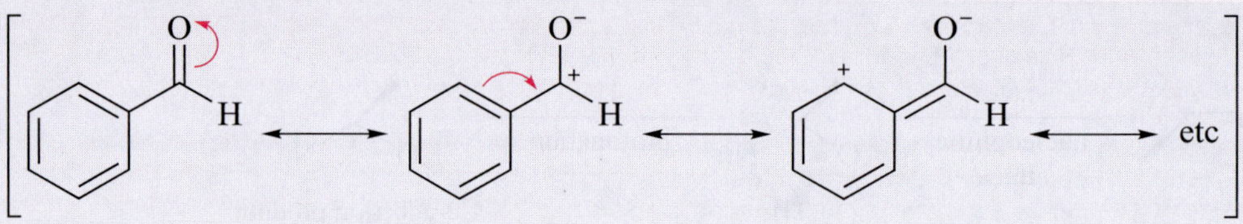

문제 9.1 다음 두 카보닐 화합물 중에서 친핵체와의 반응성이 더 큰 것을 각각 고르시오.

a. 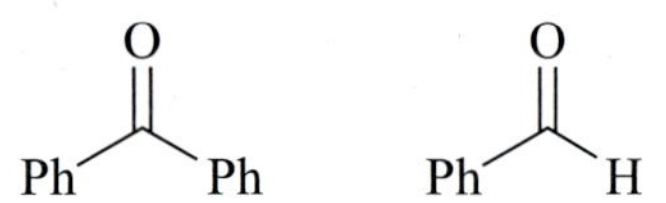

b. 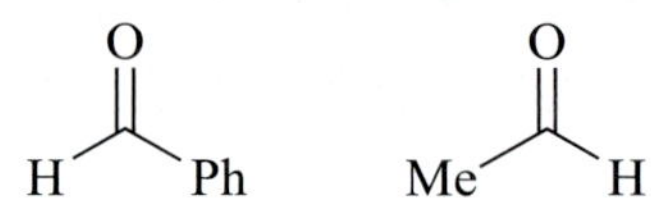

9.5 친핵체의 종류

카보닐기를 공격할 수 있는 친핵성 원자는 H, C, O, S, N 등이며, 표 9.1에 친핵성 원자 및 그 시약을 정리하였다. 친핵성 원자는 중성이거나 음의 형식 전하를 띤다.

표 9.1 카보닐기에 첨가하는 친핵성 원자와 그 시약

친핵성 원자	시약	친핵성 원자	시약
H	$NaBH_4$, $LiAlH_4$ 등(9.6절)	O, S	H_2O, ROH(9.8절)
C	RMgX, RC≡CMgX, CN^-(9.7절) 엔올 음이온(11장)	N	NH_3, RNH_2, R_2NH, NH_2OH, $RNHNH_2$ (9.9절)

9.6 수소 친핵체

친핵체가 수소화 이온이면 카보닐기가 환원되어 알코올이 얻어진다.

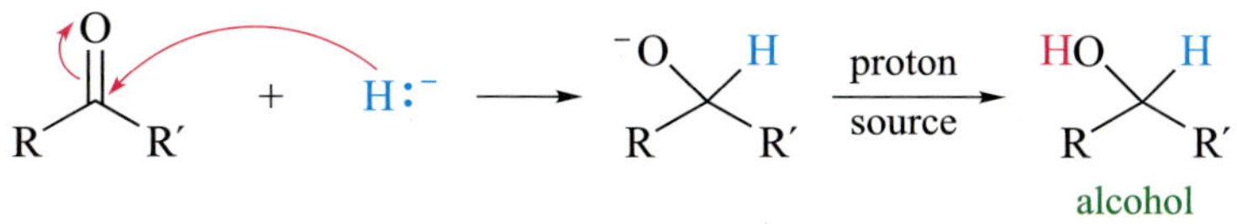

H^- 친핵체로서 수소화 소듐(NaH)을 쓰면 좋을 듯하지만 불행하게도 NaH의 수소화 이온은 센염기이나 친핵성이 없기 때문에 카보닐기에 첨가하지 않는다. 대신 사용하는 시약이 $NaBH_4$, $LiAlH_4$ 같은 **착금속 수소화물**(complex metal hydride)이다. 많은 착금속 수소화물 중에서 가장 잘 알려진 두 종류는 **수소화 알루미늄 리튬**(lithium aluminum hydride, $LiAlH_4$)과 **수소화붕소 소듐**(sodium borohydride, $NaBH_4$)이다.

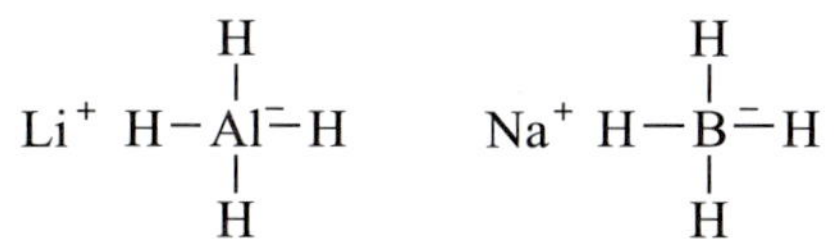

$LiAlH_4$ $NaBH_4$

이 시약에서 수소(전기 음성도 2.2)는 Al(전기 음성도 1.6)과 B(전기 음성도 2.0)보다 전기 음성이므로 부분 음전하를 띠며, 공유성 Al−H 혹은 B−H 결합의 전자쌍이 H^- 음이온의 역할을 수행한다. Al−H 결합이 B−H 결합보다 더 극성이므로 $LiAlH_4$는 반응성이 더 크다.

매우 강력한 환원제인 $LiAlH_4$는 카보닐 화합물을 비롯하여 카복실산 및 그 유도체, 나이트릴과도 반응한다. 또한 $LiAlH_4$는 물이나 알코올 같은 양성자성 용매와 격렬하게 반응하기 때문에 다이에틸 에터, THF 같은 에터 계열의 용매를 써야 한다.

$LiAlH_4$ 환원은 카보닐 산소와 Li^+ 이온의 착물에 수소화물이 카보닐 탄소에 첨가되는 방식으로 일어나며, 물 같은 양성자 원천을 가하면 알코올이 얻어진다.

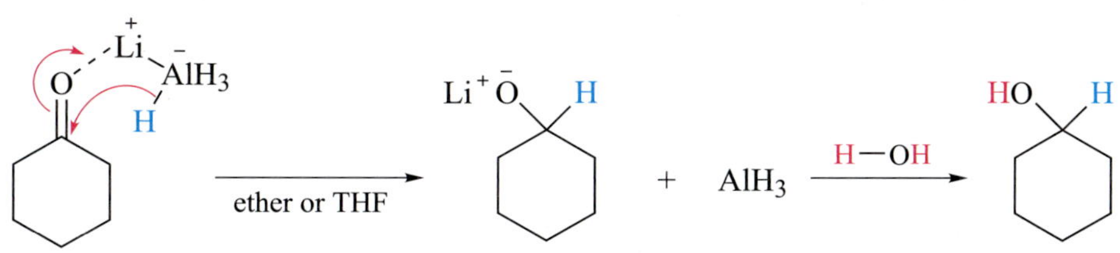

환원력이 더 약한 $NaBH_4$는 케톤과 알데하이드만 환원시키며 용매로서 물 혹은 에탄올이나 아이소프로필 알코올 같은 양성자성 용매가 사용된다(에터 계열의 용매에서는 반응이 일어나지 않는다).

$NaBH_4$ 환원은 $LiAlH_4$ 환원과 비슷하게 일어난다. 다만 $LiAlH_4$ 환원에서의 Li^+ 역할을 용매인 알코올이 수행하고 있다.

양성자성 용매인 알코올의 수소 원자가 카보닐기의 산소 원자와 수소 결합을 하면 카보닐 탄소의 친전자성이 증가할 것이다. $LiAlH_4$ 환원에서 Li^+ 이온의 역할도 마찬가지이다.

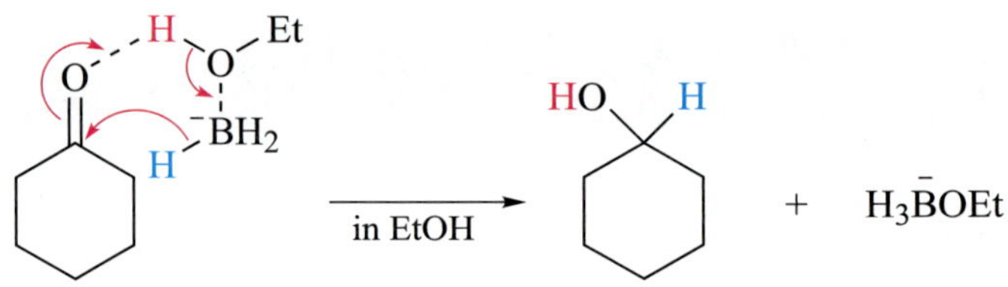

예제 9.2 에탄올 용액에서 다음 카보닐 화합물을 $NaBH_4$로 처리하였을 때 생기는 주 생성물을 각각 그리시오.

a. 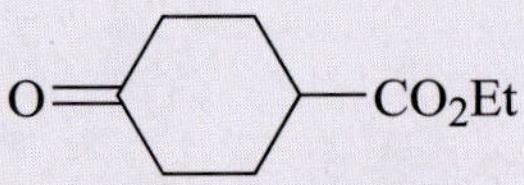

b. 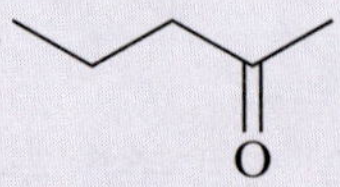

풀이 $NaBH_4$는 알데하이드와 케톤만 환원시킨다.

a. 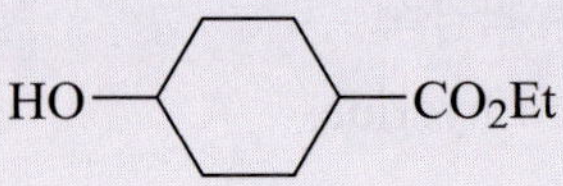

b. 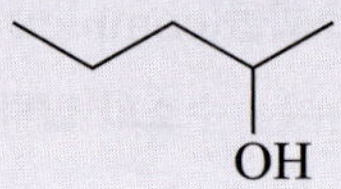

문제 9.2 다음 반응의 생성물의 구조를 각각 그리시오.

a. 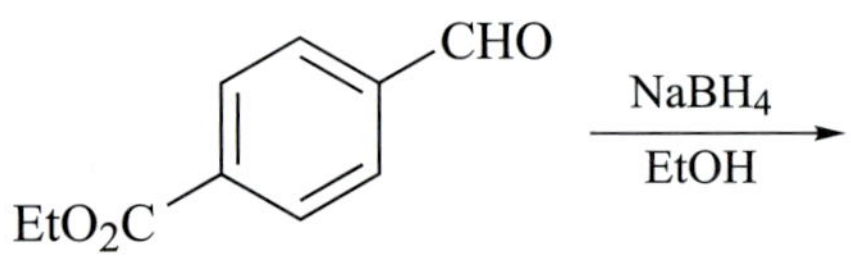

b. 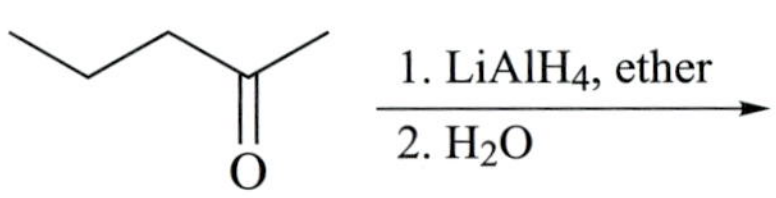

9.7 탄소 친핵체

그리냐르 시약은 물과 격렬하게 반응하며 용액이 공기 중에 노출되면 발화할 수 있다.

탄소 친핵체는 주로 탄소에 부분 음전하가 있는 탄소 음이온이다. **그리냐르 시약**(Grignard reagent, RMgX), 아세틸라이드 이온(6.11절, $R-C\equiv C:^-$) 그리고 **사이안화 음이온**(^-CN) 등이 자주 쓰이는 탄소 친핵체이다.

유기금속 화합물의 대표적 예인 그리냐르 시약은 Mg 금속이 탄소와 결합하고 있는 시약이다. 금속은 탄소 원자보다 전기 양성이므로 금속은 부분 양전하, 그리고 탄소는 부분 음전하를 띠게 되면서 탄소가 친핵체의 역할을 할 수 있게 된다.

그리냐르 시약의 제법

그리냐르 시약은 탄소에 전기 양성 원소인 마그네슘이 결합하고 있는 유기금속 화합물이며, 알킬 혹은 아릴 할라이드와 마그네슘 금속을 에터 계열의 용매(다이에틸 에터, THF)에서 반응시켜 만든다.

R: alkyl, aryl
X: Cl, Br, I

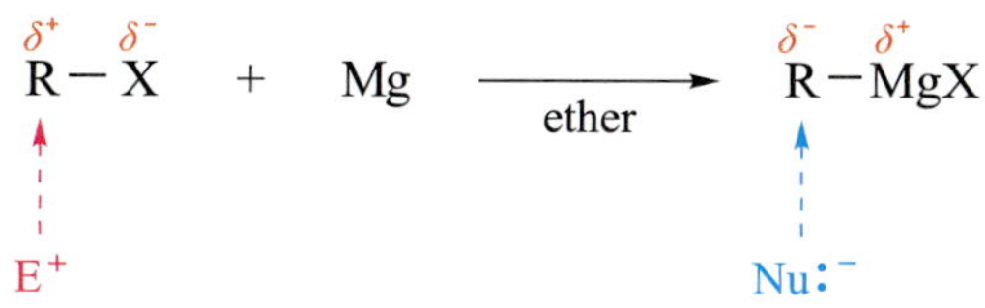

이 반응의 중요한 특징은 RX에서 친전자체 역할(특히 알킬 할라이드에서)을 하던 탄소가 그리냐르 시약에서는 친핵체의 역할을 하게 된다는 점이다.

그리냐르 시약은 1900년에 이 시약을 발견한 프랑스 화학자인 그리냐르의 이름에서 따온 시약이다. 그리냐르 시약을 RMgX로 나타내나 에터 용매에서는 다음과 같은 루이스 산–염기 착물로 존재한다.

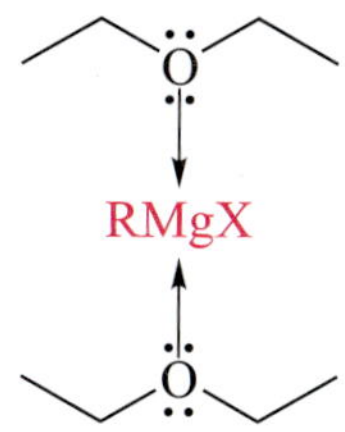

그리냐르 시약 및 아세틸라이드 이온의 반응

염기로서의 반응

두 시약은 매우 센염기이므로 O, S, N에 붙은 양성자를 쉽게 떼어낸다. 즉, 물, 에탄올, 카복실산, 아민 같은 물질과는 산–염기 반응이 즉시 일어난다.

$$\overset{\delta^-}{\text{R}}\!:\ \overset{\delta^+}{\text{MgX}} \ + \ \underset{\text{p}K_a \sim 15}{\text{H}-\text{OR}'} \ \xrightarrow{K \sim 10^{35}} \ \underset{\text{p}K_a \sim 50}{\text{R}-\text{H}} \ + \ ^{-}\text{OR}'$$

RMgX는 말단 알카인에서 양성자를 제거할 수 있으며, 이때 얻어진 아세틸라이드 이온은 매우 좋은 탄소 친핵체이다(6.11절).

$$\overset{\delta^-}{\text{R}}\!:\ \overset{\delta^+}{\text{MgX}} \ + \ \underset{\text{p}K_a \sim 25}{\text{H}-\text{C}\equiv\text{C}-\text{R}'} \ \xrightarrow{K \sim 10^{25}} \ \text{R}-\text{H} \ + \ \underset{\text{acetylide ion}}{^{-}\!:\text{C}\equiv\text{C}-\text{R}'}$$

친핵체로서의 반응

그리냐르 시약의 에터 용액에 알데하이드나 케톤을 가한 후 중화하면 일차, 이차 및 삼차 알코올이 얻어진다. 그리냐르 시약의 첨가 반응은 9.3절에서 다룬 메커니즘에 따라 일어나며 RMgX의 R 부분이 친핵체의 역할을 수행한다.

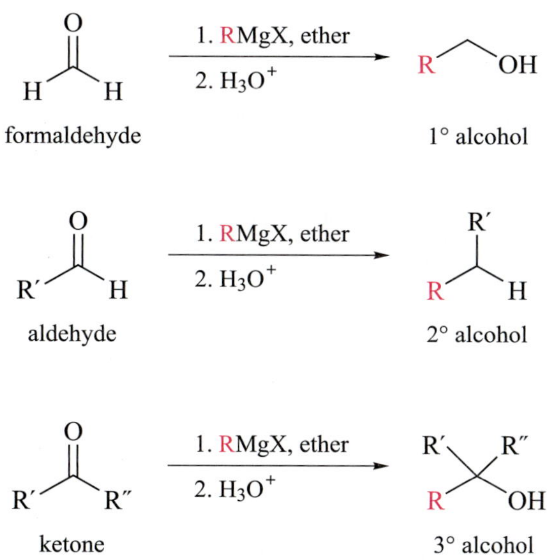

CO_2와의 반응

그리냐르 시약을 CO_2(드라이 아이스)와 반응시킨 후 산성화하면 카복실산이 얻어진다.

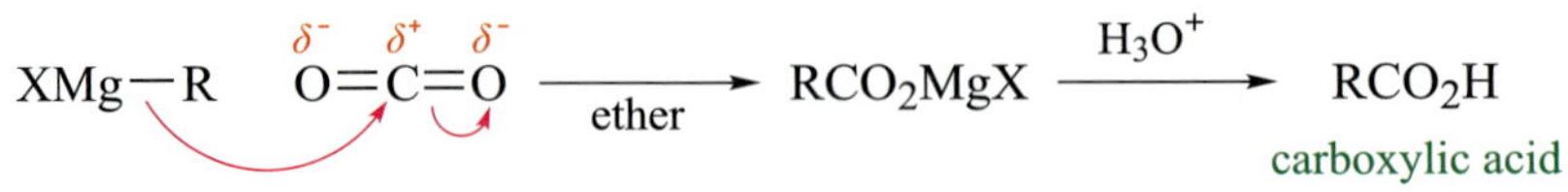

예제 9.3 다음 화합물을 PhMgBr과 반응시킨 후 산으로 처리(중화)하였을 때 생기는 유기 생성물을 각각 그리시오.

a. 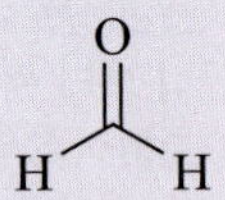
b. 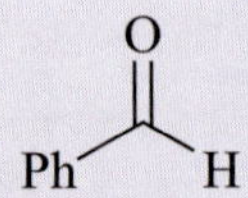
c. 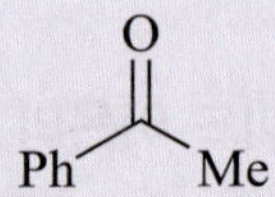

d. 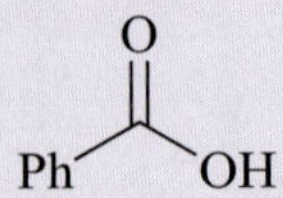 (두 생성물)

e. D_2O (D = 중수소)

풀이 PhMgBr은 센염기이면서 센 친핵체이다. 양성자성 시약과는 더 빠르게 반응한다.

a. 
b. 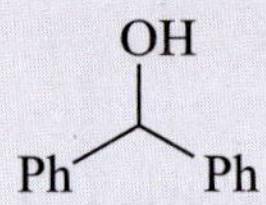
c. 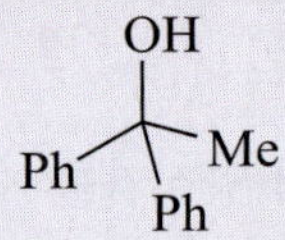

d. 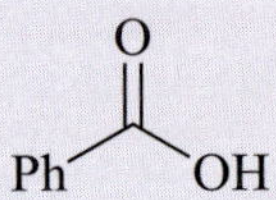 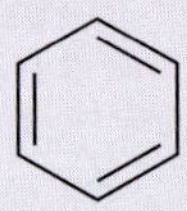
e. 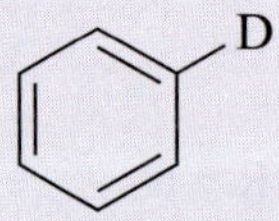

문제 9.3 다음 화합물을 MeMgI와 반응시킨 후 산으로 처리(중화)하였을 때 생기는 유기 생성물을 각각 그리시오.

a. 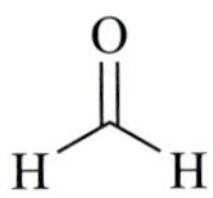
b. 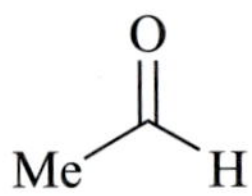
c. 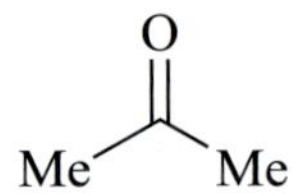
d. 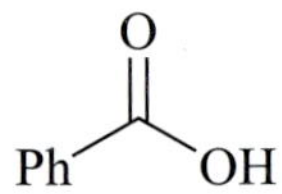 (두 생성물)

비슷하게 아세틸라이드 이온도 카보닐 화합물에 첨가되면 알코올이 얻어진다.

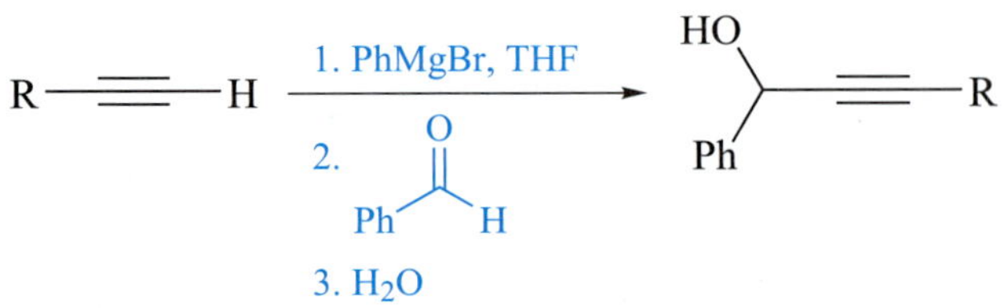

사이안화 이온 친핵체

사이안화 소듐의 수용액에 알데하이드나 케톤을 가하면 사이안화 이온이 카보닐 탄소를 공격하여 사면체 중간체 TI가 생성된다. 이 중간체는 빠르게 ⁻CN 이온을 잃어버리고 원래의 출발물로 되돌아갈 수 있다. 하지만 반응 용액에 양성자를 줄 수 있는 산(HCN)이 있으면 첨가 생성물인 **사이아노하이드린**(cyanohydrin)이 생성된다. 실제 반응에서는 NaCN과 염산의 혼합 용액을 이용한다.

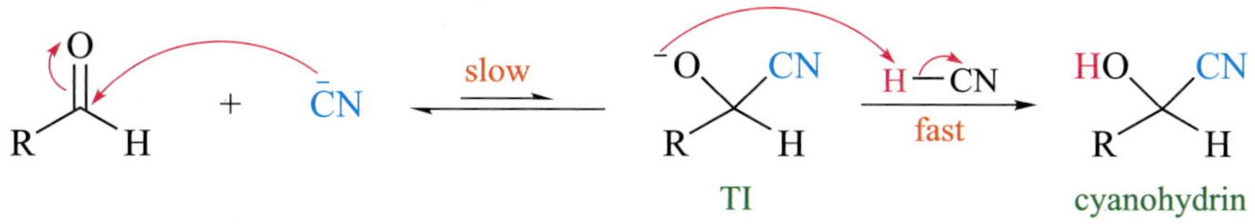

예제 9.4 사이아노하이드린은 염기성 조건에서는 원래의 카보닐 화합물로 되돌아간다. HO^- 촉매에 의한 분해 과정의 메커니즘을 그리시오.

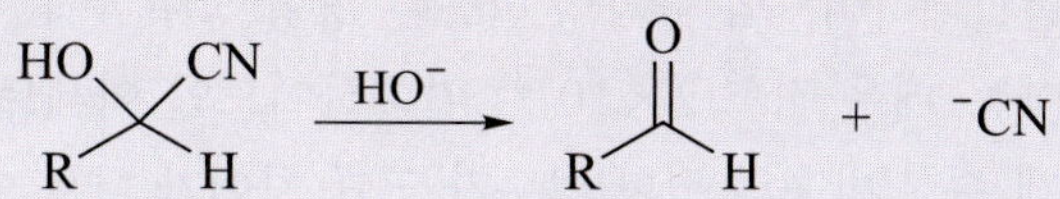

풀이

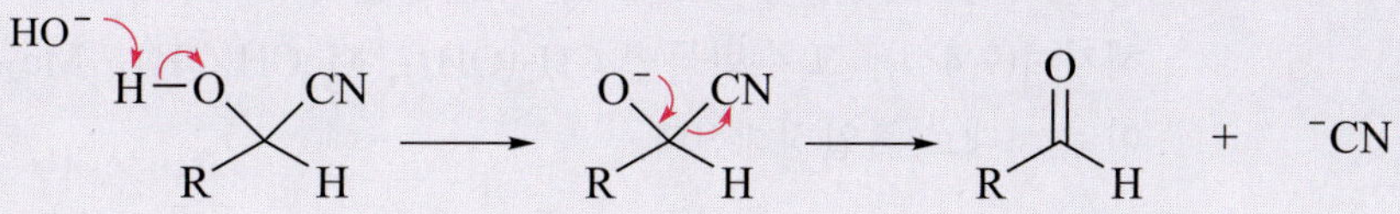

사과 씨를 씹으면 향기로운 냄새가 나는 것을 경험해 보았을 것이다. 사과 씨에는 아미그달린(amygdalin)이라고 부르는 사이아노하이드린 유도체가 들어 있는데, 사과 씨를 씹으면 사이아노하이드린이 가수분해되어 특이한 향기가 나는 벤즈알데하이드가 생기기 때문이다.

아미그달린은 자두, 매실, 살구나 복숭아의 씨에도 들어 있다.

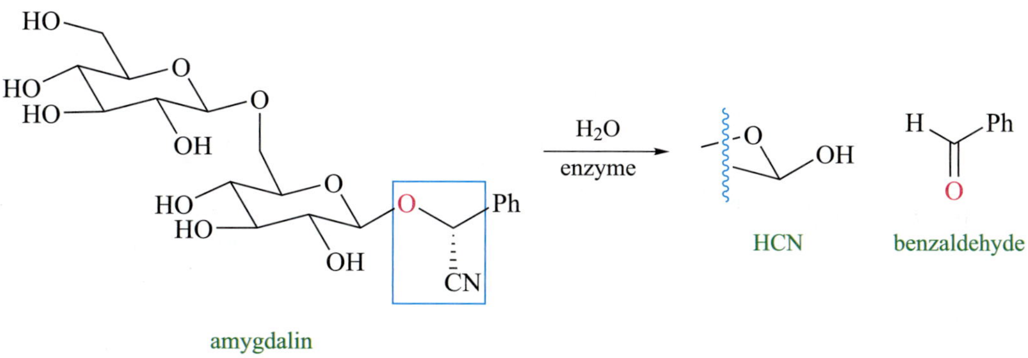

문제 9.4 다음 알데하이드를 NaCN과 염산의 혼합물로 처리하였을 때 생기는 생성물을 각각 그리시오.

a. 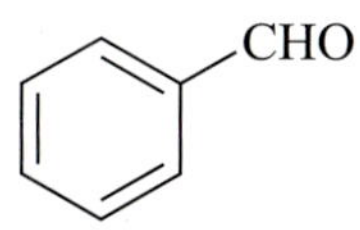

b. 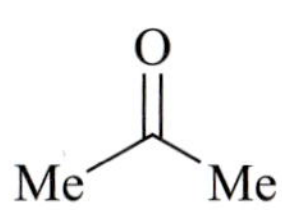

9.8 산소 친핵체

물

물 분자가 알데하이드 및 케톤에 첨가되면 **수화물**(hydrate)이 생긴다. 수화 반응은 산이나 염기에 의하여 촉매화되는 평형 반응이다.

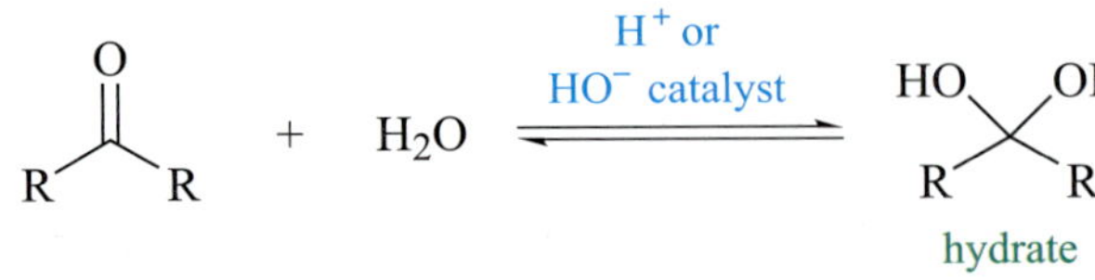

폼알데하이드와 물과의 반응은 평형 상수 K가 매우 크나(2.3×10^3) 케톤인 아세톤의 경우에는 매우 작고(2×10^{-3}) 알데하이드인 아세트알데하이드의 경우에는 1 정도이다. 이렇게 수화 반응의 평형 상수가 크게 차이가 나는 이유는 반응물과 생성물의 열역학적 안정성의 차이 때문이다. 즉, 카보닐 화합물은 HCHO, MeCHO, MeCOMe의 순서로 더 안정해지며(9.4절), 그 수화물인 $CH_2(OH)_2$, $MeCH(OH)_2$, $Me_2C(OH)_2$는 입체 효과로 인하여 이 순서대로 불안정해진다.

문제 9.5 Cl_3CCHO는 물에서 클로랄(chloral)이라고 부르는 수화물로 존재한다($K \sim 10^4$). 그 이유를 제안하시오(힌트: 염소는 전기 음성도가 크다).

산 촉매화 수화 반응

카보닐기에 양성자가 첨가되면 카보닐 탄소의 친전자성이 크게 증가하게 되어 매우 약한 친핵체인 물 분자의 첨가가 가능해진다.

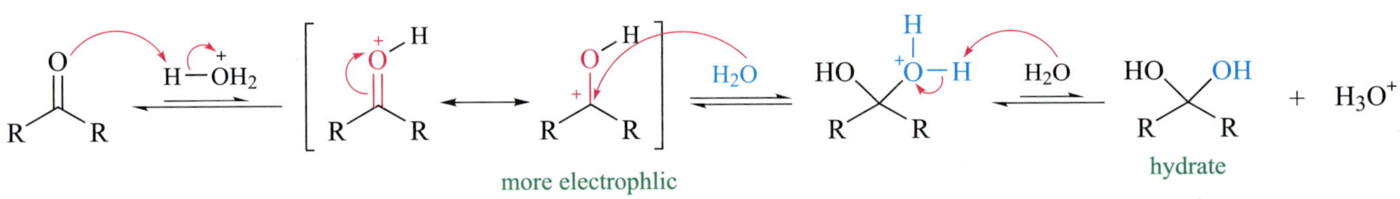

염기 촉매화 수화 반응

물보다 HO^-가 더 친핵성이므로 HO^-의 첨가는 물의 첨가보다 더 빠르게 일어난다. 첨가 후에 생기는 사면체 중간체에 물 분자가 양성자를 주면 HO^-가 재생되면서 수화물이 얻어진다.

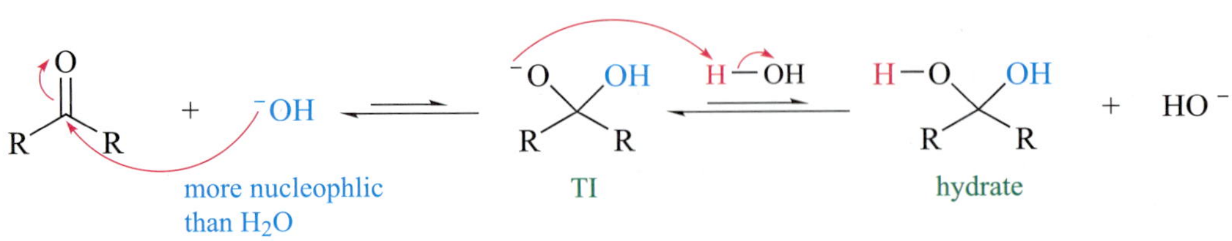

알코올

물과 비슷하게 1 당량의 알코올이 H^+ 혹은 HO^- 촉매 존재 하에서 카보닐기에 첨가되면 **헤미아세탈**(hemiacetal)이라고 부르는 생성물이 가역적으로 생긴다.

산 촉매화 헤미아세탈 생성 반응

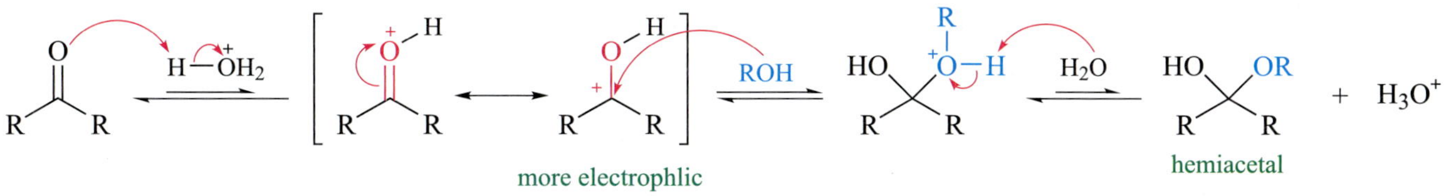

염기 촉매화 헤미아세탈 생성 반응

$$R'OH + {}^{-}OH \rightleftharpoons R'O^{-} + H_2O$$

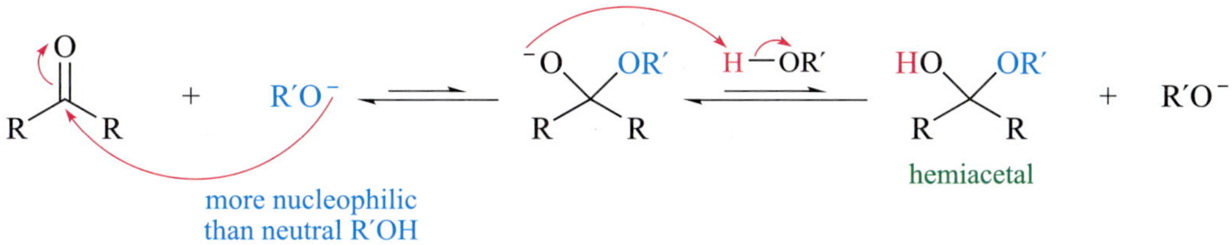

예제 9.5 다음 카보닐 화합물과 알코올에서 얻어지는 헤미아세탈의 구조를 각각 그리시오.

a. PhCHO + MeOH b. EtCHO + EtOH c. 사이클로헥산온 + MeOH

풀이

a. 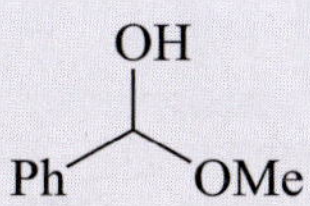

b. 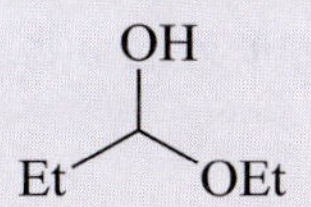

c. 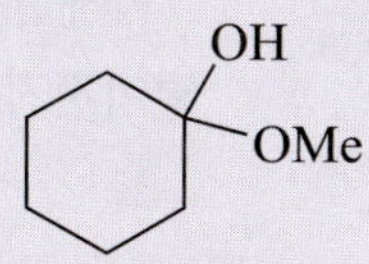

문제 9.6 다음 구조의 헤미아세탈을 주는 카보닐 화합물과 알코올의 구조를 각각 그리시오.

a. 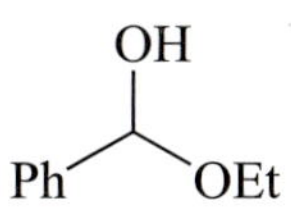

b. 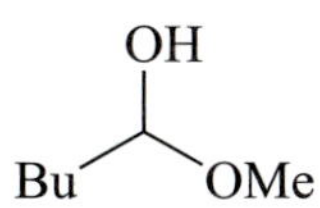

c. 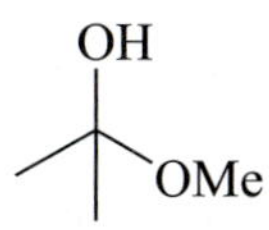

산성 조건에서 과량의 알코올이 존재하는 경우에는 헤미아세탈이 다시 한 번 알코올과 반응하여 **아세탈**(acetal)로 변한다. 이 반응은 가역적이므로 아세탈을 좋은 수율로 얻으려면 알코올을 용매로서 과량으로 사용하거나 부산물로 생기는 물을 제거하여야 한다. 에틸렌 글라이콜을 사용하면 고리형 아세탈이 얻어진다.

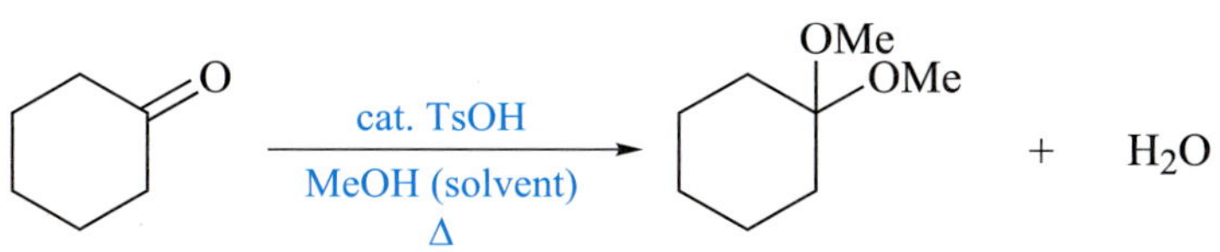

아세탈의 생성 시 산 촉매의 역할은 HO기를 더 좋은 이탈기인 물로 변환시키는 것이다. 양성자첨가된 헤미아세탈에서 물이 떨어지면 공명 안정화 탄소 양이온이 생기고, 여기에 친핵성 알코올이 전자쌍을 주면 아세탈이 결국 얻어진다.

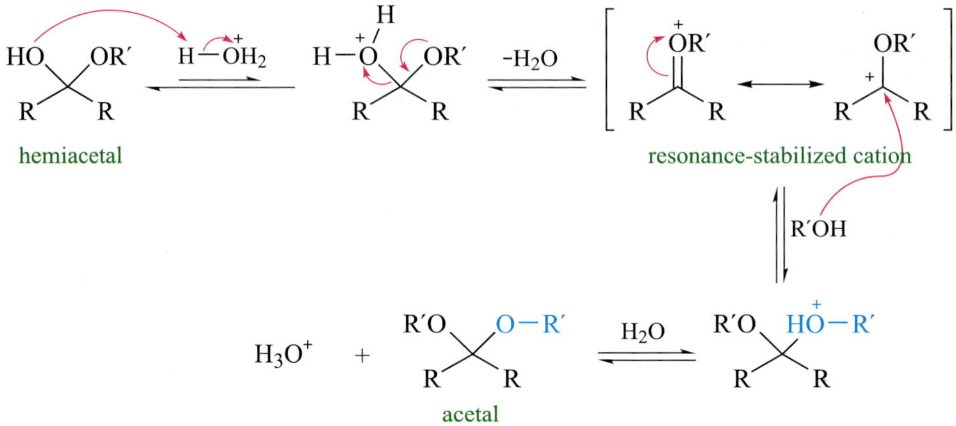

문제 9.7 산 촉매 존재 하에서 사이클로헥산온을 에틸렌 글라이콜로 처리하면 사이클로헥산온 에틸렌 아세탈이 생긴다. 이 반응의 메커니즘을 그리시오.

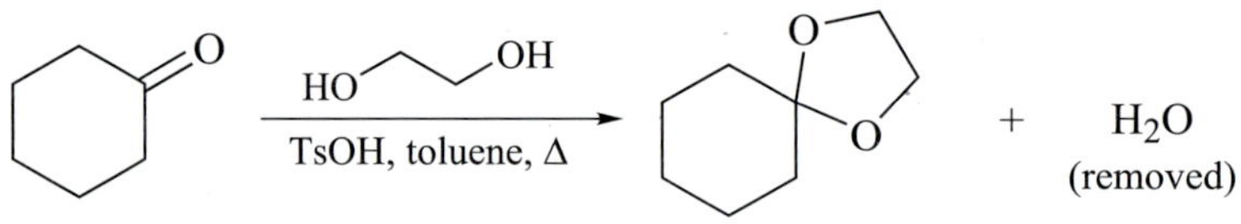

아세탈의 생성은 반드시 산 촉매가 필요하다. 염기성 조건에서는 헤미아세탈의 HO기가 떨어지지 않기 때문에 다음과 같은 반응은 일어날 수 없다.

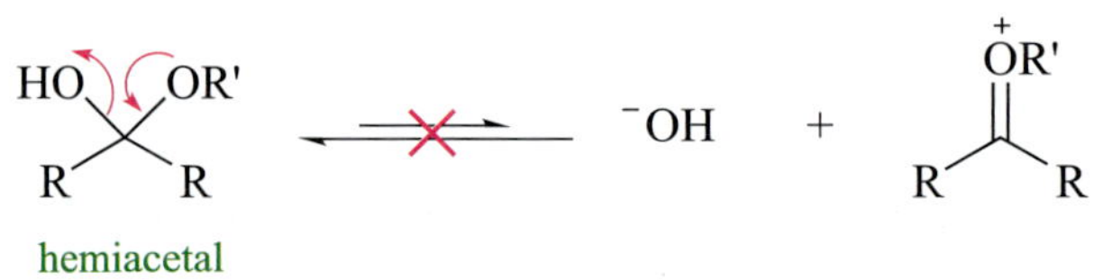

문제 9.8 다음 반응의 생성물인 아세탈의 구조를 각각 그리시오.

a. 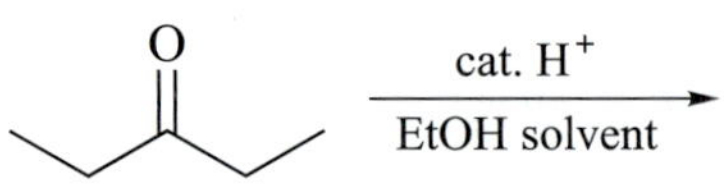

b. 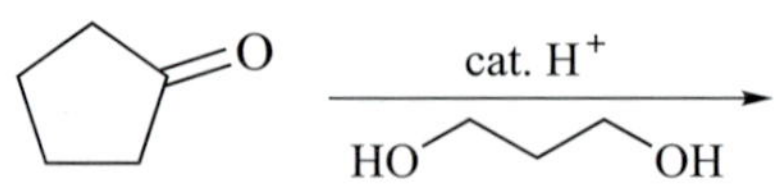

c. 

d. PhCHO $\xrightarrow[\text{MeOH solvent}]{\text{cat. H}^+}$

아세탈의 산 촉매화 가수분해

아세탈은 과량의 물이 존재하는 산성 조건에서는 원래의 카보닐 화합물로 가수분해된다.

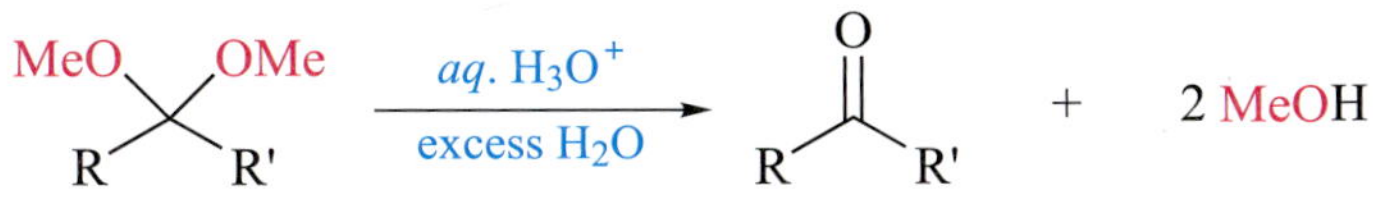

문제 9.9 산성 조건에서 사이클로헥산온 에틸렌 아세탈을 과량의 물과 함께 가열하면 다음과 같은 가수분해 반응이 일어난다. 이 반응의 메커니즘을 그리시오.

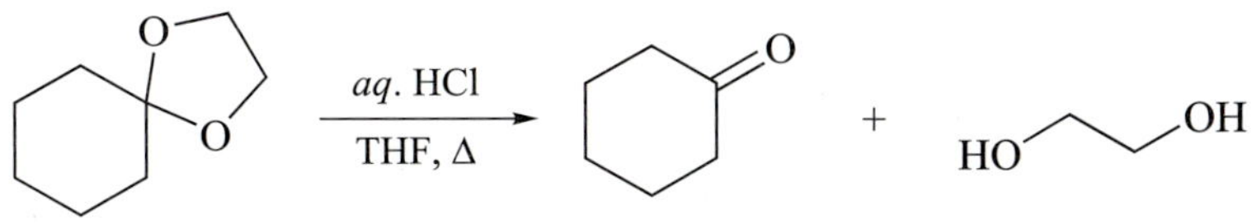

문제 9.10 각 아세탈의 산 촉매화 가수분해 반응의 생성물을 그리시오.

a. 
b. 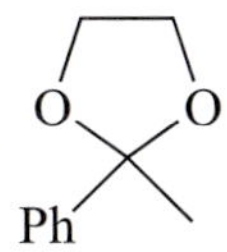
c. 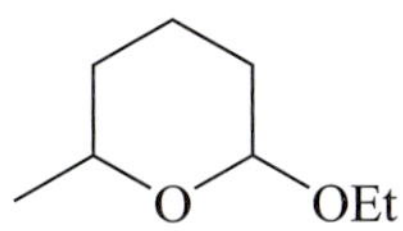
d. 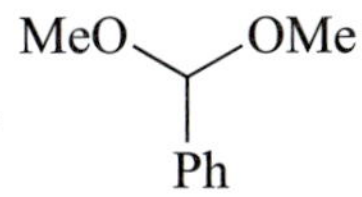

9.9 질소 친핵체

암모니아 및 일차 아민

알코올보다 친핵성이 더 큰 암모니아 및 아민은 알데하이드와 케톤에 쉽게 첨가하며, 이러한 반응은 산에 의하여 촉매화된다.

암모니아 혹은 일차 아민이 카보닐 화합물과 반응하면 **이민**(imine)이라고 부르는 생성물이 얻어진다. 이 반응의 첫 단계는 암모니아 혹은 일차 아민의 질소가 카보닐기에 첨가되는 반응이다. 카비놀아민 중간체에 양성자가 첨가된 후 물이 떨어지면 이민이 가역적으로 생성된다.

암모니아에서 유래하는 이민은 매우 불안정하므로 분리가 어렵다. 일차 아민의 이민도 산성 조건에서 쉽게 가수분해된다. 방향족 아민과 방향족 카보닐 화합물의 이민 유도체는 좀 더 안정하다.

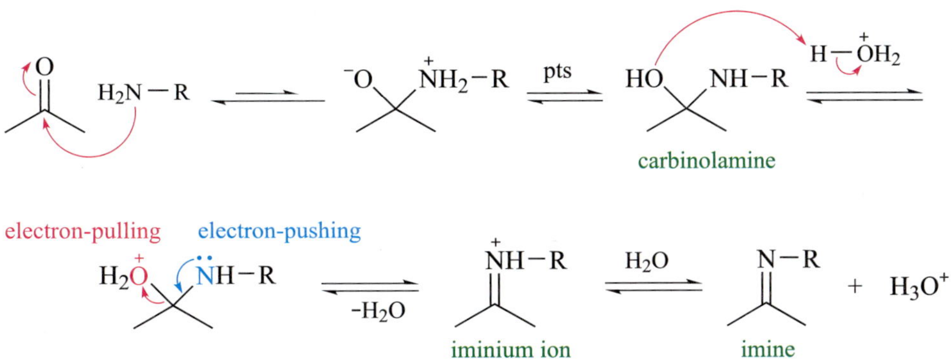

아세탈이 산성 조건에서 쉽게 가수분해되는 것처럼 이민 화합물도 산성 수용액에서 쉽게 가수분해된다. 아세탈 가수분해와의 차이점은 이민의 가수분해에는 1 당량의 산이 필요하다는 점이다.

문제 9.11 이민의 가수분해 반응의 메커니즘을 그리시오.

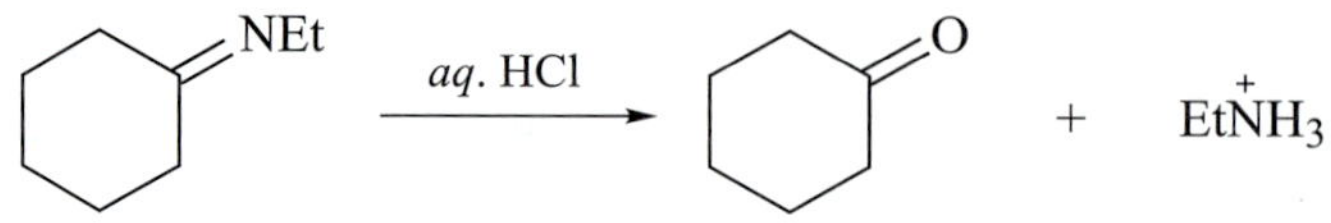

NH_2–Z(Z = O, N)

NH_2–Z(Z = O, N)의 이민 유도체는 알킬아민에서 유래한 이민에 비하여 산에 매우 안정한 결정성 고체이다. 하이드라진과 하이드록실아민에서 유래하는 이민 유도체를 각각 **하이드라존**(hydrazone)과 **옥심**(oxime)이라고 부른다.

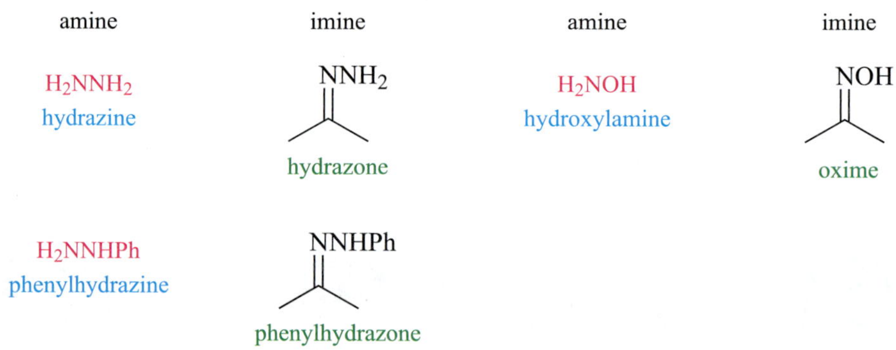

이차 아민

엔아민(enamine) 단어는 alkene의 'ene'과 'amine'에서 나온 말이다(eneamine → enamine).

이차 아민이 카보닐 화합물과 반응하면 **엔아민**(enamine)이라고 부르는 생성물이 얻어진다. 일차 아민에서처럼 이차 아민의 경우에도 **이미늄 이온**(iminium ion)이라는 이온이 중간체로 생성된다. 이 이온의 질소 원자에는 양성자가 없으므로 대신 α-탄소의 양성자가 떨어져서 탄소–탄소 이중 결합이 있는 엔아민이 생긴다.

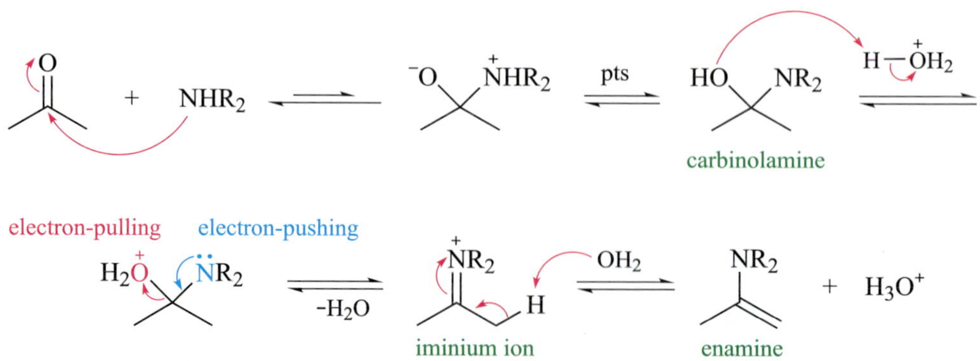

문제 9.12 일차 아민의 반응에서도 엔아민이 주 생성물로 생길 수 있지만 실제로는 이민이 주 생성물이다. 그 이유를 설명하시오(이민과 엔아민은 토토머의 관계이다).

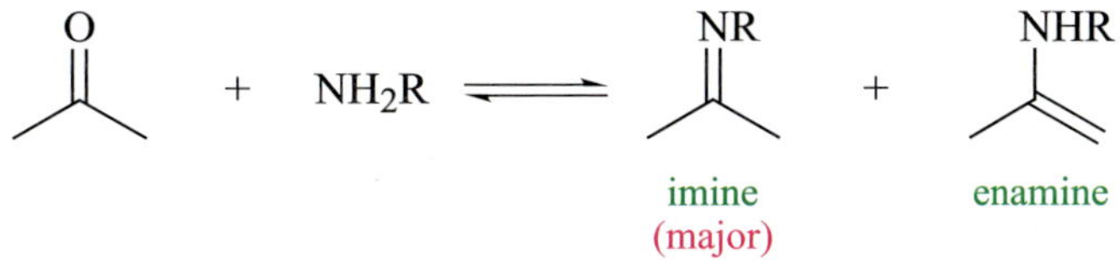

문제 9.13 사이클로헥산온이 약간 산성 반응 조건에서 다음 시약과 반응하였을 때 생기는 생성물을 각각 그리시오.

a. $PhNH_2$　　b. Et_2NH　　c. NH_2NHPh　　d. NH_2OH

문제 9.14 엔아민도 이민처럼 1 당량의 산성 수용액에서 카보닐 화합물로 가수분해된다. 다음 엔아민의 가수분해 반응의 메커니즘을 쓰시오(힌트: 첫 단계는 양성자가 이중 결합에 첨가하는 반응이다).

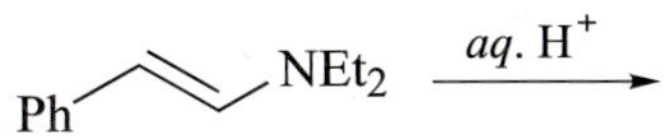

환원성 아민화 반응

이민과 엔아민을 적당한 환원제로 환원하면 이민 혹은 엔아민을 분리할 필요 없이 아민을 얻을 수 있으며, 이러한 반응을 **환원성 아민화 반응**(reductive amination)이라고 한다. 흔히 쓰이는 환원제는 약간 산성 조건에서 안정한 $NaBH_3CN$ 같은 수소화붕소 금속 착물이다.

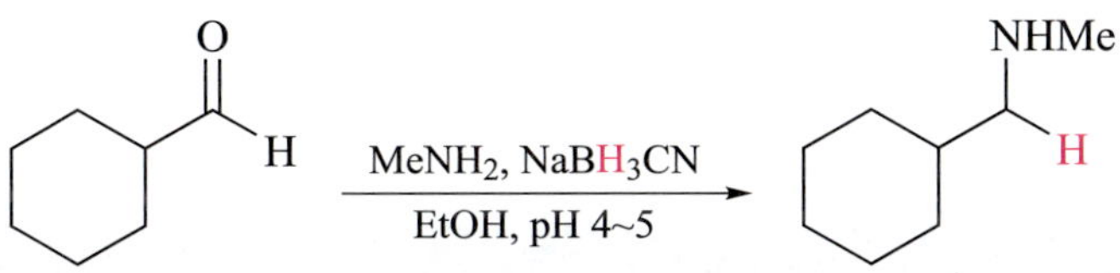

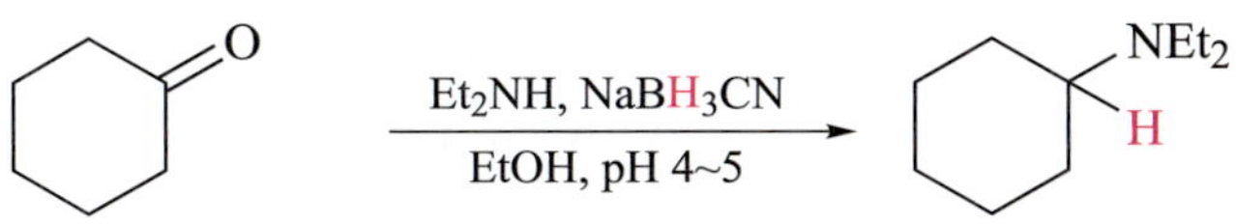

환원성 아민화 반응은 pH 4~5에서 수행한다. 이 산성 조건에서 이민 혹은 엔아민에 양성자가 첨가하여 생성되는 이미늄 이온은 카보닐 탄소보다 탄소의 친전자성이 더 크므로 카보닐 화합물보다 더 빨리 환원될 것이다. 따라서 반응 용액에 카보닐 화합물이 처음부터 들어 있어도 카보닐 화합물의 환원은 일어나지 않는다.

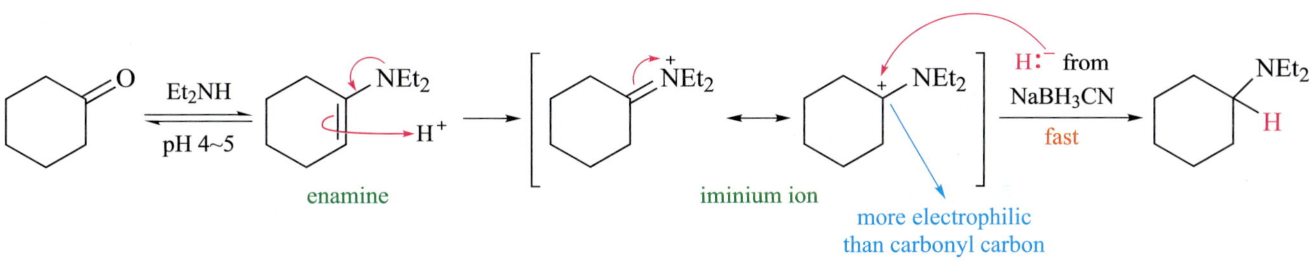

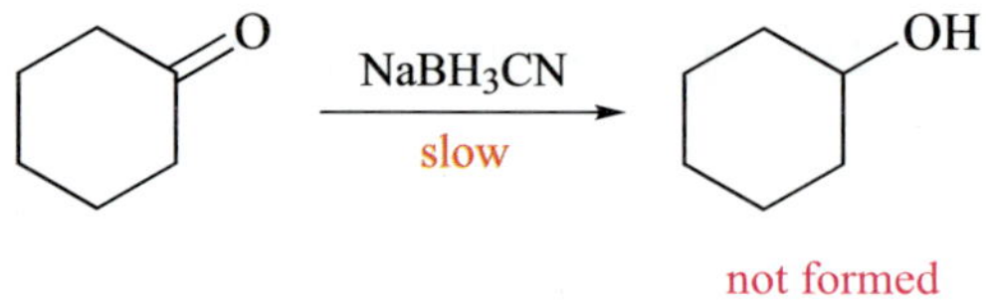

문제 9.15 다음 환원성 아민화 반응의 생성물을 각각 그리시오.

a. 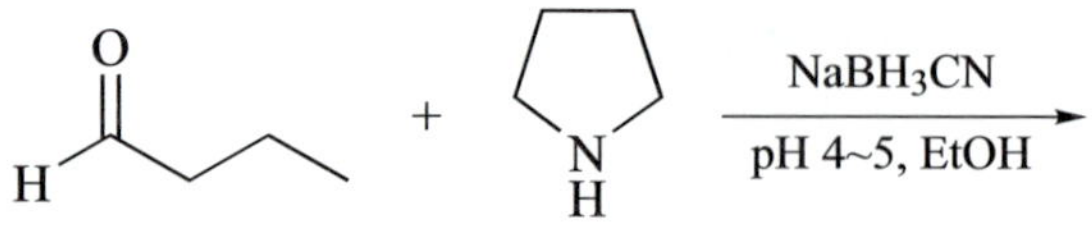

b. 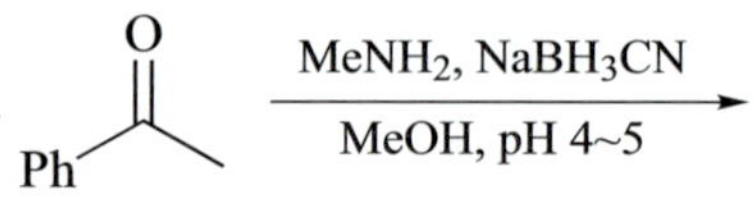

c. 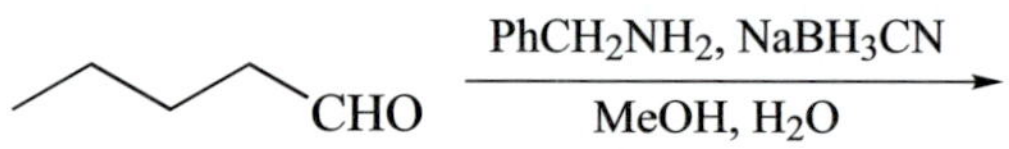

문제 9.16 다음 아민을 환원성 아민화 반응으로 합성하고자 한다. 필요한 두 출발물을 각각 제안하시오(어떤 경우에는 두 가지 방법이 가능하다).

a. 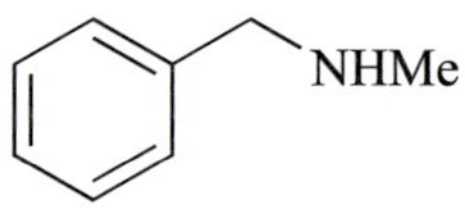

b. 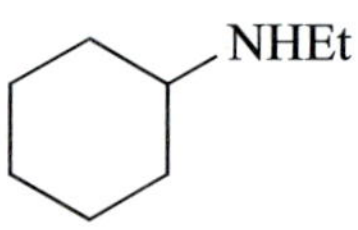

c. 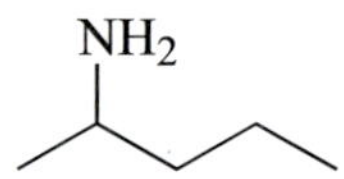

d. 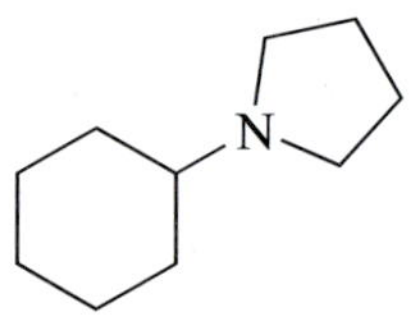

9.10 콘쥬게이션 첨가

단순한 알켄은 친핵체와 첨가 반응을 하지 않지만 α,β-불포화 카보닐 화합물의 경우 다음과 같은 공명 구조가 보여 주듯이 β-탄소가 친전자체의 역할을 할 수 있어서 다양한 친핵체가 탄소–탄소 이중 결합에 첨가될 수 있다.

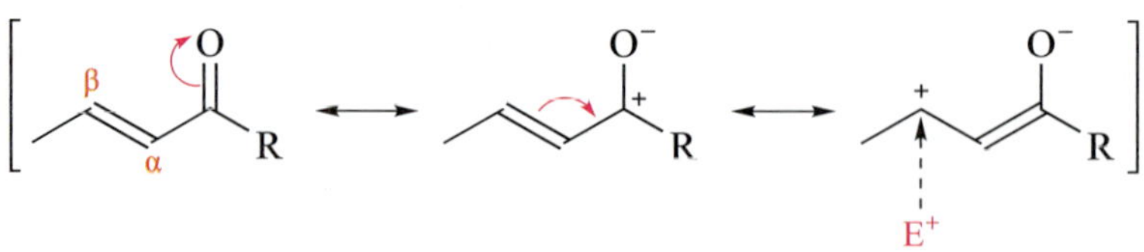

1,4-첨가에서 숫자 1과 4는 각각 양성자가 엔올 음이온(enolate)의 산소 원자(1번)에 첨가되고 친핵체는 탄소(4번)에 첨가됨을 의미한다. 산소 원자에 첨가된 양성자는 토토머화 과정(11.2절)을 거쳐서 3번 탄소에 결합하게 된다.

물론, 친핵체는 카보닐기에 첨가될 수도 있으며, 이러한 첨가를 1,2-첨가라고 부른다. 하지만 어떠한 친핵체는 주로 β-탄소에 첨가하는데, 이러한 방식의 첨가를 **1,4-첨가** 혹은 **콘쥬게이션 첨가**(conjugate addition)라고 부른다(1,2-첨가물보다 1,4-첨가물이 더 안정하다).

1,2-첨가보다 1,4-첨가를 선호하는 친핵체의 예는 헤테로 원자가 친핵성인 ROH, H_2O,

RSH, RNH_2 등이다.

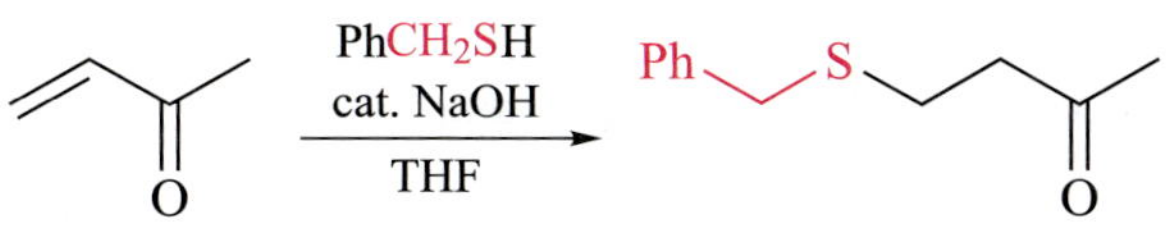

예제 9.6 다음 콘쥬게이션 첨가 반응의 생성물을 각각 그리시오.

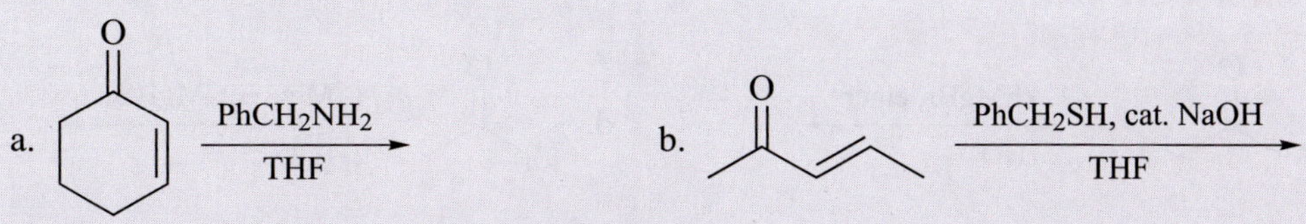

풀이 아민과 싸이올은 1,4-첨가를 선호한다.

문제 9.17 다음 콘쥬게이션 첨가 반응의 생성물을 각각 그리시오.

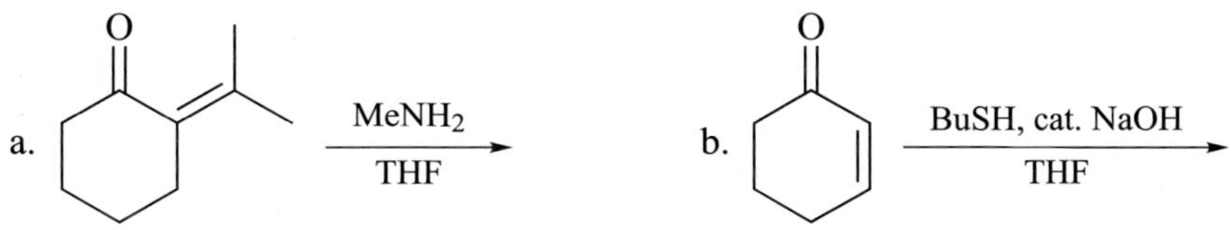

추가 문제

9.18 다음 반응의 생성물을 각각 그리시오. 반응이 일어나지 않는 경우에는 NR이라고 쓰시오.

a. 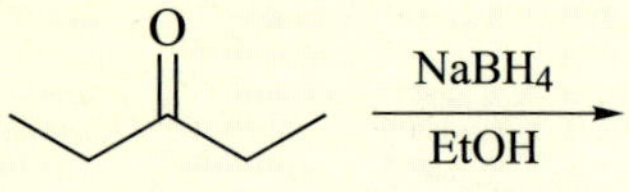

b. 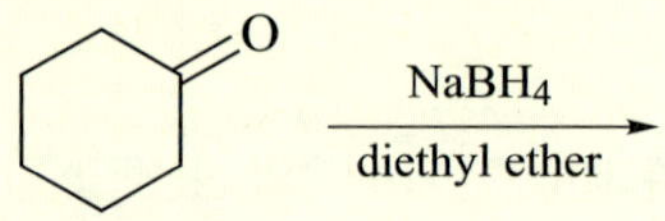

c. 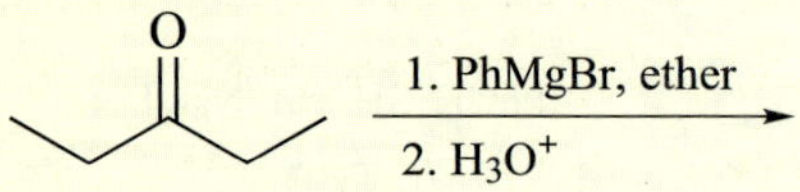

d. 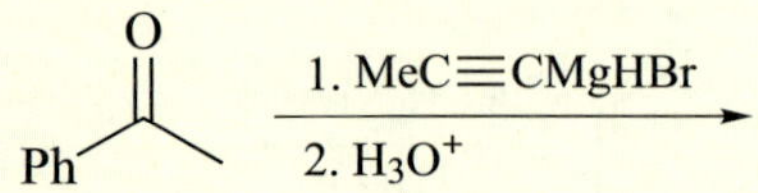

e. 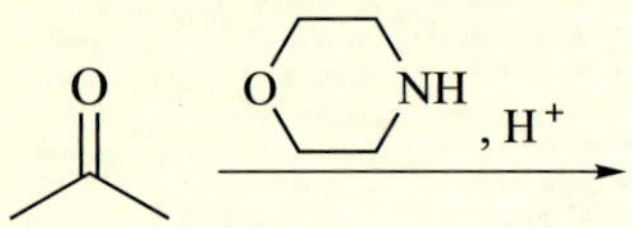

f. 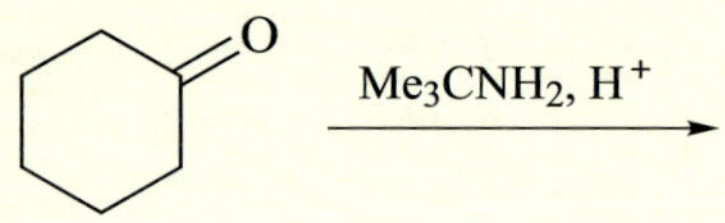

9.19 아세트알데하이드의 수화물이 산 촉매 그리고 염기 촉매 존재 하에서 카보닐 화합물로 변환되는 과정의 메커니즘을 굽은 화살표로 그리시오.

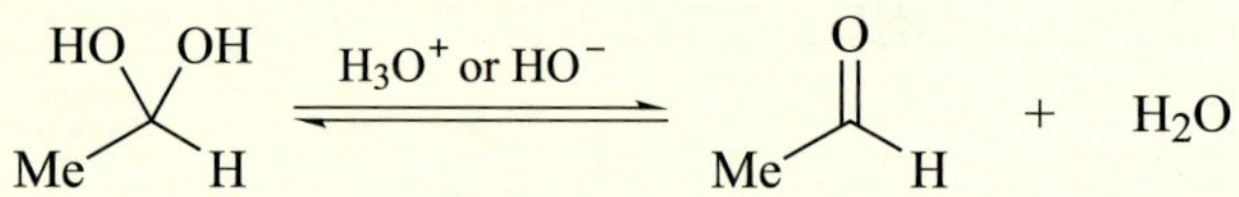

9.20 알코올의 보호기 중에서 아세탈의 한 예는 THP 에터이다. THP 에터의 생성 메커니즘을 그리시오.

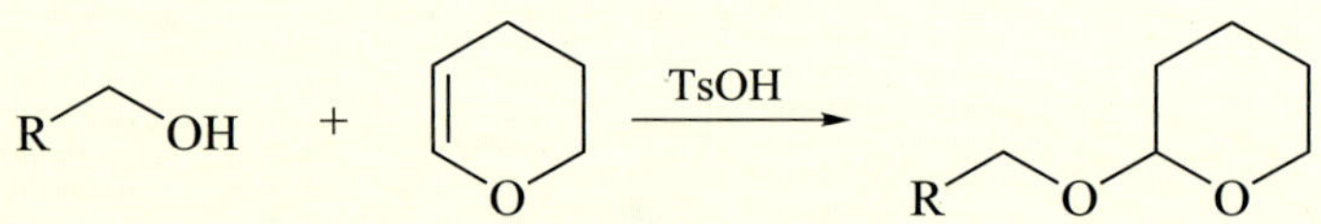

tetrahydropyranyl(THP) ether

9.21 다음 카보닐 화합물과 아민 사이의 생성물을 각각 그리시오.

a. 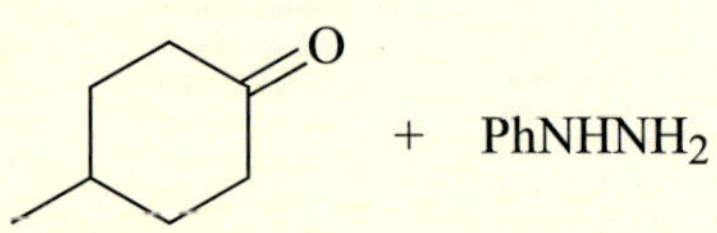

b. 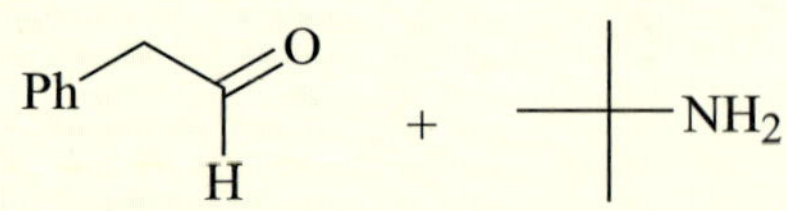

c. 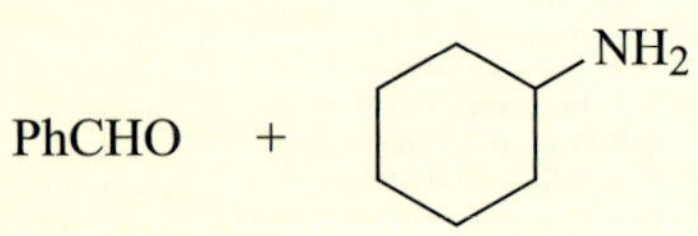

9.22 다음 일련의 반응은 어떤 브로모 케톤에서 하이드록시 케톤의 합성 단계를 보여 주고 있다. 각 단계에 적당한 시약을 적으시오.

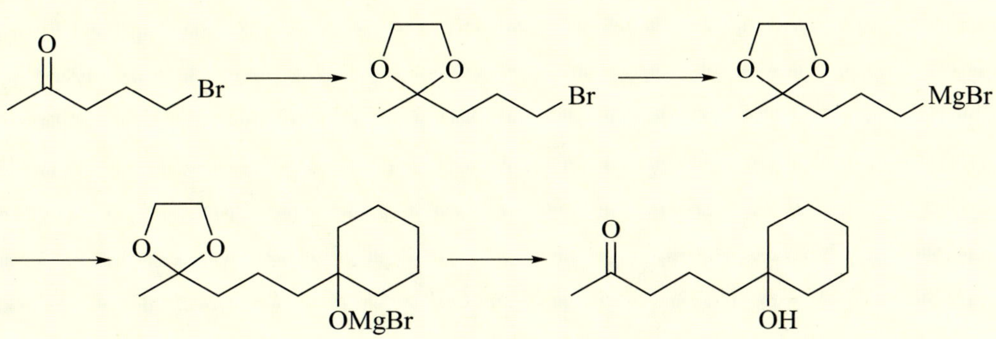

Chapter 10

카복실산과 카복실산 유도체: 친핵성 아실 치환 반응

출처: sutterstock

카복실산은 **카복실기**(carboxyl group)라고 부르는 작용기 $-COOH$가 있는 유기 산이다.

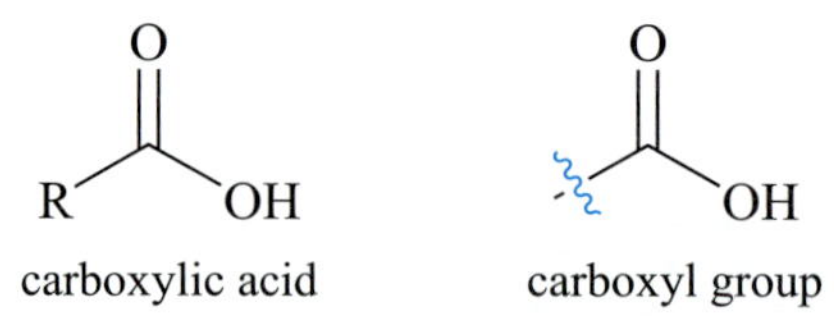

이름이 말하듯이 카복실산은 약산(pK_a~5)이지만 카보닐기의 산소와 하이드록시기의 산소는 고립쌍이 있기 때문에 브뢴스테드 염기이기도 하다. 특히 카보닐 산소가 더 염기성이므로 카보닐 산소가 카복실산의 화학에서 매우 중요한 역할을 수행한다.

카복실산 및 유도체는 카보닐기에 헤테로 원자가 결합된 부류로서 알데하이드나 케톤 부류와는 친핵체와 다른 메커니즘으로 반응한다. 이 장에서는 카복실산 유도체의 주 반응인 친핵성 아실 치환 반응을 주로 다룰 것이다.

10.1 카복실산 유도체의 종류

카복실산에서 유래하는 유도체는 염화 아실, 에스터, 싸이오에스터, 산 무수물, 아마이드 등이 있으며, 나이트릴은 카복실산 유도체는 아니지만 나이트릴을 가수분해하면 카복실산이 얻어지기 때문에 카복실산 유도체로 간주한다.

표 10.1 카복실산 유도체의 종류

카복실산 유도체	구조	카복실산 유도체	구조
카복실산	RCO_2H	에스터	RCO_2R
염화 아실(산 염화물)	$RCOCl$	아마이드	$RCONH_2$
산 무수물	$(RCO)_2O$	나이트릴	RCN
싸이오에스터	$RCOSR$		

카복실산과 그 유도체는 카보닐 탄소의 **산화 수준**이 모두 같다. 따라서 이들 사이의 변환은 산화–환원 반응이 아니고 단순한 탈수 반응이나 가수분해 반응이다.

산화 수준

무기 화학에서는 금속의 산화수의 증가 혹은 감소로 산화나 환원 반응을 정의한다. 하지만 유기 화학에서는 탄소의 산화수(산화 상태)를 구하기가 불편하므로 산화수 대신 **산화 수준**(oxidation level)을 구하여 산화–환원 반응을 정의할 수 있다. 산화 수준은 한 탄소와 결합하고 있는 O, S, N, 할로젠 같은 헤테로 원자의 수이며(이중 결합과 삼중 결합은 각각 두 개와 세 개로 간주), 이 수가 클수록 그 탄소가 더 높은 산화 수준에 있다고 볼 수 있다. 따라서 산화 수준이 증가하는 반응은 산화이므로 산화제를 이용하여야 하며, 반면에 산화 수준이 감소하는 반응은 환원이므로 환원제를 이용하여야 한다. 산화 수준이 같으면 산화제나 환원제가 아닌 물 같은 분자가 첨가(가수분해)되거나 제거되는(탈수) 반응 등이 일어난다.

표 10.2 탄소–헤테로 원자의 결합 수

0	1	2	3	4
CH_4	RCl ROH, RSH RNH_2	RCHO, RCOR RCH=NR $RCH(OR')_2$, $RCHCl_2$	RCO_2H, RCO_2R' RCOCl, $RCONH_2$ RCN, $RC(OR')_3$, $RCCl_3$	CO_2 CCl_4 $EtOCO_2Et$, $ClCO_2Et$

10.2 카복실산의 구조 및 명명법

카복실산의 구조

카복실산의 구조는 RCO_2H 혹은 RCOOH로 표시하며 루이스 구조식은 다음과 같이 그릴 수 있다. 카보닐 탄소의 혼성은 sp^2이므로 결합각은 약 120°로 예측되며, 실제로도 아세트산인 경우 C−C−O 결합각은 119°이다.

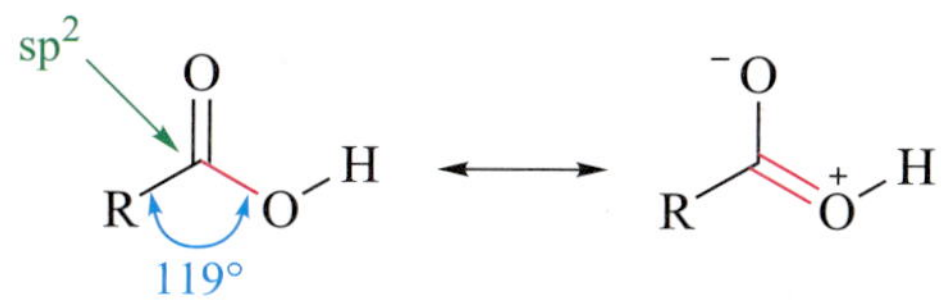

카보닐 탄소와 OH기의 산소 사이의 결합은 약간의 이중 결합 성격이 있기 때문에 알코올의 C−O 결합보다는 약간 짧다.

카복실산의 명명법

비고리형 카복실산의 IUPAC 이름은 탄소 수가 같은 알케인의 이름의 말미 '-e' 대신에 '-oic acid'를 붙여 명명한다. 우리말 이름은 메탄산, 에탄산 등으로 쓴다. 하지만 단순한 카복실산은 상용명이 체계명보다 더 널리 쓰인다. 사이클로알케인에 카복실기가 연결된 카복실산은 사이클로알케인의 이름 말미에 '-carboxylic acid'를 붙여 명명한다.

몇 가지 카복실산의 구조, 체계명과 상용명을 표 10.3에 수록하였다.

벤젠 고리에 카복실기가 두 개 치환된 화합물은 세 가지가 가능하며 IUPAC 이름은 벤젠다이카복실산이다. 하지만 상용명이 더 널리 사용된다.

카복실산의 상용명은 그 산이 분리된 원천에서 유래되었다. 'formic acid'를 개미산이라고도 부르는데 개미(라틴 명 formica)를 증류하여 얻었기 때문이다. 'acetic acid'는 식초(라틴 명 acetum), 'butyric acid'는 버터(라틴 명 butyric), 'caprice acid'는 염소(라틴 명 caper)에서 각각 유래하였다. 저분자량 카복실산은 불쾌한 냄새가 난다. 카프르산은 더러운 양말이나 은행 열매의 냄새 성분이기도 하다.

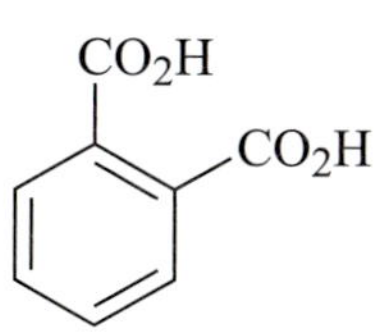

1,2-benzenedicarboxylic acid
phthalic acid

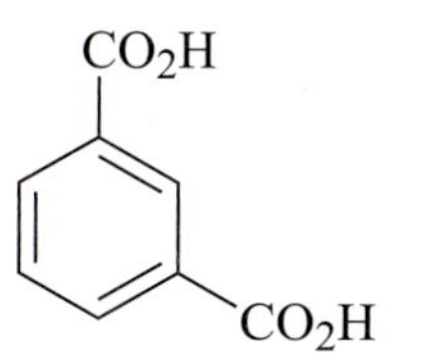

1,3-benzenedicarboxylic acid
isophthalic acid

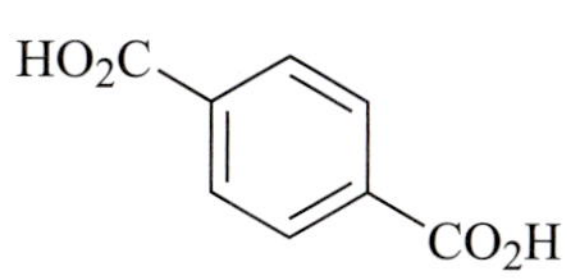

1,4-benzenedicarboxylic acid
terephthalic acid

표 10.3 몇 가지 카복실산의 구조, 체계명과 상용명

구조	IUPAC 체계명	상용명	구조	IUPAC 체계명	상용명
HCOOH	메탄산(methanoic acid)	폼산(formic acid)	HOOC−COOH	에테인이산	옥살산(oxalic acid)
MeCOOH	에탄산(ethanoic acid)	아세트산 (acetic acid)	$HOOC-CH_2-$ COOH	프로페인이산	말론산 (malonic acid)
EtCOOH	프로판산(propanoic acid)	프로피온산 (propionic acid)	$HOOC-(CH_2)_2-$ COOH	뷰테인이산	석신산 (succinic acid)
$Me(CH_2)_2COOH$	뷰탄산(butanoic acid)	뷰티르산 (butyric acid)	$HOOC-(CH_2)_3-$ COOH	펜테인이산	글루타르산 (glutaric acid)
$Me(CH_2)_3COOH$	펜탄산(pentanoic acid)	발레르산 (valeric acid)	$HOOC-(CH_2)_4-$ COOH	헥세인이산	아디프산 (adipic acid)
$Me(CH_2)_4COOH$	헥산산(hexanoic acid)	카프르산 (capric acid)	시스-HOOC− CH=CH−COOH	시스−뷰텐이산	말레산 (maleic acid)
$H_2C=CHCOOH$	프로펜산	아크릴산	트랜스-HOOC− CH=CH−COOH	트랜스−뷰텐이산	퓨마르산 (fumaric acid)
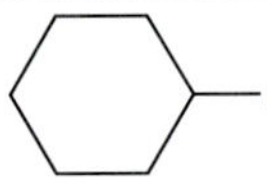 COOH	사이클로헥세인카복실산 (cyclohexanecarboxylic acid)		PhCOOH	벤젠카복실산	벤조산 (benzoic acid)

아실(acyl)기(RCO−)는 카복실산의 상용명에서 '-ic acid'를 '-yl'로 바꿔 명명한다. 예로서 R = H, Me, Ph이면 각 아실기를 폼일(formyl), 아세틸(acetyl), 벤조일(benzoyl)기라고 부른다. 특히 아세틸기는 Ac라는 기호로 종종 나타낸다.

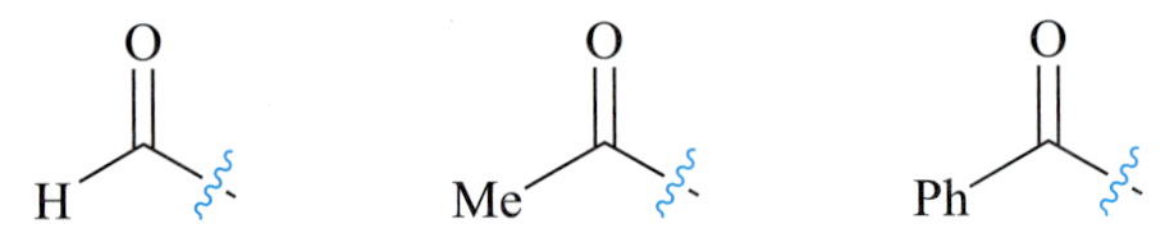

formyl group　　acetyl group (Ac)　　benzoyl group

카복실산 유도체의 종류와 명명법

할로젠화 아실

R이 비고리형 할로젠화 아실 RCOX(acid halide 혹은 acyl halide)는 RCO기의 이름에 할라이드의 이름을 붙여 명명한다. COX기가 고리에 붙어 있으면 고리 이름에 '-carbonyl halide'를 붙인다. 뒤에 나오는 이름이 상용명이다.

MeCOCl: 염화 에탄오일(ethanoyl chloride); 염화 아세틸(acetyl chloride)
PhCOCl: 염화 벤젠카보닐(benzenecarbonyl chloride); 염화 벤조일(benzoyl chloride)

산 무수물

산 무수물(acid anhydride)은 두 카복실기에서 물이 제거되어 생긴 화합물이다. 같은 카복실산에서 얻어진 대칭 산 무수물은 카복실산의 이름에서 'acid' 대신에 'anhydride'를 붙여 명명한다. 뒤에 나오는 이름이 상용명이다.

$MeCO_2COMe$: 에탄산 무수물(ethanoic anhydride); 아세트산 무수물(acetic anhydride)

고리형 무수물은 석신산 무수물, 프탈산 무수물 같은 상용명을 더 자주 쓴다.

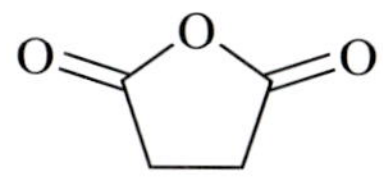

succinic anhydride

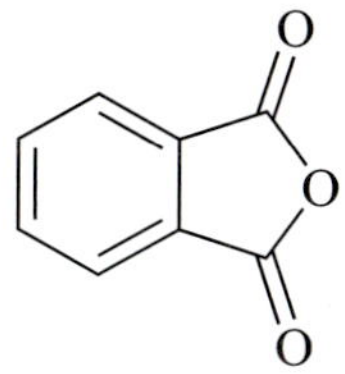

phthalic anhydride

에스터, 카복실산의 염 및 락톤

에스터는 카복실산의 OH기가 OR기로 바뀐 구조이다. 에스터의 이름은 R기 이름 다음에 카복실산 이름의 '-ic acid'를 '-ate'로 바꿔 명명한다. 뒤에 나오는 이름이 상용명이다.

$MeCO_2Et$: 에탄산 에틸(ethyl ethanoate); 아세트산 에틸(ethyl acetate)
$PhCO_2Et$: 벤조산 에틸(ethyl benzoate) [상용명]

고리형 에스터인 **락톤**(lactone)은 상용명을 더 자주 사용하며 카복실산의 상용명에서 '-ic acid'를 '-olactone'으로 바꿔 명명한다. 오원자 고리 화합물의 락톤은 고리의 산소 원자가 카보닐기의 γ-위치에 있기 때문에 γ-뷰티로락톤이라고 부른다. 비슷하게, 육원자 고리 화합물의 락톤은 δ-발레로락톤이라고 한다.

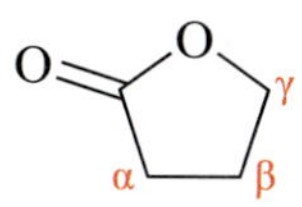

γ-butyrolactone

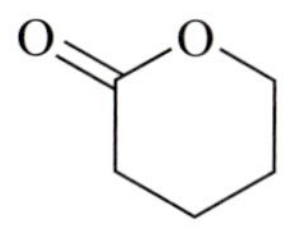

δ-valerolactone

아마이드 및 락탐

아마이드는 카복실산의 OH기가 NH_2, NHR 혹은 NR_2로 바뀐 구조이다. 아마이드는 카복실산 이름의 '-oic acid' 나 '-ic acid'를 '-amide'로 바꿔 명명한다. 카복실산의 이름이 'carboxylic acid'로 끝나는 경우에는 이 단어를 'carboxamide'로 바꿔 명명한다. 뒤에 나오는 이름이 상용명이다.

$MeCONH_2$: 에탄아마이드(ethanamide); 아세트아마이드(acetamide)

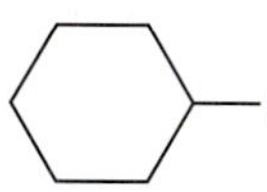—$CONH_2$: 사이클로헥세인카복스아마이드(cyclohexanecarboxamide)[IUPAC 이름]

$PhCONH_2$: 벤젠카복스아마이드(benzenecarboxamide); 벤즈아마이드(benzamide)

구조가 $RCONH_2$, $RCONHR'$, $RCONR''_2$인 아마이드를 각각 일차, 이차, 삼차 아마이드라고 부른다. 이차, 삼차 아마이드는 질소 원자에 붙은 알킬기의 이름을 '*N*-알킬'로서 이름 가장 앞에 쓴 후 일차 아마이드의 이름을 붙여 명명한다. 질소 원자에 같은 알킬기가 있으면, '*N*,*N*-다이알킬'로 명명한다. 질소 원자에 붙은 두 알킬기가 다르면, '*N*-알킬-*N*-알킬'로 명명하고 두 알킬기는 알파벳 순서로 나열한다.

$HCONMe_2$: *N*,*N*-다이메틸메탄아마이드(*N*,*N*-dimethylmethanamide); *N*,*N*-다이메틸폼아마이드(*N*,*N*-dimethylformamide)

PhCONHMe: *N*-메틸벤젠카복스아마이드(*N*-methylbenzenecarboxamide); *N*-메틸벤즈아마이드(*N*-methylbenzamide)

고리형 아마이드를 **락탐**(lactam)이라고 부르며 흔히 상용명을 이용한다.

β-propiolactam γ-*N*-methylbutyrolactam

나이트릴

CN기가 고리에 붙어 있는 나이트릴은 CN기가 포함된 가장 긴 사슬의 알케인 이름에 'nitrile'을 붙여 명명한다. CN기가 고리에 있으면 '-carbonitrile(카보나이트릴)'을 붙인다. 상용명은 탄소 수가 같은 카복실산 이름의 '-ic acid'를 '-onitrile'로 바꿔 명명한다.

MeCN: 에테인나이트릴(ethanenitrile); 아세토나이트릴(acetonitrile)

PhCN: 벤젠카보나이트릴(benzenecarbonitrile); 벤조나이트릴(benzonitrile)

10.3 카복실산의 산성도

지방족 카복실산은 pK_a가 5 정도인 약산이다. 아세트산 같은 카복실산이 알코올(pK_a~15)보다 더 센 산인 주된 이유는 카보닐 산소 원자의 전자 끌기 유발 효과라고 알려져 있다(공명 효과는 덜 중요).

resonance stabilization: less important

electrostatic stabilization: more important

아세트산의 몇 가지 염소 치환 유도체의 pK_a는 다음 순서로 감소한다. 즉, 염소 원자로 더 많이 치환된 산일수록 더 센 산이 된다.

산성도: CH_3COOH < $ClCH_2COOH$ < $Cl_2CHCOOH$ < Cl_3CCOOH

(p$K_a = 4.8$) (p$K_a = 2.8$) (p$K_a = 1.3$) (p$K_a = 0.64$)

이러한 경향은 전기 음성도가 큰 염소 원자(**전자 끄는 기**(electron withdrawing group))의 유발 효과로 설명할 수 있다. 염소 원자가 σ 결합을 통하여 짝염기의 산소 음전하를 염소 원자 쪽으로 당기면 음전하가 분산되어 짝염기가 더 안정해지고 그러면 산성도가 증가하게 된다.

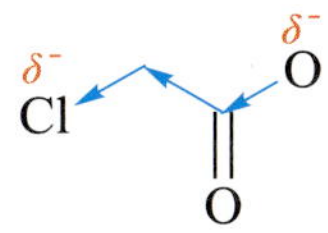

유발 효과는 σ 결합을 통하여 전달되기 때문에 할로젠 원자가 COOH기에서 멀어질수록 급격히 감소한다.

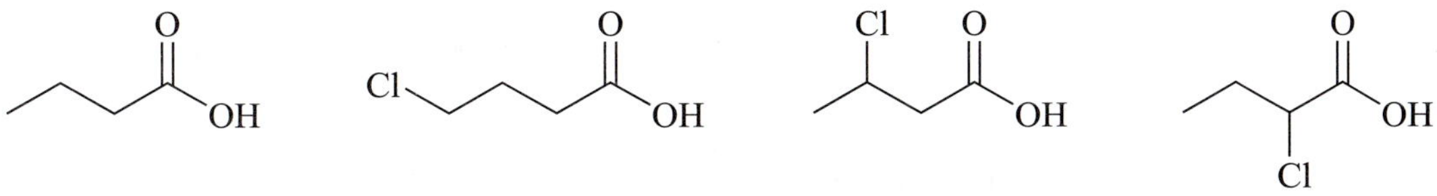

$pK_a = 4.83$ $pK_a = 4.52$ $pK_a = 4.05$ $pK_a = 2.86$

문제 10.1 다음 카복실산을 산성도가 증가하는 순서로 배열하시오.

Br_3CCO_2H, Br_2CHCO_2H, $BrCH_2CO_2H$, CH_3CO_2H

문제 10.2 다음 두 카복실산 중에서 더 센산을 고르고 그 이유를 쓰시오.

CH_3CO_2H, $CH_2(OH)CO_2H$

10.4 카복실산 유도체의 친핵성 아실 치환 반응

카복실산 유도체(아실 유도체, RCOZ)는 카보닐기만 있는 알데하이드나 케톤과는 다르게, 카보닐 탄소에 할로젠(X), 산소, 황, 질소 같은 헤테로 원자가 결합되어 있는 구조이다. 이러한 카복실산 유도체의 카보닐기에 친핵체가 첨가되면 사면체 중간체(TI)가 생긴 후 헤테로 원자가 이탈기로서 떨어질 수 있다. 그러면 헤테로 원자가 다른 친핵체로 치환된 생성물이 얻어지게 된다. 이런 유형의 두 단계 반응을 **친핵성 아실 치환 반응**(nucleophilic acyl substitution)이라고 부른다. 이 반응에 흔히 쓰이는 친핵체는 헤테로 원자 친핵체(O, N), 수소 및 탄소 친핵체 등이다.

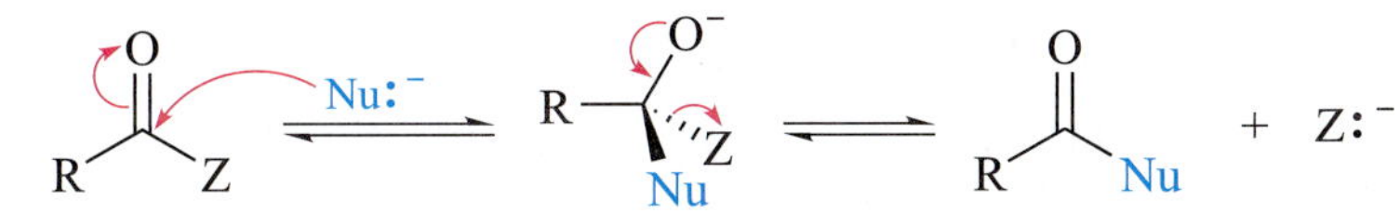

Z = X, O, S, N TI

이 반응의 생성물(케톤 혹은 알데하이드)은 경우에 따라서 친핵체와 더 반응할 수도 있다. 이러한 경우에는 첨가 반응이 계속 일어나서 결과적으로 두 당량의 친핵체(흔히 수소 및 탄소 친핵체)가 반응하여 알코올 유도체가 생기게 된다.

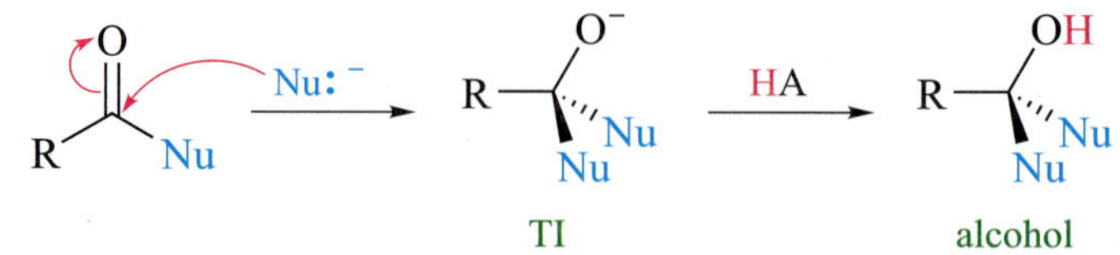

카복실산 유도체는 다음과 같은 순서로 친핵체와의 반응성이 감소한다.

친핵체와의 반응성: 염화 아실 > 산 무수물 ≫ 싸이오에스터~에스터~카복실산 > 아마이드

왜 카복실산 유도체의 반응성은 이러한 순서일까? 카복실산 유도체의 반응성도 다른 반응들처럼 속도 결정 단계의 활성화 에너지(E_a)에 의하여 좌우된다(5.3절). 그러면 우선 염화 아실, 에스터와 아마이드가 친핵체인 EtO^-와 반응하는 경우의 에너지 도표를 그려보자.

에너지 도표를 그리려면 먼저 세 가지 화합물의 안정성을 비교하여야 한다. 질소, 산소, 염소의 순서로 전기 음성도가 증가하므로 이들 원자에 양전하가 놓인 세 번째 공명 구조(**A**, **B**, **C**)가 각 실제 구조에 기여하는 정도는 염화 아실, 에스터와 아마이드의 순서로 증가할 것이다. 그러면 세 화합물의 공명 안정화에 의한 열역학적 안정성도 같은 순서로 증가할 것이다.

아마이드의 C−N 결합은 공명 구조 **C**가 크게 기여하므로 이중 결합의 성격이 상당히 크다. 따라서 아마이드의 C−N 결합은 상온에서 자유롭게 회전하지 못하며 특정한 형태를 취하게 된다 (13.3절).

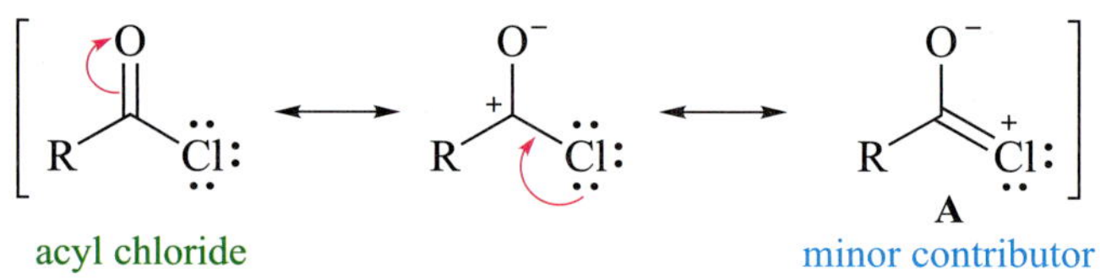

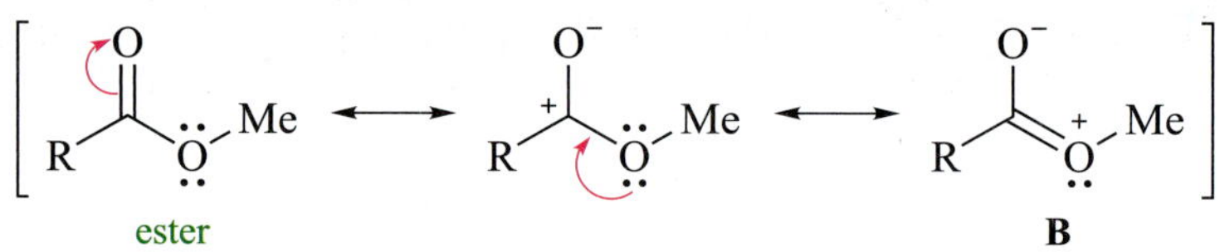

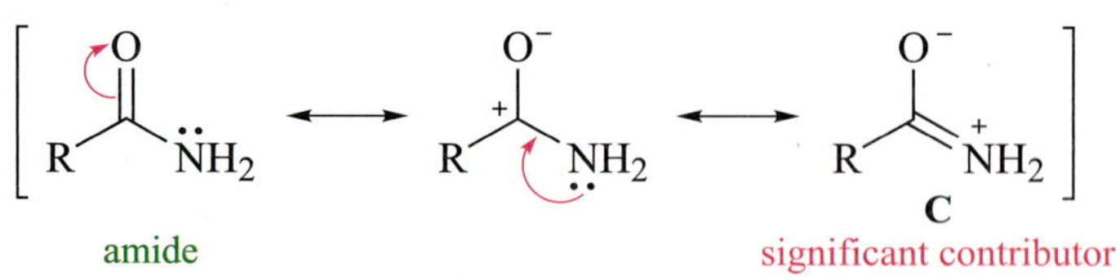

카복실산 유도체의 열역학적 안정성: 염화 아실 < 에스터 < 아마이드

다음에 결정할 순서는 세 가지 화합물이 EtO^-와 반응하였을 때 생기는 사면체 중간체(TI)의 안정도 순서이다. TI는 음전하를 띠고 있기 때문에, 전기 음성도가 커서 전자 끌기 유발 효과로 음전하를 가장 잘 분산시킬 수 있는 염소 원자가 치환된 TI가 가장 안정할 것이다. 그러면 TI의 안정성은 다음과 같은 순서일 것이다.

사면체 중간체의 안정성: 아마이드 $<$ 에스터 $<$ 염화 아실

또한 친핵성 아실 치환 반응의 두 번째 단계에서 이탈기는 염기도가 감소할수록 더 쉽게 떨어지므로, 이탈기가 떨어지기 쉬운 정도는 다음과 같은 순서일 것이다.

두 번째 단계에서 이탈기가 떨어지기 쉬운 정도: $Cl^- > EtO^- > NH_2^-$

이탈기의 염기도: Cl^- $<$ EtO^- $<$ NH_2^-

(짝산의 p$K_a = -7$) (짝산의 p$K_a = 15$) (짝산의 p$K_a = 35$)

이런 정보를 바탕으로 다음과 같은 에너지 도표를 그릴 수 있다. 염화 아실의 경우에는 친핵성 아실 치환 반응의 첫 단계가 속도 결정 단계이나 아마이드의 경우에는 두 번째 단계가 속도 결정 단계일 것이다.

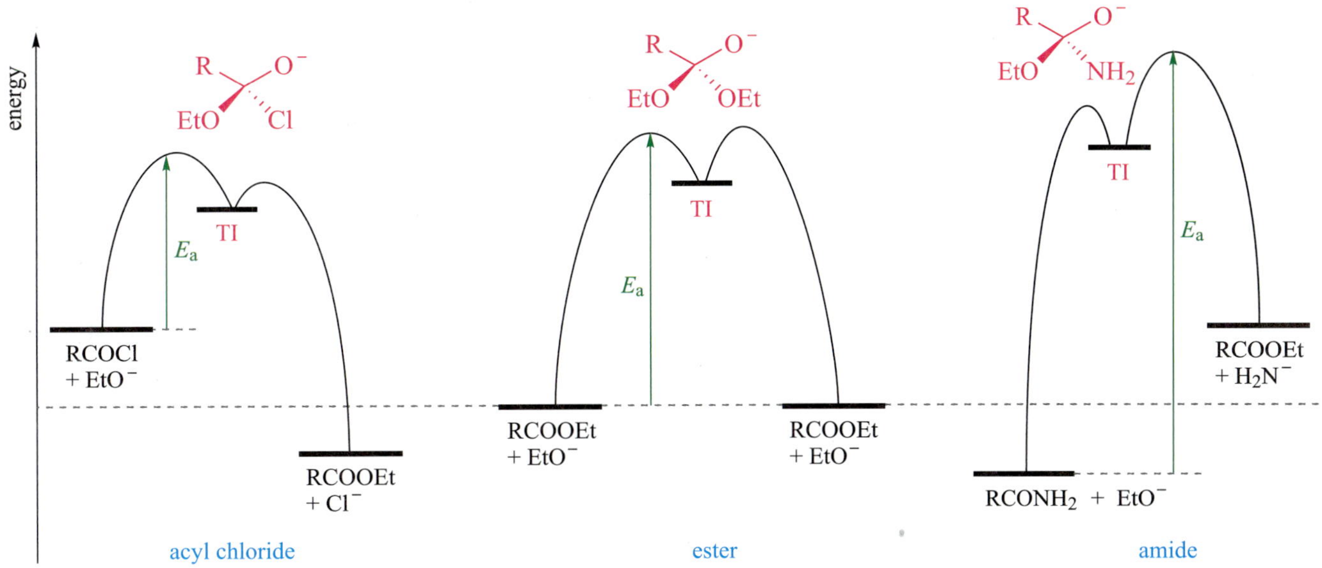

에너지 도표에 출발물의 에너지와 가장 에너지가 높은 전이 상태의 에너지 차이인 활성화 에너지의 상대적 크기를 화살표를 이용하여 표시하였다. 화살표의 길이를 보면 활성화 에너지는 아마이드, 에스터, 염화 아실의 순으로 감소하므로 친핵체와의 반응성은 이 순서로 증가할 것이다.

산성 반응 조건에서의 카복실산 유도체의 반응성도 비슷한 방법으로 분석하여 보면 염기성 조건에서와 반응성의 순서가 같음을 알 수 있다.

친핵체와의 반응성: 염화 아실 $>$ 아마이드 $>$ 에스터

산 무수물의 경우 가운데 산소 원자의 고립쌍이 관여하는 공명 구조에서 카보닐기의 전자 끌기 효과(양전하 사이의 반발)로 산소 원자가 양전하를 띤 공명 구조가 불안정하므로 산 무수물은 에스터에 비하여 공명 안정화 정도가 더 작다(하지만 염화 아실보다는 더 공명 안정화되어 있다). 또한 TI의 음전하를 끌어당겨 TI를 안정화시키는 정도는 Cl, OCOR, OR의 순서로 감소할 것이다. 이 두 가지 요인을 고려하면 산 무수물은 반응성이 염화 아실과 에스터의 중간일 것이다.

에스터에 비하여 덜 공명 안정화되어 있는 알데하이드와 케톤은 더 불안정하므로 위의 반응성 순서에 알데하이드와 케톤을 추가하면 카보닐 화합물의 친핵체와의 반응성 순서를 다음과 같이 정할 수 있다.

카복실산 유도체(RCOZ)의 반응성 순서를 Z의 이탈기로서의 능력, 즉 염기도의 순서로 정하기도 한다. 즉, Z의 염기도가 $Cl^- < EtO^- < NH_2^-$의 순으로 증가하기 때문에 반응성은 $RCOCl > RCO_2Et > RCONH_2$의 순으로 감소한다는 것이다.

카보닐 화합물의 친핵체와의 반응성 순서: 염화 아실 > 산 무수물 ≫ 알데하이드
> 케톤 > 에스터~카복실산 > 아마이드

아래 그림에서 화살표는 반응성이 더 큰 아실 유도체에서 아래에 놓인 아실 유도체로 적절한 친핵체를 사용하면 변환시킬 수 있음을 의미한다. 이 반응의 역반응은 일어나지 않는다.

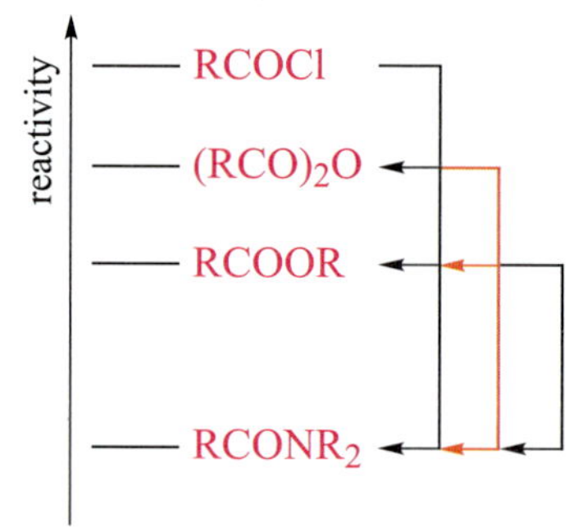

예로서 염화 아실과 알코올을 반응시키면 에스터를 구할 수 있으나 에스터와 HCl과의 반응으로는 염화 아실이 생기지 않는다.

$$RCOCl + EtOH \longrightarrow RCO_2Et + HCl$$
$$RCO_2Et + HCl \not\longrightarrow RCOCl + EtOH$$

문제 10.3 다음 구조의 사면체 중간체가 얻어졌다고 하자. 이들 중간체가 분해하면 각각 무슨 생성물이 주로 얻어지겠는가?

a. 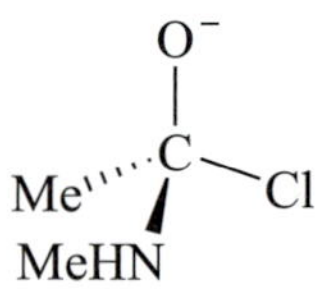

b. 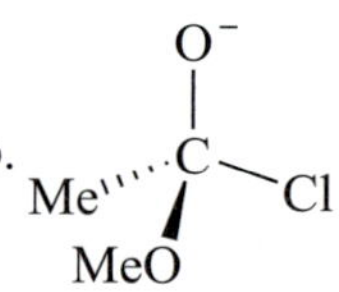

c. 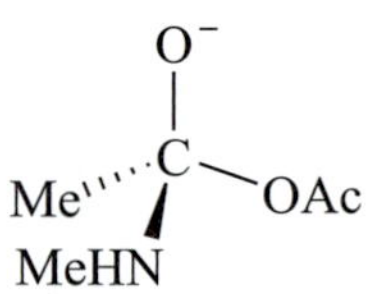

d. 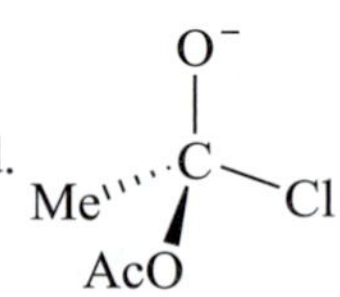

문제 10.4 다음 주 카복실산 유도체 중에서 친핵체와의 반응성이 더 큰 것을 각각 고르시오.

a. $MeCO_2Me$, $MeCONH_2$

b. MeCOCl, $MeCO_2Me$

c. $MeCO_2Me$ MeCOMe

d. MeCHO, $MeCO_2Me$

10.5 카복실산의 반응

산과의 반응

카복실산의 두 산소 원자는 고립쌍이 있기 때문에 브뢴스테드나 루이스 염기로 작용할 수 있다. 그러면 양성자와의 반응에서 어느 산소가 염기로 작용할까?

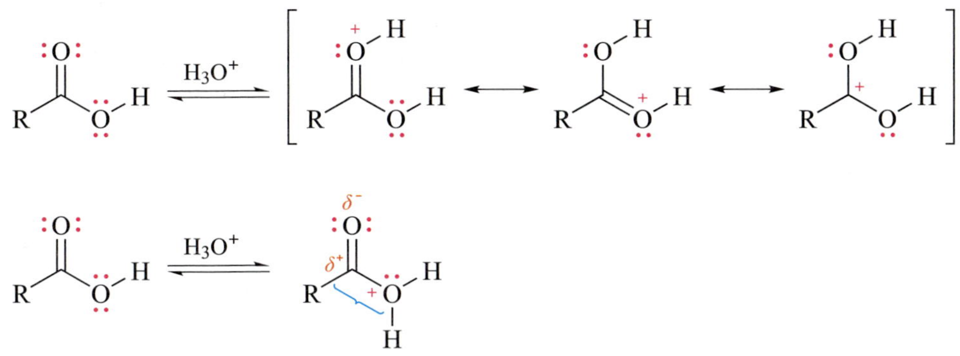

양성자가 첨가된 카복실산의 두 구조를 비교하면 카보닐 산소에 양성자가 첨가된 구조가 더 안정하다는 점을 알 수 있다. 따라서 우선적으로 이 산소에서 첨가가 일어날 것이다.

양성자의 카보닐 산소 첨가는 카복실산만이 아니라 에스터, 아마이드 등의 카복실산 유도체에서도 일어나며, 카복실산 유도체가 수행하는 산 촉매화 반응의 첫 단계는 바로 카보닐 산소에 양성자가 첨가되는 반응이다.

염화 아실(산 염화물)의 생성

카복실산 유도체 중에서 염화 아실의 반응성이 가장 크므로 염화 아실에서 다양한 구조의 산 유도체를 얻을 수 있다. 이런 의미에서 염화 아실의 합성이 중요하다.

염화 아실은 카복실산을 염화 싸이오닐($SOCl_2$)로 처리하여 얻을 수 있다. OH기가 Cl로 변환되는 점에서 알코올에서 염화물을 얻는 반응(8.3절)과 비슷하다.

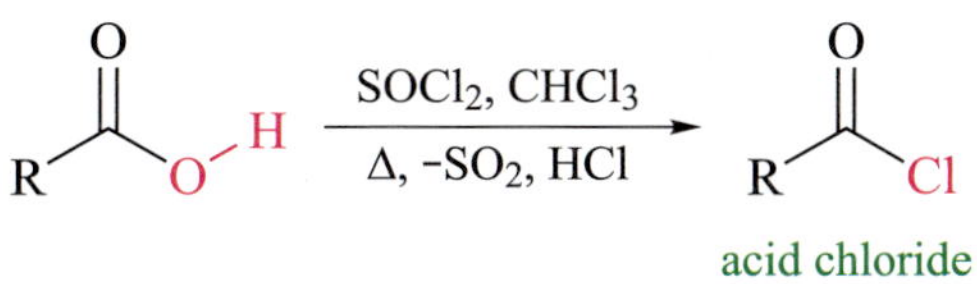

에스터로의 전환: 산 촉매화 에스터화 반응

카복실산을 산 촉매 존재 하에서 과량의 알코올과 함께 가열하면 에스터가 얻어지는데, 이러한 반응을 **피셔 에스터화 반응**(Fischer esterification)이라고 한다.

$$\text{PhCOOH} + \underset{\text{(excess)}}{\text{MeOH}} \xrightarrow[\Delta]{\text{cat. } H_2SO_4} \text{PhCOOMe} + H_2O$$

이 반응은 가역적이며 일차 알코올인 경우 평형 상수는 1~4에 가깝다. 따라서 평형을 에스터가 생기는 방향으로 치우치게 하려면 알코올을 과량으로(용매로) 사용하여야 한다.

피셔 에스터화 반응의 첫 단계는 산 촉매가 양성자를 카보닐 산소에 주는 것으로부터 시작한다. 그러면 카보닐 탄소가 (친핵성도가 작은) 알코올과 반응할 수 있을 정도의 친전자성을 띠게 된다. 알코올의 친핵성 산소 원자가 카보닐 탄소에 전자쌍을 주면 사면체 중간체(TI)가 생기고 양성자 전달 단계(pts)가 일어난 후에 TI에서 물이 떨어진다. 마지막 단계에서 카보닐 산소 원자에 결합된 양성자가 용매로 이동하면 에스터가 생긴다.

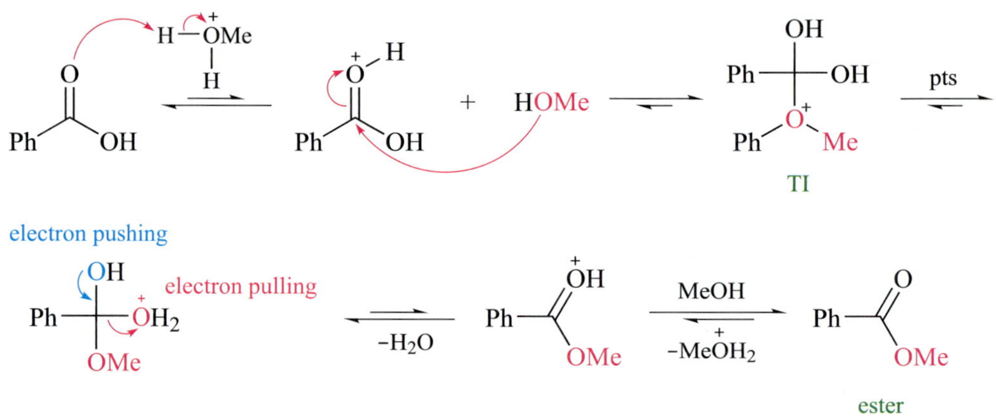

락톤의 생성

GHB로 알려져 있는 γ-하이드록시뷰티르산의 소듐 염은 향정신성 의약품으로 데이트 강간 약물(date rape drug)로 악용되기도 한다. 몇 그램이 들어 있는 술을 먹으면 정신이 혼미해지고 심하면 목숨을 잃을 수도 있다고 한다.

γ-하이드록시뷰티르산이나 δ-하이드록시카프르산은 분자 내에 OH기와 COOH기가 둘 다 있어서 분자내 피셔 에스터화 반응이 일어난다. 그러면 오원자 고리 또는 육원자 고리의 락톤이 생성될 수 있다. 이 반응은 특별히 산 촉매를 가하지 않더라도 자발적으로 일어난다.

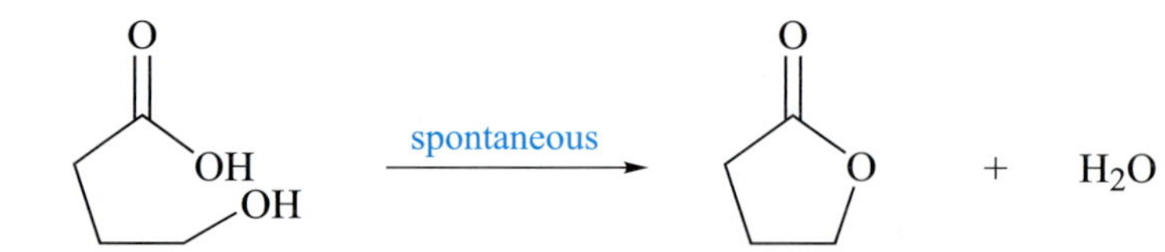

γ-hydroxybutyric acid → γ-butyrolactone

아마이드로의 변환

카복실산과 아민의 산-염기 반응에 의하여 생성된 염을 가열하여(~250 ℃) 물을 제거하면 아마이드를 얻을 수 있다.

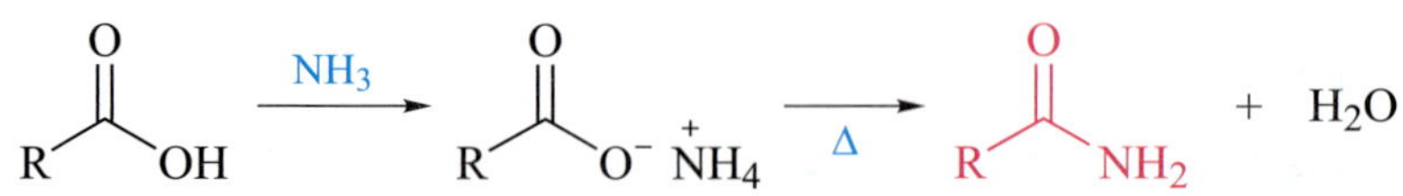

상온에서 아마이드를 얻는 방법은 ***N*,*N′*-다이사이클로헥실카보다이이미드(DCC)**를 사용하는 것이다. DCC는 탈수제의 역할을 수행하며 탈수 과정에서 DCC는 DCU로 변환된다.

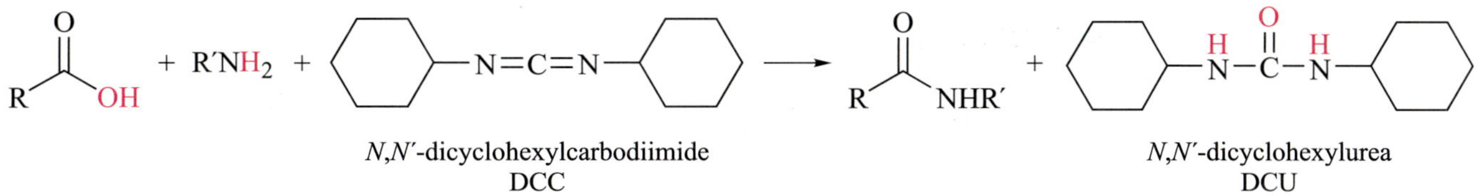

이 반응의 첫 단계는 산–염기 반응으로서 카복실산에서 DCC로 양성자가 이동한다. 그 다음에 DCC의 짝산에 RCO_2^-가 첨가되면 *O*-아실아이소유레아라고 부르는 구조가 얻어진다. 이 반응은 나쁜 이탈기인 OH기를 더 좋은 이탈기로 바꾸는 단계로서 이러한 반응을 카복실기의 활성화라고 하며, 얻어진 산 유도체를 **활성화 에스터**(active ester)라고 부른다.

이 활성화 에스터에 아민이 친핵성 공격을 하면 사면체 중간체가 얻어지고 사면체 중간체에서 DCU가 떨어지면 아마이드가 얻어진다.

DCC에서 유래하는 활성화 에스터와 산 무수물을 비교하여 보면 두 구조가 비슷함을 알 수 있다.

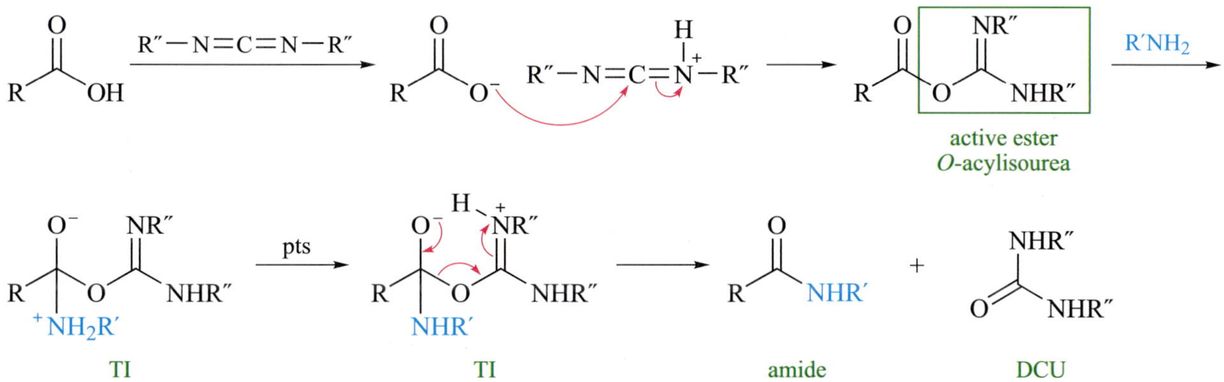

문제 10.5 다음 반응의 생성물을 각각 그리시오.

a. 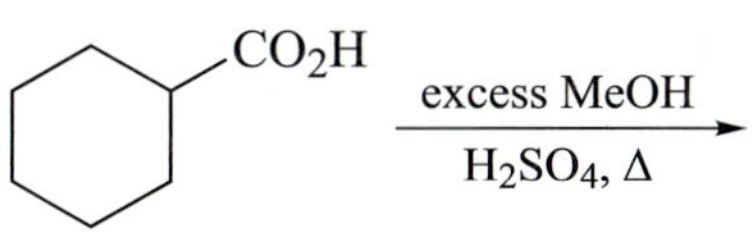

b. $PhCO_2H \xrightarrow[\text{DMF}]{\text{DCC, EtNH}_2}$

c. 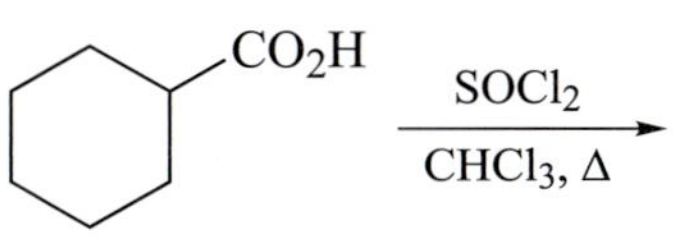

문제 10.6 벤조산($PhCO_2H$)을 다음 시약으로 처리하였을 때 생기는 생성물은 각각 무엇인가?

a. DCC, $MeNH_2$　　b. H_2SO_4, EtOH(용매), 가열　　c. $SOCl_2$

10.6 염화 아실의 반응과 산 무수물의 반응

염화 아실의 반응

염화 아실은 산 유도체 중에서 반응성이 크기 때문에 다양한 친핵체와 반응할 수 있다.

물, 알코올 및 아민과의 반응

염화 아실은 친핵성이 작은 물이나 알코올과도 반응하며, 특히 저분자량의 염화 아실(예: 염화 아세틸)은 반응이 매우 격렬하다. 따라서 염화 아실은 생체 내에서 존재할 수 없다.

$$\underset{\text{acetyl chloride}}{\mathrm{MeCOCl}} \xrightarrow[\text{explosive}]{\mathrm{EtOH\ or\ H_2O}} \underset{\text{ethyl acetate}}{\mathrm{MeCO_2Et}} \ \text{or}\ \underset{\text{acetic acid}}{\mathrm{MeCO_2H}} + \mathrm{HCl}$$

일차 알코올이나 페놀과의 반응에서는 같이 생성되는 염화 수소를 중화할 필요는 없으나 삼차 알코올은 염화 수소와도 반응할 수 있으므로 피리딘 같은 삼차 아민을 가하여 염화 수소를 중화하여야 한다.

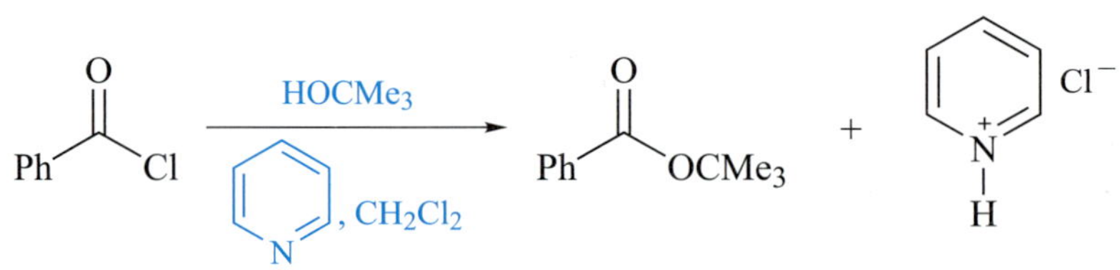

아민과의 반응에서는 염기인 아민이 양성자첨가된 아마이드에서 양성자를 제거하면서 소모된다. 따라서 아민을 2 당량 사용하거나 피리딘이나 트라이에틸 아민 같은 삼차 아민을 가하여야 한다.

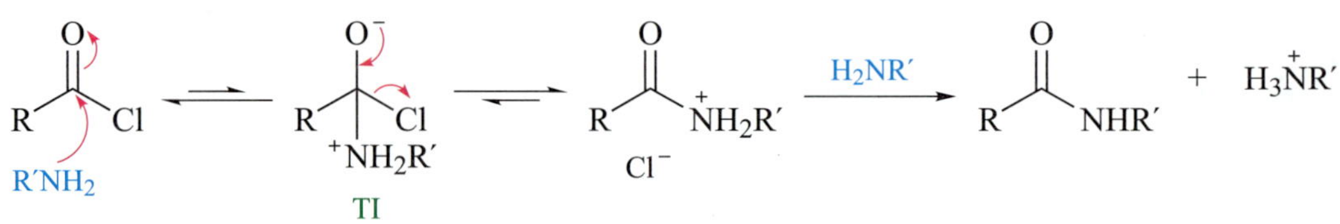

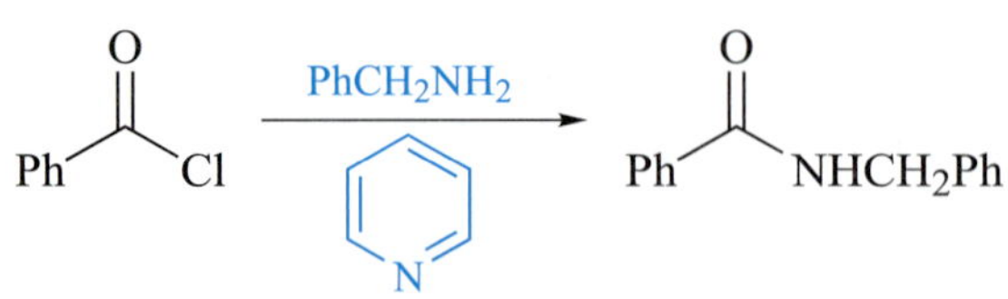

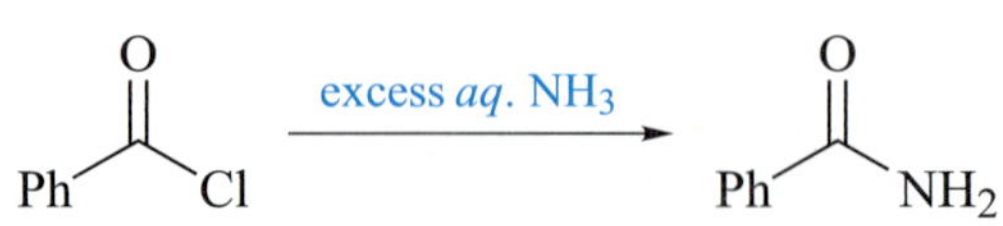

카복실산이나 그 염과의 반응

염화 아실이 카복실산이나 그 염과 반응하면 산 무수물이 얻어진다.

$$\mathrm{RCOCl} \xrightarrow[\text{or AcO}^-]{\text{AcOH}} \underset{\text{anhydride}}{\mathrm{RCO_2COMe}}$$

문제 10.7 염화 아실(RCOCl)과 에탄올에서 에틸 에스터(RCO_2Et)가 생기는 반응의 메커니즘을 그리시오.

문제 10.8 EtCOCl을 다음 시약으로 처리하였을 때 생기는 유기 생성물은 각각 무엇인가?

a. 에탄올　　b. 과량의 Et_2NH　　c. 물　　d. 아세테이트 이온(AcO^-)

산 무수물의 반응

산 무수물은 염화 아실보다는 친핵체와의 반응성이 떨어지지만 산 무수물도 염화 아실과 비슷하게 물, 알코올 및 아민과 반응한다. 따라서 염화 아실처럼 산 무수물도 물과 쉽게 반응하므로 생체 내에서 존재할 수 없다.

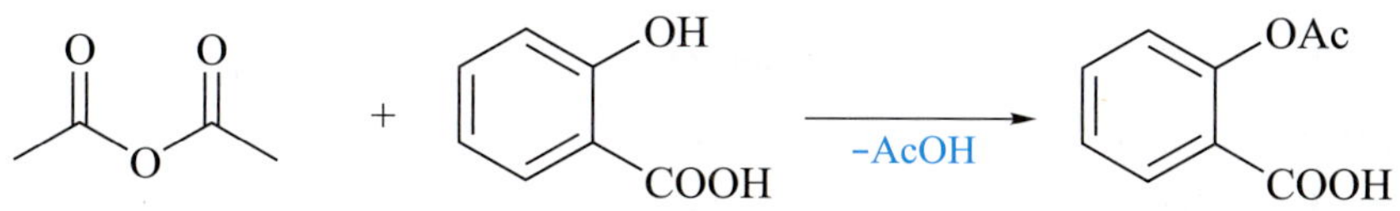

acetic anhydride　　salicylic acid　　acetylsalicylic acid (Aspirin)

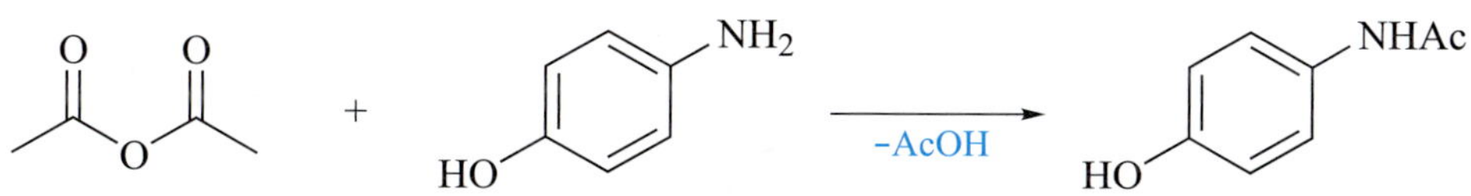

acetic anhydride　　4-aminophenol　　acetaminophen (Tylenol)

succinic anhydride

문제 10.9 4-아미노페놀은 산소 대신에 질소 원자에서 아세트산 무수물과 반응한다. 그 이유는 무엇인가?

10.7 에스터의 반응

에스터의 가수분해

수용액에서 일어나는 에스터의 산 촉매화 가수분해는 피셔 에스터화 반응의 역반응이다. 따라서 그 메커니즘도 피셔 에스터화 반응의 역순이다. 이 반응은 평형 반응이므로 평형을 정반응 쪽으로 치우치게 하려면 물을 과량으로 사용하여야 한다.

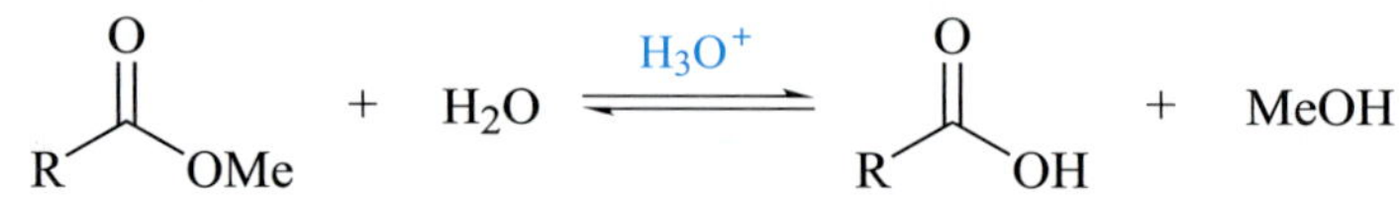

문제 10.10 벤조산 메틸($PhCO_2Me$)이 산 촉매 조건에서 가수분해되는 반응은 피셔 에스터화 반응의 역반응이다. 가수분해 반응의 메커니즘을 그리시오.

반면에 수용성 염기 조건의 가수분해는 더 빠르고 비가역적으로 일어나므로 에스터의 가수분해에 더 많이 사용된다. 반응이 끝난 후에 산으로 중화하면 카복실산을 얻을 수 있다. 하지만 염기는 촉매량이 아닌 1 당량 이상을 사용하여야 하고 염기가 반응을 촉진하므로(HO^-는 물보다 더 친핵성), 이러한 반응을 **염기 촉진화 반응**(base-promoted reaction)이라고 부른다.

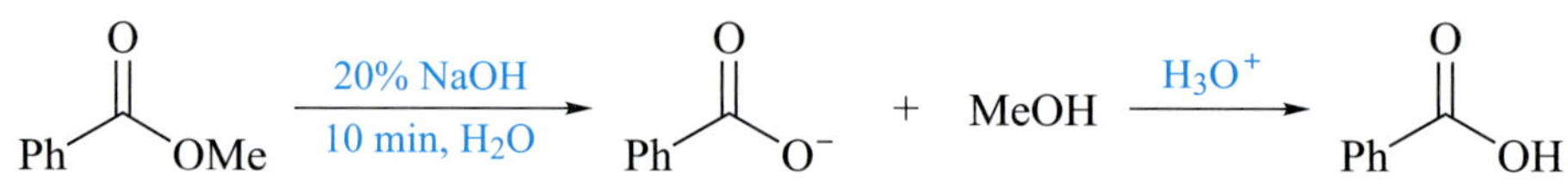

수용성 염기 조건에서의 가수분해를 **비누화 반응**(saponification)이라고 하는데, 이 반응이 지방에서 비누를 만들 때 사용되기 때문이다.

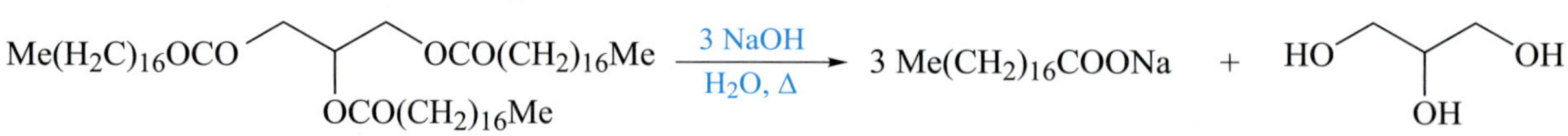

glyceryl tristearate (a fat) sodium stearate (soap) glycerol

비누화 반응에서 NaOH 대신에 KOH를 사용하면 물에 녹는 비누가 만들어진다.

비누화 반응의 첫 단계는 HO^- 이온이 카보닐 탄소를 공격하여 TI가 생기는 단계이다. TI에서 MeO^-가 떨어져서 생긴 카복실산이 센염기인 MeO^- 이온과 반응하면 평형이 비가역적으로 오른쪽으로 치우치게 된다. 마지막으로 반응 용액을 산으로 중화하면 카복실산을 얻을 수 있다.

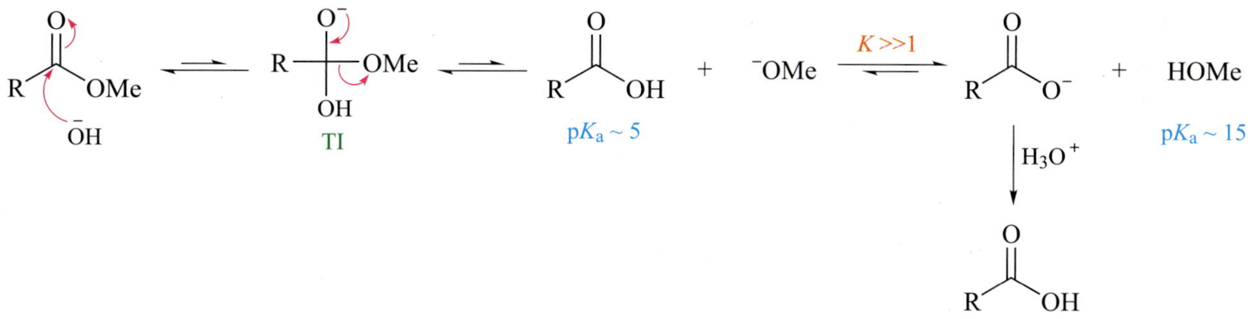

에스터교환 반응

에스터를 산 촉매 조건에서 다른 알코올과 가열하면 에스터의 알콕시기(−OR)의 교환이 이루어지며, 이러한 반응을 **에스터교환 반응**(transesterification)이라고 부른다. 이 반응은 평형 상수가 1에 가까운 평형 반응이기 때문에 끓는점이 낮은 메탄올 같은 생성물을 제거하거나 반응물 중에서 알코올을 과량으로(용매로서) 사용하여야 한다.

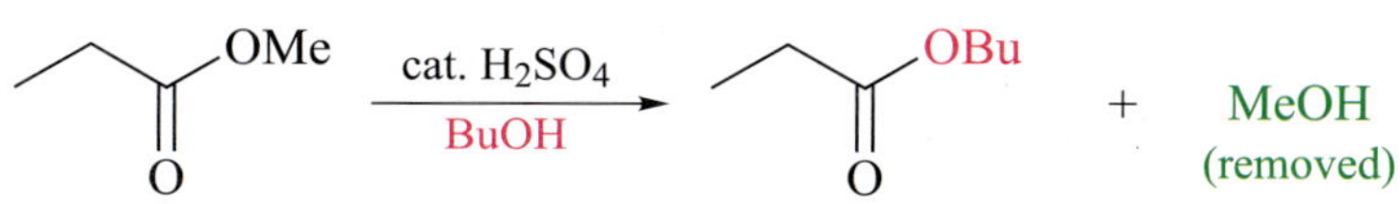

문제 10.11 지방이나 기름을 메탄올 용매에서 촉매량의 NaOH와 같이 가열하면 에스터교환 반응으로 지방산의 메틸 에스터가 얻어진다. 이 에스터는 디젤 연료로 쓸 수 있기 때문에 바이오디젤(biodiesel)이라고 부른다. 이 반응의 메커니즘을 제안하시오.

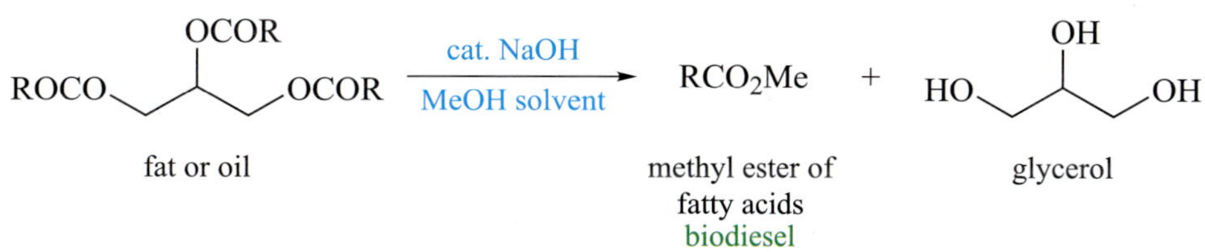

10.8 싸이오에스터의 반응

에스터의 황 유사체인 **싸이오에스터**(RCOSR′)는 생화학에서 매우 중요한 작용기이다. 이제 싸이오에스터와 에스터의 반응성을 비교하여 보자.

황 원자는 3주기이므로 싸이오에스터는 에스터에 비하여 다음 그림의 마지막 공명 구조의 기여도는 작을 것이다(탄소의 2p AO와 황의 3p AO는 에너지 간격이 더 커서 두 AO의 겹침에서 오는 안정화가 작음). 따라서 싸이오에스터는 에스터에 비하여 열역학적으로 더 불안정할 것이다. 이 점만 놓고 보면 싸이오에스터가 에스터보다 친핵체와의 반응성이 더 큰 것처럼 보인다.

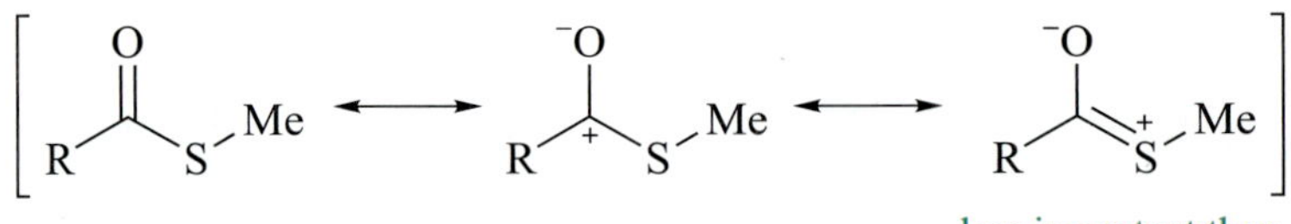

하지만 10.4절에서 다룬 바와 같이 반응성에 미치는 다른 요인인 사면체 중간체(TI)의 안정성도 비교해 보아야 한다. 싸이오에스터에 친핵체가 첨가되어 생기는 사면체 중간체(TI)의 안정성을 에스터의 경우와 비교하여 보면, 황 원자는 덜 전기 음성이므로 싸이오에스터의 TI는 에스터의 경우보다 더 불안정할 것이다.

아래 그림은 싸이오에스터와 그 TI가 에스터의 경우에 비하여 더 불안정한 점을 염두에 두고 그린 에너지 도표이다. 이 에너지 도표를 보면 두 활성화 에너지 차이가 거의 없는 것처럼 보인다. 따라서 싸이오에스터와 에스터의 반응성은 비슷할 것이다.

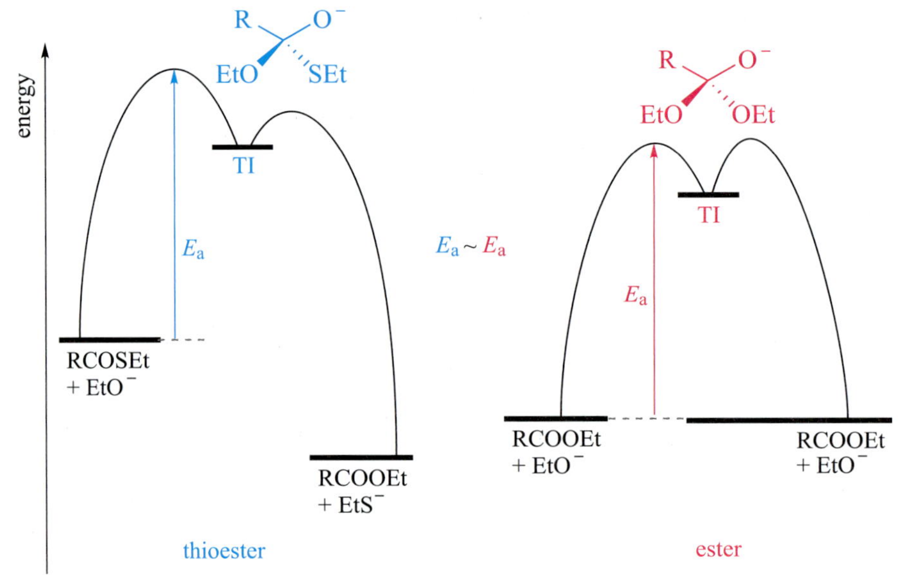

친핵체와의 반응성: 싸이오에스터∼에스터

싸이오에스터인 아세틸 CoA(아세틸 보조 효소)는 생체 내에서 염화 아실 같은 역할을 수행하는 화합물이다.

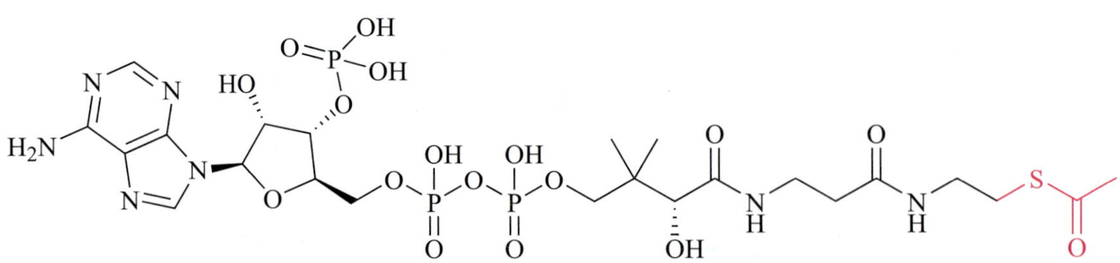

acetyl CoA

에스터가 물과 매우 느리게 반응하듯이 싸이오에스터도 물이나 다른 친핵체와 매우 느리게 반응하므로 아세틸 CoA는 생리적 조건에서는 안정한 상태로 존재한다. 하지만 아세틸 CoA가 효소의 존재 하에서 특정한 친핵체와 반응하게 되면 아실 치환 반응이 빠르게 일어난다. 예로서 아세틸 CoA가 콜린과 반응하면 신경 전달 물질인 아세틸콜린이 얻어진다.

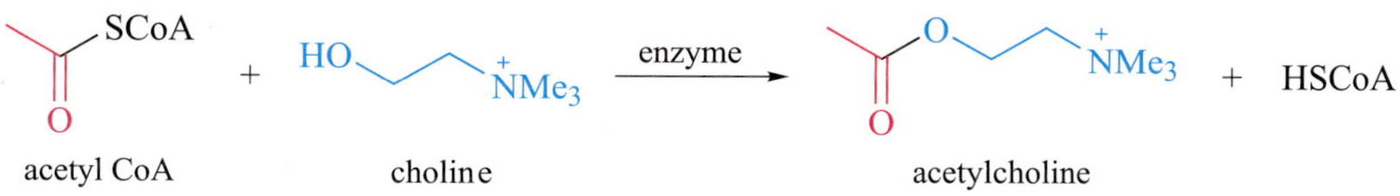

싸이오에스터와 에스터의 반응성이 비슷하다면 왜 자연은 구태여 싸이오에스터를 사용할까? 답은 깁스 에너지의 변화에 있다. 생리적 pH에서 에틸 아세테이트의 가수분해의 깁스 에너지 변화는 -4.7 kcal mol^{-1}이지만, 아세틸 CoA의 반응에서는 그 값이 -7.5 kcal mol^{-1}로서 에스터의 경우보다 더 크게 감소한다. 따라서 싸이오에스터의 가수분해 반응은 생성물을 주는 방향으로 더 완결된다.

10.9 아마이드의 반응

아마이드는 카복실산 유도체 중에서 가장 반응성이 작다. 따라서 아마이드의 가수분해는 에스터에 비하여 가혹한 반응 조건(더 센산 혹은 센염기, 더 긴 가열 시간, 더 높은 반응 온도)이 필요하다.

$$\text{PhNHCOMe} \xrightarrow[\text{MeOH, H}_2\text{O, }\Delta]{\text{50\% KOH}} \text{PhNH}_2 + \text{MeCO}_2^-$$

산성 조건과 염기 조건 모두에서 산과 염기가 1 당량 소모된다. 따라서 산 혹은 염기 촉진화 반응으로 볼 수 있다.

염기 조건에서의 가수분해 반응의 메커니즘은 다음과 같이 그릴 수 있다.

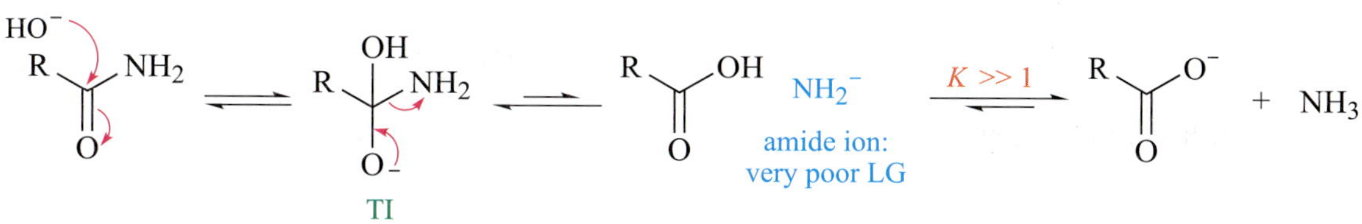

아마이드 이온($^-NH_2$)은 매우 나쁜 이탈기이다. 하지만 TI에서 어쩌다가 $^-NH_2$ 이온이 떨어지기만 하면 즉시 카복실산과 반응하므로 평형이 비가역적으로 오른쪽으로 치우치게 된다.

문제 10.12 산성 조건에서 일어나는 아마이드의 가수분해 반응의 메커니즘을 그리시오.

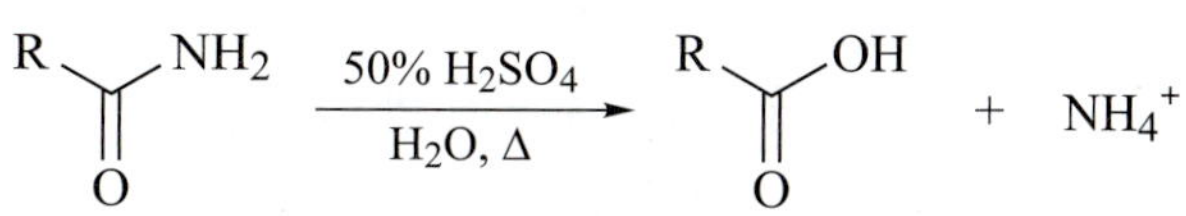

문제 10.13 다음 아마이드를 염산 용액에서 가수분해하였다. 균형 반응식을 각각 쓰시오.

a. 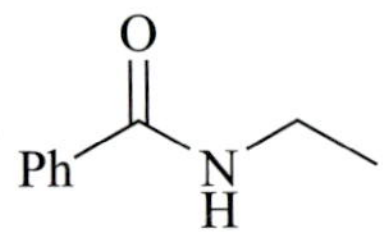

b. 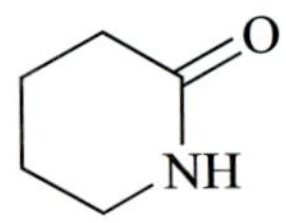

10.10 나이트릴의 반응

나이트릴은 카복실산의 유도체는 아니지만, 나이트릴을 산성이나 염기성 용액에서 가열하면 카복실산으로 가수분해된다.

$$PhCH_2CN \xrightarrow[\text{or } H_2SO_4,\ H_2O,\ \Delta]{1.\ KOH,\ H_2O,\ \Delta;\ 2.\ H_3O^+} PhCH_2COOH$$

산성 조건에서 나이트릴이 아마이드보다 반응성이 작은 이유는 나이트릴의 sp 질소 원자가 아마이드의 카보닐 산소보다 덜 염기성이기 때문인 것으로 추측된다.

$$R-C\equiv N \;+\; H-\overset{+}{O}H_2 \rightleftharpoons R-C\equiv\overset{+}{N}-H \;+\; H_2O$$

친핵성 물 분자가 양성자첨가된 나이트릴의 탄소를 공격하면 **이미드산**이라고 부르는 중간체가 생긴 후 더 안정한 아마이드로 변환된다. 아마이드까지의 가수분해는 산이 다시 재생되기 때문에 산 촉매화 반응이다.

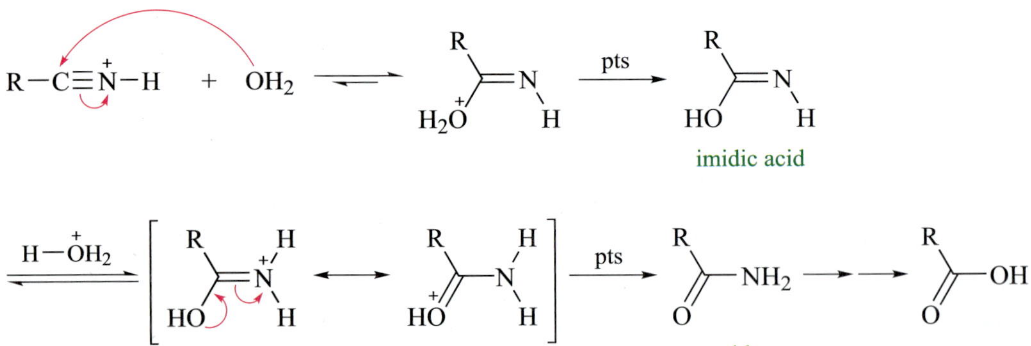

아마이드는 격렬한 반응 조건에서 계속 가수분해되기 때문에 분리하기가 어렵고 결국에는 카복실산까지 가수분해된다.

염기 조건에서의 가수분해 반응도 아마이드보다 느리다. 그 이유는 C≡N 결합이 C=O 결합보다 덜 극성이어서(질소는 산소보다 덜 전기 음성) 탄소의 친전자성이 더 작기 때문일 것이다. 염기 조건에서의 가수분해도 아마이드까지는 염기 촉매화 반응이다.

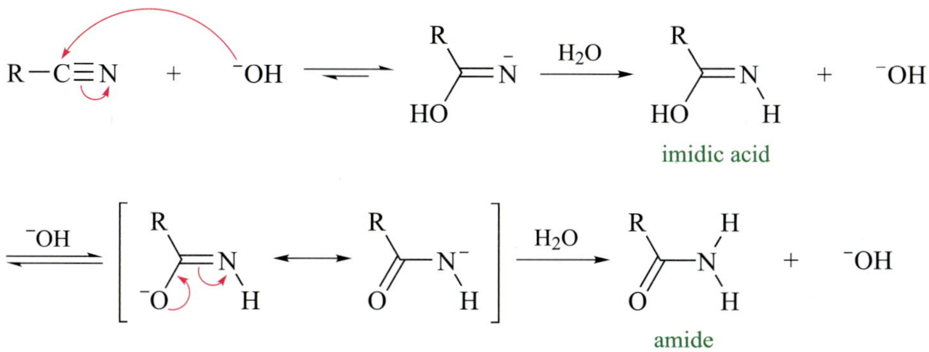

10.11 카복실산 유도체의 환원 반응

카복실산

카복실산을 센 환원제인 $LiAlH_4$로 환원시키면 알코올이 얻어진다.

$$PhCOOH \xrightarrow[2.\ H_3O^+]{1.\ LiAlH_4,\ ether,\ \Delta} PhCH_2OH$$

에스터

$LiAlH_4$는 에스터를 알데하이드를 거쳐서 알코올까지 환원한다(반면에 더 약한 $NaBH_4$는 에스터와 반응하지 않는다).

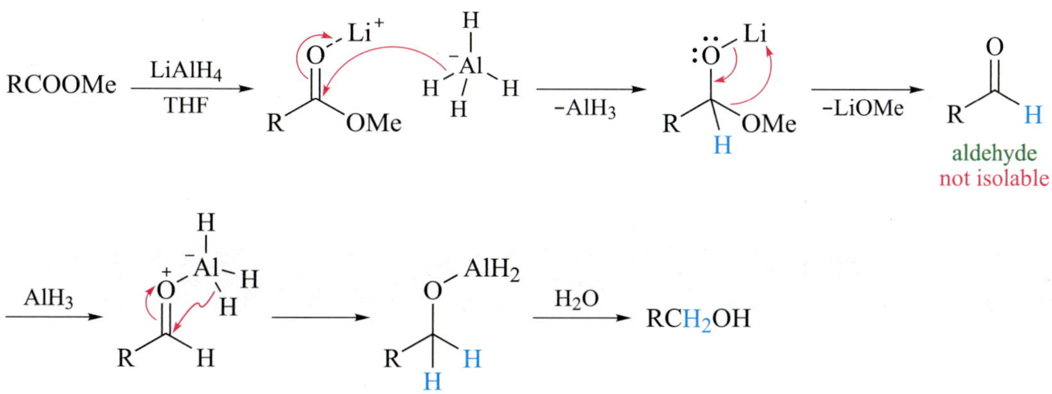

아마이드

에스터와 비슷하게 아마이드도 $LiAlH_4$와 반응한다. 하지만 아마이드의 경우에는 카보닐기가 메틸렌기로 환원된 아민이 얻어진다.

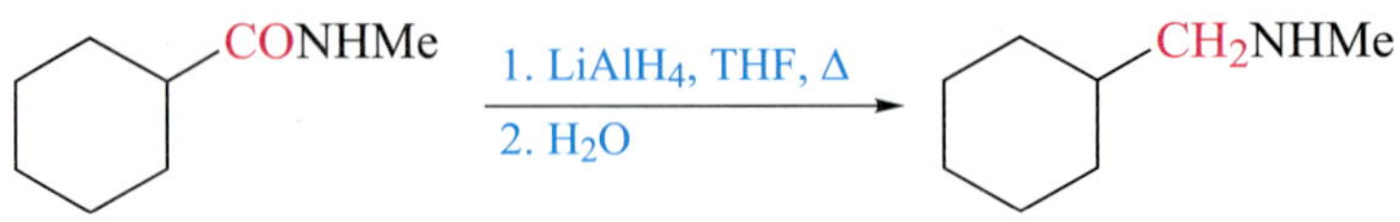

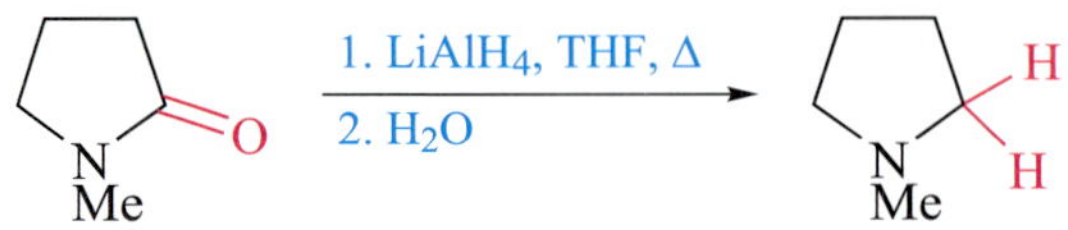

나이트릴

나이트릴을 $LiAlH_4$로 환원하면 일차 아민이 얻어진다.

$$PhCN \xrightarrow[\text{THF, }\Delta]{LiAlH_4} PhCH_2NH_2$$

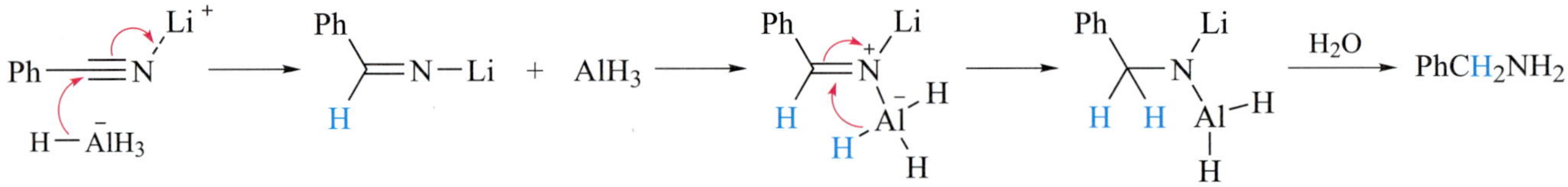

문제 10.14 다음 화합물을 $LiAlH_4$로 처리한 후 물을 넣어 반응을 종결시켰다. 생성물을 각각 그리시오.

a. 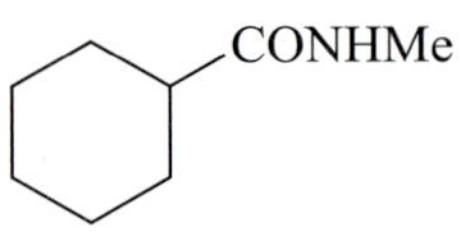 b. 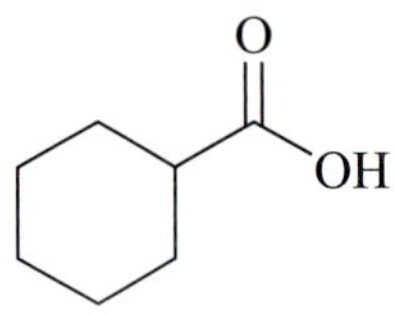 c. 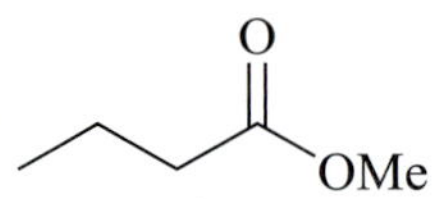 d. 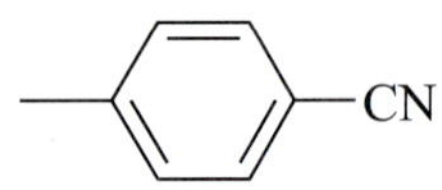

10.12 카복실산 유도체의 그리냐르 시약과의 반응

에스터가 과량의 그리냐르 시약과 반응하면 삼차 알코올이 얻어진다.

$$PhCOOMe \xrightarrow[\text{2. } H_3O^+]{\text{1. 2 MeMgI, ether, 0 °C}} PhC(OH)Me_2 \quad + \quad MeOH$$

다음 메커니즘에서처럼 에스터와 1 당량의 MeMgI가 반응한 후 MeO기가 떨어지면 케톤이 얻어진다. 케톤은 에스터보다 친핵체와의 반응성이 크기 때문에 분리가 어렵고, 곧장

두 번째 그리냐르 시약과 반응하여 결국에는 삼차 알코올이 얻어진다.

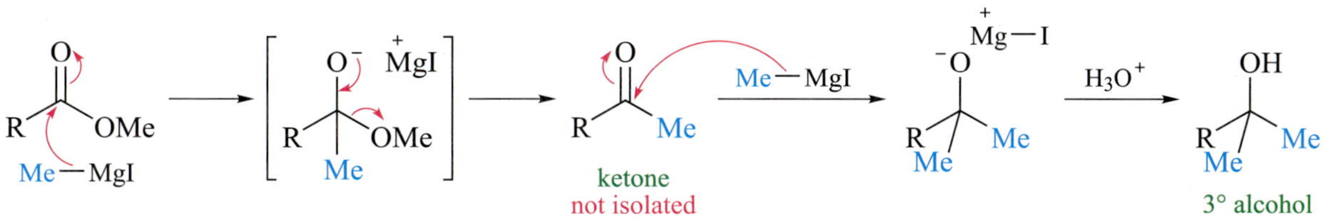

문제 10.15 $PhCO_2Me$를 과량의 다음 유기금속 시약으로 처리한 후 중화하였다. 생성물을 각각 그리시오.

a. PhMgBr b. BuMgBr

나이트릴을 그리냐르 시약으로 처리한 후 중화하면 케톤을 구할 수 있다.

$$\underset{\text{benzonitrile}}{\text{PhCN}} \xrightarrow[\text{2. } H_3O^+]{\text{1. MeMgI}} \underset{\text{acetophenone}}{\text{PhCOMe}}$$

나이트릴에 그리냐르 시약이 첨가된 후에 얻어지는 이민의 염은 친전자성이 작기 때문에(N 원자는 O 원자보다 덜 전기 음성) 과량의 유기금속 시약이 있어도 더 이상 첨가 반응이 일어나지 않는다. 반응 후에 산으로 처리하면 이민이 가수분해되어 케톤이 얻어진다.

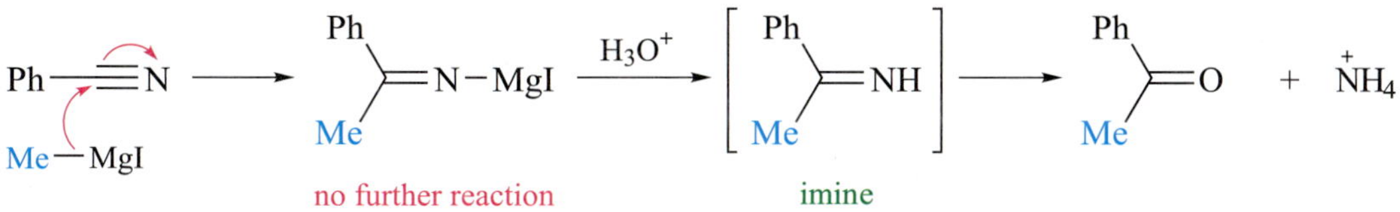

추가 문제

10.16 다음 두 카복실산 중에서 더 센 산을 각각 고르고, 그 이유를 설명하시오.

a. 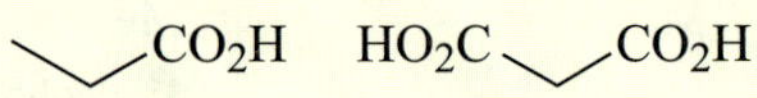

b. 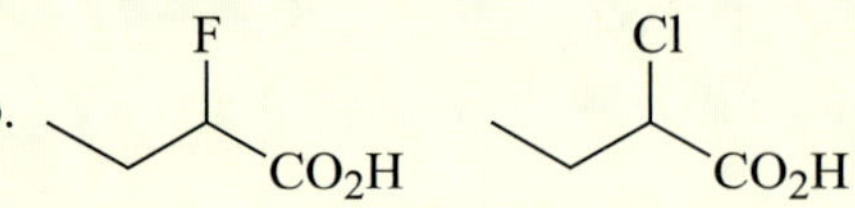

10.17 단백질의 구성 성분인 α-아미노산의 일종인 양성자첨가된 알라닌의 카복실기는 pK_a가 2.35로서 보통의 카복실산보다 더 산성이다. 그 이유를 설명하시오.

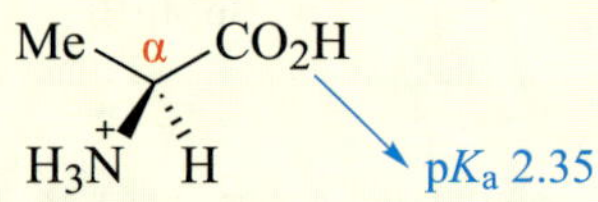

protonated L-α-alanine

10.18 글루탐산은 카복실기가 둘인 아미노산이다. 두 카복실기의 pK_a는 2.10, 4.07이다. 더 산성인 수소는 H_A와 H_B 중에서 어느 것인가? 향미증진제로 사용되는 MSG(monosodium glutamate)의 구조는 무엇인가?

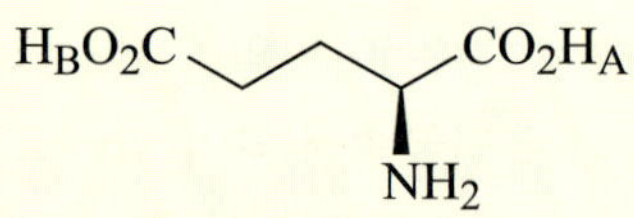

L-glutamic acid

10.19 다이페닐메탄올(Ph_2CHOH)은 카보닐 화합물과 에스터로부터 세 가지 방식으로 합성할 수 있다. 어떤 반응을 이용하는지 쓰시오.

10.20 다음 반응의 주 생성물을 각각 그리시오.

a. 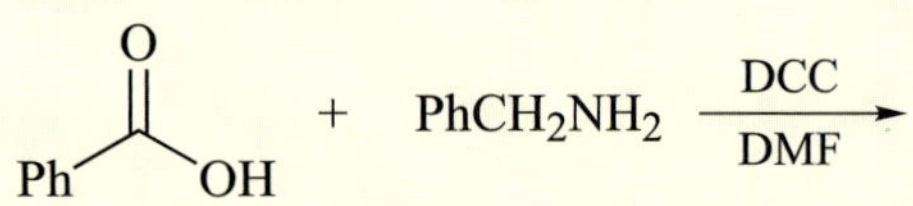

b. 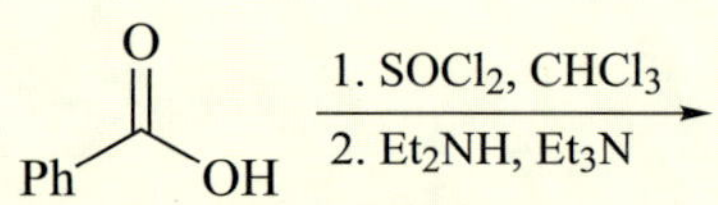

c. 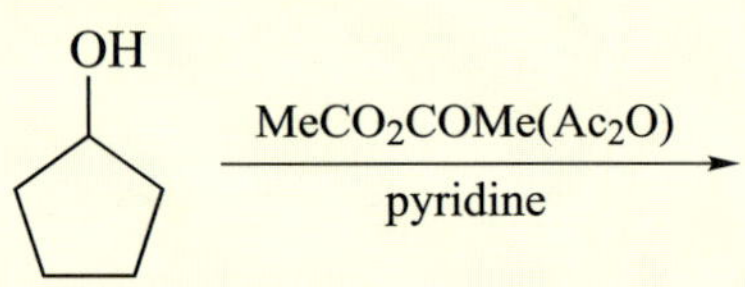

d. 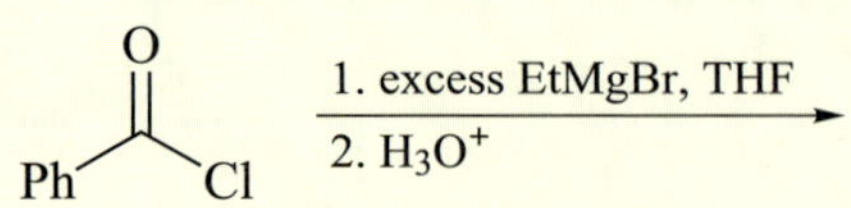

10.21 다음 알코올을 적당한 카보닐 화합물과 에스터로부터 착금속 수소화물이나 그리냐르 시약을 이용하여 합성하고자 한다. 두 방법 이상의 합성법을 제안하시오.

a. $PhCH(OH)Et$ b. Ph_3COH c. $PhCH_2OH$ d. $PhC(OH)Me_2$

10.22 에틸 아세테이트($MeCO_2Et$)를 다음 조건에서 반응시켰을 때 얻어지는 유기 생성물을 모두 그리시오.

a. 1. H_2O 용매, HO^-(과량), 가열 2. H^+

b. H_2O 용매, H^+(촉매), 가열

c. $MeNH_2$(과량), 가열

d. 뷰트-1-올 용매, H^+(촉매), 가열

10.23 아세트아마이드($MeCONH_2$)를 문제 10.22의 조건에서 반응시켰다(단, b에서 산은 1 당량 이상으로 사용). 유기 생성물의 구조를 각각 그리시오. 반응이 일어나지 않는 경우에는 NR이라고 쓰시오.

Chapter 11

카보닐 α-치환 및 축합

9장과 10장에서는 카보닐 탄소가 친전자체의 역할을 하는 반응을 다루었다. 이번 장에서는 카보닐 탄소의 바로 옆의 탄소(α-탄소)가 친핵체로서 알킬 할라이드, 카보닐 화합물, 할로젠 원소 같은 친전자체와 작용하는 반응을 다루고자 한다.

알데하이드, 케톤 및 에스터에 α-수소가 있으면, 적당한 반응 조건에서 친핵성 α-탄소가 다양한 친전자체와 반응할 수 있다. 특히 친핵성 α-탄소가 탄소 친전자체와 반응하면 새로운 탄소-탄소 결합이 생성되므로, 이러한 반응은 유기 화합물의 합성에 널리 쓰이고 있다.

11.1 카보닐 화합물의 친핵성 α-탄소

엔올의 α-탄소가 친핵성인 점은 다음과 같이 엔올의 공명 구조를 그려보아도 알 수 있다.

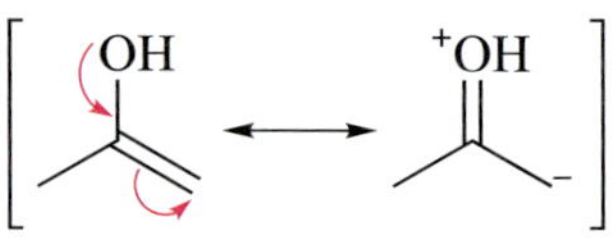

카보닐 화합물의 α-탄소가 친핵체 역할을 하려면 카보닐 화합물이 먼저 다른 구조로 변환되어야 하는데, 여기에는 크게 두 가지 방법이 있다.

첫 번째는 알데하이드나 케톤이 산 혹은 염기 촉매 존재 하에서 **엔올**(enol)이 되는 것이다(이 반응은 알데하이드와 케톤에서만 일어난다). 엔올의 α-탄소는 산소 원자의 고립쌍의 도움으로 친핵체의 역할을 하며, 친전자체 E^+와 반응하면 α-치환 생성물이 얻어진다. 어떠한 종류의 친전자체 E^+가 반응하는지는 잠시 후에 살펴보기로 하자.

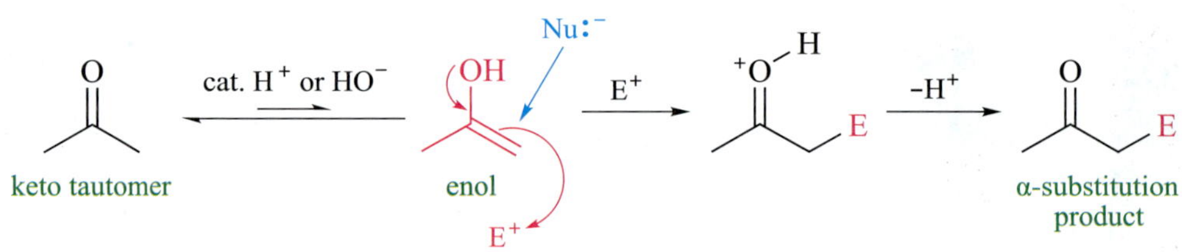

두 번째는 알데하이드, 케톤 및 에스터 등의 α-수소를 적절한 염기로 제거하여 **엔올 음이온**(enolate)을 얻는 방법이다.

카보닐 화합물의 α-수소는 그 짝염기가 카보닐기의 유발 효과와 공명 효과로 인하여 안정화되므로 상당히 산성을 띤다(아세톤의 pK_a~20).

유발 효과:

파란색 화살표는 탄소에 놓인 음전하가 카보닐기로 끌리고 있음을 표시한다.

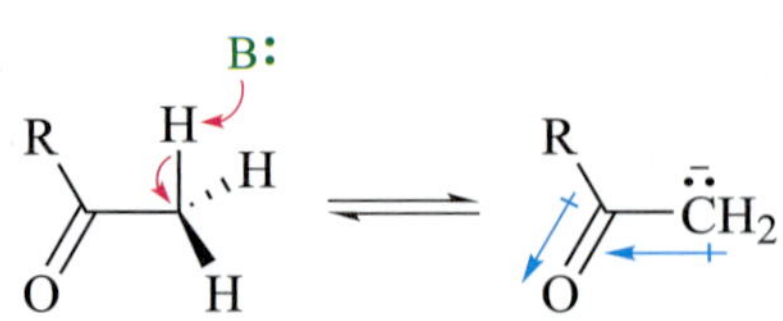

공명 효과:

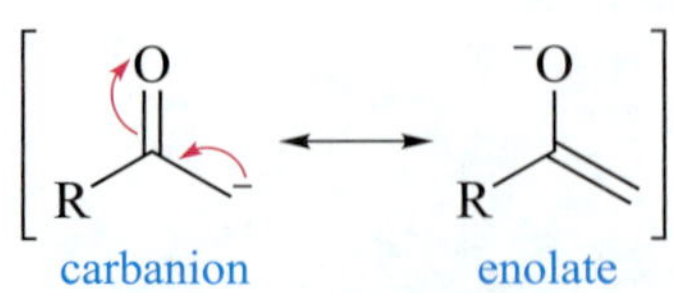

엔올 음이온을 얻는 방법에는 두 가지가 있다. 한 가지 방법은 비교적 약한 염기(예: NaOH)를 이용하여 작은 농도로 음이온을 얻는 것이다.

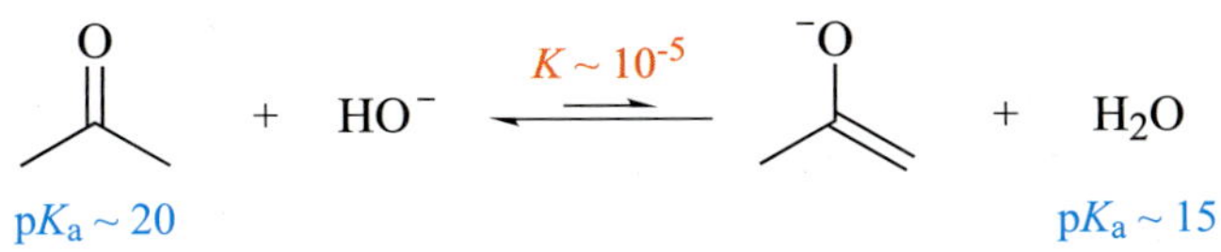

다른 방법은 비친핵성 센염기인 리튬 다이아이소프로필아마이드(lithium diisopropylamide, **LDA**)를 사용하여 정량적으로 엔올 음이온을 얻는 것이다. 이렇게 얻은 엔올 음이온은 NaOH 같은 염기를 사용하는 방법으로는 일어나기가 어려운 반응을 수행할 수 있는 장점이 있다.

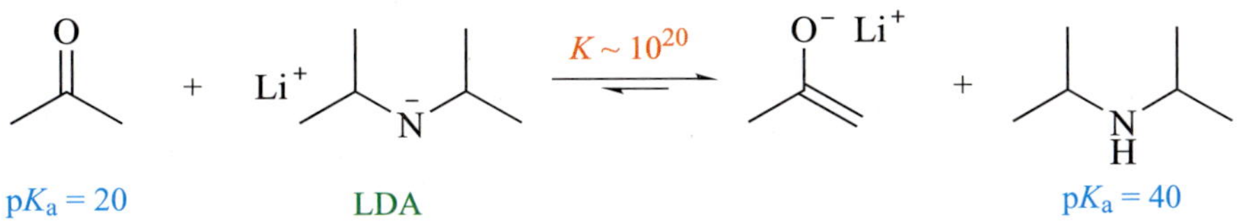

α-수소의 pK_a는 대략 20 정도이나 1,3-다이에스터처럼 CH_2기의 양쪽에 CO_2Et 같은 전자 끄는 기가 있는 화합물(**활성 메틸렌**(active methylene) 화합물이라고 부름)은 그 CH_2의 H 원자가 훨씬 더 산성이다. 이 경우에는 비교적 약한(LDA에 비하여) 염기인 EtO^- 같은 염기도 정량적으로 수소를 제거할 수 있다.

활성 메틸렌 화합물의 예:

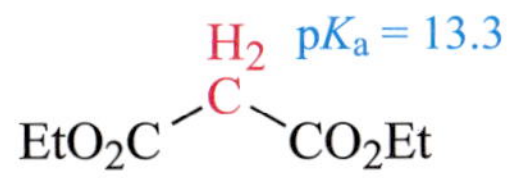

ethyl malonate

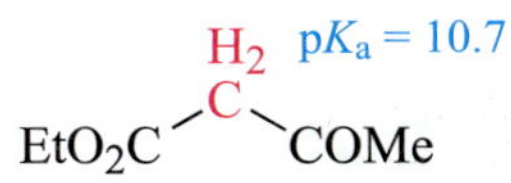

ethyl acetoacetate

요약하면, 카보닐 화합물의 α-탄소가 친핵체 역할을 하기 위해서는 엔올 음이온이나 엔올로 변환되어야 한다. HO^- 이온이 중성 H_2O보다 더 친핵성이듯이 엔올 음이온은 엔올보다 더 친핵성이며, 엔올이 반응하지 않는 친전자체(예: 알킬 할라이드)와도 쉽게 반응한다.

$$\text{친핵성도: 엔올 음이온} \gg \text{엔올}$$

엔올은 친전자성이 큰 시약인 양성자, 할로젠 원소, 양성자첨가된 알데하이드와 케톤과만 반응할 수 있다. 반면에 친핵성도가 더 큰 엔올 음이온은 엔올이 반응하지 않는 에스터 및 일차 할라이드와 반응할 수 있다. 표 11.1에 엔올과 엔올 음이온이 반응할 수 있는 친전자체의 종류를 정리하였다.

표 11.1 엔올과 엔올 음이온 친핵체가 반응할 수 있는 친전자체의 종류

친핵체	엔올	엔올 음이온
반응할 수 있는 친전자체의 종류	양성자, 할로젠 원소, 양성자첨가된 알데하이드와 케톤(알킬 할라이드와 반응 불가)	할로젠 원소, 알데하이드, 케톤, 에스터, 알킬 할라이드(일차)

11.2 케토−엔올 토토머화 반응

토토머화 반응은 산소 같은 헤테로 원자에 붙은 양성자가 인접 원자로 이동하는 평형 반응이다. 흔한 예가 알카인의 수화 반응(6.5절)에서 다룬 바 있는 **케토−엔올 토토머화 반응**(keto-enol tautomerization)이다.

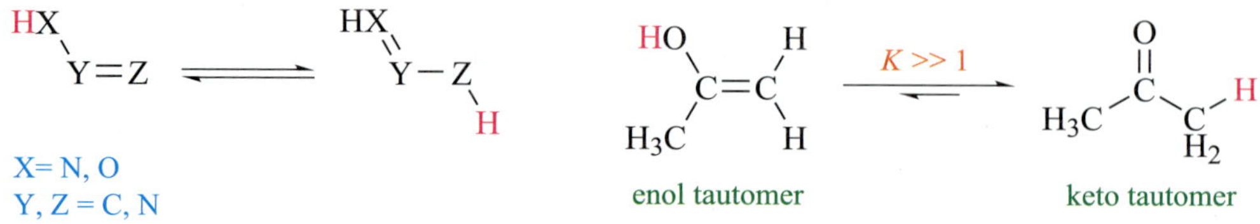

케토−엔올 토토머화 반응은 염기 혹은 산 촉매 하에서 촉진되며, 각 구조를 **토토머**(tautomer)라고 부른다. 염기 촉매 존재 하에서 일어나는 반응의 메커니즘은 다음과 같이 그릴 수 있다.

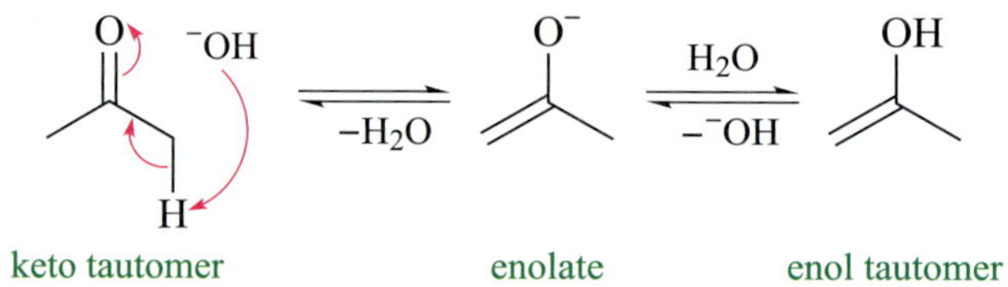

문제 11.1 산 촉매 존재 하에서 엔올이 케토 토토머로 토토머화하는 반응의 메커니즘을 그리시오.

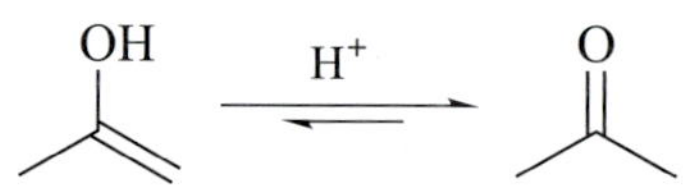

평형에서는 더 안정한 토토머가 주로 존재할 것이다. 아세톤의 경우 케토 토토머가 엔올 토토머보다 더 안정하기 때문에 (C=O 결합이 C=C 결합보다 더 강함) 평형에서는 케토 토토머가 주로(99.999%) 존재한다.

문제 11.2 다음 카보닐 화합물의 가능한 모든 엔올 구조를 각각 그리시오.

a. 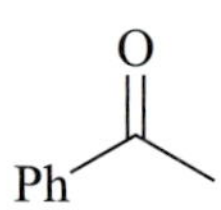

b. 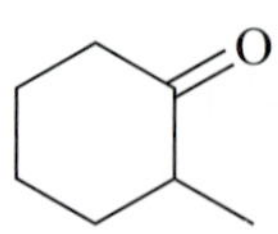

c. 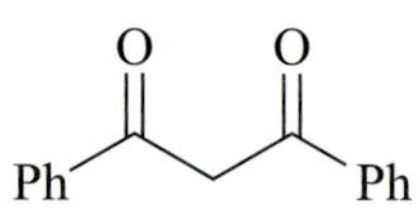

d. 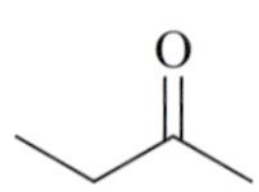

11.3 엔올의 반응

엔올은 중성 분자이기 때문에 엔올 음이온보다는 훨씬 친핵성도가 낮다. 따라서 엔올과 반응할 수 있는 친전자체는 상당히 친전자성이 커야 하는데, 이러한 친전자체의 대표적인 예는 H^+, 그리고 Cl_2, Br_2, I_2 같은 할로젠 원소이다.

양성자와의 반응

엔올은 친전자성이 매우 큰 양성자와 반응할 수 있다.

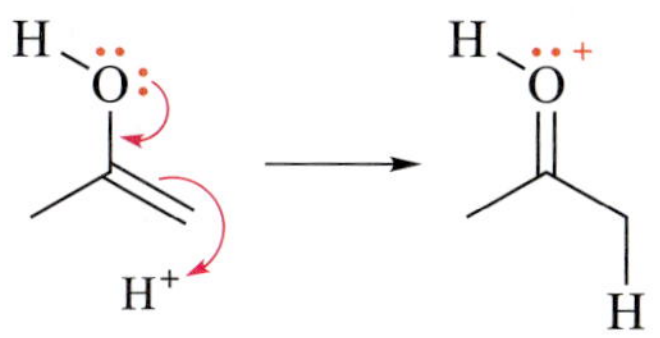

이러한 반응의 한 가지 예는 케톤이 중수(D_2O) 용매에서 D_3O^+ 촉매의 존재 하에 모든 α-수소가 중수소로 치환되는 반응이다.

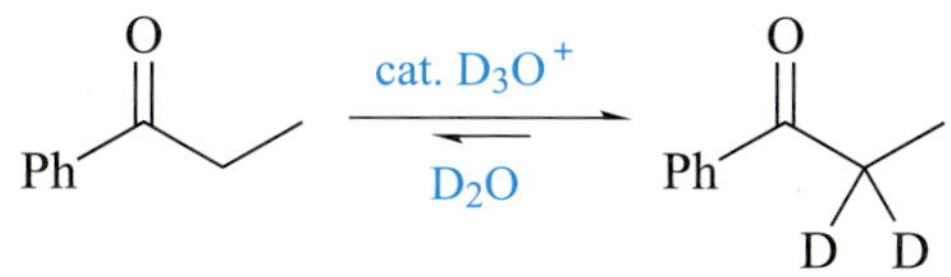

이 반응은 다음과 같이 엔올을 거쳐 일어나며, α-탄소가 친핵체로 두 번 반응하면 두 α-수소가 중수소로 치환된다.

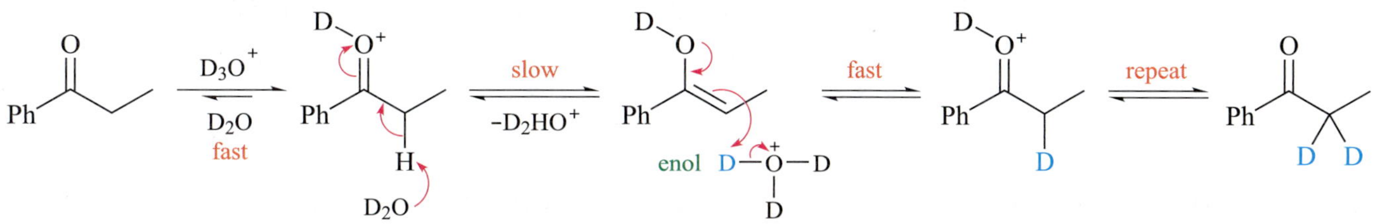

문제 11.3 위의 반응에서 반복(repeat)이라고 표시된 과정을 굽은 화살표로 나타내시오.

할로젠화 반응

엔올이 반응할 수 있는 다른 종류의 친전자체는 할로젠 원소이다. 아세트산 용매(AcOH)(산 촉매 역할을 겸함)에서 케톤을 할로젠과 반응시키면 할로젠 원자 하나가 치환된 α-브로모케톤이 얻어진다.

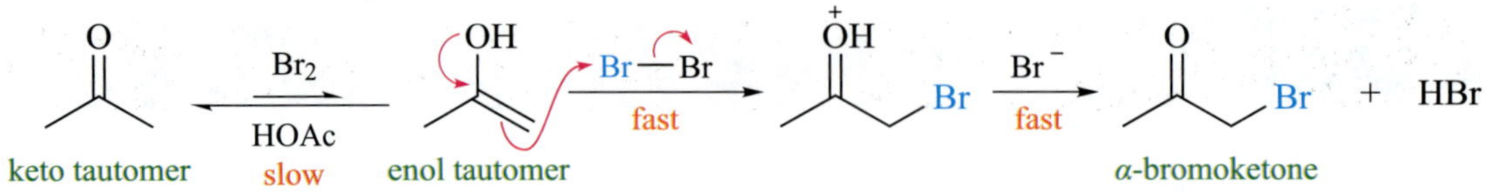

비대칭 케톤의 경우에는 이중 결합에 알킬기가 많아서 더 안정한 엔올이 생기고 여기에서 할로젠화 반응이 일어난다.

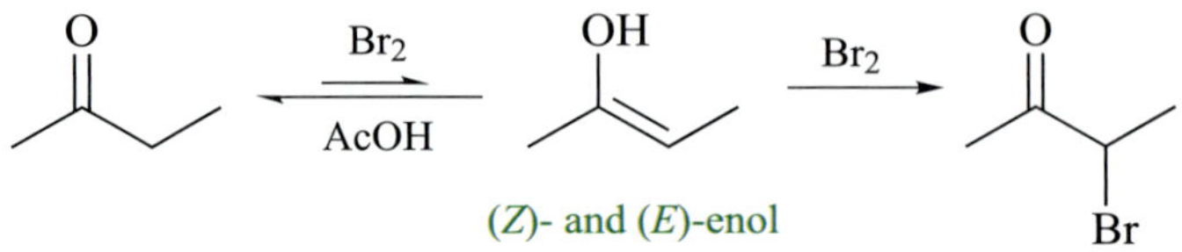

산성 조건에서의 할로젠화 반응은 한 번만 일어난다. 모노브로모 카보닐 화합물은 α-위치에 있는 할로젠 원자의 전자 끌기 유발 효과로 카보닐 산소의 염기도가 감소한다. 또한 양성자가 첨가된 양이온에서 C−Br 결합의 탄소와 카보닐 탄소가 이웃하면서 둘 다 양전하를 띠고 있기 때문에 불안정해진다. 따라서 모노브로모 카보닐 화합물은 엔올이 잘 생기지 않아 그 다음 할로젠화 반응이 일어나지 않는다.

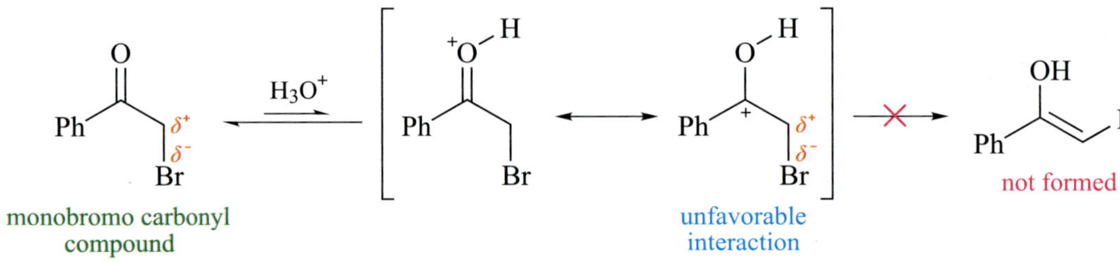

예제 11.1 다음 카보닐 화합물의 아세트산 용액에 브로민을 가하였다. 얻어지는 생성물은 각각 무엇인가?

a. 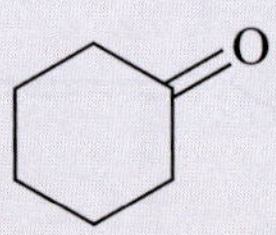

b. 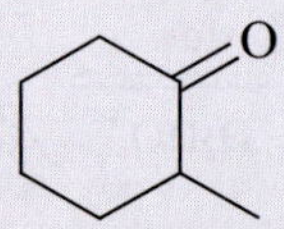

풀이 산 촉매 조건에서의 브로민화 반응은 한 번만 일어나고 더 안정한 엔올 중간체를 거치기 때문에 브로민 원자는 더 많이 알킬기로 치환된 α-탄소와 결합을 이룬다.

a. 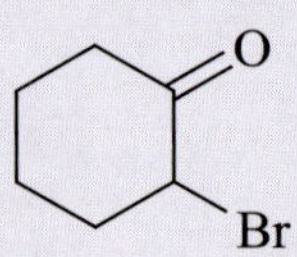

b. 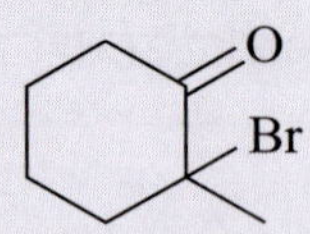

문제 11.4 다음 반응의 주 생성물을 각각 그리시오.

a. 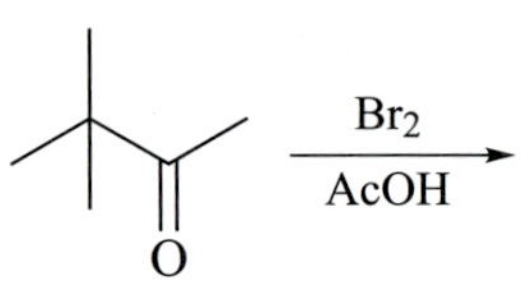

b. 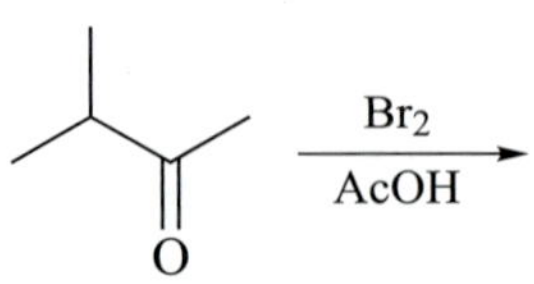

α-할로 카보닐 화합물의 반응

α-할로 카보닐 화합물을 피리딘 같은 염기와 반응시키면 E2 반응으로 알켄(α,β-불포화 케톤)을 얻을 수 있다.

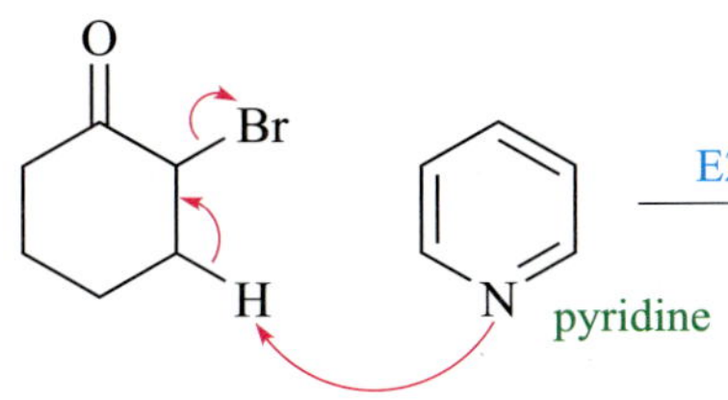

문제 11.5 다음 케톤의 아세트산 용액에 1 당량의 Br_2를 가한 후 생성물을 피리딘 염기로 처리하였다. 주 생성물을 각각 그리시오.

a. 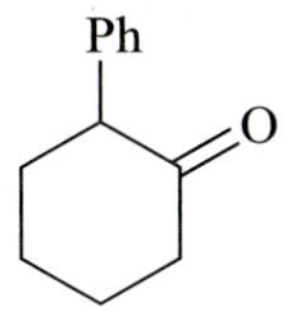

b. 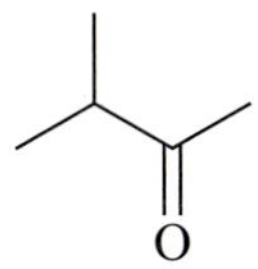

11.4 엔올 음이온의 생성

카보닐 화합물(케톤, 알데하이드 및 카복실산 유도체)의 α-수소는 산성이므로 적당한 염기로 제거하면 엔올 음이온이 얻어진다. 카보닐 화합물과 염기와의 반응은 산-염기 평형 반응이므로 염기의 세기에 따라 평형 상수가 달라진다(표 2.3에 자주 쓰는 염기의 이름과 짝산의 pK_a 값이 나와 있다).

NaOH나 NaOEt는 염기성이 충분히 크지 않기 때문에 평형에서는 아주 작은 농도의 엔올 음이온만 존재한다. 하지만 이런 작은 농도라도 앞으로 다룰 알돌 반응이나 할로폼 반응 같은 특정한 반응을 수행하는 데 사용할 수 있다.

LDA는 매우 센 비친핵성 염기로서 카보닐 화합물을 **정량적으로** 엔올 음이온으로 바꾼다. 두 덩치가 큰 아이소프로필기가 질소에 있기 때문에 질소는 친핵성도가 떨어지고 작은 양성자만을 떼어낼 수 있다.

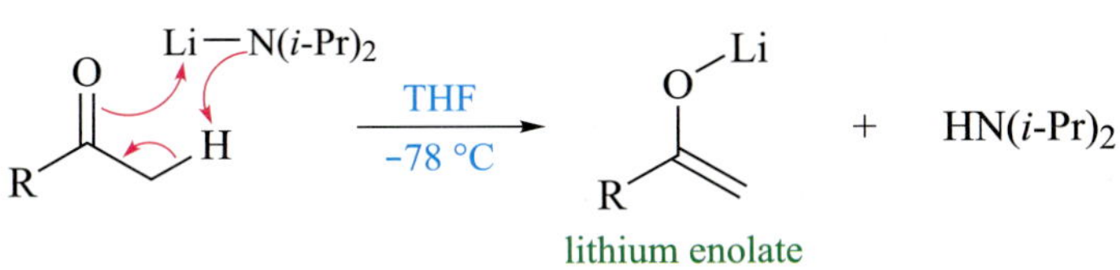

열역학적 및 속도론적 엔올 음이온

비대칭 카보닐 화합물이 염기와 반응하는 경우에는 두 종류의 엔올 음이온이 생길 수 있다.

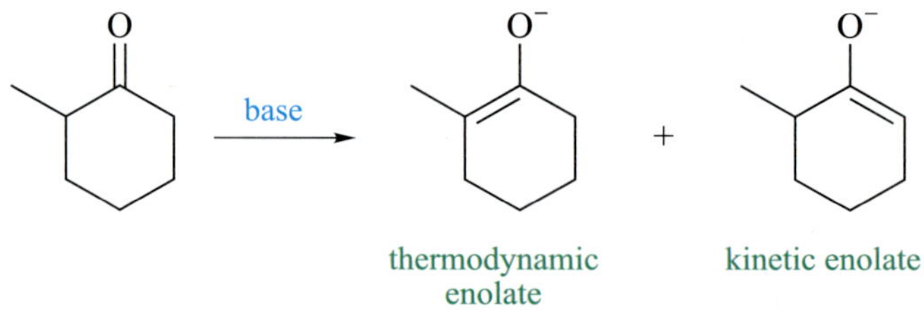

이중 결합이 더 많이 탄소로 치환되어 있어서 더 안정한 음이온(위 반응에서 왼쪽 생성물)을 **열역학적 엔올 음이온**(thermodynamic enolate)이라고 부른다. 오른쪽 엔올 음이온은 염기가 입체 장애를 덜 받는 수소를 더 빨리 제거하면 생기기 때문에 **속도론적 엔올 음이온**(kinetic enolate)이라고 부른다.

염기, 용매 및 반응 온도 같은 반응 조건을 조절하면 두 엔올 음이온을 위치 선택적으로 얻을 수 있다(표 11.2). 열역학적 엔올 음이온은 양성자성 용매에서 NaOH나 NaOEt 같이 비교적 약한 염기를 이용하여 얻는다. 평형 조건이므로 상온 혹은 더 높은 온도가 선호된다.

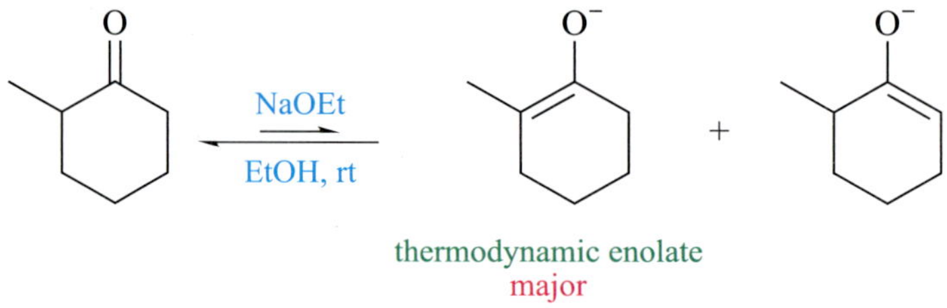

반면에 속도론적 엔올 음이온은 THF 같은 비양성자성 용매에서 LDA 같은 센염기를 이용하여 정량적으로 얻는다. 두 엔올 음이온 사이의 평형을 방지하기 위하여 −78 ℃ 같은 저온 조건이 필요하다.

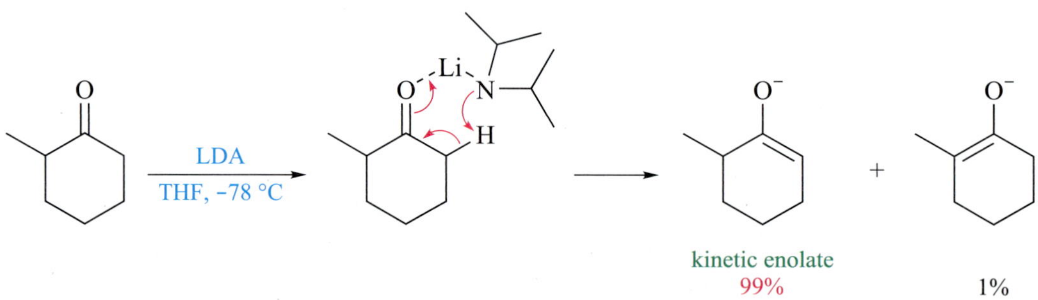

표 11.2 열역학적 엔올 음이온과 속도론적 엔올 음이온을 얻는 방법

	안정성	염기	용매	반응 온도
열역학적 엔올 음이온	더 안정, 평형 조건	알콕사이드 이온 (NaOEt, $KOCMe_3$ 등)	양성자성 용매(EtOH 등)	상온 혹은 고온
속도론적 엔올 음이온	덜 안정, 더 빨리 생성	LDA	비양성자성 용매(THF)	저온(−78 °C)

문제 11.6 다음 케톤의 속도론적 엔올 음이온의 구조를 각각 그리시오.

a. 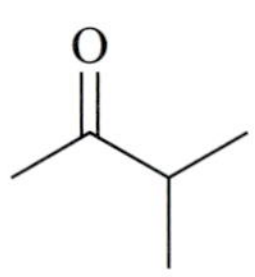

b. 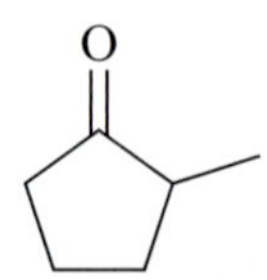

11.5 엔올 음이온의 반응

양성자와의 반응

카보닐 화합물을 과량의 D_2O에서 촉매량의 염기(NaOD)와 같이 반응시키면 모든 α-수소가 중수소로 치환되는 반응이 일어난다.

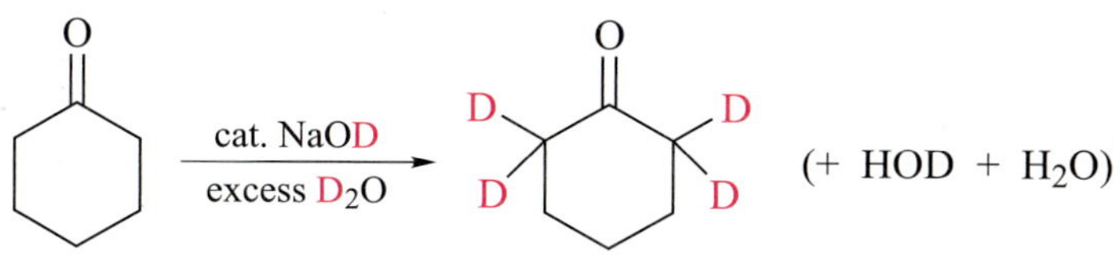

반응 용액에서 소량으로 생긴 엔올 음이온의 탄소에 친전자성 D_2O가 반응하면 α-위치에 중수소가 하나 도입된 카보닐 화합물이 얻어진다. 이러한 과정이 반복되면 결국에는 모든 α-수소가 중수소로 치환되게 된다.

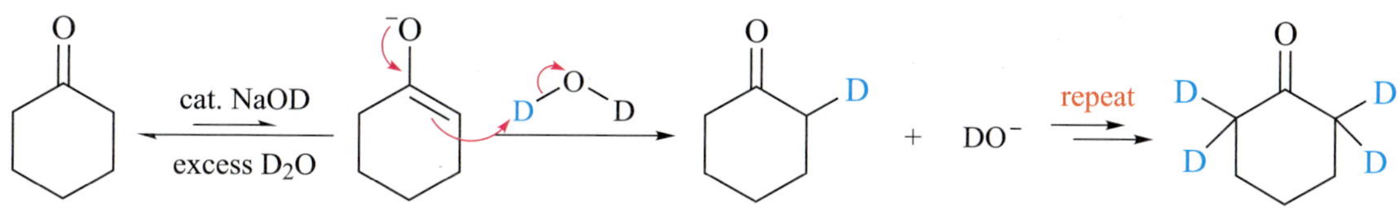

할로젠화 반응

엔올 음이온은 중성인 엔올보다 친핵성도가 크므로 당연히 엔올이 수행하는 할로젠화 반응을 더 잘 수행할 것이다. 하지만 엔올과 다른 점은 다중 치환이 일어난다는 점이다.

엔올 음이온은 매우 빠르게 할로젠 원소와 반응하여 α-할로 카보닐 화합물을 준다. 전기음성 할로젠이 하나 치환된 카보닐 생성물은 그 엔올 음이온이 더 안정화되므로(할로젠의 전자 끌기 유발 효과) 그 α-수소가 출발물인 카보닐 화합물보다 더 산성을 띤다. 따라서 과량의 염기는 다시 한 번 α-수소를 제거하게 되고 두 번째 할로젠화 반응이 연이어 일어난다.

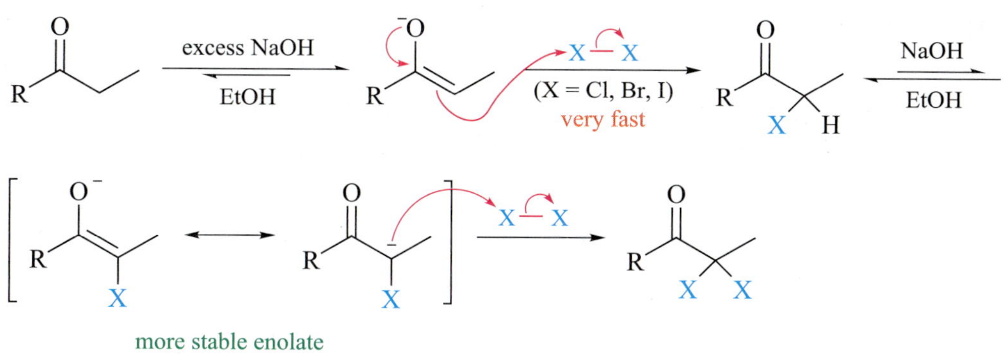

아세트알데하이드 혹은 메틸 케톤의 경우에는 메틸기 3개의 모든 수소가 할로젠 원자로 치환되어 트라이할로 카보닐 화합물이 생긴다. 하지만 이 생성물을 분리할 수는 없는데,

그 이유는 이 화합물이 과량의 염기와 반응하여 **할로폼**(haloform, CHX_3)과 카복실산 음이온으로 즉시 변하기 때문이다.

트라이할로 카보닐 화합물이 HO^-와 반응하면 사면체 중간체가 생기고, 이 중간체에서 X_3C 음이온이 떨어지면(CH_3 음이온보다는 염기도가 훨씬 작음) 비가역적으로 할로폼과 카복실산 음이온이 생긴다. 메틸 케톤이나 아세트알데하이드에서 할로폼이 생기는 반응을 **할로폼 반응**(haloform reaction)이라고 부른다.

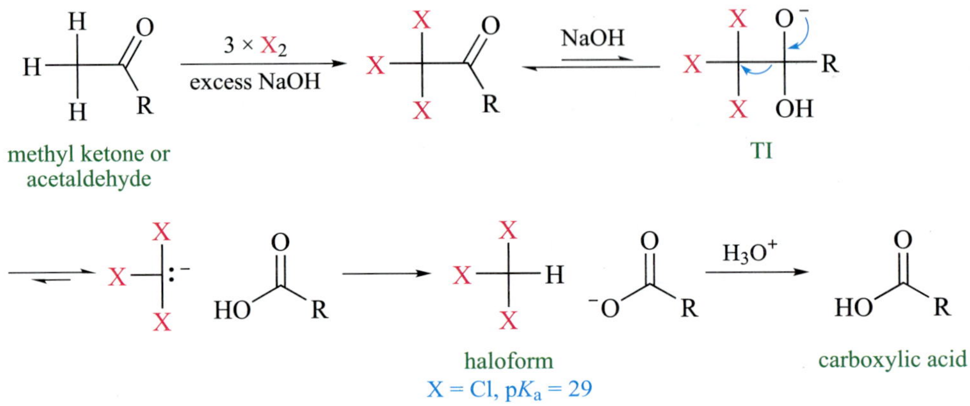

아이오딘(I_2)을 사용하면 노란색의 고체인 **아이오도폼**(iodoform, CHI_3)이 생긴다. 따라서 아이오딘의 적갈색이 사라지고 아이오도폼의 노란색 고체가 생기는 것을 관찰하면 메틸 케톤의 존재를 확인할 수 있다.

문제 11.7 다음 반응의 주 생성물을 각각 그리시오.

a. 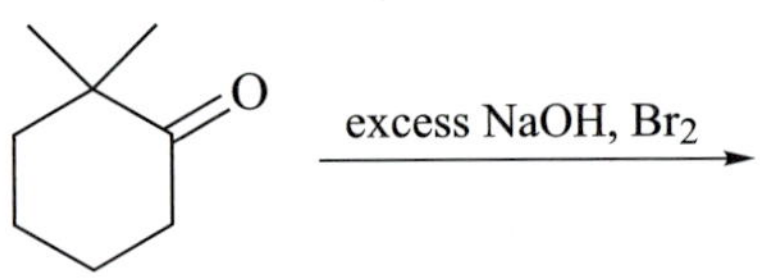

b. 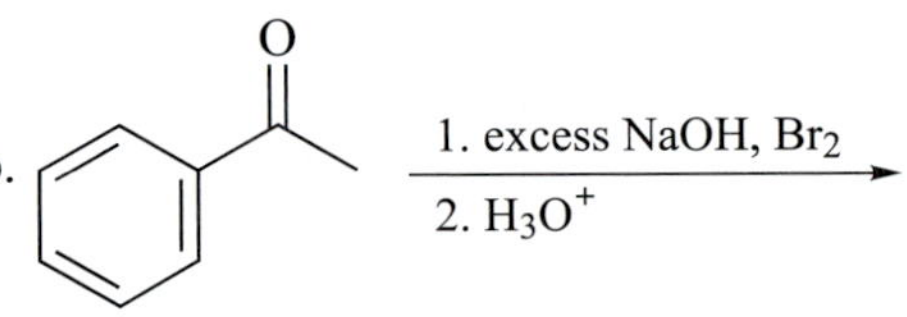

알킬화 반응

엔올 음이온은 음전하를 띠고 있기 때문에 엔올보다 친핵성이 커서 엔올이 반응하지 않는 알킬 할라이드와 S_N2 반응을 할 수 있다. 알킬화 반응이 성공하려면 LDA 같은 센염기를 사용하여 속도론적 엔올 음이온을 정량적으로 얻은 다음에 친전자성이 큰 할라이드(예: MeI, 일차 아이오다이드, 알릴성 혹은 벤질성 브로마이드)를 가하여야 한다. 이러한 방식의 알킬화 반응을 **지정 엔올 음이온 알킬화 반응**(directed enolate alkylation)이라고 한다.

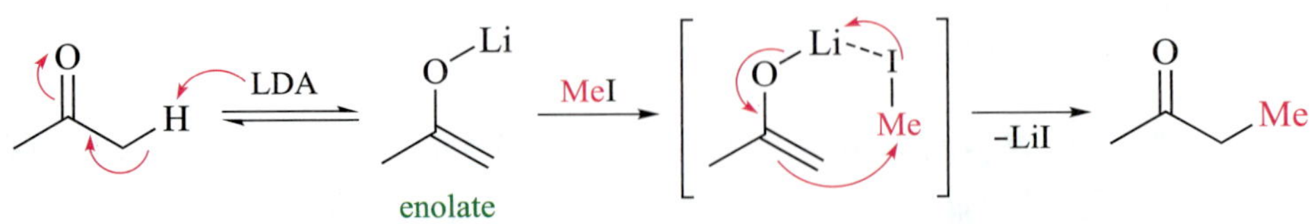

비대칭 케톤에서 얻은 속도론적 엔올 음이온이 알킬 할라이드와 반응하면 다음과 같은 생성물이 얻어진다.

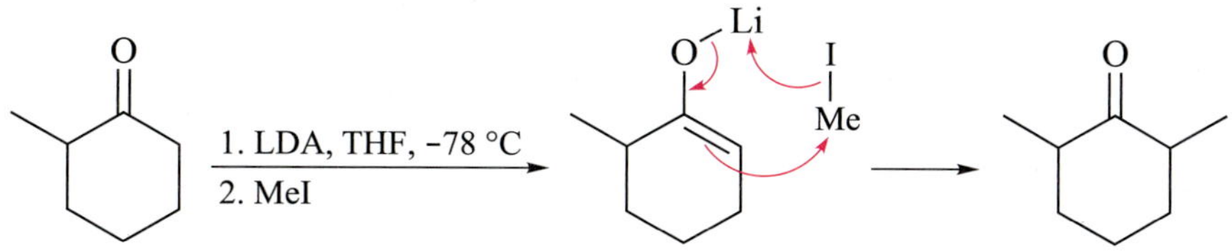

cis- and *trans-*

예제 11.2 다음 카보닐 화합물을 −78 °C에서 LDA의 THF 용액에 가한 후 얼마 후에 알릴 브로마이드($CH_2{=}CH{-}CH_2Br$)로 처리하였다. 얻어지는 주 생성물을 각각 그리시오.

a. 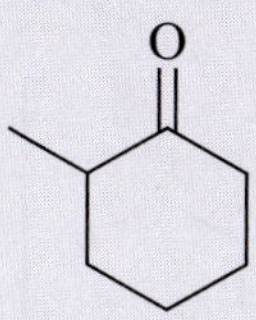

b. 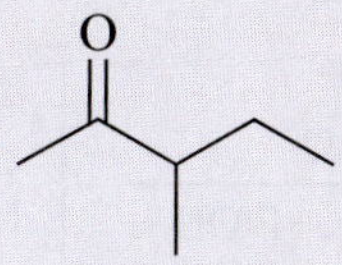

풀이 반응 조건에 의하면 이 반응은 속도론적 엔올 음이온을 거쳐 일어나는 알킬화 반응이다. 따라서 덜 치환된 α-위치에서 알킬화 반응이 일어난다.

a. 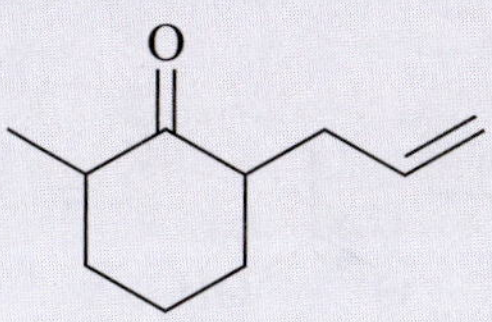

b. 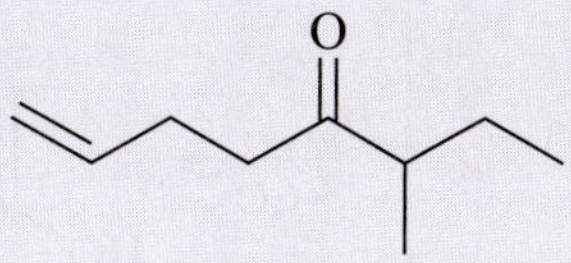

문제 11.8 다음 카보닐 화합물을 −78 °C에서 LDA의 THF 용액에 가한 후 얼마 후에 벤질 브로마이드($PhCH_2Br$)로 처리하였다. 얻어지는 주 생성물을 각각 그리시오.

a. 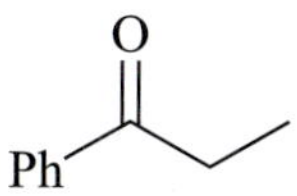

b. 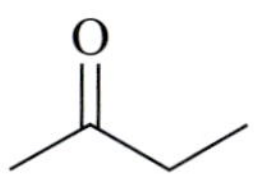

11.6 말론산 에스터 합성과 아세토아세트산 에스터 합성

케톤과 에스터의 지정 알킬화 반응을 위해서는 값이 비싼 염기인 LDA, 무수 THF 용매 및 저온(−78 °C) 조건을 사용하여야 한다. 이러한 반응 조건은 소량의 생성물을 만드는 실험실적 합성에서는 쓸 수 있으나 큰 규모로 생산하여야 하는 산업적 용도에는 적합하지 않을 수도 있다. 이러한 반응 조건 대신에 좀 더 저렴하게 알킬화 반응을 일으키는 방법은 케톤과 에스터 대신에 β-다이카보닐 화합물을 사용하는 것이다.

말론산 에스터의 메틸렌 수소는 pK_a가 13이므로 EtOH 용매(THF보다 저렴)에서 NaOEt

같은 염기도 정량적으로 수소를 제거할 수 있다. 이 에스터에서 얻어진 음이온이 알킬 할라이드와 S_N2 반응을 하면 알킬기가 도입된 말론산 에스터가 얻어진다.

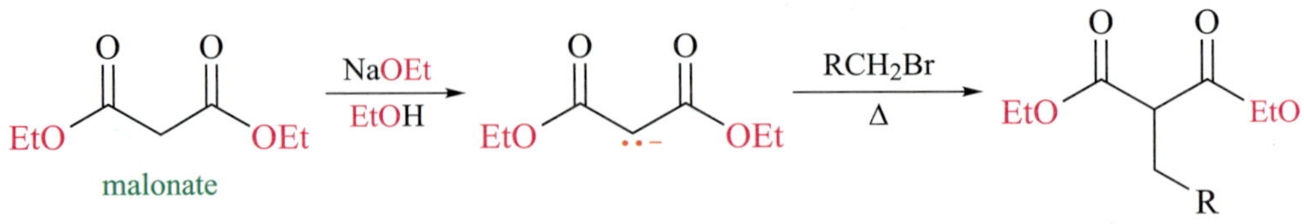

위 반응의 생성물을 가수분해하여 얻은 다이카복실산을 가열(~100 ℃)하면 CO_2가 떨어지는 **탈카복실화 반응**(decarboxylation)이 일어나서 결국에는 아세트산의 α-위치에 알킬기가 도입된 카복실산이 생성된다.

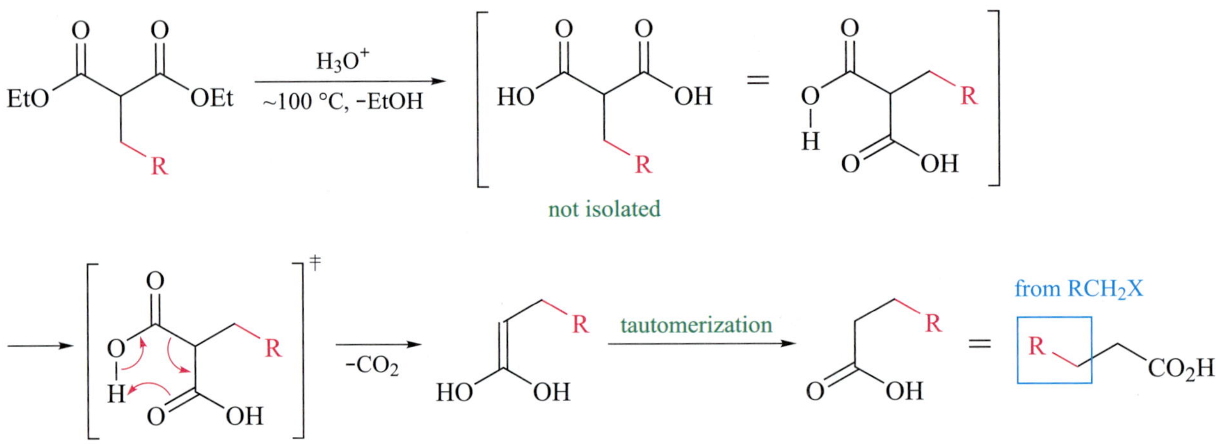

결국, 이 반응을 이용하면 아세테이트의 지정 알킬화 반응에서와 유사한 생성물을 얻을 수 있으며, 이렇게 말론산 에스터에서 시작하여 α-알킬치환 아세트산을 얻는 반응을 **말론산 에스터 합성**(malonate ester synthesis)이라고 한다.

말론산 에스터 합성과 비슷한 **아세토아세트산 에스터 합성**(acetoacetate ester synthesis)은 아세토아세테이트에서 시작한다. 말론산 에스터 합성에서처럼 알킬화 반응 후 탈카복실화 반응을 거치면 아세톤의 α-위치에서 알킬화된 생성물을 얻을 수 있다.

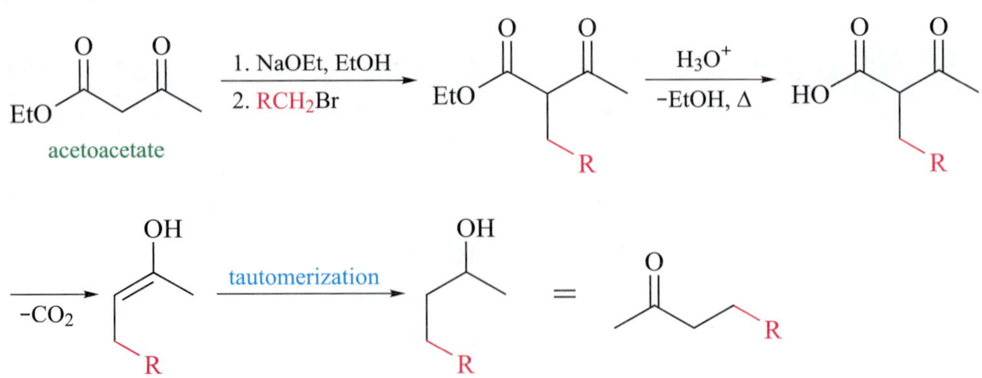

예제 11.3 말론산 에스터 합성 혹은 아세토아세테이트 합성을 이용하여 다음 화합물을 얻고자 한다. 반응 단계를 각각 쓰시오.

a. 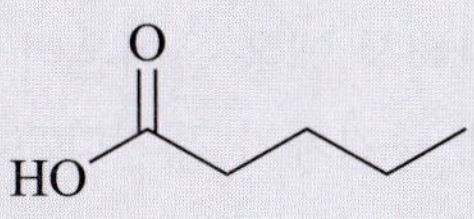

b. 

풀이

a. 카복실산이기 때문에 말론산 에스터 합성법을 이용한다. 이 화합물 $\underline{HOCOCH_2}CH_2CH_2CH_3$에서 밑줄 친 부분은 말론산 에스터에서 오며 나머지 부분(프로필)은 알킬 할라이드에서 온다. 따라서 반응 단계는 [1. 다이에틸 말로네이트, NaOEt, EtOH, 2. 프로필 브로마이드, 3. 산 촉매 가수분해, 가열]이다.

b. 아세톤의 유도체이므로 아세토아세테이트 합성법을 이용한다. 목표 화합물 $\underline{CH_3COCH_2}CH_2CH_2CH_3$에서 밑줄 친 부분은 아세토아세테이트에서 오며 나머지 부분(프로필)은 알킬 할라이드에서 온다. 따라서 반응 단계는 [1. 에틸 아세토아세테이트, NaOEt, EtOH, 2. 프로필 브로마이드, 3. 산 촉매 가수분해, 가열]이다.

문제 11.9 말론산 에스터 합성 혹은 아세토아세테이트 합성을 이용하여 다음 화합물을 얻고자 한다. 합성법을 각각 제안하시오.

a. 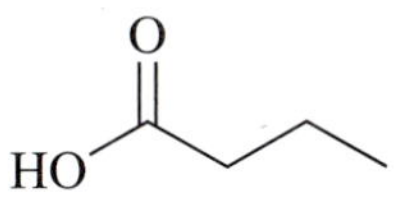

b. 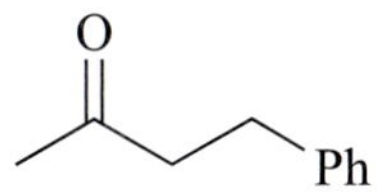

문제 11.10 말론산 에스터 합성에서 순차적으로 알킬 할라이드를 두 번 사용하면 α-위치에서 두 번 알킬화된 생성물을 얻을 수 있다.

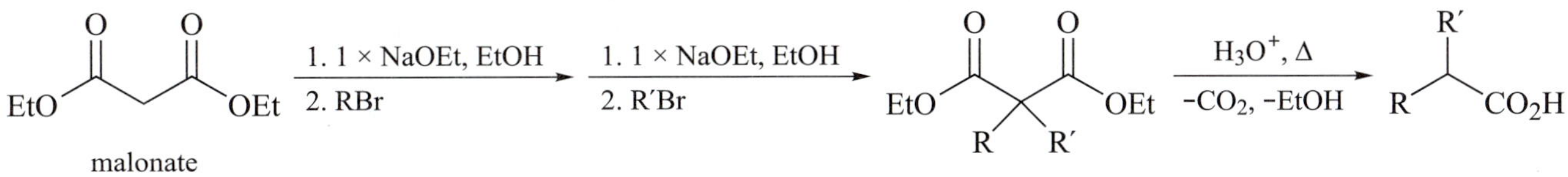

MeI와 $PhCH_2Br$을 사용하였을 때 얻어지는 카복실산 생성물을 그리시오.

11.7 알돌 반응

알돌 반응(aldol reaction)은 알데하이드 혹은 케톤의 두 분자가 서로 반응하여 β-하이드록시카보닐 화합물(알돌)을 주는 평형 반응이다. 예를 들어 아세트알데하이드가 수용성 HO^- 촉매 존재 하에서 반응하면 3-하이드록시뷰탄알이 얻어진다. 알돌 반응에서는 새로운 탄소–탄소 결합(빨간색)이 생기므로 유기 합성 측면에서 중요한 반응이다.

'aldol'이라는 말은 aldehyde의 'ald'와 alcohol의 'ol'이 합쳐져서 생겨났다.

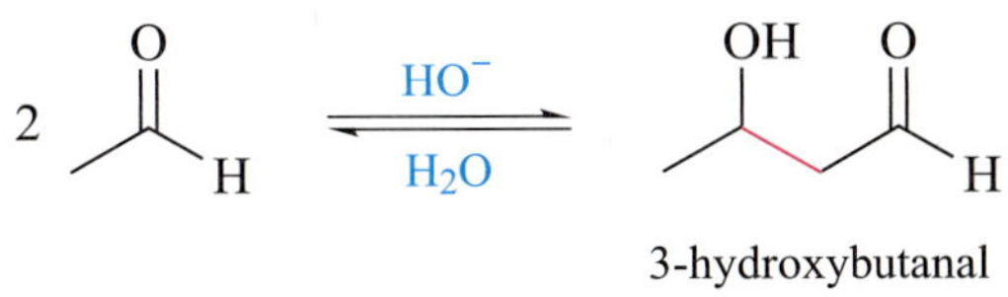

알돌 반응은 산 촉매 및 염기 촉매 조건에서 일어날 수 있으나 이 절에서는 염기 촉매 조건에서 일어나는 알돌 반응만을 다루기로 한다. 0 ℃에서 NaOH 같은 염기 촉매에 의하여 카보닐 화합물(RCH_2CHO)의 α-수소가 제거되면 친핵성 엔올 음이온이 소량 얻어지고, 이 음이온이 친전자성 카보닐 탄소를 공격하면 사면체 중간체가 생긴다. 마지막으로 양성자가 첨가되면 알돌 생성물이 얻어진다.

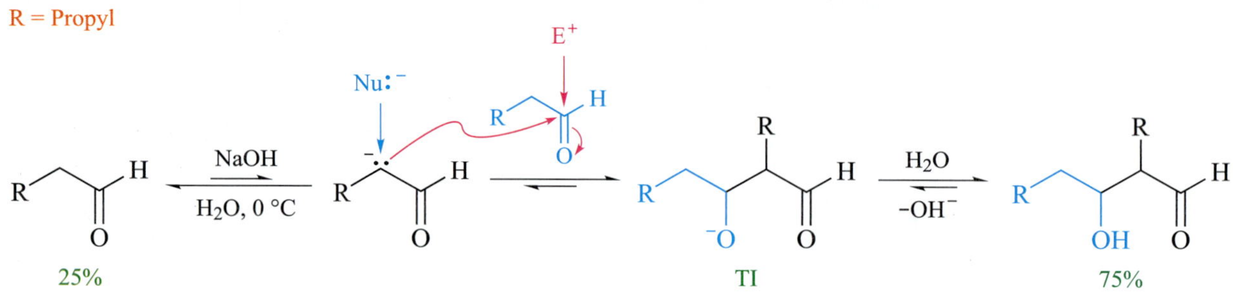

알데하이드의 경우에는 평형에서 알돌 생성물이 더 많이 존재하나 케톤의 경우에는 알돌 생성물의 생성이 불리하다.

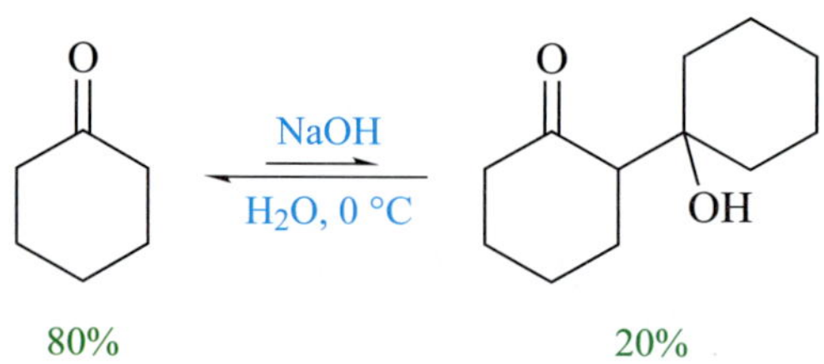

방금 소개한 알돌 반응은 0~5 ℃에서 일어난다. 하지만 반응 온도를 90~100 ℃로 올리면 물의 탈수가 일어나서 α,β-불포화 카보닐 화합물인 **알돌 축합**(aldol condensation) 생성물이 얻어진다. 탈수 반응은 **E1cB**(conjugate base) 메커니즘을 따른다. 즉, 염기가 α-H를 먼저 제거하여 짝염기인 엔올 음이온이 얻어지면 OH기가 제거되어 안정한 콘쥬게이션 화합물이 비가역적으로 얻어지게 된다.

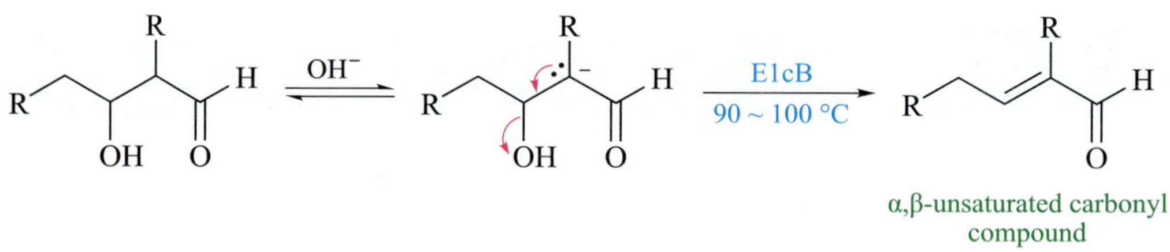

케톤의 경우에도 평형에서 불리한 알돌 생성물이 더 높은 온도에서는 더 안정한 콘쥬게이션 화합물로 비가역적으로 변환된다.

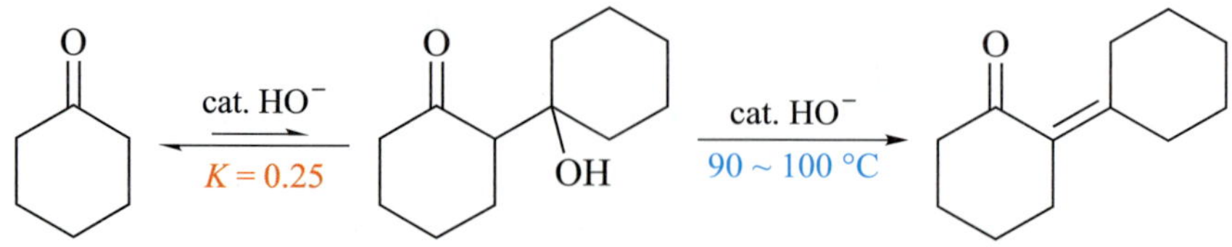

문제 11.11 다음 카보닐 화합물의 알돌 생성물과 알돌 축합 생성물의 구조를 각각 그리시오.

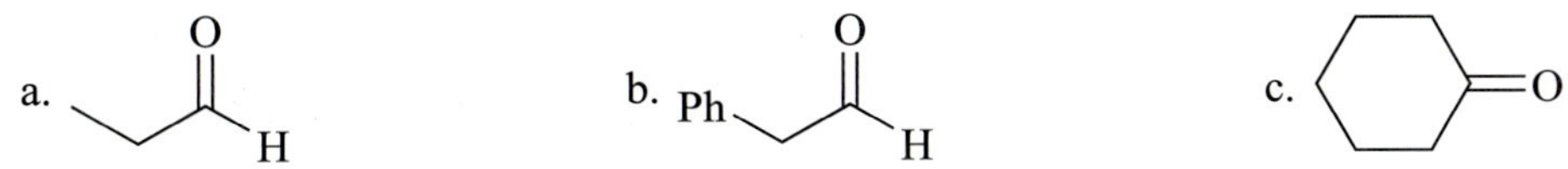

반면에 아세토페논 같은 방향족 카보닐 화합물의 알돌 반응에서는 가열하지 않아도 상온에서 탈수가 일어나서 더 안정한 콘쥬게이션 화합물로 변환된다.

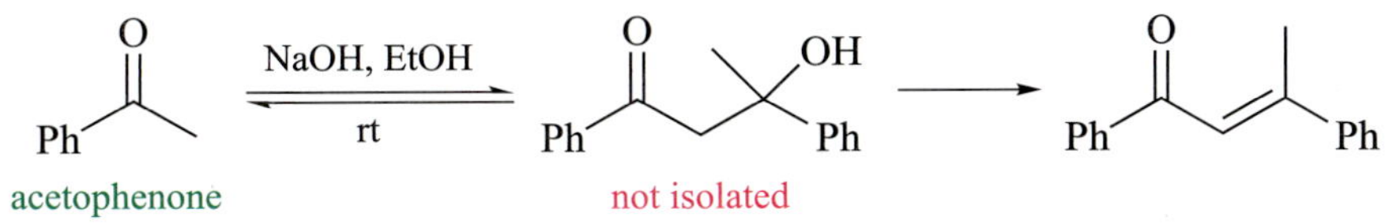

11.8 클라이젠 축합

클라이젠 축합(Claisen condensation)은 α-수소가 있는 에스터 RCH_2CO_2Et의 에탄올 용액에 1 당량의 NaOEt 염기를 가하고 가열하여 반응이 일어나게 한 후에 산으로 중화하면 β-케토 에스터가 생성되는 반응이다.

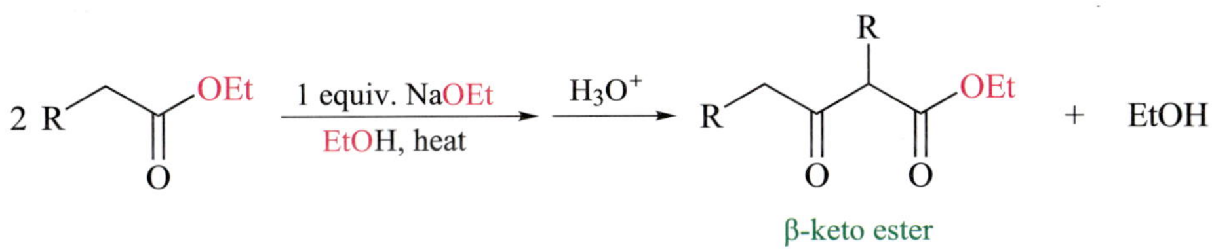

에스터의 α-수소는 pK_a가 24 정도이므로 NaOEt에 의해서 아주 소량의 에스터 엔올 음이온만 생길 것이다. 이 음이온이 더 많이 존재하는 에스터의 친전자성 카보닐 탄소와 반응하면 사면체 중간체가 평형에서 소량 생긴다. 이 중간체에서 알콕사이드 이온이 떨어지게 되면 β-케토 에스터가 얻어진다.

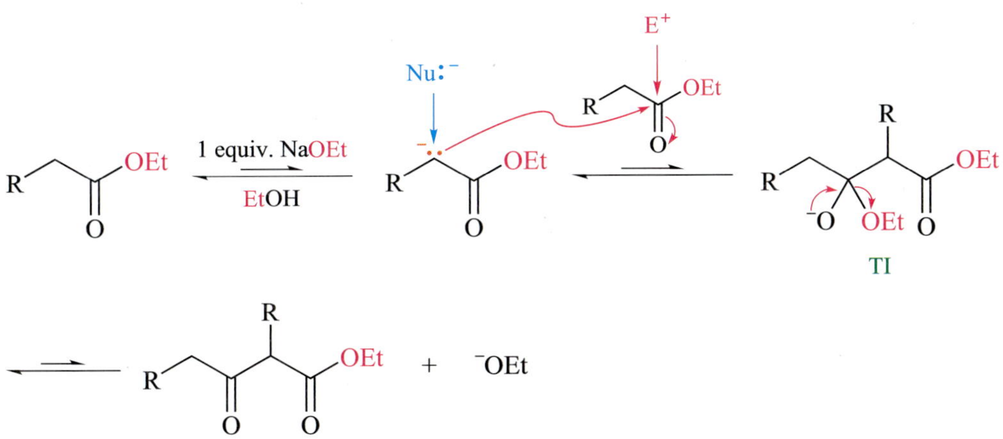

β-케토 에스터의 CH 수소는 pK_a가 약 11이므로 에톡사이드 이온은 정량적으로 양성자를 제거하여 공명 안정화 β-케토 에스터의 음이온을 생성할 것이다. 바로 이 산–염기 반응이 그 전 단계까지의 불리한 상황을 생성물의 생성이 유리한 쪽으로 반전시키는 역할을 수행한다. 마지막으로 음이온을 산으로 중화하면 최종 생성물인 β-케토 에스터가 얻어진다.

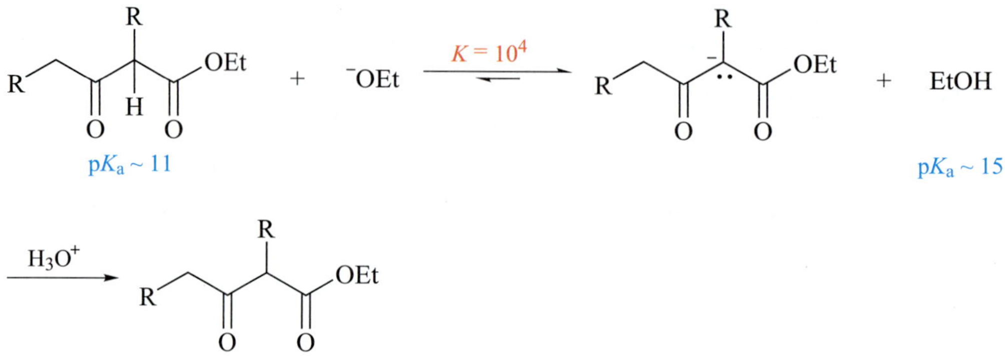

클라이젠 축합 반응에서는 1 당량의 염기가 소모된다. 이 점이 NaOH 같은 염기가 촉매 역할을 하는 알돌 반응과 다른 점이다.

문제 11.12 다음 에스터의 클라이젠 축합 반응의 생성물을 그리시오.

a. 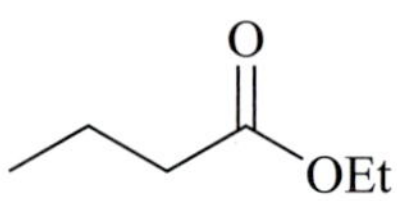

b. 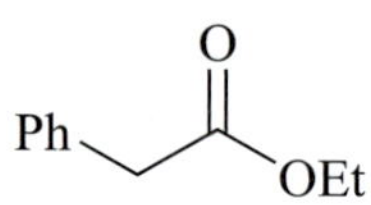

추가 문제

11.13 2,4-펜테인다이온($MeCOCH_2COMe$)은 $CHCl_3$ 용매에서 케토 토토머와 엔올 토토머의 혼합물(1:3)로 존재하며 엔올 토토머가 주 구조이다. 두 토토머 중에서 엔올이 더 안정한 이유 두 가지를 제안하시오.

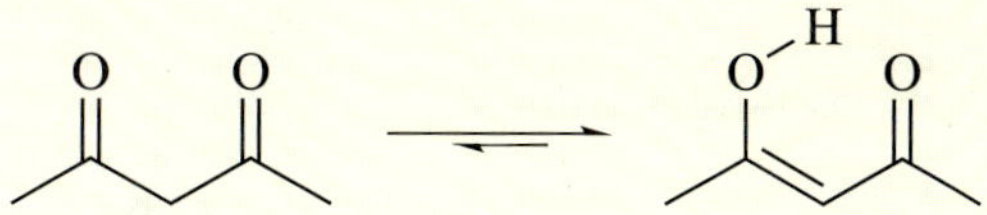

keto tautomer　　enol tautomer major

11.14 다음 화합물의 EtOH 용액을 상온에서 NaOEt로 처리하였을 때 생기는 주 엔올 음이온의 공명 구조를 모두 그리시오.

a. 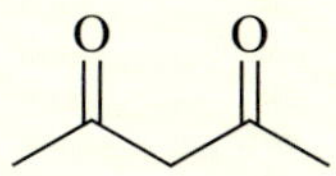

b. 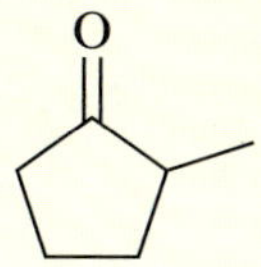

c. 

11.15 광학 활성인 다음 케톤의 에탄올 용액에 촉매량의 NaOEt를 가하였더니 얼마 후에 케톤의 광학 활성이 사라졌다. 그 이유를 반응 메커니즘으로 설명하시오.

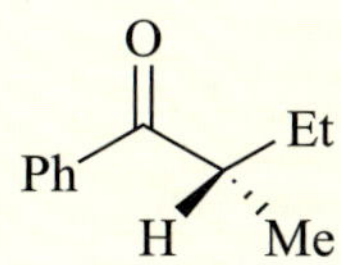

optically active

11.16 사이클로헥스-3-엔온의 EtOH 용액에 촉매량의 NaOEt를 가하였더니 사이클로헥스-**2**-엔온이 얻어졌다. 이 반응의 메커니즘을 그리시오. 왜 그 역반응은 일어나지 않는가?

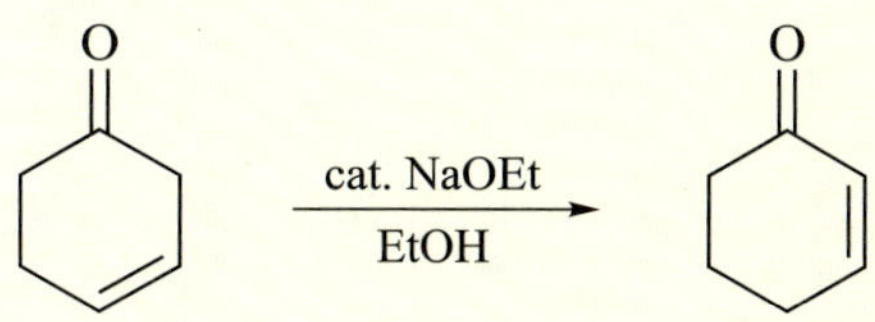

cyclohex-3-enone　　cyclohex-2-enone

11.17 다음 반응의 생성물을 그리시오.

a. 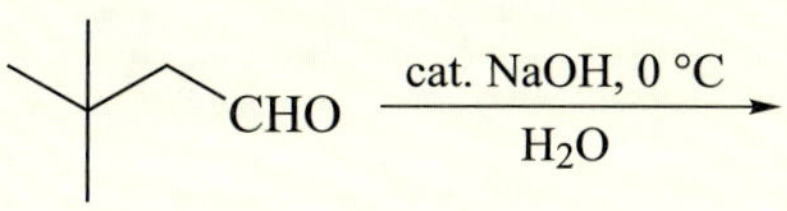

b. 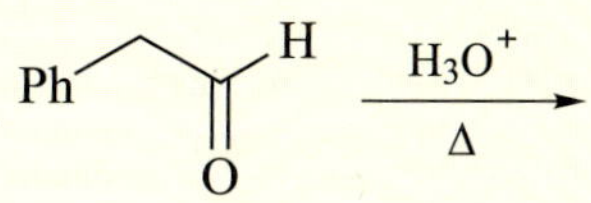

c. 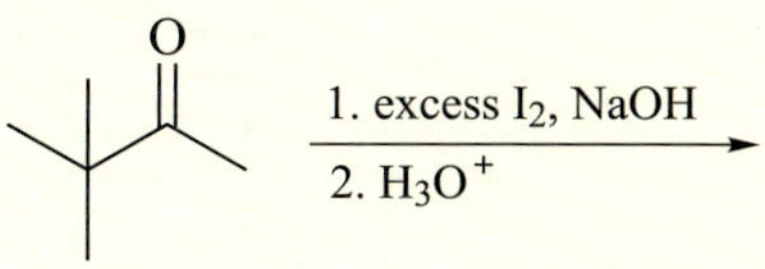

d. 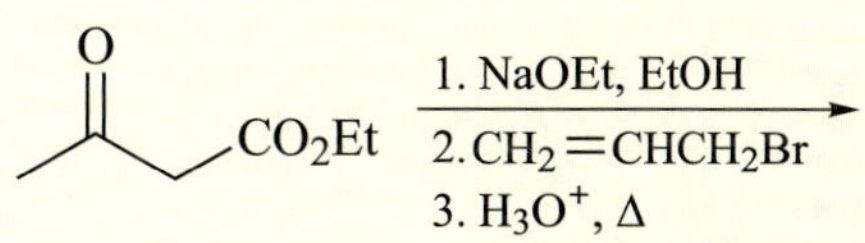

11.18 말론산 에스터 합성에서 다이할로알케인인 1,4-다이브로모뷰테인을 사용하면 알킬화 반응이 α-탄소에서 두 번 일어나서 고리 화합물을 얻을 수 있다. 필요한 단계를 쓰고, 최종 생성물인 카복실산의 구조를 그리시오

11.19 알데하이드의 산 촉매화 알돌 반응의 메커니즘을 그리시오.

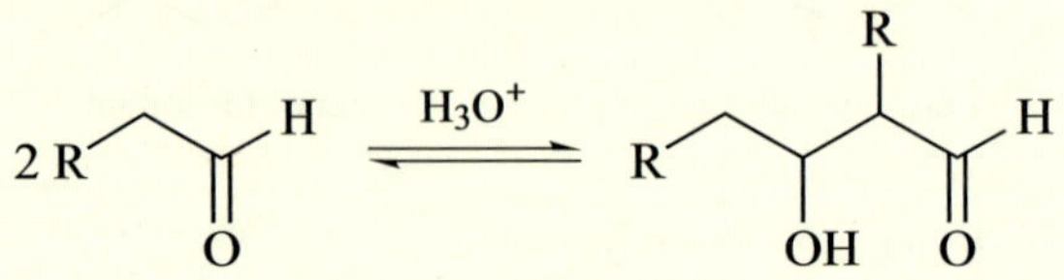

Chapter 12

탄수화물과 핵산

이 장부터 14장까지는 생명체의 구성 성분인 생분자, 특히 탄수화물, 단백질 그리고 지질을 다룬다. 생분자는 지금까지 다룬 분자보다 구조가 복잡하나 생분자의 반응도 더 간단한 유기 분자의 반응을 지배하는 같은 원칙으로 일어난다.

최초로 순수하게 분리한 글루코스 $C_6H_{12}O_6$를 $[C(H_2O)]_6$로 표현할 수 있었기 때문에 **탄수화물**(carbohydrate)이라는 용어의 역사적 의미는 탄소(carbon)의 수화물(hydrate)이다. 하지만 모든 탄수화물이 탄소의 수화물은 아니며, 탄수화물의 구조와 반응성을 더 잘 이해하기 위해서는 탄수화물을 폴리하이드록시 알데하이드나 케톤으로 간주하여야 한다.

식물의 광합성 과정에서 생긴 글루코스는 녹말 같은 고분자 형태로서 우리가 섭취하는 에너지원으로 이용된다. 글루코스로 구성된 또 다른 생고분자인 셀룰로스는 식물의 세포벽이나 나무의 구조 성분의 역할을 한다. 다른 탄수화물인 리보스는 세포가 사용하는 에너지원인 ATP(adenine triphosphate)와 리보핵산의 중요한 성분이기도 하다. 탄수화물의 또 다른 중요한 역할은 세포간 인식에 관한 것이다. 마치 사람의 신원을 신분증으로 알 수 있듯이 세포도 세포막에 붙어 있는 단백질과 연결된 탄수화물이 신분증 역할을 한다. 세포간 인식에 관계된 분야로서 면역 반응과 혈액형(A, B, AB, O)을 들 수 있다.

12.1 탄수화물의 분류

당류라고도 부르는 탄수화물의 구조는 탄소 사슬에 많은 하이드록시기가 치환되어 있고 그 말단은 알데하이드 혹은 케톤 같은 카보닐기가 있는 구조이다. 탄수화물은 먼저 카보닐기의 종류에 따라서 분류할 수 있다. 카보닐기가 알데하이드이면 **알도스**(aldose), 케톤이면 **케토스**(ketose)라고 부른다. 또한 탄소 원자의 수에 따라서도 분류할 수 있다. 탄소 원자의 수가 여섯이면 **헥소스**(hexose), 다섯이면 **펜토스**(pentose)라고 부른다. 이 두 분류를 합치면 **알도헥소스**(aldohexose)나 **케토펜토스**(ketopentose)라는 말이 만들어진다.

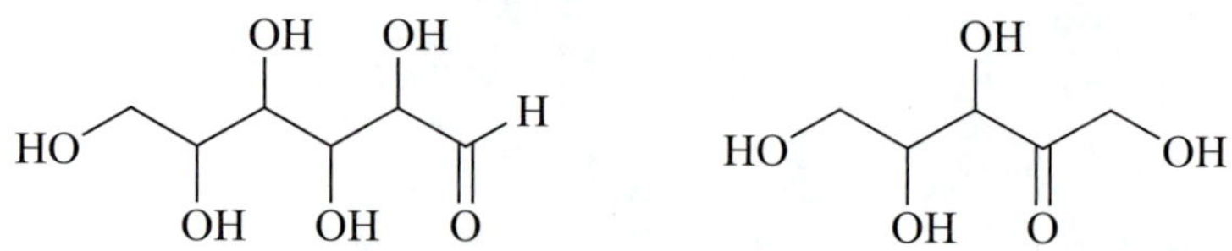

an aldohexose　　a ketopentose

탄수화물이 가수분해에 의하여 더 간단한 탄수화물로 분해되지 않으면 **단당류**(monosaccharide), 설탕처럼 두 단당류로 분해되면 **이당류(disaccharide)**로 분류된다. **소당류**(oligosaccharide)는 3~10개 정도의 단당류로 가수분해되는 탄수화물이다. **다당류**(polysaccharide)는 10개 이상의 단당류로 가수분해되며 수천 개의 글루코스 단위체로 이루어진 녹말이 한 예이다.

12.2 단당류의 구조

가장 간단한 단당류는 삼탄당이면서 알도스인 글리세르알데하이드와 케토스인 1,3-다이하이드록시프로판온이다. 글리세르알데하이드는 카이랄 분자로서 두 가지 거울상 이성질체로 존재한다. 이 중에서 (+)-글리세르알데하이드가 천연에 존재한다.

(*R*/*S*) 표기법이 도입되기 전에는 단당류(그리고 아미노산)의 절대 배열을 D/L 표기법으로 표시하였는데, 이 표기법은 지금도 단당류와 아미노산의 경우에만 쓰이고 있다. D/L 표기법에서는 CHO(가장 산화 상태가 큰 탄소)기가 위에 나오도록 그린 피셔 투영도에서 입체 발생 중심에 있는 수소 원자가 왼쪽에 놓인 구조를 D-배열이라고 정한다. 글리세르알데하이드의 경우에는 천연 (+)-글리세르알데하이드가 D-배열을 띤다. 반면에 L-(−)-이성질체에서는 수소 원자가 오른쪽에 있게 된다(대문자 D를 쓰는 이유는 이 물질이 우선성(dextrorotatory)이기 때문이다).

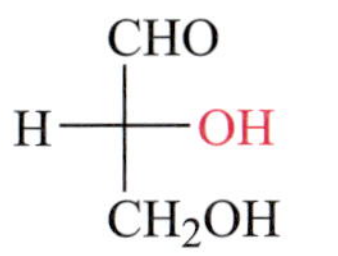
D-(+)-glyceraldehyde
(*R*)-glyceraldehyde

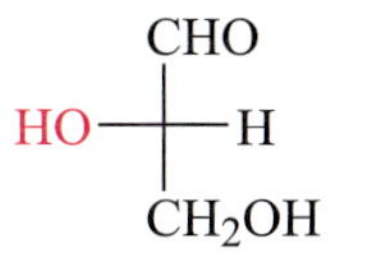
L-(−)-glyceraldehyde
(*S*)-glyceraldehyde

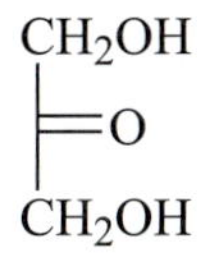
1,3-dihydroxypropanone

문제 12.1 L-아스코브산의 구조는 흔히 다음과 같이 그린다. 이 구조를 피셔 투영도로 다시 그려 L-아스코브산이 L-계열임을 확인하시오(락톤은 하이드록시 산으로 그린다).

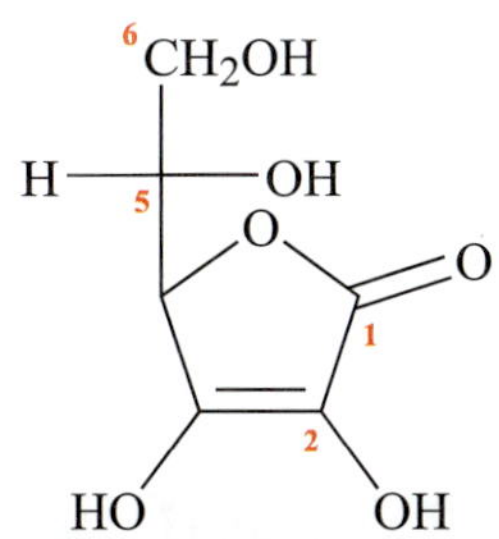
L-ascorbic acid

단당류 중에서 탄소 수가 여섯 이하인 경우만 고려하기로 하자. 알도헥소스의 경우에는 입체 발생 중심이 네 개이므로 2^4, 즉 16개의 입체 이성질체가 존재한다. 이들은 카보닐기에서 가장 멀리 떨어져 있는 입체 발생 탄소의 배열이 D-글리세르알데하이드의 가운데 탄소와 같은 D-계열과 이 탄소에서의 배열이 다른 L-계열로 나눌 수 있다.

다음 그림은 3~6개의 탄소 원자로 이루어진 알도스의 피셔 투영도이다. 빨간색으로 표시한 HO기가 모두 오른쪽에 놓여 있으므로 모두 D-계열이며, 천연에 존재하는 거의 모든 탄수화물은 D-계열이다(예외는 L-람노스(rhamnose), L-아라비노스(arabinose), L-아스코브산(비타민 C) 등이다).

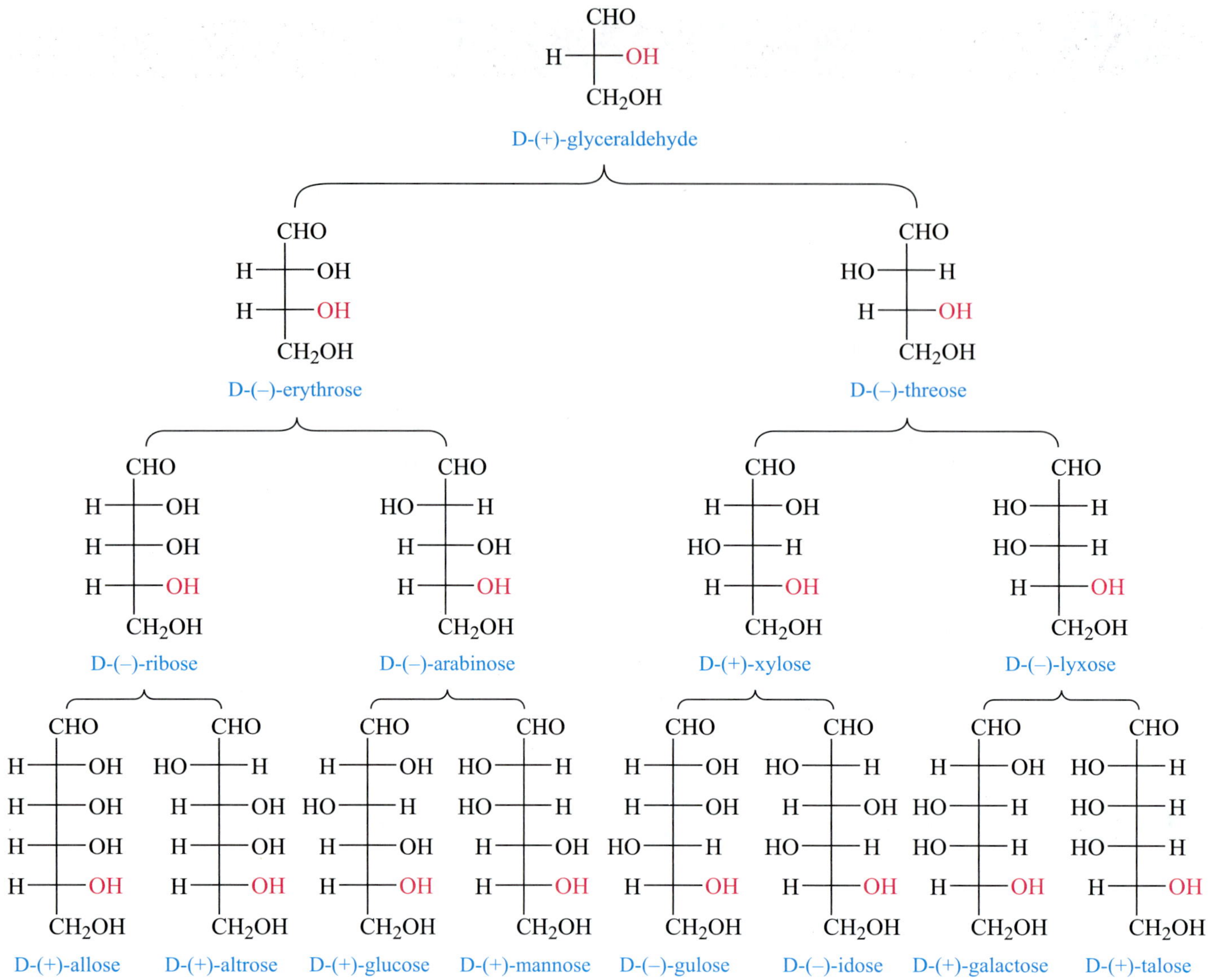

12.3 단당류의 고리 구조

단당류는 사슬 구조로 표시하지만 실제로는 고리형 헤미아세탈(9.8절)로 주로 존재한다. 다음 그림에서 알도헥소스의 C4 HO기가 알데하이드와 고리를 만들면(빨간색 굽은 화살표) 오원자 고리인 **퓨라노스**(furanose)가 얻어지며, 반면에 C5 HO기가 알데하이드와 반응하면(파란색 굽은 화살표) 육원자 고리인 **피라노스**(pyranose)가 얻어진다. 알도펜토스와 알도헥소스는 퓨라노스 구조와 피라노스 구조로 모두 존재할 수 있으나 수용액에서 피라노스로 주로 존재한다(고리 구조와 열린 사슬 구조는 수용액에서 평형 상태에 있다).

퓨라노스와 피라노스라는 이름은 퓨란과 피란 구조에서 나왔다.

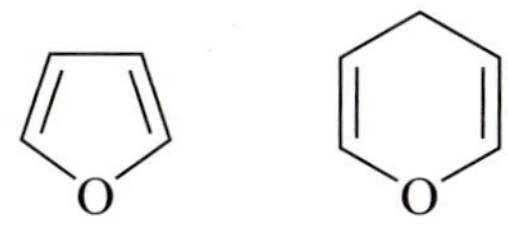

furan pyran

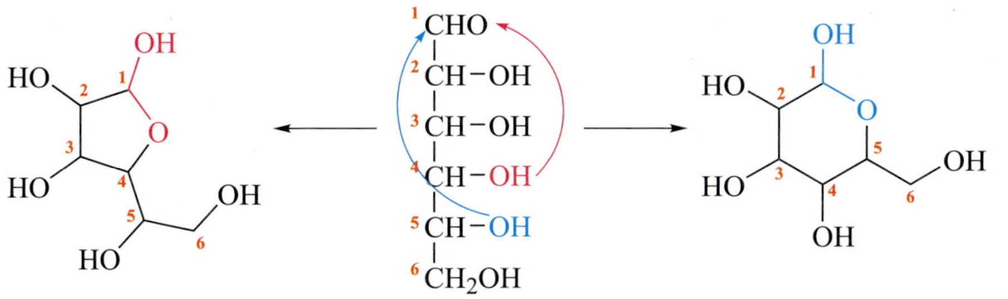

a furanose open chain form a pyranose

일종의 폴리하이드록시 알데하이드인 글루코스도 수용액에서 비고리형 구조보다 C5 HO기가 C1 알데하이드기와 헤미아세탈을 형성하는 피라노스 고리형 구조로 주로 (> 99.99%) 존재한다. 이러한 글루코스의 고리형 구조를 **글루코피라노스**(glucopyranose)라고 부른다. 아래 구조는 글루코피라노스를 가장 안정한 의자 형태로 그린 것이다.

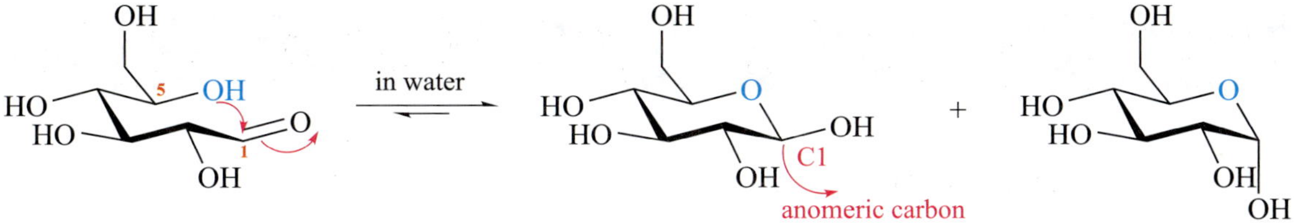

open chain of D-glucose << 1%

β-D-glucopyranose 63% at equilibrium

α-D-glucopyranose 37% at equilibrium

위 두 구조에서 헤미아세탈 탄소인 C1에 새로운 입체 발생 중심이 생겼음을 알 수 있다. 이 탄소를 **아노머 탄소**(anomeric carbon), 두 구조를 **아노머**(anomer)라고 하며 C1의 HO기가 아래와 위로 향한 구조를 각각 α- 및 β-아노머라고 부른다.

문제 12.2 D-글루코스의 순수한 α- 및 β-아노머의 고유 광회전도 $[\alpha]_D$는 각각 +19와 +112이다. 각 아노머의 수용액은 시간이 지나면 평형을 이루면서 두 아노머의 혼합물로 변하는데, 이러한 과정을 **변광회전**(mutarotation)이라고 한다. 평형 혼합물의 고유 광회전도는 +53이다. 이 혼합물에서 두 아노머의 비를 구하시오.

문제 12.3 수용액에서 α-와 β-D-글루코피라노스의 상호 변환은 산 혹은 염기 촉매에 의하여 촉진된다. 염기(HO^-) 촉매화 반응의 메커니즘을 그리시오.

문제 12.4 D-갈락토스의 α-와 β-D-피라노스의 구조를 의자 형태로 그리시오(힌트: 글루코피라노스의 의자 형태를 참조할 것).

알도펜토스인 D-리보스도 수용액에서 주로(~75%) 리보피라노스로 존재한다.

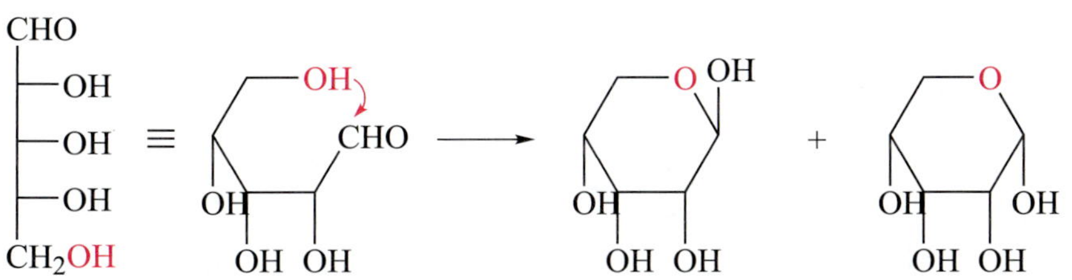

D-ribose α-D-ribopyranose β-D-ribopyranose

피라노스와 퓨라노스 구조를 각각 평면 오각형과 육각형으로 그린 구조를 **하워스 구조**(Haworth form)라고 부른다. 피라노스의 하워스 구조를 그릴 때 고리의 산소 원자는 육각형의 오른쪽 위에, CH_2OH 기는 왼쪽 위에 그려야 한다.

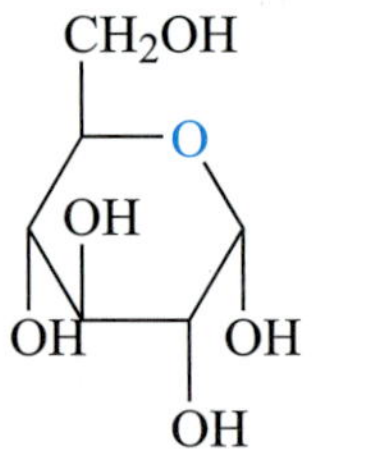

Haworth projection of α-D-glucopyranose

또한 D-리보스는 수용액에서 **리보퓨라노스**(ribofuranose)라고 부르는 오원자 고리 헤미아세탈로도(~25%) 존재한다. 이 구조는 리보핵산(12.6절)에서 볼 수 있다.

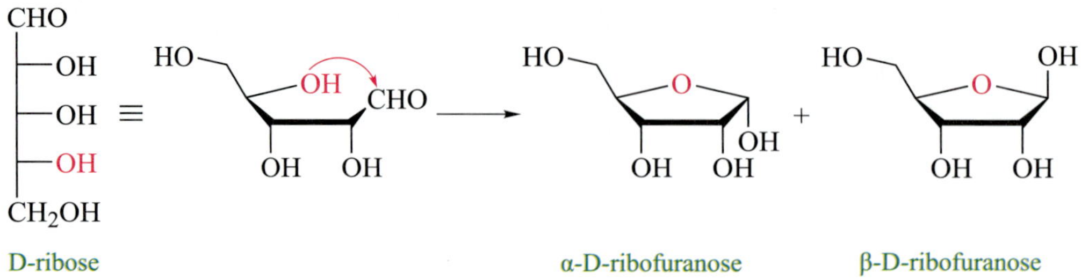

12.4 단당류의 반응

글리코사이드의 생성

헤미아세탈을 산 촉매 존재 하에서 알코올과 반응시키면 아세탈이 얻어지듯이(9.8절) 헤미아세탈인 단당류를 산성 조건에서 알코올(흔히 용매)과 반응시키면 아세탈의 일종인 **글리코사이드**(glycoside, 배당체)가 얻어진다. 예를 들어 글루코스가 메탄올과 반응하면 메틸 글루코피라노사이드라고 하는 화합물이 생성된다. 이 생성물에서 탄수화물을 탄수화물 이외의 부분인 **아글리콘**(aglycone, aglycon. 아래 예에서는 MeOH)과 연결하는 C−O 결합을 **글리코사이드 결합**(**glycosidic bond**)이라고 한다.

축방향 α-아노머가 주 생성물인 이유를 **아노머 효과**(anomeric effect)로 설명할 수 있으나 이 교재에서는 다루지 않는다.

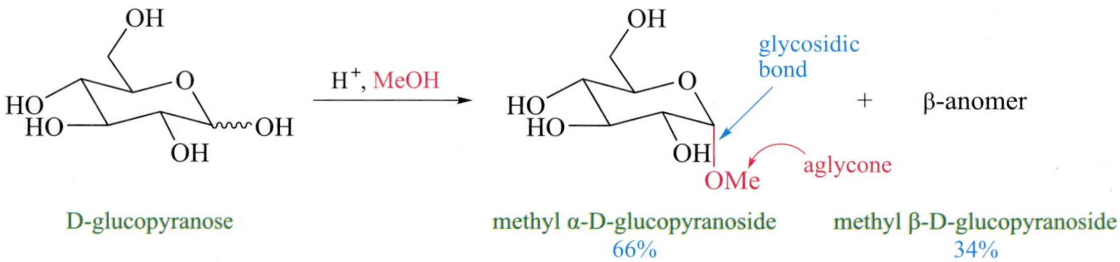

문제 12.5 메탄올 용매에서 D-글루코피라노스가 메틸 D-글루코피라노사이드로 변환되는 산 촉매화 반응의 메커니즘을 그리시오.

문제 12.6 다음 구조의 글리코사이드를 산 촉매 조건에서 가수분해하면 헤미아세탈이 얻어진다. 왜 아노머 탄소의 MeO기만 OH기로 치환되는가?

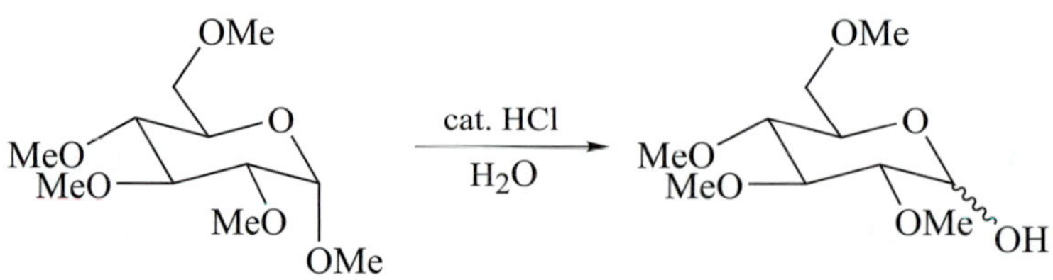

산화와 환원 반응

알도스인 글루코스를 염기성 조건에서 Ag(I)나 Cu(II) 같은 온화한 산화제로 처리하면 글루코스의 CHO기만 CO_2H기로 산화되면서 금속 시약이 환원되는 반응이 일어난다. Ag(I) 시약은 시험관 내부에 은거울이 생기는 반응(**은거울 반응**)을 일으키며, 푸른색의 구리 시약은 빨간색의 Cu_2O로 변하게 된다. 이러한 반응이 일어나는 탄수화물을 **환원당**(reducing sugar)이라고 하며, 그렇지 않은 탄수화물을 **비환원당**(nonreducing sugar)이라고 한다. 알도스처럼 헤미아세탈 구조이면 평형에서 소량 존재하는 알데하이드가 산화될 수 있어서 알도스는 환원당에 속하나 메틸 글루코피라노사이드 같은 아세탈 구조는 염기성 반응 조건에서 헤미아세탈로 변환될 수 없기 때문에 비환원당으로 분류된다.

Ag_2O를 암모니아수에 녹인 시약을 **톨렌스 시약**(Tollens' reagent), 그리고 타타르산 이온의 Cu(II) 착물 시약을 **베네딕트 시약**(Benedict reagent)이라고 한다.

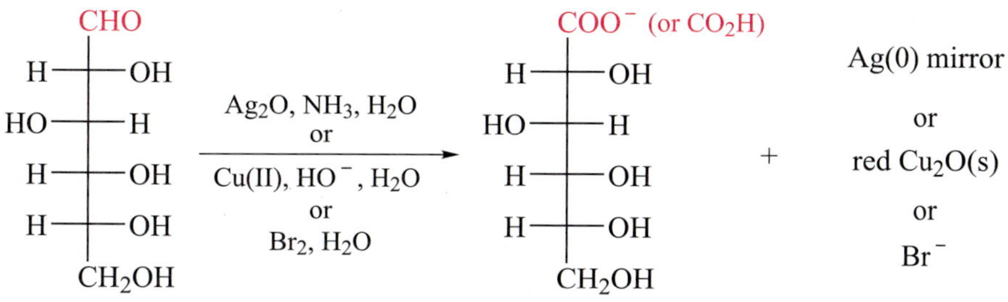

D-glucose → D-gluconic acid (an aldonic acid)

염기 조건에서는 프럭토스 같은 케토스도 알도스로 이성질화한다(문제 12.15). 따라서 케토스도 Ag(I)나 Cu(II) 시약과 반응할 수 있으므로 이 시약을 이용해서는 알도스와 케토스를 구별할 수 없다. 또한 다른 부반응도 일어날 수 있기 때문에 산화 생성물인 알돈산의 수율은 저조하다.

반면에, 거의 중성인 수용성 브로민 용액(빨간색)을 사용하면 알도스가 케토스로 변환되지 않고 알도스만 산화되기 때문에 색깔로 알도스와 케토스를 구별할 수 있으며, 거의 정량적 수율로 **알돈산**(aldonic acid)을 얻을 수 있다.

좀 더 센 산화제인 질산을 사용하면 일차 알코올도 카복실산으로 산화된 **알다르산**을 구할 수 있다.

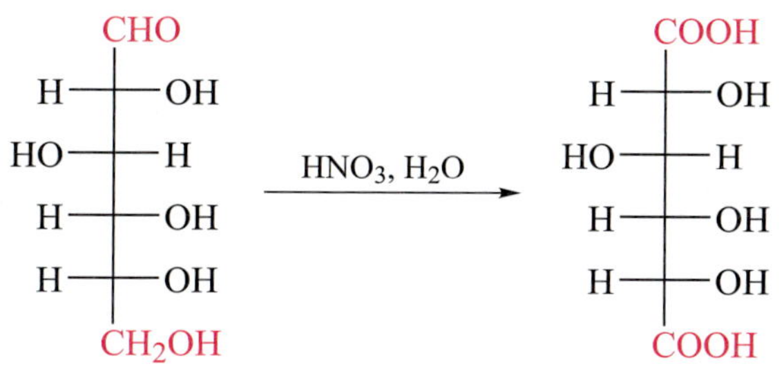

D-glucose → D-glucaric acid (an aldaric acid)

문제 12.7 질산으로 산화시켰을 때 광학 비활성 알다르산을 주는 알도헥소스를 고르시오.

a. D-갈락토스 b. D-마노스 c. D-글루코스

문제 12.8 오탄당인 D-아라비노스와 D-릭소스를 질산으로 산화시켰을 때 생기는 생성물의 구조를 그리고, 두 생성물의 관계에 대하여 언급하시오.

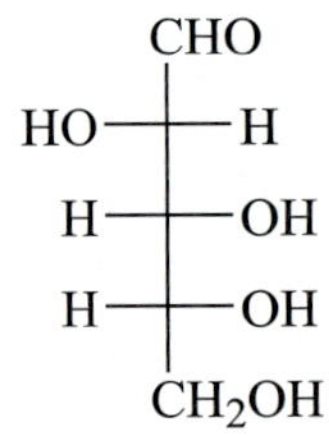

D-arabinose

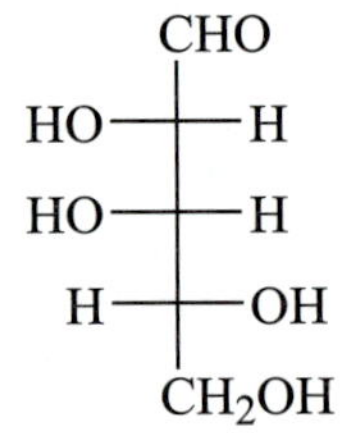

D-lyxose

알도스의 수용액을 $NaBH_4$로 환원시키면 **알디톨**이 얻어진다. 글루시톨은 소비톨(sorbitol)이라고도 부르는 감미료이다.

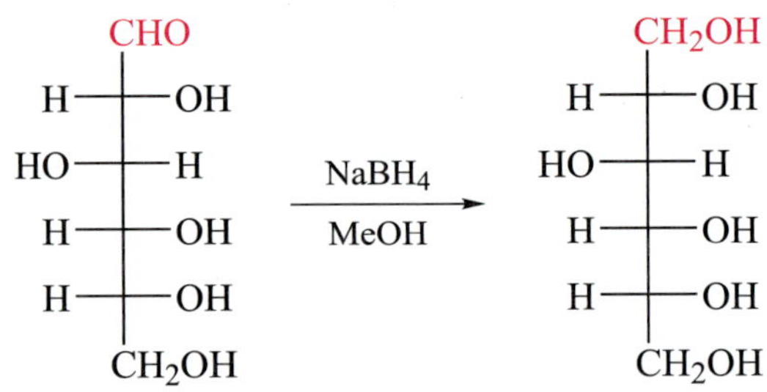

D-glucitol
(an alditol)

문제 12.9 D-알트로스(altrose)를 $NaBH_4$로 환원하면 광학 활성인 분자가 얻어지나 D-알로스(allose)의 경우에는 광학 비활성인 생성물이 얻어진다. 왜 그런지 설명하시오.

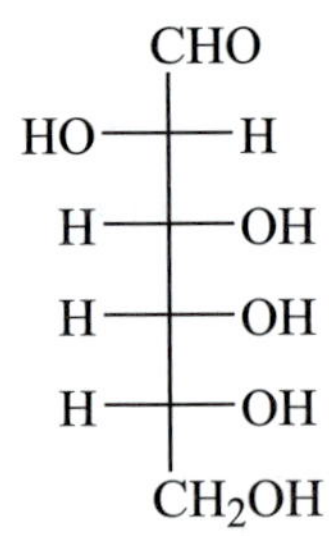

D-altrose

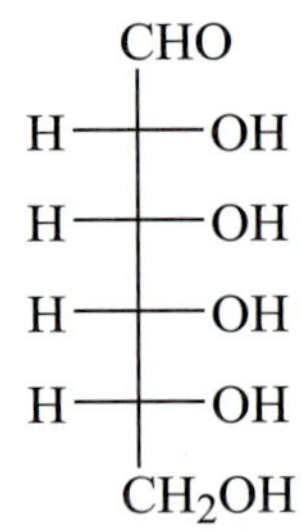

D-allose

문제 12.10 D-자일로스를 환원하면 껌(chewing gum)의 감미료로 사용되는 자일리톨이 얻어진다. 자일리톨을 D-자일리톨이라고 부르지 않는 이유는 무엇일까?

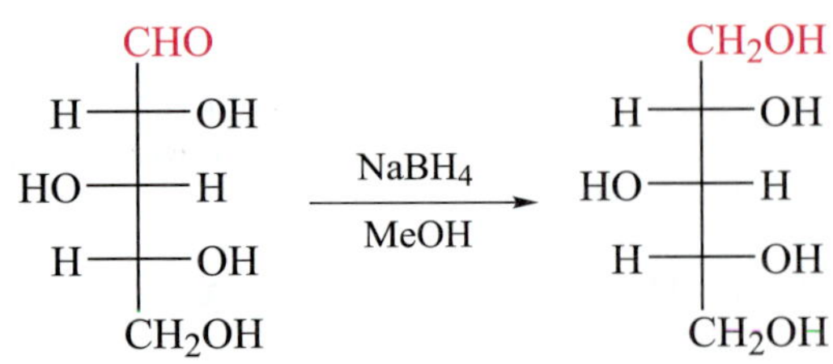

D-xylose xylitol

N-글리코사이드 결합

단당류가 약산의 존재 하에서 아민과 반응하면 ***N*-글리코사이드**라고 부르는 화합물이 얻어진다.

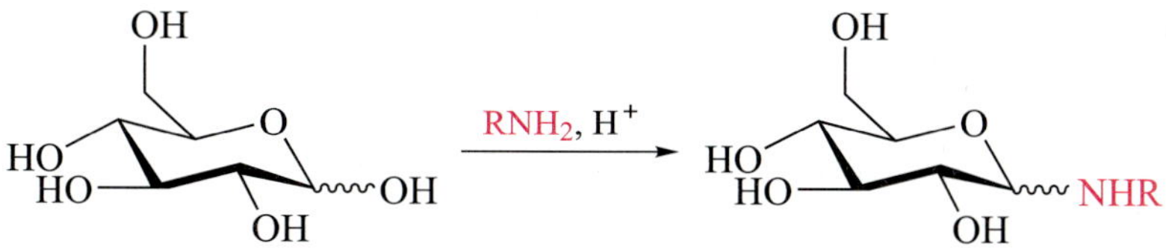

N-glycoside

문제 12.11 β-D-글루코스와 암모니아의 메탄올 용액을 상온에서 반응시키면 다음 구조의 *N*-글리코사이드가 40%의 수율로 얻어진다. 이 반응의 메커니즘을 제안하시오. (나머지 60% 수율로 얻어지는 것은 무엇일까?)

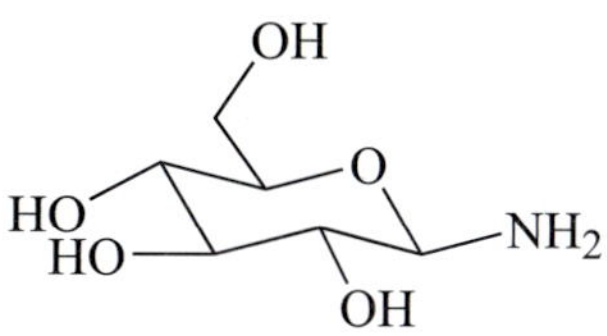

12.5 이당류와 다당류

이당류는 두 단당류가 글리코사이드 결합에 의하여 연결된 탄수화물이다. 락토스(유당)와 수크로스(설탕)가 좋은 예이다.

락토스에서는 글루코스 분자의 C4 산소가 갈락토스의 C1에 **β-1,4-글리코사이드 결합**으로 연결되어 있다. 'β'는 아노머 탄소인 C1의 입체 화학이 β-배열(빨간색 결합이 위에 놓임)임을 의미하며, '1,4'는 이 산소 원자(빨간색)가 이웃 글루코스의 C4에 연결되어 있음을 의미한다. 글리코사이드 결합은 아세탈이므로 산성 조건에서 가수분해하면 D-글루코스와 D-갈락토스가 같은 비율로 얻어진다. 락토스는 헤미아세탈 구조이므로 Ag^+ 같은 산화제와 반응할 수 있기 때문에 환원당이다.

'β-1,4-'를 'β(1 → 4)-'처럼 표시하기도 한다.

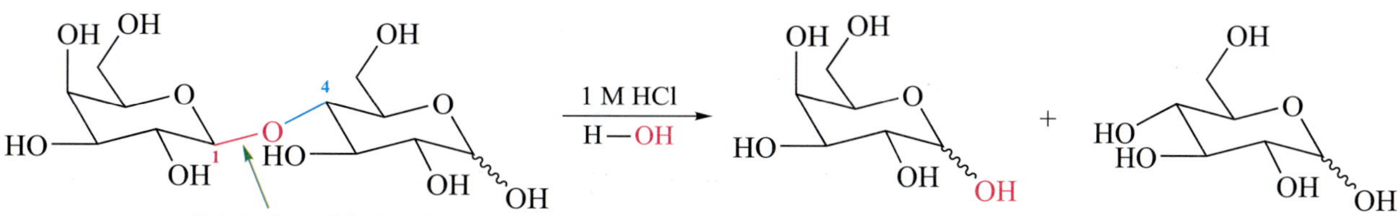

lactose D-galactose D-glucose

문제 12.12 락토스를 브로민수로 처리하였을 때 생기는 생성물을 그리시오.

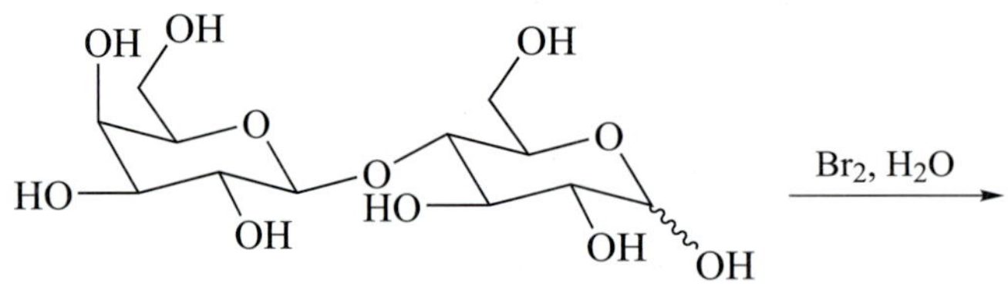

lactose

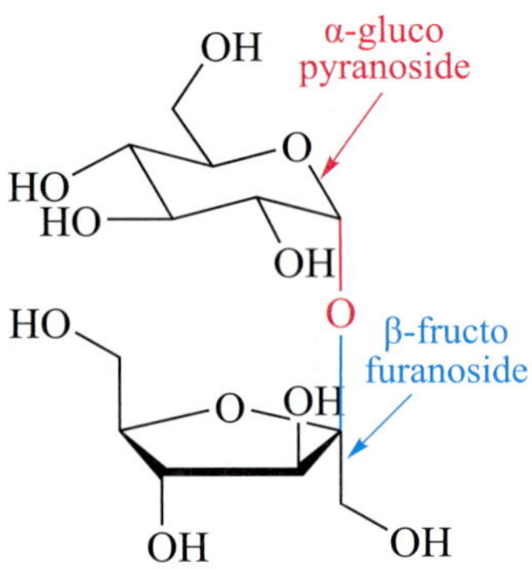

(+)-sucrose

수크로스는 글루코스 단위와 프럭토스 단위가 두 종류의 글리코사이드 결합으로 연결된 이당류이다. 수크로스에서 글리코사이드 결합을 이루는 두 고리의 탄소는 모두 아세탈의 탄소이므로 수크로스는 산화가 일어나지 않는다. 따라서 수크로스는 비환원당에 속한다.

수크로스도 락토스처럼 산이나 효소에 의하여 가수분해된다. 그러면 같은 몰수의 글루코스와 프럭토스의 혼합물이 얻어지는데, 이 과정에서 광학 회전도의 부호가 우선성에서 좌선성으로 변하게 된다. 그래서 이 혼합물을 **반전당**(inverted sugar)이라고 부른다. 벌꿀은 거의 반전당이다. 벌꿀이 상당히 단 이유는 꿀에 들어 있는 프럭토스가 탄수화물 중에서 가장 달기 때문이다.

다당류(polysaccharide)는 많은 단당류가 글리코사이드 결합으로 연결된 화합물이다. 식물의 주요한 구조 성분인 **셀룰로스**(cellulose)는 글루코스 단위가 β-1,4-글리코사이드 결합으로 연결된 고분자이다. 셀룰로스의 한 사슬은 다른 사슬과 수소 결합을 하고 있으며, 또한 한 사슬에서도 수소 결합을 이루고 있다. 따라서 셀룰로스의 OH기는 물 분자와 수소 결합을 할 OH기가 별로 없기 때문에 물에 녹지 않는다.

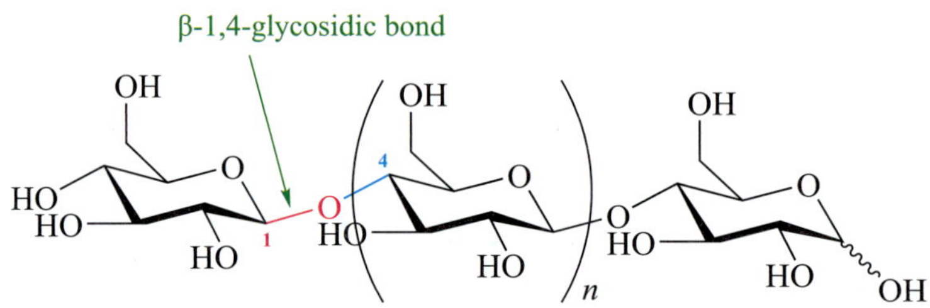

cellulose

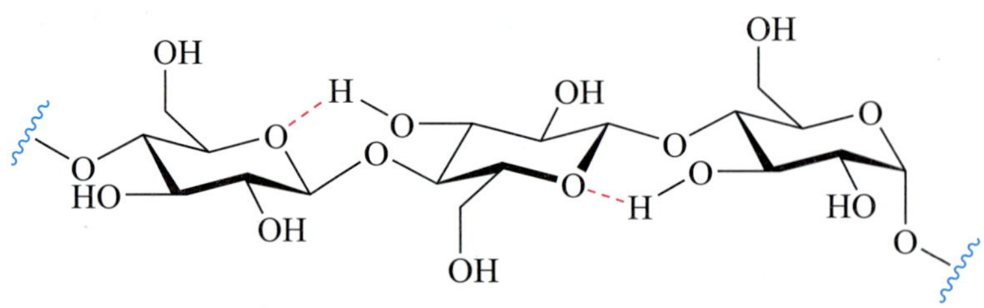

intramolecular hydrogen bond

셀룰로스는 글루코스 단위로 가수분해될 수 있으나 사람은 가수분해 효소가 없기 때문에 소화할 수 없다. 하지만 초식동물은 소화 기관에서 사는 미생물이 셀룰로스를 글루코스로 분해하기 때문에 풀을 먹고 살 수 있다.

녹말(starch)은 셀룰로스처럼 수백 개의 글루코스로 이루어진 생고분자이다. 녹말의 약 20%를 차지하는 **아밀로스**는 글루코스가 α-1,4-글리코사이드 결합으로 연결되어 있다. 사람은 아밀로스를 가수분해하는 효소가 있기 때문에 녹말을 소화시킬 수 있다(밥알을 오래 씹으면 글루코스로 가수분해되기 때문에 단맛이 난다).

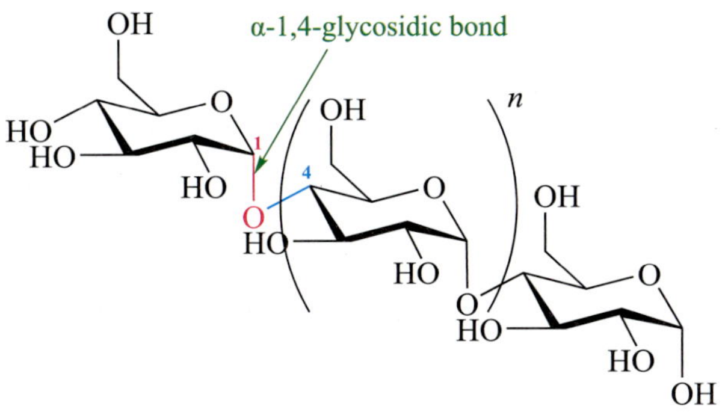

amylose
(n = 300 ~ 3000)

녹말의 다른 성분인 **아밀로펙틴**은 아밀로스처럼 글루코스 단위가 α-1,4-결합으로 연결되어 있으면서 24~30 글루코스 단위마다 α-1,6-글리코사이드 결합으로 가지를 치고 있는 점이 특징이다.

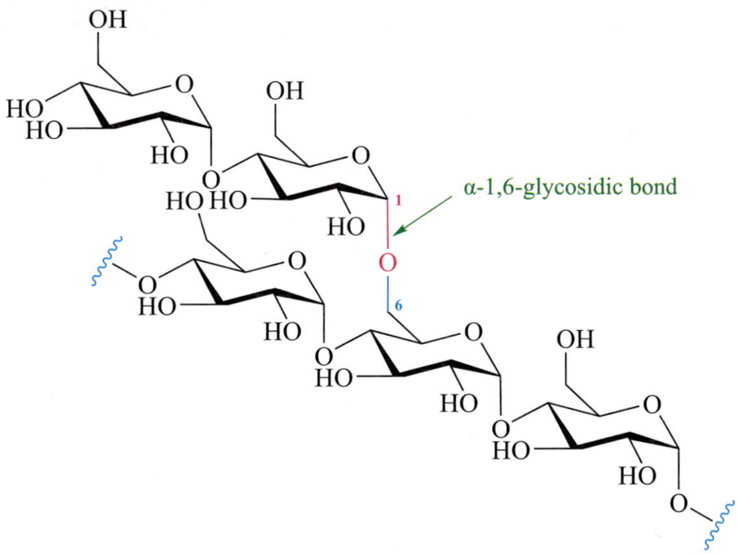

amylopectin

동물은 다당류를 **글리코겐**(glycogen)으로 간이나 근육 등에 저장한다. 글리코겐은 아밀로펙틴처럼 가지를 친 구조이나 가지가 훨씬 더 많기 때문에 필요한 경우에는 더 빨리 글루코스로 가수분해될 수 있다.

키틴(chitin)은 절지동물(곤충, 게 등)의 껍질에 존재하는 다당류로서 구조가 셀룰로스와 비슷하나 C2에 OH기 대신 NHAc기가 있는 점이 다르다. 키틴을 염기 수용액에서 가수분해하면 **키토산**(chitosan)이 얻어진다.

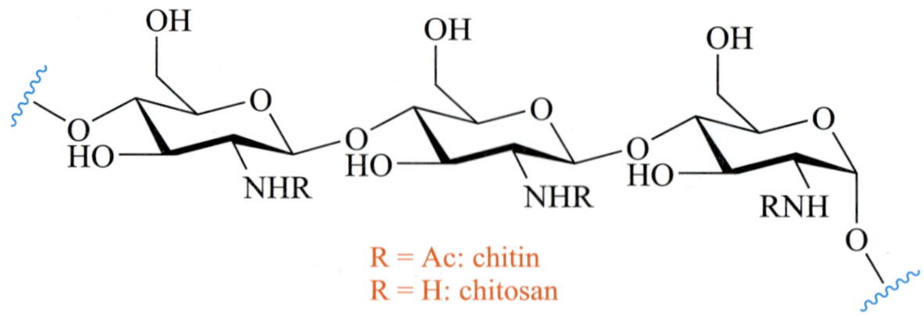

한편, 키틴을 산성 용액(2 M HCl)에서 가수분해하면 *N*-아세틸-D-글루코사민이 얻어지고, 좀 더 센 산성 용액에서 가열하면 D-글루코사민의 염산 염이 얻어진다. 이 두 화합물은 아미노 당의 일종이다.

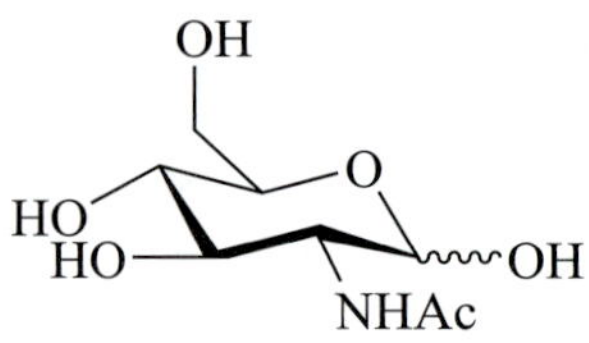

N-acetyl-D-glucosamine

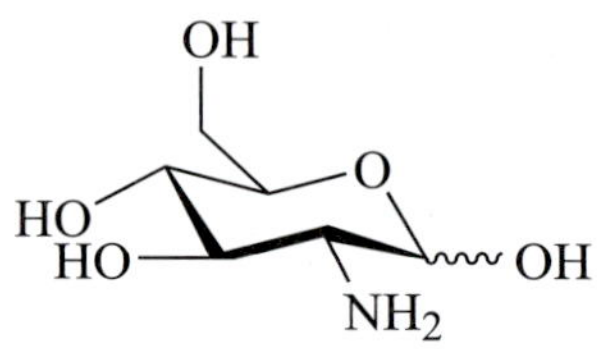

D-glucosamine

12.6 뉴클레오사이드와 뉴클레오타이드

D-리보스와 D-데옥시리보스에 **염기**(base)라고 부르는 질소 헤테로 고리가 결합한 *N*-글리코사이드(β-아노머)를 각각 **리보뉴클레오사이드**(ribonucleoside)와 **데옥시리보뉴클레오사이드**(deoxyribonucleoside)라고 부른다. **DNA**(deoxyribonucleic acid, 데옥시리보핵산)와 **RNA**(ribonucleic acid, 리보핵산)는 각각 데옥시리보뉴클레오타이드와 리보뉴클레오타이드 단위로 이루어진 생고분자로서 유전 정보의 저장 및 전달에 관여한다. 이 두 핵산은 질소 헤테로 고리인 염기, 탄수화물 및 인산염의 세 성분으로 이루어져 있다. DNA의 탄수화물 성분은 2-데옥시-D-리보스(C2에 OH기가 없음)이고, RNA에서는 D-리보스이다(뉴클레오사이드의 당 부분의 탄소는 숫자에 프라임 기호(′)을 붙여 표시한다).

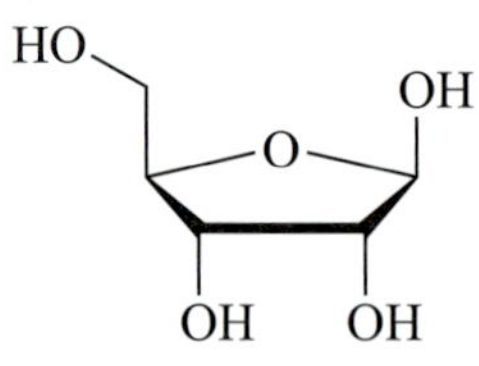

D-ribose

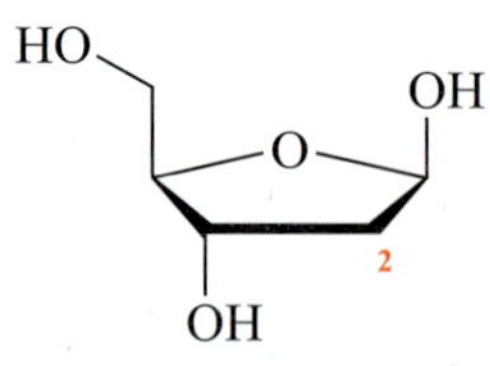

D-deoxyribose
(No OH at C2)

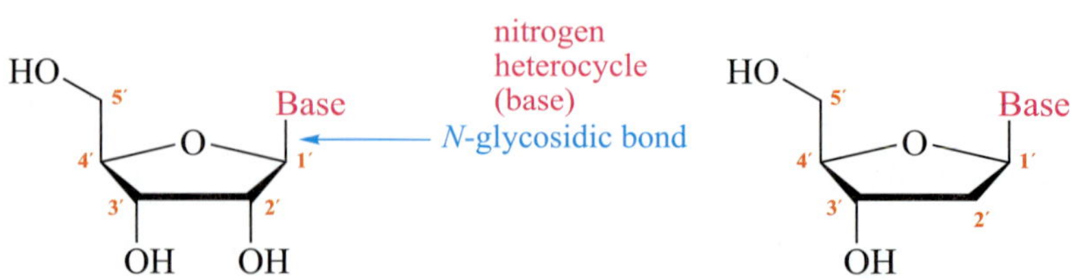

a ribonucleoside

a deoxyribonucleoside

데옥시뉴클레오사이드의 C5의 OH기가 인산기와 에스터 결합을 이룬 구조를 **데옥시뉴클레오타이드**(deoxynucleotide)라고 부른다. 비슷하게 **뉴클레오타이드**(nucleotide)는 RNA에서 발견된다.

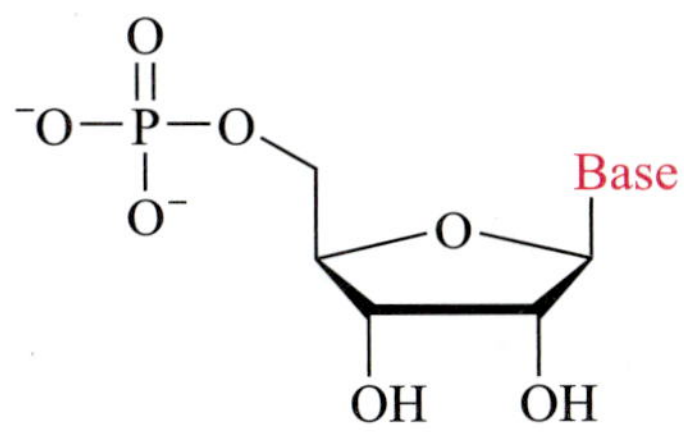

a ribonucleotide

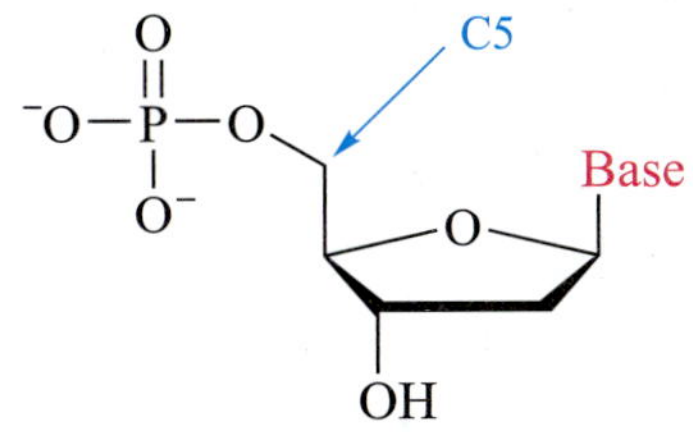

a deoxyribonucleotide

염기는 다섯 가지만 있으며, 그 중 세 개는 **피리미딘**이라고 부르는 고리가 한 개인 질소 헤테로 고리 화합물의 유도체이고 나머지 두 개는 **퓨린**이라고 부르는 고리가 두 개인 질소 헤테로 고리 화합물의 유도체이다. 이들 염기는 한 글자 기호로 나타내며, 아래 그림에서 빨간색으로 표시한 질소 원자가 탄수화물에 결합한다.

다섯 염기 중에서 유라실은 RNA에서만 존재하고 타이민은 DNA에서만 존재한다. 그러면 DNA의 염기는 A, G, C, T이고 RNA의 염기는 A, G, C, U일 것이다.

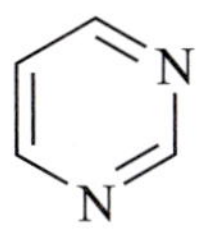

pyrimidine

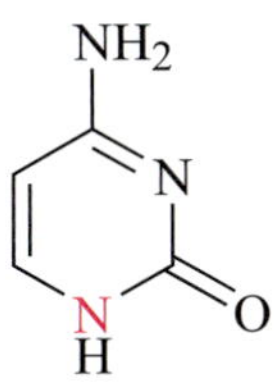

C
cytosine

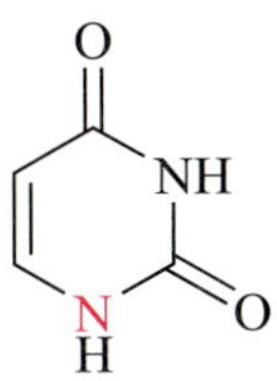

U
uracil

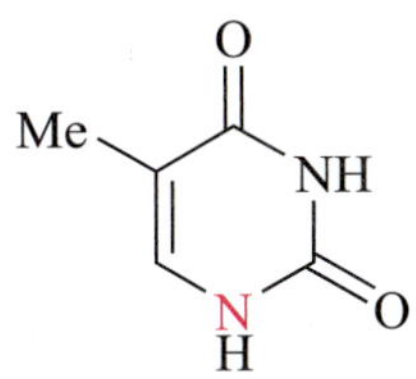

T
thymine

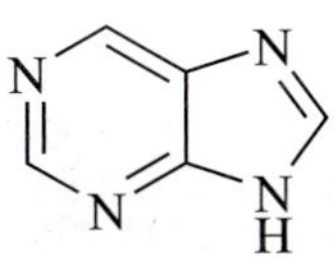

purine

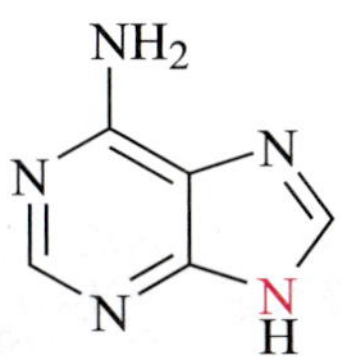

A
adenine

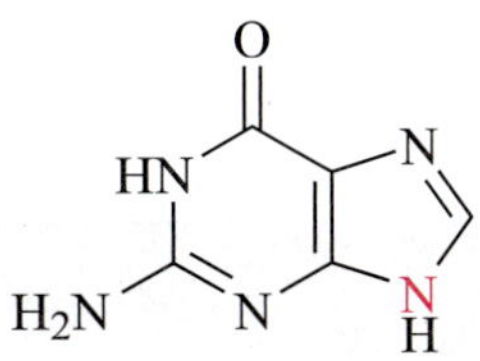

G
guanine

아데닌, 구아닌, 사이토신, 유라실과 타이민에서 유래하는 DNA 뉴클레오사이드의 이름은 각각 2′-데옥시아데노신(2′-deoxyadenosine), 2′-데옥시구아노신(2′-deoxyguanosine), 2′-데옥시사이티딘(2′-deoxycytidine), 2′-데옥시타이미딘(2′-deoxythymidine)이다. 유라실에서 얻어지는 RNA 뉴클레오사이드는 유리딘(uridine)이다.

문제 12.13 2′-데옥시구아노신과 유리딘의 구조를 각각 그리시오.

12.7 DNA의 염기 서열

DNA와 RNA는 한 뉴클레오타이드의 C5 OH기가 이웃 뉴클레오타이드의 C3 OH기와 인산 다이에스터 결합을 이루고 있는 생고분자이다. 따라서 핵산의 한쪽 말단에서는 C3′에 OH기(3′ 말단), 그리고 다른 말단(5′ 말단)에는 인산기가 있게 된다. 관습적으로 DNA는 5′ 말단에서 시작하여 염기가 나타나는 순서대로 A, C, G, T(RNA의 경우에는 U)를 나열하여 표시한다. 다음 구조에서 B^1, B^2, B^3가 각각 G, A, T라고 하면 이 구조를 GAT로서 표현하며, 이러한 염기의 순서를 **염기 서열**(base sequence)이라고 한다.

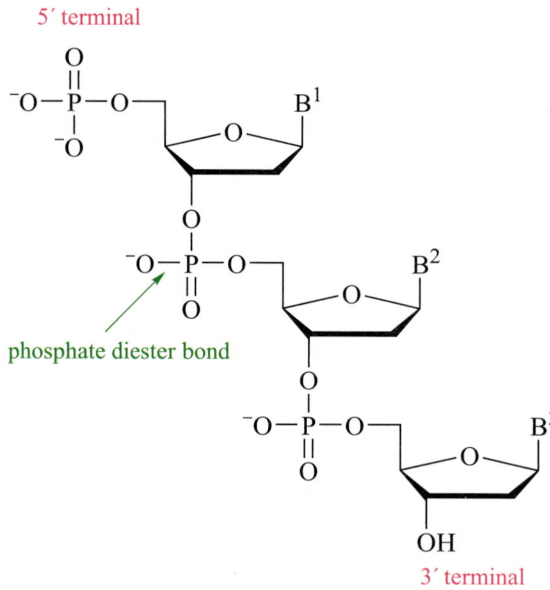

12.8 DNA의 이중 나선 구조

핵산은 염기의 특정한 쌍 사이에서, 특히 A−T 쌍(혹은 A−U 쌍) 그리고 G−C 쌍 같이 퓨린−피리미딘 쌍 사이에서 분자내 수소 결합을 하고 있다. A−T 쌍과 G−C 쌍 사이에서는 각각 두 개 그리고 세 개의 수소 결합이 존재한다.

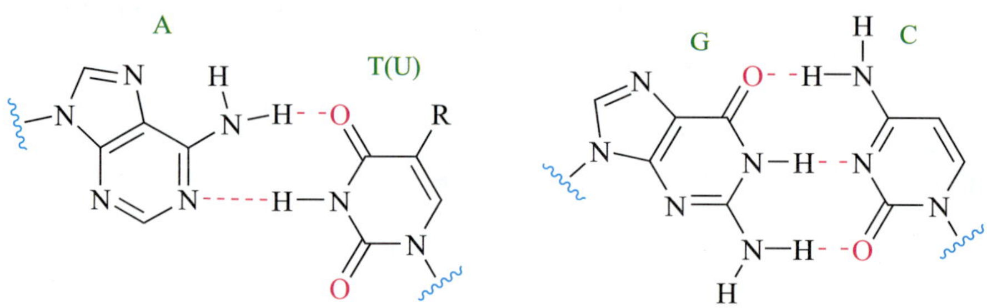

특정한 염기 사이의 수소 결합(A는 오직 T(U)와 결합하고 G는 C와만 결합)은 DNA의 이중 나선 구조의 형성뿐만 아니라 유전 정보의 복제에도 매우 중요하다. 염기 짝지음의 특이성 때문에 DNA 이중 나선 구조의 두 가닥은 **상보적**(complementary)이다. 즉, 한 가닥의 염기 서열이 정해지면 다른 가닥의 염기 서열도 자동적으로 정해진다(두 가닥의 염기 서열은 서로 반대 방향(역평행)이다).

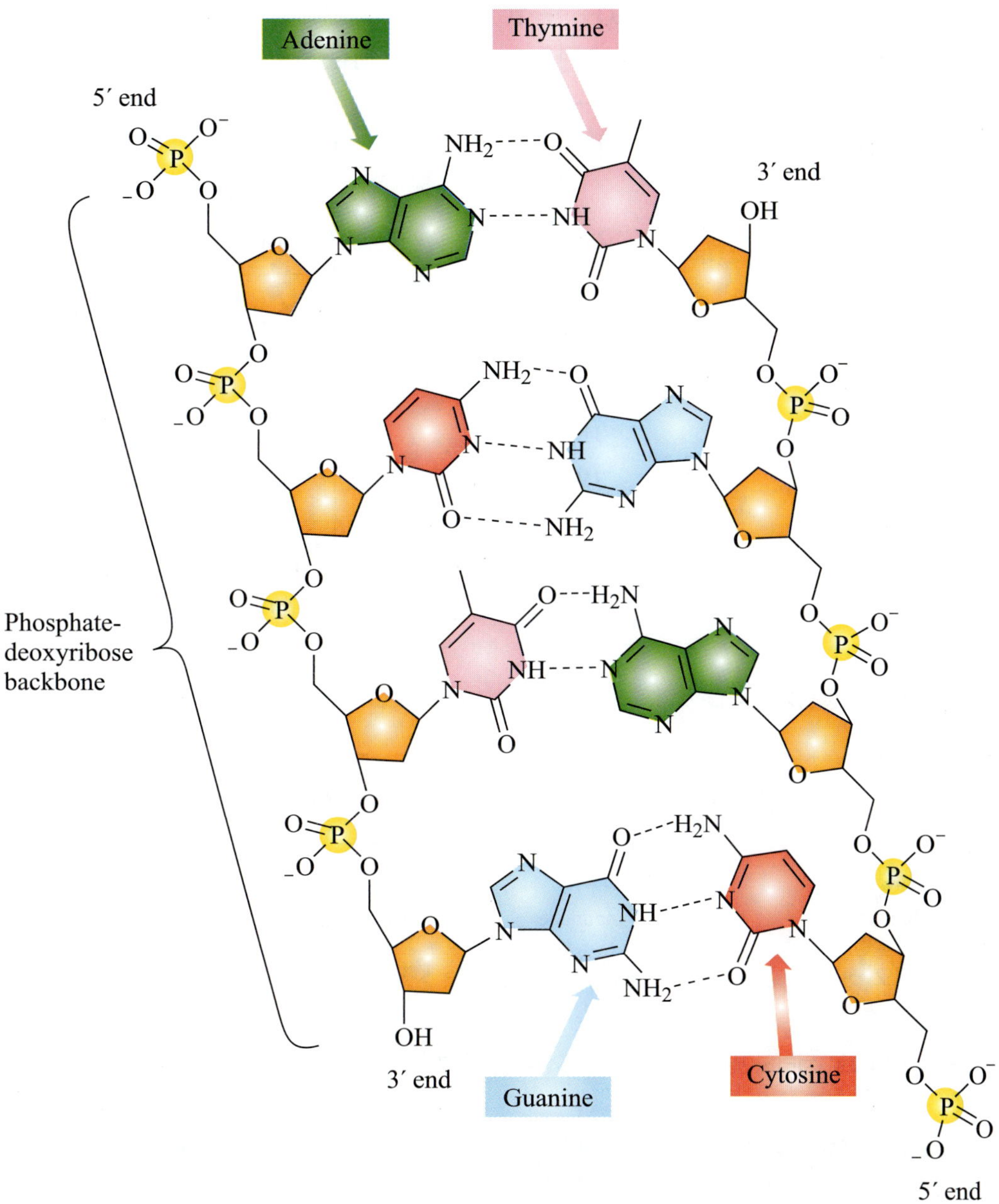

DNA의 복제가 일어날 때, 먼저 이중 나선 구조가 풀린 후 두 가닥에서 상보적 가닥이 DNA 중합 효소에 의하여 합성된다. 그러면 원래의 이중 나선과 동일한 이중 나선이 두 개 생기게 된다.

추가 문제

12.14 다음 단당류를 알도헥소스 등으로 분류하시오.

a.

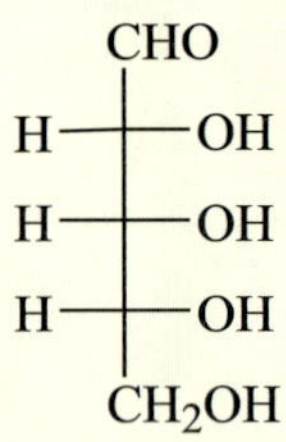

D-ribose

b.

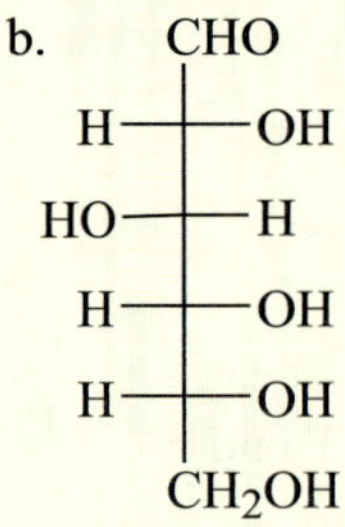

D-glucose

c.

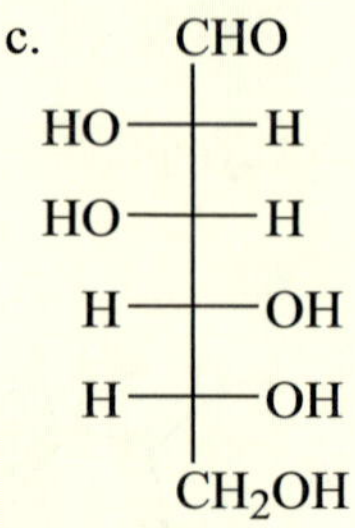

D-mannose

d.

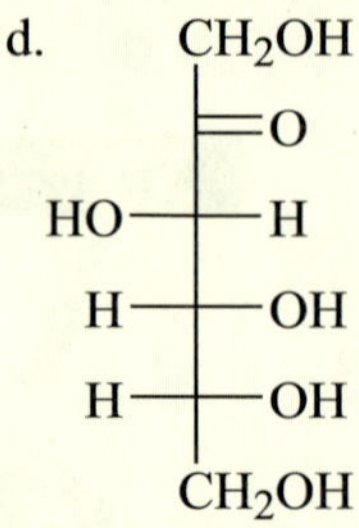

D-fructose

12.15 다음 탄수화물이 D- 혹은 L-계열인지를 결정하시오.

a.

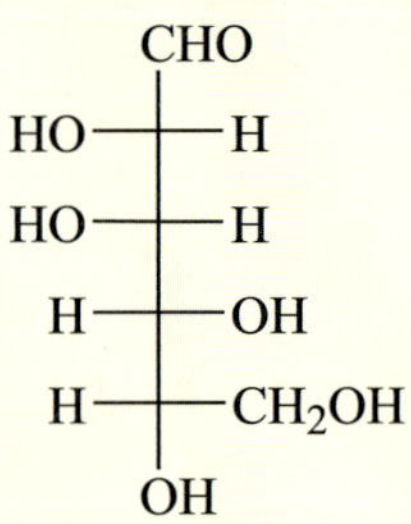

b.

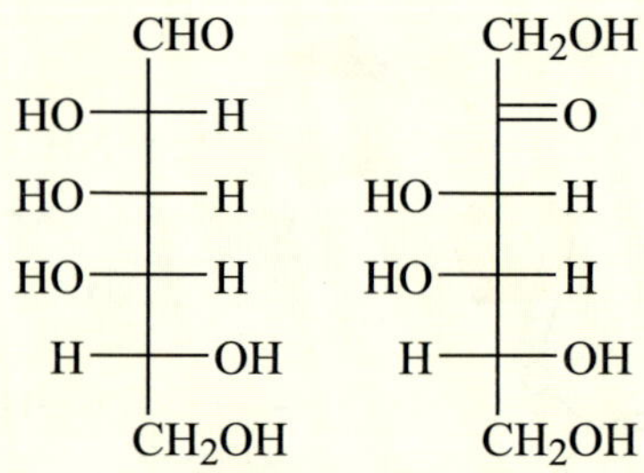

12.16 D-글루코스를 묽은 염기로 처리하면 평형에서 D-프럭토스가 약 30%, D-마노스가 약 2% 정도 얻어진다.

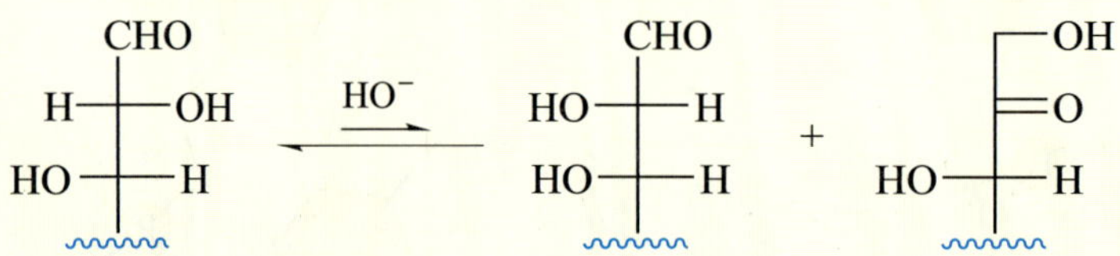

D-glucose D-mannose D-fructose

이 반응의 메커니즘을 그리시오.

12.17 D-갈락토스를 묽은 염기 수용액으로 처리하였더니 다른 알도스와 2-케토스가 얻어졌다. 이들 구조를 그리시오.

12.18 알도스를 NaCN과 염산으로 처리하여 얻어지는 사이아노하이드린(9.7절)의 사이아노기를 Pd–$BaSO_4$ 촉매 조건에서 수소 기체로 부분 환원하면 이민이 얻어지고, 마지막으로 산 용액에서 가수분해하면 두 가지 알도스가 얻어진다. **킬리아니–피셔 합성**(Kiliani–Fischer synthesis)이라고 부르는 이러한 방법을 이용하면 탄소 원자 수가 하나 증가된 알도스를 얻을 수 있다. 다음 알도스가 킬리아니–피셔 합성을 거쳤을 때 얻어지는 탄수화물의 피셔 구조를 각각 그리시오.

a. D-아라비노스

b. D-리보스

12.19 DNA 이중 나선의 두 가닥 중에서 한 가닥의 염기 서열이 부분적으로 5′-ACTCAGATGC-3′이다. 이 부분과 상보적인 가닥의 염기 서열은 무엇인가?

12.20 뉴클레오사이드는 묽은 염기 수용액에서는 안정하나 센산의 묽은 수용액에서는 염기의 짝산과 펜토스로 가수분해된다. 2′-데옥시사이티딘의 가수분해 반응의 메커니즘을 그리시오.

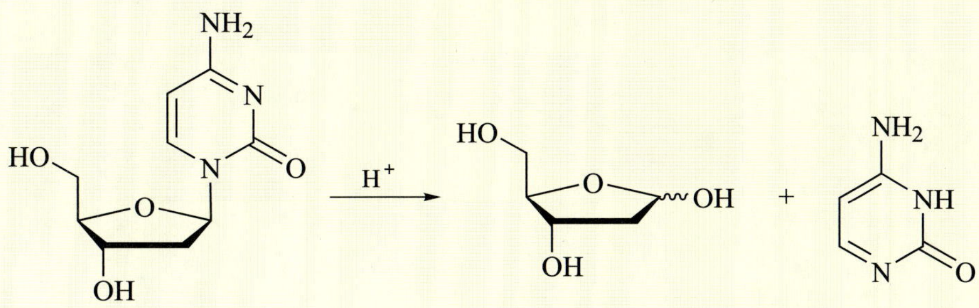

2′-deoxycytidine

Chapter 13

아미노산, 펩타이드 및 단백질

아미노산은 그 이름이 나타내듯이 아미노기와 카복실산이 모두 있는 구조이다. 단백질의 구성 성분인 아미노산은 특별하게 α-탄소에 아미노기(NH_2)가 있는 α-아미노산이다. 펩타이드는 대략 50개 미만의 아미노산이 **펩타이드 결합**(peptide bond)이라고 부르는 아마이드 결합으로 연결된 화합물이며, 단백질은 더 많은 수의 아미노산이 연결된 생고분자이다. 펩타이드와 단백질은 효소나 호르몬처럼 다양한 생물학적 기능을 수행한다. 또한 머리카락이나 근육, 비단과 양털도 모두 단백질로 이루어져 있다.

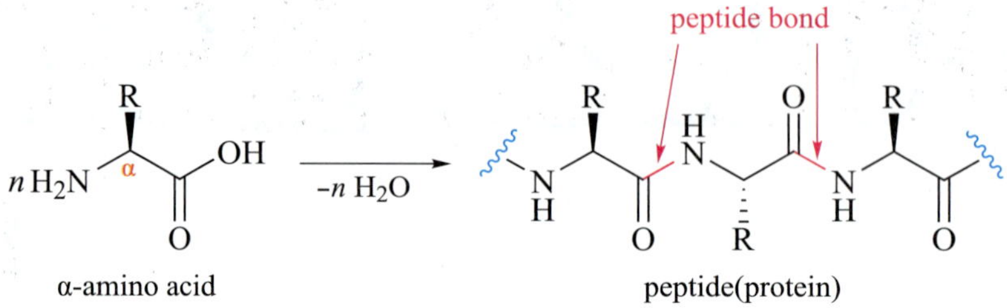

13.1 아미노산과 펩타이드의 구조와 명명

아미노산의 구조와 명명

박테리아의 세포벽을 이루는 펩타이드는 D-알라닌으로 이루어져 있다.

천연 α-아미노산은 대부분 L-α-아미노산이다. 예를 들어 L-세린은 다음과 같이 피셔 투영도로 나타낼 수 있다. 카복실기가 탄소 사슬의 가장 위에 놓이도록 구조를 그리면 아미노기는 왼쪽에 놓이게 된다. 이 경우 입체 발생 중심의 배열은 (*S*)-이다(L-시스테인은 (*R*)-이다).

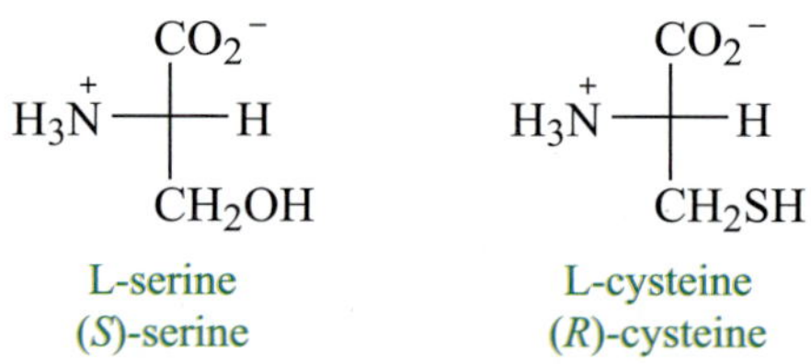

아미노기는 염기이고 카복실기는 산이므로 분자 내에서 산–염기 반응이 일어나 중성 수용액에서 아미노산은 **쯔비터 이온**(zwitter ion)이라고 부르는 쌍극성 구조로 존재한다(pK_{a1}과 pK_{a2}는 각각 CO_2H기와 NH_3^+기의 pK_a 값이다).

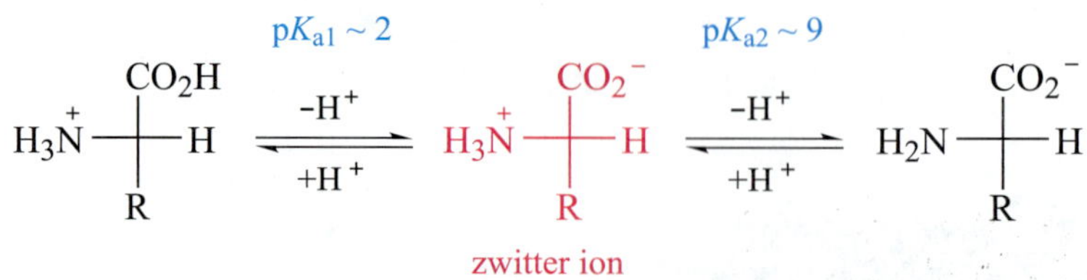

모두 20개의 α-아미노산의 상용명, 세 글자 혹은 한 글자로 약칭하는 기호, 그리고 pH 7의 완충 용액에 주로 존재하는 구조가 아래에 나와 있다. 숫자는 순서대로 $-CO_2H$, α-아미노기 및 곁가지의 pK_a이다. 괄호 안의 숫자는 등전점(pI)이다. 음식물로부터 섭취해야 하는 필수 아미노산은 빨간색으로 표시하였다.

[곁사슬이 H이거나 알킬기인 아미노산]

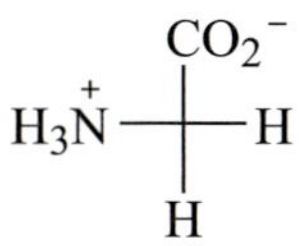

glycine
Gly, G
2.3, 9.8
(6.1)

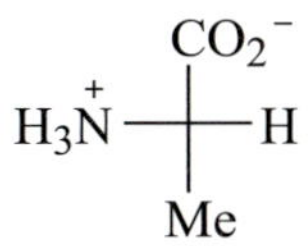

alanine
Ala, A
2.3, 9.8
(6.1)

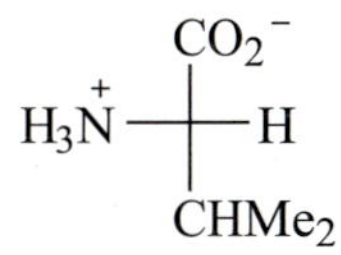

valine
Val, V
2.3, 9.7
(6.0)

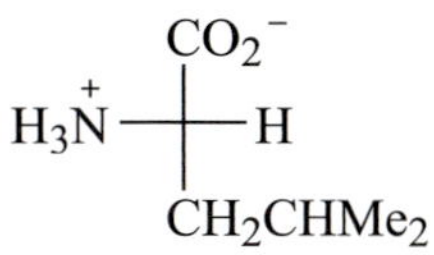

leucine
Leu, L
2.3, 9.7
(6.0)

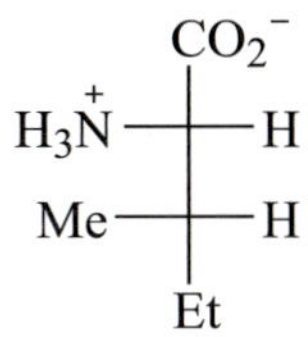

isoleucine
Ile, I
2.3, 9.7
(6.0)

[방향족 곁사슬이 있는 아미노산]

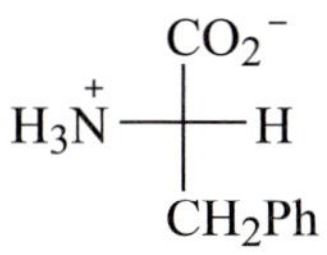

phenylalanine
Phe, F
2.6, 9.2
(5.9)

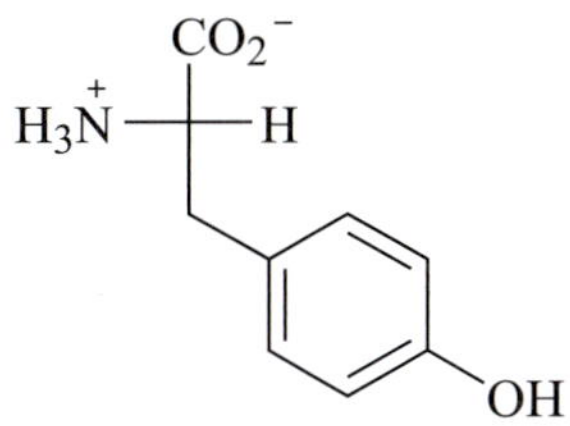

tyrosine
Tyr, Y
2.2, 9.1, 10.1
(5.6)

[곁사슬에 HO−, HS−, MeS−가 있는 아미노산]

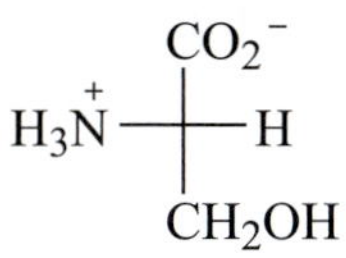

serine
Ser, S
2.2, 9.2
(5.7)

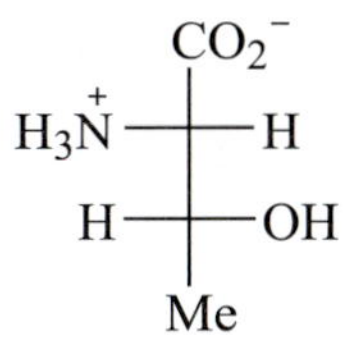

threonine
Thr, T
2.1, 9.1
(5.6)

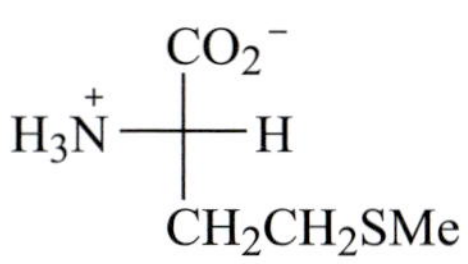

methionine
Met, M
2.3, 9.2
(5.7)

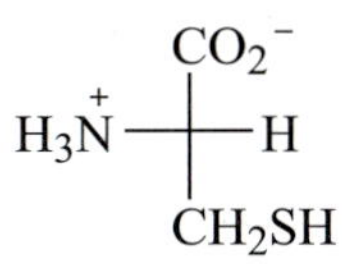

cysteine
Cys, C
2.1, 10.3, 8.0
(5.0)

[카복실산이나 아마이드기가 있는 아미노산]

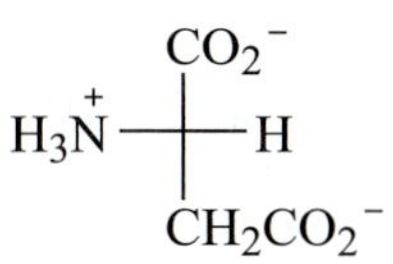

aspartic acid
Asp, D
2.1, 9.8, 3.8
(3.0)

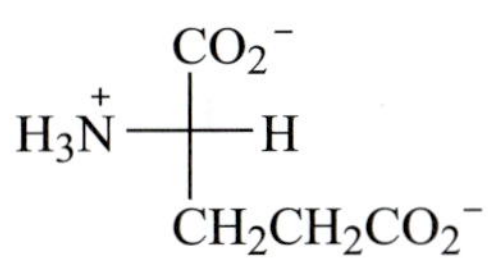

glutamic acid
Glu, E
2.1, 9.5, 4.1
(3.1)

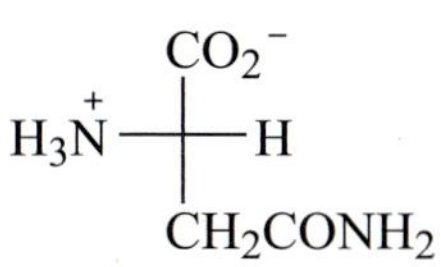

asparagine
Asn, N
2.0, 8.8
(5.4)

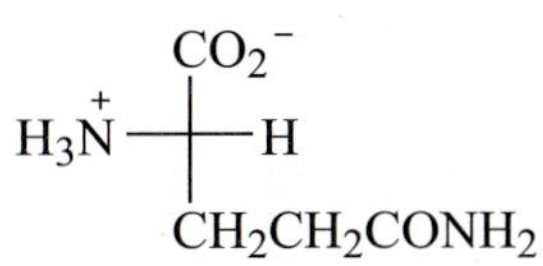

glutamine
Gln, G
2·2, 9.1
(5.7)

그림 13.1

α-아미노산의 이름과 구조

[아미노기처럼 염기성 기가 있는 아미노산]

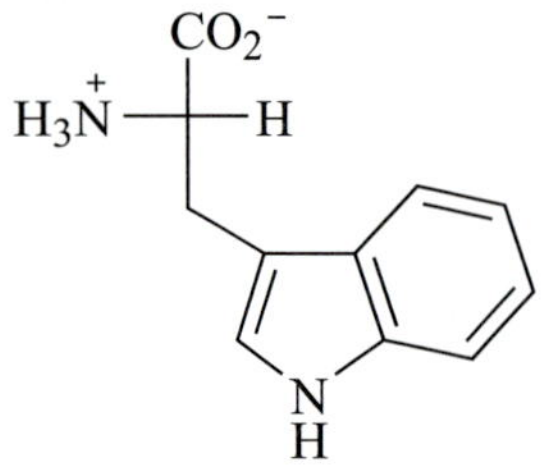

tryptophan
Trp, W
2.38, 9.39
(5.89)

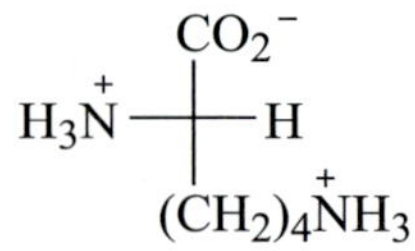

lysine
Lys, K
2.18, 8.95, 10.53
(9.74)

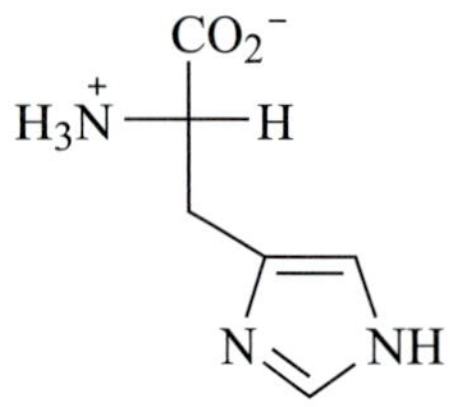

histidine
His, H
1.82, 9.17, 6.04
(7.60)

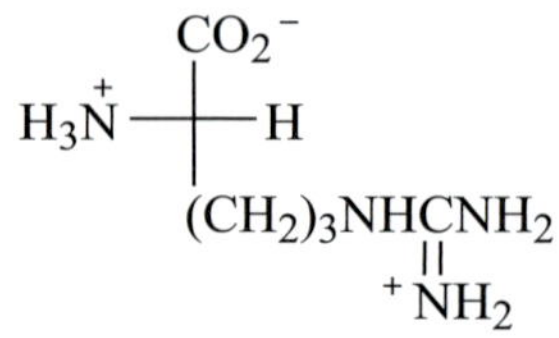

arginine
Arg, R
2.17, 9.04, 12.48
(10.76)

[고리형 (이차) 아미노산]

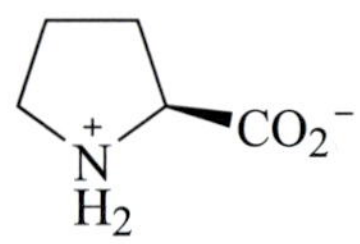

proline
Pro, P
2.9, 10.6
(6.3)

펩타이드의 명명과 구조

펩타이드는 관습적으로 아미노 말단(N-말단)을 왼쪽에, 카복시 말단(C-말단)을 오른쪽에 놓고 구조를 그리며, 아미노 말단부터 시작하여 펩타이드를 이루는 각 아미노산 단위인 **잔기**(residue)의 이름을 순차적으로 적어 명명한다. 예를 들어 다음과 같은 트라이펩타이드가 있다고 하면, 그 이름은 글리실알라닐세린(Gly−Ala−Ser 혹은 G−A−S)이라고 명명한다. 이러한 아미노산의 배열 순서를 **서열**(sequence)이라고 한다.

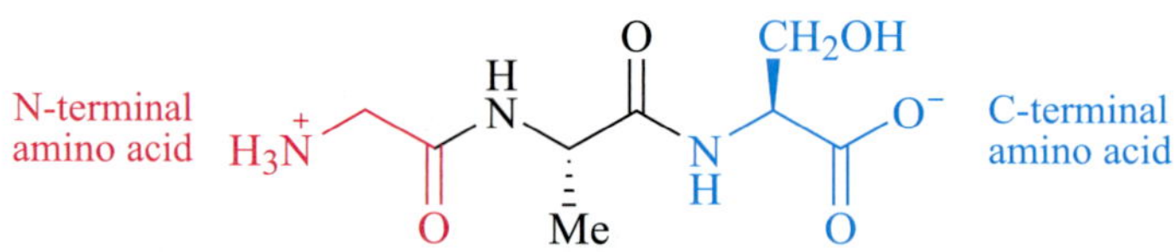

Gly−Ala−Ser or G−A−S

펩타이드를 지그재그 사슬을 이용하여 그리는 방법은 다음과 같다.

(1) 펩타이드의 골격을 지그재그 사슬로 그린 후에 왼쪽 끝에는 NH_3^+기, 그리고 오른쪽 끝에는 CO_2^-기를 나타낸다. 이때 지그재그를 이루는 원자의 수는 홀수이어야 한다.

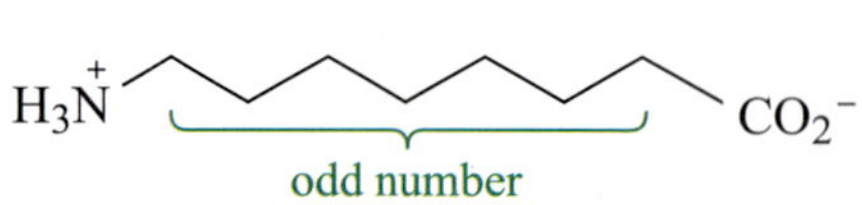

or

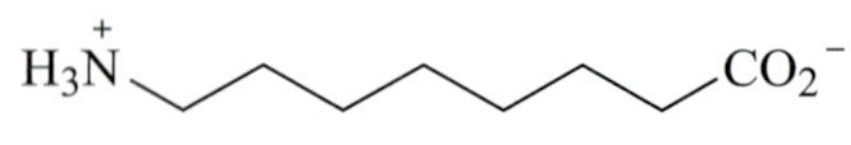

(2) N-말단에서 시작하여 탄소 원자 두 개를 건너 뛰면서 NH기를 그린다.

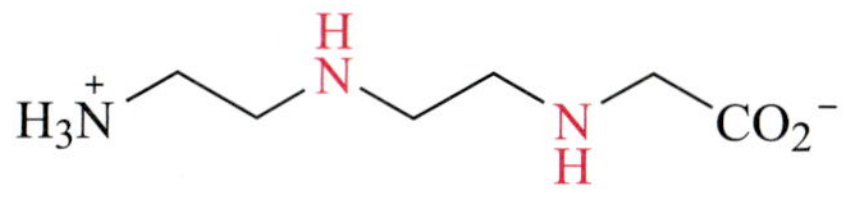

or

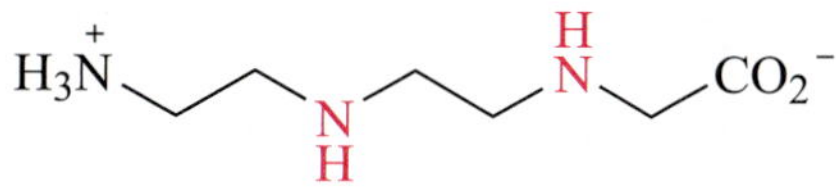

(3) NH기 앞에 CO기를 그린다.

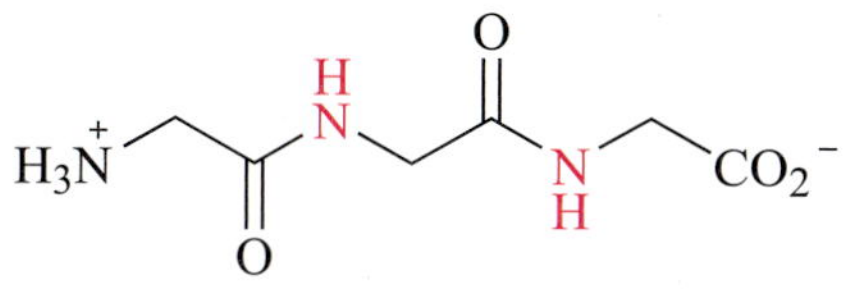

or

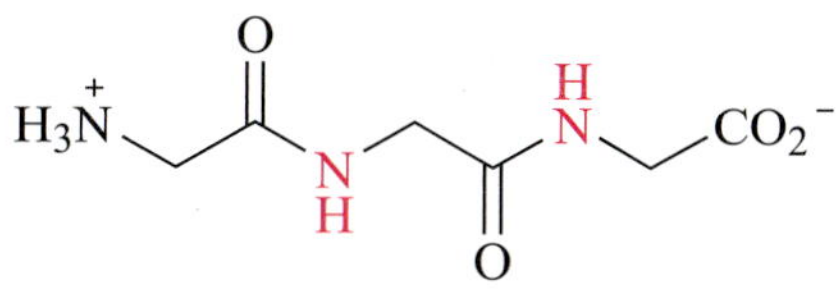

(4) 마지막으로 잔기를 표시한다. 아미노산은 L-배열이므로(흔히 (*S*)-배열) 절대 배열을 쐐기나 대쉬로 나타낸다.

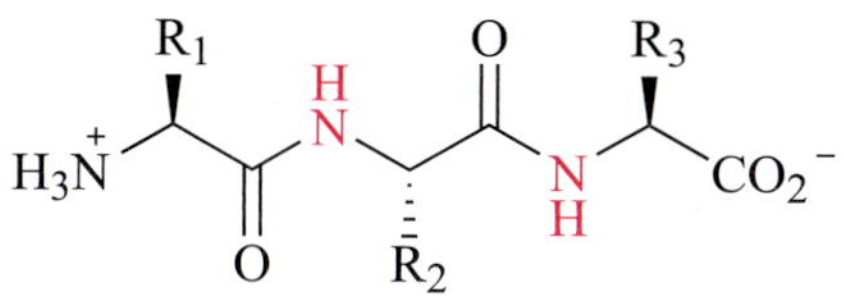

or

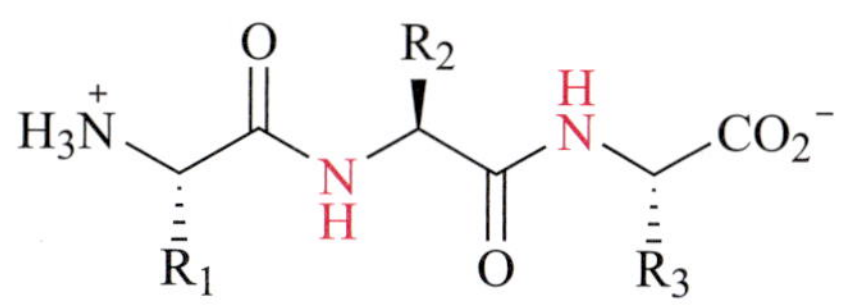

문제 13.1 트라이펩타이드 Ser–Ala–Gly의 구조를 그리시오.

13.2 아미노산과 펩타이드의 산–염기 성질

앞에서 언급하였듯이 α-아미노산은 쯔비터 이온으로 존재한다. 따라서 비극성 비양성자성 용매에서는 녹지 않으나 물에서는 잘 녹는다. 또한 녹는점도 상당히 높고, 반대 전하가 분리되어 있기 때문에 쌍극자 모멘트가 매우 크다.

아미노산에 산 혹은 염기를 가하면 수용액에서 주로 존재하는 아미노산의 구조가 변하게 된다. 예로서 중성 알라닌 수용액에 염기를 가한다고 하자. 쯔비터 이온 **N**의 NH_3^+에서 양성자가 제거되어 구조 **B**가 생기고 pH가 9.8이면 구조 **N**과 **B**가 같은 농도로 존재할 것이다. 그러면 전체적으로 알라닌은 음전하를 띨 것이다. 반면에 중성 알라닌 수용액에 산을 가하면 CO_2^-에 양성자가 첨가되어 구조 **A**가 생기고 pH 2.3에서는 구조 **N**과 **A**가 같은 농도로 존재하여 전체적으로 알라닌은 양전하를 띨 것이다.

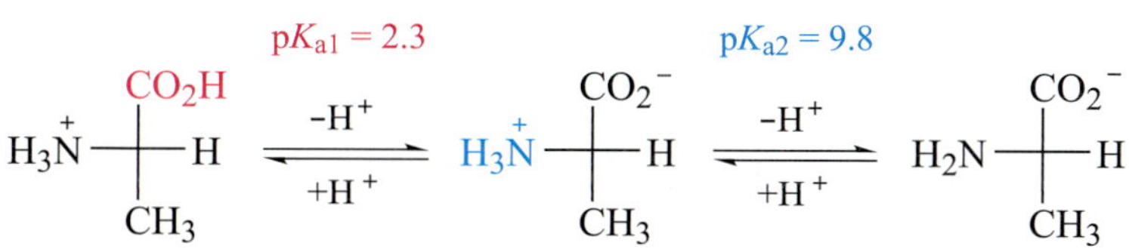

A **N** **B**

그러면 어떤 특정한 pH에서는 모든 아미노산 분자의 전체 전하의 합이 0이 될 것이다. 바로 이 pH를 아미노산의 **등전점**(isoelectric point, pI)이라고 부른다(등전점에서는 구조 **A**와 **B**의 농도가 똑같이 작고 중성 구조 **N**의 농도가 최대이다). 알라닌 같이 단순한(잔기에 산성이나 염기성 기가 없는) 아미노산의 경우, pI는 다음 식으로 구할 수 있다(pK_{a1}과 pK_{a2}는 CO_2H기와 NH_3^+기의 pK_a 값이다).

$$pI = (pK_{a1} + pK_{a2})/2$$

문제 13.2 알라닌 같은 단순한 아미노산의 pI는 다음 식으로 구할 수 있음을 보이시오.

$$pI = (pK_{a1} + pK_{a2})/2$$

알라닌의 경우에는 pK_{a1}과 pK_{a2}가 각각 2.3, 9.8이므로 pI는 6.1이다.

아미노산의 pI를 알면 주어진 pH에서 아미노산의 알짜 전하를 알 수 있다. 즉, pH가 pI보다 작다면 아미노산은 양전하를 띨 것이며, 반대로 pH가 pI보다 크다면 음전하를 띨 것이다. 그림 13.1에 아미노산의 등전점을 수록하였다.

아스파트산처럼 곁가지에 산성 기가 있는 아미노산의 경우에는 pI를 어떻게 구할까? 이 경우에는 중성 구조에 관여하는 pK 값이 pK_1과 pK_2이므로 pI = (2.1 + 3.8)/2 = 3.0이다.

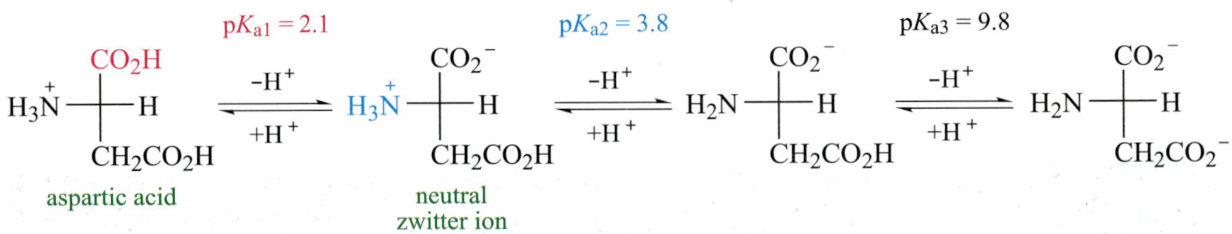

문제 13.3 글루탐산과 시스테인의 pI를 각각 구하시오.

문제 13.4 다음 아미노산이 pH = 1에서 주로 존재하는 구조를 그리시오.

a. 아스파트산　　b. 아르기닌　　c. 트립토판　　d. 글루타민

13.3 펩타이드 결합의 형태

일종의 아마이드 결합인 펩타이드 결합은 C−N 결합이 어느 정도 이중 결합의 성격을 띠므로 C−N 결합을 중심으로 두 가지의 형태, 즉 *s*-트랜스와 *s*-시스 형태가 가능해진다(문자 's'는 single을 의미함). 이 두 사이의 변환에는 약 19 kcal mol^{-1}만큼의 활성화 에너지가 필요하므로 이 결합을 중심으로 도는 회전은 상온에서 제한을 받게 된다. 따라서 상온에서는 더 안정한 *s*-트랜스 형태(N−H 결합과 C=O 결합이 서로 반대 방향에 놓임. 동시에 빨간색으로 표시한 C−R 결합과 N−R 결합도 반대 방향임)로 주로 존재하게 된다.

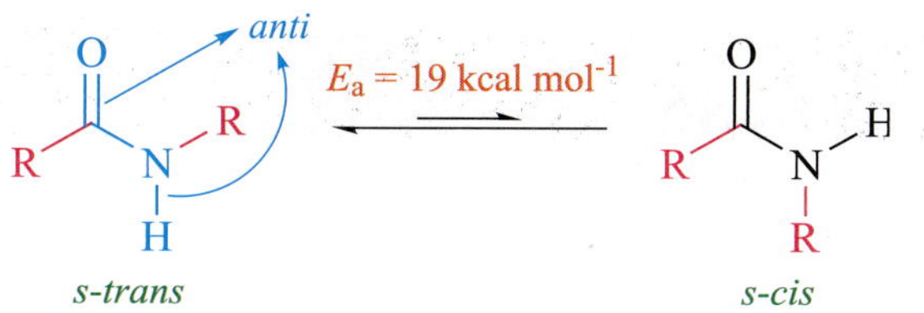

폴리펩타이드에서는 펩타이드 결합만 회전이 제한되며 나머지 결합은 자유 회전이 가능한 σ 결합이다. 따라서 좀 뒤에 언급하겠지만 몇 가지 형태를 취할 수 있다.

앞에서 펩타이드의 사슬 구조를 지그재그로 그린 이유도 펩타이드 결합이 *s*-트랜스 형태를 취하고 있기 때문이다.

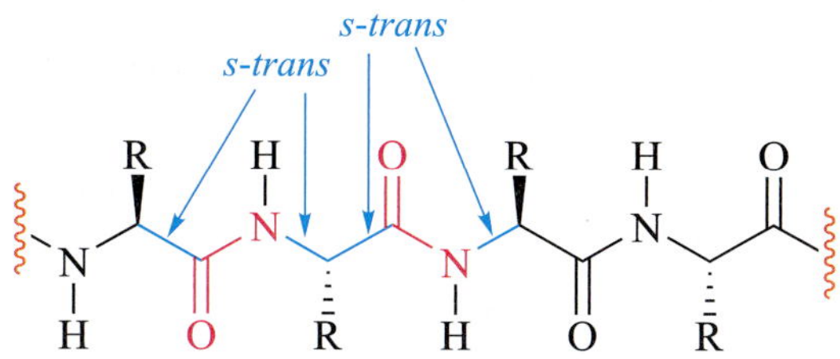

s-trans conformation of peptide

13.4 펩타이드의 서열 결정

서열(sequence)이란 펩타이드의 아미노산 연결 순서를 말한다. 펩타이드의 서열 결정에 널리 사용하는 방법이 **에드만 분해**(Edman degradation)이다. 펩타이드를 페닐 아이소싸이오사이아네이트(에드만 시약)로 처리하면 N-말단에 있는 아미노산의 잔기 R을 포함하는 페닐싸이오히단토인(PTH)이라고 부르는 생성물이 얻어진다. PTH의 구조를 액체 크로마토그래피로 확인하면 아미노산을 결정할 수 있다. 잔기가 하나 없어진 펩타이드를 다시 에드만 분해하면 아미노 말단을 결정할 수 있고, 이런 과정을 반복하면 전체 펩타이드의 서열을 결정할 수 있다.

하지만 에드만 분해는 반복적으로 진행될수록 불순물이 축적되므로 PTH의 구조를 확인하기가 점점 어렵게 된다. 따라서 20개 정도(경우에 따라서는 60~70개도 가능)의 아미노산으로 이루어진 펩타이드의 서열에 주로 사용되며, 에드만 분해를 이용하여 자동적으로 서열을 결정해 주는 펩타이드 서열 분석기(automated peptide sequencer)라는 장비도 시중에 나와 있다.

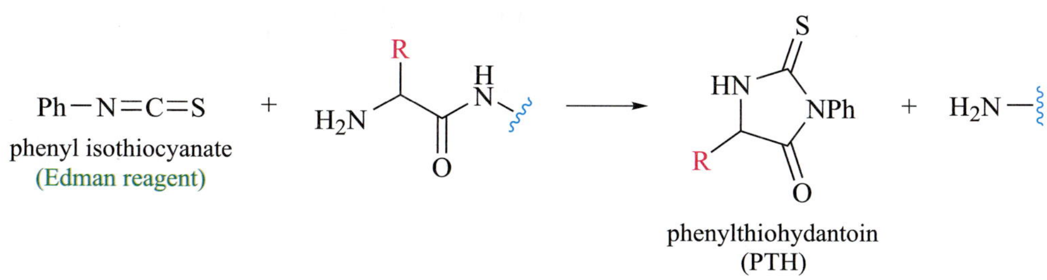

13.5 펩타이드 합성

펩타이드를 합성하기 위해서는 우선 아미노산 사이에 혹은 아미노산과 펩타이드 사이에 펩타이드 결합을 형성하여야 한다. 이러한 반응에 가장 널리 쓰이는 시약이 10.5절에서 소개한 DCC이다. 하지만 서로 다른 두 아미노산 사이의 반응에서는 네 개의 펩타이드가 생기므로 원하지 않는 반응이 일어나지 않도록 아미노기와 카복실기를 보호하여야 한다.

널리 사용되는 아미노기 보호기의 두 가지 예는 *t*-뷰틸옥시카보닐(*t*-butyloxycarbonyl, **Boc**)과 9-플루오렌일메톡시카보닐(9-fluorenylmethoxycarbonyl, **Fmoc**)이다. 아미노산을 염기 조건에서 다이-*tert*-뷰틸 다이카보네이트[(*t*-BuOCO)$_2$O, Boc$_2$O]로 처리하면 Boc기로 보호된 아미노기를 얻을 수 있다. Boc기는 CF_3CO_2H나 HBr 같은 산을 이용하여 제거한다.

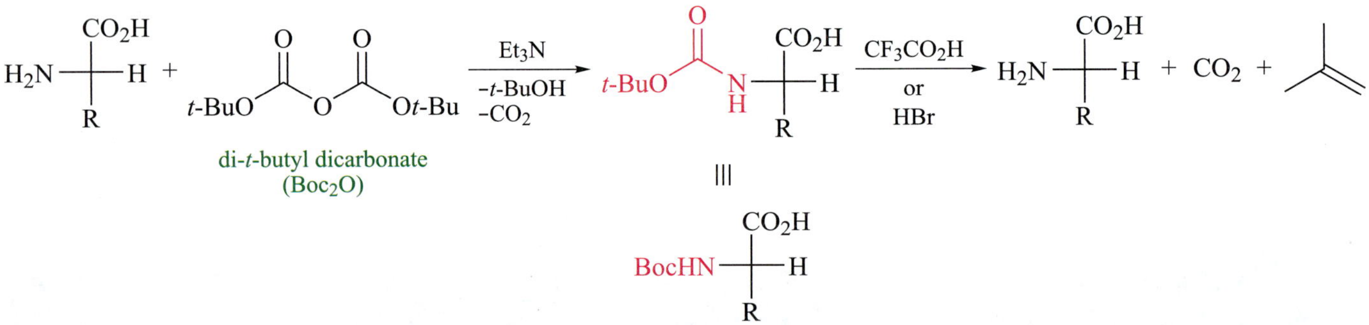

또한 아미노산을 9-플루오렌일메틸 클로로폼에이트(9-fluorenylmethyl chloroformate)로 처리하면 Fmoc기로 보호된 아미노기를 얻을 수 있으며, Fmoc기는 피페리딘 같은 아민으로 처리하면 쉽게(~1분만에) 제거된다.

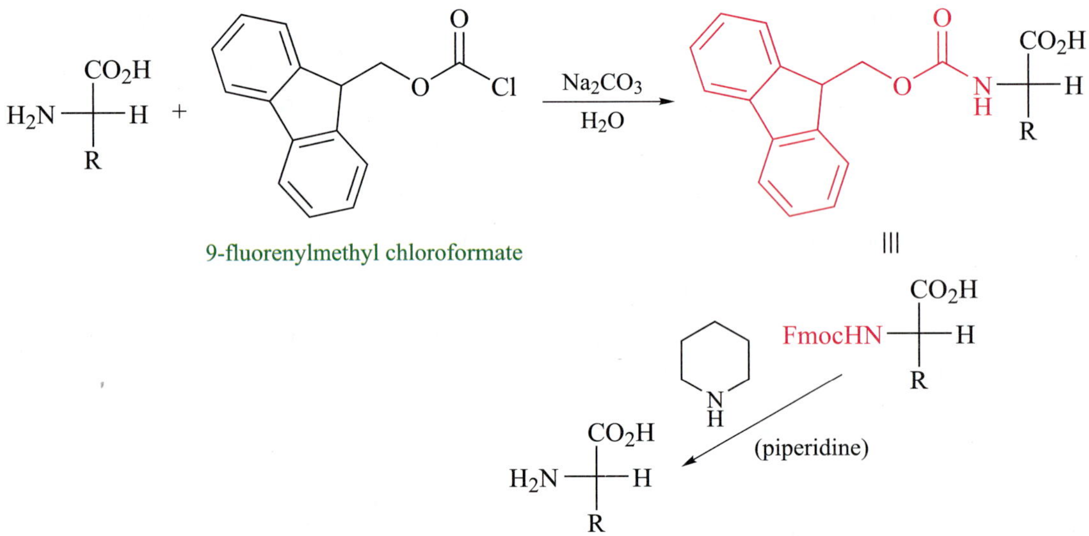

문제 13.5 Fmoc기를 피페리딘으로 탈보호하면 CO_2와 함께 다음 알켄이 얻어진다. 이 화합물의 생성 메커니즘을 제안하시오. (왜 두 벤젠 고리로 접합된 고리가 사이클로펜테인 구조일까?)

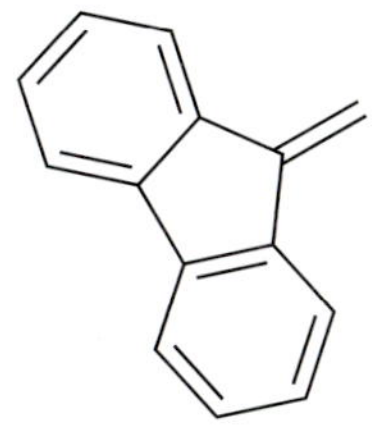

카복실기는 메틸 에스터로서 보호한다. 에스터기는 아마이드기보다 더 온화한 조건에서 NaOH에 의하여 탈보호된다.

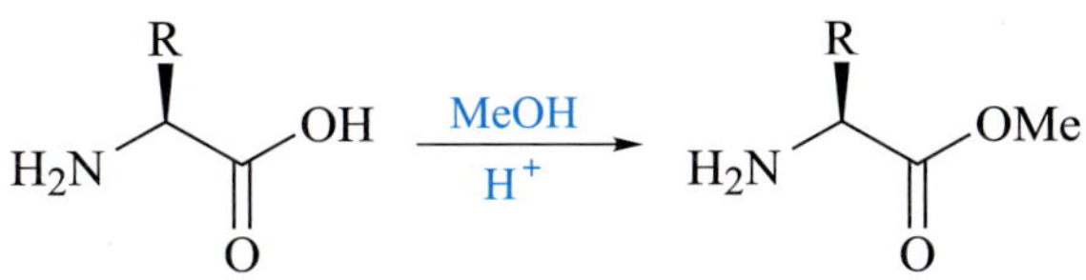

펩타이드 합성법의 예로서 다이펩타이드인 Ala−Phe의 합성을 들자.

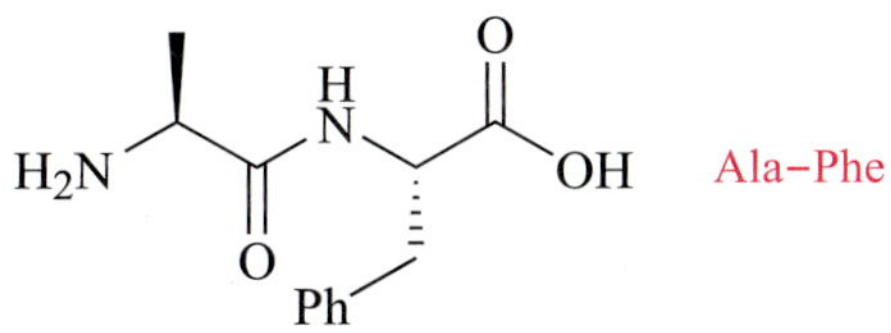

펩타이드 결합은 알라닌의 카복실기와 페닐알라닌의 아미노기 사이에서 일어나므로 다른 기는 적당한 보호기로 보호하여야 한다. 먼저 알라닌의 아미노기는 Boc기로 보호하고 페닐알라닌의 카복실기는 메틸 에스터로 보호한다.

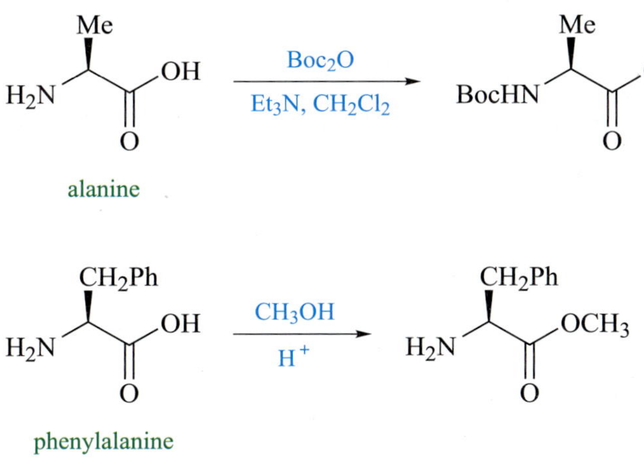

이제 두 아미노산 유도체를 DCC(10.5절)로 처리하면 펩타이드 결합이 얻어지고, Boc 보호기와 메틸 에스터 보호기를 적당한 조건에서 탈보호하면 펩타이드 Ala−Phe를 구할 수 있다.

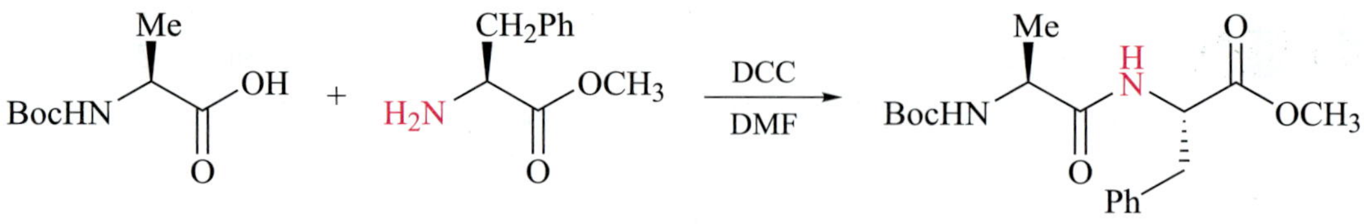

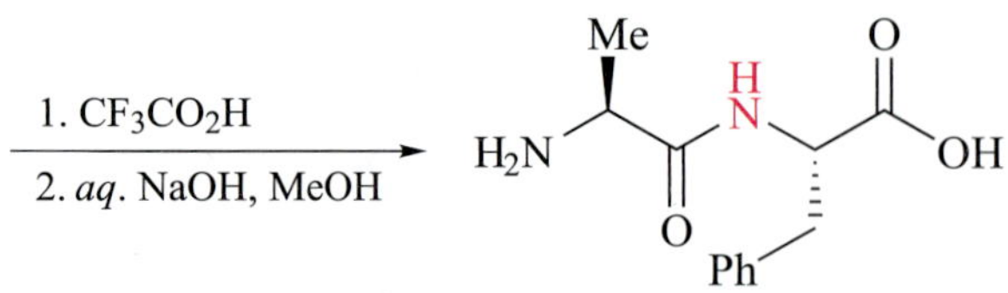

Ala–Phe

문제 13.6 트라이펩타이드인 Val–Ala–Phe을 각 아미노산으로부터 합성하고자 한다. 필요한 모든 단계를 적으시오.

고체상 펩타이드 합성법을 개발한 록펠러(Rockefeller) 대학교의 메리필드(Merrifield)는 1984년도 노벨 화학상을 수상하였다. 고체상 펩타이드 합성법을 **메리필드 합성**(Merrifield synthesis)이라고도 부르는데, 현재 고체상 펩타이드 합성법을 이용하는 펩타이드 합성 장치(peptide synthesizer)가 판매되고 있다.

앞에서 살펴본 펩타이드 합성은 용액상에서 일어난다. 용액상 펩타이드 합성법은 작은 펩타이드의 합성에는 적합하나 큰 펩타이드의 합성에는 적합하지 않다. 그 이유는 각 합성 단계마다 생기는 불순물을 제거하려면 중간체를 분리, 정제하는 작업이 필요하기 때문이다. 이러한 문제점을 해결하는 방법이 **고체상 펩타이드 합성**이다.

고체상 합성법은 미세한 구슬 모양의 불용성 고체 수지를 이용하며, 이러한 수지의 한 예가 스타이렌과 1% 다이바이닐벤젠의 공중합체에서 유래하는 메리필드 수지이다.

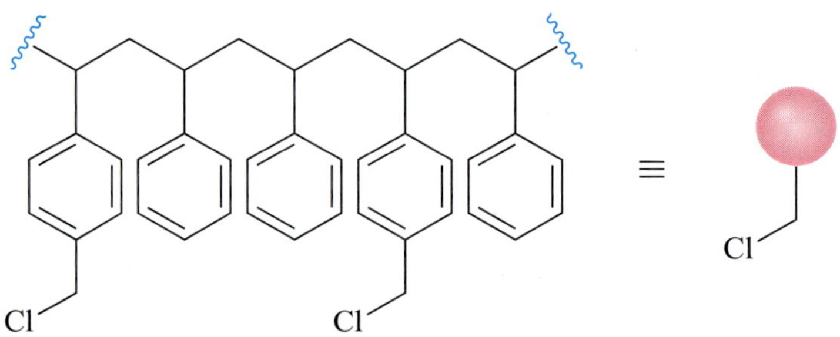

Merrifield resin

메리필드 수지를 이용하여 펩타이드 Leu–Val을 합성한다고 하자. 가장 먼저 할 일은 이 펩타이드의 C-말단인 Val을 수지에 도입하는 것이다(자동화 펩타이드 합성 장치는 아미노기의 보호기로서 Boc기 대신에 더 온화한 조건에서 제거가 가능한 Fmoc기를 사용한다).

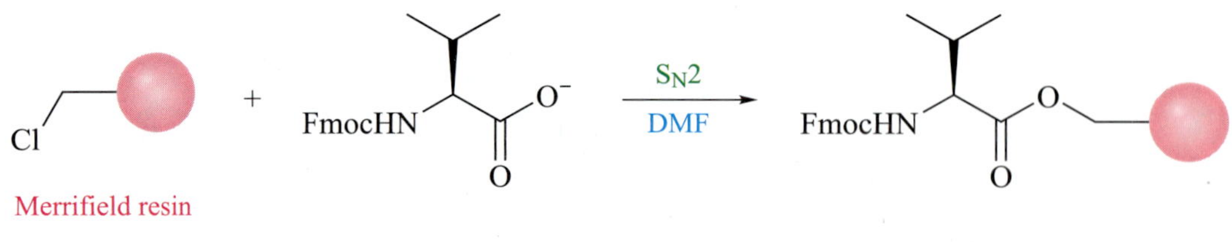

그 다음에는 Fmoc 보호기를 피페리딘으로 제거한 후 DCC 조건에서 N-FmocLeu와 반응하여 펩타이드 결합을 만든다.

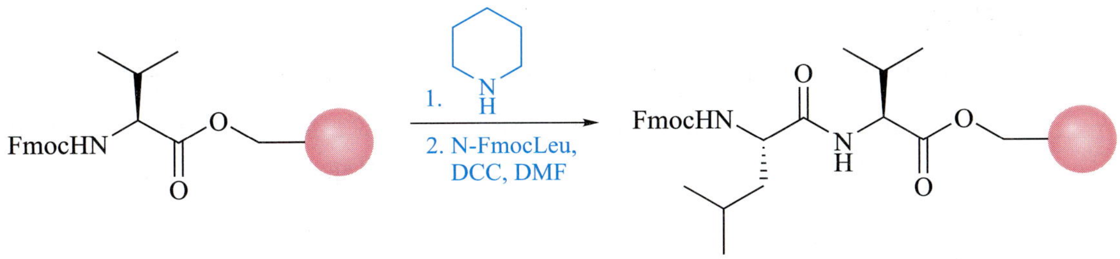

마지막으로 Fmoc 보호기를 제거한 후 무수 HF로 처리하여 펩타이드를 수지에서 떼어내면 원하는 생성물을 얻을 수 있다.

메리필드 합성법은 펩타이드를 C-말단에서부터 합성하지만, 단백질 합성 효소는 N-말단에서부터 합성한다.

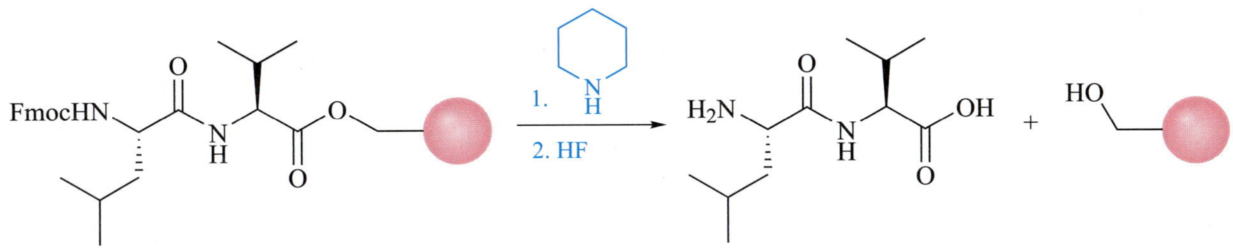

문제 13.7 메리필드 합성법으로 트라이펩타이드 Val–Ala–Phe을 각 아미노산으로부터 합성하고자 한다. 필요한 모든 단계를 적으시오.

13.6 단백질의 구조

단백질은 단순한 유기 분자에 비하여 매우 크기 때문에 그 구조는 일차, 이차, 삼차, 사차 수준으로 기술한다.

일차 구조

일차 구조는 단순히 아미노산 잔기의 연결 순서를 말한다. 또한 두 시스테인 잔기는 이황화물 결합을 할 수 있는데, 이 결합도 일차 구조에 속한다.

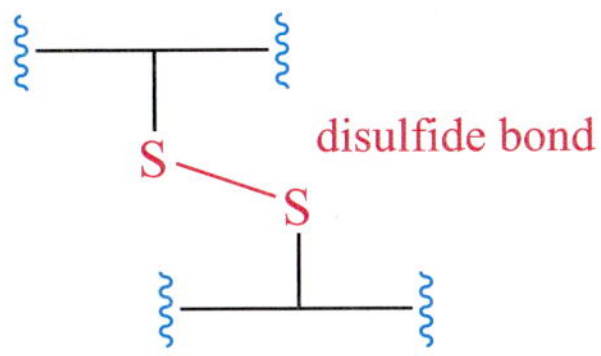

이차 구조

이차 구조는 단백질의 한 부분에서의 삼차원적 형태를 말한다. 펩타이드는 펩타이드 결합이 비록 평면 구조이지만 자유 회전이 가능한 σ 결합도 있으므로 완전한 평면 구조는 아닐 것이다. 또한 시스테인의 SH기의 산화로 생기는 이황화 결합을 통하여 사슬 내 혹은 사슬 사이에 연결이 이루어진다.

폴리펩타이드 사슬은 국지적으로 **α-나선 구조**(helix)와 **β-병풍 구조**(pleated sheet)라고 부르는 이차 구조로 존재할 수 있다. α-나선 구조는 하나의 사슬에서 네 잔기만큼 떨어져 있는 두 아마이드 결합 사이의 분자간 수소 결합에 의하여 안정화된다.

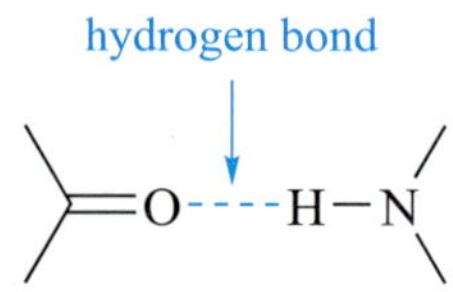

나선 구조가 한 번 돌 때 3.6개의 아미노 잔기가 들어 있게 되며, 나선 구조가 아래로 향하는 방향은 오른쪽이다. α-나선 구조는 근육의 주 단백질인 마이오신(myosin), 양모의 단백질이나 머리카락의 케라틴(keratin) 단백질에서 볼 수 있다. 양모를 잡아당기면 수소 결합이 끊어져서 늘어나지만, 놓아 주면 수소 결합이 다시 생기면서 원래 모습으로 되돌아간다. 이러한 사실로부터 α-나선 구조는 신축성이 큼을 알 수 있다.

β-병풍 구조는 지그재그 모양으로 펼쳐진 두 개 이상의 폴리펩타이드 사슬 사이의 수소 결합에 의하여 형성되는 구조이며, 비단의 단백질인 피브로인(fibroin)에서 볼 수 있다. β-병풍 구조는 길게 펼쳐진 구조이므로 α-나선 구조에 비하여 신축성이 거의 없다. 일반적으로 α-나선 구조에 비하여 β-병풍 구조를 이루는 아미노 잔기는 5~10개로 더 짧다.

β-병풍 구조에서 두 사슬은 서로 평행하게 혹은 역평행으로 놓일 수 있는데(역평행 구조가 더 흔하고 약간 더 안정함. 비단이 한 예임), 역평행 구조에서는 잔기 사이의 반발을 최소화하는 잔기, 즉 곁가지가 작은 알라닌이나 글라이신 잔기가 선호된다. 다음 그림은 β-병풍 구조의 평행 부분과 역평행 부분을 보여 주고 있다.

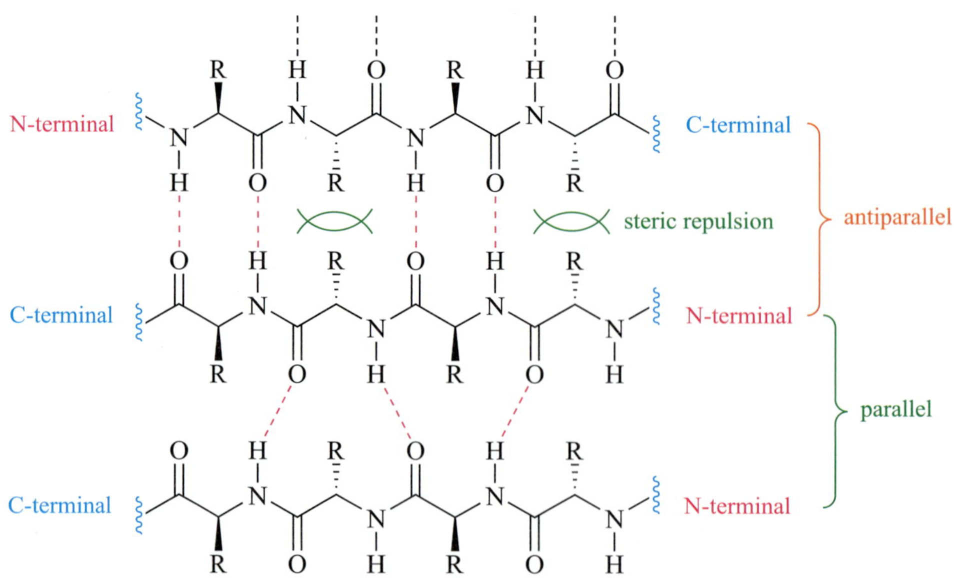

그림 13.2는 DNA 중합효소의 이차 구조로서 α-나선 구조와 넓은 화살 모양의 β-병풍 구조를 볼 수 있다.

이 모형에서 리본(ribbon)은 오른쪽으로 도는 α-나선 구조, 그리고 넓은 화살 모양은 β-병풍 구조를 나타낸다.

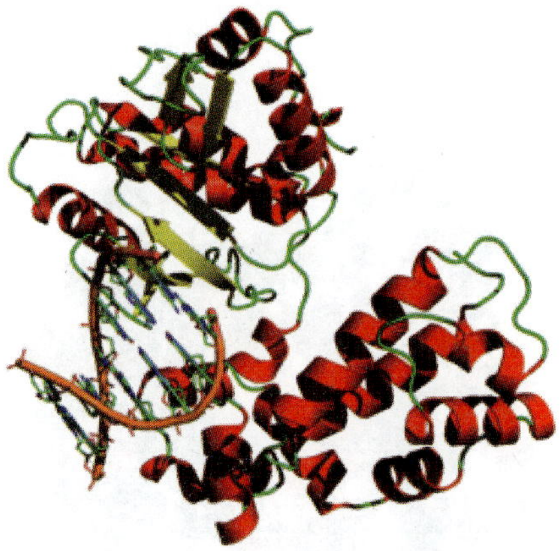

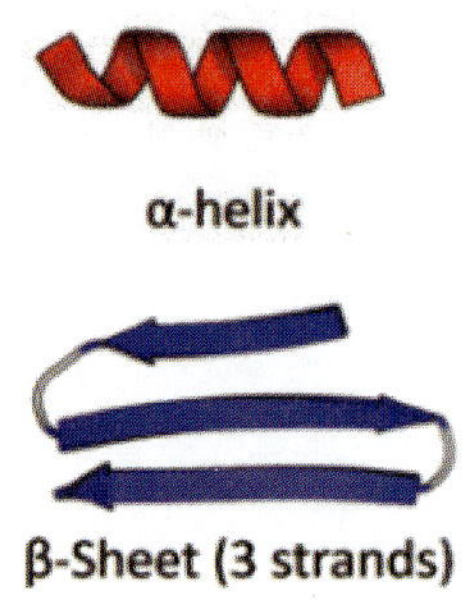

그림 13.2

DNA 중합효소의 이차 구조의 가닥(strand) 모형

그림 13.3은 면역글로빈(immunoglobin)의 이차 구조이다. 주로 β-병풍 구조로 이루어져 있음을 알 수 있다.

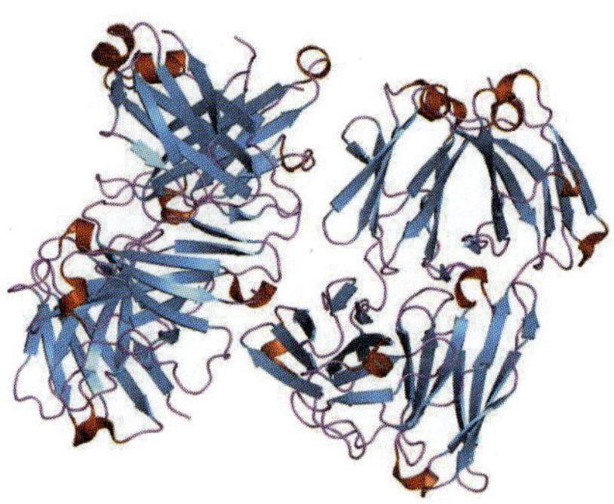

그림 13.3

면역글로빈의 이차 구조

케라틴과 피브로인은 각각 전적으로 α-나선 구조와 β-병풍 구조로 존재하지만, 대부분의 단백질은 두 이차 구조가 혼재하는 구조를 취하고 있다.

삼차 구조와 사차 구조

전체 펩타이드 사슬의 입체 구조를 **삼차 구조**(tertiary structure)라고 부른다. 수용액에서 단백질은 극성 기나 전하를 띤 기가 외부 표면에 노출되고 비극성 기는 단백질 내부에 배치되어 안정성이 최대가 되는 형태로 접힌다. 그러면 극성 기는 물과 쌍극자–쌍극자 상호작용이나 수소 결합을 할 수 있게 되고, 단백질 내부에서는 비극성 기 사이의 분산력이 존재하므로 단백질이 안정해진다. 또한 서로 떨어진 극성 기 사이의 수소 결합(예: 카보닐기와 NH_2기)이나 NH_3^+기와 CO_2^-기 사이의 정전기적 인력 그리고 이황화물 결합도 삼차 구조를 안정화시키는 데 기여한다.

단백질을 포함한 여러 가지 유기 분자의 입체 구조는 인터넷에서 확장자가 **pdb(protein data base)**인 파일을 다운로드 받은 후 raswin.exe라는 프로그램으로 열면 볼 수 있다. 단백질 데이터 은행에는 X-선 회절 분석으로 계산한 수천 개 단백질의 삼차원 구조가 저장되어 있으며, 이 자료는 무료로 이용할 수 있다.

두 개 이상의 단백질이 모여서 하나의 큰 단백질 집단을 만들 수도 있다. 이러한 단백질

집단의 입체 구조를 **사차 구조**(quaternary structure)라고 부른다. 헤모글로빈(그림 13.4)은 α-부단위(그림의 빨간색)와 β-부단위(그림의 파란색)라고 부르는 폴리펩타이드의 두 쌍(전부 네 사슬)으로 이루어져 있으며, 각 쌍에는 산소와 결합하는 헴(heme) 단위가 하나씩 들어 있다.

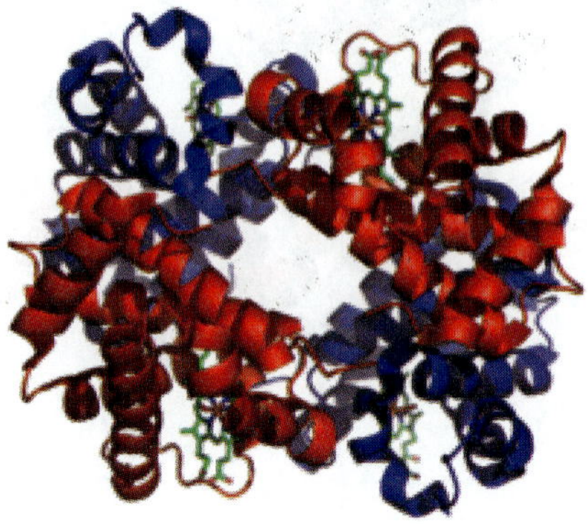

그림 13.4
헤모글로빈의 구조

추가 문제

13.8 라이신의 등전점이 9.74인 것을 보이시오.

13.9 등전점에서 다음 각 아미노산의 구조를 그리시오.

a. 알라닌　　b. 라이신　　c. 글루탐산

13.10 다음 아미노산이 pH = 10에서 주로 존재하는 구조를 각각 그리시오.

a. 아스파트산　　b. 아르기닌　　c. 시스테인　　d. 글루타민

13.11 다음 질문에 답하시오.

a. 아미노산을 아세트산 무수물로 처리하였을 때 얻어지는 생성물을 그리시오.
b. 펩타이드의 합성 과정에서 아미노기의 보호기로서 a에서 얻어지는 구조를 사용하지 않는 이유는 무엇인가?

13.12 인공 감미료인 아스파탐은 다이펩타이드인 Asp–Phe–OMe이다. 이 구조를 그리시오(OMe는 메틸 에스터를 의미함).

13.13 α-나선 구조와 β-병풍 구조에 대한 서술 중에서 옳은 것을 모두 고르시오.

a. 천연 아미노산으로 이루어진 펩타이드의 α-나선 구조는 도는 방향이 시계 방향이다(위에서 보았을 때).
b. α-나선 구조는 신축성이 β-병풍 구조보다 더 크다.
c. β-병풍 구조를 하는 아미노산의 잔기는 주로 수소 원자나 메틸기처럼 크기가 작은 기이다.
d. 케라틴과 비단 단백질이 각각 α-나선 구조와 β-병풍 구조를 하고 있다.

Chapter 14

지질

출처: sutterstock

지금까지 다룬 아미노산이나 탄수화물 같은 생분자는 특정한 작용기의 존재 여부로 구별할 수 있었다. **지질**(lipid)은 다이에틸 에터나 클로로폼 같은 유기 용매로 추출할 수 있는 비극성 천연물을 일컫는다. 단순히 용해도라는 물리적 성질에 따라 분류되기 때문에 지질은 구조나 생리적 효과, 세포에서의 역할 등이 매우 다양하다. 지질로 분류되는 부류의 화합물에는 왁스, 지방과 기름, 포스포지질, 에이코사노이드, 스테로이드 그리고 터펜 등이 있다.

14.1 왁스

왁스(wax)는 일종의 에스터 RCO_2R'이며, 그 카복실산 성분 RCO_2H와 알코올 성분 R′OH는 긴 탄소(짝수 개)의 사슬 구조이다. 탄소 수가 많기 때문에 왁스는 소수성이며, 새나 곤충은 이런 성질을 잘 이용하고 있다. 즉, 새의 깃털은 왁스로 코팅되어 있기 때문에 물이 묻어도 젖지 않는다. 곤충도 외각골격에 왁스 층이 있어서 광택이 있다. 나뭇잎이나 과일도 왁스 층이 덮고 있기 때문에 물의 증발이 억제되며 광택을 띤다.

라놀린(lanolin)은 양털을 덮고 있는 왁스이고, 스퍼마세티 왁스(spermaceti wax), $Me(CH_2)_{14}CO_2(CH_2)_{15}Me$(경랍)는 향유고래의 머리에 있는데, 고래가 음파를 탐지하는 안테나 역할을 한다고 생각된다. 꿀벌이 분비하는 밀랍(beeswax)의 주성분은 $Me(CH_2)_{14}CO_2(CH_2)_{29}Me$이다.

문제 14.1 스퍼마세티 왁스의 EtOH 용액에 과량의 KOH 수용액을 가하고 오랫동안 가열한 후 산으로 중화하였다. 얻어지는 생성물은 무엇인가?

14.2 지방과 기름

트라이아실글리세롤의 구조

지방(fat)과 **기름**(oil)은 삼가 알코올인 글리세롤 분자에 지방산(fatty acid) 세 분자가 에스터 결합을 하고 있는 트라이에스터이며, **트라이아실글리세롤**(triacylglycerol) 혹은 **트라이글리세라이드**(triglyceride)라고도 부른다.

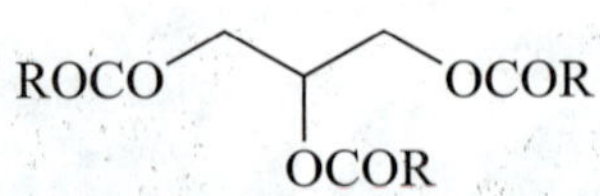

triacylglycerol

지방산은 가지가 없는 긴 사슬로 이루어진 카복실산으로서 천연 지방산의 탄소 수는 짝수이다. 불포화 지방산에는 (*Z*)-C=C 이중 결합이 있으며, 지방산의 녹는점은 이중 결합이 많을수록 내려간다. 표 14.1에 흔한 지방산의 이름, 구조, 탄소 수, C=C 결합의 수 및 녹는점이 나와 있다.

지방산의 탄소 사슬에 (*Z*)-이중 결합이 있으면 사슬이 중간에서 꺾어지므로 사슬 사이의 쌓임이 느슨하게 된다. 그러면 분자간 분산력이 감소하므로 녹는점이 내려간다.

식품영양학에서는 지방산의 이름으로 탄소 수와 탄소간 이중 결합의 수를 나타내는 속기명을 사용한다. 예를 들어, 스테아르산은 18:0이고 미리스톨레산은 14:1이다. 가끔씩, 이중 결합의 입체 구조와 위치를 나타내기 위하여 접두사를 사용하기도 한다. 이 방법을 사용하면 리놀렌산은 *c*,*c*,*c*,-9,12,15-18:3이고 미리스톨레산은 *c*-9-14:1이다. 불포화 지방산은 오메가-*n* 산으로 나타내기도 하는데, 숫자 *n*은 탄소 사슬의 끝에서부터 *n*번째 탄소에 이중 결합이 있음을 의미한다. 예로서 리놀렌산은 오메가-3 산, 올레산은 오메가-9 산이다.

표 14.1 지방산의 이름과 구조

이름	구조	탄소 수	C=C 결합의 수	녹는점 (°C)
로르산(lauric acid)	$Me(CH_2)_{10}CO_2H$	12	0	44
미리스트산(myristic acid)	$Me(CH_2)_{12}CO_2H$	14	0	54
미리스톨레산(myristoleic acid)	$Me(CH_2)_3CH{=}CH(CH_2)_7CO_2H$	14	1	−4
팔미트산(palmitic acid)	$Me(CH_2)_{14}CO_2H$	16	0	63
스테아르산(stearic acid)	$Me(CH_2)_{16}CO_2H$	18	0	69
아라키드산(arachidic acid)	$Me(CH_2)_{18}CO_2H$	20	0	75
팔미톨레산(palmitoleic acid)	$Me(CH_2)_5CH{=}CH(CH_2)_7CO_2H$	16	1	0
올레산(oleic acid)	$Me(CH_2)_7CH{=}CH(CH_2)_7CO_2H$	18	1	14
리놀레산(linoleic acid)	$Me(CH_2)_4(CH{=}CHCH_2)_2(CH_2)_6CO_2H$	18	2	−5
리놀렌산(linolenic acid)	$MeCH_2(CH{=}CHCH_2)_3(CH_2)_6CO_2H$	18	3	−11
아라키돈산(arachidonic acid)	$Me(CH_2)_4(CH{=}CHCH_2)_4(CH_2)_2CO_2H$	20	4	−49

지방과 기름은 모두 트라이아실글리세롤이다. 다만, 녹는점이 높아서 실온에서 고체인 것을 지방, 녹는점이 낮아서 액체인 것을 기름이라고 부를 뿐이다. 지방은 기름에 비하여 포화 지방산의 비율이 더 높고 대개 동물성이다. 반대로 기름은 불포화 지방산의 비율이 더 높고 대개 식물성이다. 하지만 코코넛 기름은 식물성이지만 대부분 포화 지방산으로 이루어져 있어서 상온에서 고체이다.

문제 14.2 스테아르산으로만 이루어진 트라이아실글리세롤인 트라이스테아린(tristearin)과 올레산으로만 이루어진 트라이올레인(triolein) 중에서 녹는점이 더 높은 것은 어느 것인가? (하나는 녹는점이 72 °C이고, 다른 것은 −4 °C이다.)

트라이아실글리세롤의 반응

가수분해

트라이아실글리세롤을 염기성 수용액에서 가열하면 **비누화 반응**이 일어나서 글리세롤과 세 지방산의 소듐 혹은 포타슘 염(비누)이 얻어진다(10.7절).

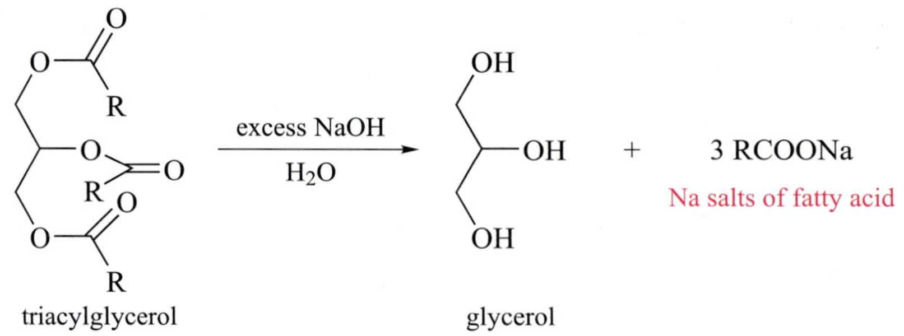

한편, 트라이아실글리세롤의 메탄올 용액에 촉매량의 KOH 혹은 NaOH를 가하고 가열하면 에스터 교환 반응(10.7절)이 일어나서 지방산의 메틸 에스터(바이오디젤, 문제 10.11 참조)와 글리세롤이 얻어진다.

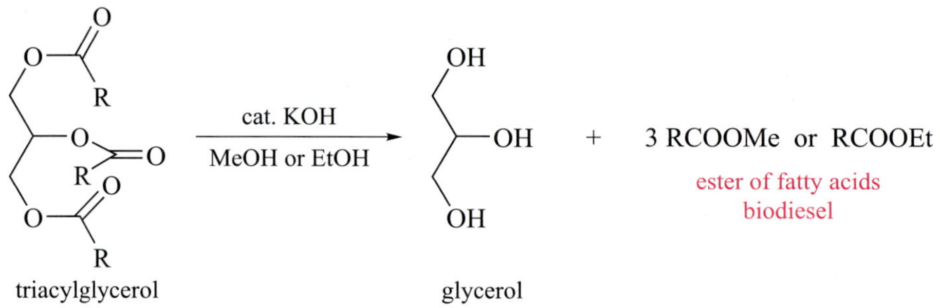

불포화 지방산의 산화

기름의 불포화 지방산 성분의 알릴성 C−H 결합이 대기 중의 산소 분자와 반응하면 라디칼 메커니즘으로 수소과산화물이 얻어진다. 이 화합물은 다시 냄새가 고약한 알데하이드와 카복실산으로 분해되는데, 이러한 과정을 산화형 **산패**(rancidity)라고 부른다. 산패를 방지하는 한 가지 방법이 수소 첨가 반응이다.

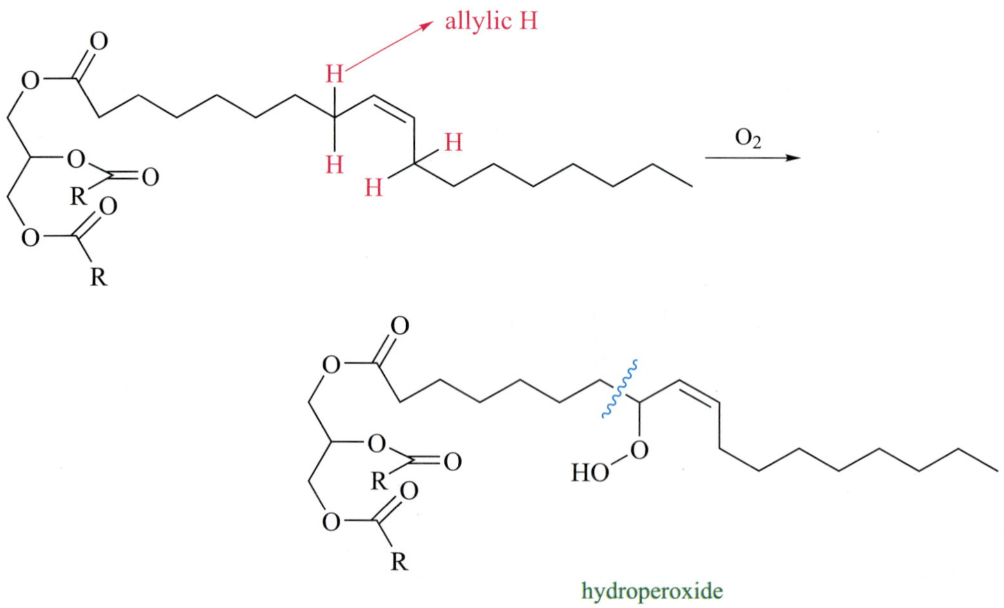

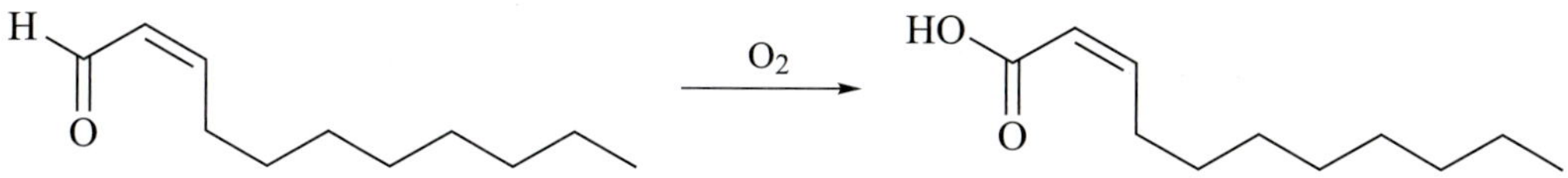

aldehyde　　　　carboxylic acid

수소 첨가 반응

불포화 지방산으로 이루어진 기름의 이중 결합에 수소를 첨가하면 **경화**(hardening)라고 부르는 과정에 의하여 고체 지방(경화유)이 얻어진다. 인공 버터인 마가린은 원하는 부드러운 식감이 얻어질 때까지 식물성 기름을 부분적으로 환원시켜 만든 것이다.

수소를 첨가하는 한 가지 이유는 알릴성 C−H 결합을 제거하면 산패가 방지되어 제품의 수명이 연장되기 때문이다(다른 이유는 액체인 식물성 기름을 빵에 바를 수 있는 고체로 만들기 위해서이다). 하지만 이 과정에서는 심장 발작의 위험을 가져오는 **트랜스 지방**(*trans*-fat)도 약간 생긴다.

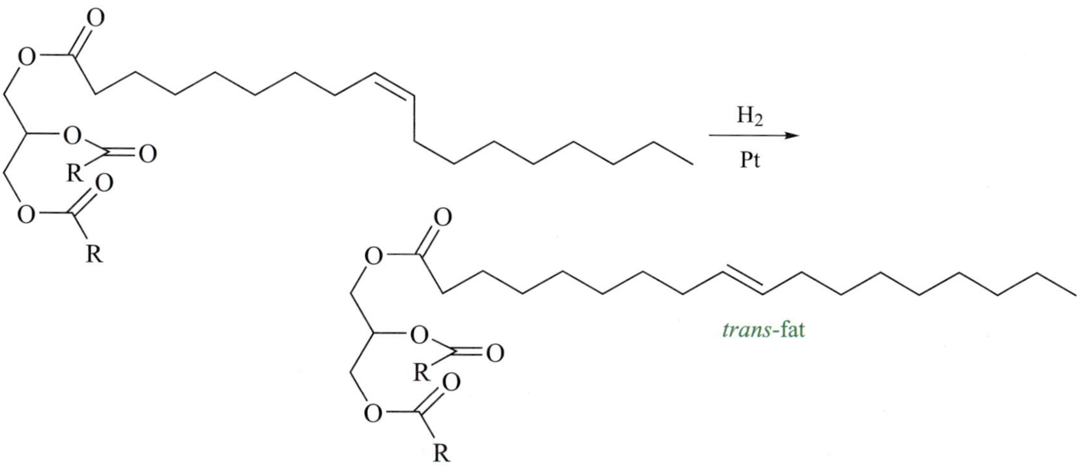

trans-fat

14.3 인산지질

인산지질(phospholipid)은 앞에서 다룬 트라이아실글리세롤과 비슷하나 한 에스터기의 산 성분이 인산인 분자이다. 인산지질에는 **인산아실글리세롤**(phosphoaceylglycerol)(혹은 인산 글리세라이드)과 **스핑고지질**(sphingolipid)의 두 가지가 있으며, 둘 다 세포막의 중요한 성분이다.

트라이아실글리세롤에서 끝에 있는 아실기(COR)를 인산기(−PO(OH_2))로 바꾸면 **포스파티드산**(phosphatidic acid)이라고 부르는 구조가 얻어진다. **포스포아실글리세롤**(phosphoacylglycerol)은 포스파티드산의 에스터(포스파티딜 에스터))로서 그 예는 레시틴과 세팔린이다. 레시틴은 계란 노른자위에서 발견되는데, 이 성분이 빵을 만들 때 유화제의 역할을 한다.

포스파티드산에서 입체 발생 중심의 절대 배열은 (*R*)이다.

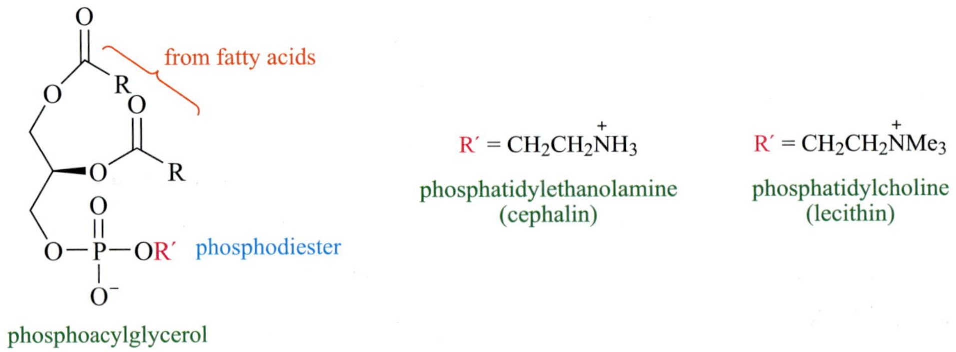

문제 14.3 아미노산인 L-세린에서 유래하는 포스포아실글리세롤인 포스파티딜세린(phosphatidylserine)의 구조를 그리시오.

스핑고마이엘린은 1870년에 뇌의 추출물에서 발견되었다. 그 당시에는 이 물질의 역할이 신비에 싸여 있었기 때문에 신화에 나오는 스핑크스(sphinx)에서 '스핑고'라는 이름이 나왔다.

스핑고지질은 아미노 알코올인 **스핑고신**(sphingosine)의 유도체로서 그 한 예가 **스핑고마이엘린**(sphingomyelin)이다. 인산다이에스터인 이 화합물에서 아미노기는 지방산과 아마이드 결합을 이루고 있다.

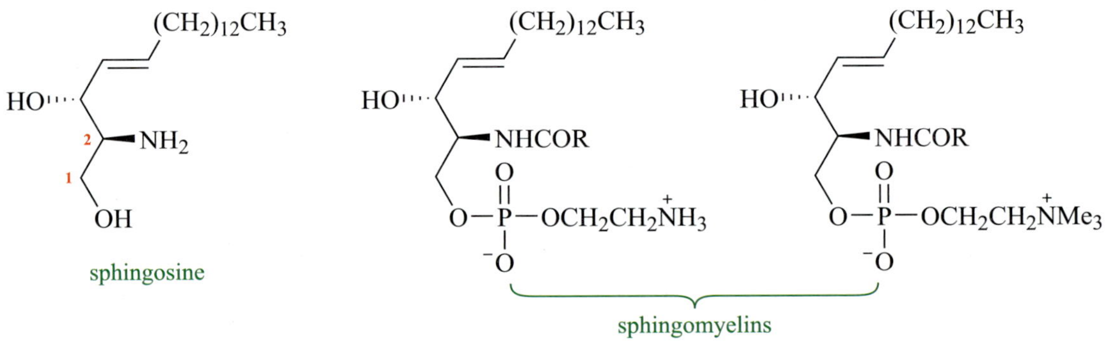

포스포지질의 짧은 극성기를 머리, 그리고 두 비극성 긴 사슬을 꼬리라고 표현하면 포스포지질을 다음과 같이 나타낼 수 있다.

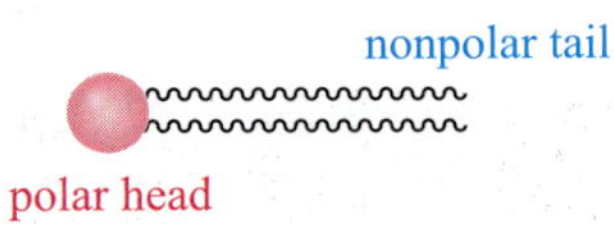

포스포지질은 비누와 비슷하게 극성 성분과 비극성 성분이 모두 있다. 하지만 이 구조가 비누와 다른 점은 비극성 기가 비누에서처럼 하나가 아니라 두 개가 존재한다는 점이다. 따라서 수용액에서 마이셀(micelle)을 이루는 비누와는 다르게 포스포지질은 수용액에서 다음과 같은 구조의 **지질 두겹층**(lipid bilayer)을 형성할 수 있다.

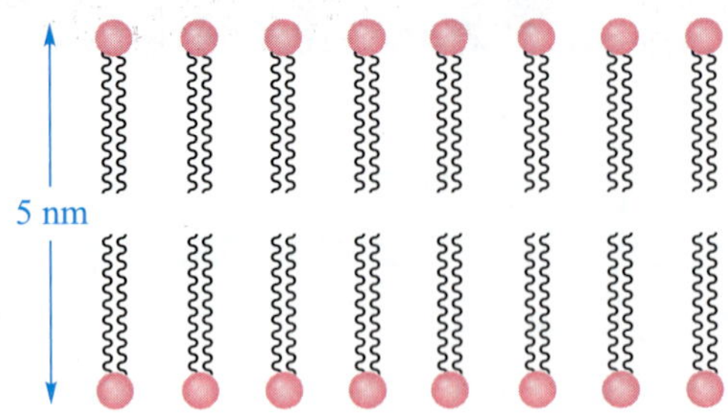

포스포아실글리세롤의 지질 두겹층은 세포막의 주성분이다(또한 세포막에는 단백질과 콜레스테롤이 박혀 있다). 두 극성 머리는 물과의 친화력이 크기 때문에 물 층으로 놓여 있게 되고 비극성 꼬리가 두겹층의 내부에 있게 된다. 세포막의 유연성은 꼬리 부분의 지방산에 따라 달라진다. 즉, 포화 지방산으로 이루어진 세포막은 단단하고 불포화 지방산으로

이루어지면 좀 더 유연해진다. 반면에 스핑고마이엘린은 이름이 의미하듯이 신경세포의 축색을 감싸서 전기 신호가 외부로 흘러가는 것을 방지하는 얇은 막인 마이엘린(myelin) 막의 성분이다.

14.4 에이코사노이드

에이코사노이드(eicosanoid)는 탄소 20개로 이루어진 아라키돈산(표 14.1)에서 유래하는 생리활성 물질을 모두 포함하는 부류의 화합물로서 신체에서 국지적 조정자의 역할을 수행한다. 즉, 특정한 분비샘에서 합성된 후 혈류를 통하여 작용하는 장소로 이동하는 호르몬과 다르게, 에이코사노이드는 외부의 자극에 의하여 세포에서 합성된 후 그 세포에서만 생리활성을 보이며 체내에 저장되지 않는다. 또한 이 물질은 호르몬에 비해서는 상당히 화학적으로 불안정하나 심장의 박동, 피의 응고 알레르기, 염증 반응, 위산 분비 및 난소의 수정 같은 다양한 생리 작용에 관여한다고 알려져 있다.

eicosa는 20을 의미하는 그리스 어이다.

에이코사노이드는 구조적으로 크게 **프로스타글란딘**(prostaglandin, PG), **프로스타사이클린**(prostacyclin, PGI), **류코트라이엔**(leukotriene, LT)과 **트롬복세인**(thromboxane, TX)의 네 가지 부류로 나눌 수 있다.

프로스타글란딘은 탄소 사슬 곁가지가 두 개 붙어 있는 오원자 탄소 고리 화합물이다. 1930년대에 스웨덴의 본 오일러(von Euler)는 사람의 정액이나 숫양의 전립선에서 추출한 산성 물질이 자궁 근육을 수축하는 현상을 발견하였는데, 이러한 현상을 주는 물질이 전립선(prostate gland)에서 합성되는 물질이라고 생각하여 이 물질에 프로스타글란딘이라는 이름을 붙였다. 그 후 1950년대에 다양한 구조의 PG가 전립선만이 아니라 모든 신체 조직에 소량이지만 들어 있음을 알게 되었다.

PG의 기본 골격은 다음과 같으며, 한 가지 예는 분만 유도제로 사용되는 PGE_2이다.

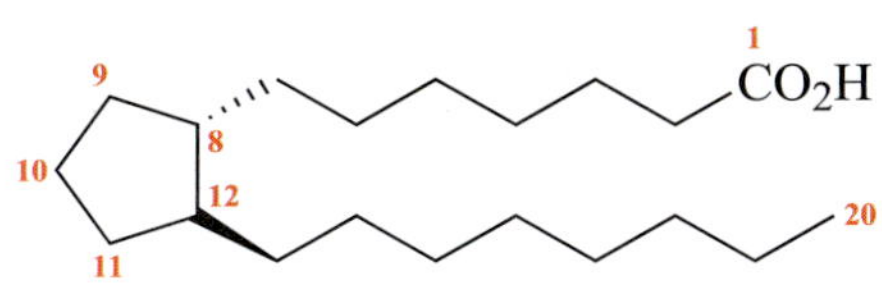

basic structure of prostaglandin

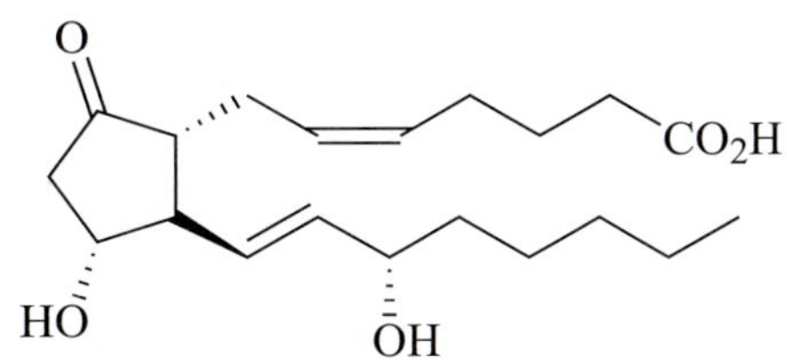

PGE_2

프로스타사이클린은 PG와 구조가 비슷하나 산소를 포함하는 오원자 고리가 하나 더 있으며, **류코트라이엔**은 비고리 화합물, **트롬복세인**은 산소 원자를 포함하는 헤테로 고리 화합물이다.

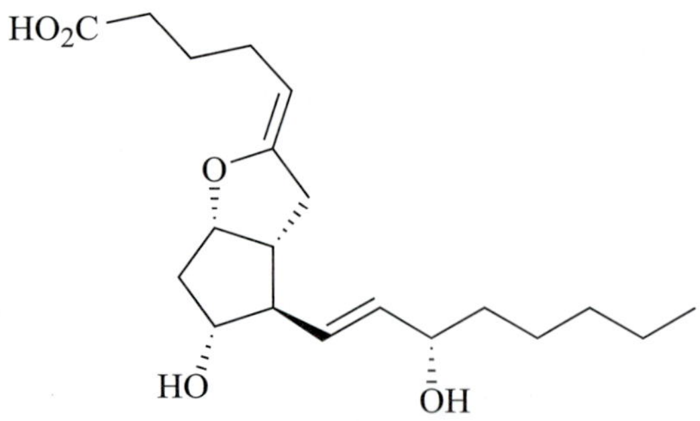

PGI_2(a prostacyclin)

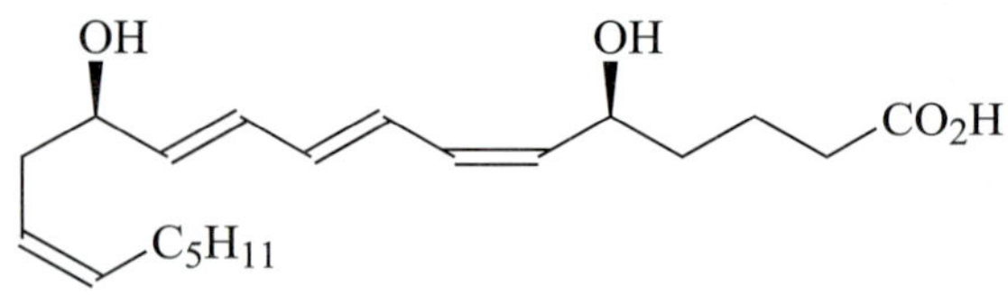

LTB_4(a leukotriene)

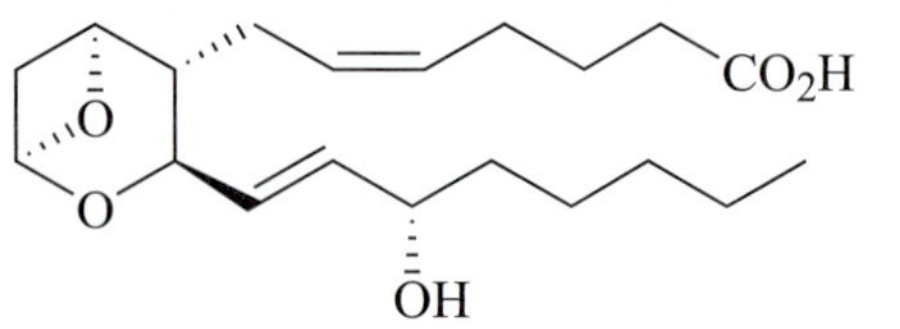

TXA_2(a thromboxane)

에이코사노이드 생합성의 첫 단계는 외부 자극에 대응하여 **고리산소첨가효소**(cyclooxygenase, **COX**)가 촉매화하는 아라키돈산의 산화 반응이다. 이 반응에서 생성되는 PGG_2는 다른 에이코사노이드 부류로 변환된다.

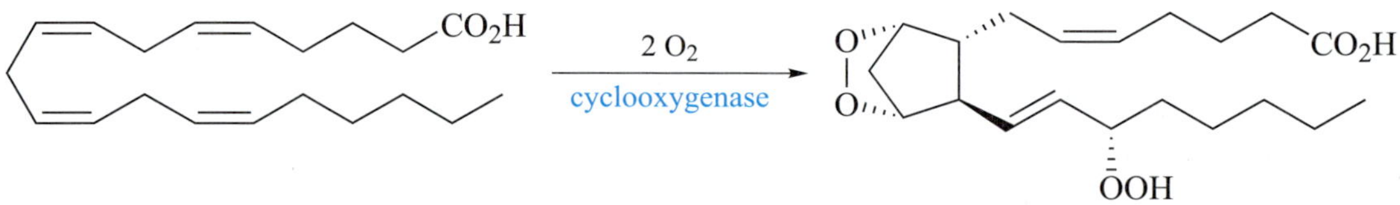

arachidonic acid　　　　PGG_2

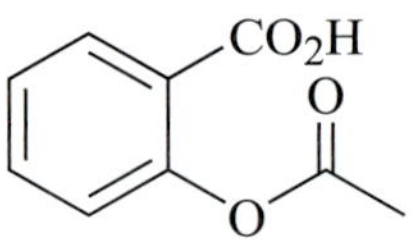

aspirin
(acetylsalicylic acid)

비스테로이드성 항염증제(nonsteroidal anti-inflammatory drugs, **NSAID**)인 일종인 아스피린(아세틸살리실산)은 COX의 세린 잔기의 HO기를 아세틸화하여 염증과 열을 해소시킨다. 또한 혈관 내에서 혈소판의 응고를 일으키는 트롬복세인의 생합성을 차단하기도 한다. 따라서 아스피린을 소량(100 mg)씩 매일 복용하면 심장 마비를 일으키는 혈전의 생성을 예방할 수 있다고 한다.

14.5 스테로이드

스테로이드(steroid)는 세 개의 육원자 고리와 한 개의 오원자 고리가 서로 접합된 네 고리 화합물이며, 네 개의 고리는 A, B, C, D라고 문자를 매긴다. 포화된 스테로이드는 고리 접합이 대부분 모두 트랜스이므로 전체 구조는 대략 평면 구조를 취한다. 또한 두 고리가 만나는 위치에 놓인 두 메틸기(18번, 19번 탄소)는 사이클로헥세인의 의자 형태에서 축 방향으로 놓여 있으며(아래 구조에서는 위쪽 방향), C17의 곁사슬인 R기가 Me기와 시스 위치에 있다.

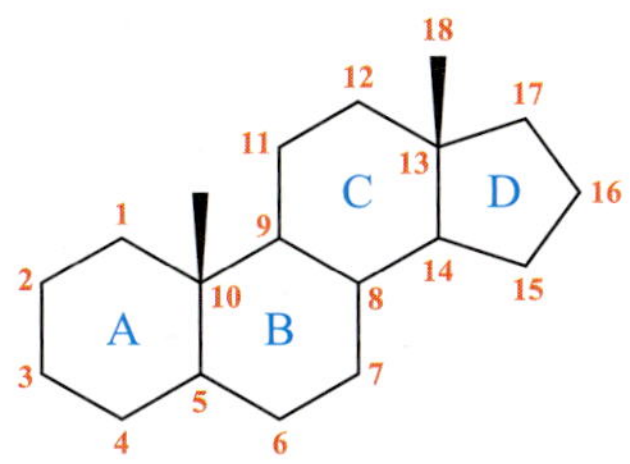

steroid skeleton

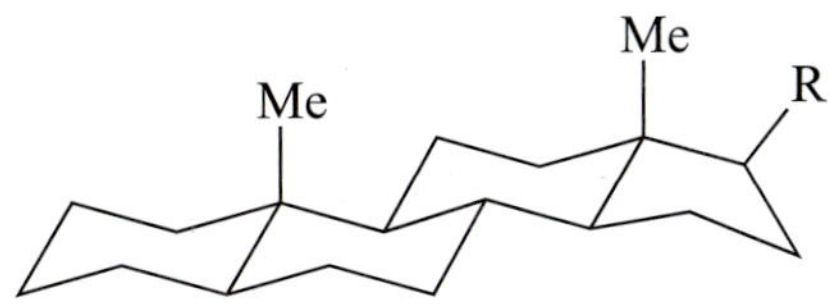

general structure of steroids

스테로이드 구조의 지질에는 콜레스테롤, 성 호르몬과 부신 피질 호르몬 등이 있다.

콜레스테롤

가장 널리 알려진 스테로이드인 **콜레스테롤**은 모든 동물 세포막의 중요한 성분으로서, 체내에서는 트라이터펜(triterpene)인 스콸렌(14.6절)으로부터 간이나 소장, 부신 등에서 생합성된다. 콜레스테롤은 입체 발생 중심이 모두 8개이므로 256개의 입체 이성질체가 가능하나 천연 콜레스테롤은 이 중에서 다음과 같은 구조이다.

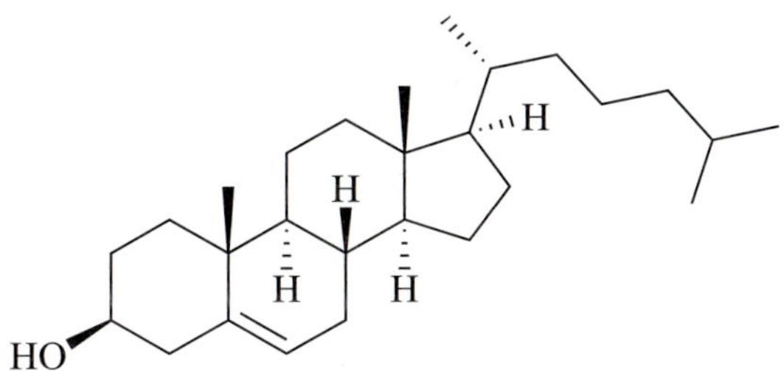

cholesterol

성 호르몬과 부신 피질 호르몬

성 호르몬과 부신 피질 호르몬은 내분비샘에서 분비되는 스테로이드 골격의 생분자이다. 인간의 성 호르몬은 안드로겐(androgen)이라고 부르는 남성 호르몬, 에스트로겐(estrogen)이라고 부르는 여성 호르몬, 그리고 프로게스틴(progestin)이라고 부르는 임신 호르몬의 세 부류로 나눌 수 있다.

고환에서 생합성되는 남성의 성 호르몬은 테스토스테론과 안드로스테론의 두 가지가 있으며, 남성의 이차 성징의 발현을 조절한다.

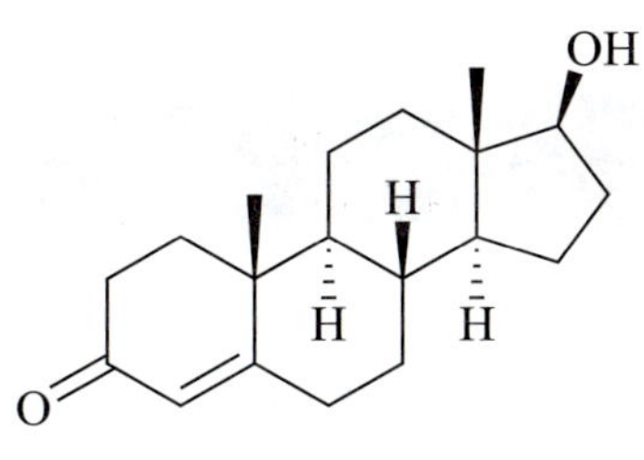

testosterone

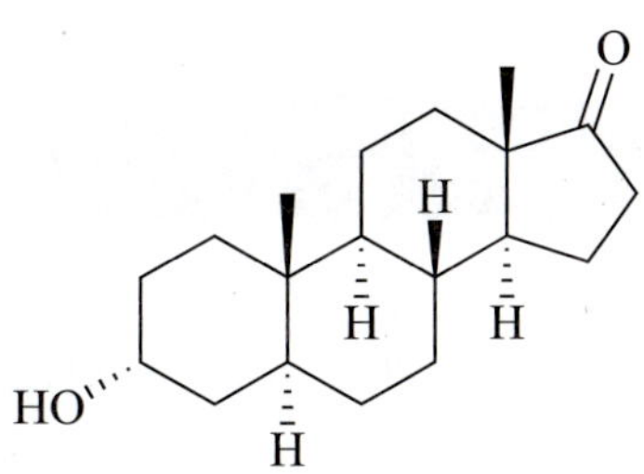

androsterone

여성의 성 호르몬에는 에스트라다이올과 에스트론의 두 가지가 있으며, 둘 다 테스토스테론으로부터 난소에서 합성되는데 여성의 이차 성징의 발현 및 월경 주기를 조절한다. 두 호르몬은 A 고리가 방향성 벤젠 고리이고 C10에 메틸기가 없는 점이 특징이다.

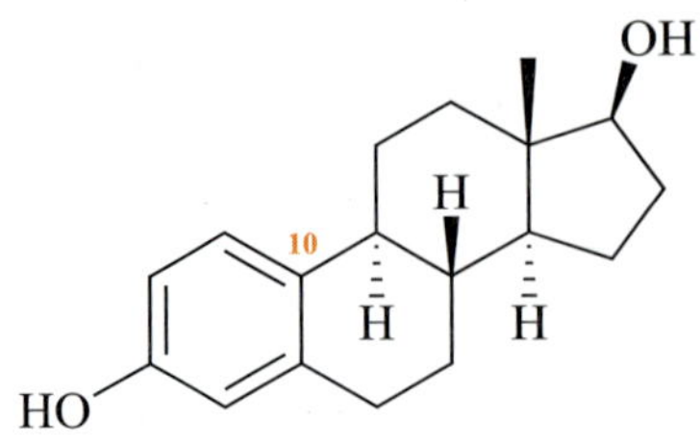

estradiol

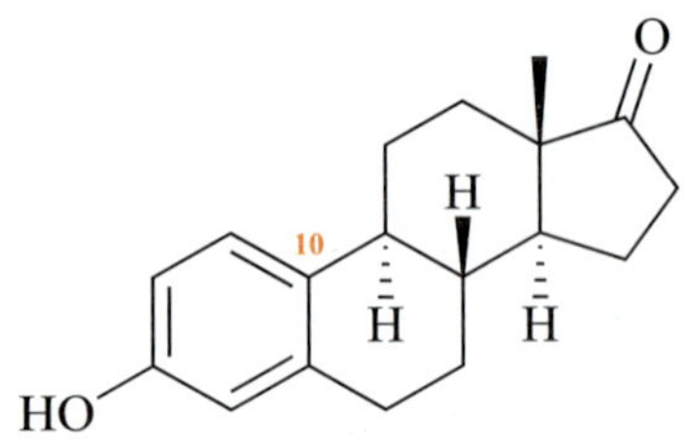

estrone

임신 호르몬의 일종인 프로게스테론은 임신 과정에서 수정란이 자궁에 착상하도록 돕는 역할을 한다.

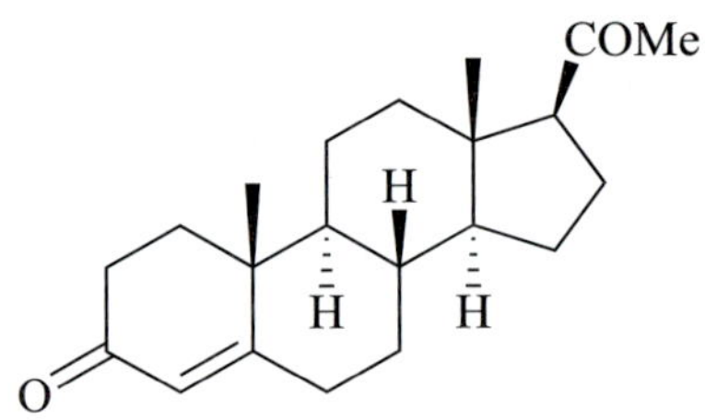

progesterone

부신 피질 호르몬(adrenocortical hormone)은 부신 피질에서 분비되는 호르몬으로 C11에 카보닐기 혹은 OH기가 있다. 코티손과 코티솔은 건선, 관절염, 천식 같은 염증 질환의 치료에 사용된다.

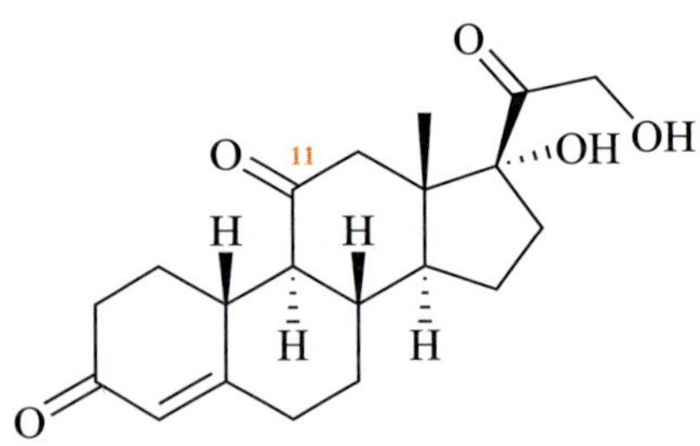

cortisone

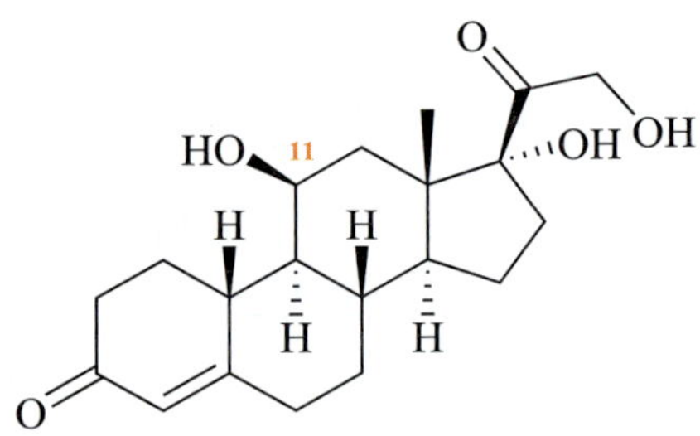

cortisol

14.6 터펜

터펜은 5개의 탄소 원자로 이루어진 **아이소프렌 단위**(**isoprene unit**)가 서로 연결되어 생성된 생분자이며, 따라서 터펜의 탄소 수는 5의 배수이다.

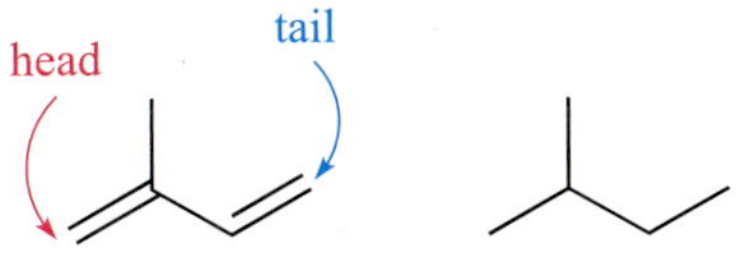

isoprene isoprene unit

스피어민트의 향인 카본, 박하에서 얻어지는 멘톨, 소나무 잎의 향인 α-피넨, 로즈마리 잎이나 상록수에서 얻어지는 장뇌(camphor) 등이 터펜의 예이다. 이 예에서처럼 터펜은 식물의 정유에서 분리하며 강한 향이 있기 때문에 향료로서 쓰이기도 한다.

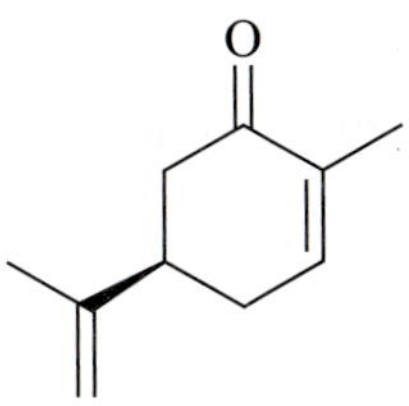

(*R*)-carvone

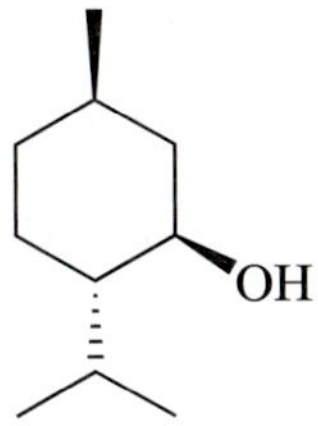

(1*R*,2*S*,5*R*)-menthol

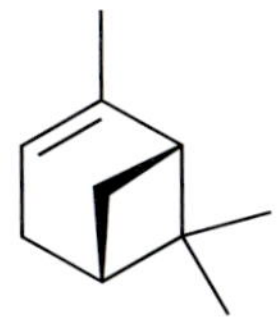

(1*R*)-(+)-α-pinene

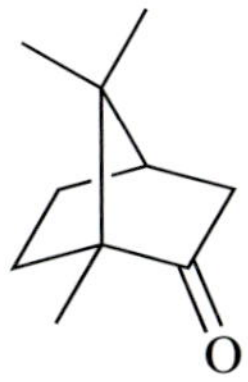

(*R*)-camphor

터펜의 생합성에서 아이소프렌 단위는 머리 혹은 꼬리끼리 연결되거나 머리와 꼬리가 연결될 수 있다. 선형 구조의 터펜에서는 이 두 가지 방식 중에서 머리와 꼬리가 연결되는 방식이 흔하다. 다음은 몇 가지 예이다.

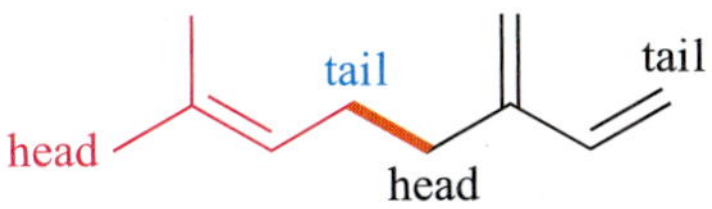

myrcene

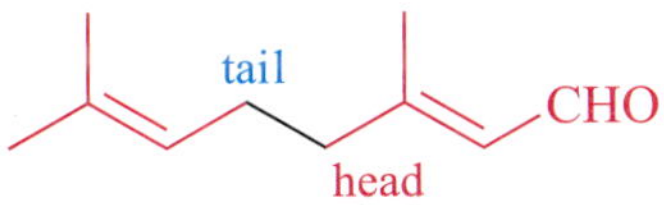

citral
(lemon grass)

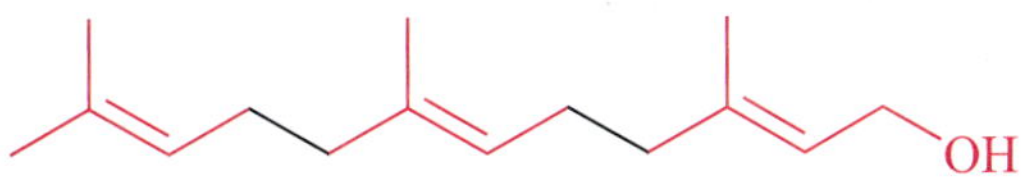

farnesol

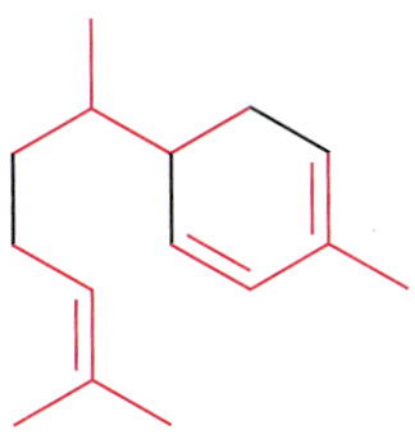

zingiberene
(ginger)

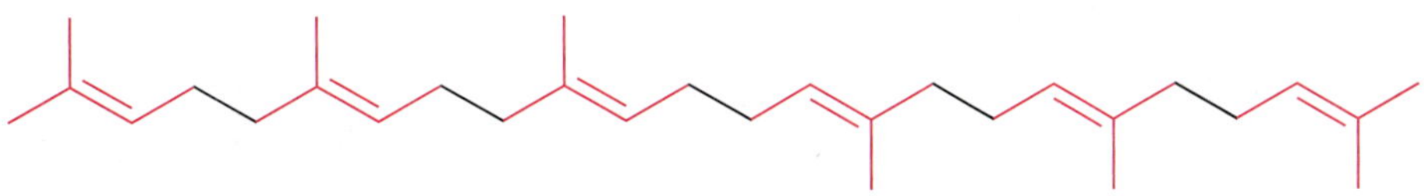

squalene

장뇌에서 두 아이소프렌 단위는 두 가지 방식으로 찾을 수 있다.

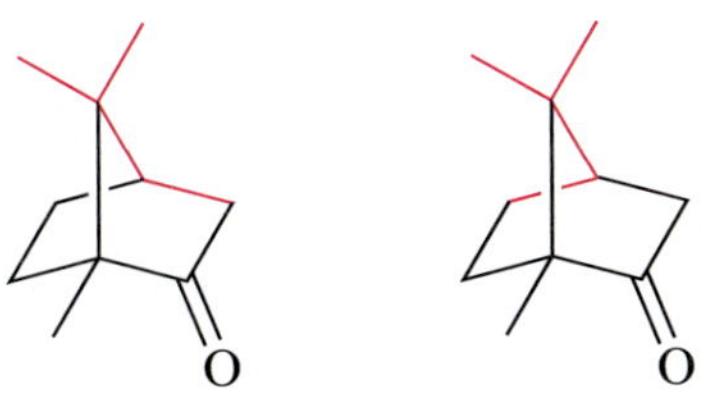

문제 14.4 다음 구조에서 아이소프렌 단위를 찾으시오.

a. 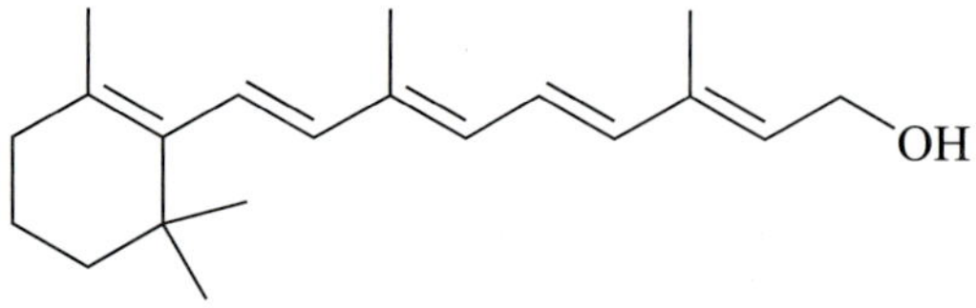

Vitamin A

b. 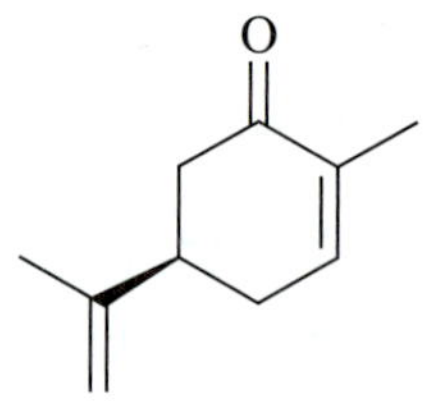

(*R*)-carvone

c. 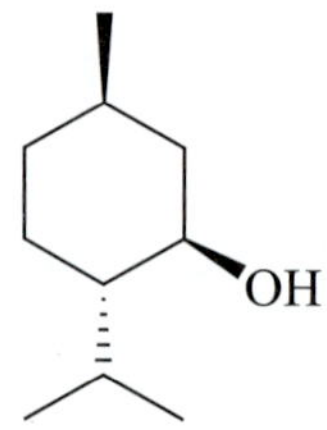

(1*R*,2*S*,5*R*)-menthol

터펜은 아이소프렌 단위의 수에 따라서 모노터펜(두 단위), 세스퀴터펜(sesquiterpene)(세 단위), 다이터펜(네 단위), 세스터터펜(sesterterpene)(다섯 단위), 트라이터펜(여섯 단위), 테트라터펜(여섯 단위) 등으로 나눈다.

문제 14.5 다음 화합물을 모노터펜, 세스퀴터펜, 다이터펜 등으로 분류하시오.

a. 카본　　b. 멘톨　　c. 비타민 A　　d. 스쿠알렌　　e. β-카로틴

문제 14.6 다음 분자 구조가 속한 부류를 다음 보기에서 고르시오

보기: 인산지질, 스테로이드, 터펜, 지방산, 지방, 프로스타글란딘

a. 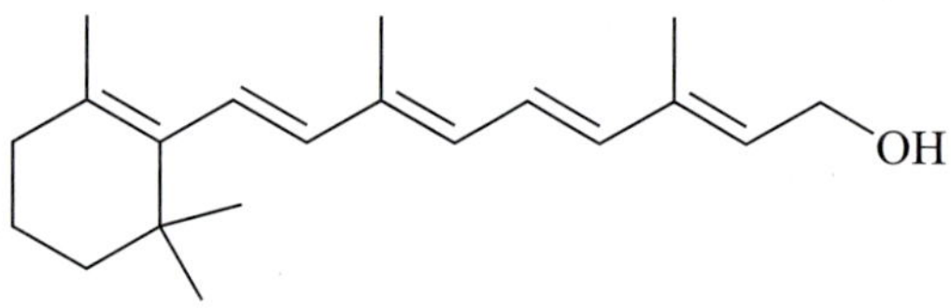

b. 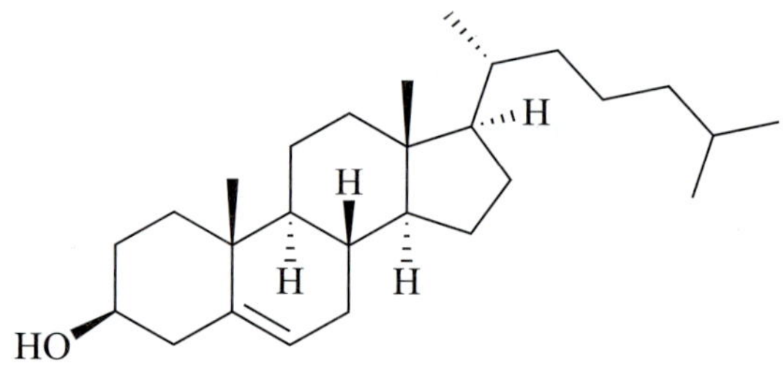

c. 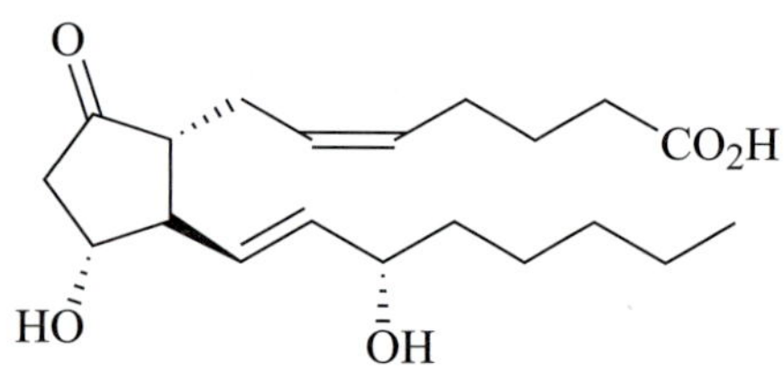

d. 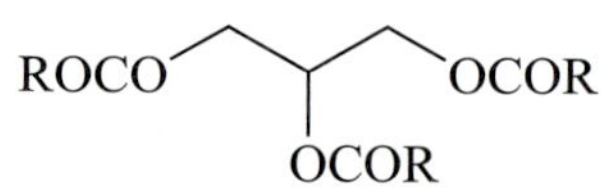

R = $-CH_2(CH_2)_7Me$

e. 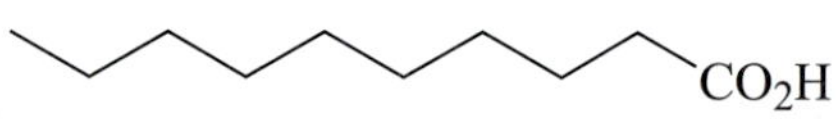

f. 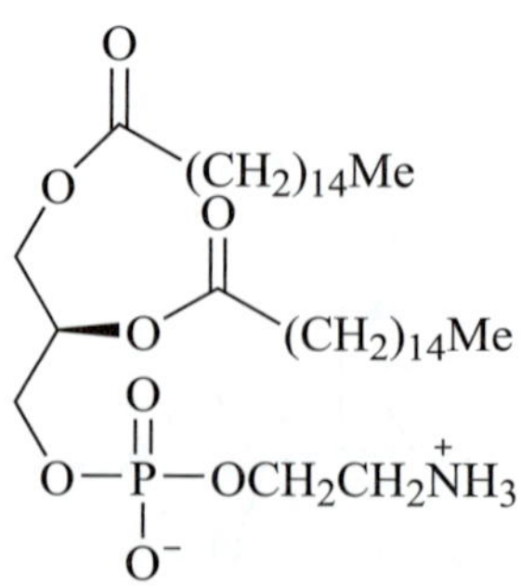

부록

출처: sutterstock

1. 굽은 화살표로 메커니즘 그리기
2. 반응 흐름도
3. 유기 화합물 부류에 따른 합성 방법
4. C–C 결합 형성 반응
5. 다작용기 유기 화합물의 명명

1. 굽은 화살표로 메커니즘 그리기

유기화학에서 굽은 화살표는 메커니즘이나 공명 구조를 그릴 때 전자의 이동을 묘사하기 위하여 사용한다. 굽은 화살표(미늘이 두 개)는 다만 반응물이 생성물로 변환되는 과정에서 결합쌍이나 고립쌍이 어떻게 재배열되는지를 표시하는 기호일 뿐이며, 실제로 전자쌍이 굽은 화살표가 나타내는 방향으로 이동하는 것은 아니다.

이 부록에서는 굽은 화살표로 메커니즘을 그리는 방법을 추가로 설명하고자 한다.

미늘이 두 개인 굽은 화살표의 꼬리는 전자쌍의 출발지를 나타내며, 출발지로 작용할 수 있는 전자쌍(electron source, 전자원)에는 헤테로 원자의 고립쌍, RMgX의 C−Mg σ 결합, $LiAlH_4$나 $NaBH_4$의 Al−H 혹은 B−H 결합 그리고 알켄이나 벤젠의 π 결합, 엔올이나 엔올산 이온의 π 결합 등이 있다. 반면에 굽은 화살표의 머리는 전자쌍이 도착하는 원자나 결합을 표시한다. 이러한 원자나 결합을 전자 싱크(electron sink)라고 하는데, 전자 싱크에는 탄소 양이온, 루이스 산(예: $AlCl_3$, BF_3), 산성 수소(예: HX, RCO_2H, 물, 알코올, 아민, 말단 아세틸렌)가 있으며 또한 알킬 할라이드 및 그 유사 화합물(예: 토실레이트, 양성자첨가된 알코올(ROH_2^+)의 극성 C−X σ 결합과 카보닐기의 탄소 원자도 그러한 역할을 할 수 있다.

지금부터는 굽은 화살표를 이용하여 메커니즘을 그리는 방법을 살펴보자. 먼저 S_N2 치환 반응의 메커니즘은 다음과 같이 그릴 수 있다(메커니즘을 그릴 때 고립쌍을 모두 그리지 않거나 아예 그리지 않을 수도 있다).

[S_N2 치환 반응]

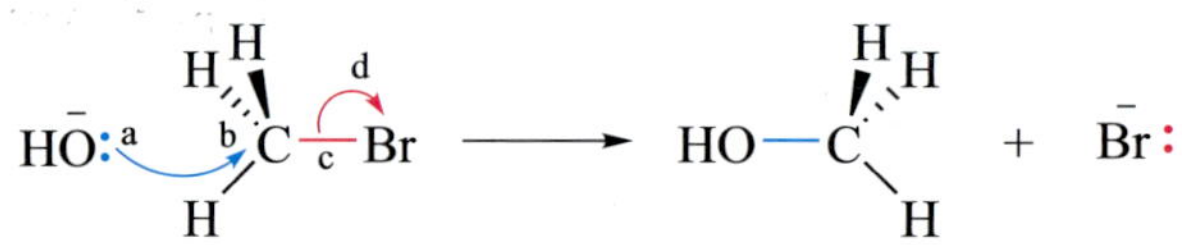

위 그림에서처럼 굽은 화살표의 꼬리는 고립쌍 a에서 시작하고 그 머리는 전자 싱크인 탄소 b에 가깝게 놓는다. 또한 전자원인 C−Br 결합쌍 c에서 다시 화살표를 시작하고(꼬리는 C−Br 결합의 중간에 놓는다) 머리는 전자 싱크인 Br 원자를 향하도록 그린다. 그러면 친핵체인 산소의 고립쌍(파란색 전자쌍)은 C−O 결합의 결합쌍(파란색 결합선)으로 변하고 C−Br 결합의 결합쌍(빨간색 결합선)은 이탈기인 Br 이온의 고립쌍(빨간색 전자쌍)으로 변하게 된다.

첨가 반응의 경우에도 비슷한 방법으로 굽은 화살표를 그릴 수 있다.

[첨가 반응]

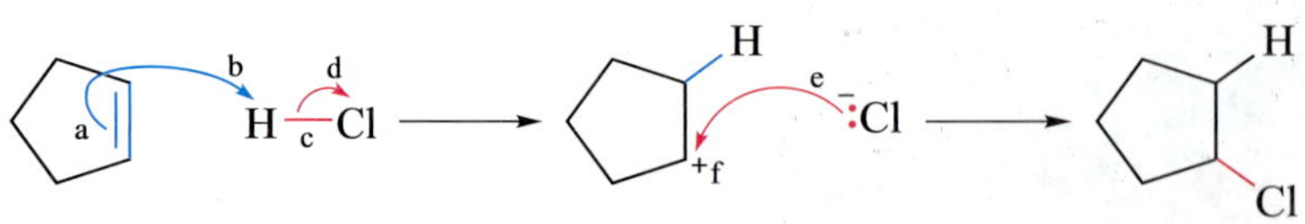

위 그림에서처럼 전자원인 π 전자쌍 a에서 화살표가 시작하고(꼬리는 이중 결합의 중간에 놓는다) 그 머리는 전자 싱크인 H 원자 b 쪽으로 그린다. 또한 전자원인 H−Cl 결합쌍 c에서 다시 화살표가 시작하고(꼬리는 H−Cl 결합의 중간에 놓는다) 머리는 전자 싱크인 염소 원자 쪽으로 향한다. 다음 단계에서는 친핵체인 염소 이온 e(전자원)가 전자 싱크인 탄소 양이온과 반응하면 C−Cl 결합이 생성된다. 따라서 화살표의 꼬리와 머리는 각각 염소 원자와 탄소 원자를 향하도록 그린다.

다음 첨가 반응은 수소화 붕소 이온이 카보닐기에 첨가하는 반응이다.

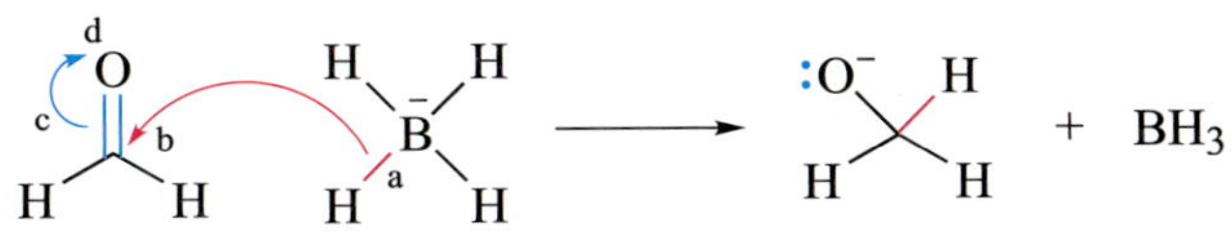

이 경우에는 전자원인 H−B 결합쌍 a에서 꼬리가 시작하고(꼬리는 H−B 결합의 가운데를 향한다) 그 머리는 전자 싱크인 카보닐 탄소 b를 향한다. 또한 카보닐 결합의 π 전자쌍 c(전자원)에서 화살표가 시작하여(꼬리는 카보닐 결합의 가운데에 놓는다) 그 머리는 전자 싱크인 산소 원자 d 쪽으로 향하게 그린다. 그러면 반응에서 H−B 결합쌍(빨간색 결합선)이 C−H 결합쌍(빨간색 결합선)으로 이동하며 동시에 π 전자쌍(파란색 결합선)이 산소 원자의 고립쌍(파란색 전자쌍)으로 이동한다.

E2 제거 반응은 굽은 화살표 세 개를 이용하여 나타낼 수 있다:

[E2 제거 반응]

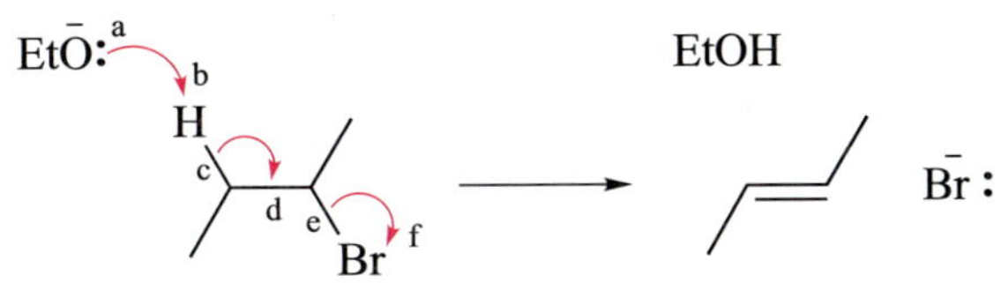

위 그림에서 전자원은 a, c, e(빨간색)이고 전자 싱크는 b, d, f(파란색)이다. 굽은 화살표의 꼬리는 전자원에 놓이고 그 머리는 항상 전자 싱크에 놓임을 다시 한 번 확인할 수 있다.

C−C σ 결합은 흔히 전자원은 아니나 이웃 탄소 원자에 양전하가 놓이면 전자원으로 반응할 수 있다. 그러한 경우가 탄소 양이온의 자리 옮김 반응이다. 이 반응에서 C−C 결합 a가 전자원, 양전하를 띤 탄소 원자가 전자 싱크이다.

[탄소 양이온의 자리 옮김 반응]

마지막으로 다룰 반응은 엔올산 이온의 생성 반응이다.

[엔올산 이온의 생성 반응]

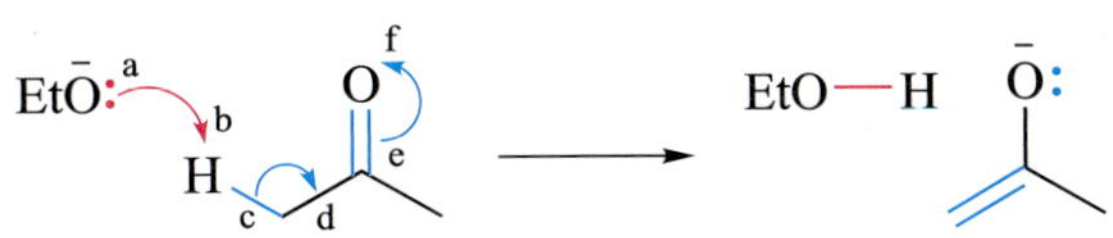

이 반응에서 전자원은 a, c, e(빨간색)이고 전자 싱크는 b, d, f(파란색)이다.

2. 반응 흐름도

[반응 흐름도 1] 알킬 할라이드, 알코올, 싸이올 및 아민

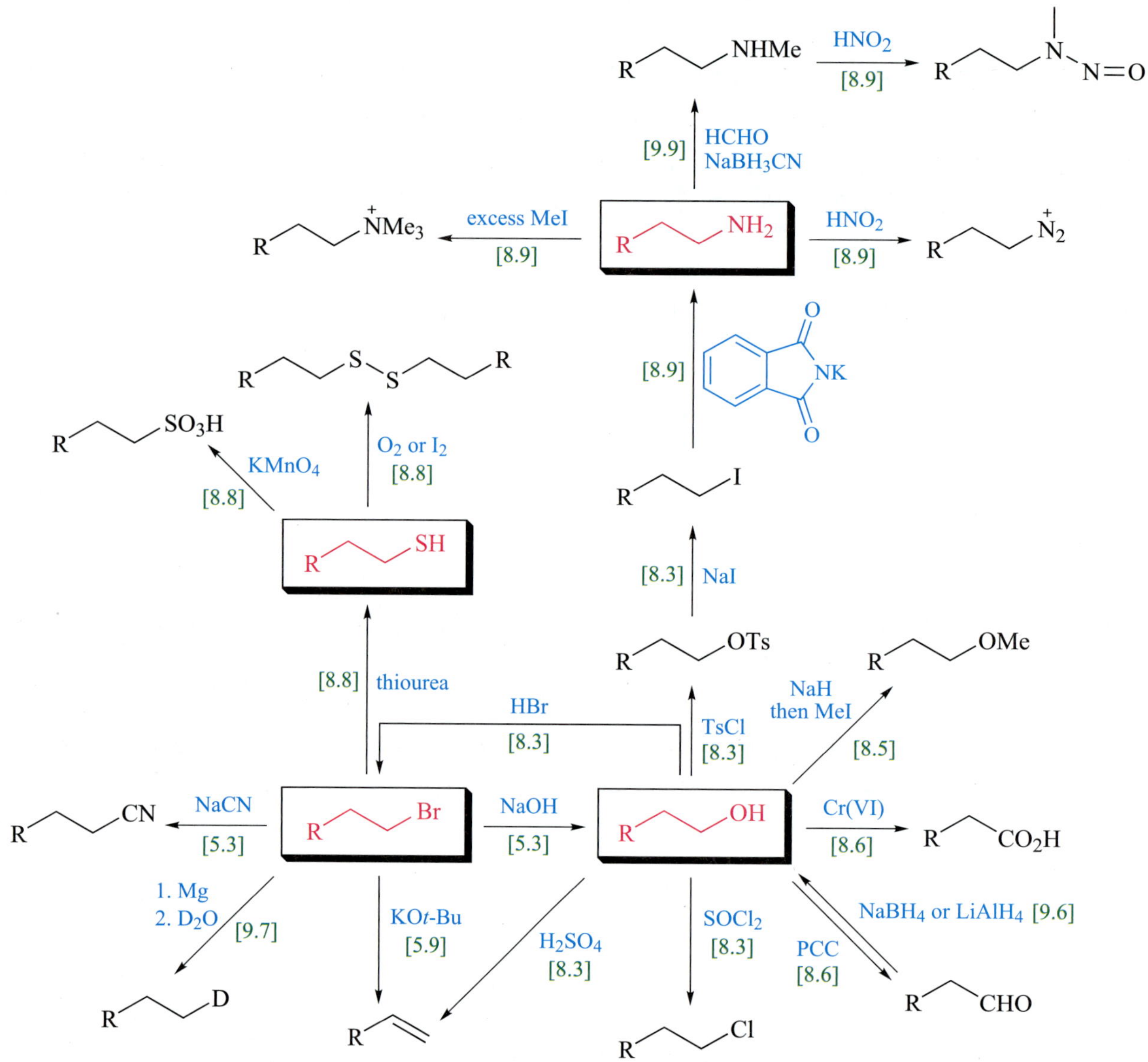

[반응 흐름도 2] 알켄, 할라이드와 에폭사이드

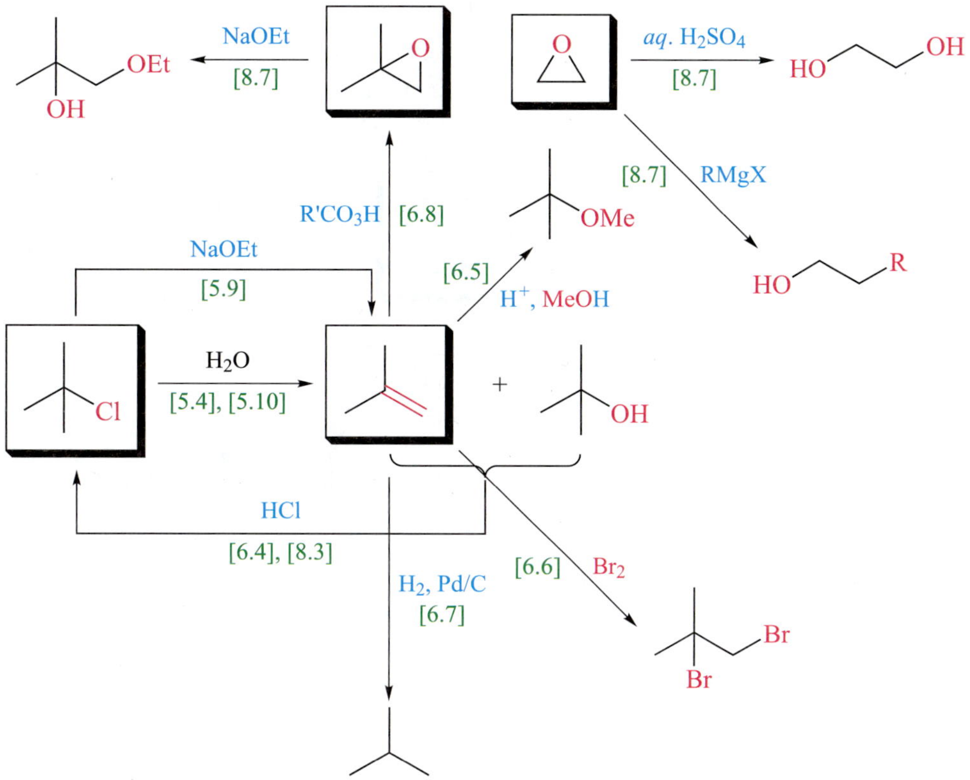

[반응 흐름도 3] 알카인

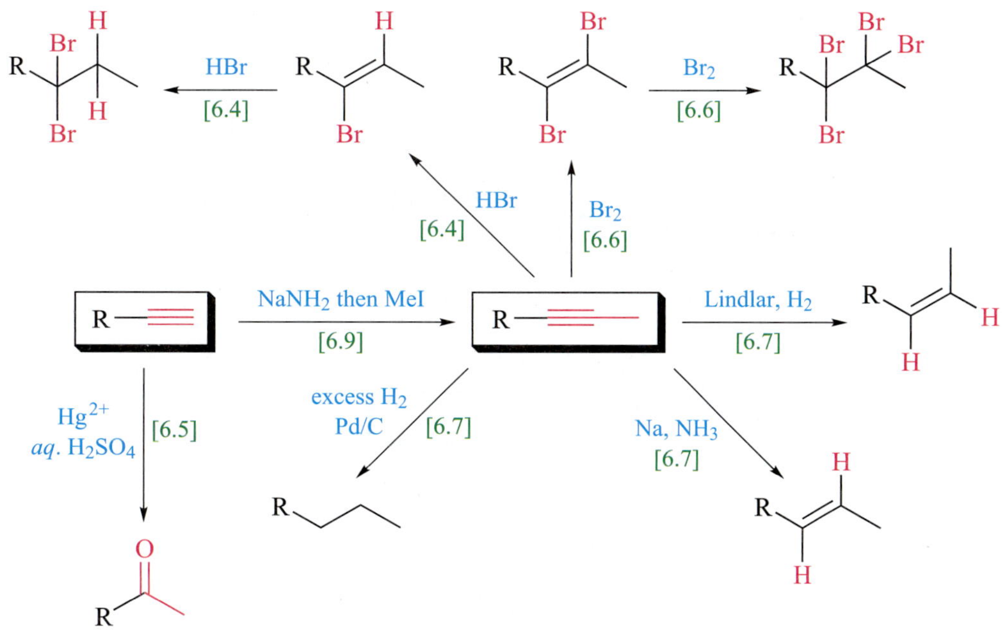

[반응 흐름도 4] 벤젠

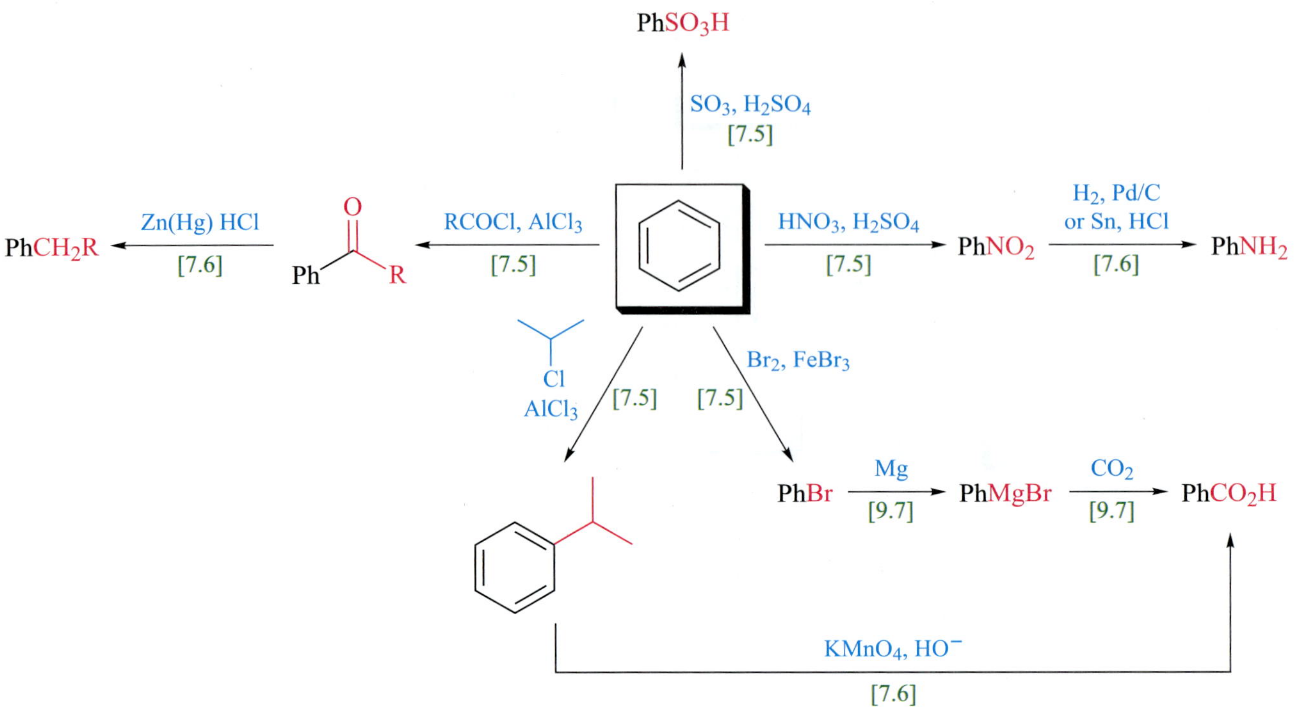

[반응 흐름도 5] 아닐린과 페놀

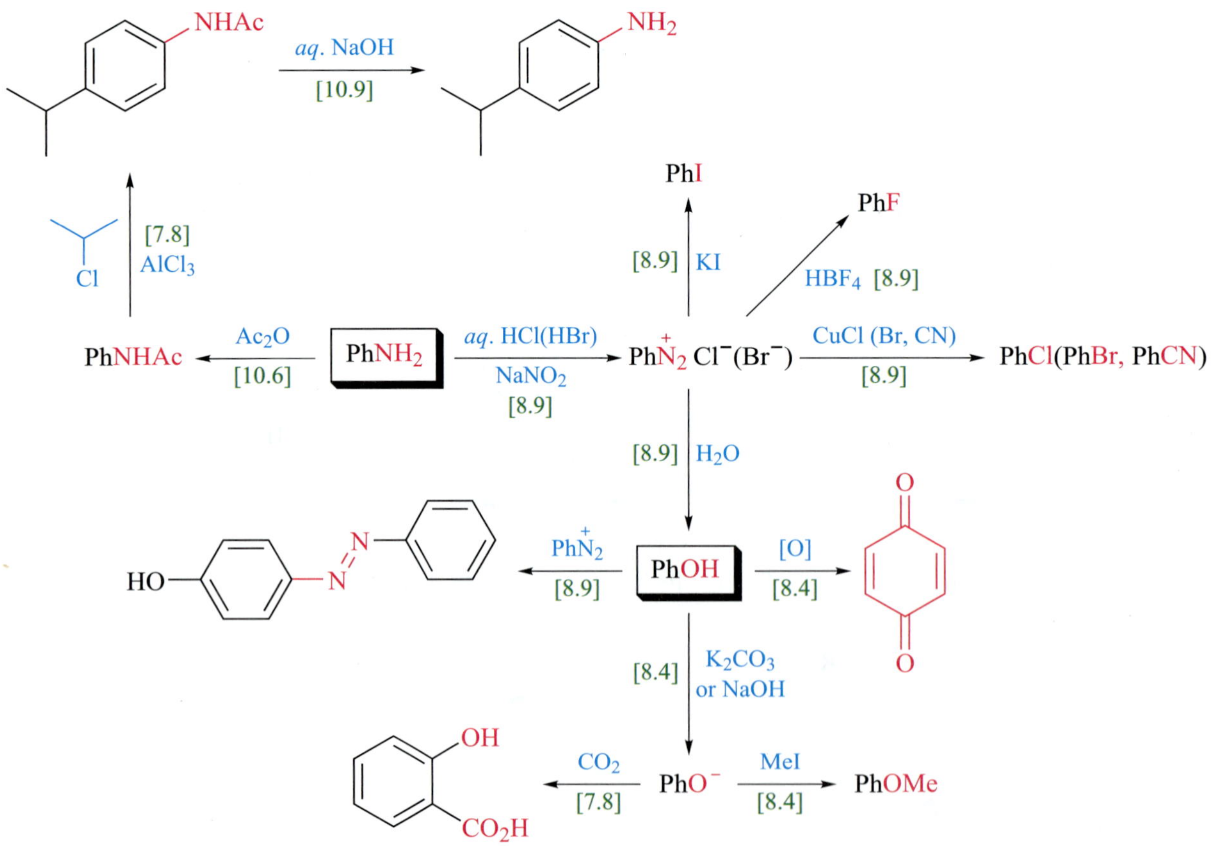

[반응 흐름도 6] 2-메틸사이클로헥산온

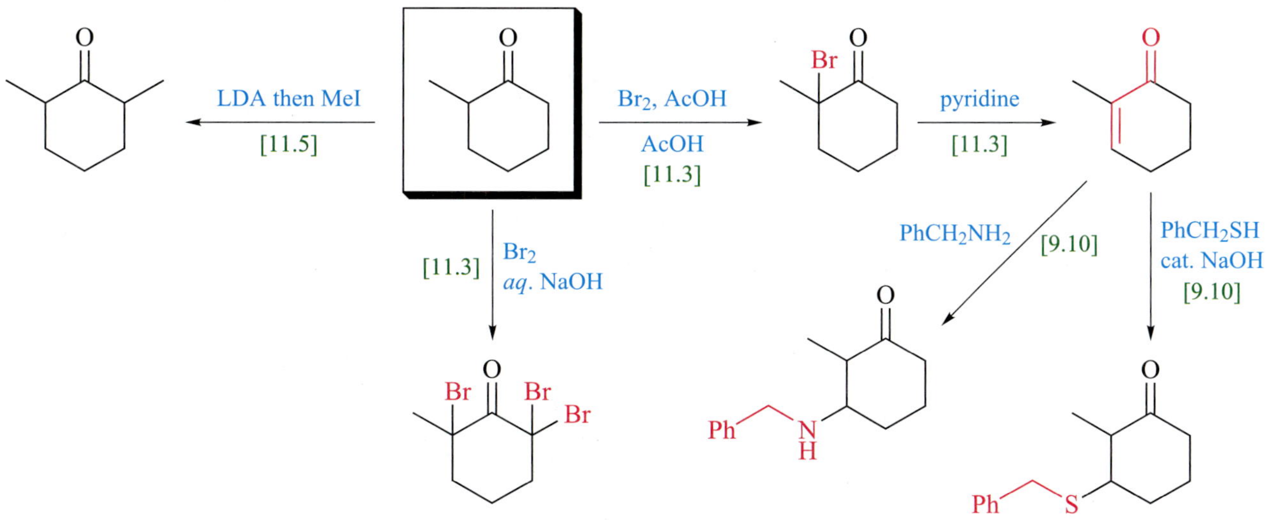

[반응 흐름도 7] 케톤, 아세토아세테이트와 말로네이트

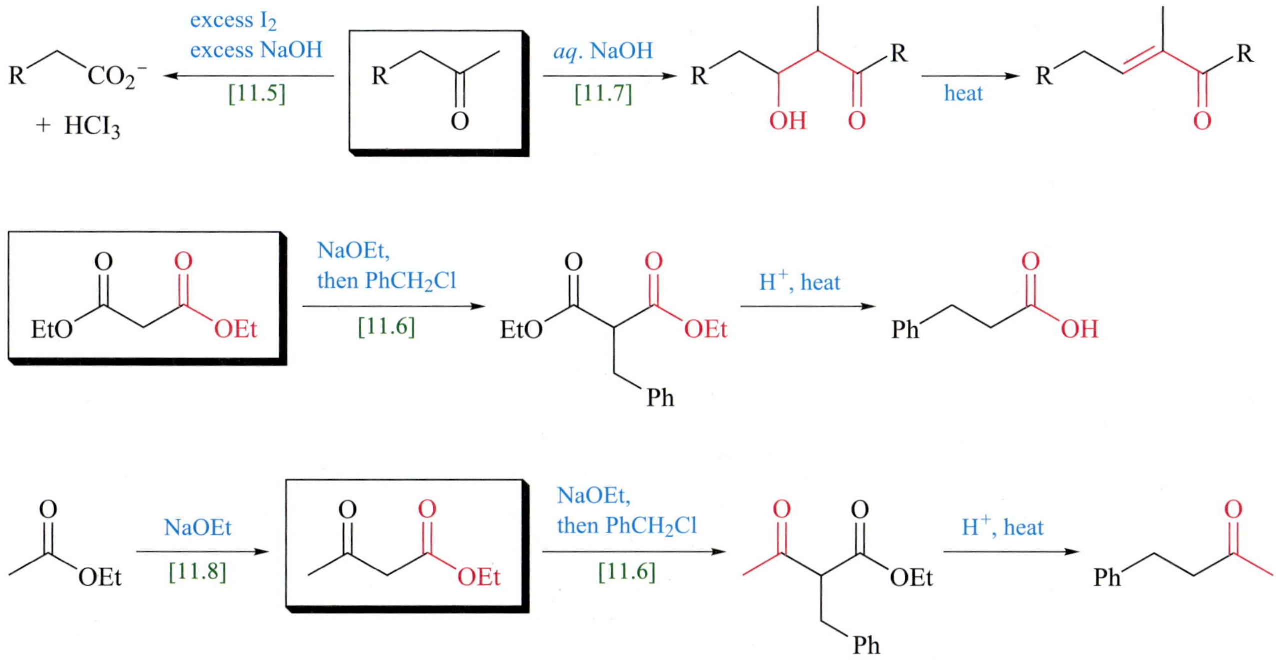

[반응 흐름도 8] 케톤

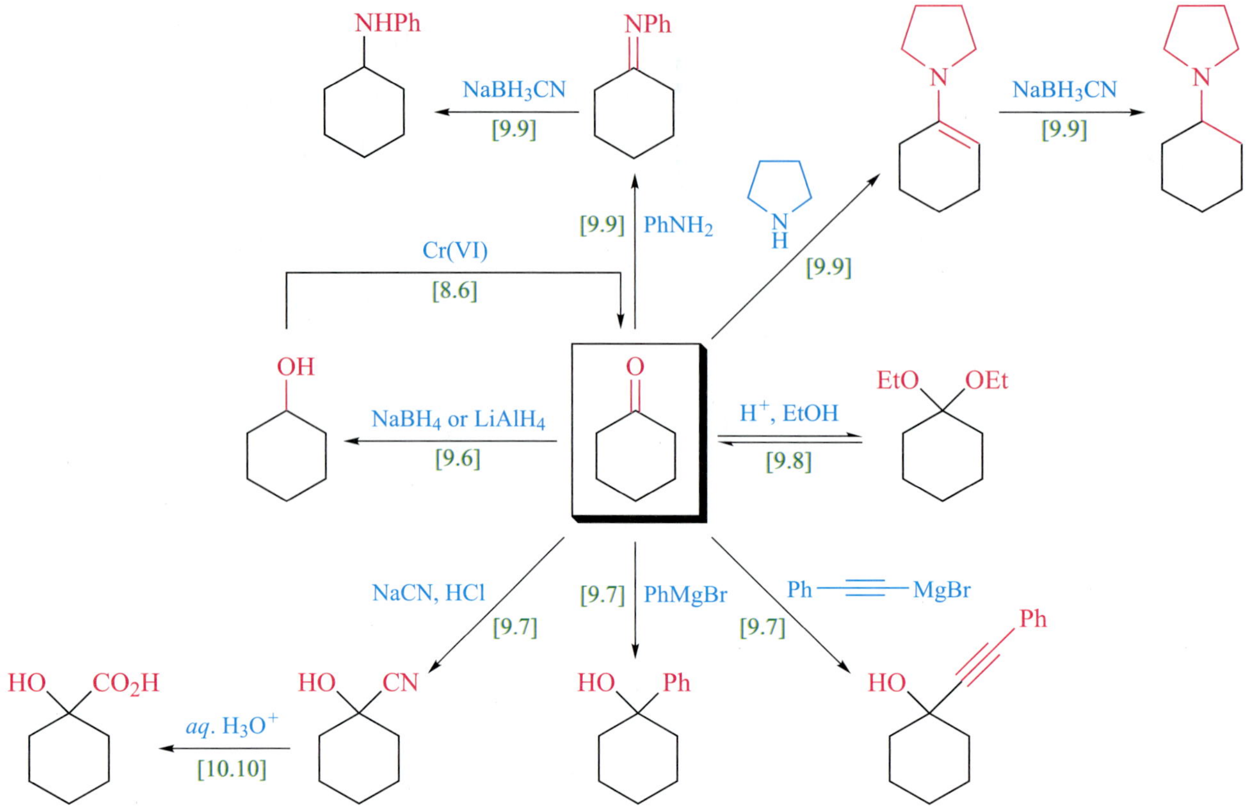

[반응 흐름도 9] 카복실산과 그 유도체

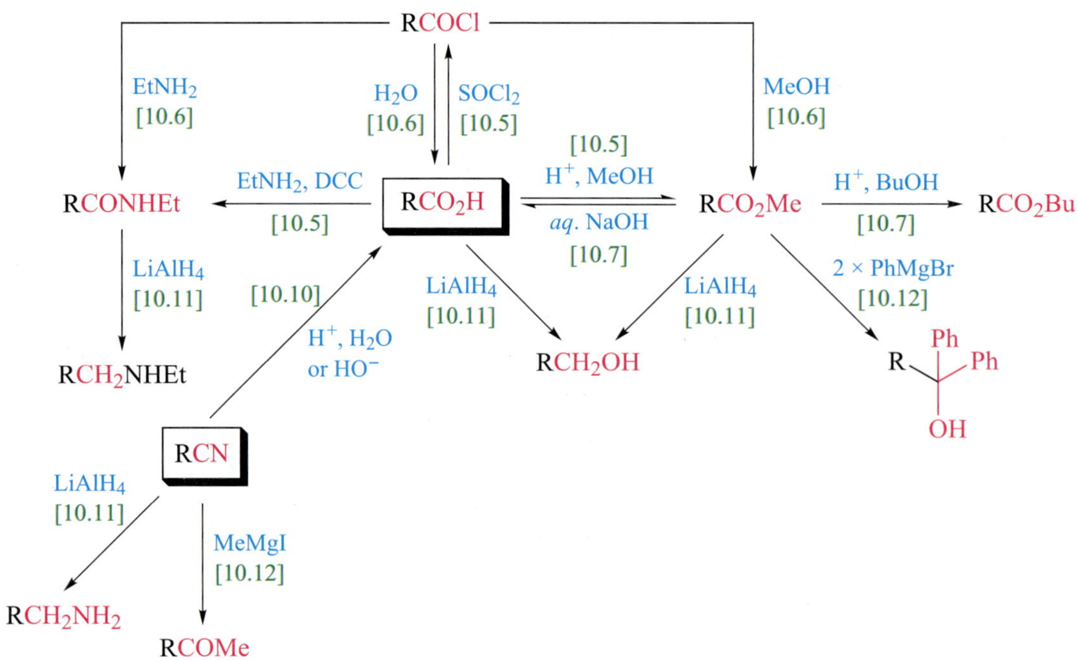

3. 유기 화합물 부류에 따른 합성 방법

[알케인]

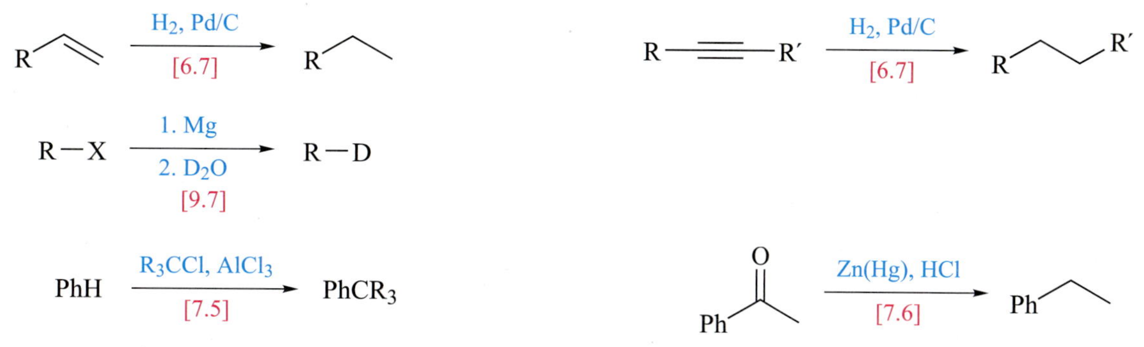

[알켄]

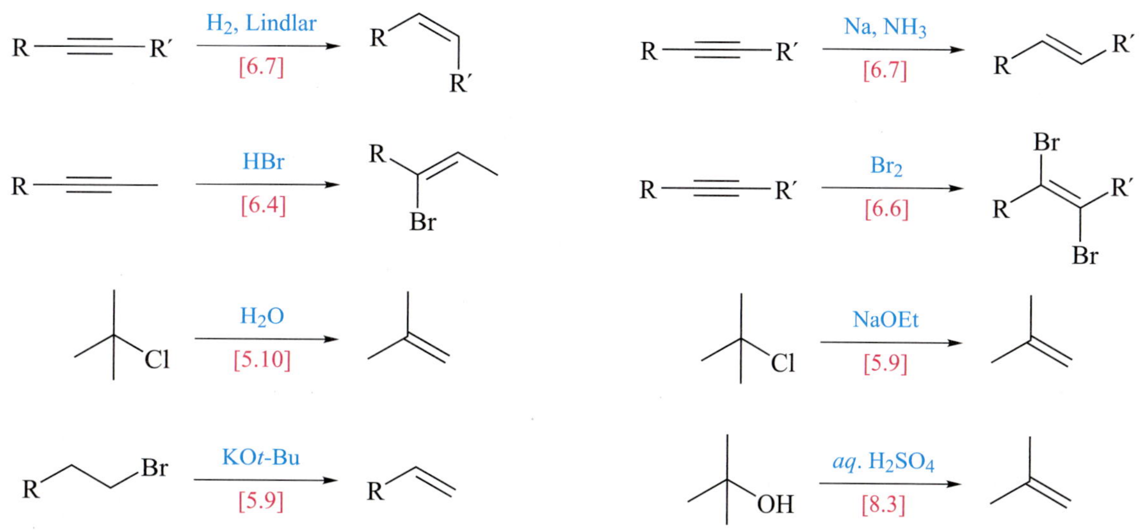

[알카인]

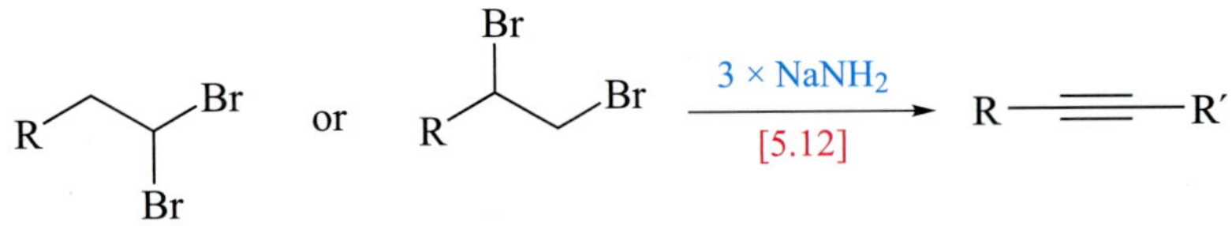

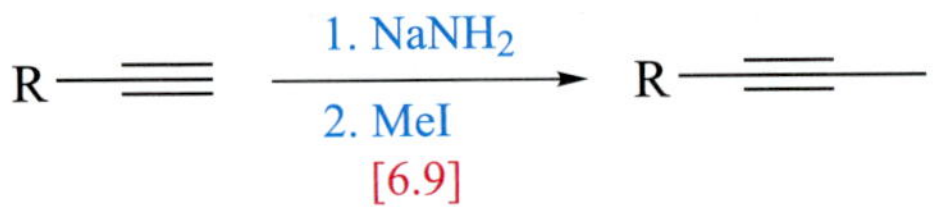

[알킬 할라이드]

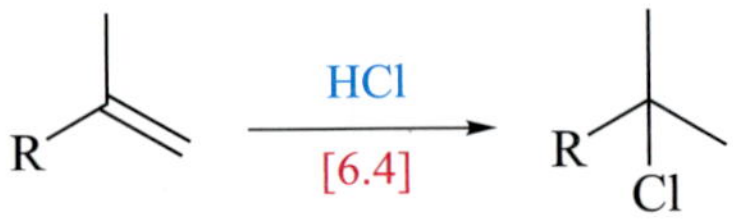

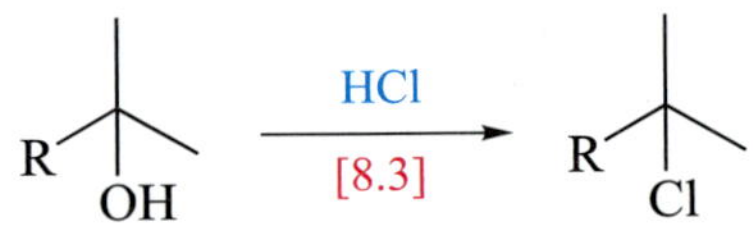

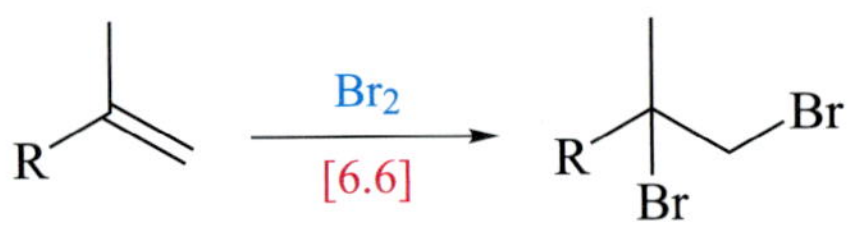

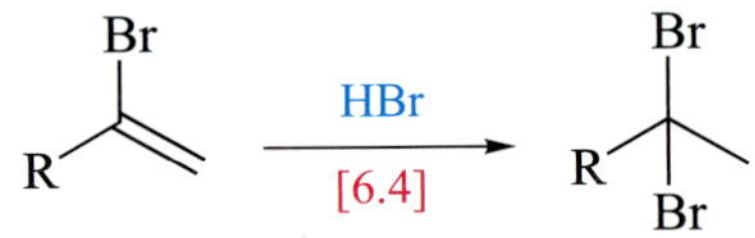

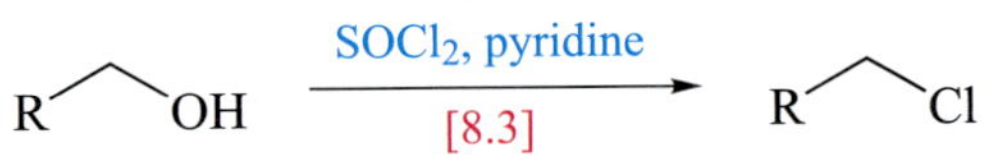

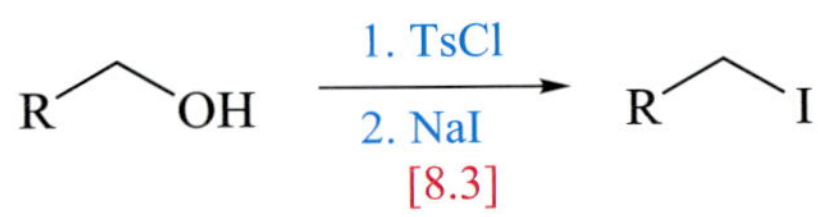

[아릴 할라이드]

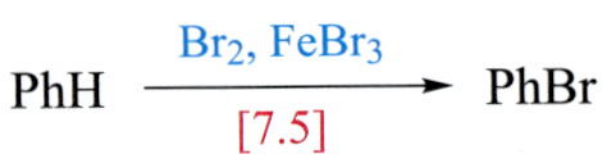

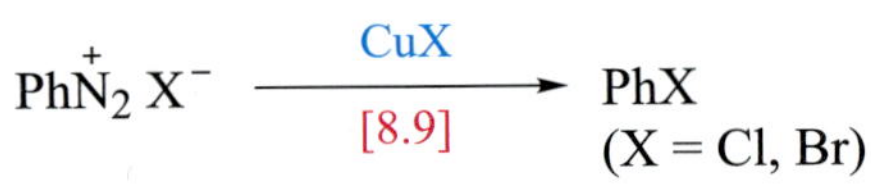

[알코올]

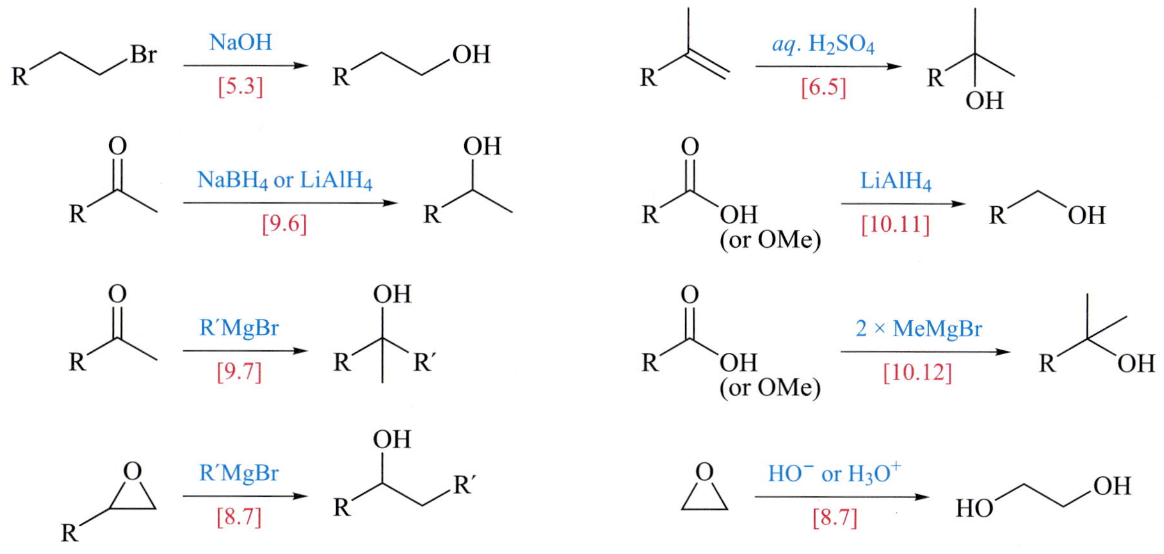

[페놀]

$$PhN_2^+ \xrightarrow[\text{[8.9]}]{H_2O} PhOH$$

[에터와 설파이드]

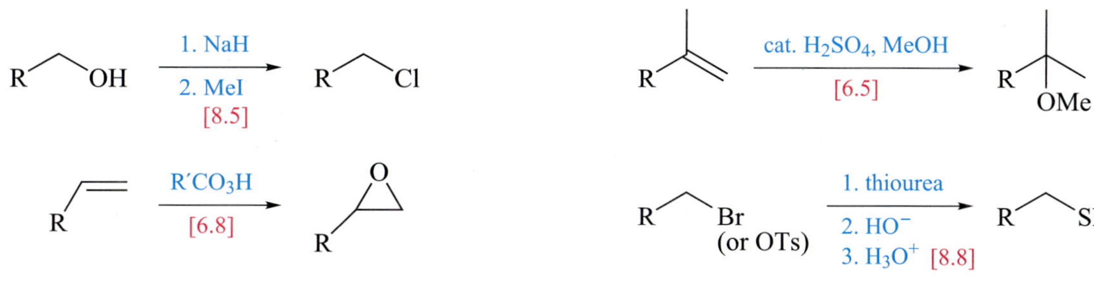

[아민]

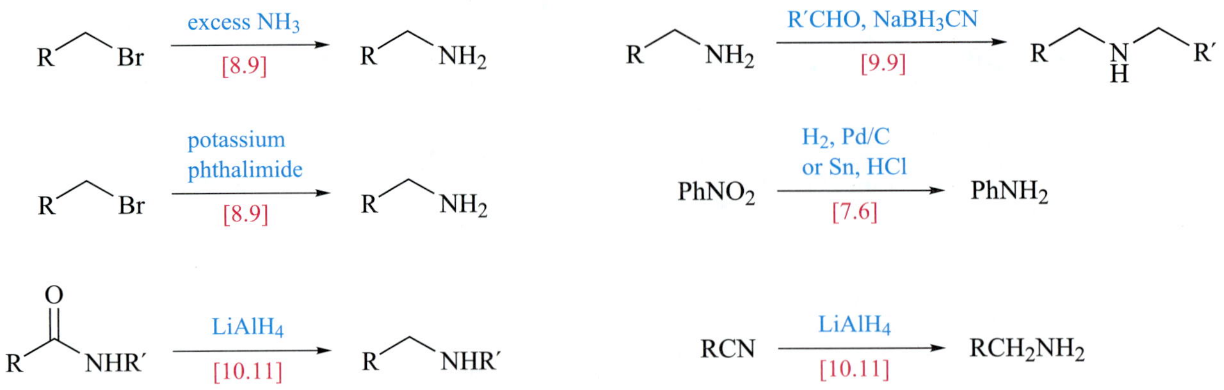

[알데하이드와 케톤]

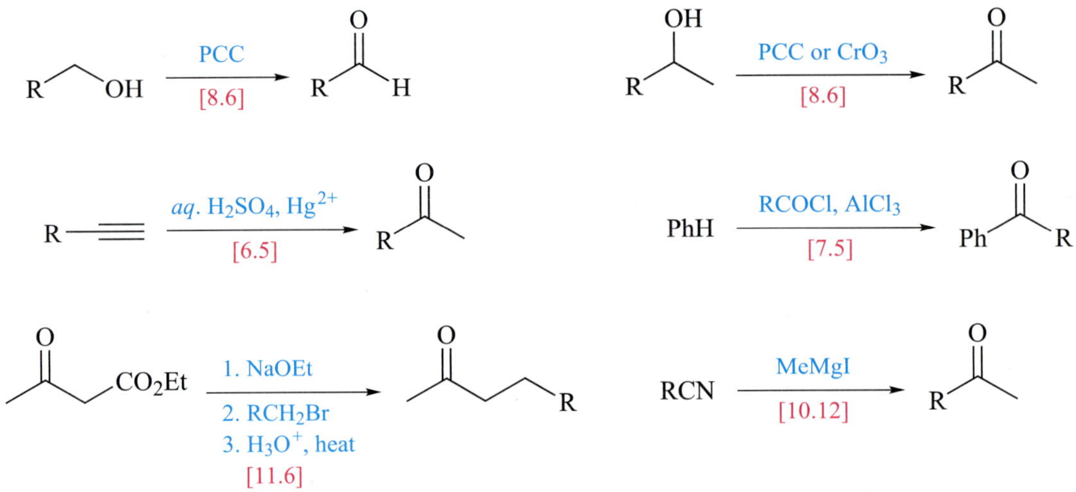

[나이트릴]

[카복실산]

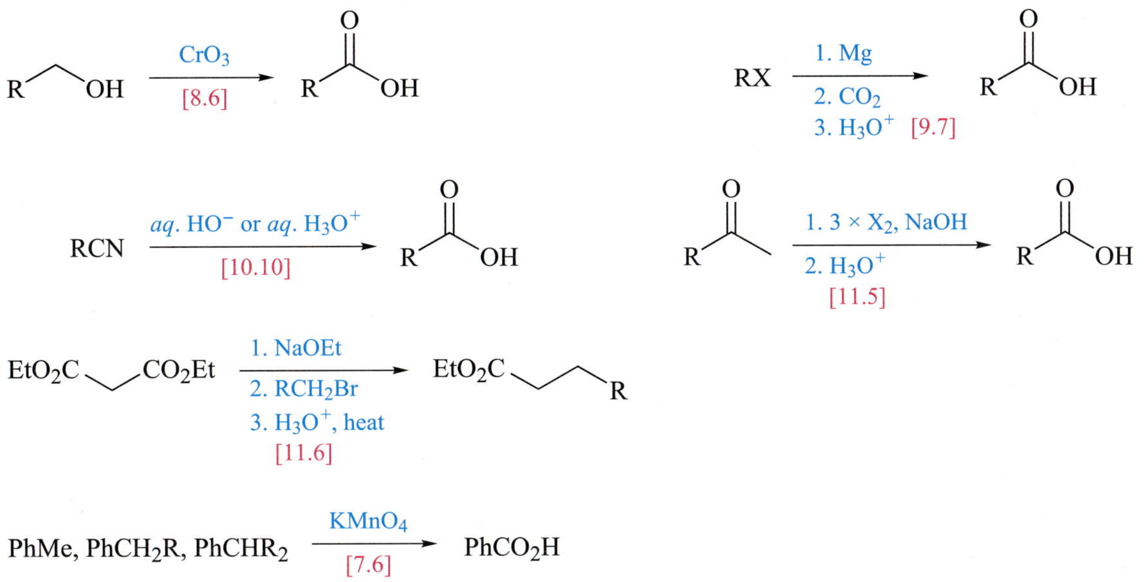

[카복실산 유도체]

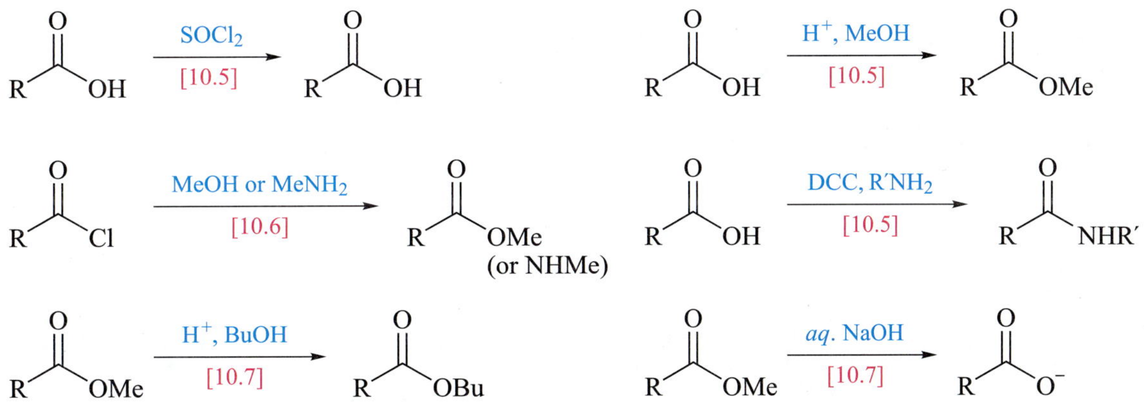

4. C–C 결합 형성 반응

빨간색 결합이 새로 생성되는 결합이다.

[S_N2 반응]

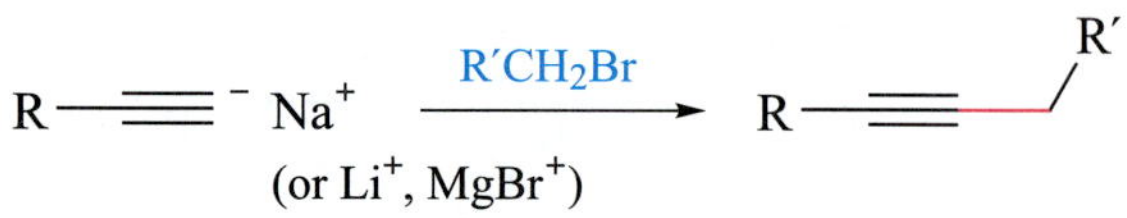

[6.9]

[5.3]

[사이아노하이드린 생성 반응]

[9.7]

[프리델–크래프츠 반응]

$$PhH \xrightarrow{RX,\ AlCl_3} Ph-R \quad [7.5]$$

$$PhH \xrightarrow{RCOCl,\ AlCl_3} Ph-COR \quad [7.5]$$

[그리냐르 반응]

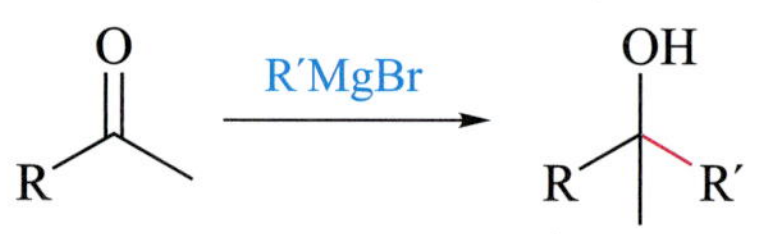

[9.7]

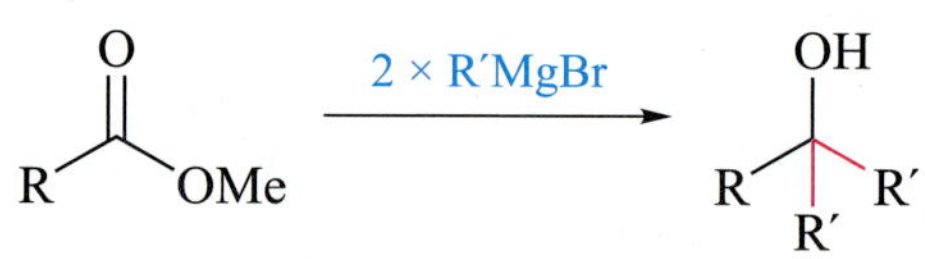

[9.7]

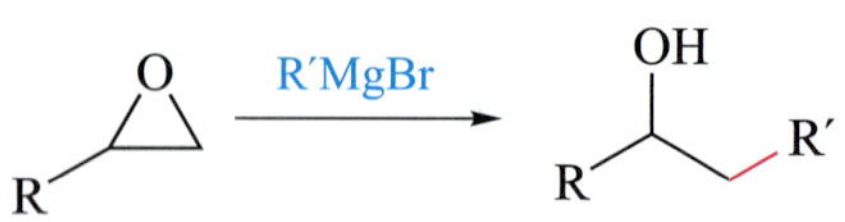

[9.7]

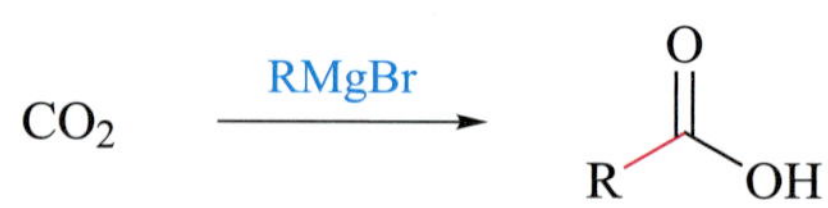

[9.7]

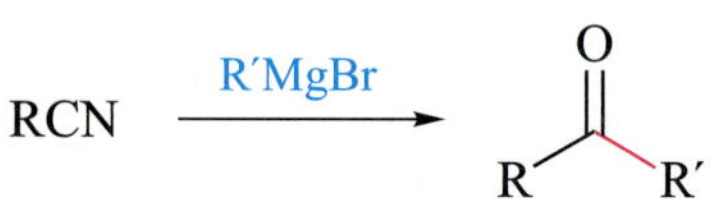

[9.7]

[알돌 반응]

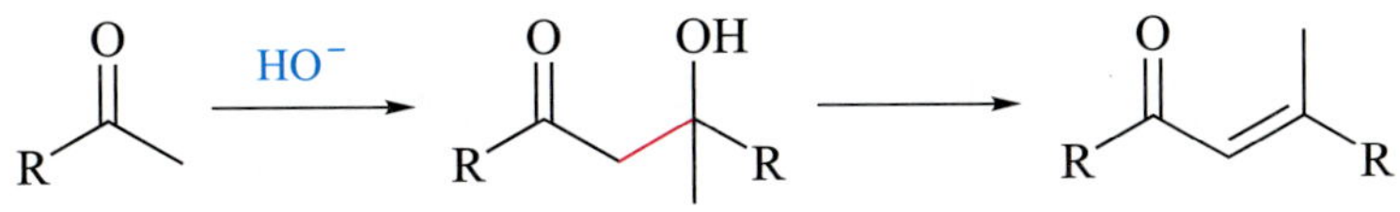

[11.7]

[클라이젠 축합 반응]

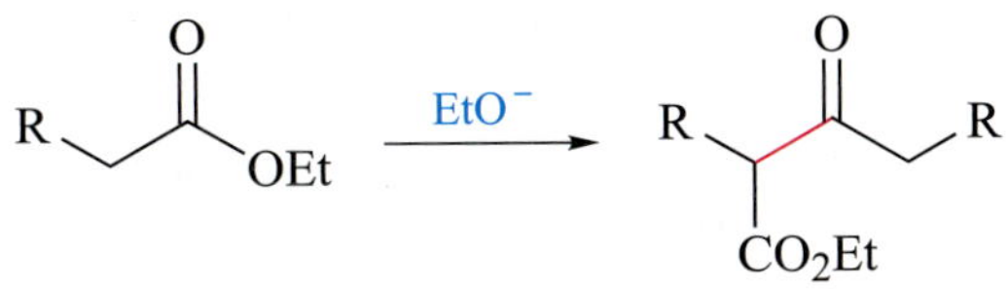

[11.8]

[말론산 에스터 합성]

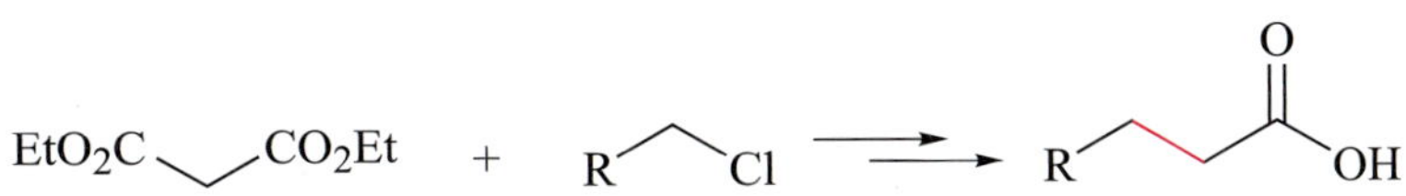

[11.6]

[아세토아세트산 에스터 합성]

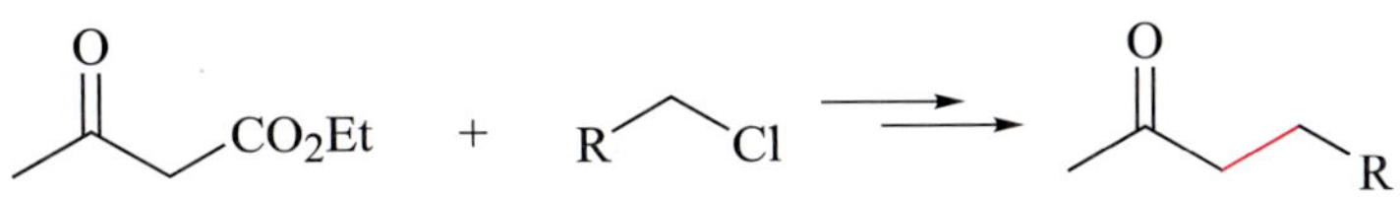

[11.6]

[엔올 음이온의 알킬화 반응]

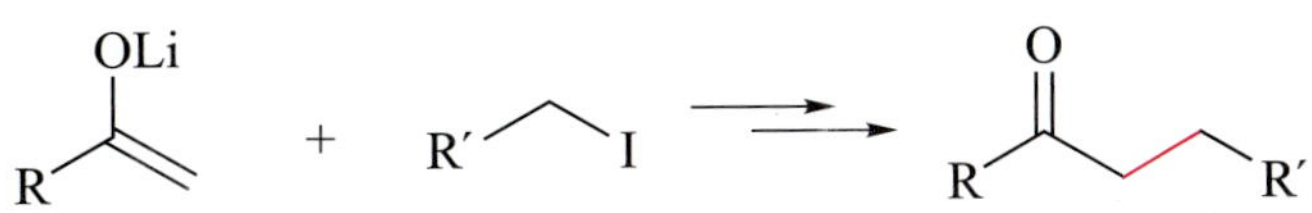

[11.5]

5. 다작용기 유기 화합물의 명명

유기 구조에 작용기가 두 개 이상 있는 경우에는 특별한 규칙이 적용된다. 즉, 작용기 중에서 우선순위가 가장 높은 작용기의 이름을 접미사로 사용하고 다른 작용기는 치환기로 간주하여 명명한다. 아래 표 1은 작용기의 우선순위를 정리한 표이다. 치환기 이름은 접두사로서 사용된다(알콕시(alkoxy, RO−), 알킬싸이오(alkylthio, RS−), 나이트로(nitro, NO_2)와 할로(halo, X)는 접두사로만 사용된다).

표 1 작용기의 우선순위, 접미사 이름 및 치환기 이름

우선순위	작용기	구조	접미사 이름	치환기 이름
가장 높음	carboxylic acid	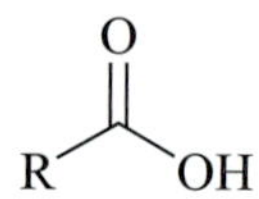	-oic acid	carboxy
	ester	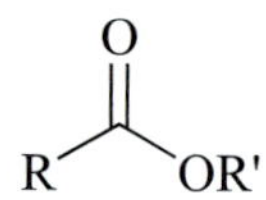	-oate	alkoxycarbonyl
	amide	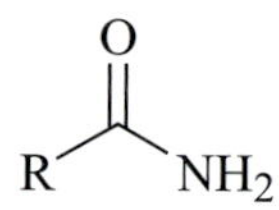	-amide	amido
	nitrile	R−C≡N	-nitrile	cyano
	aldehyde	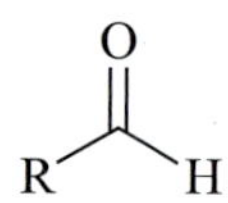	-al	oxo(=O) 혹은 formyl(−CHO)
	ketone	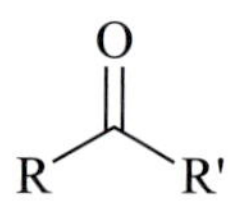	-one	oxo
	alcohol	R−OH	-ol	hydroxy
	amine	$R-NH_2$ R_2NH R_3N	-amine	amino
	alkene	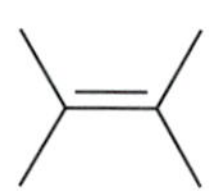	-ene	alkenyl
	alkyne	−C≡C−	-yne	alkynyl
	alkane		-ane	alkyl
	ether	R−O−R	−	alkoxy
가장 낮음	halide	R−X	−	halo

아래 구조에서 파란색으로 표시한 작용기가 빨간색으로 표시한 작용기보다 우선순위가 높기 때문에 파란색 기를 접미사로서 명명하고 빨간색 기는 접두사로서 명명한다.

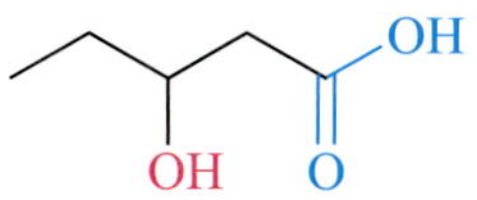

3-hydroxypentanoic acid

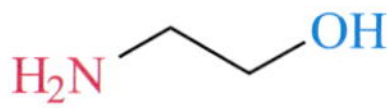

2-aminoethan-1-ol

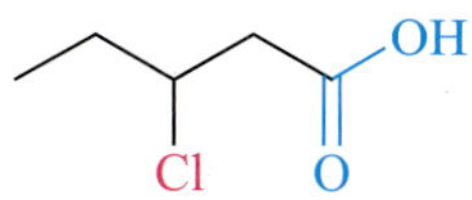

3-chloropentanoic acid

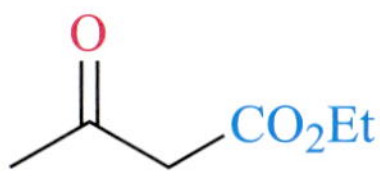

ethyl 3-oxobutanoate

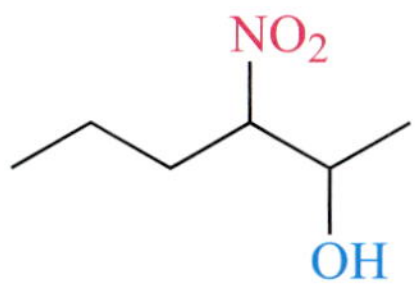

3-nitrohexan-2-ol

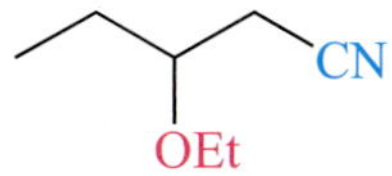

3-ethoxypentanenitrile

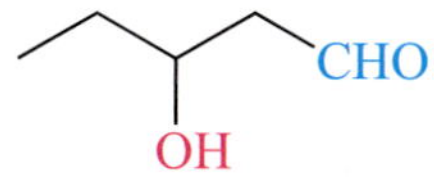

3-hydroxypentanal

문제 풀이

1장 유기 화합물의 구조와 결합

문제 1.1 a. $1s^22s^22p^5$, 7개 b. $1s^22s^22p^4$, 6개 c. $1s^22s^22p^3$, 5개 d. $1s^22s^1$, 1개

문제 1.2 b, c

문제 1.3

a. $\overset{\delta^+}{C}-\overset{\delta^-}{Cl}$ (+→) b. $\overset{\delta^+}{C}-\overset{\delta^-}{O}$ (+→) c. $\overset{\delta^-}{C}-\overset{\delta^+}{Mg}$ (←+) d. $\overset{\delta^-}{O}-\overset{\delta^+}{H}$ (←+)

문제 1.4

a. 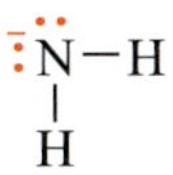

b. 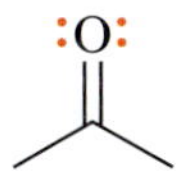

c. 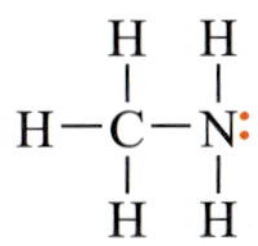

d. 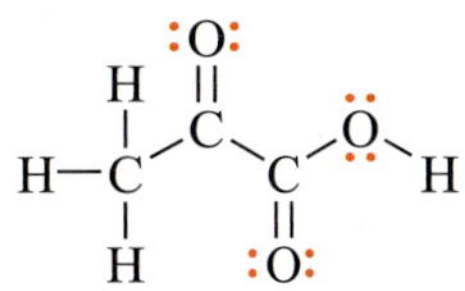

문제 1.5

a. 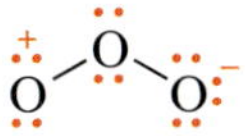 or 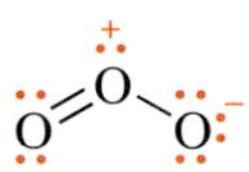

b.  or 

문제 1.6

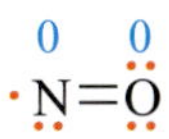 

more stable

문제 1.7

a. 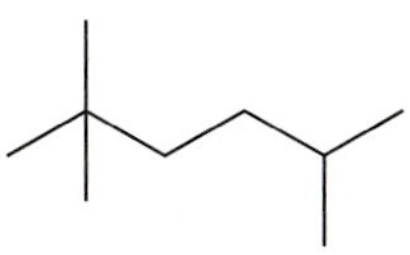

b. 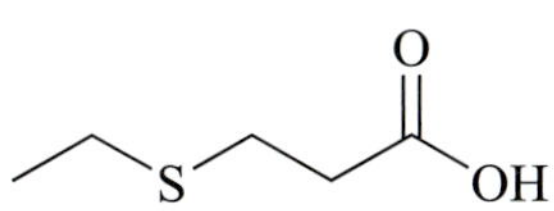

c. 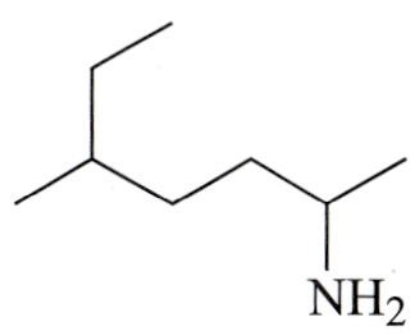

d. 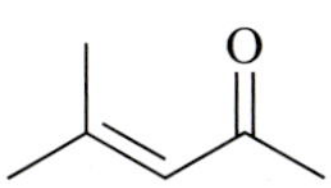

e. 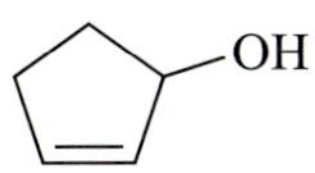

문제 1.8

 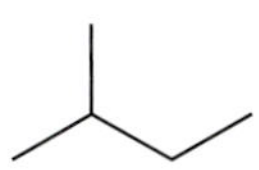 

문제 1.9

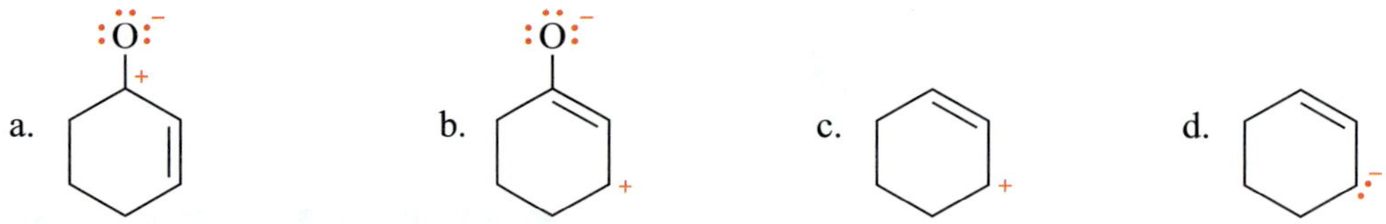

문제 1.10

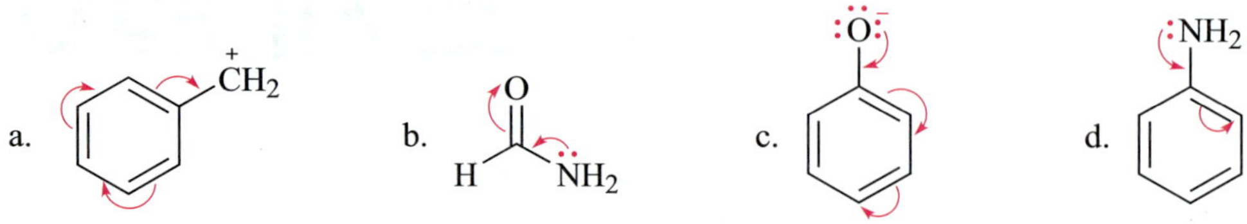

문제 1.11

문제 1.12

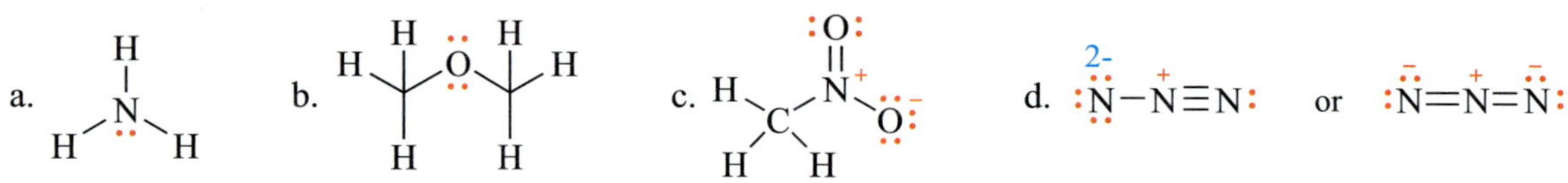

문제 1.13 a. +1 b. +1 c. −1 d. +1 e. −1

문제 1.14 a. $C_8H_{12}O$ b. $C_6H_{10}O$ c. $C_8H_9NO_2$ d. C_4H_9BrO

문제 1.15

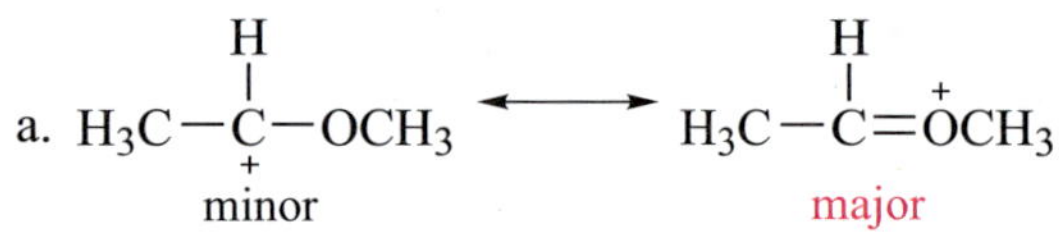

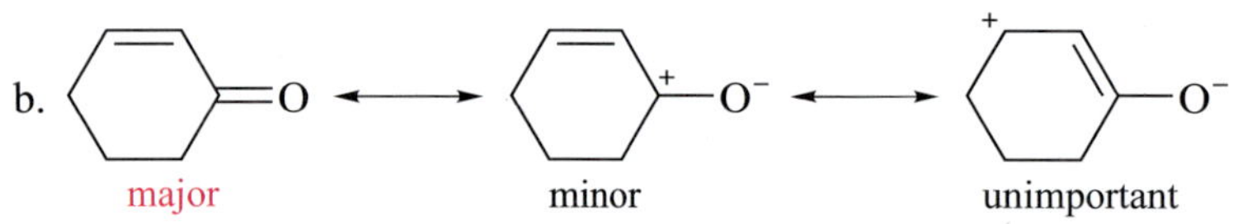

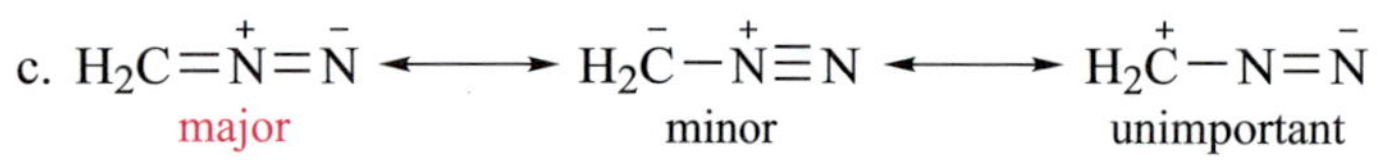

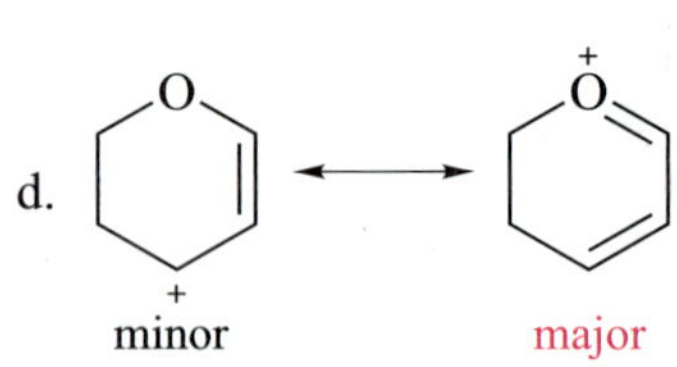

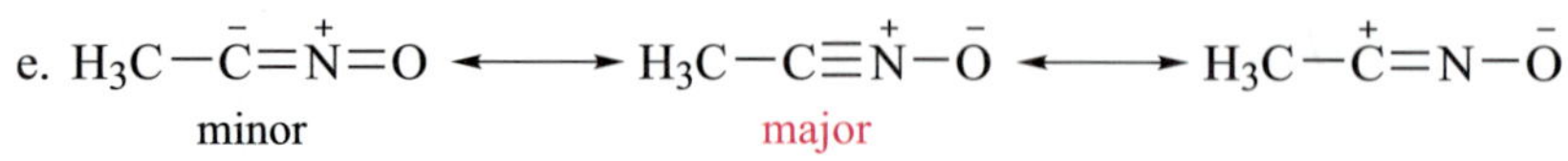

문제 1.16

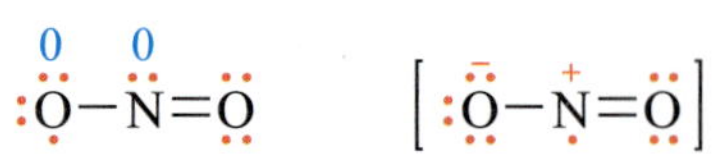

문제 1.17

문제 2.1 a. 삼차 b. 사차 c. 이차 d. 일차

문제 2.2

a. 

b. 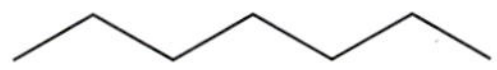

c. 

b. 

문제 2.3

a. 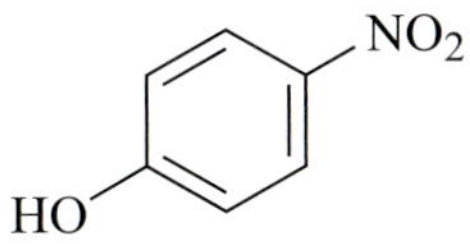

b. 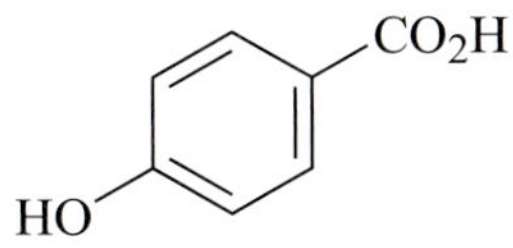

c. 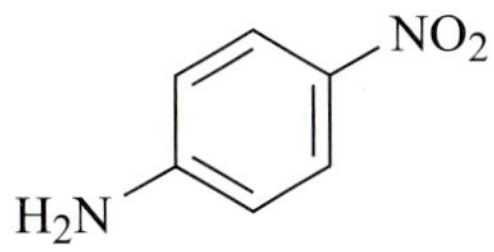

문제 2.4 a, d

문제 2.5

a. 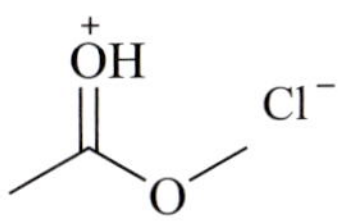

b. 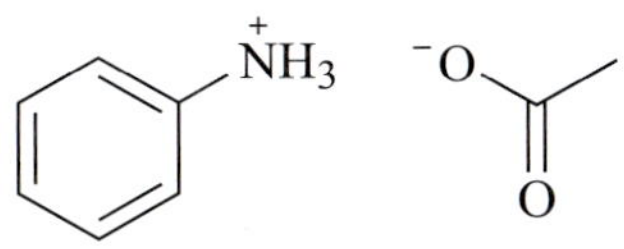

문제 2.6 a. 산 b. 산 c. 염기 d. 산 e. 염기

문제 2.7

a. 

b. 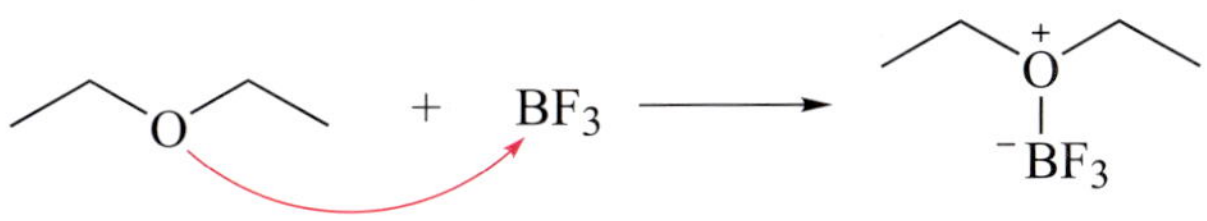

문제 2.8 a. NH_3 b. HO^- c. CH_3O^- d. NH_2^-

문제 2.9

a. 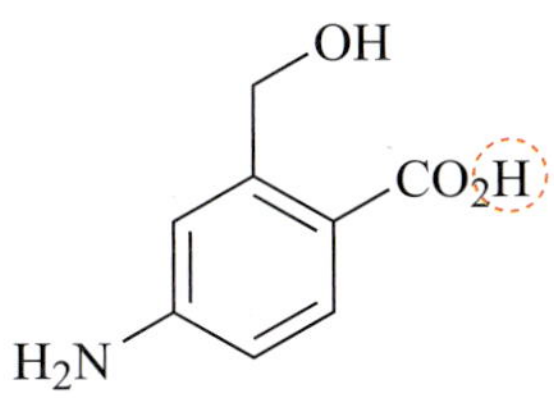

b. 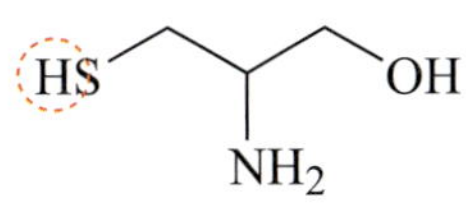

c. 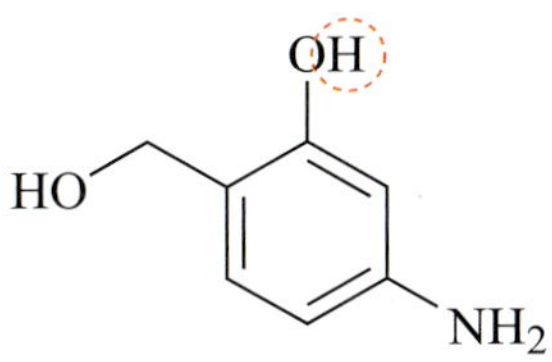

d. 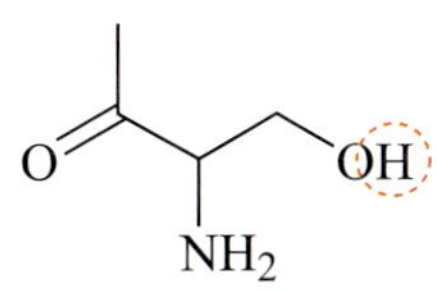

문제 2.10 $K_a \text{ of HA} = \dfrac{[H_3O^+][A^-]}{[HA]}$; $K_a \text{ of BH}^+ = \dfrac{[B][H^+]}{[BH^+]}$

$$K = \frac{[A^-]\,[BH^+]}{[HA]\,[B]} = \frac{K_a \text{ of HA}}{K_a \text{ of BH}^+} = 10^{(pK_a \text{ of BH}^+ - pK_a \text{ of HA})}$$

문제 2.11 a. 10^5 b. 10^5 c. 10^5 d. 10^5

문제 2.12

a. 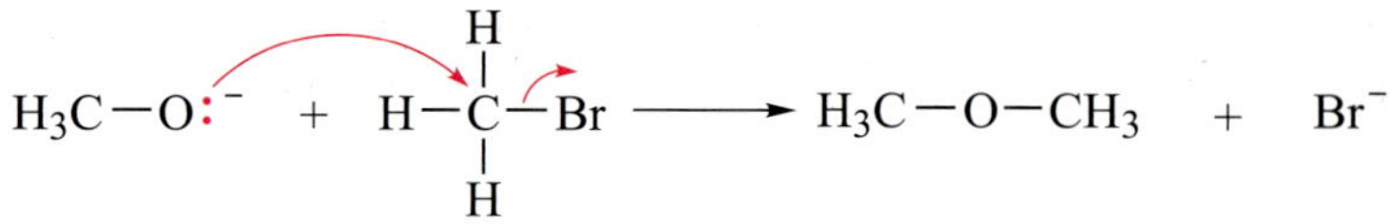

b. 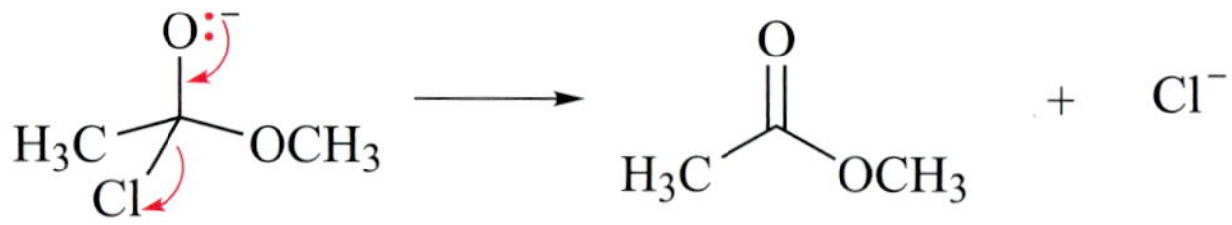

c. 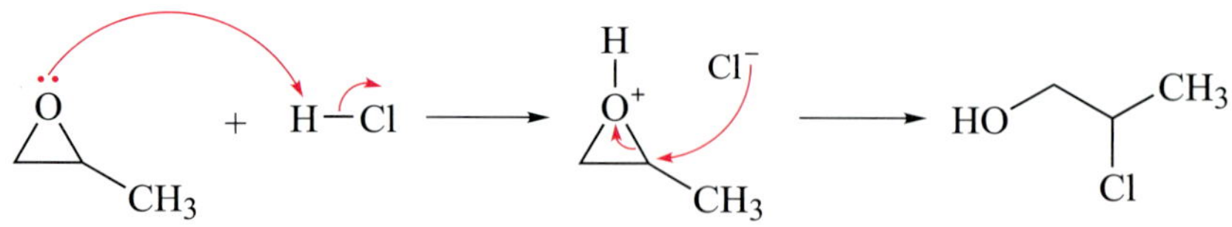

문제 2.13 친핵체: d, e, f, 친전자체: a, b, c

문제 2.14 a. NH_3 b. BF_3 c. CH_3S^- d. CH_3I e. CH_3COCH_3
f. CH_3OH g. $H_2C{=}CH_2$ (C=C 결합) h. $CH_3C({=}O)OH$ i. $CH_3C{\equiv}N$

문제 2.15 a. 일어나지 않음. b. 일어남.

문제 2.16 a. 알코올, 케톤 b. 알켄, 알코올 c. 벤젠, 에스터, 카복실산 d. 페놀, 아민, 아마이드, 설파이드, 카복실산

문제 2.17

a. 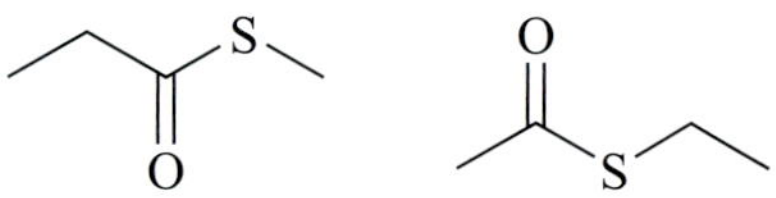

b. 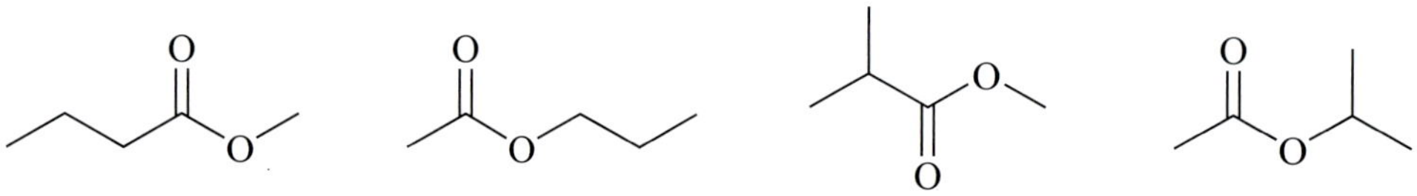

c. 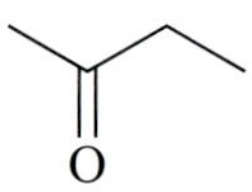

d. 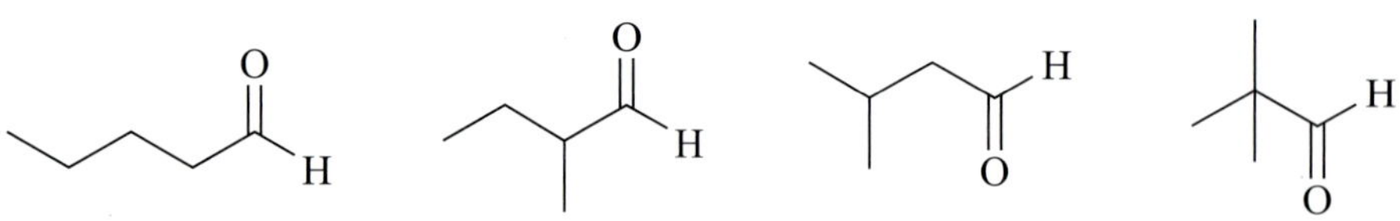

문제 2.18 a. 산 b. 염기 c. 산 d. 염기 e. 염기

문제 2.19

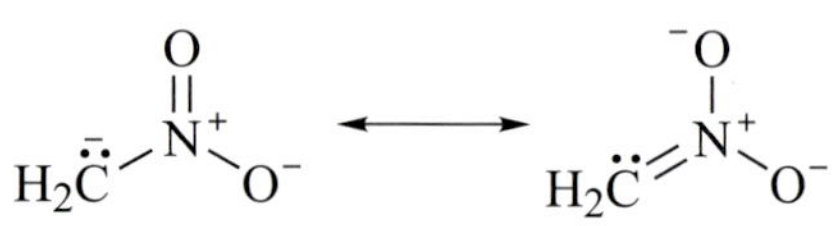

문제 2.20 a. 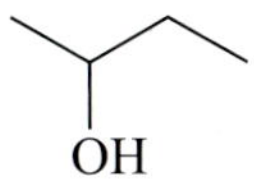 b. 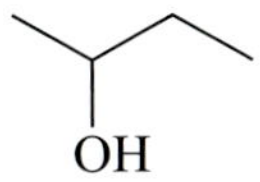 c. 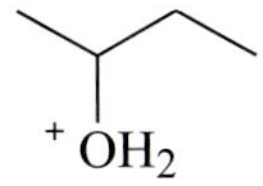 d. 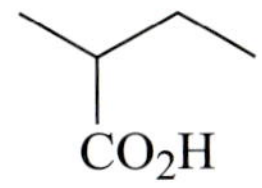

문제 2.21 a

문제 2.22 a. 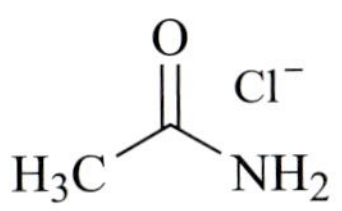 b. 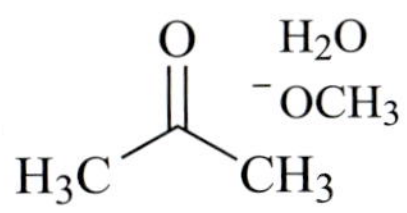 c. 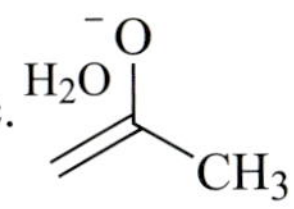 d. 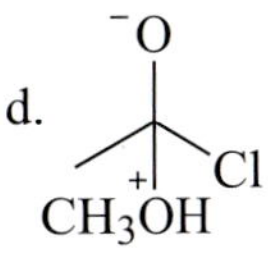

문제 2.23

a. 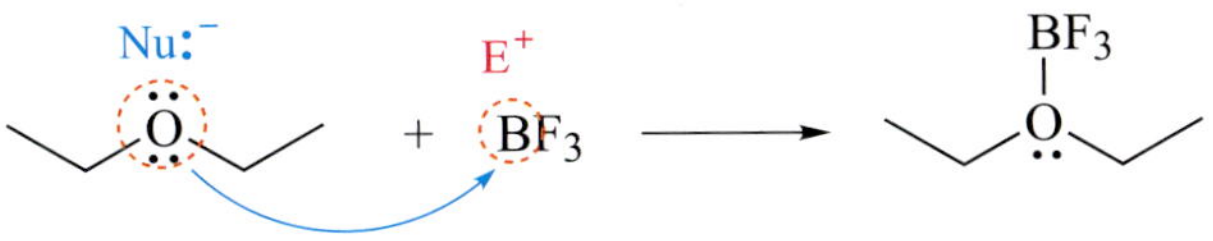

b. 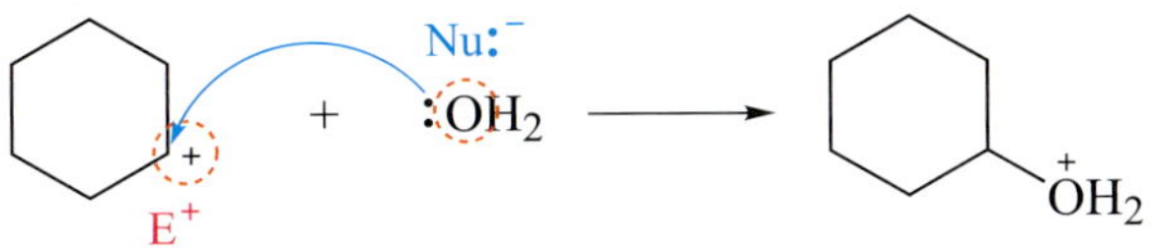

c. 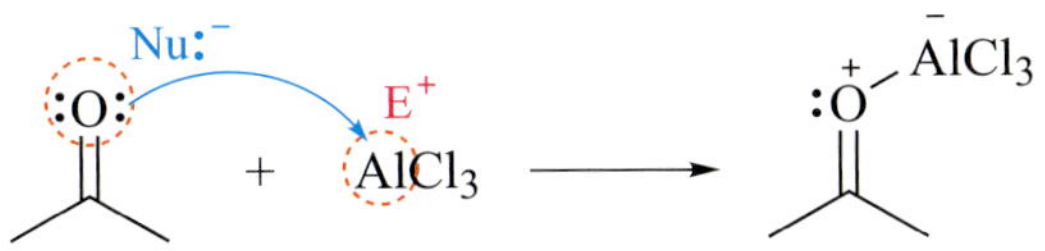

3장 입체 화학

문제 3.1 b, c

문제 3.2 카이랄 분자: a, b, e, 대칭면: c, d

문제 3.3 a. 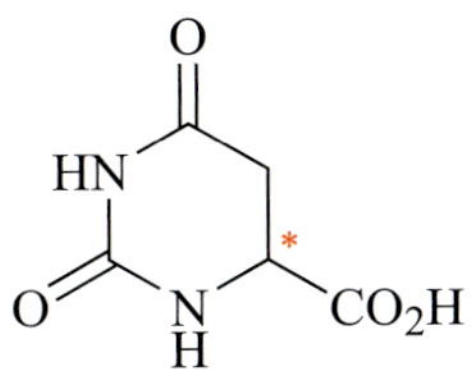 b. 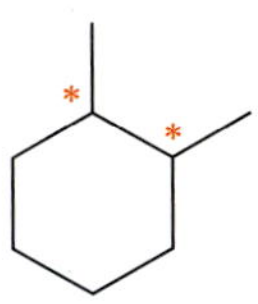 c. 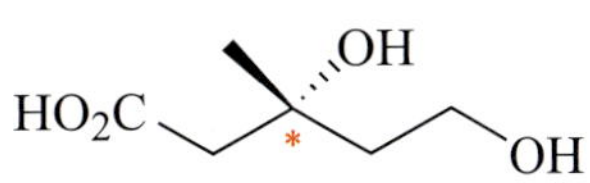

문제 3.4 a, b

문제 3.5 a. (*S*) b. (*R*) c. (*R*) d. (*S*)

문제 3.6 a. (*S*) b. (*S*) c. (*R*) d. (*S*)

문제 3.7

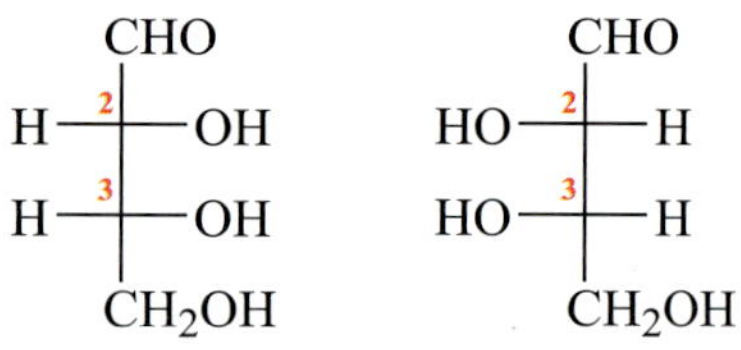

(2*R*,3*R*) (2*S*,3*S*)

문제 3.8

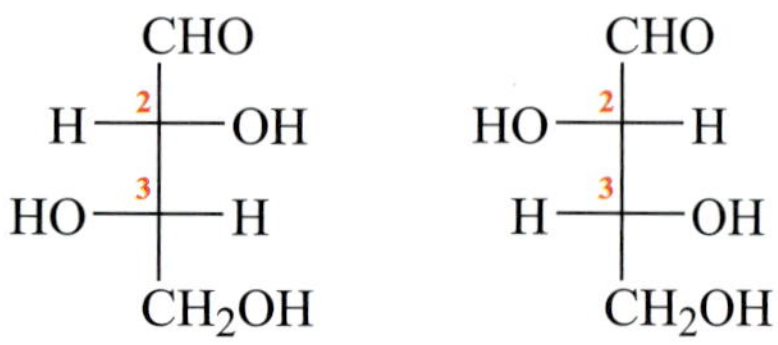

(2*R*,3*S*) (2*S*,3*R*)

문제 3.9 지그재그 모양으로 그리려면 먼저 피셔 투영도에서 C−C 결합을 돌려서 HCO기와 CH_2OH기가 서로 반대 편에 놓이도록 다음과 같이 그려야 한다(물론, 지그재그로 탄소 사슬을 그린 후 절대 배열에 맞도록 두 OH기를 그려도 됨).

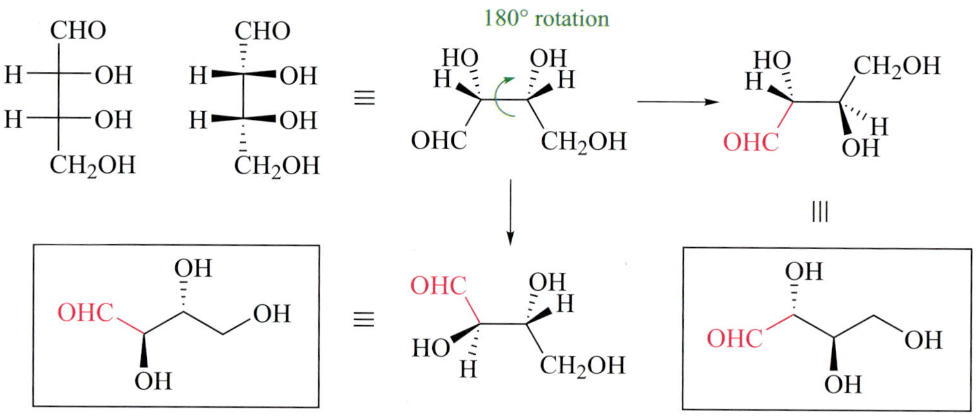

문제 3.10

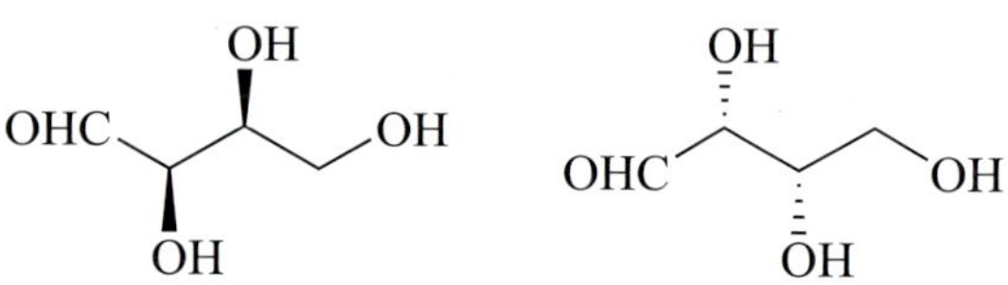

문제 3.11 a

문제 3.12 카이랄: b, d, f, 비카이랄: a, c, e

문제 3.13

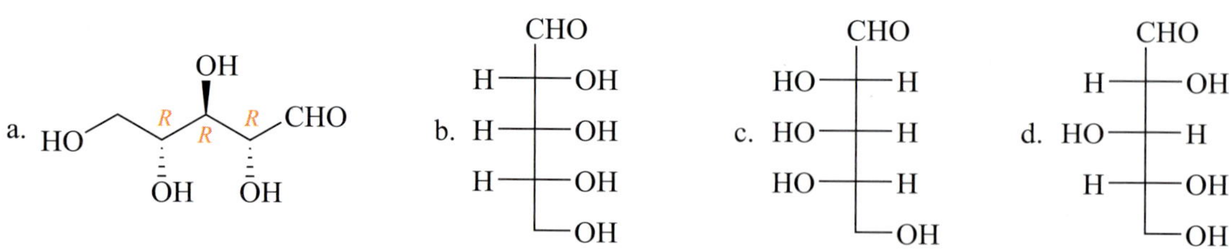

문제 3.14 a, c, e, f

문제 3.15

a. I b. D c. E d. I
e. I f. I g. I h. I

문제 4.1 엇갈린 형태가 가려진 형태보다 더 안정하다.

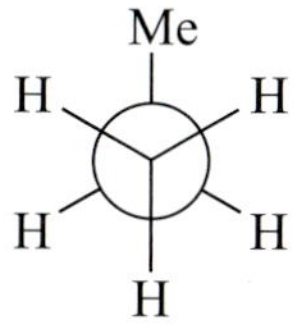

staggered

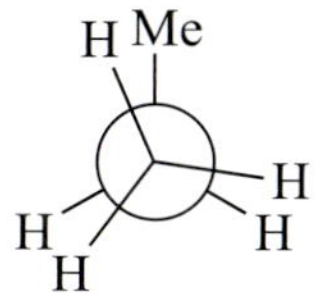

eclipsed

문제 4.2

a.  b. 

문제 4.3 a

문제 4.4

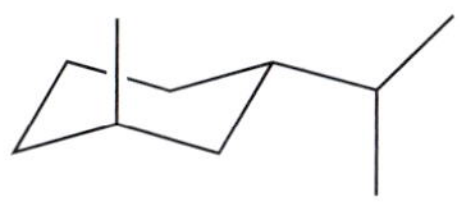

문제 4.5 a. Me_2CH- b. Me_2CHCH_2- c. $EtCH(Me)-$ d. Me_3C-

문제 4.6

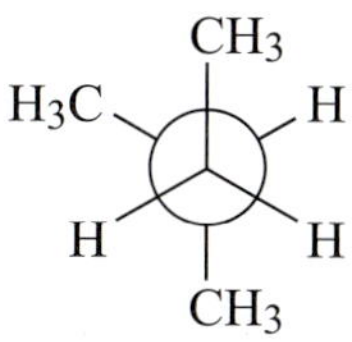

more stable

and

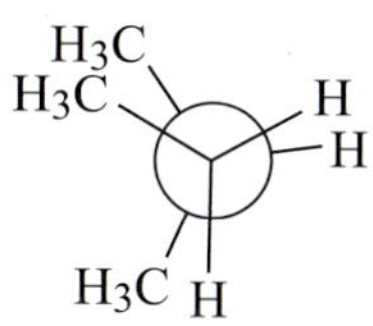

문제 4.7

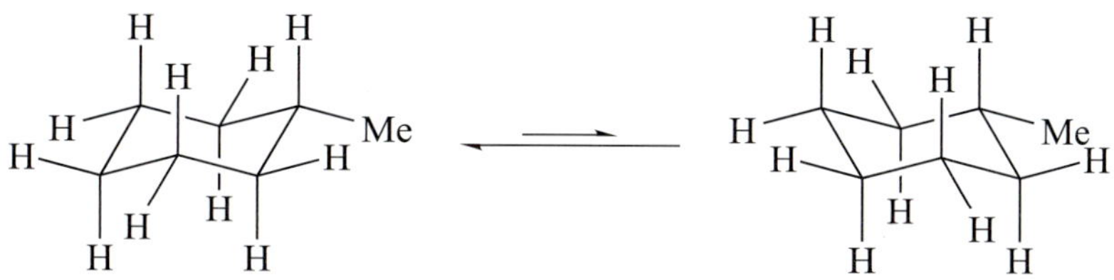

문제 4.8 trans

문제 4.9

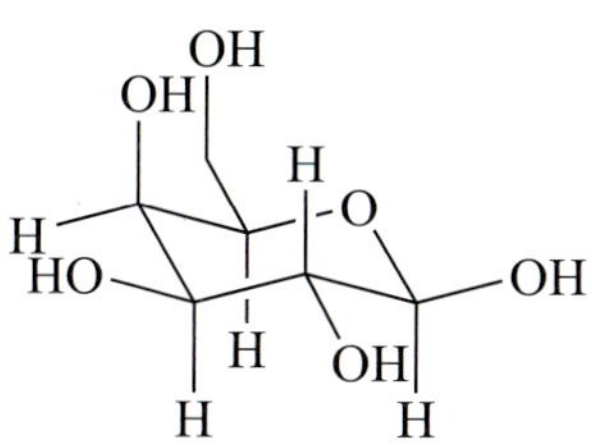

문제 4.10

cis

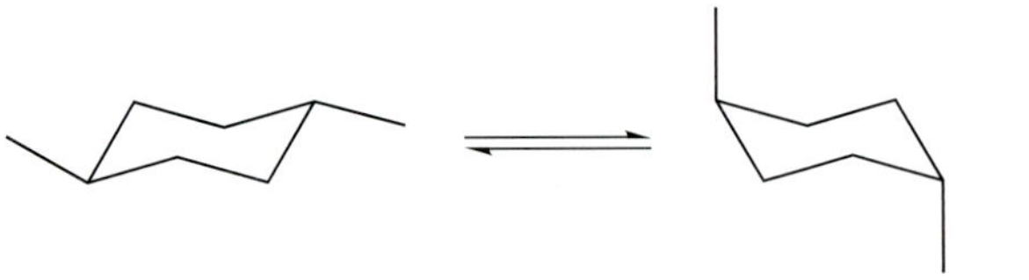

trans

문제 4.11

a. 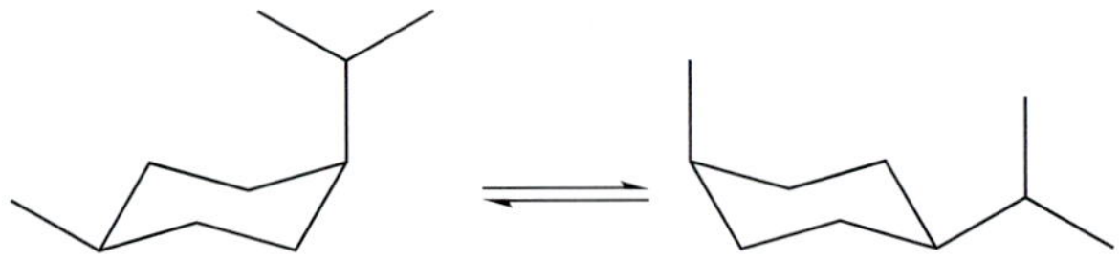

more stable

b. 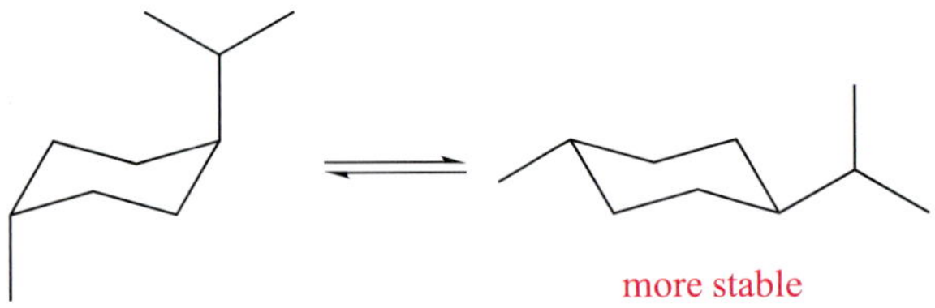

more stable

5장 알킬 할라이드: 친핵성 치환 반응과 제거 반응

문제 5.1 a. 일차 b. 삼차 c. 이차 d. 일차

문제 5.2 아민. 아마이드의 질소 고립쌍은 산소 원자로 비편재화되기 때문

문제 5.3

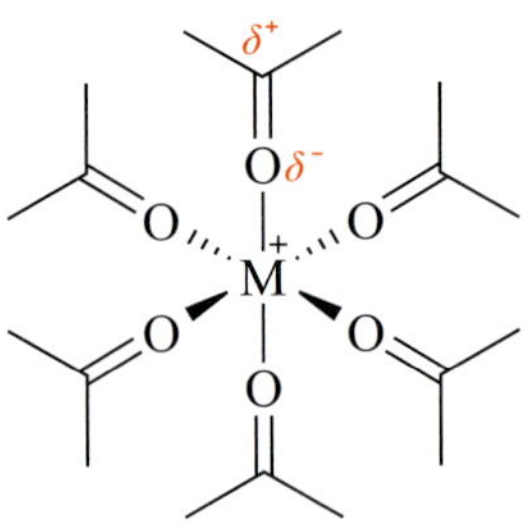

solvated cation

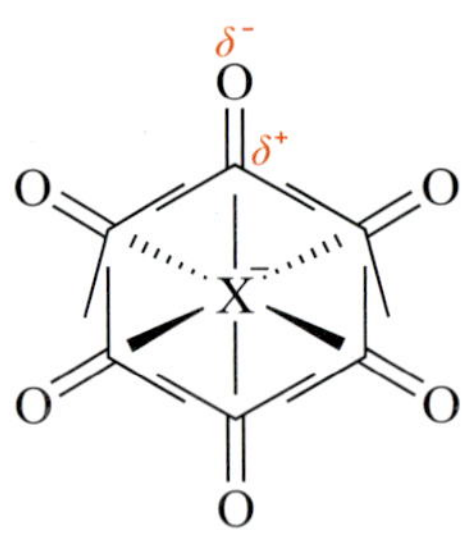

less solvated anion

문제 5.4 a. $^{-}$CN b. $^{-}$OCOMe c. $^{-}$OEt d. $^{-}SCH_2Ph$

문제 5.5

a. 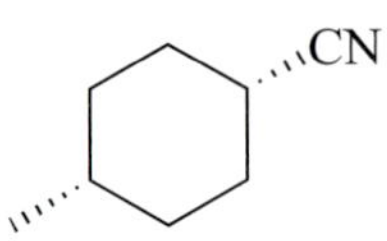

b. 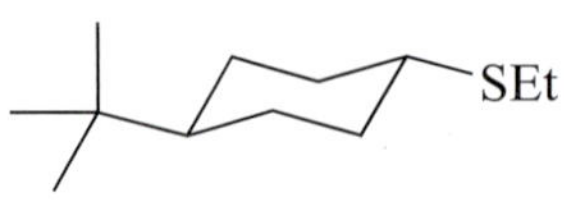

문제 5.6

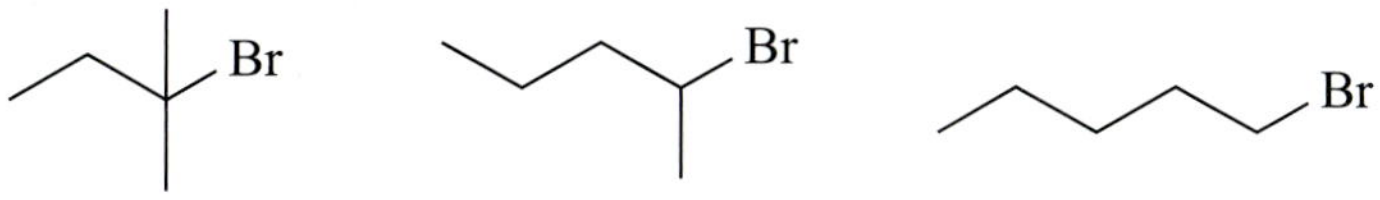

문제 5.7 a. H_3C-I b. H_3C-Br

문제 5.8

문제 5.9

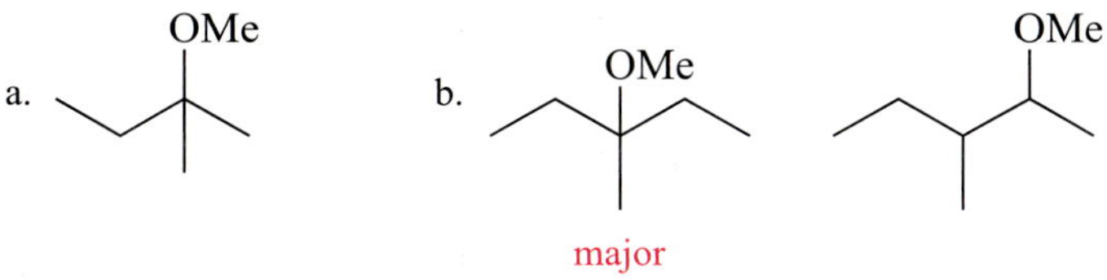

문제 5.10

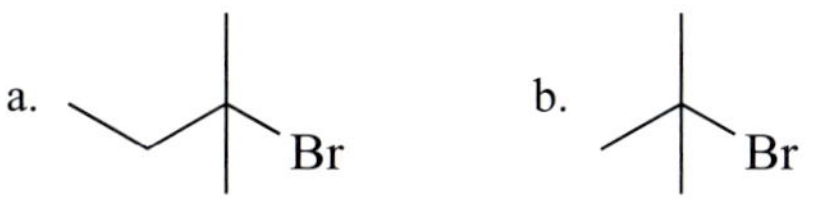

문제 5.11 물에서 더 빠르게 일어난다.

문제 5.12

문제 5.13

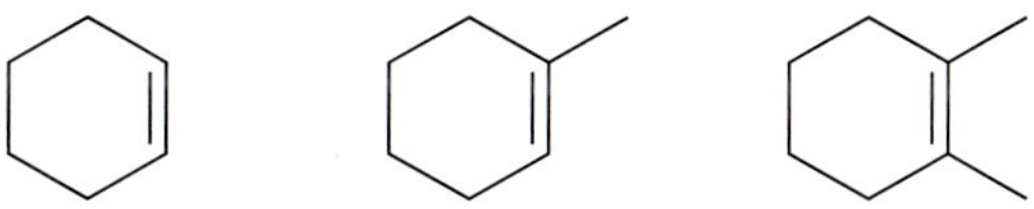

문제 5.14

문제 5.15

문제 5.16

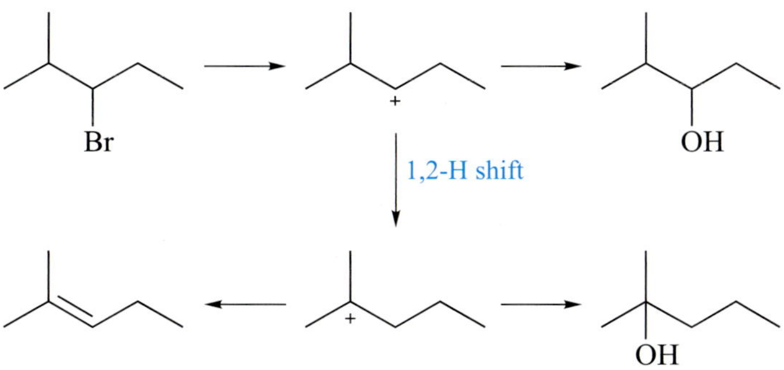

문제 5.17 a. 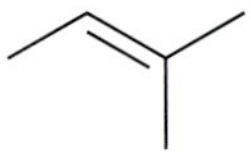 b. 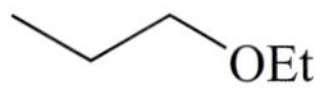 c.  d. 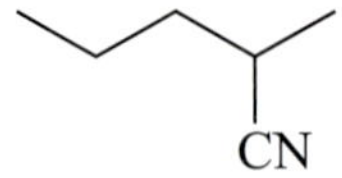 e. 

문제 5.18

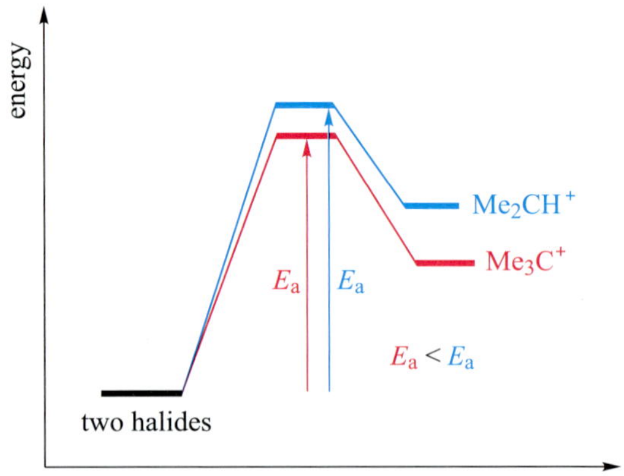

문제 5.19 a. NaCN, acetone b. EtOH 용매

문제 5.20

a. 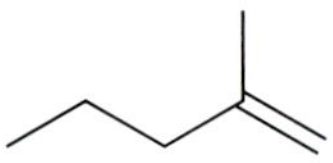 b. 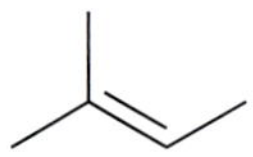 c. 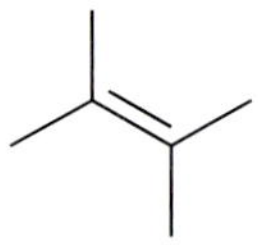

문제 5.21 a. 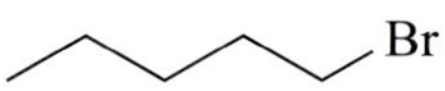 KOBu-*t* in *t*-BuOH

b. 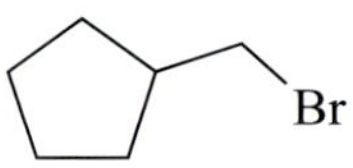 KOBu-*t* in THF

c. 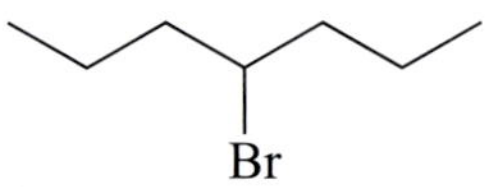 NaOEt in EtOH

문제 5.22 a. 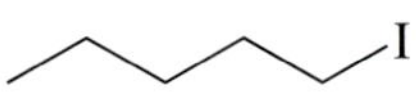 b. 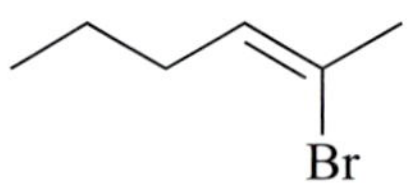 c. 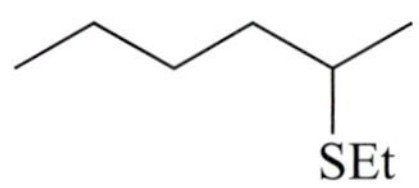 d. NR

문제 5.23

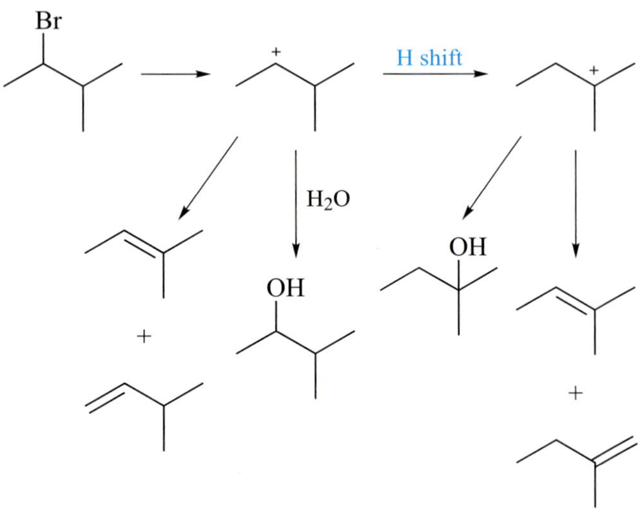

문제 6.1 a. (*Z*) b. (*E*)

문제 6.2

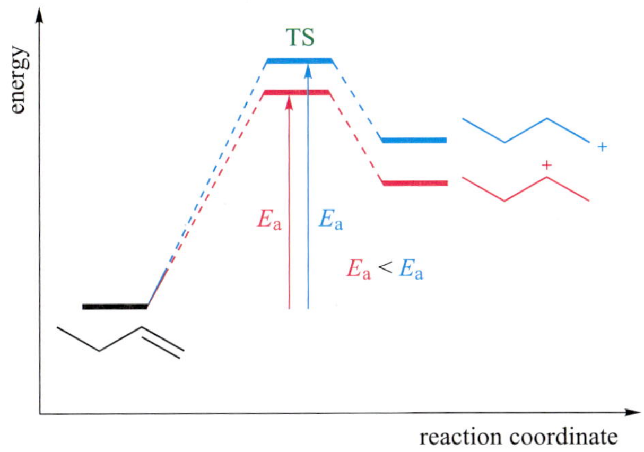

문제 6.3

a. 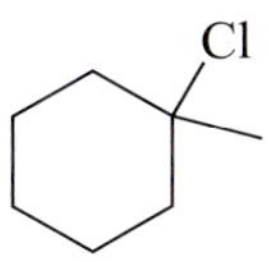

b. 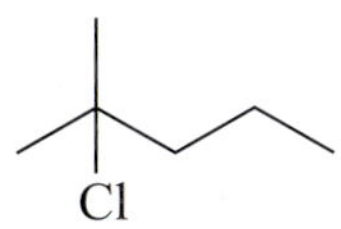

문제 6.4

a. 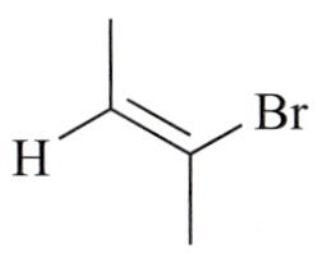

b. 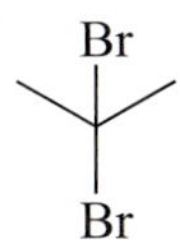

문제 6.5

a. 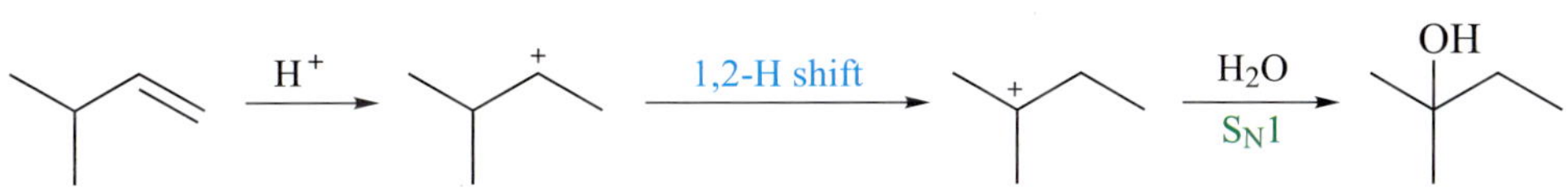

b. 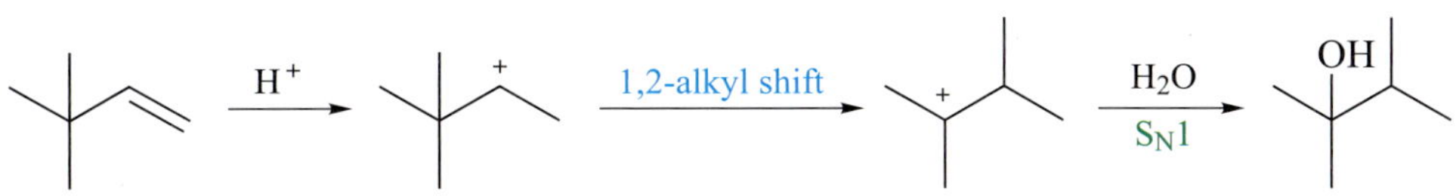

문제 6.6

a. 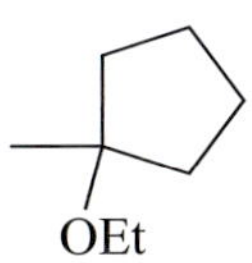

b. 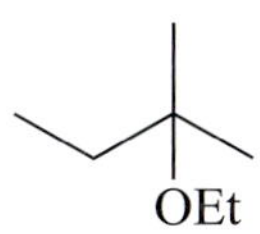

문제 6.7

a. 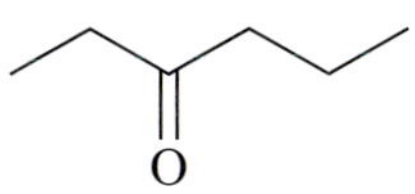

b. 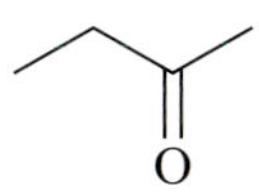

문제 6.8

a. 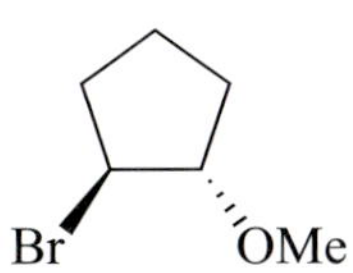

b. 

문제 6.9 a.  b. 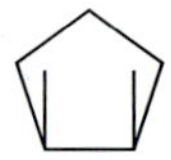

문제 6.10 a.  b. 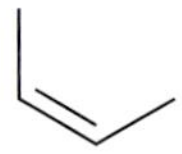 c. 

문제 6.11

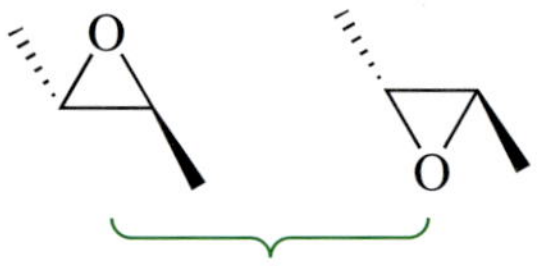

enantiomer

문제 6.12 a. 1. 뷰트-1-아인, $NaNH_2$ 2. EtI b. 1. 뷰트-1-아인, $NaNH_2$ 2. MeI

문제 6.13

$\cdot CH_3$ $CH_3\dot{C}H_2$ $CH_3\dot{C}HCH_3$ $CH_3CH_2\underset{\cdot}{C}(CH_3)CH_3$

문제 6.14 a. 개시:

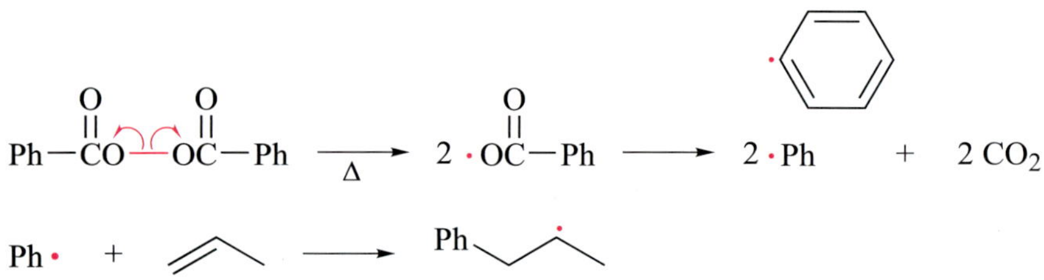

전파:

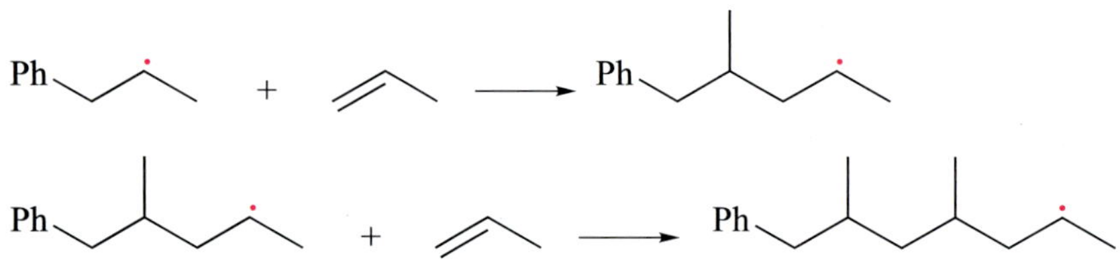

종결:

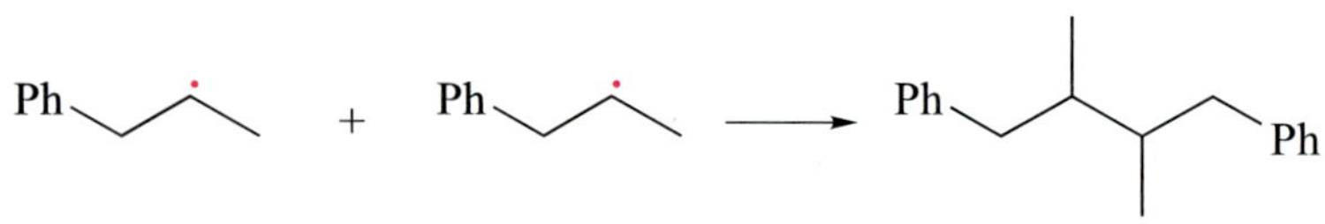

etc.

b.

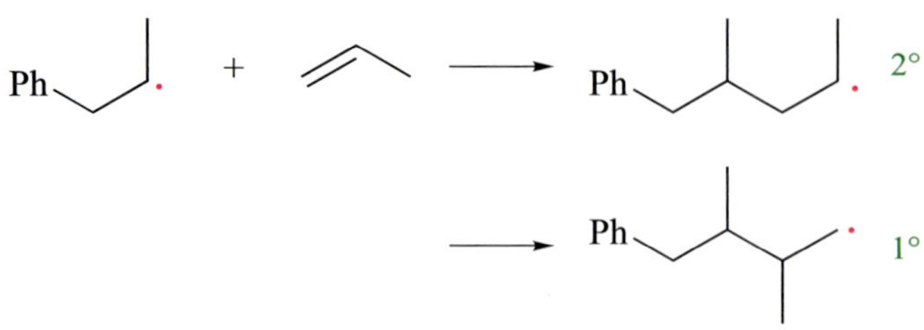

문제 6.15 a. mCPBA, CH_2Cl_2, 0 °C　　b. Br_2, CCl_4　　c. H_2, Pd/C

문제 6.16

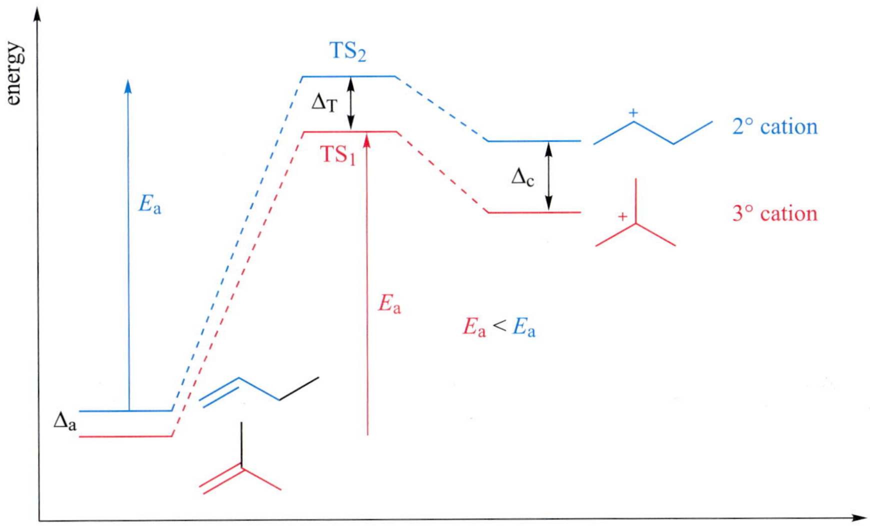

문제 6.17

a. 　b. 　c. 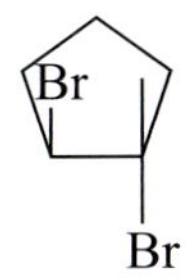　d. 

문제 6.18

a. 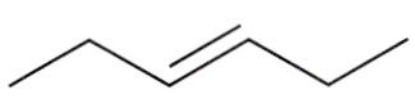　b. 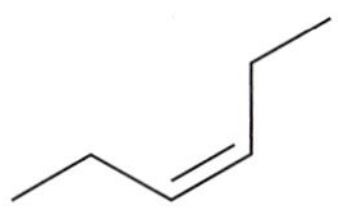

문제 6.19

a. 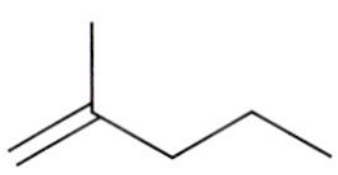 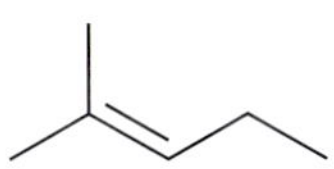　b. 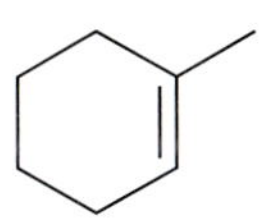 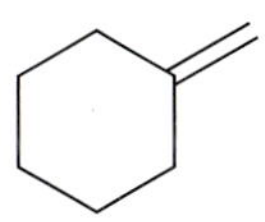

문제 6.20

a. 　b. 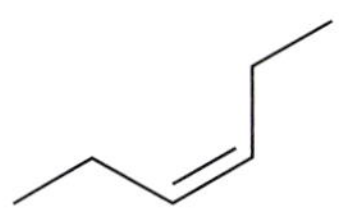　c. 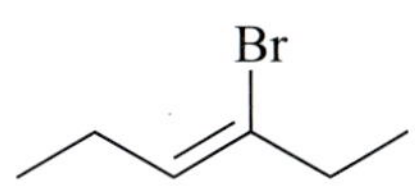

d. 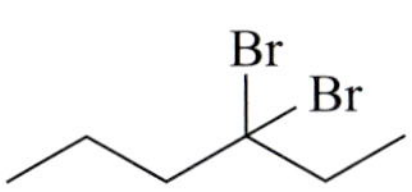　e. 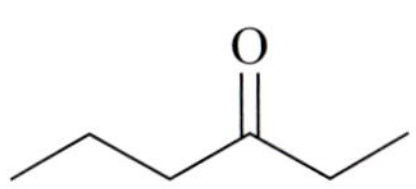

문제 6.21 전파 단계

Br· + MeCH=CH_2 → Br−CH_2−CH·−CH_3 (2° 라디칼)

Br−CH_2−CH·−CH_3 + H−Br → Br−CH_2−CH_2−CH_3 + Br·

전파 단계의 첫 단계에서 더 안정한 이차 라디칼이 일차 라디칼보다 더 빠르게 생기며, 이 단계가 반응의 위치 선택성을 결정한다.

문제 6.22

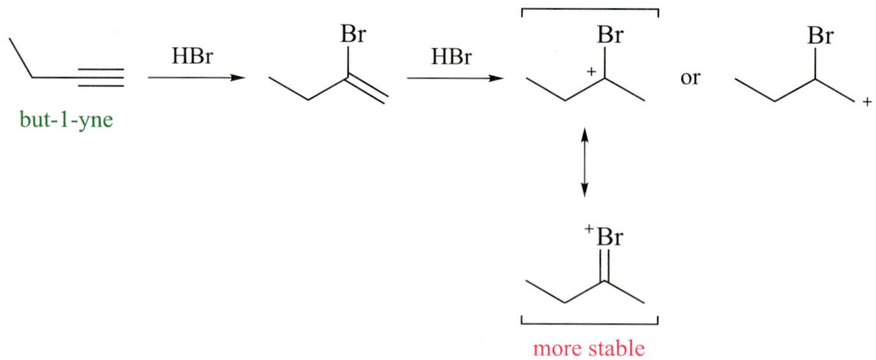

7장 콘쥬게이션 화합물과 방향족 화합물

문제 7.1

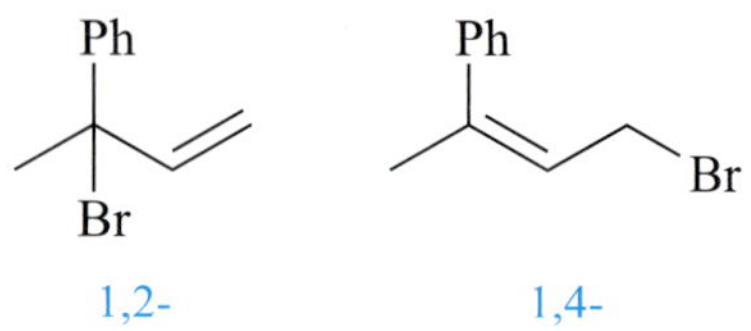

문제 7.2 a. 반방향성 b. 반방향성 c. 방향성 d. 비방향성

문제 7.3 여러 고리 방향족 탄화수소의 방향성 여부를 따질 때에는 아래 공명 구조를 이용하여야 한다. 둘 다 π 전자의 수는 18이므로 방향성이다.

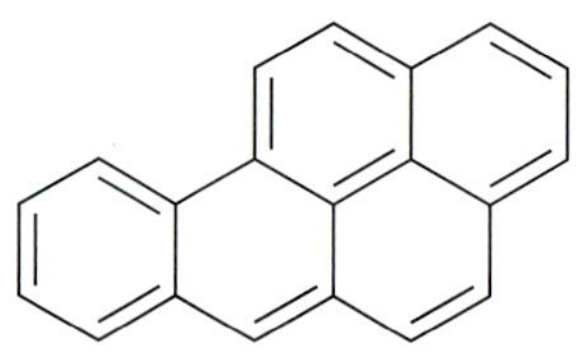

benzo[*a*]pyrene

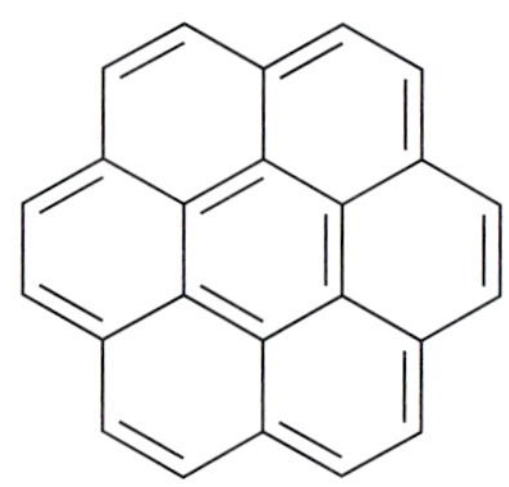

A

문제 7.4 a. 반방향성 b. 방향성 c. 방향성 d. 비방향성

문제 7.5 a. $PhCMe_3$ b. $PhCH_2Ph$ c. PhCOPh d. PhCOEt

문제 7.6

a. 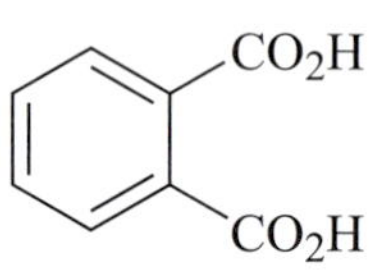

b. 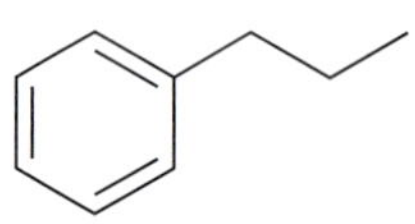

문제 7.7

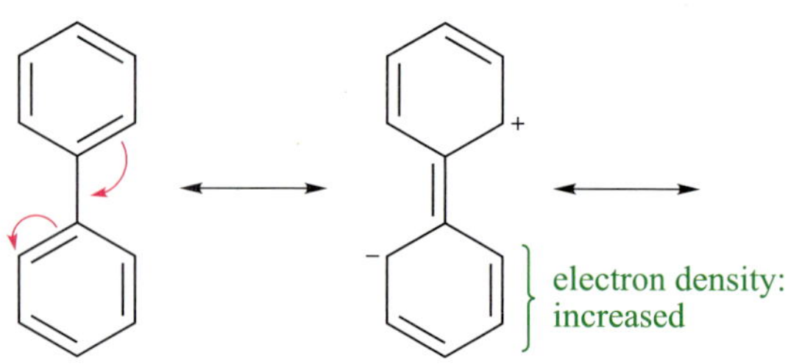

문제 7.8 나이트로벤젠에 친전자체 E^+가 *ortho*-, *para*- 및 *meta*-위치에서 반응하였을 때 생기는 아레늄 이온의 모든 공명 구조를 다음과 같이 그린다. 세 아레늄 이온은 모두 양전하가 고리에 비편재화된 세 개의 공명 구조로 표현할 수 있다. 하지만 *ortho*-와 *para*-치환일 경우에만 양전하가 나이트로기가 치환된 탄소 원자(*ipso*-위치)에 놓이게 된다. 이렇게 두 양전하가 바로 이웃한 공명 구조는 매우 불안정하므로 실제 구조에 거의 기여하지 않을 것이다. 따라서 *meta*-치환으로 생기는 아레늄 중간체가 더 안정할 것이고, 그러면 *meta*-생성물이 주로 얻어질 것이다.

ortho-치환

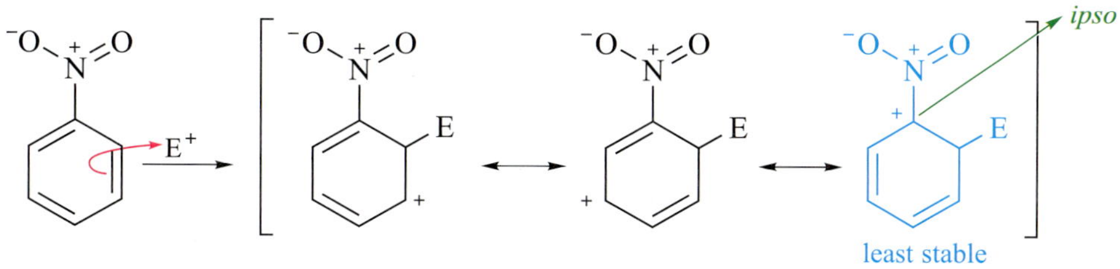

para-치환

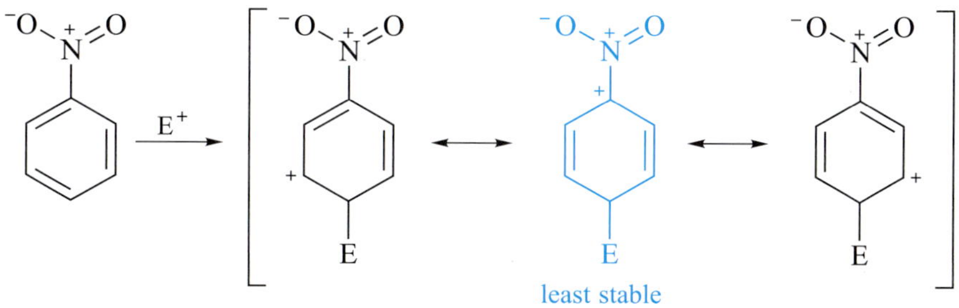

meta-치환

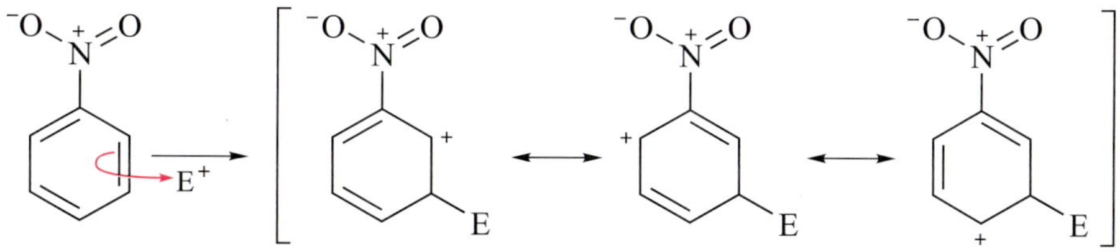

문제 7.9

a. 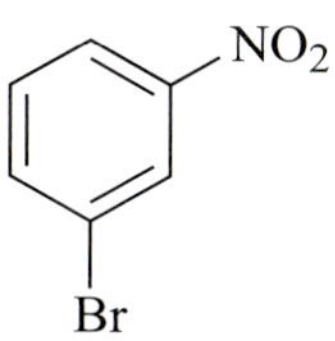

b. 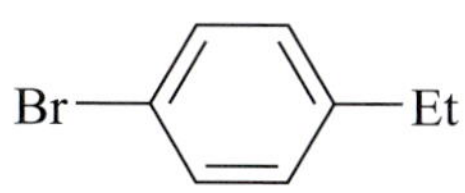

c. 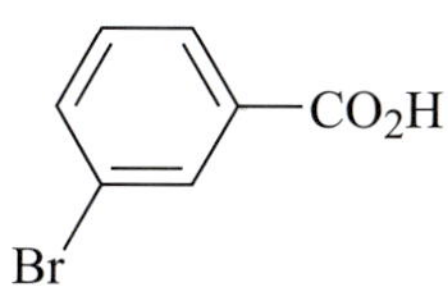

d. 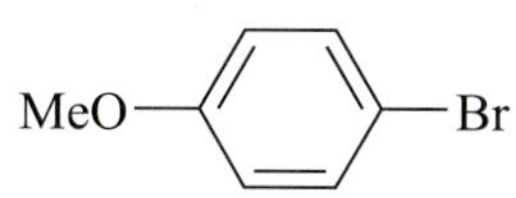

문제 7.10

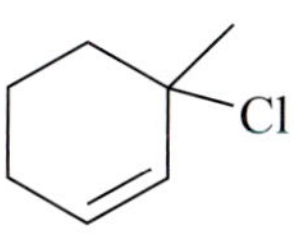

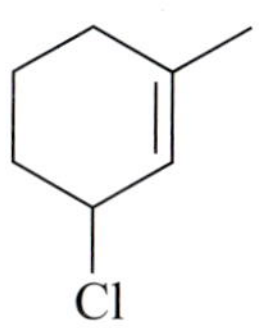

문제 7.11

a. 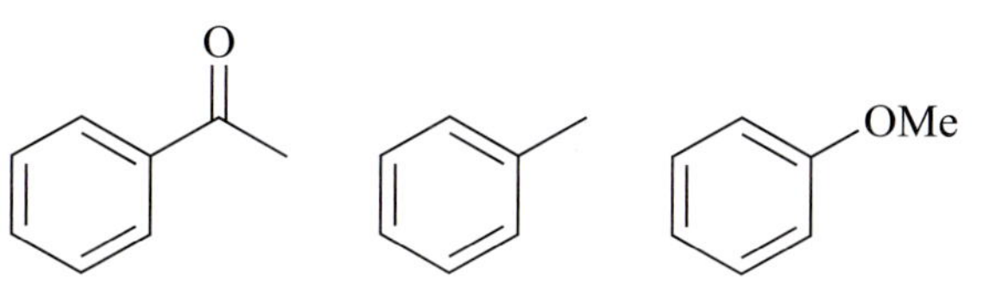

b. 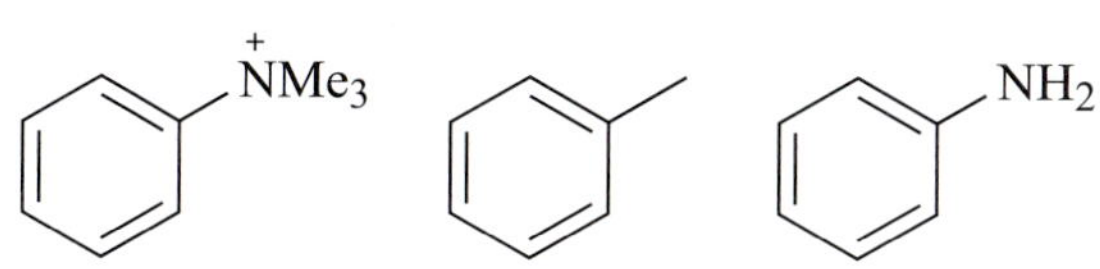

c. 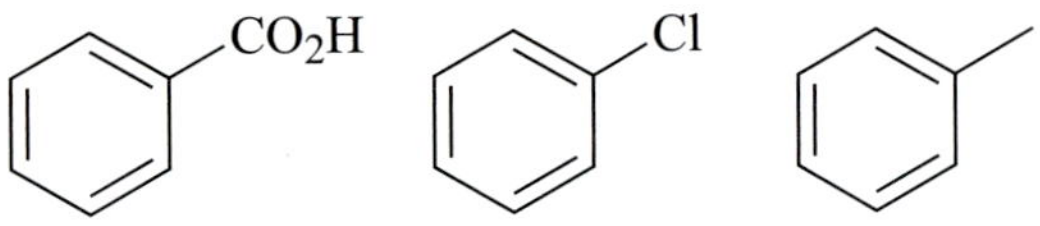

문제 7.12

a. 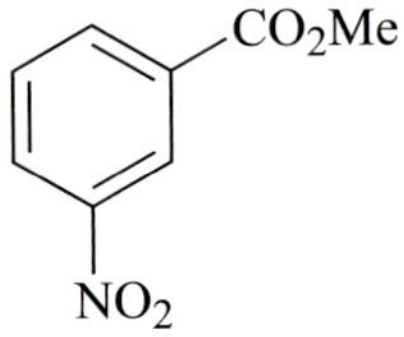

b. 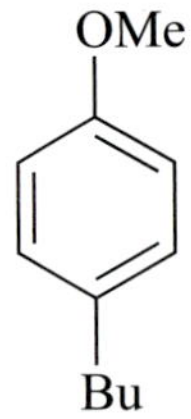

c. 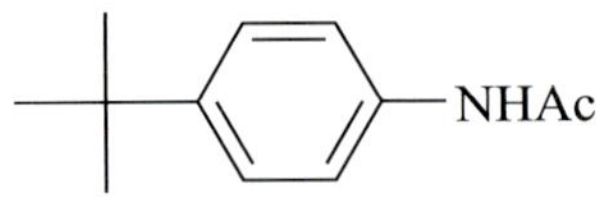

d. NR

e. 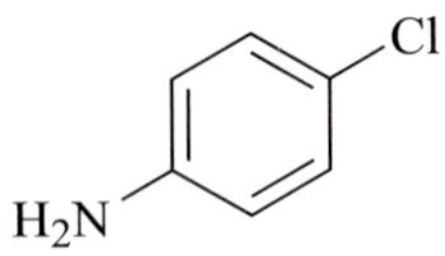

f. NR

g. NR

h. 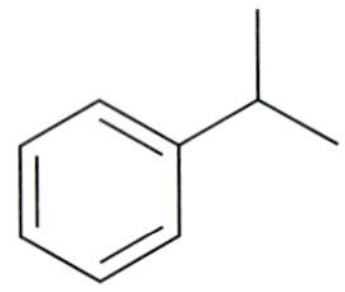

문제 7.13

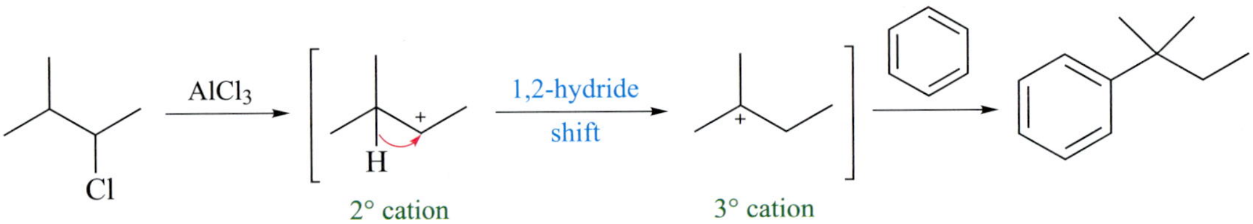

문제 7.14 바이닐 탄소 양이온과 아릴 탄소 양이온은 sp 혼성이므로 매우 불안정하기 때문

문제 7.15

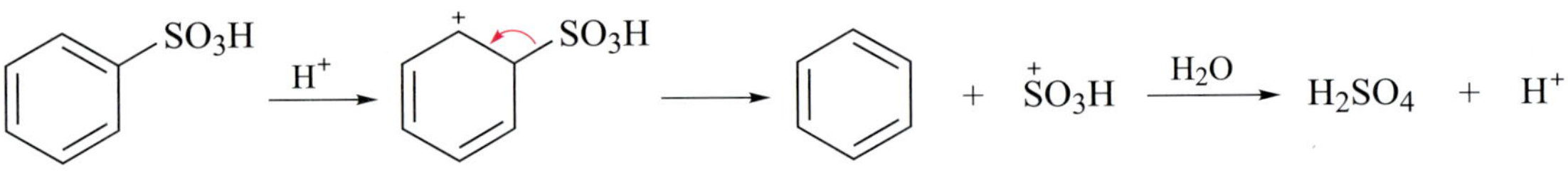

문제 7.16 아닐리늄 이온이 주로 생겨도 평형에 약간 존재하는 아닐린이 훨씬 반응성이 크기 때문

문제 7.17

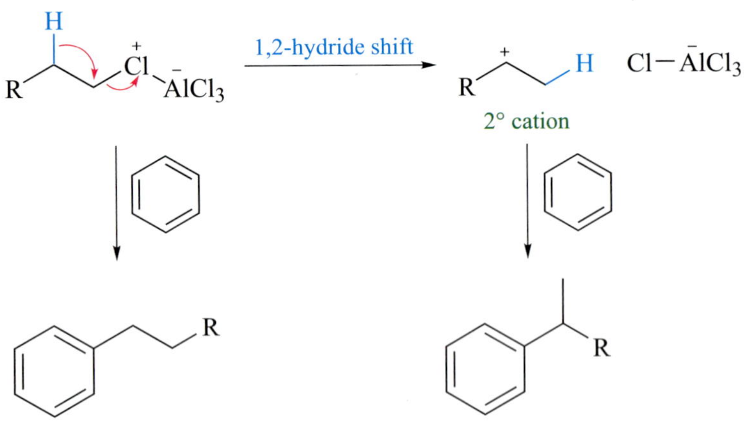

문제 8.1 a. 삼차 b. 이차 c. 일차 d. 이차

문제 8.2 a. 일차 b. 이차 c. 사차 d. 삼차

문제 8.3

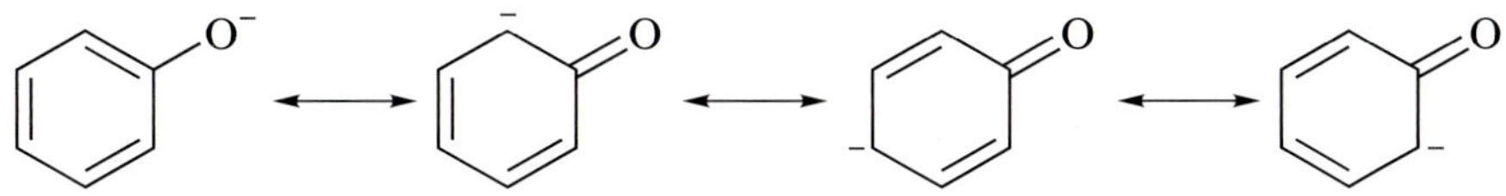

문제 8.4

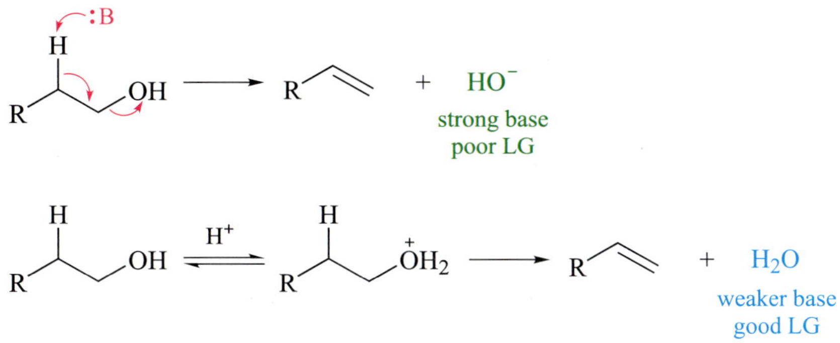

문제 8.5

a. 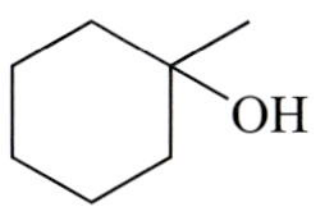

b. 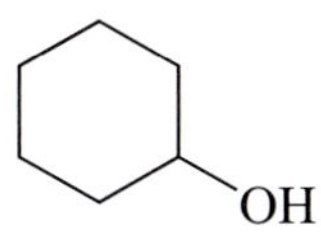

문제 8.6

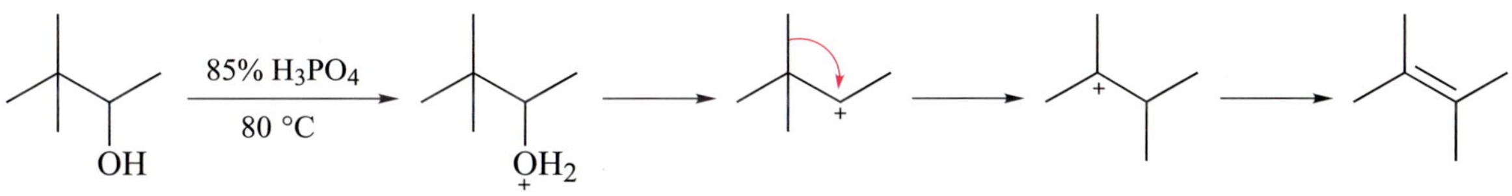

문제 8.7

a. 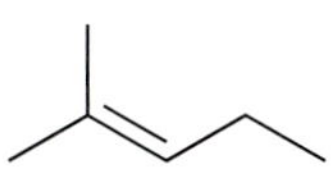

b. 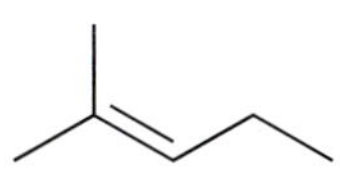

문제 8.8

a. 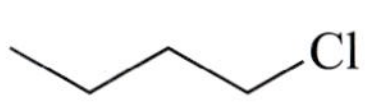

b. 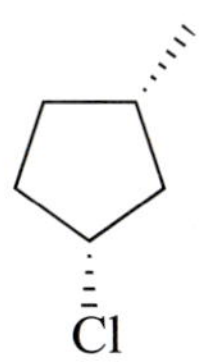

문제 8.9 a. 1. $SOCl_2$, pyridine 2. NaSEt, EtOH b. 1. TsCl, pyridine 2. NaBr, EtOH

문제 8.10 1. TsCl, pyridine 2. NaCN, acetone b. 1. TsCl, pyridine 2. NaI, acetone

문제 8.11

a. 

b. 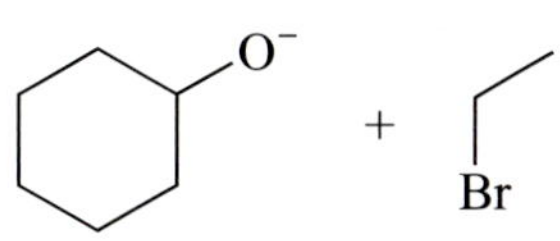

문제 8.12

a. 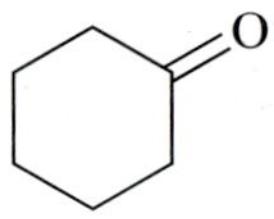 b. 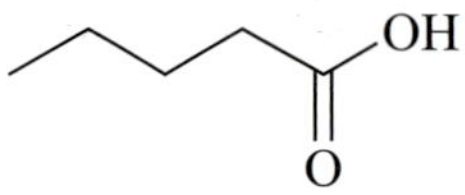 c. NR d. 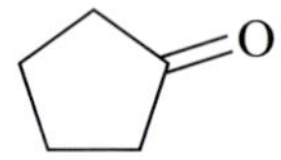

문제 8.13

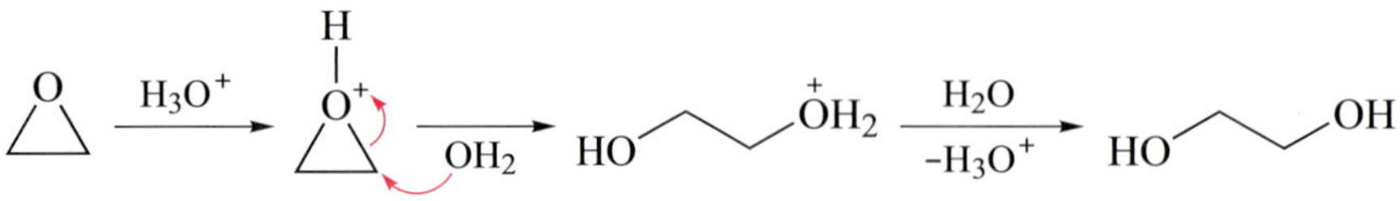

문제 8.14

a. 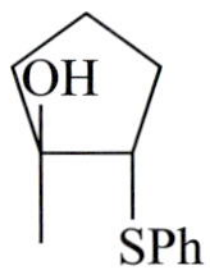 b. 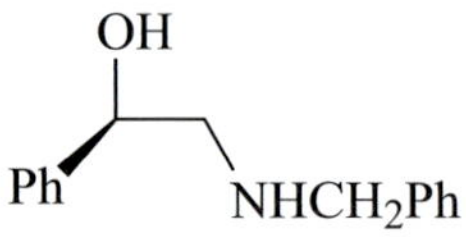

문제 8.15

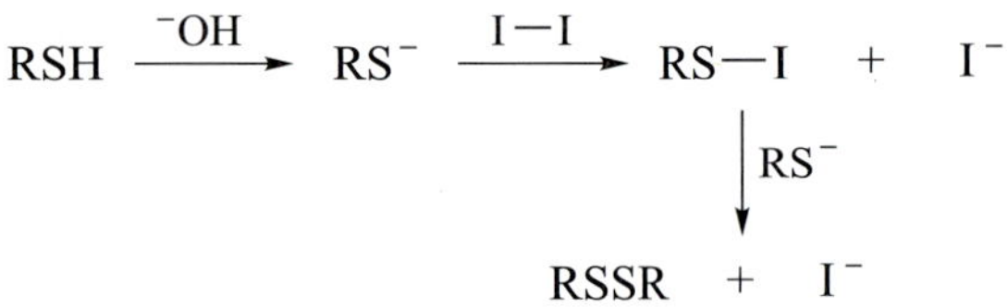

문제 8.16

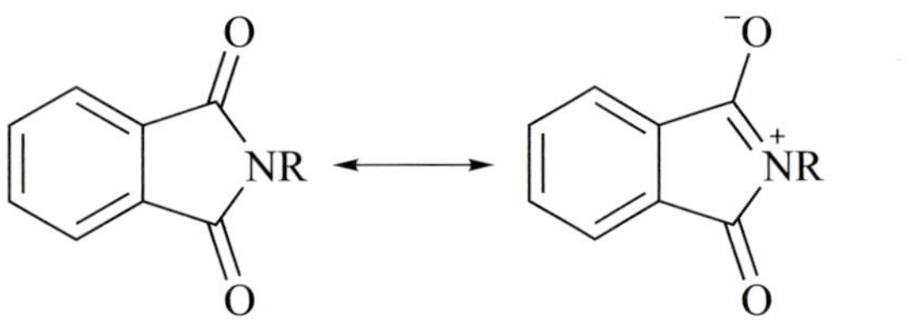

N의 고립쌍의 비편재화. 친핵성도 크게 감소하기 때문

문제 8.17 a. $Me_2CHCH_2CH_2X$ b. $PhCH_2CH_2CH_2X$

문제 8.18

a. 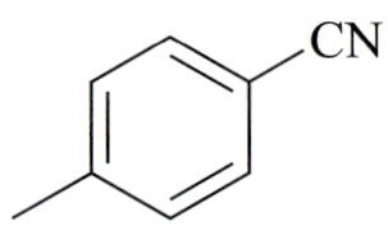 b. 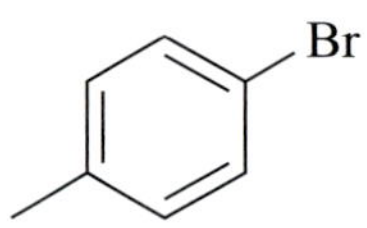 c. 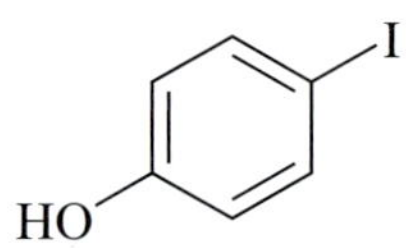 d. 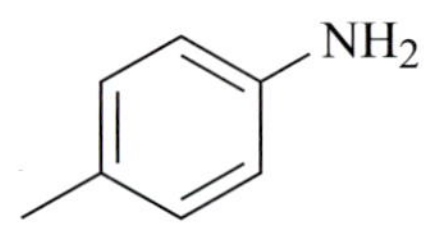

문제 8.19

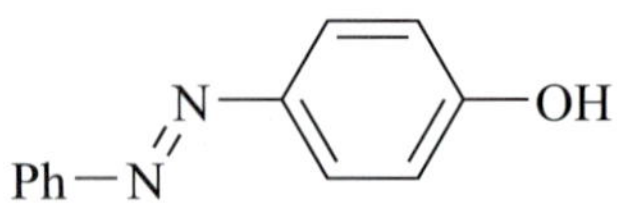

문제 8.20

a. 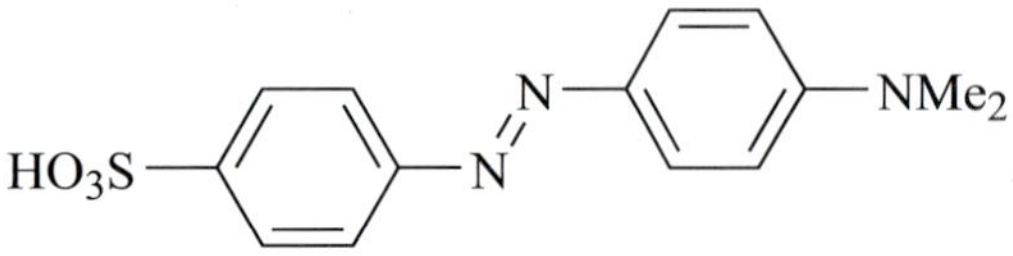 b. 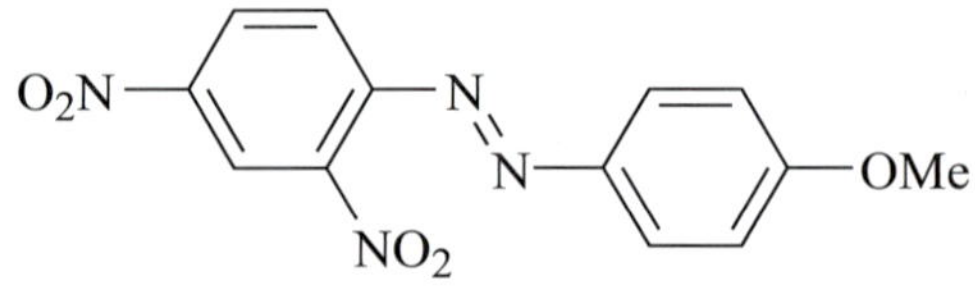

문제 8.21 a. CrO_3, *aq*. H_2SO_4, acetone b. H_3PO_4, heat c. $SOCl_2$, pyridine

문제 8.22 a PCC, CH_2Cl_2 b. CrO_3, *aq*. H_2SO_4, acetone c. 진한 HBr, 가열 d. 1. NaH, THF 2. EtI

문제 8.23

a. $PhCH_2SH$ b. $PhCH_2S-SCH_2Ph$ c. 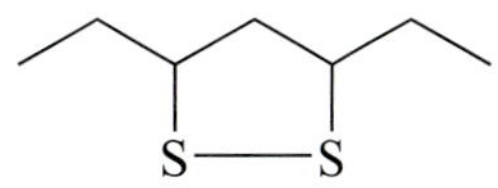

d. 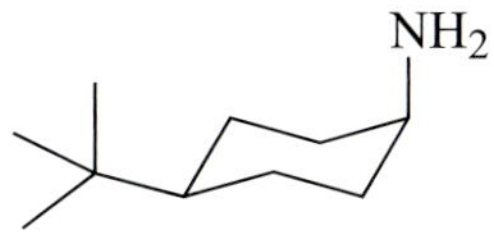 e. 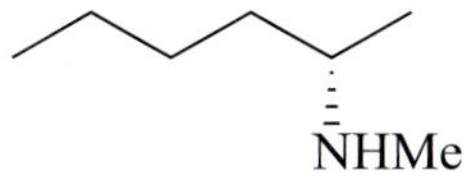 f. 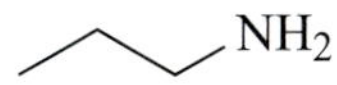

문제 8.24 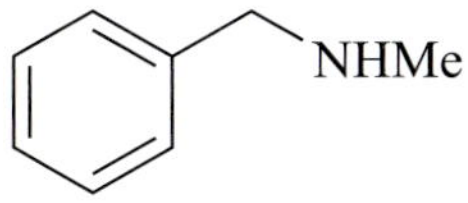

9장 알데하이드와 케톤: 친핵성 카보닐 첨가 반응

문제 9.1

a. 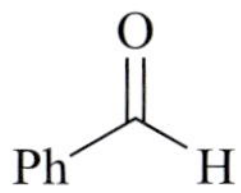 b. 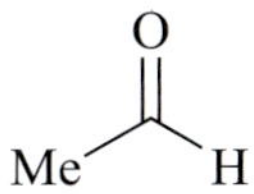

문제 9.2

a. 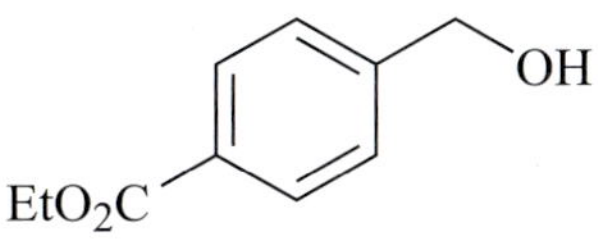 b. 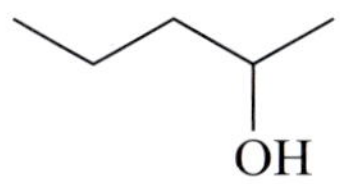

문제 9.3

a.  b. 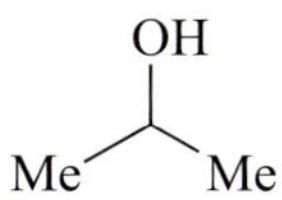 c. 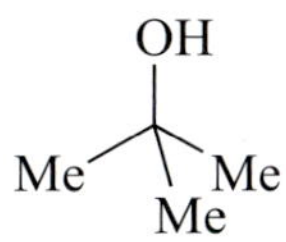 d. 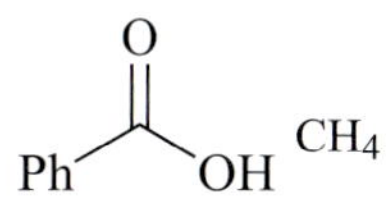

문제 9.4 a. PhCH(OH)CN b. $Me_2C(OH)CN$

문제 9.5

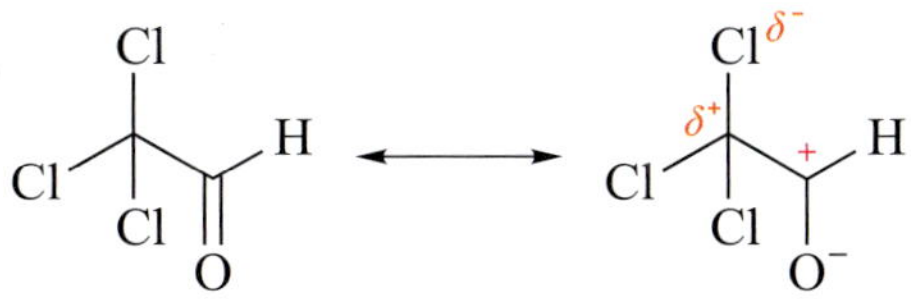

less favorable

문제 9.6 a. PhCHO, EtOH b. BuCHO, MeOH c. acetone, MeOH

문제 9.7

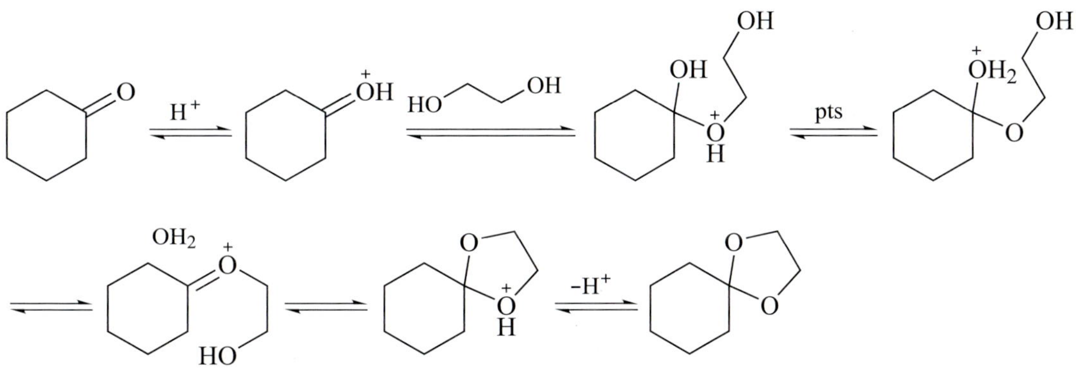

문제 9.8

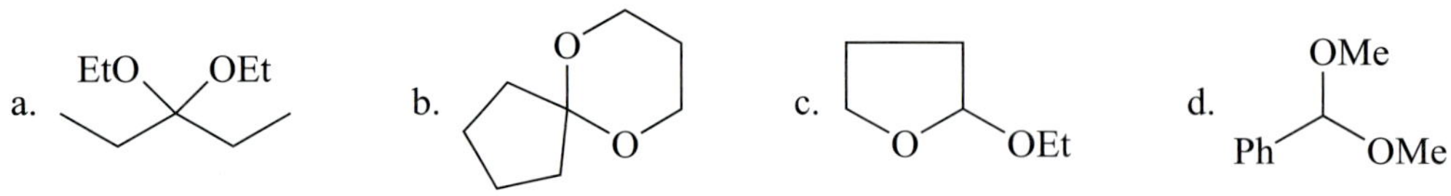

문제 9.9

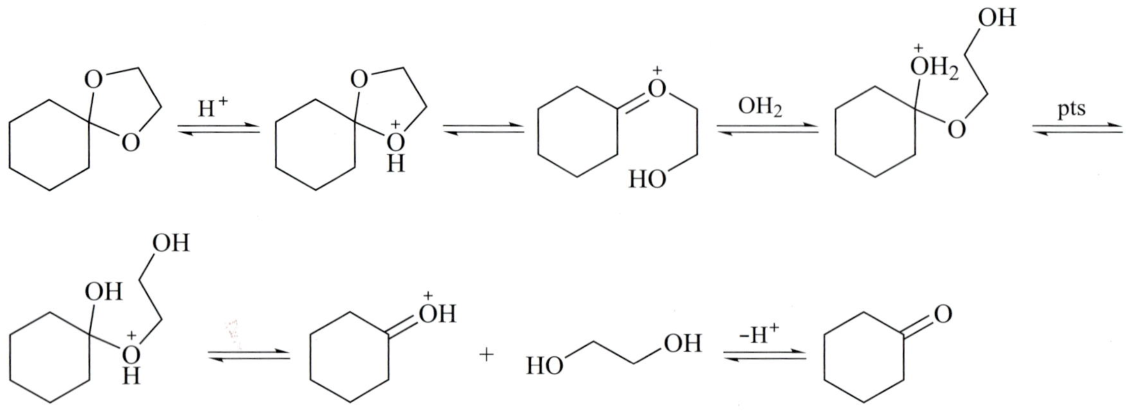

문제 9.10

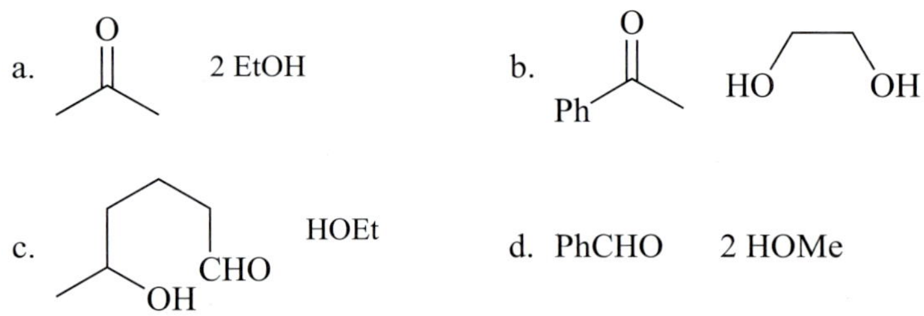

문제 9.11

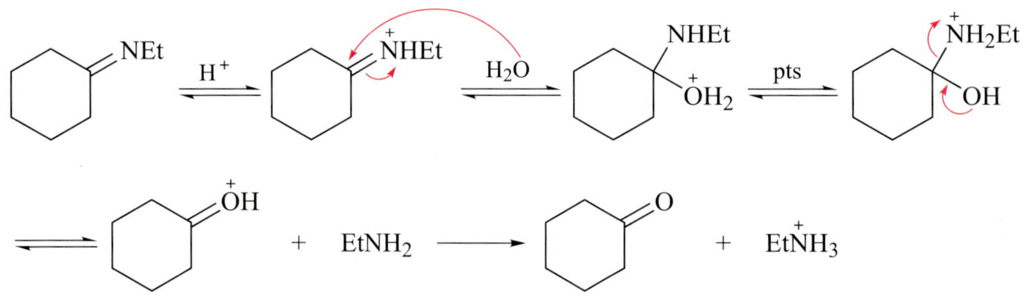

문제 9.12

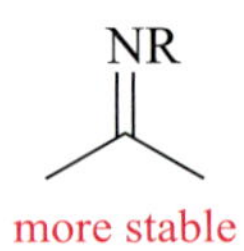

문제 9.13

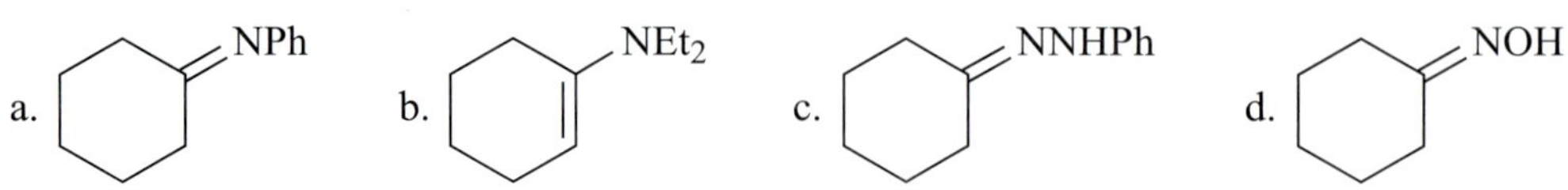

문제 9.14

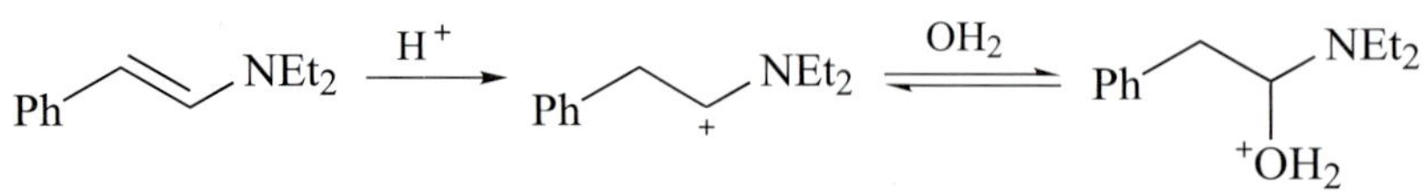

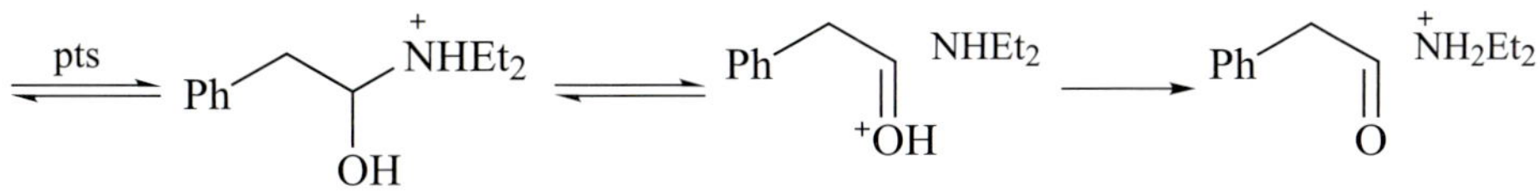

문제 9.15

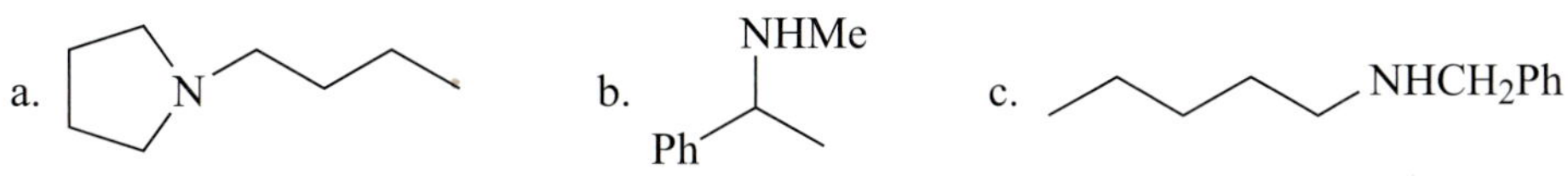

문제 9.16

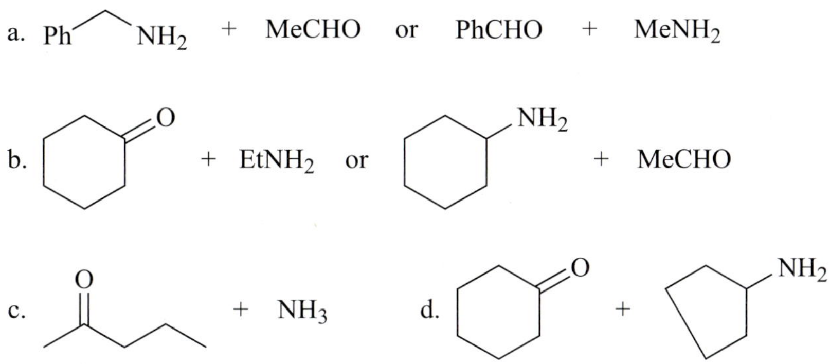

문제 9.17

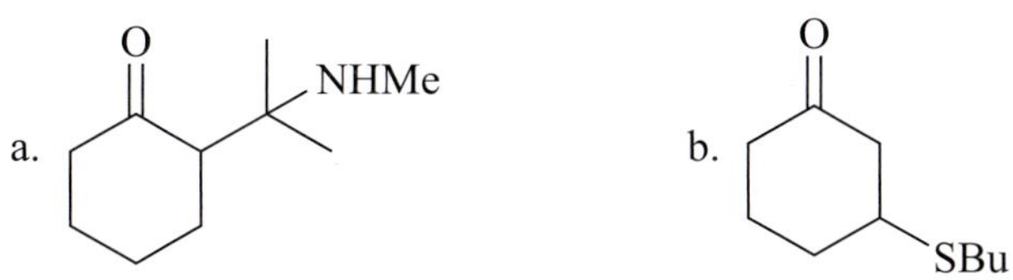

문제 9.18

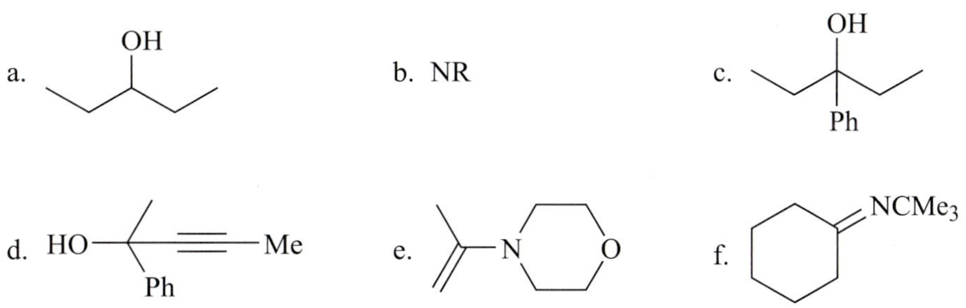

문제 9.19

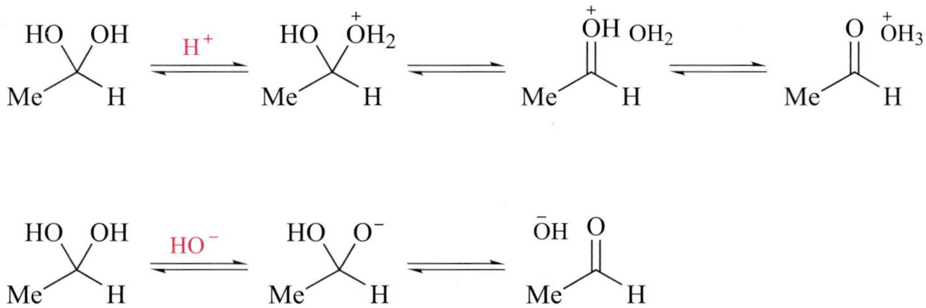

문제 9.20

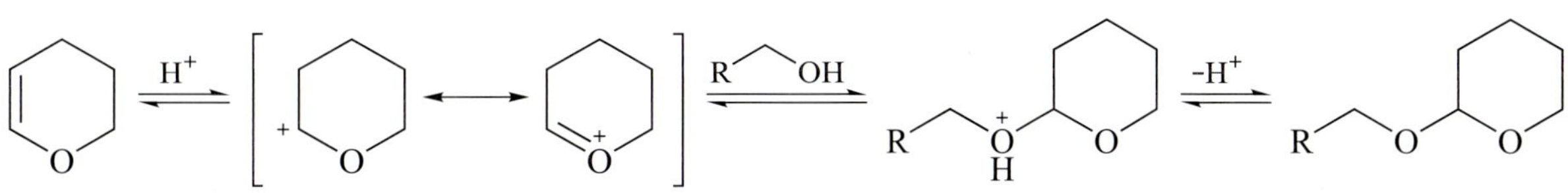

문제 9.21 a. 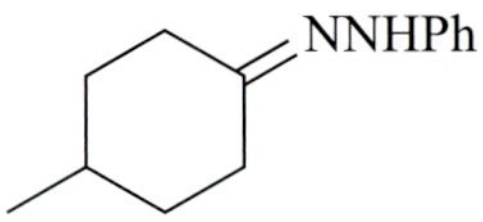 b. 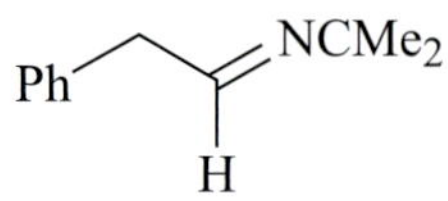 c. 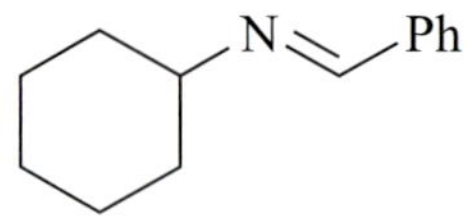

문제 9.22 1. ethylene glycol, H^+ 2. Mg, ether 3. cyclohexanone 4. acidic hydrolysis

10장 카복실산과 카복실산 유도체: 친핵성 아실 치환 반응

문제 10.1 $BrCH_2CO_2H$, Br_2CHCO_2H, Br_3CCO_2H

문제 10.2 $CH_2(OH)CO_2H$, 이유: HO기의 산소는 전기 음성이기 때문

문제 10.3 a. 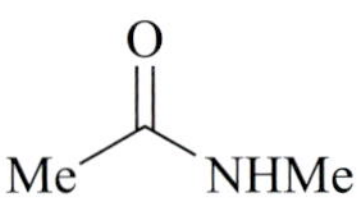 b. 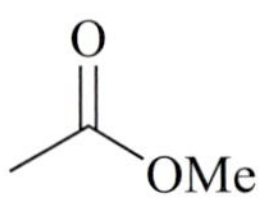 c. 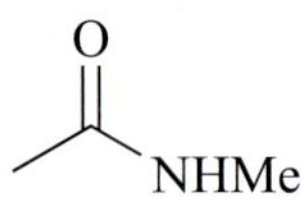 d. 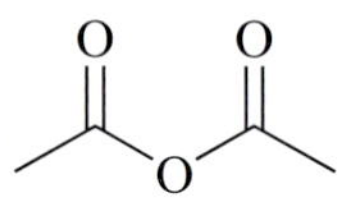

문제 10.4 a. $MeCO_2Me$ b. MeCOCl c. MeCOMe d. MeCHO

문제 10.5 a. 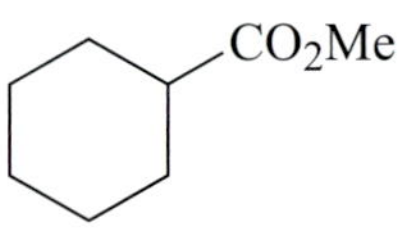 b. PhCONHEt c. 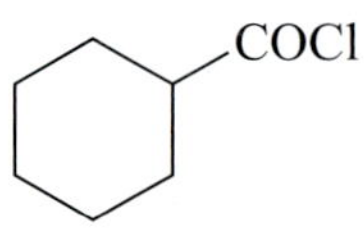

문제 10.6 a. PhCONHMe b. $PhCO_2Et$ c. PhCOCl

문제 10.7

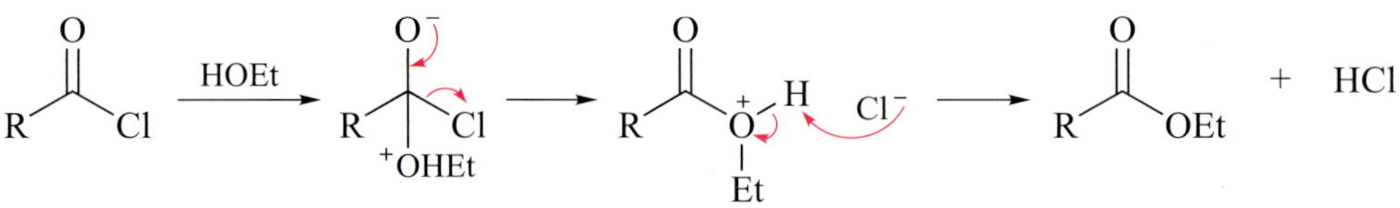

문제 10.8 a. $EtCO_2Et$ b. $EtCONEt_2$ c. $EtCO_2H$ d. EtCOOCOMe

문제 10.9 질소 원자가 더 친핵성이기 때문

문제 10.10

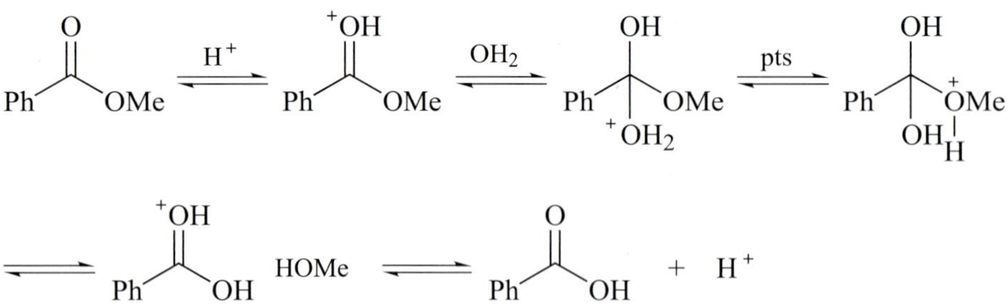

문제 10.11 $MeOH + {}^-OH \rightleftharpoons MeO^- + HOH$

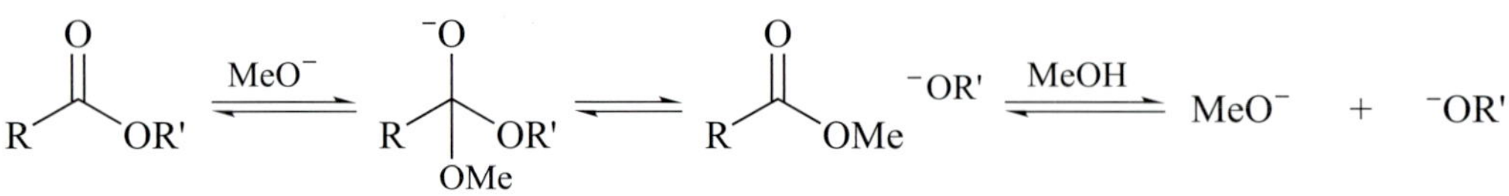

문제 10.12

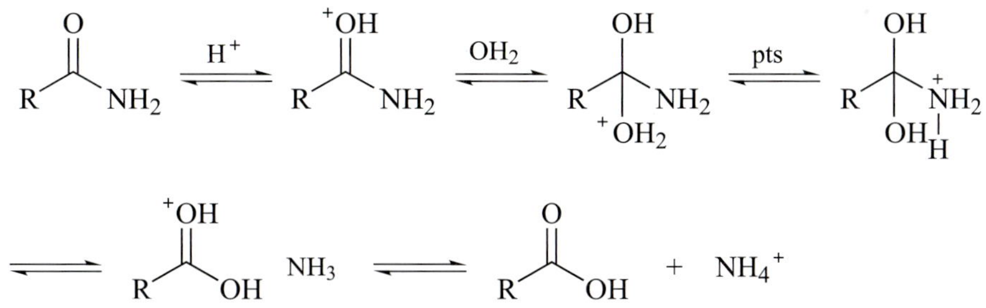

문제 10.13

a.

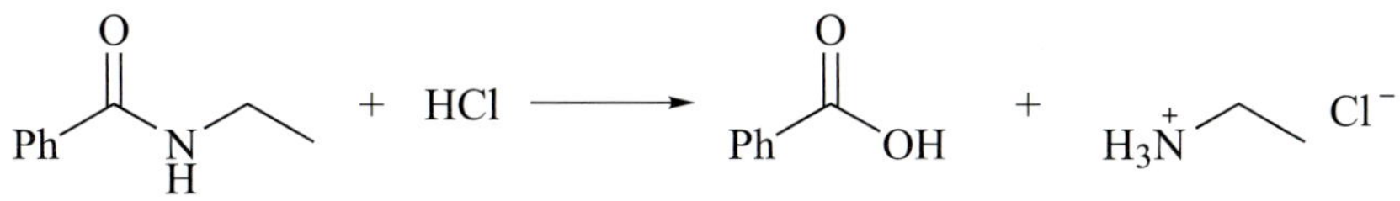

b.

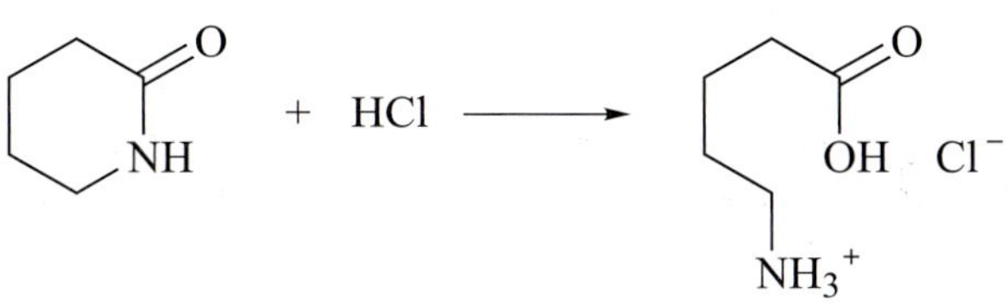

문제 10.14

a.

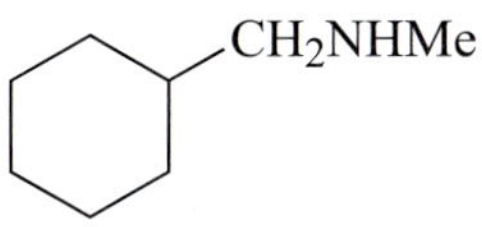

b.

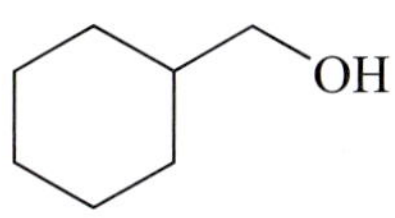

c.

d.

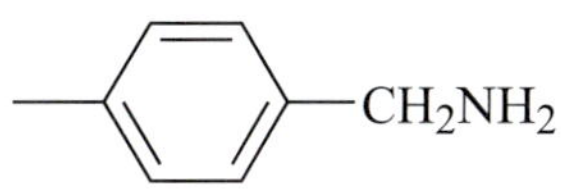

문제 10.15 a. Ph_3COH b. $PhBu_2COH$

문제 10.16 a.

COOH기의 전자 끄는 효과 때문

b.

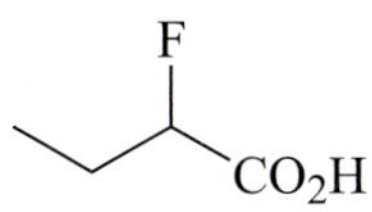

F의 전자 끄는 효과가 Cl보다 더 크기 때문

문제 10.17 NH_3^+기의 전자 끄는 효과 때문

문제 10.18 H_A가 더 산성인 수소이다.

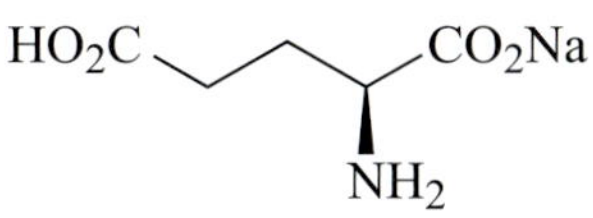

문제 10.19

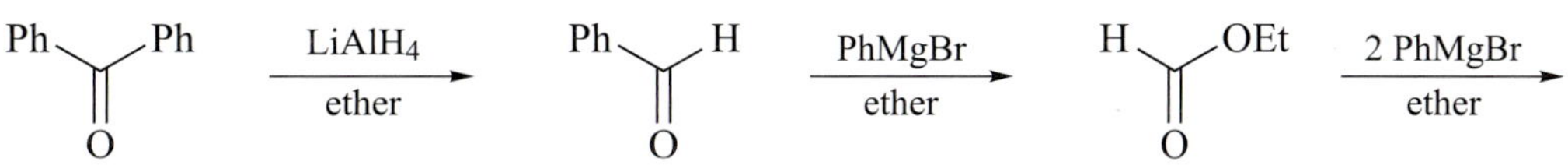

문제 10.20

a. 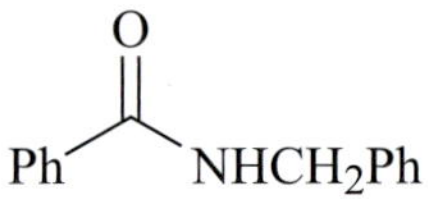

b. 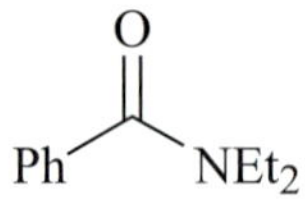

c. 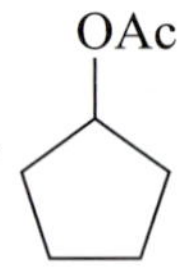

d. $PhC(OH)Et_2$

문제 10.21 a. 1. PhCHO, EtMgBr 2. H^+ or PhCOEt, $NaBH_4$, EtOH b. $PhCO_2Et$, excess PhMgBr or PhCOPh, PhMgBr

c. PhCHO, $NaBH_4$, EtOH or HCHO, PhMgBr d. $PhCO_2Et$, excess MeMgBr or PhCOMe, MeMgBr

문제 10.22 a. $MeCO_2H$, EtOH b. $MeCO_2H$, EtOH c. MeCONHMe, EtOH d. $MeCO_2Bu$, EtOH

문제 10.23 a. $MeCO_2H$, NH_4^+ b. $MeCO_2H$, NH_4^+ c. NR d. NR

11장 카보닐 α-치환 및 축합

문제 11.1

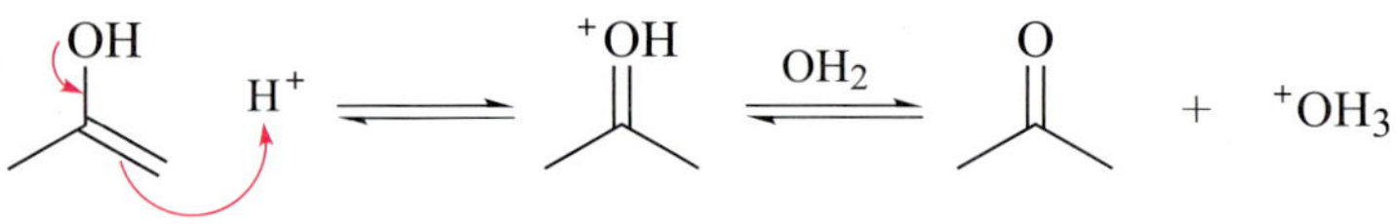

문제 11.2

a. 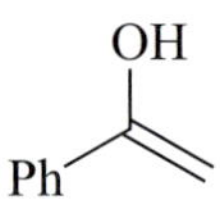

b. 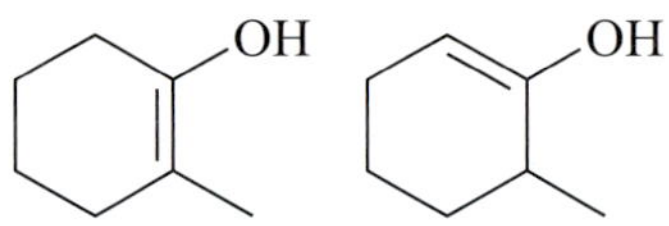

c. 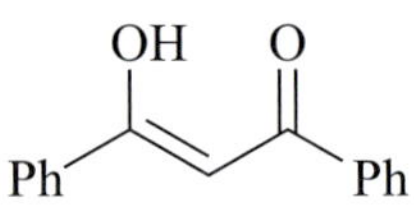

d. 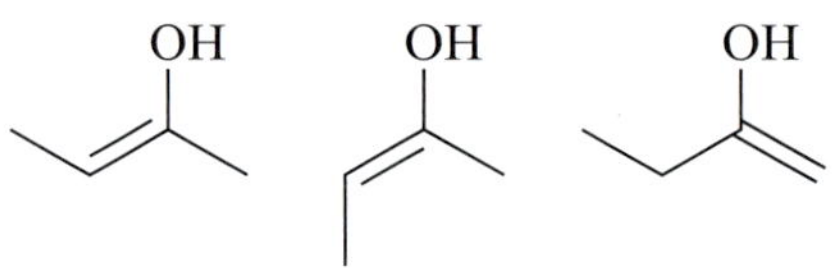

문제 11.3

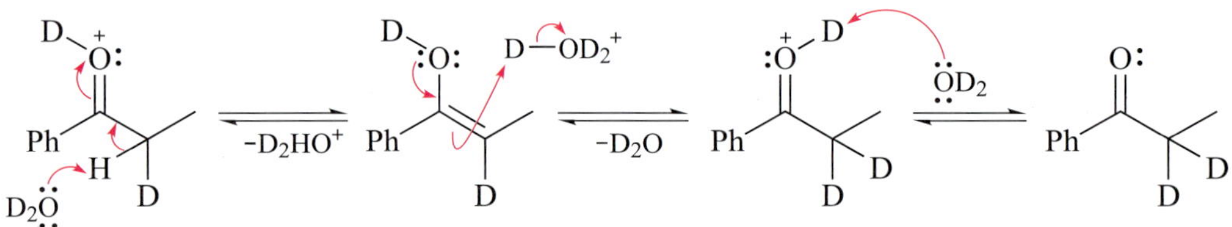

문제 11.4

a. 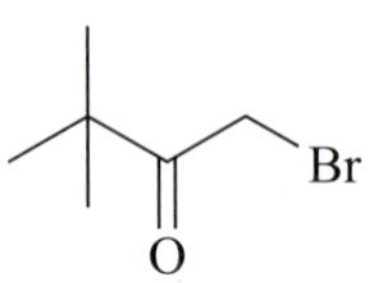

b. 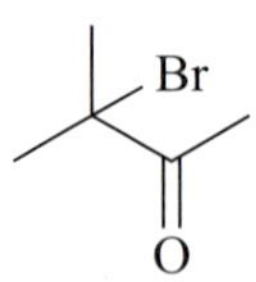

문제 11.5

a. 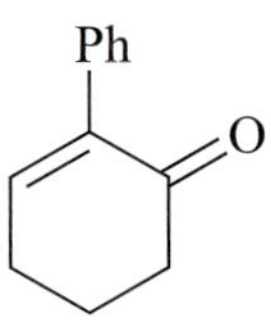

b. 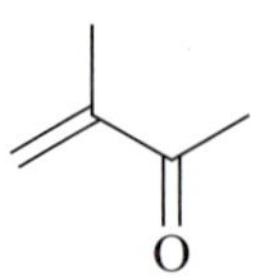

문제 11.6

a. 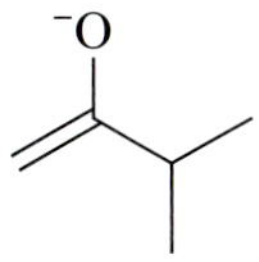

b. 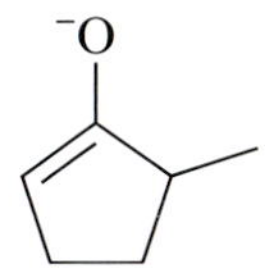

문제 11.7

a. 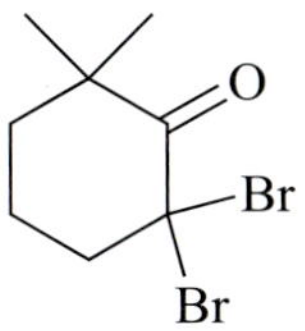

b. 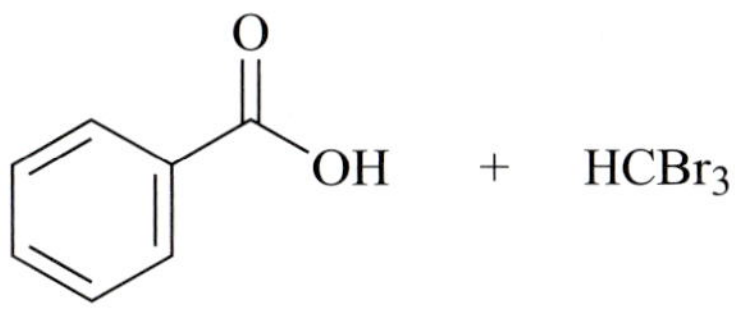

문제 11.8

a. 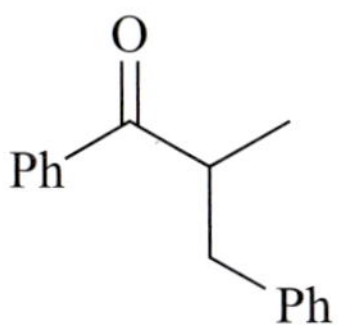

b. 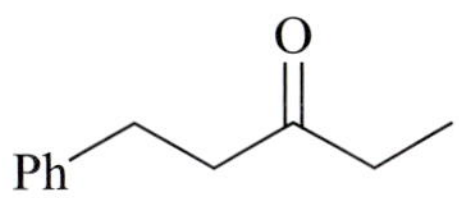

문제 11.9 a. 1. 다이에틸 말로네이트, NaOEt, EtOH 2. EtBr, 3. H_3O^+, heat

b. 1. 에틸 아세토아세테이트, NaOEt, EtOH 2. $PhCH_2Br$, 3. H_3O^+, heat

문제 11.10

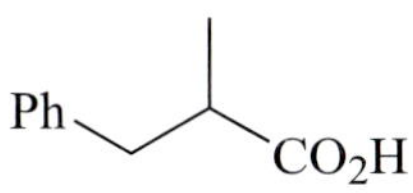

문제 11.11

a. 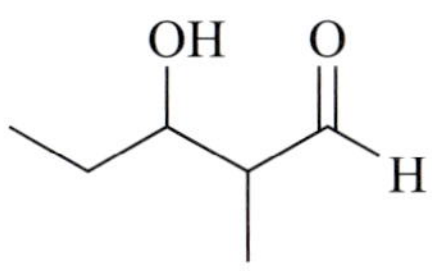 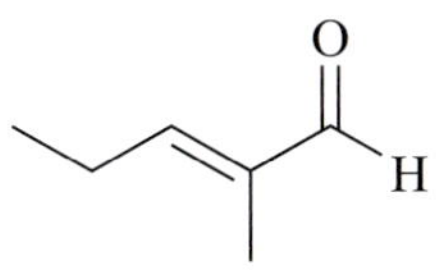

b. 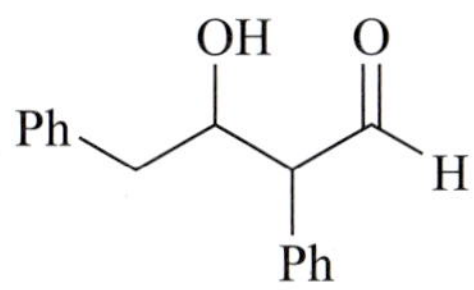 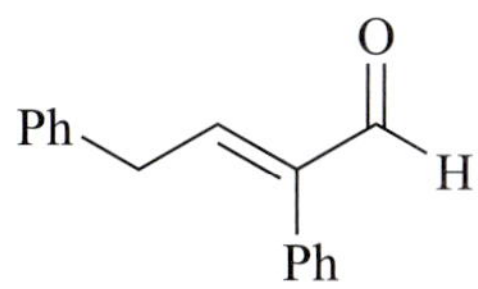

c. 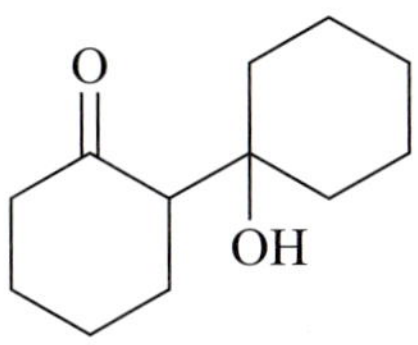 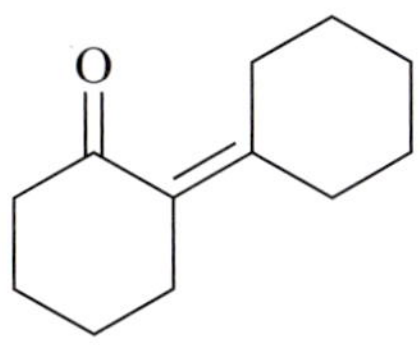

문제 11.12

a. 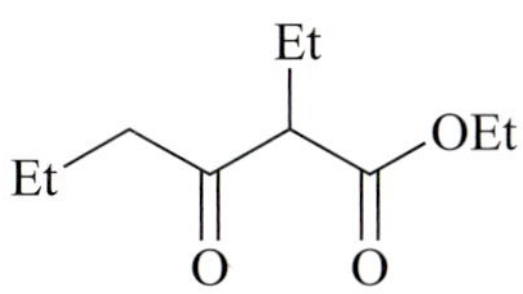

b. 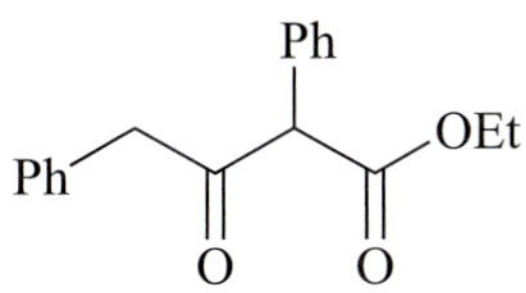

문제 11.13 엔올 토토머는 콘쥬게이션 계이며, 분자내 수소 결합을 하고 있다.

문제 11.14

a. 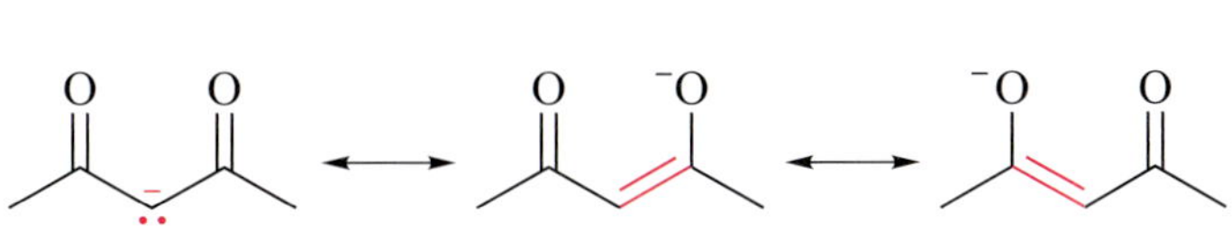

b. 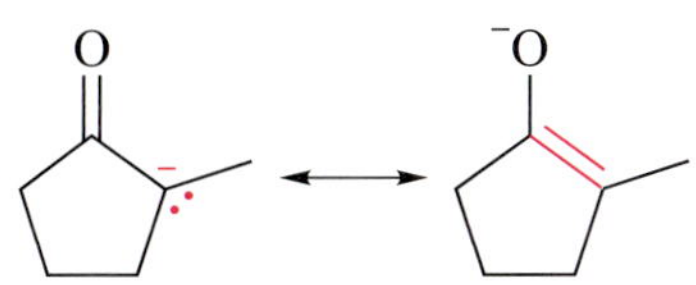

c. 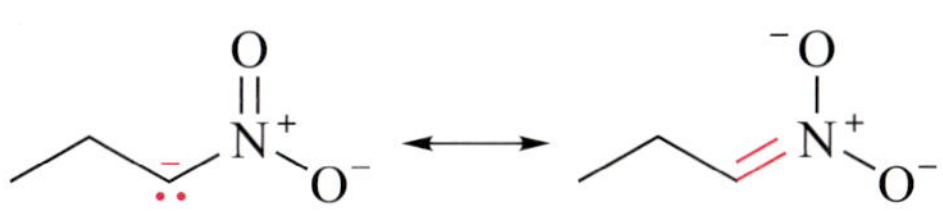

문제 11.15

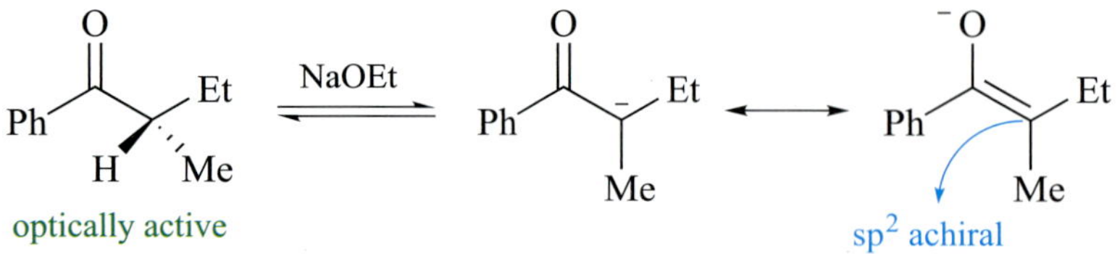

문제 11.16

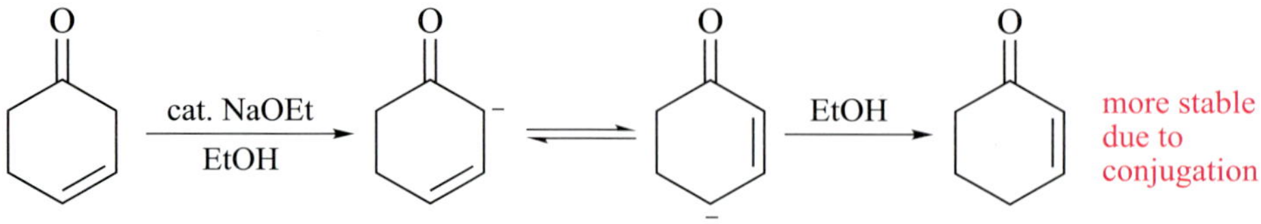

문제 11.17

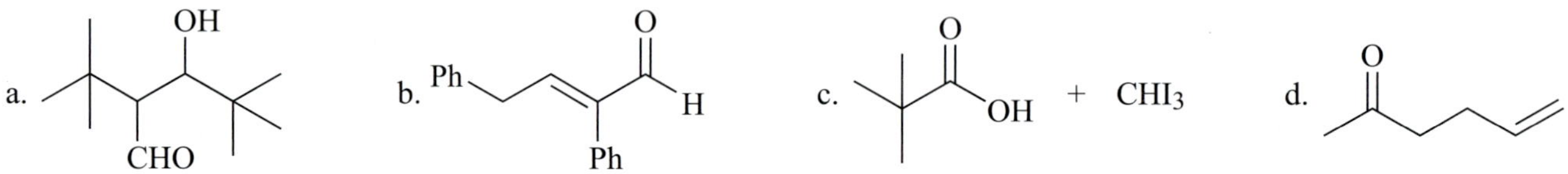

문제 11.18

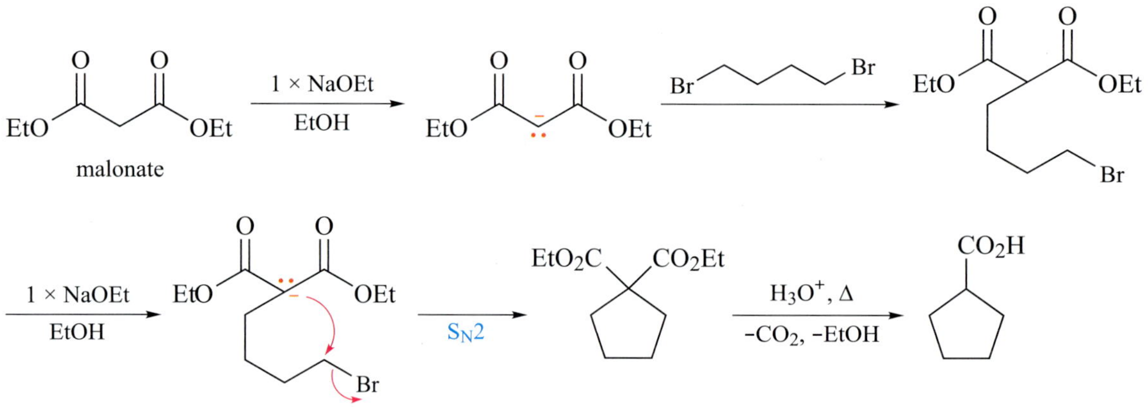

문제 11.19

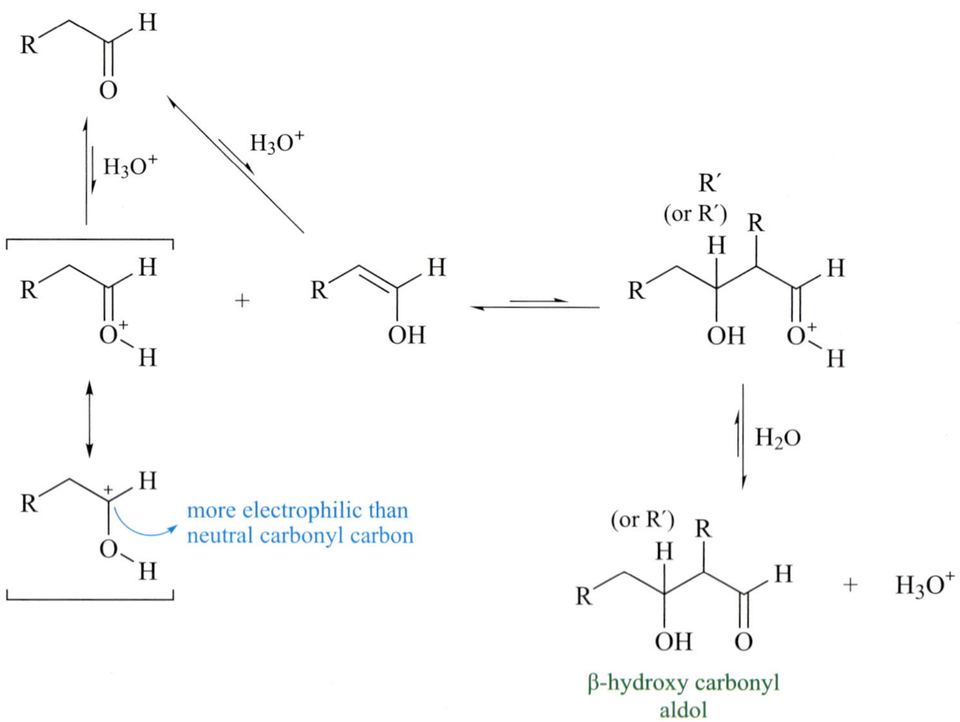

문제 12.1

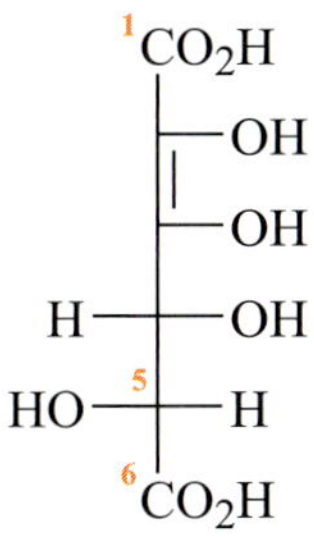

문제 12.2 α-아노머의 몰분율을 x라고 하면, $19x+112(1-x)=53$이라는 식이 성립한다. 이 식에서 x를 구하면 0.63이다.

문제 12.3

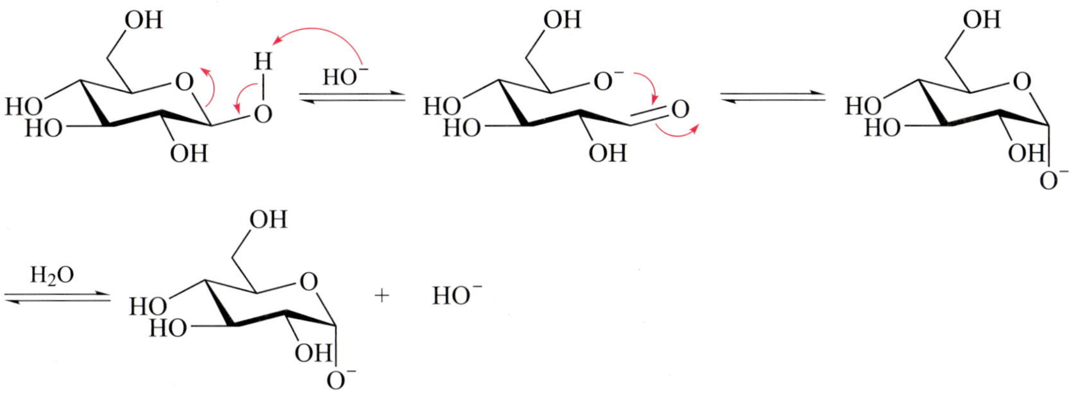

문제 12.4

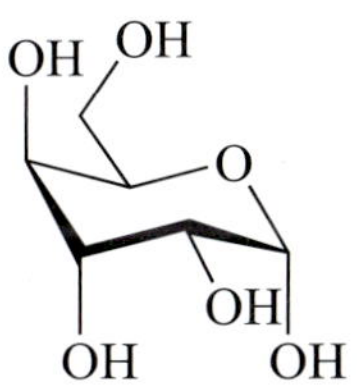

α-pyranose

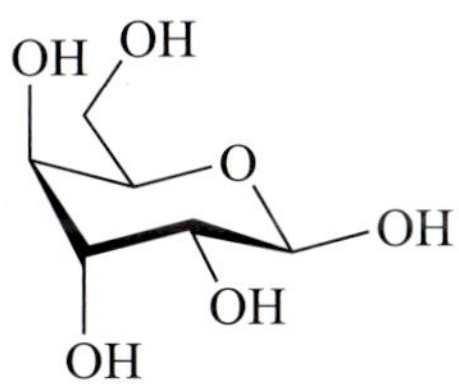

β-pyranose

문제 12.5

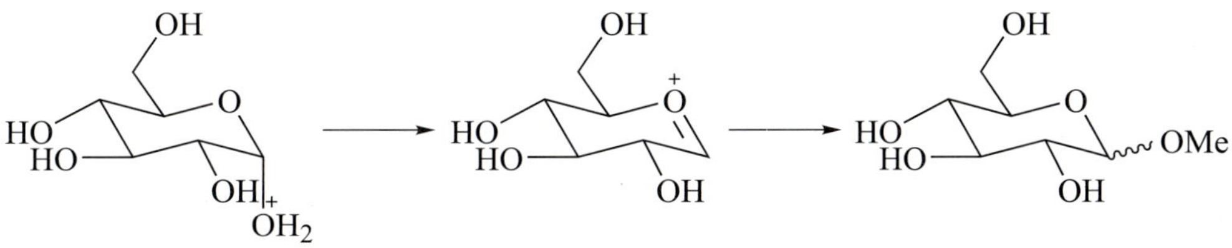

문제 12.6

문제 12.7 a

문제 12.8

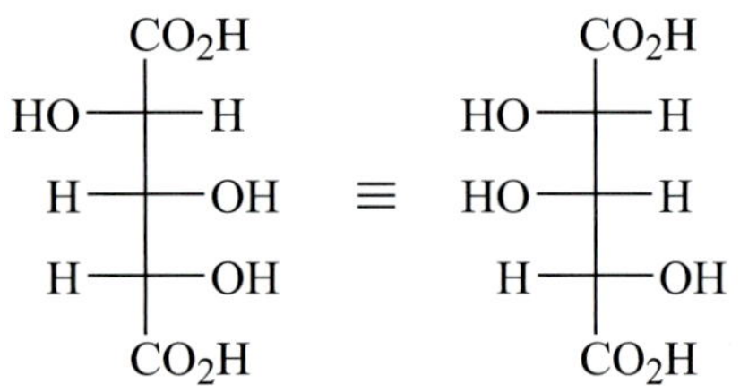

aldaric acid of D-arabinose　　aldaric acid of D-lyxose

문제 12.9 D-allose의 알디톨은 메조 화합물이기 때문

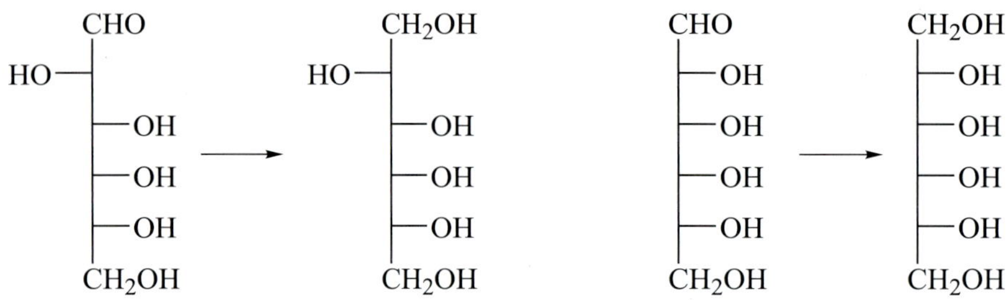

D-altrose　　chiral　　D-allose　　achiral

문제 12.10 자일리톨: achiral

문제 12.11

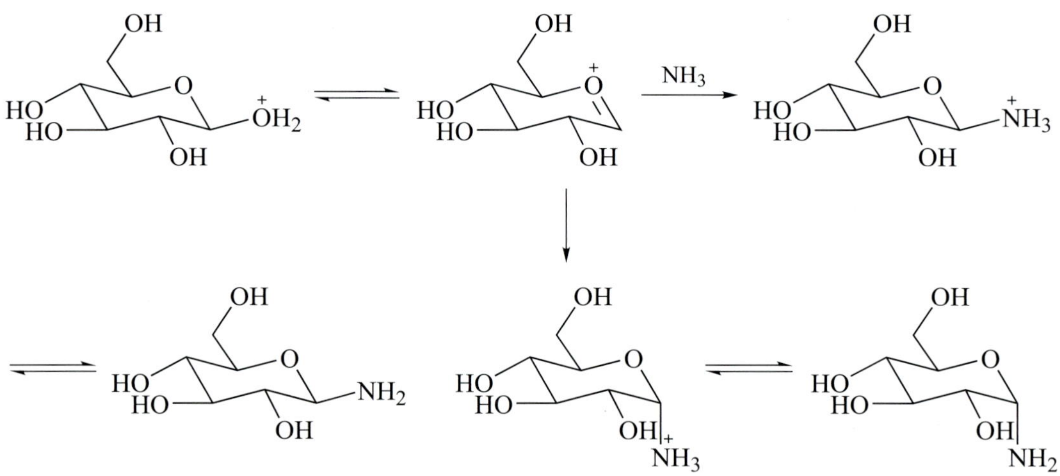

문제 12.12

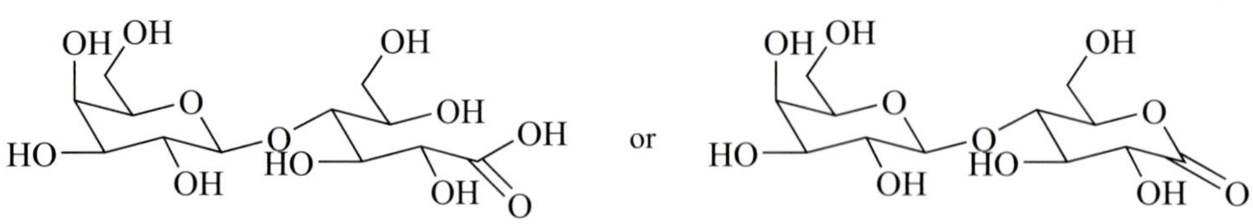

문제 12.13

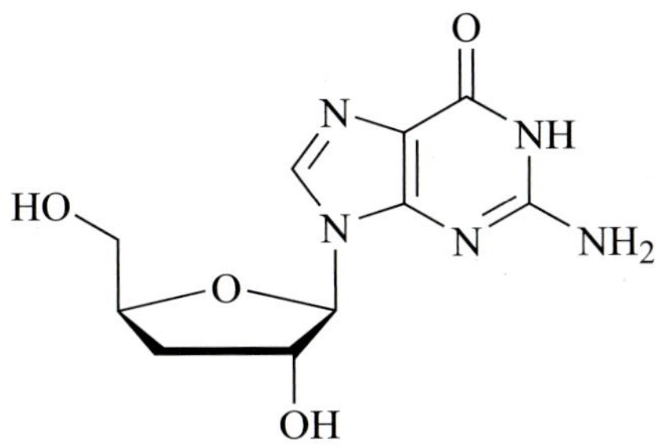

2′-deoxyguanosine

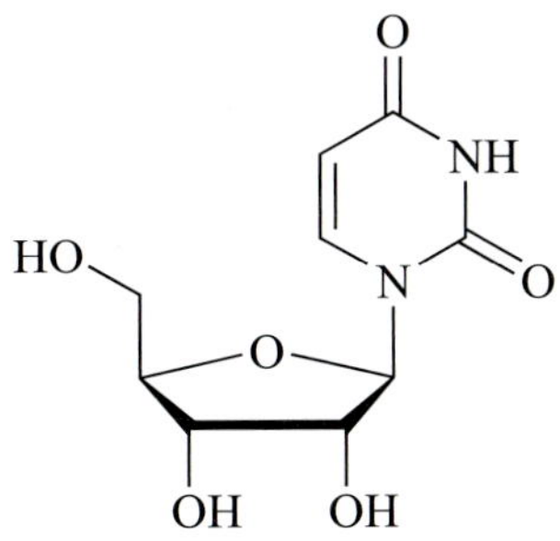

uridine

문제 12.14 a. 알도펜토스 b. 알도헥소스 c. 알도헥소스 d. 케토헥소스

문제 12.15 a. L-계열 b. D-계열

문제 12.16

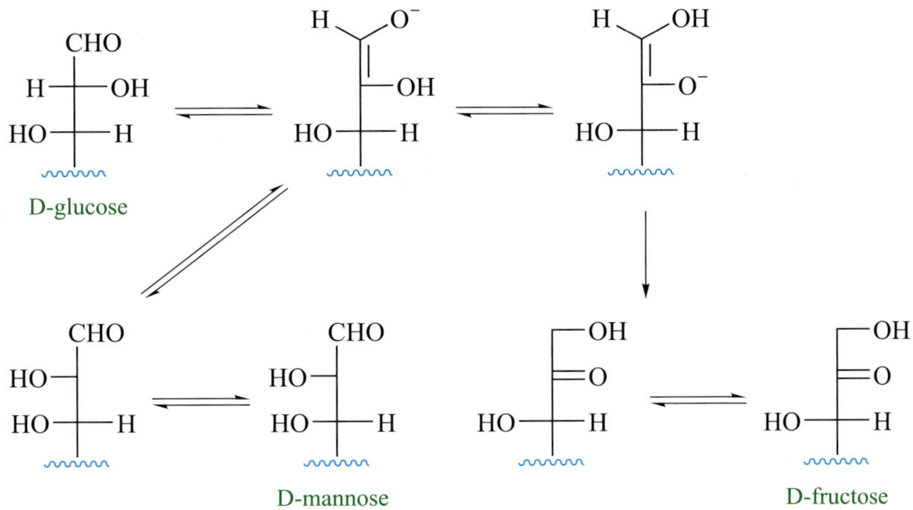

문제 12.17

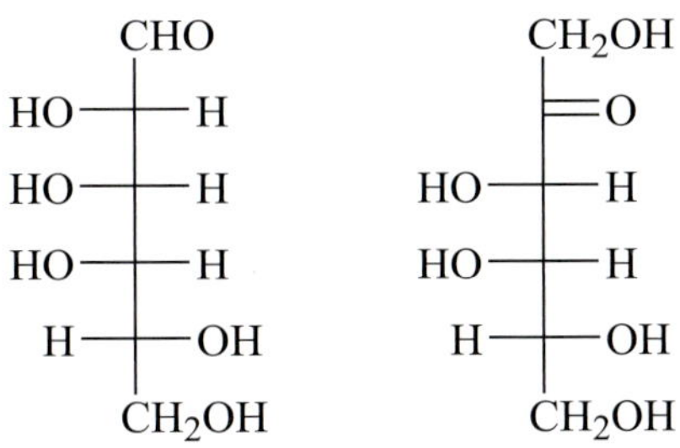

aldose 2-ketose

문제 12.18 a.

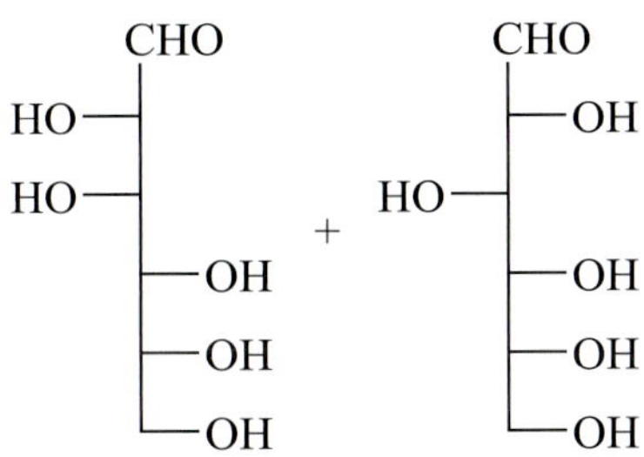

b.

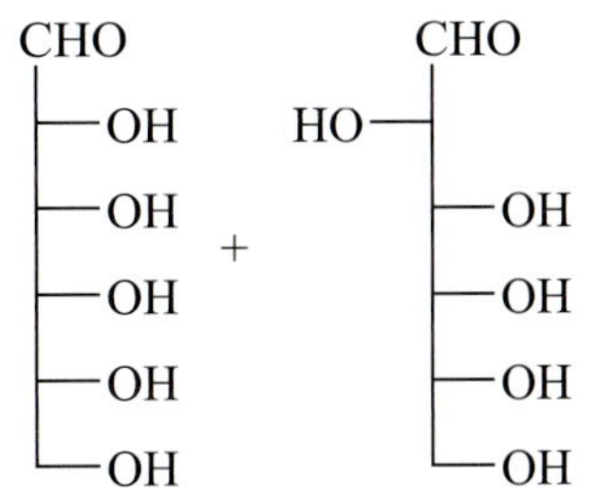

문제 12.19 3′-TGAGTCTACG-5′

문제 12.20

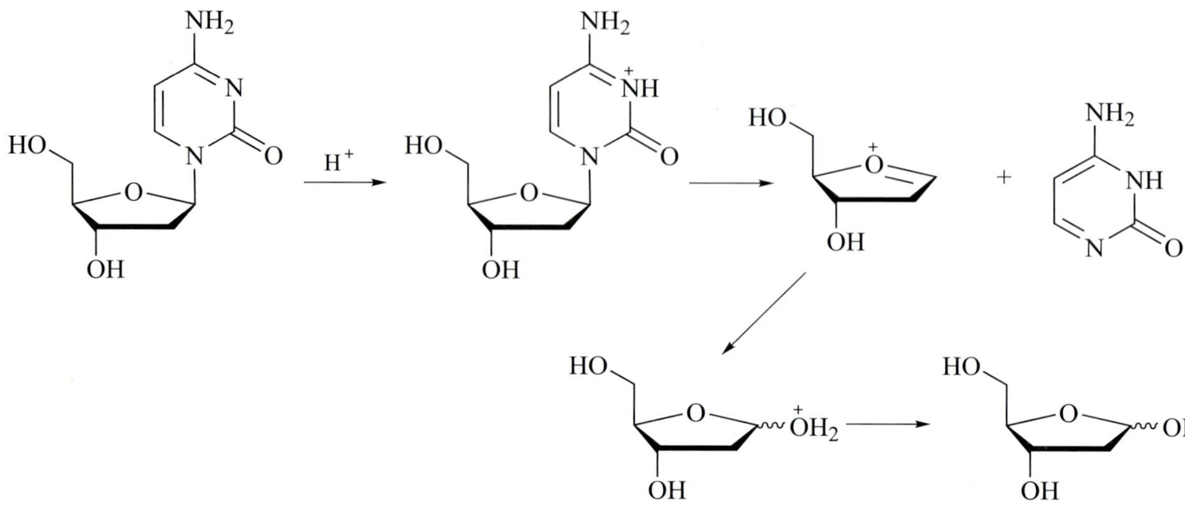

13장 아미노산, 펩타이드 및 단백질

문제 13.1

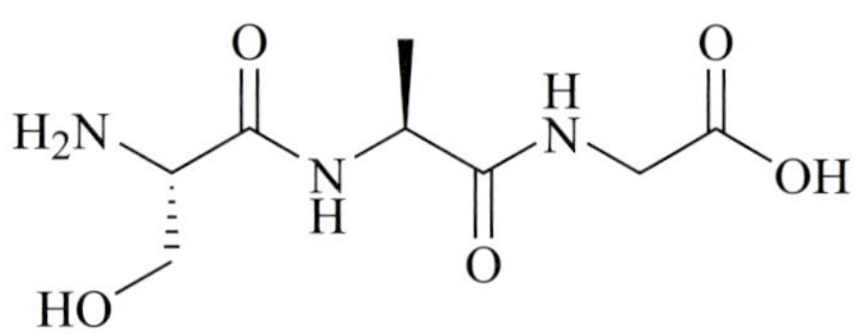

문제 13.2 $K_{a1} = [\mathbf{N}][H_3O^+]/[\mathbf{A}]$, $K_{a2} = [\mathbf{B}][H_3O^+]/[\mathbf{N}]$

$K_{a1} \times K_{a2} = [H_3O^+]^2\ [\mathbf{B}]/[\mathbf{A}]$

at pI, [A] = [B]. 따라서 $K_{a1} \times K_{a2} = [H_3O^+]^2$

$pK_{a1} + pK_{a2} = 2\ pH = 2\ pI$, $pI = (pK_{a1} + pK_{a2})/2$

문제 13.3 글루탐산: (2.19 + 4.25)/2 = 3.22, 시스테인: (1.92 + 8.35)/2 = 5.13

문제 13.4

a. 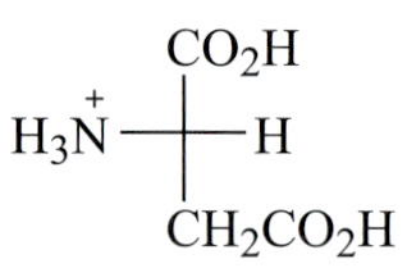

b. 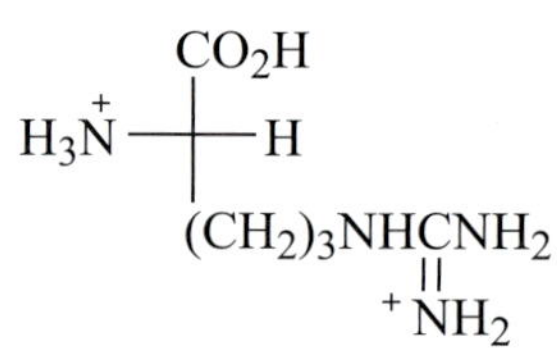

c. 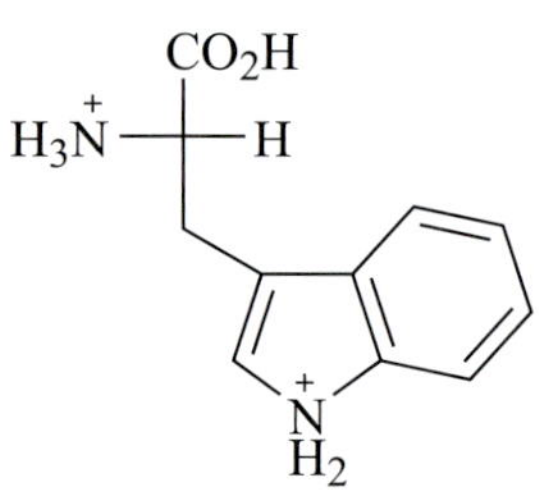

d. 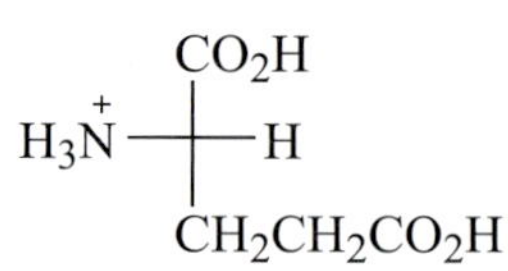

문제 13.5

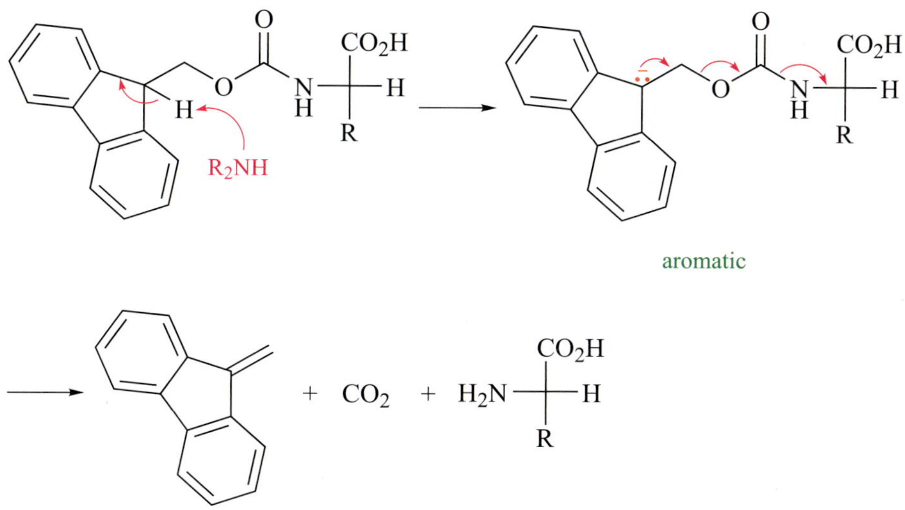

문제 13.6

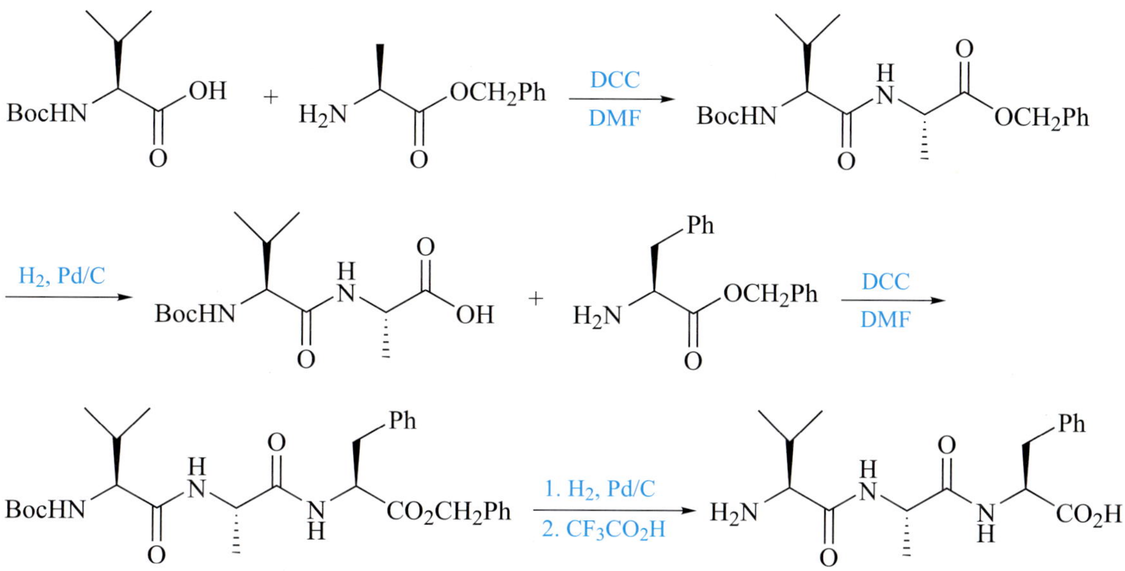

문제 13.7 1. resin, N-FmocPhe, base, DMF 2. piperidine 3. N-FmocAla, DCC, DMF 4. piperidine 5. N-FmocVal, DCC, DMF 6. piperidine 7. HF

문제 13.8

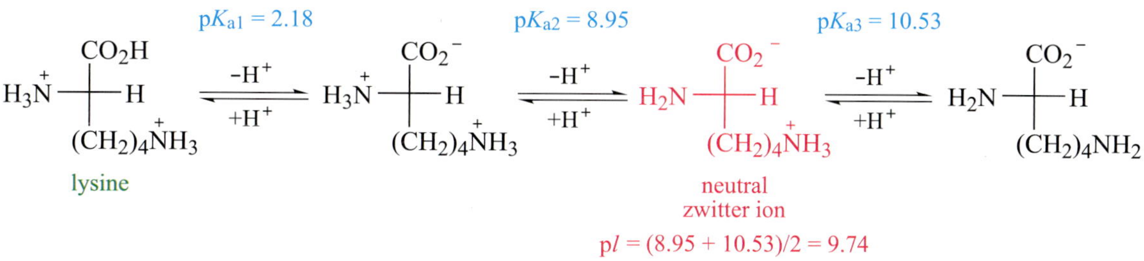

문제 13.9

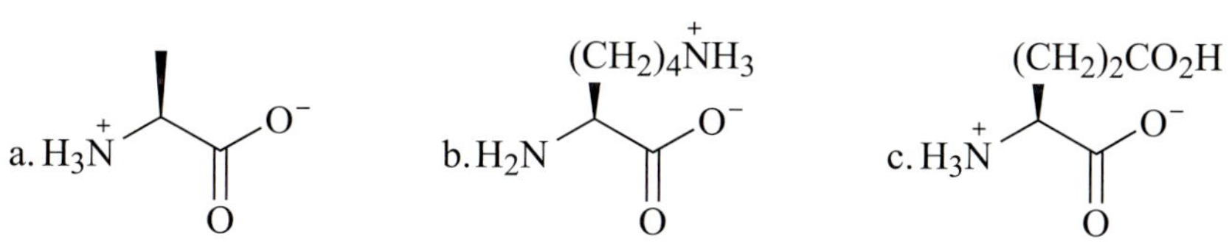

문제 13.10

a. 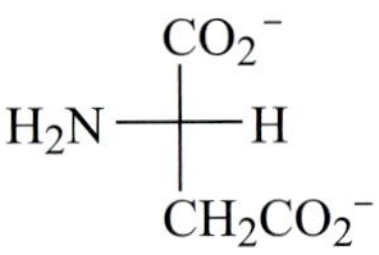

b. 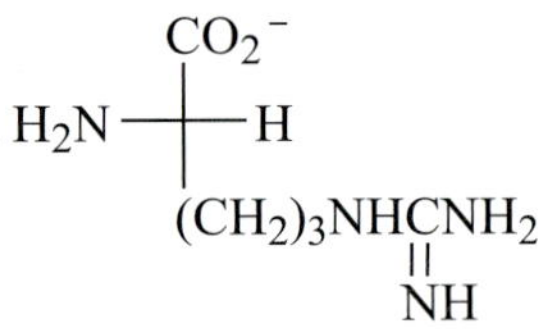

c. 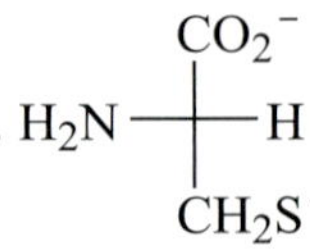

c. 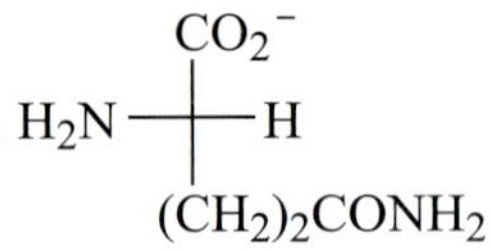

문제 13.11

a. 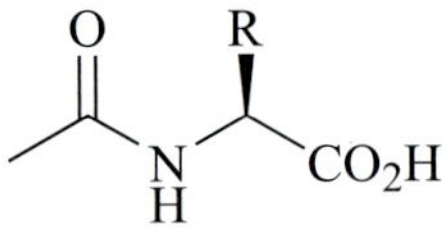

b. 아미노 보호기와 펩타이드 결합은 같은 아마이드 결합이기 때문

문제 13.12

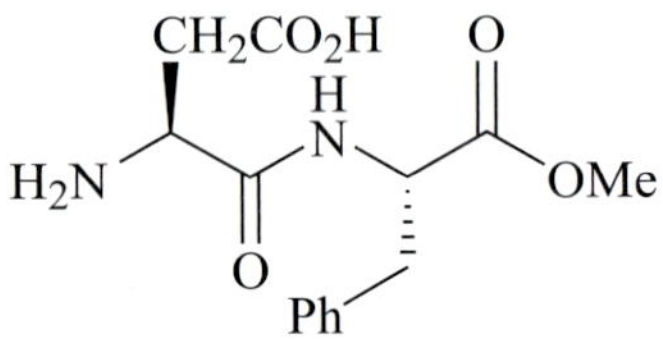

문제 13.13 a~d의 서술 모두 옳다.

14장 지질

문제 14.1 $Me(CH_2)_{14}CO_2H$, $HO(CH_2)_{15}Me$

문제 14.2 트라이스테아린

문제 14.3

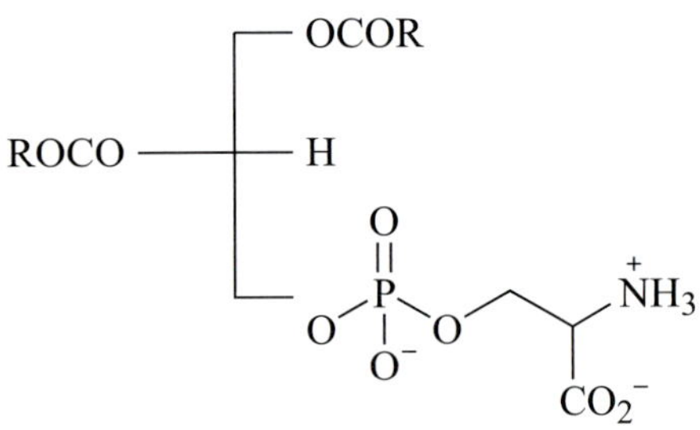

문제 14.4 a.

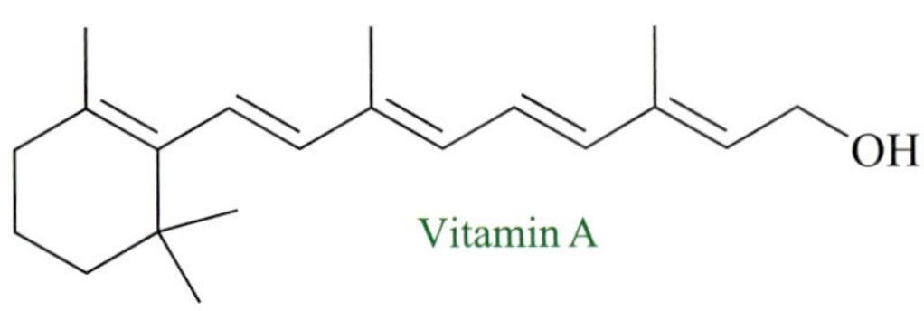

Vitamin A

b.

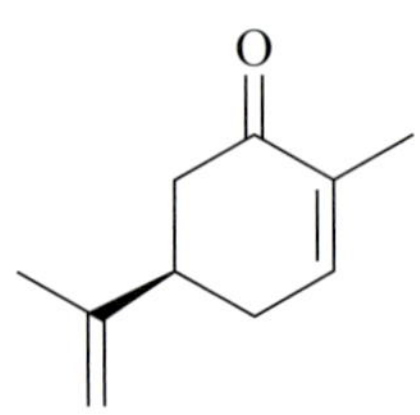

c.

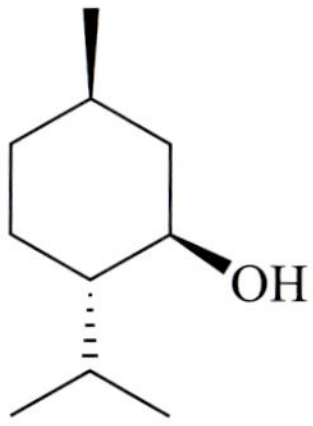

문제 14.5 a. 세스퀴터펜 b. 다이터펜 c. 모노터펜 d. 모노터펜 e. 모노터펜

문제 14.6 a. 터펜 b. 스테로이드 c. 프로스타글란딘 d. 지방 e. 지방산 f. 인산지질

찾아보기

ㅅ

ㅇ

ㅈ

ㅊ

ㅋ

저자 소개

고광윤

현) 아주대학교 화학과 명예교수

1990~2018 아주대학교 화학과 부교수, 교수

1986~1990 한국화학연구소 선임연구원

1985~1986 미국 듀크 대학교 박사후 연구원

1985 미국 노스캐롤라이나 대학교 채플힐 유기화학 전공 박사

쉽게 풀어쓴 유기화학

저　자　고광윤
발행인　김지영
발행처　자유아카데미
주　소　경기도 파주시 회동길 37-42
　　　　파주출판도시
전　화　031-955-1321
팩　스　031-955-1322
홈페이지　www.freeaca.com
전자우편　main@freeaca.com (대표)
　　　　editor@freeaca.com (편집)
　　　　crm@freeaca.com (영업)
등　록　제406-2003-017호, 1980. 7. 12.
제1판1쇄　2021년 1월 15일 발행
제1판2쇄　2025년 2월 15일 발행
정　가　28,000원

저자와의 협의하에 인지생략

ISBN 979-11-5808-288-8 93430